2023년 최신판

전기산업기사 실기

최근 13년간 기출문제

테스트나라 검정연구회 편저

이노books

2023 전기산업기사 실기 최근 13년간 기출문제

발행일 : 2023년 3월 25일
편저자 : 테스트나라 검정연구회
발행인 : 송주환
발행처 : 이노Books

출판등록 : 301-2011-082
주소 : 서울시 중구 퇴계로 180-15, 119호 (필동1가 뉴동화빌딩)
전화 : (02) 2269-5815
팩스 : (02) 2269-5816
홈페이지 : www.innobooks.co.kr
ISBN : 979-11-91567-11-3 [13560]
정가 : 23,000원

머 리 말

오늘날 일상생활에서 가장 비중 있는 에너지원으로 자리 잡은 전기는 더욱 다양한 방법으로 사용되고 있으며, 만드는 방법 또한 매우 다양해지고 있습니다. '신재생 에너지' '태양광 발전' '스마트 그리드' 등과 같은 조금은 생소한 전기 용어들을 자주 접할 수 있는 것처럼 매일 새로운 기술이 개발되고 있으며, 지금까지와는 전혀 다른 개념이 만들어지고 있습니다. 이에 따라 갈수록 다양한 분야에서 다양한 기술을 가진 전문 인력이 다른 어떤 직종보다 필요한 분야가 바로 전기분야 입니다.
이러한 시류를 반영이라도 하듯이 최근 들어 전공자는 물론이고 전기를 전공하지 않은 비전공자들까지 대거 전기수험서 분야로 몰리면서 그 경쟁은 더 치열해지고 있습니다.
거의 대부분의 시험이 그런 것처럼 전기 분야의 경우도 필기시험과 실기시험은 그 형식이나 난이도에서 확연한 차이를 보이고 있습니다. 실기시험 준비는 분명 필기시험 때와는 달라야 합니다. 단답식 학습보다는 원리를 이해하고 실전문제의 철저한 분석을 통해 기본기를 탄탄하게 하지 않는다면 실기시험 횟수는 더욱 길어질 것입니다.

본 도서는 어렵고 힘든 전기산업기사 실기 시험을 준비하는 수험생들에게 좀 더 쉽고 빠르게 시험을 준비할 수 있도록, 그리고 초보자들이나 전공자들도 쉽게 시험을 준비할 수 있도록 했습니다.

어렵고 힘든 자격시험을 준비하는 수험생 여러분들 곁에서 좀 더 쉽게, 그리고 좀 더 빠르게 여러분들을 합격으로 인도하기 위한 것이 본도서의 가장 큰 목표입니다.
모든 수험생 여러분들에게 행운이 깃들길 소원합니다.
감사합니다.

e북 증정

· 증정도서 : 전기산업기사 실기 텍스트 바이블
· 파일 형식 : PDF
· 페이지 : 238페이지 (190×260mm)
· 제공방법 : 구입 도서 판권에 본인 사인과 받을 메일 주소를 적어 촬영한 후 게시판에 올려 주시면 해당 메일로 보내드립니다.
문의전화 : (02) 2269-5815

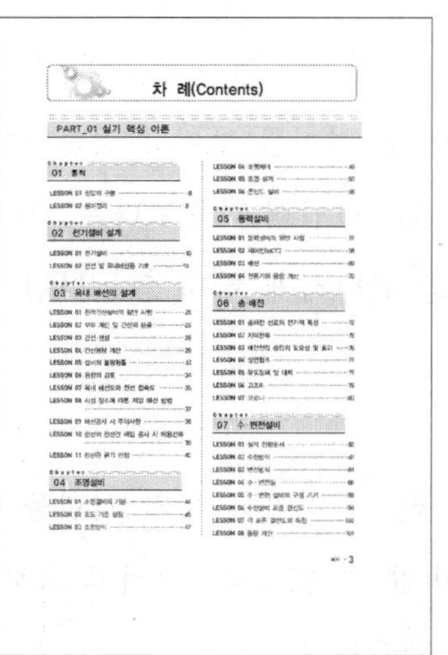

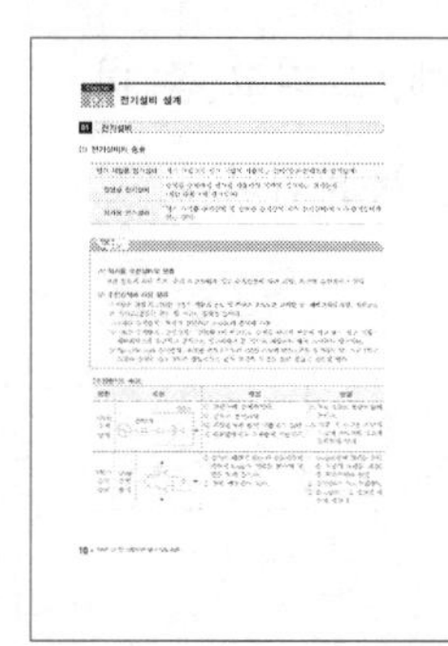

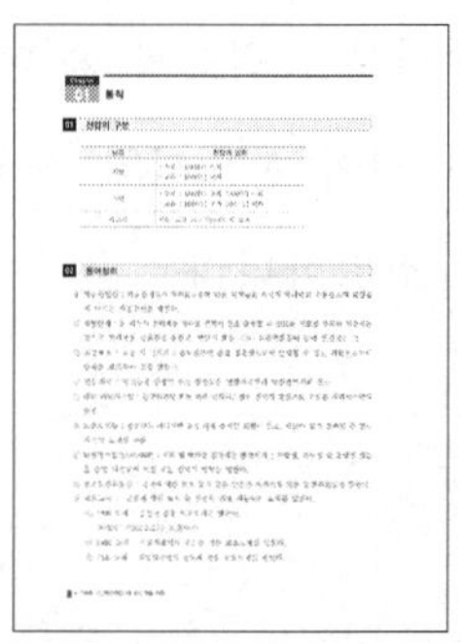

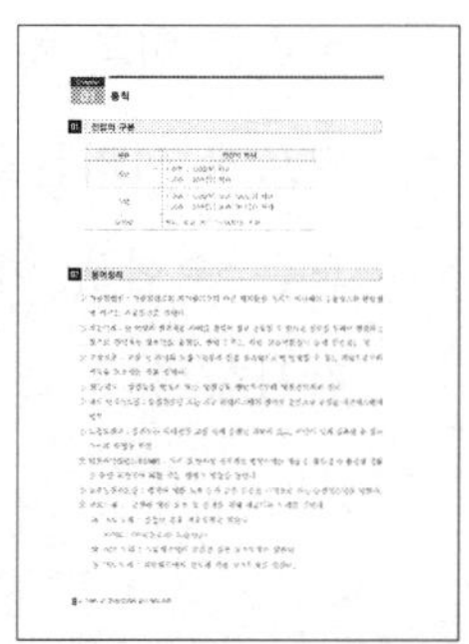

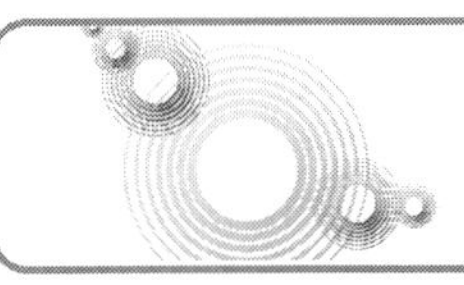

차 례(Contents)

전기산업기사 실기 최근 13년간 기출문제 (2022~2010)

Memo

2022년~2010년

전기산업기사실기
최근 13년간 기출문제

2022년~2010년

01 2022년 전기산업기사 실기

01

출제 : 22년 • 배점 : 4점

500[kVA] 단상 변압기 3대를 △ − △ 결선의 1뱅크로 하여 사용하고 있는 변전소가 있다. 지금 부하의 증가로 동일한 용량의 단상 변압기 1대를 추가하여 2뱅크로 하였을 때, 최대 3상 부하용량[kVA]을 구하시오.

·계산 : ·답 :

|계|산|및|정|답|

【계산】 $P = 2P_V = 2 \times \sqrt{3}P_1 = 2 \times \sqrt{3} \times 500 = 1732.05$[kVA] 【정답】 1732.05[kVA]

|추|가|해|설|

1. 1뱅크 시 V결선 출력 $P_V = \sqrt{3}P_1$

→ 1대를 추가하여 4대를 2뱅크(2대씩)로 운영 시의 출력 $P_V = 2 \times \sqrt{3}P_1$

2. V−V결선

·△ − △ 결선에서 1대의 사고시 2대의 변압기로 3상 출력을 할 수 있다.

·변압기의 이용률이 $\frac{\sqrt{3}}{2}$ =0.866(86.6[%])이고 3상 출력에 비해 $\frac{\sqrt{3}}{3}$ =0.577(57.7[%])이다.

·부하시 3상간의 전압이 불평등하다.

① 결선도

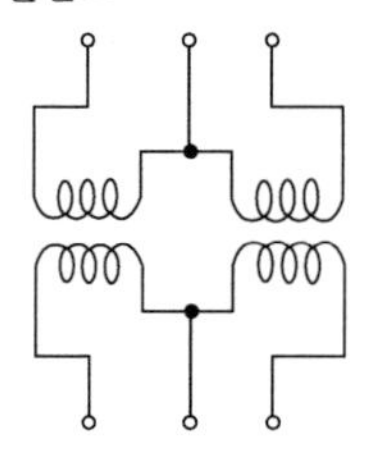

② 이용률 및 출력비

·$V_l = V_p$, $I_l = I_p$

·3상 출력 $P = \sqrt{3}V_l I_l = \sqrt{3}V_p I_p$

·이용률$= \frac{3상\ 출력}{설비용량} = \frac{\sqrt{3}P_1}{2P_1} \times 100 = 86.6[\%]$

·출력비$= \frac{V결선\ 출력}{3상\ 출력} \times 100 = \frac{\sqrt{3}P_1}{3P_1} \times 100 = 57.74[\%]$

02

출제 : 22, 07년 • 배점 : 6점

어떤 3상 부하에 그림과 같이 접속된 전압계, 전류계 및 전력계의 지시가 각각 $V=200[V]$ $I=34[A]$, $W_1=6.24[kW]$, $W_2=3.77[kW]$이다. 이 부하에 대하여 다음 각 물음에 답사시오.

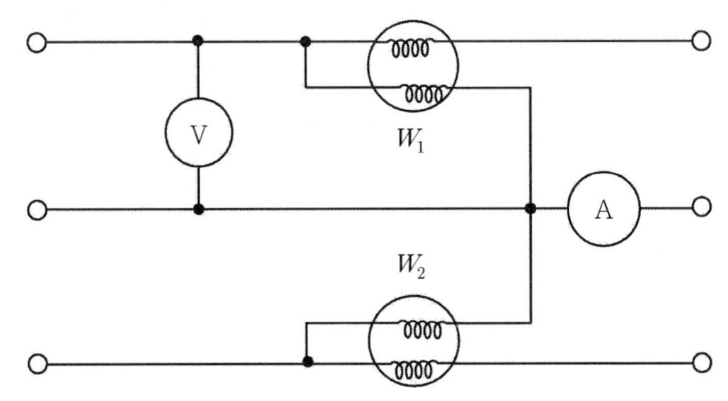

(1) 소비전력[kW]을 구하시오.

•계산 : •답 :

(2) 피상전력[kVA]을 구하시오.

•계산 : •답 :

(3) 부하역률[%]을 구하시오.

•계산 : •답 :

|계|산|및|정|답|

(1) 【계산】 소비전력 $P=W_1+W_2=6.27+3.77=10.01[\text{kW}]$ 【정답】 10.01[kW]

(3) 【계산】 피상전력 $P_a=\sqrt{3}\,VI=\sqrt{3}\times 220\times 34\times 10^{-3}=11.78[\text{kVA}]$ 【정답】 11.78[kVA]

(4) 【계산】 부하역률 $\cos\theta=\dfrac{P}{P_a}\times 100=\dfrac{10.01}{11.78}\times 100=84.97[\%]$ 【정답】 84.97[%]

|추|가|해|설|

(1) 소비전력 : 전력계 지시값의 합 $P=W_1+W_2[\text{kW}]$

(2) 피상전력 $P_a=\sqrt{3}\,VI[\text{kVA}]$

(3) 역률

① $\cos\theta=\dfrac{P}{P_a}=\dfrac{W_1+W_2}{\sqrt{3}\,VI}$ ② $\cos\theta=\dfrac{W_1+W_2}{2\sqrt{W_1^2+W_2^2-W_1W_2}}$

→ ①번식과 ②번식의 답이 같아야 하지만 만약 다르다면, 문제에서 2전력계법이란 문구가 없으면 ①번식으로 계산

03

출제 : 08, 18, 22년 • 배점 : 5점

다음 각 항목을 측정하는 데 가장 알맞은 계측기 또는 측정기를 쓰시오.

(1) 변압기의 절연저항

(2) 검류계의 내부저항

(3) 전해액의 저항

(4) 배전선의 전류

(5) 접지극의 접지저항

|계|산|및|정|답|

(1) 절연저항계(메거)　　(2) 휘스톤 브리지　　(3) 콜라우시 브리지

(4) 후크온 메터　　(5) 접지저항계

04

출제 : 22, 14, 08년 • 배점 : 5점

150[kVA], 22.9[kV]/380-220[V], %저항 3[%], %리액턴스 4[%] 일 때 정격전압에서 단락전류는 정격전류의 몇 배인가? (단, 전원 측의 임피던스는 무시한다.)

·계산 :　　·답 :

|계|산|및|정|답|

【계산】 단락전류 $I_s = \frac{100}{\%Z} I_n = \frac{100}{\sqrt{3^2+4^2}} I_n = 20 I_n [A]$　　【정답】 20배

|추|가|해|설|

단락전류 $I_s = \frac{100}{\%Z} I_n = \frac{100}{\sqrt{\%R^2 + \%X^2}} I_n [A]$

여기서, %Z : %임피던스, I_n : 정격전류, %R : %저항, %X : %리액턴스

05

출제 : 22, 15년 • 배점 : 6점

보조접지극 A, B와 접지극 E 상호간에 접지저항을 측정한 결과 그림과 같은 저항값을 얻었다. E의 접지저항은 몇 [Ω]인가?

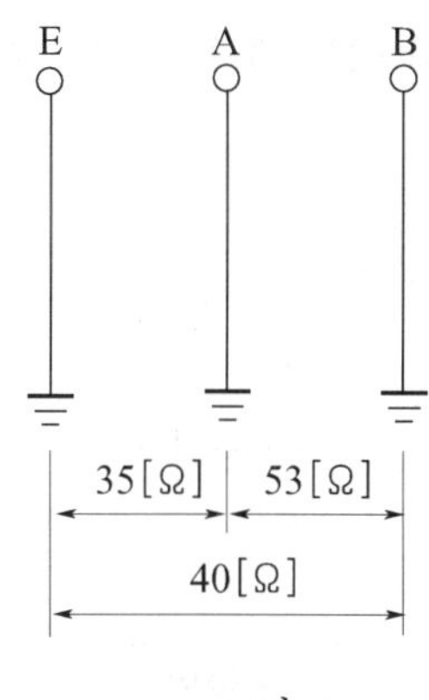

・계산 :　　　　　　　　　　　　・답 :

|계|산|및|정|답|

【계산】 접지저항값 $R_E = \frac{1}{2}(40+35-53) = 11[\Omega]$　　　　【정답】 11[Ω]

|추|가|해|설|

① $R_A + R_B = R_{AB} = 53$

② $R_B + R_E = R_{BE} = 40$

③ $R_E + R_A = R_{EA} = 35$

$\therefore R_E = \frac{1}{2}(\text{주접지극} + \text{주접지극} - \text{보조접지극}) = \frac{1}{2}(R_{BE} + R_{EA} - R_{AB})$

→ (측정하려고 하는 접지극 E의 첨자가 들어있는 항은 +, E의 첨자가 들어있는 항은 -하면 된다.)

06

출제 : 22년 • 배점 : 6점

다음 PLC 프로그램을 보고 다음 물음에 답하시오.
단, LOAD 시작입력, OUT 출력, AND 직렬, OR 병렬, NOT 부정, AND LOAD 그룹 간 직렬접속, OR LOAD 그룹 간 병렬접속이다. 회로 작성 시 선의 접속 및 미접속에 대한 예시를 참고하여 작성하시오.

【접속점 표기 방식】

접속	미접속

(1)

스텝	명령어	변수/디바이스
0	LOAD	P001
1	OR	M001
2	AND NOT	P002
3	OR	M000
4	AND LOAD	–
5	OUT	P017

래더다이어그램을 그리시오.

(2)

스텝	명령어	변수/디바이스
0	LOAD	P001
1	AND	M001
2	LOAD NOT	P002
3	AND	M000
4	OR LOAD	–
5	OUT	P017

래더다이어그램을 그리시오.

|계|산|및|정|답|

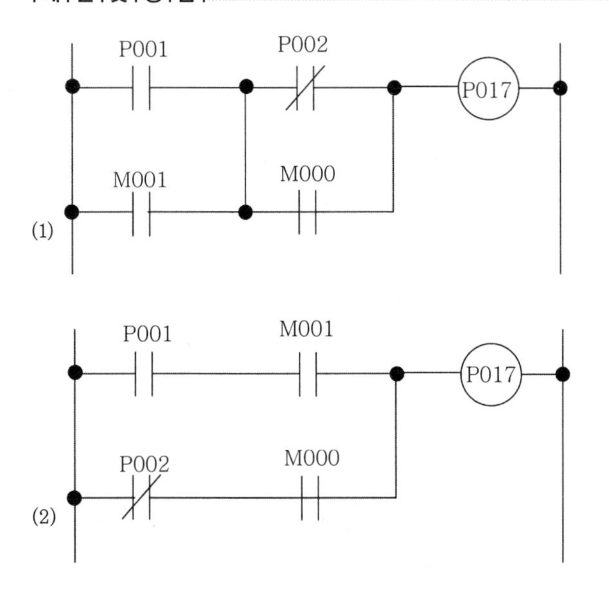

|추|가|해|설|

[PLC 명령어와 부호]

내용	명령어	부호	기능
시작 입력	LOAD(STR)	a	독립된 하나의 회로에서 a접점에 의한 논리회로의 시작 명령
	LOAD NOT	b	독립된 하나의 회로에서 b접점에 의한 논리회로의 시작 명령
직렬접속	AND	a	독립된 바로 앞의 회로와 a접점의 직렬 회로 접속, 즉 a접점 직렬
	AND NOT	b	독립된 바로 앞의 회로와 b접점의 직렬 회로 접속, 즉 b접점 직렬
병렬접속	OR	a	독립된 바로 위의 회로와 a접점의 병렬 회로 접속, 즉 a접점 병렬
	OR NOT	a	독립된 바로 위의 회로와 b접점의 병렬 회로 접속, 즉 b접점 병렬
출력	OUT		회로의 결과인 출력 기기(코일) 표시와 내부 출력(보조 기구 기능-코일) 표시
직렬 묶음	AND LOAD	A B	현재 회로와 바로 앞의 회로의 직렬 A, B 2 회로의 직렬 접속, 즉 2개 그룹의 직렬 접속

내용	명령어	부호	기능
병렬 묶음	OR LOAD	A, B	현재 회로와 바로 앞의 회로의 병렬 A, B 2 회로의 병렬 접속, 즉 2개 그룹의 병렬 접속
공통 묶음	MCS MCS CLR (MCR)	MCS	출력을 내는 2회로 이상의 공통으로 사용하는 입력으로 공통 입력 다음에 사용(마스터 컨트롤의 시작과 종료) MCS 0부터 시작, 역순으로 끝낸다.
타이머	TMR(TIM)	(Ton) T000 5초	기종에 따라 구분 -- TON, TOFF, TMON, TMR, TRTG 등 타이머 종류, 번지, 설정 시간 기입
카운터	CNT	U CTU C000 R 00010	기종에 따라 구분 -- CTU, CTD, CTUD, CTR, HSCNT 등 카운터 종류, 번지, 설정 회수 기입
끝	END	————	프로그램 끝 표시

07

출제 : 22, 14년 • 배점 : 5점

3상 송전선에서 각 선의 전류가 $I_a = 220 + j50$, $I_b = -150 - j300$, $I_c = -50 + j150$[A]일 때, 병행 가설된 통신선에 유기되는 전자유도전압의 크기는 몇 [V]인가? (단. 송전선과 통신선 사이의 상호임피던스는 15[Ω]이다.)

·계산 : ·답 :

|계|산|및|정|답|

【계산】 전자유도전압의 그기 $E_m = j\omega Ml(I_a + I_b + I_c)$

$$E_m = j15 \times ((220 + j50) + (-150 - j300) + (-50 + j150))$$

$$= j15 \times (20 - j100) = j300 + 1500 = \sqrt{300^2 + 1500^2} = 1529.705$$

【정답】 1529.71[V]

|추|가|해|설|

[전자유도전압의 크기(E_m)] $E_m = jwMl(I_a + I_b + I_c) = jwMl \times 3I_0$ [V]

여기서, l : 전력선과 통신선의 병행 길이[km], $3I_0$: 3× 영상전류(=지락전류)

M : 전력선과 통신선과의 상호인덕턴스, I_a, I_b, I_c : 각 상의 불평형 전류, $w(=2\pi f)$: 각주파수

08

출제 : 22, 16, 13년 • 배점 : 5점

22.9[kV−Y] 수전설비의 부하전류가 40[A]이고 변류기(CT) 60/5[A]의 2차 측에 과전류계전기를 사용하여 120[%]의 과부하에서 부하를 차단시키고자 한다. 과전류 계전기의 탭 설정값을 얼마인지 계산하시오. (단, 탭 전류 : 2[A], 3[A], 4[A], 5[A], 6[A], 7[A], 8[A], 10[A], 12[A])

・계산 : ・답 :

|계|산|및|정|답|

【계산】 탭 전류 $I_t = \text{CT1차측 전류} \times \text{CT역수비} \times \text{설정값}$

$$= 40 \times \frac{5}{60} \times 1.2 = 4[\text{A}]$$ → (탭 설정값은 부하전류의 120[%])

【정답】 4[A]

|추|가|해|설|

과전류계전기의 탭 전류 $I_t = \text{CT 1차 측전류} \times \text{CT역수비} \times \text{설정값} = \text{CT 1차 측전류} \times \frac{1}{\text{변류비}} \times \text{설정값}$

※OCR(과전류계전기)의 탭전류 : 2[A], 3[A], 4[A], 5[A], 6[A], 7[A], 8[A], 10[A], 12[A]

09

출제 : 22, 17년 • 배점 : 5점

책임 설계감리원이 설계감리의 기성 및 준공을 처리한 때에 발주자에게 제출하는 준공서류 중 감리기록서류 5가지를 쓰시오. 단, 설계감리업무 수행지침을 따른다.

|계|산|및|정|답|

① 설계감리일지 ② 설계감리지시부 ③ 설계감리기록부

④ 설계감리요청서 ⑤ 설계자와 협의사항 기록부

|추|가|해|설|

[설계감리의 기성 및 준공]

책임 설계감리원이 설계감리의 기성 및 준공을 처리한 때에는 다음 각 호의 준공서류를 구비하여 발주자에게 제출하여야 한다.

1. 설계용역 기성부분 검사원 또는 설계용역 준공검사원
2. 설계용역 기성부분 내역서
3. 설계감리 결과보고서
4. 감리기록서류
   가. 설계감리일지 나. 설계감리지시부 다. 설계감리기록부
   라. 설계감리요청서 마. 설계자와 협의사항 기록부
5. 그 밖에 발주자가 과업지시서상에서 요구한 사항

10

출제 : 22, 19년 • 배점 : 4점

다음 (　　)에 가장 알맞은 내용을 답란에 적으시오.

교류변전소용 자동제어 기구 번호에서 52C는 (①)이고, 52T는 (②)이다.

|계|산|및|정|답|

① 차단기 투입 코일(Closing coil)

② 차단기 트립 코일(Trip coil)

|추|가|해|설|

기구번호	명칭
52	교류차단기
52C	차단기 투입 코일
52T	차단기 트립 코일
52H	소내용 차단기
52P	MTr 1차 차단기
52S	MTr 2차 차단기
52K	MTr 3차 차단기

11

출제 : 22년 • 배점 : 5점

공칭전류비 150/5인 변류기의 1차 측 전류가 400[A] 일 때 2차 측 전류가 10[A]가 흐르고 있는 경우 변류기의 비오차[%]를 계산하시오.

·계산 :   ·답 :

|계|산|및|정|답|

① 공칭변류비= $\frac{150}{5}=30$

② 측정변류비= $\frac{400}{10}=40$

∴ 비오차(ϵ)= $\frac{\text{공칭변류비}(K_n)-\text{측정변류비}(K)}{\text{측정변류비}(K)}\times 100[\%]=\frac{30-40}{40}\times 100=-25[\%]$

【정답】 −25[%]

|추|가|해|설|

[비오차]

실제의 1차 전압과 2차 전압 또는 2차 전압의 비가 공칭 변성비(명판)에 대한 오차를 나타낸다.

① 변압비 : 1차 전압에 대한 2차전압 크기의 비이다.

② 비오차 : 공칭 변압비와 측정 변압비 사이에서 얻어진 백분율 오차이다.

비오차(ϵ)= $\frac{\text{공칭변류비}(K_n)-\text{측정변류비}(K)}{\text{측정변류비}(K)}\times 100[\%]$

③ 비보정계수(T.C.F : Transformer Correction Factor) : 비오차 표시 방법 중 한가지로 위상 각 오차까지를 포함한 계수로서 다음과 같이 구한다.

T.C.F= $\frac{\text{측정전압비}}{\text{공칭변압비}}$

12

출제 : 22년 • 배점 : 12점

자가용 전기설비의 수·변전설비 단면도 일부이다. 과전류계전기와 관련된 다음 각 물음에 답하시오.

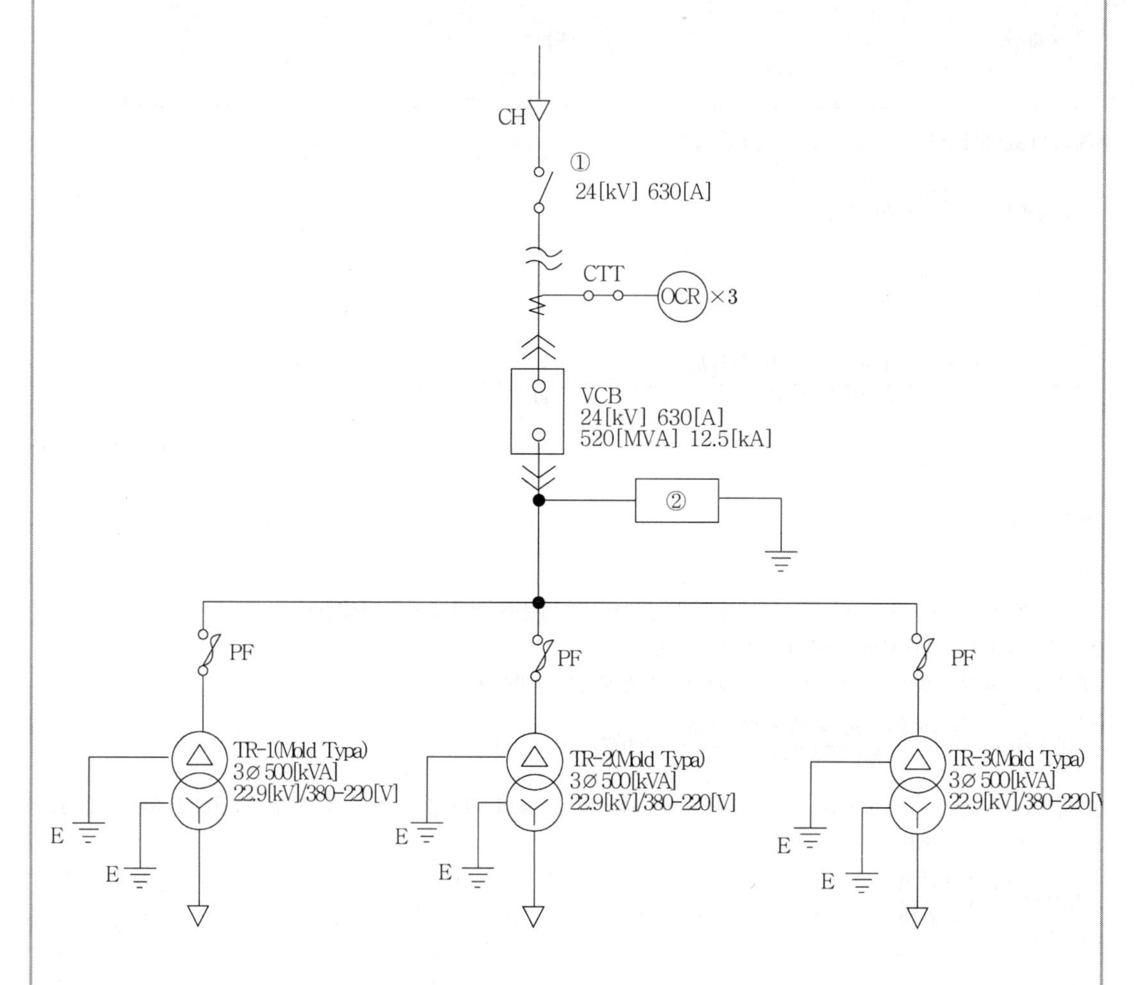

(1) ①은 수배전설비의 인입구 개폐기로 많이 사용되고 있으며, 부하개폐 및 단락보호(한류퓨즈 장착 시) 기능을 가진 기기이다. ①의 설비 명칭을 쓰시오.

(2) C비를 선정하시오. (단, 최대부하전류의 125[%](여유율 1.25), 정격 2차 전류 5[A])

계기용 변류기 정격	
1차 정격전류[A]	20, 25, 30, 40, 50, 75
2차 정격전류[A]	5

·계산 :

·답 :

(3) OCR의 순시 TAP을 선정하시오.

(단, • 계전기 Type : 유도원판형

• Tap Range : 한시 3~9[A](3, 4, 5, 6, 7, 8, 9))

•계산 : •답 :

(4) 선로에서 발생할 수 있는 개폐서지, 순간과도전압 등의 이상전압이 2차기기에 미치는 악영향을 방지하기 위해 설치하는 ②의 설비 명칭을 쓰시오.

|계|산|및|정|답|

(1) 부하개폐기((LBS : Load Break Switch)

(2) 【계산】 • CT 1차측 전류 $I_1 = \dfrac{500+500+500}{\sqrt{3}\times 22.9}\times 1.25 = 47.27[A]$, 따라서, CT는 50/5 선정

【정답】 50/5[A]

(3) 【계산】 OCR의 한시 Tap 설정 전류값 $I_1 = \dfrac{500+500+500}{\sqrt{3}\times 22.9}\times 1.5 = 56.73$

→ OCR 설정 전류탭$= 56.73\times\dfrac{5}{50} = 5.67[A]$ 【정답】 6[A]

(4) 서지흡수기(SA)

|추|가|해|설|

(1) 부하개폐기((LBS : Load Break Switch)

•평상시 부하전류의 개폐는 가능하나 이상 시(과부하, 단락) 보호기능은 없음
•개폐 빈도가 적은 부하의 개폐용 스위치로 사용
•전력 퓨즈와 사용 시 결상방지 목적으로 사용

정격전압[kVA]	정격전류[A]	개요 및 특성	설치장소	비고
25.8	630[A]	•부하전류는 개폐할 수 있으나 고장전류는 차단할 수 없음 •LBS(PF부)는 단로기 기능과 차단기로서의 PF 성능을 만족시키는 국가 공인기관의 시험성적이 있는 경우에 한하여 사용가능	수전실 구내 인입구	고장이 쉽게 발생하므로 잘 사용이 안 되고 있음

(2) ① 변압기 1차 측 전류 $I_{1n} = \dfrac{P_a}{\sqrt{3}\ V} = \dfrac{1500\times 10^3}{\sqrt{3}\times 22.9\times 10^3} = 37.82[A]$

② CT비 선정 $I_1 = I_{1n}\times 1.25 = 37.82\times 1.25 = 47.28[A]$

(4) [서지흡수기]

① 피뢰기와 같은 구조로 되어 있으나 적용 전압 범위만을 조정하여 적용시키는 일종의 옥내 피뢰기로서 선로에서 발생할 수 있는 개폐기 서지, 순간 과도전압 등의 이상전압이 2차 기기에 악영향을 주는 것을 막기 위해 설치한다.

② 서지흡수기는 그림과 같이 보호하고자 하는 기기(발전기, 전동기, 콘덴서, 반도체 장비 계통) 전단에 설치하여 대부분의 개폐서지를 발생하는 차단기 후단에 설치, 운용한다.

③ Surge Absorbor는 그림과 같이 부하기기 운전용의 VCB와 피보호 기기와의 사이에 각 상의전로-대지간에 설치한다.

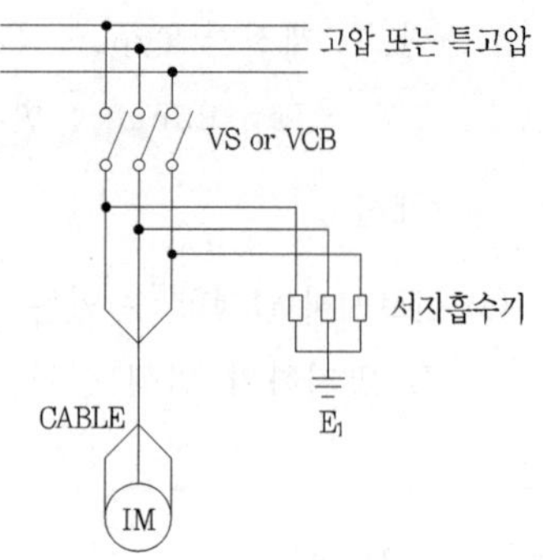

[서지흡수기의 설치 위치도]

[그림해설]

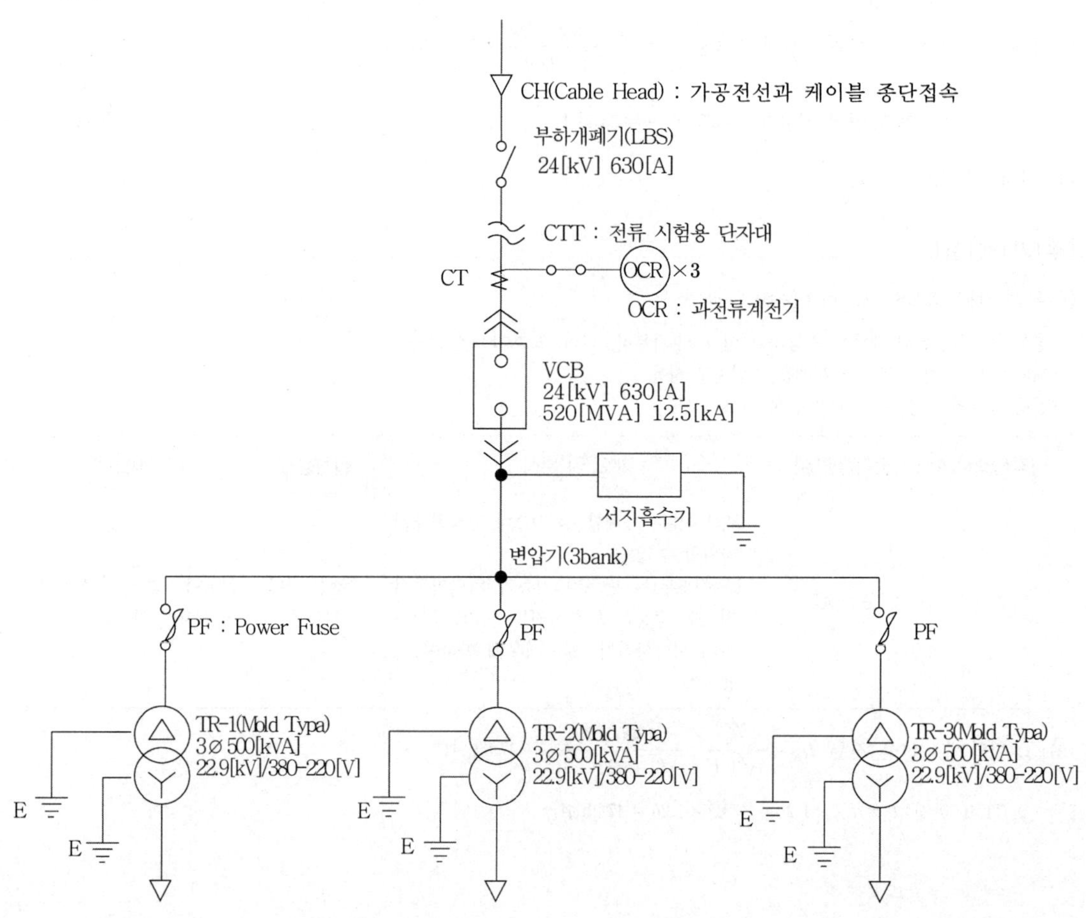

13

출제 : 22년 • 배점 : 5점

연축전지의 정격용량 100[Ah], 직류 상시 최대부하전류가 80[A]인 부동충전방식 정류기의 직류 정격출력 전류[A]값을 구하시오.

·계산 : ·답 :

|계|산|및|정|답|

【계산】 $I = \frac{100}{10} + 80 = 90[A]$ 【정답】 90[A]

|추|가|해|설|

(1) 충전기 2차 충전전류[A] $I = \frac{\text{축전지의 정격용량}[Ah]}{\text{축전지의 정격방전율}[h]} + \frac{\text{상시부하용량}[W]}{\text{표준전압}[V]}$ → (연축전지의 정격방전율 10[h])

(2) 연축전지

① 화학 반응식 : $\underset{\text{양극}}{PbO_2} + \underset{\text{전해액}}{2H_2SO_4} + \underset{\text{음극}}{Pb} \underset{\leftarrow \text{충전}}{\overset{\text{방전}\rightarrow}{\rightleftarrows}} \underset{\text{양극}}{PbSO_4} + \underset{\text{전해액}}{2H_2O} + \underset{\text{음극}}{PbSO_4}$

㉮ 양극 : 이산화 연(납)(PbO_2)

㉯ 음극 : 연(납)(Pb)

㉰ 전해액 : 황산(H_2SO_4)

② 공칭전압 : 2.0[V/cell]

③ 공칭용량 : 10[Ah]

④ 정격방전율 : 10[h]

⑤ 방전종료전압 : 1.8[V]

⑥ 연축전지의 종류

㉮ 클래드식(CS형 : 완 방전형) : 변전소 및 일반 부하에 사용, 부동 충전 전압 2.15[V/cell]

㉯ 패이트식(HS형 : 급 방전형) : UPS 설비 등의 대전류용에 사용, 부동 충전 전압 2.18[V/cell]

(3) 알칼리축전지

① 화학 반응식 : $\underset{\text{양극}}{2Ni(OH)_2} + \underset{\text{음극}}{Cd(OH)_2} \underset{\leftarrow \text{충전}}{\overset{\text{방전}\rightarrow}{\rightleftarrows}} \underset{\text{양극}}{2Ni\ OOH} + 2H_2O + \underset{\text{음극}}{Cd}$

㉮ 양극 : 수산화니켈($Ni(OH)_2$

㉯ 음극 : 카드뮴(Cd)

㉰ 전해액 : 수산화칼륨(KOH)

② 공칭전압 : 1.2[V/cell]

③ 공칭용량 : 5[Ah]

14

출제 : 22년 • 배점 : 5점

어느 계전기의 논리식 $X=(A+B)\cdot\overline{C}$에 대한 각 물음에 답하시오. (단, A, B, C는 입력이고 X는 출력이다. 회로 작성 시 선의 접속 및 미접속에 대한 예시를 참고하여 작성하시오.)

【접속점 표기 방식】

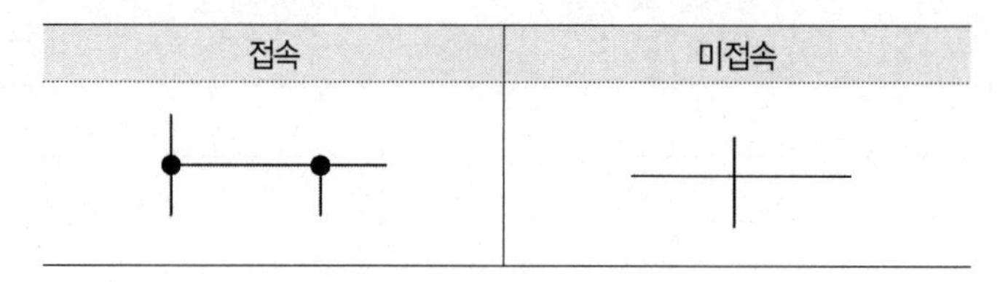

(1) 주어진 논리식에 대환 논리회로를 작성하시오.

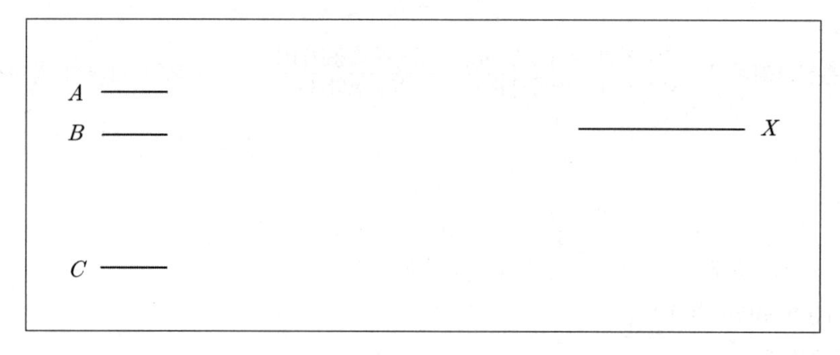

(2) (1)항의 논리회로를 NOR 게이트만을 사용한 논리회로로 작성하시오. (단, 최소한의 NOR 게이트를 사용하고, NOR 게이트는 2입력을 사용한다.)

A
B
C
X

|계|산|및|정|답|

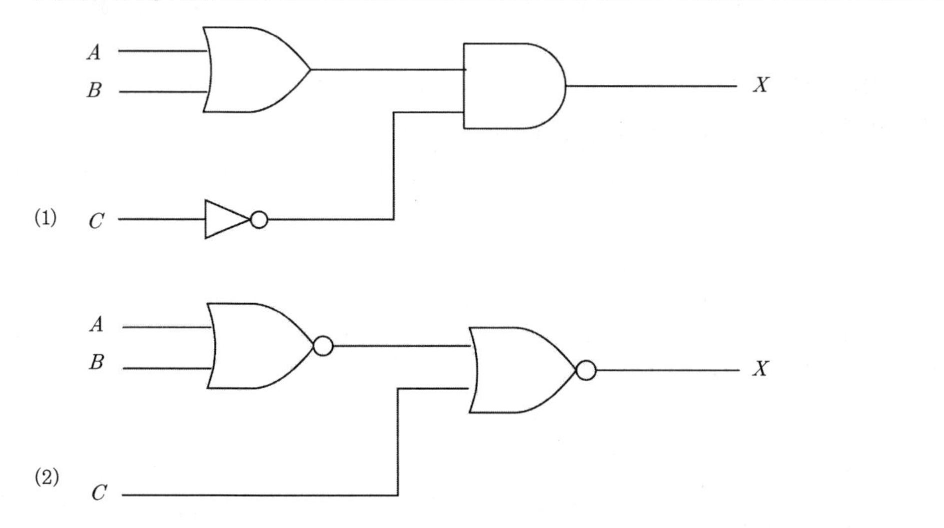

|추|가|해|설|

(1) $X=(A+B)\cdot\overline{C}=\overline{\overline{(A+B)\cdot\overline{C}}}=\overline{\overline{(A+B)}+C}$

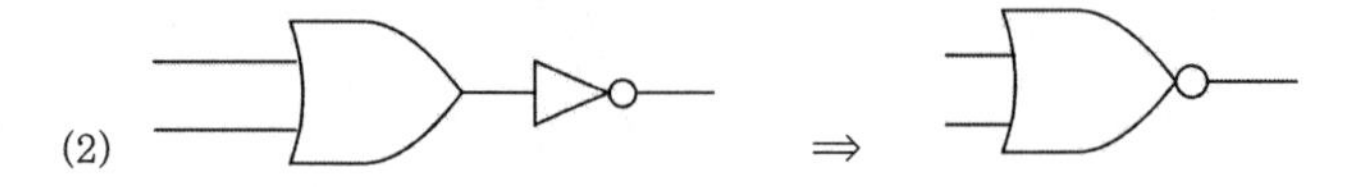

(3) ⇒ ⇒

15

출제 : 22년 • 배점 : 5점

점광원으로부터 원뿔 밑면까지의 거리가 8[m]이고, 밑면의 지름이 12[m]인 원형면에 입사되는 광속이 1507[lm]이라 할 때, 이 점광원의 평균광도[cd]를 구하시오. (단, $\pi = 3.14$)

・계산 :

・답 :

|계|산|및|정|답|

【계산】 $\cos\theta = \dfrac{8}{\sqrt{8^2+6^2}} = 0.8$

광도 $I = \dfrac{F}{2\pi \times (1-\cos\theta)} = \dfrac{1570}{2 \times 3.14 \times (1-0.8)} = 1250[\text{cd}]$

【정답】 1250[cd]

|추|가|해|설|

(1) 입체각 $\omega = 2\pi(1-\cos\theta)$

(2) 광도 $I = \dfrac{F}{\omega} = \dfrac{F}{2\pi(1-\cos\theta)}$ → (F : 광속)

(3) 조도 $E = \dfrac{F}{S} = \dfrac{2\pi(1-\cos\theta)I}{\pi r^2} = \dfrac{2(1-\cos\theta)I}{r^2}$

($\cos\alpha = \dfrac{h}{\sqrt{r^2+h^2}}$, 면적 $S = \pi r^2$)

여기서, r : 반지름, h : 높이

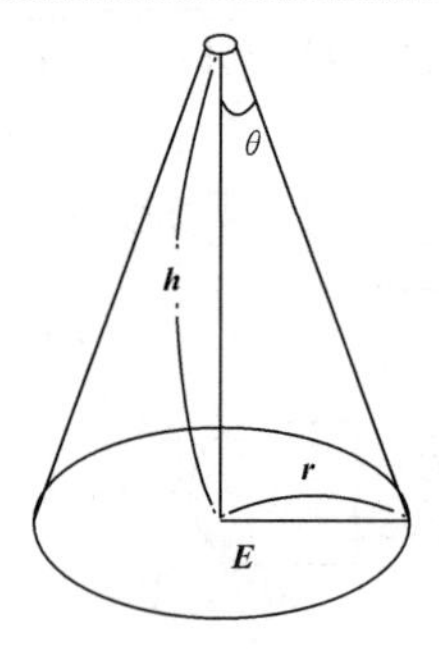

16

출제 : 22년 • 배점 : 5점

어느 수용가의 3상 전력이 20[kW]이고, 역률이 60[%](지상)이다. 이 부하의 역률을 80[%]로 개선하려면 전력용 커패시터 몇 [kVA]가 필요한가? 또한 이를 위해 단상 커패시터 3대를 △결선한 경우에 필요한 커패시터의 정전용량[μF]을 구하시오. 단, 전력용 커패시터의 정격전압은 200[V], 주파수 60[Hz]이다.)

(1) 전력용 커패시터의 용량[kVA]

•계산 : •답 :

(2) 전력용 커패시터의 정전용량[μF]

•계산 : •답 :

|계|산|및|정|답|

(1) 【계산】 $Q_c = P(\tan\theta_1 + \tan\theta_2) = P\left(\frac{\sqrt{1-\cos^2\theta_1}}{\cos\theta_1} - \frac{\sqrt{1-\cos^2\theta_2}}{\cos\theta_2}\right)$

$= 20 \times \left(\frac{\sqrt{1-0.6^2}}{0.6} - \frac{\sqrt{1-0.8^2}}{0.8}\right) = 11.67[\text{kVA}]$ 【정답】 11.67[kVA]

(2) 【계산】 $C = \frac{Q_\triangle}{3\times 2\pi f V^2} = \frac{11.67\times 10^3}{3\times 2\pi\times 60\times 200^2}\times 10^6 = 257.96[\mu F]$ 【정답】 257.96[μF]

|추|가|해|설|

1. 역률 개선 시의 콘덴서 용량 $Q_c = P(\tan\theta_1 + \tan\theta_2) = P\left(\frac{\sqrt{1-\cos^2\theta_1}}{\cos\theta_1} - \frac{\sqrt{1-\cos^2\theta_2}}{\cos\theta_2}\right)$

여기서, P : 유효전력[kW], $\cos\theta_1$: 개선 전 역률, $\cos\theta_2$: 개선 후 역률

2. Y결선 : 콘덴서 용량 $Q_Y = 3\times 2\pi f C E^2 = 3\times 2\pi f C\left(\frac{V}{\sqrt{3}}\right)^2 = 2\pi f C V^2 [VA]$ → 정전용량 $C_s = \frac{Q}{2\pi f V^2}$
3. △결선 : 콘덴서 용량 $Q_\triangle = 3\times 2\pi f C_d E^2 = 3\times 2\pi f C V^2 [VA]$ → 정전용량 $C_d = \frac{Q}{3\times 2\pi f V^2}$

여기서, C : 전선 1선당 정전용량[F], E : 상전압[V], V : 선간전압[V],

4. △결선시 필요한 콘덴서의 정전용량은 Y결선보다 정전용량[μF]을 $\frac{1}{3}$로 작게 할 수 있으므로 △결선으로 하는 것이 유리하다.

17

출제 : 22년 • 배점 : 4점

다음 전선 약호의 품명을 쓰시오.

약 호	명 칭
450/750[V] HFIO	
0.61[kV] PNCT	

|계|산|및|정|답|

약 호	명 칭
450/750[V] HFIO	450/750 저독성 난연 절연전선
0.61[kV] PNCT	0.6/1[kV] EP 고무 절연 클로로프렌 켑타이어 케이블

|추|가|해|설|

[전선 약호]

약호		명칭
A	A	연동선
	A-AI	연알루미늄선
	ABC-W	특고압 수밀형 가공케이블
	ACSR	강심알루미늄 연선
	ACSR-DV	인입용 강심 알루미늄도체 비닐절연전선
	ACSR-DC	옥외용 강심 알루미늄도체 가교 폴리에틸렌 절연전선
	ACSR-OE	옥외용 강심 알루미늄도체 폴리에틸렌 절연전선
	AI-OC	옥외용 강심 알루미늄도체 가교 폴리에틸렌 절연전선
	AI-OE	옥외용 알루미늄도체 폴리에틸렌 절연전선
	AI-OW	옥외용 알루미늄도체 비닐 절연전선
	AWP	크로롤프렌, 천연합성고무 시스 용접용 케이블
	AWR	고무 시스 용접용 케이블
B	BL	300/500[V] 편조 리프트 케이블
	BRC	300/300[V] 편조 고무 코드

약호		명칭
C	CA	강복알루미늄선
	CB-EV	콘크리트 직매용 폴리에딜렌절연 비닐 시스 케이블(환형)
	CB-EVF	콘크리트 직매용 폴리에딜렌절연 비닐 시스 케이블(평형)
	CBN	제어용 부틸 고무절연 클롤로프렌 시스 케이블
	CCE	0.6/1[kV] 제어용 가교 폴리에틸렌 절연 폴리에틸렌 시스 케이블
	CCV	0.6/1[kV] 제어용 가교 폴리에틸렌 절연 비닐 시스 케이블
	CD-C	가교폴리에틸렌 절연 CD 케이블
	CE1	0.6/1[kV] 가교 폴리에틸렌 절연 폴리에틸렌 시스 케이블
	CE10	6/10[kV] 가교 폴리에틸렌 절연 폴리에틸렌 시스 케이블
	CET	6/10[kV] 트리플렉스형 가교 폴리에틸렌 절연 폴리에틸렌 시스 케이블
	CEV	제어용 폴리에틸렌 절연비닐 외장 케이블
	CLF	300/300[V] 유연성 가교 비닐 절연 가교 비닐 시스 코드
	CN－CV	동심중성선 차수형 전력케이블
	CN－CV－W	동심중성선 수밀형 전력케이블
	CRN	제어용 고무절연 클롤로프렌 외장 케이블
	CSL	원형 비닐 시스 리프트 케이블
	CV1	0.6/1[kV] 가교 폴리에틸렌 절연 비닐 시스 케이블
	CV10	6/10[kV] 가교 폴리에틸렌 절연 비닐 시스 케이블
	CVV	0.6/1[kV] 비닐 절연 비닐 시스 제어 케이블
	CVT	6/10[kV] 트리플렉스형 가교 폴리에틸렌 절연 비닐 시스 케이블
D	DV	인입용 비닐절연전선
E	EE	폴리에틸렌 절연 폴리에틸렌 시스 케이블
	EV	폴리에틸렌 절연 비닐 시스 케이블

약호		명칭
F	FL	형광방전등용 비닐전선
	FNC	300/300[V] 평형 비닐 코드
	FR CNCO-W	동심중성선 수밀형 저독성 난연 전력 케이블
	FSC	평형 비닐 시스 리프트 케이블
	FTC	300/300[V] 평형 금사 코드
G	GV	접지용 비닐절연전선
H	H	경동선
	HA	반경동선
	HAL	경알루미늄선
	HFCCO	0.6/1[kV] 가교 폴리에틸렌 절연 저독성 난연 폴리올레핀 시스 제어 케이블
	HFIO	450/750 저독성 난연 절연전선
	HFCO	0.6/1[kV] 가교 폴리에틸렌 절연 저독성 난연 폴리올레핀 시스 전력 케이블
	HIV	내열용 비닐절연전선
	HLPC	300/300[V] 내열성 연질 시스 코드(90[℃])
	HOPC	300/500[V] 내열성 범용 비닐 시스 코드(90[℃])
	HPSC	450/750[V] 경질 클로로프렌, 합성 고무 시스 유연성 케이블
	HR(0.5)	500[V] 내열성 고무 절연전선(110[℃])
	HR(0.75)	750[V] 내열성 고무 절연전선(110[℃])
	HRF(0.5)	500[V] 내열성 유연성 고무 절연전선(110[℃])
	HRF(0.75)	750[V] 내열성 유연성 고무 절연전선(110[℃])
	HRS	300/500[V] 내열 실리콘 고무 절연전선(180[℃])
I	IACSR	강심알루미늄 합금연선
	IDC	300/300[V] 실내 장식 전등 기구용 코드
	IV	600[V] 비닐절연전선
L	LPS	300/500[V] 연질 비닐 시스 케이블
	LPC	300/300[V] 연질 비닐 시스 코드
M	MI	미네랄 인슈레이션 케이블
N	NEV	폴리에틸렌 절연비닐외장네온전선
	NF	450/750[V] 일반용 유연성 단심 비닐 절연전선
	NFI(70)	300/500[V] 기기 배선용 유연성 단심 비닐 절연전선(70[℃])
	NFI(90)	300/500[V] 기기 배선용 유연성 단심 절연전선(90[℃])
	NR	450/750[V] 일반용 단심 비닐 절연전선
	NRC	고무 절연 클로로프렌 외장네온전선
	NRI(70)	300/500[V] 기기 배선용 단심 비닐 절연전선(70[℃])
	NRI(90)	300/500[V] 기기 배선용 단심 비닐 절연전선(90[℃])
	NRV	고무절연 비닐 시스 네온전선
	NV	비닐절연 네온전선

약호		명칭
O	OC	옥외용 가교 폴리에틸렌 절연전선
	OE	옥외용 폴리에틸렌 절연전선
	OPC	300/500[V] 범용 비닐 시스 코드
	OPSC	300/500[V] 범용 클로로프렌. 합성고무 시스 코드
	ORPSF	300/500[V] 오일내성 비닐절연 비닐시스 차폐 유연성 케이블
	ORPUF	300/500[V] 오일내성 비닐절연 비닐시스 비차폐 유연성 케이블
	ORSC	300/500[V] 범용 고무시스 코드
	OW	옥외용 비닐절연전선
P	PCSC	300/500[V] 장식 전등 기구용 클로로프렌, 합성고무 시스 케이블(원형)
	PCSCF	300/500[V] 장식 전등 기구용 클로로프렌, 합성고무 시스 케이블(평면)
	PDC	6/10[kV] 고압 인하용 가교 폴리에틸렌 절연전선
	PDP	6/10[kV] 고압 인하용 가교 EP 고무 절연전선
	PL	300/500[V] 폴리클로로프렌, 합성고무 시스 리프트 케이블
	PN	0.6/1[kV] EP 고무 절연 클로로프렌 시스 케이블
	PNCT	0.6/1[kV] EP 고무 절연 클로로프렌 캡타이어 케이블
	PV	0.6/1[kV] EP 고무 절연 비닐 시스 케이블
R	RB	고무절연전선
	RIF	300/300[V] 유연성 고무 절연 고무 시스 코드
	RICLF	300/300[V] 유연성 고무 절연 가교 폴리에틸렌 비닐 시스 코드
	RL	300/500[V] 고무 시스 리프트 케이블
V	VCT	0.6/1[kV] 비닐절연 비닐 캡타이어 케이블
	VV	0.6/1[kV]비닐절연 비닐 외장 케이블
	VVF	비닐절연 비닐 외장 평형 케이블

18

출제 : 22년 • 배점 : 4점

한국전기설비규정에 따라 사용자에 의한 공사방법을 배선시스템에 따른 배선공사 방법으로 분류한 표이다. 빈칸에 알맞은 내용을 쓰시오.

종류	공사방법
전선관시스템	합성수지관공사, 금속관공사, 가요전선관공사
케이블트렁킹시스템	(①), (②), 금속트렁킹공사a
케이블덕팅시스템	플로어덕트공사, 셀룰러덕트공사, 금속덕트공사b

|계|산|및|정|답|

① 합성수지몰드공사

② 금속몰드공사

|추|가|해|설|

배전설비 공사의 종류(KEC 232.2)]
[공사방법의 분류]

종류	공사방법
전선관시스템	합성수지관공사, 금속관공사, 가요전선관공사
케이블트렁킹시스템	합성수지몰드공사, 금속몰드공사, 금속트렁킹공사[a]
케이블덕팅시스템	플로어덕트공사, 셀룰러덕트공사, 금속덕트공사[b]
애자공사	애자공사
케이블트레이시스템 (래더, 브래킷 포함)	케이블트레이공사
케이블공사	고정하지 않는 방법, 직접 고정하는 방법, 지지선 방법

a 금속본체와 커버가 별도로 구성되어 커버를 개폐할 수 있는 금속덕트공사를 말한다.
b 본체와 커버 구분 없이 하나로 구성된 금속덕트공사를 말한다.

19 출제 : 22년 • 배점 : 4점

지름 30[cm]인 완전 확산성 반구형 전구를 사용하여 평균 휘도가 0.3[cd/cm^2]인 천장등을 가설하려고 한다. 기구효율 0.75일 때 이 전구의 광속을 구하시오.
(단, 광속발산도는 0.95[lm/cm^2]라 한다.)

・계산 : ・답 :

|계|산|및|정|답|

【계산】 광속 $F = R \cdot S = R \times \dfrac{\pi D^2}{2} = 0.95 \times \dfrac{\pi \times 30^2}{2} = 1343.03[\text{lm}]$

$\therefore$기구 효율을 적용하면 $F_0 = \dfrac{F}{\eta} = \dfrac{1343.03}{0.75} = 1790.71[\text{lm}]$

【정답】 1790.71[lm]

|추|가|해|설|

① 광속 $F = R \cdot S = R \times \dfrac{\pi D^2}{2} = 0.95 \times \dfrac{\pi \times 30^2}{2} = 1343.03[\text{lm}]$

② 구형의 표면적 $= 4\pi r^2 = \pi D^2$

③ 반구형의 표면적 $= \dfrac{4\pi r^2}{2} = \dfrac{\pi D^2}{2}$

여기서, R : 광속발산도, S : 표면적, r : 반지름, D : 지름

02 2022년 전기산업기사 실기

01

출제 : 22, 02, 01년 • 배점 : 5점

전동기를 제작하는 어떤 공장에 700[kVA]의 변압기가 설치되어 있다. 이 변압기에 역률(지상) 65[%]의 부하 700[kVA]가 접속되어 있다고 할 때, 이 부하와 병렬로 전력용 콘덴서를 접속하여 합성역률을 90[%]로 유지하려고 한다. 다음 각 물음에 답하시오.

(1) 전력용 콘덴서의 용량[kVA]을 구하시오.

·계산 : ·답 :

(2) 역률 개선 후 이 변압기에 역률(지상) 90[%]의 부하를 몇 [kW] 더 증가시켜 접속할 수 있는지 구하시오.

·계산 : ·답 :

|계|산|및|정|답|

(1) 【계산】 $Q_c = P\left(\dfrac{\sqrt{1-\cos^2\theta_1}}{\cos\theta_1} - \dfrac{\sqrt{1-\cos^2\theta_2}}{\cos\theta_2}\right)$

$$= 700 \times 0.65\left(\frac{\sqrt{1-0.65^2}}{0.65} - \frac{\sqrt{1-0.9^2}}{0.9}\right) = 311.59[\text{kVA}]$$

$\rightarrow (P[kW] \times \text{역률} = [kVA])$

【정답】 311.59[kVA]

(2) 【계산】 증가된 부하 $P_\Delta = P_a \times (\cos\theta_2 - \cos\theta_1) = 700 \times (0.9 - 0.65) = 175[\text{kW}]$

【정답】 175[kW]

|추|가|해|설|

1. 역률 개선 시의 콘덴서 용량 $Q_c = P(\tan\theta_1 + \tan\theta_2) = P\left(\dfrac{\sqrt{1-\cos^2\theta_1}}{\cos\theta_1} - \dfrac{\sqrt{1-\cos^2\theta_2}}{\cos\theta_2}\right)$

여기서, P : 유효전력[kW], $\cos\theta_1$: 개선 전 역률, $\cos\theta_2$: 개선 후 역률,

2. 증가된 부하 $P_\Delta = P_a \times (\cos\theta_2 - \cos\theta_1)$[kW]

02 출제 : 22, 13년 • 배점 : 6점

△－△결선으로 운전하던 중 한 상의 변압기에 고장이 생겨 이것을 분리하고 나머지 2대로 3상 전력을 공급하고자 한다. 단상 변압기 한 대의 용량은 150[kVA]이다. 다음 물음에 답하시오.

(1) 변압기 2대로 3상 전력을 공급하기 위한 변압기 결선의 명칭을 쓰시오.

(2) 변압기 2대로 3상 전력을 공급할 때 변압기의 이용률은 몇 [%]인가?

·계산 : ·답 :

(3) 변압기 2대의 3상 출력은 △－△ 결선시의 변압기 3대의 출력과 비교할 때 몇 [%] 정도인가?

·계산 : ·답 :

|계|산|및|정|답|

(1) V-V 결선

(2) 【계산】 이용률$=\dfrac{V\text{ 결선시 3상 용량}}{\text{2대의 용량}}\times 100=\dfrac{\sqrt{3}\,VI}{2VI}\times 100=\dfrac{\sqrt{3}}{2}\times 100=86.6[\%]$ 【정답】 86.6[%]

(3 【계산】 출력비$=\dfrac{V\text{ 결선시 3상 용량(고장후)}}{\triangle\text{결선시 3상 용량(고장전)}}\times 100=\dfrac{\sqrt{3}\,VI}{3VI}\times 100=\dfrac{1}{\sqrt{3}}\times 100=57.74[\%]$ 【정답】 57.74[%]

|추|가|해|설|

[V－V결선]

·△ － △ 결선에서 1대의 사고시 2대의 변압기로 3상 출력을 할 수 있다.

·변압기의 이용률이 $\dfrac{\sqrt{3}}{2}$ =0.866(86.6[%])이고 3상 출력에 비해 $\dfrac{\sqrt{3}}{3}$ =0.577(57.7[%])이다.

·부하시 3상간의 전압이 불평등하다.

① 결선도

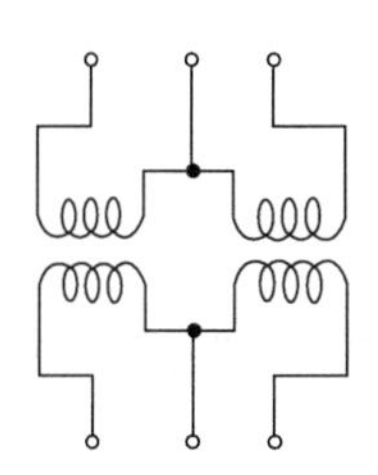

② 이용률 및 출력비

·$V_l = V_p$, $I_l = I_p$

·3상 출력 $P=\sqrt{3}\,V_l I_l=\sqrt{3}\,V_p I_p$

·이용률$=\dfrac{\text{3상 출력}}{\text{설비용량}}=\dfrac{\sqrt{3}P_1}{2P_1}\times 100=86.6[\%]$

·출력비$=\dfrac{V\text{결선 출력(고장후)}}{\text{3상 출력(고장전)}}\times 100=\dfrac{\sqrt{3}P_1}{3P_1}\times 100=57.74[\%]$

③ V-V 결선의 장·단점

장점	·$\Delta-\Delta$ 결선에서 1대의 변압기 고장시 2대만으로 3상 부하에 전력을 공급할 수 있다. ·설치가 간단하다. ·소량, 가격 저렴해 3상 부하에 많이 사용
단점	·설비의 이용률이 저하(86.6[%])된다. ·Δ 결선에 비하여 출력이 저하(57.7[%])된다. ·부하의 상태에 따라서 2차 단자의 전압이 불평형이 될 수 있다.

03

출제 : 22년 • 배점 : 4점

다음 조명설비에 관한 용어이다. 다음 빈칸에 기호 및 단위를 쓰시오.

(1) 휘도		(2) 광도		(3) 조도		(4) 광속발산도	
기호	단위	기호	기호	기호	기호	기호	기호

|계|산|및|정|답|

(1) 휘도		(2) 광도		(3) 조도		(4) 광속발산도	
기호	단위	기호	기호	기호	기호	기호	기호
B	[st], [nt]	I	[cd]	E	[lx]	R	[rlx]

|추|가|해|설|

1. 광속(F[lm]) : 복사 에너지를 눈으로 보아 빛으로 느끼는 크기로서 나타낸 것으로 광원으로부터 발산되는 빛의 양

   ㉮ 구광원(백열전구) : $F=4\pi I$[lm]　　㉯ 원통형(형광등) : $F=\pi^2 I$[lm]
   ㉰ 평편광원(면광원) : $F=\pi I$[lm]

2. 광도(I[cd]) : 광원에서 어떤 방향에 대한 단위 입체각 w[sr]당 발산되는 광속으로서 광원의 세기를 나타낸다.

   광도 $I=\frac{F}{\omega}$[lm/sr] = [cd]　→ (여기서, ω : 입체각(기호 : sr), F[lm] : 광속, I[cd] : 광도)

3. 조도(E[lx]) : · 어떤 면의 단위 면적당 입사 광속으로서 피조면의 밝기를 나타낸다.

   조도 $E=\frac{F}{S}$[lm/m^2] = [lx], $E=\frac{F}{S}\times u\times N$　→ (여기서, S : 단위면적, u : 조명률, N : 등수)

4. 광속발산도(R[rlx]) : 광원의 단위 면적으로부터 발산하는 광속으로서 광원 혹은 물체의 밝기를 나타낸다.

$R=\frac{F}{S}[\text{lm/m}^2]=[\text{rlx}]$, $R=\frac{F}{S}\times\eta\times\tau[\text{rlx}]$

여기서, η : 기구효율, τ : 투과율

5. 휘도($B[cd/m^2]$=[sb]) : 광원의 임의의 방향에서 본 단위 투영 면적당의 광도로서 광원의 눈부심의 정도를 나타낸다.

휘도 $B=\frac{I}{S}[\text{cd/m}^2=\text{nt}]$ → (여기서, S : 단위면적, I : 광도)

04

출제 : 22년 • 배점 : 5점

어느 건물의 부하는 하루 240[kW]로 5시간, 100[kW]로 8시간, 75[kW]로 나머지 시간을 사용한다. 이에 따른 수전설비를 450[kW]로 하였을 때 이건물의 일부하율[%]을 구하시오.

·계산 : ·답 :

|계|산|및|정|답|

【계산】 일부하율 $=\dfrac{\text{평균전력}}{\text{최대수용전력}}=\dfrac{\dfrac{(240\times5+100\times8+75\times11)}{24}}{240}\times100=49.05[\%]$

【정답】 49.05[%]

|추|가|해|설|

1. 부하율 $=\dfrac{\text{기간중의 평균전력}}{\text{기간중의 최대전력}}\times100[\%]$

→ (부하율: 어떤 기간 중의 평균수용전력과 최대수용전력과의 비로 항상 1보다 작거나 같다.)

2. 월부하율 $=\dfrac{\text{1개월간의 소비전력량}(kWh)}{\text{최대전력}(24\times30)}\times100[\%]$

3. 일평균전력 $=\dfrac{\text{1일 사용량}(kWh)}{\text{24시간}}$

4. 일부하율 $=\dfrac{\text{평균전력}(kWh)}{\text{최대전력}}\times100[\%]$

05

출제년도 : 22년 • 배점 : 4점

피뢰기의 종류를 구조에 따라 분류할 때 종류 4가지를 쓰시오.

|계|산|및|정|답|

① 갭 저항형 피로기 ② 밸브 저항형 피뢰기
③ 갭레스(Gapless) 피뢰기 ④ 밸브형 피뢰기

|추|가|해|설|

[피뢰기]

1. 목적
   ① 선로에 발생하는 이상 전압을 대지로 방전시켜 기기의 절연보호
   ② 외부 이상 전압(유도뢰 등) 억제
   ③ 속류 차단
2. 종류
   ① 갭저항형 피로기
   ② 밸브 저항형 피뢰기 : 탄화규소(SiC)를 주성분으로 하는 비직선 저항의 특성요소에 직렬갭을 접속한 구조의 피뢰기
   ③ 갭레스(Gapless) 피뢰기 : 비직선성의 뛰어난 ZnO를 특성 요소로 사용하여 직렬갭을 없앤 구조의 피뢰기
   ④ 밸브형 피뢰기 : 피뢰기에 흐르는 속류를 직렬 갭이 저지하여 얻은 전륫값까지 합류하도록 비선형 전압 및 전류 특성의 저항 특성 요소를 가진 피뢰기
   ⑤ 캡 타입 피뢰기 : 특성 요소는 탄화규소(SiC)로 구성된 피뢰기
   ⑥ 방출형 피뢰기 : 순전류 아크를 가두고 가스를 방출하거나 다른 소호 재료를 가진 접점에 인도하는 작용을 하는 소호실(消弧室)을 가진 피뢰기
3. 구비조건
   ① 제한 전압이 낮을 것 : 제한 전압은 피뢰기 동작 시 피뢰기 양 단자에 남게 되는 전압으로 이 제한 전압이 변압기에 가해진다. 따라서 피뢰기 동작 시 피뢰기의 제한 전압이 낮을수록 변압기에 가해지는 전압이 낮아지게 되므로 제한 전압이 낮아야 한다.
   ② 속류 차단 능력이 클 것 : 뇌서지 침입 후 피뢰기가 동작하여 이상 전압을 대지로 방전시킨 후 정상 상태에 도달하게 되면 피뢰기는 즉시 동작을 멈추어 상용주파수의 전류가 대지로 흐르게 되는 것을 막아야 한다. 따라서 피뢰기는 속류 차단 능력이 클수록 좋다.
   ③ 상용주파 방전개시전압이 높을 것 : 상용주파의 전압이란 이상전압의 침입이 없는 정상 상태를 의미한다. 따라서 정상 상태에서 피뢰기가 동작하면 안 되므로 상용주파에서 방전을 개시하는 전압이 높을수록 좋다.
   ④ 충격 방전 개시 전압이 낮을 것 : 직격뢰의 파두장은 1~10[μs], 파미장은 10~100[μs] 정도인 충격파다. 따라서 뇌서지가 침입하면 피뢰기는 즉시 동작하여 이상 전압을 대지로 방전시켜야 하므로 피뢰기의 충격방전개시전압은 낮을수록 좋다.
   ⑤ 뇌전류 방전과 속류 차단의 반복 동작에 대하여 장기간 사용할 수 있을 것

06

출제년도 : 22년 • 배점 : 5점

송전거리 40[km], 송전전력 100,000[kW]일 때의 경제적 송전전압[kV]을 구하시오. (단, still 식을 이용하여 구하시오.)

·계산 : ·답 :

|계|산|및|정|답|

【계산】 $V_s = 5.5\sqrt{0.6l + \frac{P}{100}} = 5.5\sqrt{0.6 \times 40 + \frac{10000}{100}} = 61.25[\text{kV}]$ 【정답】 61.25[kV]

|추|가|해|설|

[경제적인 송전전압(스틸(still) 식)]

송전전압=$5.5\sqrt{0.6 \times \text{송전거리}(l)[\text{km}] + \frac{\text{송전전력(P)[kw]}}{100}}$ [KV]

※[경제적인 송전전압] 전선비와 애자, 지지물 및 기기비의 합인 총공사비가 최소화 되는 전압을 말한다.

07

출제 : 22년 • 배점 : 5점

그림과 같은 시퀀스 회로에서 접점 "PB"가 닫혀서 폐회로가 될 때 표시등 L의 동작 사항을 설명하시오.
(단, X는 보조 릴레이, T_1, T_2는 타이머(On delay)이며 설정시간은 1초이다.)

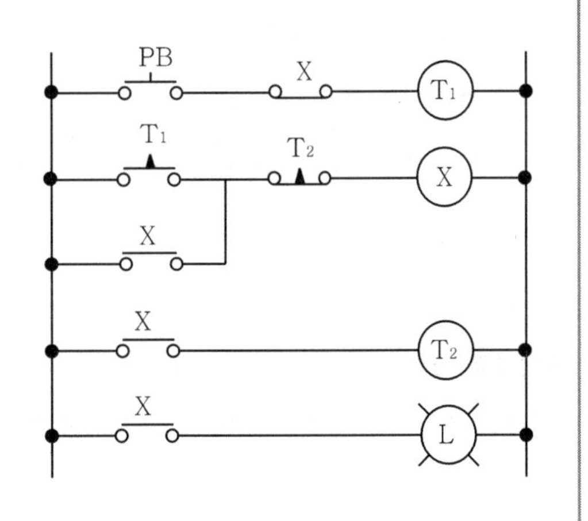

|계|산|및|정|답|

1초 단위로 L이 깜박거린다. PB가 개로되면 반복을 중지한다.

|추|가|해|설|

T_1이 여자되면 1초 후 X가 여자되고 X에 의해 T_2가 여자되며 L이 점등된다.

1초 후 T_2-b에 의해 X가 소자되어 L이 소등된다. 이때 다시 T_1이 여자되면서 반복 동작을 통해 L이 깜박이며 동작한다. 즉, 1초 단위로 L이 깜박거린다.

08

출제 : 22년 • 배점 : 5점

어느 건축물의 계약전력 3000[kW], 월 기본요금 6490[원/kW], 월 평균역률 95[%]라 할 때 1개월의 기본요금을 구하시오. 또한 1개월간의 사용 전력량이 54만[kWh], 전력량요금이 89[원/kWh]라 할 때 총 전력요금은 얼마인가를 계산하시오.

〈조건〉

역률의 값에 따라 전력요금은 할인 또는 할증되며, 역률 90[%] 기준으로 하여 역률이 1[%] 늘 때마다 기본요금 또는 수요전력요금이 1[%] 할인 되며, 1[%] 나빠질 때마다 1[%]의 할증요금을 지불해야 한다.

(1) 기본요금을 구하시오.

•계산 : •답 :

(2) 1개월의 총전력요금을 구하시오.

•계산 : •답 :

|계|산|및|정|답|

(1) 【계산】 기본요금 $= 3000 \times 6490 \times (1-0.05) = 18,496,500$[원] → (역률이 5[%] 상승했으므로 95[%]만 적용)

【정답】 18,496,500[원]

(2) 【계산】 1개월 간 요금=기본요금+사용요금$= 18,496,500 + 540000 \times 89 = 66,556,500$[원] 【정답】 66,556,500[원]

09 출제 : 22, 05년 • 배점 : 5점

평형 3상 회로에 그림과 같은 유도전동기가 있다. 이 회로에 2개의 전력계와 전압계 및 전류계를 접속하니 그 지시값은 $W_1 = 5.96[kW]$, $W_2 = 2.36[kW]$, 전압계의 지시는 V=200[V], 전류계의 지시는 I=30[A] 이었다. 이때 다음 각 물음에 답하시오.

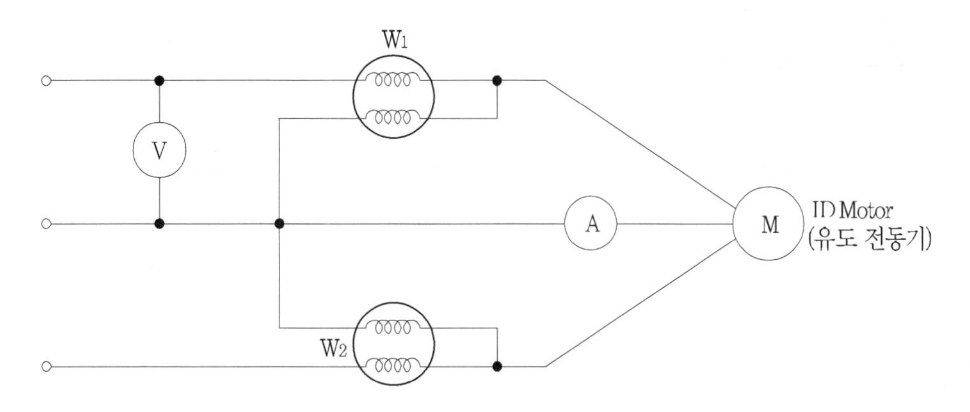

(1) 부하에 소비되는 전력을 구하시오.

•계산 : •답 :

(2) 부하의 피상전력을 구하시오.

•계산 : •답 :

(3) 이 유도 전동기의 역률은 몇 [%]인가?

•계산 : •답 :

|계|산|및|정|답|

(1) 【계산】 유효전력 $P = W_1 + W_2 = 5.96 + 2.36 = 8.32[\text{kW}]$ 【정답】 8.32[kW]

(2) 【계산】 피상전력 $P_a = \sqrt{3}\,VI = \sqrt{3} \times 200 \times 30 \times 10^{-3} = 10.39[\text{kVA}]$ 【정답】 10.39[kVA]

(3) 【계산】 역률 $\cos\theta = \dfrac{\text{유효전력}}{\text{피상전력}} = \dfrac{W_1 + W_2}{\sqrt{3}\,VI} = \dfrac{8.32}{10.39} \times 100 = 80.08[\%]$ 【정답】 80.08[%]

|추|가|해|설|

[2전력계법]

① 유효전력 : $P = W_1 + W_2[\text{W}]$

② 무효전력 : $P_r = \sqrt{3}(W_1 - W_2)[\text{VAR}]$

③ 피상전력 : $P_a = 2\sqrt{W_1^2 + W_2^2 - W_1 W_2}\,[\text{VA}]$, $P_a = \sqrt{3}\,VI[\text{VA}]$

④ 역률 : $\cos\theta = \dfrac{W_1 + W_2}{2\sqrt{W_1^2 + W_2^2 - W_1 W_2}} = \dfrac{W_1 + W_2}{\sqrt{3}\,VI}$

10

출제 : 22, 17, 08년 • 배점 : 5점

전기사업자는 그가 공급하는 전기의 품질(표준전압, 표준주파수)을 허용오차 안에서 유지하도록 전기사업법에 규정되어 있다. 다음 표의 빈칸 ①~④에 표준 전압, 표준 주파수에 대한 허용오차를 정확하게 쓰시오.

표준 전압, 표준 주파수	허용 오차
110[V]	110볼트의 상하로 (①)볼트 이내
220[V]	220볼트의 상하로 (②)볼트 이내
380[V]	380볼트의 상하로 (③)볼트 이내
60[Hz]	60헤르츠 상하로 (④)헤르츠 이내

|계|산|및|정|답|

【정답】 ① 6　② 13　③ 38　④ 0.2

|추|가|해|설|

[전기사업법상 전압 및 주파수 등의 유지기준]

전등용은 6[%] 이하, 동력용은 10[%] 이하

① 유지하여야 하는 전압

표준전압	허용오차
110[V]	110[V]의 상 · 하로 6[V] 이내
200[V]	200[V]의 상 · 하로 12[V] 이내
220[V]	220[V]의 상 · 하로 13[V] 이내
380[V]	380[V] 상 · 하로 38[V] 이내

② 유지하여야 하는 주파수

표준주파수	유지하여야 하는 주파수
60[Hz]	60[Hz] 상·하로 0.2[Hz] 이내

11

출제 : 22, 17, 04년 • 배점 : 5점

다음 조건에 있는 콘센트의 그림기호를 그리시오.

벽붙이용	천정에 부착하는 경우	바닥에 부착하는 경우	방수형	2구용

|계|산|및|정|답|

	벽붙이용	천정에 부착하는 경우	바닥에 부착하는 경우	방수형	2구용
(1)				WP	2

|추|가|해|설|

[콘센트]

명 칭	그림기호	적 요
콘센트		① 천장에 부착하는 경우는 다음과 같다. 보기 ② 바닥에 부착하는 경우는 다음과 같다. 보기 ③ 용량의 표시 방법은 다음과 같다. ·15[A]는 방기하지 않는다. ·20[A] 이상은 암페어 수를 방기한다. 보기 20A ④ 2구 이상인 경우는 구수를 방기한다. 보기 2 ⑤ 3극 이상인 것은 극수를 방기한다. 3극은 3P, 4극은 4P ⑥ 종류를 표시하는 경우 벽붙이용 보기 빠짐 방지형 보기 LK 걸림형 보기 T 접지극붙이 보기 E 접지단자붙이 보기 ET 누전 차단기붙이 보기 EL ⑦ 방폭형은 EX를 방기한다. 보기 EX ⑧ 의료용은 H를 방기한다. 보기 H ⑨ 방수형은 WP를 방기한다. 보기 WP

12 출제 : 22년 • 배점 : 5점

그림과 같은 단상 3선식 회로에서 중성점이 X점에서 단선되었다면 부하 A와 B의 단자전압은 각각 몇 [V]인가? (단, 부하의 역률은 1이다.)

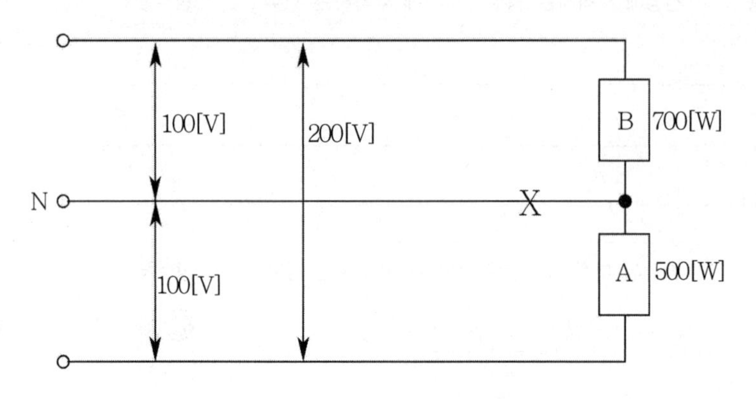

·계산 : ·답 :

|계|산|및|정|답|

【계산】 ① 단선 이전의 조건을 가지고 부하 A, 부하 B의 저항을 구한다. $\rightarrow (P=\dfrac{V^2}{R})$

·A의 저항 $R_A=\dfrac{V^2}{P_A}=\dfrac{100^2}{500}=20[\Omega]$ ·B의 저항 $R_B=\dfrac{V^2}{P_B}=\dfrac{100^2}{700}=\dfrac{100}{7}=14.29[\Omega]$

② 각각의 단자전압을 구한다.

· $V_A=\dfrac{R_A}{R_A+R_B}\times V=\dfrac{20}{20+14.29}\times 200=116.65[V]$

· $V_B=\dfrac{R_B}{R_A+R_B}\times V=\dfrac{14.29}{20+14.29}\times 200=83.35[V]$

【정답】 $V_A=116.65[V]$, $V_B=83.35[V]$

|추|가|해|설|

1. $P=\dfrac{V^2}{R}\rightarrow R=\dfrac{V^2}{P}$
2. 단선이 되어도 저항은 변하지 않는다.
3. 중성선이 X 지점에서 단선되면 200[V] 전원에 부하 A, B는 직렬접속 상태가 된다.

13

출제 : 22, 15년 • 배점 : 5점

콜라우시브리지에 의해 접지저항을 측정했을 때, 접지판 상호간의 저항이 그림과 같다면 G_3의 접지저항값[Ω]을 구하시오.

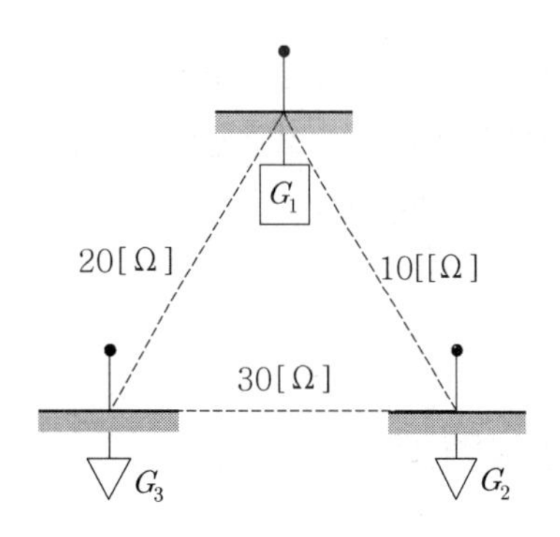

• 계산 :　　　　　　　　　　　　• 답 :

|계|산|및|정|답|

【계산】 접지저항 $R_{G3}=\frac{1}{2}(R_{G23}+R_{G31}-R_{G12})=\frac{1}{2}(30+20-10)=20[\Omega]$

【정답】 20[Ω]

|추|가|해|설|

[콜라우시 브리지법에 의한 접지저항 측정]

$R_{G1}+R_{G2}=R_{G12}$ .... ①

$R_{G2}+R_{G3}=R_{G23}$ .... ②

$R_{G3}+R_{G1}=R_{G31}$ .... ③

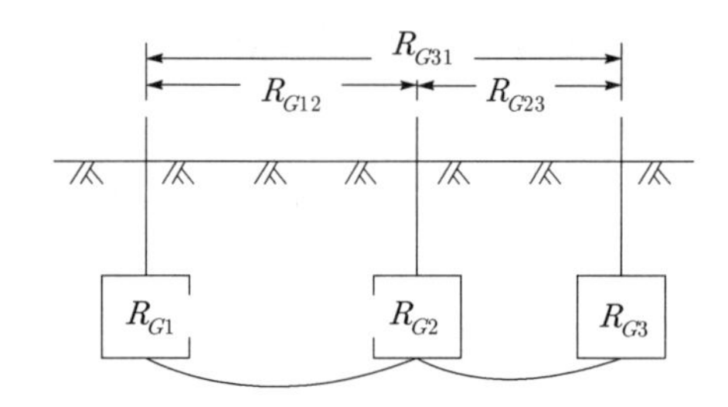

즉, (①+②+③)을 하면

$2(R_{G1}+R_{G2}+R_{G3})=(R_{G12}+R_{G23}+R_{G31})$ .... ④

$R_{G1}+R_{G2}+R_{G3}=\frac{1}{2}(R_{G12}+R_{G23}+R_{G31})$ .... ⑤

⑤-②하면 $R_{G1}=\frac{1}{2}(R_{G12}+R_{G31}-R_{G23})$

⑤-③하면 $R_{G2}=\frac{1}{2}(R_{G12}+R_{G23}-R_{G31})$

⑤-①하면 $R_{G3}=\frac{1}{2}(R_{G23}+R_{G31}-R_{G12})$가 된다.

※ 쉽게 암기하는 방법

• R_{G1}을 구할 때는 1이 포함된 항은 +, 1이 포함되지 않은 항은 -로

• R_{G2}을 구할 때는 2가 포함된 항은 +, 2가 포함되지 않은 항은 -로

• R_{G3}을 구할 때는 3이 포함된 항은 +, 3이 포함되지 않은 항은 -로 하면 된다.

14

출제 : 22년 • 배점 : 5점

역률(지상)이 0.8인 유도부하 30[kW]와 역률이 1인 전열기 부하 25[kW]가 있다. 이들 부하에 사용할 변압기의 표준용량[kVA]를 구하시오. (단, 변압기의 표준용량[kVA]은 5, 10, 15, 20, 25, 50, 75, 100)

·계산 : ·답 :

|계|산|및|정|답|

【계산】 ① 합성유효전력 $P=30+25=55[\mathrm{kW}]$

② 합성무효전력 $P_r=30\times\frac{\sqrt{1-0.8^2}}{0.8}+25\times 0=22.5[\mathrm{kVar}]$

∴변압기의 표준용량(피상전력) $P_a=\sqrt{P^2+P_r^2}=\sqrt{55^2+22.5^2}=59.42[\mathrm{kVA}]$ → (표준용량에서 75[kVA] 선정)

【정답】 75[kVA]

|추|가|해|설|

1. 무효전력 $P_r=P\tan\theta=P\times\frac{\sin\theta}{\cos\theta}[\mathrm{kVar}]$

2. 피상전력 $P_a=\sqrt{P^2+P_r^2}[\mathrm{kVA}]$

15

출제 : 22, 00년 • 배점 : 6점

그림과 같이 50[kW], 40[kW] 부하설비에 수용률이 각각 60[%], 70[%]로 할 경우 다음 물음에 답하시오. (단, 각 변압기 상호간의 부등률을 1.2이다.)

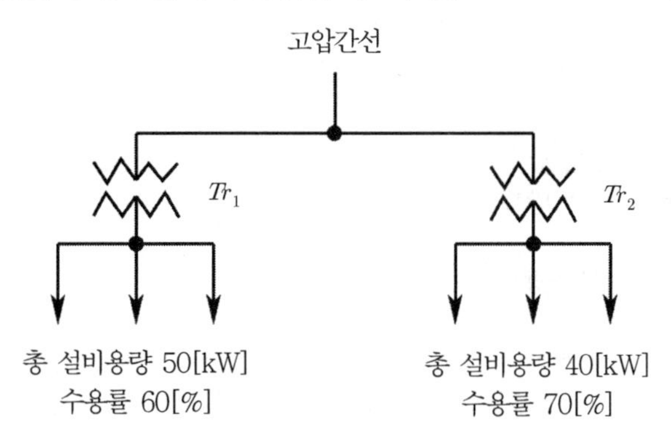

(1) Tr1 변압기의 최대부하는 몇 [kW]인지 구하시오.

•계산 : · 답 :

(2) Tr2 변압기의 최대부하는 몇 [kW]인지 구하시오.

•계산 : · 답 :

(3) 고압 간선의 합성최대수용전력은 몇 [kW]인지 구하시오.

•계산 : · 답 :

|계|산|및|정|답|

(1) 【계산】 $P_1 = 50 \times 0.6 = 30[\text{kW}]$ 【정답】 30[kW]

(2) 【계산】 $P_1 = 40 \times 0.7 = 28[\text{kW}]$ 【정답】 28[kW]

(3) 【계산】 $P_0 = \dfrac{30+28}{1.2} = 48.33[\text{kW}]$ 【정답】 48.33[kW]

|추|가|해|설|

1. 변압기 용량 ≥ 합성 최대 수용 전력[kW] $= \dfrac{\text{최대수용전력}}{\text{부등률}} = \dfrac{\text{설비용량} \times \text{수용률}}{\text{부등률}}[\text{kW}]$

2. 부등률 $= \dfrac{\text{최대수용전력의 합}}{\text{합성최대수용전력}}$

16

출제 : 22년 • 배점 : 5점

3상 농형유도전동기의 기동방법 중 기동전류가 가장 큰 기동방법과 기동토크가 가장 큰 기동방법을 다음 보기에서 골라 쓰시오.

【보기】 직입기동, Y−△기동, 리액터기동, 콘돌퍼기동

(1) 기동전류가 가장 큰 기동방법

(2) 기동토크가 가장 큰 기동방법

|계|산|및|정|답|

(1) 직입기동

(2) 직입기동

|추|가|해|설|

[농형 유도전동기의 기동방법]

(1) 전 전압 직입기동(직입기동)

전 전압 직입기동은 전동기 회로에 전 전압을 직접 인가하여 전동기를 구동하는 가장 간단한 방법으로 용량이 작은 경우에 할 수 있다.

(2) 스타델타(Y−△) 기동

- 일반적으로 저압 전동기는 5.5~15[kW]이면 Y−△ 기동으로 할 수 있다.
- Y−△ 기동은 기동시에는 Y(스타) 결선으로 하여 인가전압을 등가적으로 $\frac{1}{\sqrt{3}}$ 로 하며, 기동전류 및 기동토크를 $\frac{1}{3}$ 로 되게 한다.
- Y에서 △로 전환할 때 전동기를 전원에서 분리하고 전환하는 오픈 트랜지션 방식과 전원을 분리하지 않고 전환하는 클로즈 트랜지션 방식이 있으며 클로즈 트랜지션 방식은 전환시 돌입전류가 작다.
- 오픈 트랜지션 방식 사용시는 3접촉기 방식을 사용하는 것으로 한다.

(3) 기동보상기에 의한 기동

15[kW] 이상의 농형 유도 전동기에서는 단권변압기를 사용하여 공급 전압을 낮추어 기동 전류를 정격전류의 100~150[%] 정도로 제한한다.

(4) 리액터 기동

- 리액터 기동은 전동기와 직렬로 리액터를 연결하여 리액터에 의한 전압강하를 발생시킨 다음 유도전동기에 단자전압을 감압시켜 작은 시동토크로 기동할 수 있는 방법을 말한다.
- 리액터 탭은 50−60−70−80−90[%]이며 기동토크는 25−36−49−64−81[%]이다.
- 기동전류는 전압강하 비율로 감소하여 토크는 전압강하 제곱비율로 감소하므로 토크 부족에 의한 기동불능에 주의한다.
- 기동쇼크를 줄이는 완충기동기(쿠션스타터)로 사용할 수 있으며, 단선도를 참조한다(기동, 정지가 잦은 용도에서는 사용 못함).

(5) 콘돌퍼기동

- 콘돌퍼기동은 기동시 전동기의 인가전압을 기동보상기(단권변압기)로 내려서 기동하는 기동보상기 방법의 일종으로 리액터 회로의 완충기동기로 전환 후 클로즈 트랜지션하는 방법이므로 이를 참조하고, 다음의 단선도를 참조한다.
- 일반적으로 기동보상기의 탭은 50−65−80[%]이며, 이때 기동토크는 25−42− 64[%]로 변한다.

17

출제 : 22년 • 배점 : 4점

한국전기설비규정에 따른 저압전로 중의 전동기 보호용 과전류보호장치의 시설에 관한 설명 중 일부이다. 빈칸에 알맞은 내용을 쓰시오.

옥내에 시설하는 전동기(정격출력이 0.2[kW] 이하인 것을 제외한다. 이하 여기에서 같다)에는 전동기가 손상될 우려가 있는 과전류가 생겼을 때에 자동적으로 이를 저지하거나 이를 경보하는 장치를 하여야 한다. 다만, 다음의 어느 하나에 해당하는 경우에는 그러하지 아니하다.

가. 전동기를 운전 중 상시 취급자가 감시할 수 있는 위치에 시설하는 경우

나. 전동기의 구조나 부하의 성질로 보아 전동기가 손상될 수 있는 과전류가 생길 우려가 없는 경우

다. 단상전동기[KS C 4204(2013)의 표준정격의 것을 말한다]로써 그 전원 측 전로에 시설하는 과전류차단기의 정격전류가 (①)[A](배선차단기는 (②)[A]) 이하인 경우

|계|산|및|정|답|

【정답】 ① 16 ② 20

|추|가|해|설|

[저압전로 중의 전동기 보호용 과전류보호장치의 시설 (KEC 212.6.3)]

옥내에 시설하는 전동기(정격출력이 0.2[kW] 이하인 것을 제외한다. 이하 여기에서 같다)에는 전동기가 손상될 우려가 있는 과전류가 생겼을 때에 자동적으로 이를 저지하거나 이를 경보하는 장치를 하여야 한다. 다만, 다음의 어느 하나에 해당하는 경우에는 그러하지 아니하다.

가. 전동기를 운전 중 상시 취급자가 감시할 수 있는 위치에 시설하는 경우

나. 전동기의 구조나 부하의 성질로 보아 전동기가 손상될 수 있는 과전류가 생길 우려가 없는 경우

다. 단상전동기[KS C 4204(2013)의 표준정격의 것을 말한다]로써 그 전원 측 전로에 시설하는 **과전류차단기의 정격전류가 16[A](배선차단기는 20[A]) 이하**인 경우

18

출제 : 22, 17, 07년 • 배점 : 5점

폭 5[m], 길이 7.5[m], 천장높이 3.5[m]의 방에 형광등 40[W] 4등을 설치하니 평균 조도가 100[lx]가 되었다. 40[W] 형광등 1등의 광속이 3000[lm], 조명률 0.5일 때 감광보상률 D를 구하시오.

·계산 : ·답 :

|계|산|및|정|답|

【계산】 감광보상률 $D=\dfrac{F\times N\times U}{EA}=\dfrac{3000\times0.5\times4}{100\times5\times7.5}=1.6$ 【정답】 1.6

|추|가|해|설|

감광보상률 $D=\dfrac{1}{M}$ (M : 유지율(보수율), D : 감광보상률($D > 1$))

$$E=\frac{F\times N\times U\times M}{A} \quad\rightarrow\quad M=\frac{EA}{F\times N\times U}$$

여기서, E : 평균 조도[lx], F : 램프 1개당 광속[lm], N : 램프 수량[개], U : 조명률, M : 보수율

A : 방의 면적[m^2](방의 폭×길이)

$$\therefore D=\frac{1}{M}=\frac{F\times N\times U}{EA}$$

19

출제 : 22년 • 배점 : 11점

아래는 3상 유도전동기에 전력을 공급하는 분기회로이다. 다음 각 물음에 답하시오.

정격전류 : 50[A], 공사방법 : B2, 주위온도 : 40[℃], 분기선은 XLPE절연 동(Cu)도체, 허용전압강하 : 2[%], 분기점에서 전동기까지 거리 : 70[m], 기타사항은 고려하지 않는다.

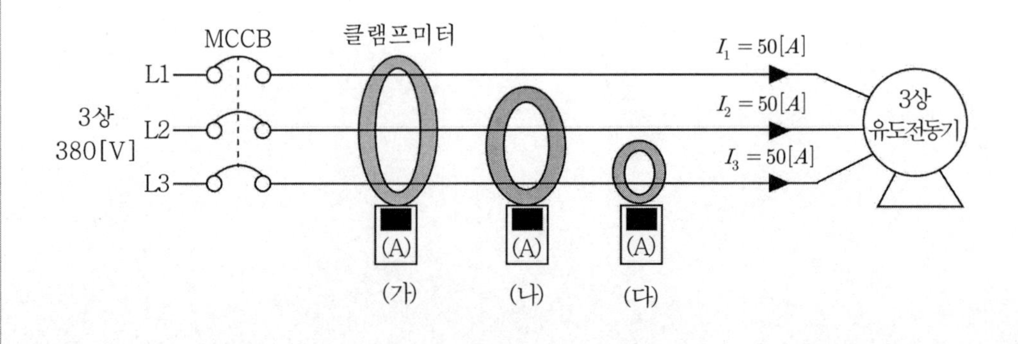

[표1] 표준 공사방법의 허용전류[A]

구리 도체의 공칭 단면적 $[mm^2]$	공사방법									
	A1 단열벽안 전선관의 절연전선		A2 단열벽안 전선관의 다심케이블		B1 석재벽면/안 전선관의 절연전선		B2 석재벽면/안 전선관의 다심케이블		C 벽면에 공사한 단심/다심 케이블	
	단상	3상	단상	3상	단상	3상	단상	3상	단상	3상
1.5	19	17	18.5	16.5	23	20	22	19.5	24	22
2.5	26	23	25	22	31	28	30	26	33	30
4	35	31	33	30	42	37	40	35	45	40
6	45	40	42	38	54	48	51	44	58	52
10	61	54	57	51	75	66	69	60	80	71
16	81	73	76	68	100	88	91	80	107	96
25	106	95	99	89	133	117	119	105	138	119
35	131	117	121	109	164	144	146	128	171	147
50	158	141	145	130	198	175	175	154	209	176
70	200	179	183	164	253	222	221	194	269	229
95	241	216	220	197	306	269	265	233	328	278
120	278	249	253	227	354	312	305	268	382	322
150	318	285	290	259					441	371
185	362	324	329	295					506	424
240	424	380	386	346					599	500
300	486	435	442	396					693	576

[표2] 기중케이블의 허용전류에 적용되는 대기 주위온도가 30[℃] 이하인 경우의 보정계수

주위온도(℃)	절연체	
	PVC	XLPE 또는 EPR
10	1.22	1.15
15	1.17	1.12
20	1.12	1.08
25	1.06	1.04
30	1.00	1.00
35	0.94	0.96
40	0.87	0.91
45	0.79	0.87
50	0.71	0.82
55	0.61	0.76
60	0.50	0.71

(1) 공사방법 및 주위온도를 고려한 분기선 도체의 최소 굵기를 표를 참고하여 선정하시오. (단, 허용 전압강하는 고려하지 않는다.)

· 계산 : · 답 :

(2) 허용 전압강하를 고려한 분기선 도체의 굵기를 계산하고, 상기 조건을 모두 만족하는 최소 굵기를 표에서 최종 선정하시오. (단, 주위온도에 대한 보정은 고려하지 않는다.)

· 계산 : · 답 :

(3) 3상 유도전동기는 고장 없이 정상 운전 중이고 각 상은 평형 전류 50[A]이다. 유지관리를 위해 클램프미터로 그림과 같이 3회 전류측정을 하였다. 클램프미터 (가), (나), (다)의 측정값을 쓰시오.

|계|산|및|정|답|

(1) 【계산】 ① 주위온도 40[℃, XLPE절연 → [표2]에서 보정계수 0.91 선정

허용전류 $I=\frac{50}{0.91}=54.95[A]$

② 공사방법 → B2, 3상이므로 → [표1]에서 허용전류 60[A]인 공칭단면적 $10[mm^2]$ 선정

【정답】 $10[mm^2]$

(2) 【계산】 ① 허용전압강하를 고려한 전선의 굵기

$A=\frac{30.8LI}{1000e}=\frac{30.8\times 70\times 50}{1000\times 380\times 0.02}=14.18[mm^2]$ → [표1]에서 공칭단면적 $16[mm^2]$ 선정

② (1)과 (2) 중 더 굵은 전선을 선정하여야 하므로 $16[mm^2]$ 선정 【정답】 $16[mm^2]$

(3) 【정답】 (가) 0[A] (나) 50[A] (다) 50[A]

|추|가|해|설|

(3) (가) $I=I_a+I_b+I_c$

$$=50+50\left(-\frac{1}{2}-j\frac{\sqrt{3}}{2}\right)+50\left(-\frac{1}{2}+j\frac{\sqrt{3}}{2}\right)$$

$$=50-25-j25\sqrt{3}-25+j25\sqrt{3}=0[A]$$

(나) $I=|I_b+I_c|$

$$=\left|50\left(-\frac{1}{2}-j\frac{\sqrt{3}}{2}\right)+50\left(-\frac{1}{2}+j\frac{\sqrt{3}}{2}\right)\right|$$

$$=|-25-j25\sqrt{3}-25+j25\sqrt{3}|=50[A]$$

03 2022년 전기산업기사 실기

01

출제 : 22, 12년 • 배점 : 4점

다음 논리회로의 출력을 논리식으로 나타내고 간략화 하시오.

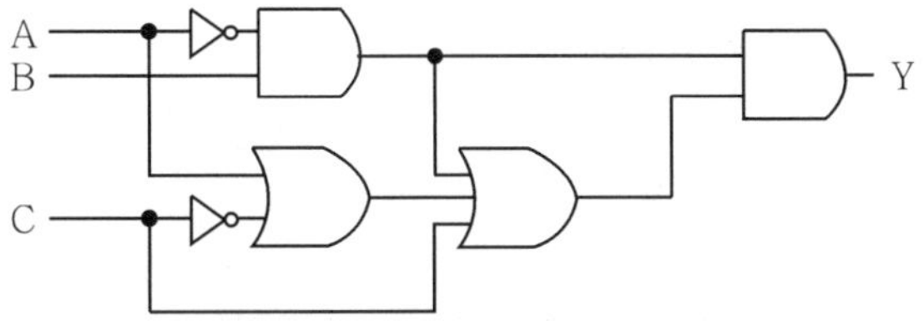

|계|산|및|정|답|

$Y = (\overline{A} \cdot B)(\overline{A} \cdot B + A + \overline{C} + C) = (\overline{A} \cdot B)(\overline{A} \cdot B + A + 1) = \overline{A} \cdot B$

|추|가|해|설|

$\overline{C} + C = 1, \quad \overline{A} \cdot B + A + 1 = 1$

02

출제 : 22, 03, 02년 • 배점 : 7점

어느 회사의 한 부지 내에 A, B, C의 세 개의 공장을 세워 3대의 급수 펌프 P_1(소형), P_2(중형), P_3(대형)로 다음과 같이 급수 계획을 세웠을 때 다음 물음에 답하시오.

〈조 건〉

① 모든 공장 A, B, C가 휴무이거나 또는 그 중 한 공장만 가동할 때는 펌프 P_1만 가동시킨다.
② 모든 공장 A, B, C, D 중 어느 것이나 두 공장만 가동할 때에는 펌프 P_2만 가동시킨다.
③ 모든 공장 A, B, C를 모두 가동할 때에는 P_3만 가동시킨다.

(1) 조건과 같은 진리표를 작성하시오.

A	B	C	P_1	P_2	P_3
0	0	0			
0	0	1			
0	1	0			
0	1	1			
1	0	0			
1	0	1			
1	1	0			
1	1	1			

(2) P_1, P_2, P_3의 출력식을 각각 쓰시오.

* 접점 심벌을 표시할 때는 A, B, C, D, $\overline{A}$, $\overline{B}$, $\overline{C}$ 등 문자를 이용하여 표현하시오.

(3) P_1, P_2에 대한 논리회로를 완성하시오.

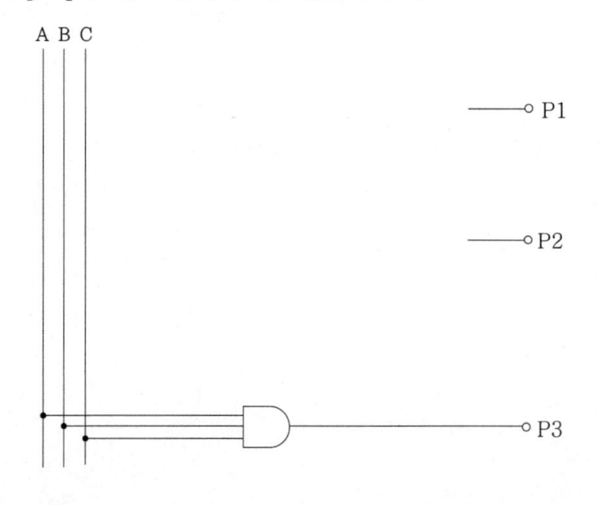

|계|산|및|정|답|

(1)

A	B	C	P_1	P_2	P_3
0	0	0	1	0	0
0	0	1	1	0	0
0	1	0	1	0	0
0	1	1	0	1	0
1	0	0	1	0	0
1	0	1	0	1	0
1	1	0	0	1	0
1	1	1	0	0	1

(2) ① $P_1=\overline{A}\cdot\overline{B}\cdot\overline{C}+\overline{A}\cdot\overline{B}\cdot C+\overline{A}\cdot B\cdot\overline{C}+A\cdot\overline{B}\cdot\overline{C}=\overline{A}\cdot\overline{B}\cdot\overline{C}+\overline{A}\cdot\overline{B}\cdot\overline{C}+\overline{A}\cdot\overline{B}\cdot\overline{C}+\overline{A}\cdot\overline{B}\cdot C+\overline{A}\cdot B\cdot\overline{C}+A\cdot\overline{B}\cdot\overline{C}$

$=\overline{A}\cdot\overline{B}\cdot(\overline{C}+C)+\overline{A}\cdot\overline{C}\cdot(\overline{B}+B)+\overline{B}\cdot\overline{C}\cdot(\overline{A}+A)=\overline{A}\cdot\overline{B}+\overline{A}\cdot\overline{C}+\overline{B}\cdot\overline{C}=\overline{A}\cdot\overline{B}+(\overline{A}+\overline{B})\cdot\overline{C}$

② $P_2=\overline{A}\cdot B\cdot C+A\cdot\overline{B}\cdot C+A\cdot B\cdot\overline{C}=\overline{A}\cdot B\cdot C+A\cdot(\overline{B}\cdot C+B\cdot\overline{C})$

③ $P_3=A\cdot B\cdot C$

(3)

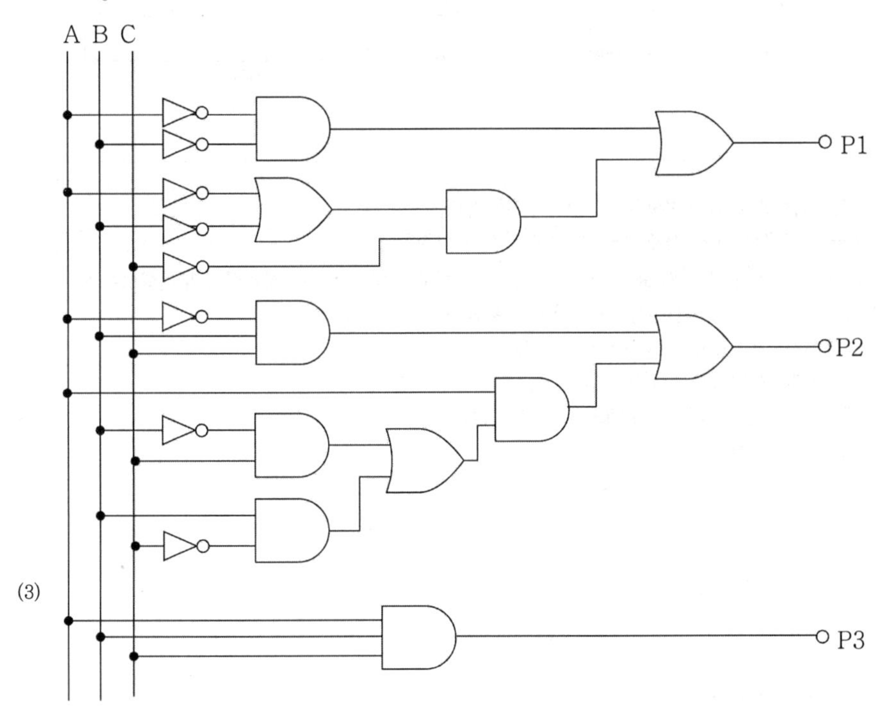

03

출제 : 22, 02년 • 배점 : 6점

그림과 같은 평면도의 2층 건물에 대한 배선설계를 하려고 한다. 다음 주어진 조건을 이용하여 1층 및 2층을 분리하여 분기회로수를 결정하시오.

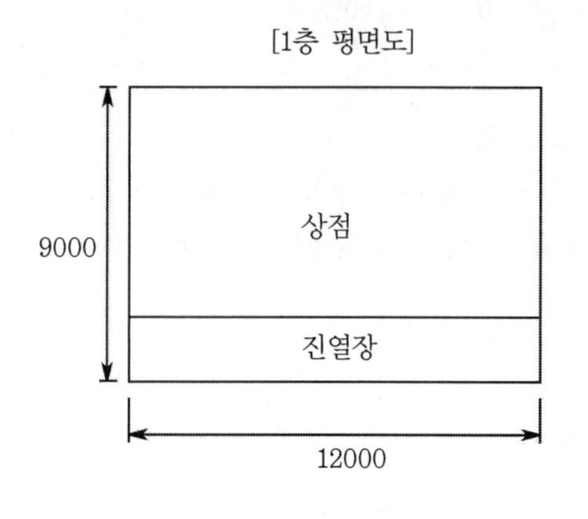

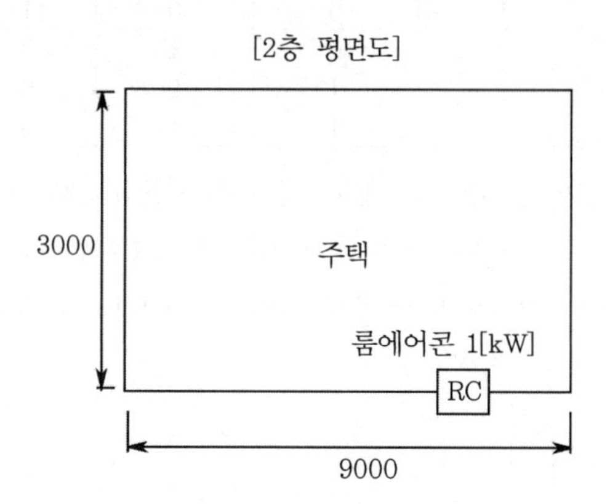

- 분기회로는 16[A] 분기회로로 하고 80[%]의 정격이 되도록 한다.
- 배전전압은 220[V]를 기준으로 하여 적용 가능한 최대 부하를 상정한다.
- 주택의 표준 부하는 40[VA/m^2], 상점의 표준 부하는 30[VA/m^2]로 하되 1층, 2층 분리하여 분기회로수를 결정하고 상점과 주거용에 각각 1000[VA]를 가산하여 적용한다.
- 상점의 진열장에 대해서는 길이 1[m]당 300[VA]를 적용한다.
- 옥외 광고등 500[VA]짜리 1등이 1층 상점에 있고 단독 분기회로로 한다.
- 기타 예상되는 콘센트, 소켓 등이 있는 경우에도 적용하지 않는다.
- 룸에어콘은 단독 분기회로로 한다.

(1) 1층(상점)의 분기회로수는?

- 계산 : 　　　　　　　　　　　　　　　　　　　• 답 :

(2) 2층(주택)의 분기회로수는?

- 계산 : 　　　　　　　　　　　　　　　　　　　• 답 :

|계|산|및|정|답|

(1) 【계산】 분기회로수 $n = \dfrac{\text{상정 부하 설비의 합}[VA]}{\text{전압} \times \text{분기회로 전류}}$

→ (최대상정부하 $P = (12 \times 9 \times 30) + 12 \times 300 + 500 + 1000 = 8340$)

$= \dfrac{8340}{220 \times 16 \times 0.8} = 2.96$에서 옥외용 광고등 전용 분기를 가하여

【정답】 16[A] 분기 3회로

(2) 【계산】 분기회로수 $n = \dfrac{\text{상정 부하 설비의 합}[VA]}{\text{전압} \times \text{분기회로 전류}}$

→ (최대상정부하 $P = 9 \times 3 \times 40 + 1000 = 2080[VA]$, 룸에어콘 별도 회로)

$= \dfrac{2080}{220 \times 16 \times 0.8} = 0.74$[회로] → (룸에어콘용 별도 1회로)

【정답】 16[A] 분기 2회로

|추|가|해|설|

[표준부하에 의한 분기회로 계산 방법]

① 표준부하에 의해서 최대부하용량을 산정한다.

② 분기회로수[N]= $\dfrac{\text{최대 부하산정 용량[W]}}{\text{전압[V]} \times \text{분기회로 정격전류[A]}}$

※ · 최대상정부하=바닥면적×표준부하+룸에어콘+가산부하

· 분기회로수 산정 시 소수점이 발생되면 무조건 절상하여 산출한다.

04

출제 : 22년 • 배점 : 5점

세 변압기의 용량은 30[kW], 20[kW], 25[kW] 부하설비에 수용률이 각각 60[%], 50[%], 65[%]로 할 경우 변압기 용량은 몇 [kVA]가 필요한지 표에서 선정하시오. (단, 부등률은 1.1, 종합부하 역률은 85[%]이다.)

변압기 표준용량[kVA]

25	30	50	75	100	150

•계산 : •답 :

|계|산|및|정|답|

【계산】 변압기 용량(Tr) $= \dfrac{\text{설비용량} \times \text{수용률}}{\text{부등률} \times \text{역률}} [kVA] = \dfrac{(30 \times 0.6) + (20 \times 0.5) + (25 \times 0.65)}{1.1 \times 0.85} = 47.33[\text{kVA}]$

【정답】 위의 표에서 50[kVA] 선정

|추|가|해|설|

변압기 용량 $\geq$ 합성 최대 수용 전력[kW] $= \dfrac{\text{최대수용전력}}{\text{부등률}} = \dfrac{\text{설비용량} \times \text{수용률}}{\text{부등률}}[\text{kW}]$

05

출제 : 22년 • 배점 : 5점

연축전지의 정격용량은 200[Ah], 상시부하 22[kW], 표준전압 220[V]인 부동충전 방식의 충전기 2차충전전류값은 얼마인지 계산하시오.(단, 연축전지의 정격방전율은 10[Ah]이며, 상시 부하의 역률은 100[%]로 한다.)

•계산 : •답 :

|계|산|및|정|답|

【계산】 2차전류 $I_2 = \dfrac{\text{축전지용량}[Ah]}{\text{방전율}[h]} + \dfrac{\text{상시부하용량}(P)}{\text{표준전압}(V)} = \dfrac{100}{10} + \dfrac{22 \times 10^3}{220} = 120[A]$

【정답】 120[A]

|추|가|해|설|

•충전기 2차충전 전류$[A] = \dfrac{\text{축전지 용량}[Ah]}{\text{정격 방전율}[h]} + \dfrac{\text{상시 부하 용량}[VA]}{\text{표준 전압}[V]}$

06

출제 : 22, 10년 • 배점 : 5점

그림과 같은 계통에서 단락점에 흐르는 단락전류를 구하시오.
(단, 선로의 전압은 154[kV], 기준용량은 10[MVA]으로 한다.)

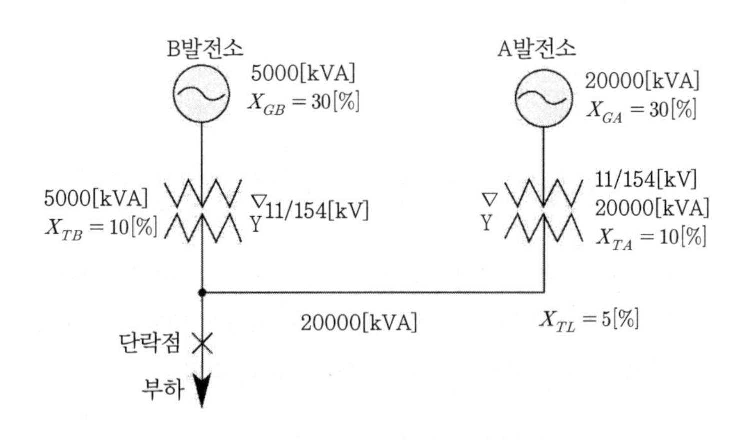

•계산 : •답 :

|계|산|및|정|답|

【계산】 ① 정격전류 $I_n = \dfrac{P_n}{\sqrt{3}\,V_n} = \dfrac{10\times 10^6}{\sqrt{3}\times 154\times 10^3} = 37.49[A]$

② 10[MVA] 기준으로 %Z를 구한다.

㉮ $\%Z_{GA} = \dfrac{10}{20}\times 30 = 15[\%]$ ㉯ $\%Z_{GB} = \dfrac{10}{5}\times 30 = 60[\%]$

㉰ $\%Z_{TA} = \dfrac{10}{20}\times 10 = 5[\%]$ ㉱ $\%Z_{TB} = \dfrac{10}{5}\times 10 = 20[\%]$

㉲ $\%Z_{TL} = \dfrac{10}{20}\times 5 = 2.5[\%]$

㉳ $\%Z = \dfrac{(\%Z_{GA}+\%Z_{TA}+X_{TL})\times(\%Z_{GB}+\%Z_{TB})}{(\%Z_{GA}+\%Z_{TA}+X_{TL})+(\%Z_{GB}+\%Z_{TB})} = \dfrac{(15+5+2.5)\times(60+20)}{(15+5+2.5)+(60+20)} + 2.5 = 17.56[\%]$

∴단락전류 $I_s = \dfrac{100}{\%Z}\times I_n = \dfrac{100}{17.56}\times 37.49 = 213.5[A]$ 【정답】 213.5[A]

|추|가|해|설|

(1) 정격전류 $I_n = \dfrac{P_n}{\sqrt{3}\,V_n}[A]$

(2) 발전기, 변압기 및 송전선로의 %임피던스 $\%Z_{GA}$, $\%Z_{GB}$, $\%Z_{TA}$, $\%Z_{TB}$, $\%Z_{TL}$을 10[MVA] 기준으로 환산한다. 이때 %임피던스는 기준용량에 비례한다.

(3) 단락전류 $I_s = \frac{100}{\%Z} \times I_n$[A] → ($I_n$: 정격전류[A])

(5) 수전전압, 정격차단전류(단락전류)가 주어진 경우 3∅

정격차단용량[MVA]= $\sqrt{3}$ × 정격전압[kV] × 정격차단전류(단락전류)[kVA] → (정격전압= 공칭전압 × $\frac{1.2}{1.1}$)

07

출제년도 : 22, 19, 15년 • 배점 : 5점

그림과 같은 교류 3상 3선식 전로에 연결된 3상 평형부하가 있다. 이때 T상의 P점이 단선된 경우, 이 부하의 소비전력은 단선 전 소비전력에 비하여 어떻게 되는지 계산식을 이용하여 설명하시오. (단, 선간전압은 E[V]이며, 부하의 저항은 R[Ω]이다.)

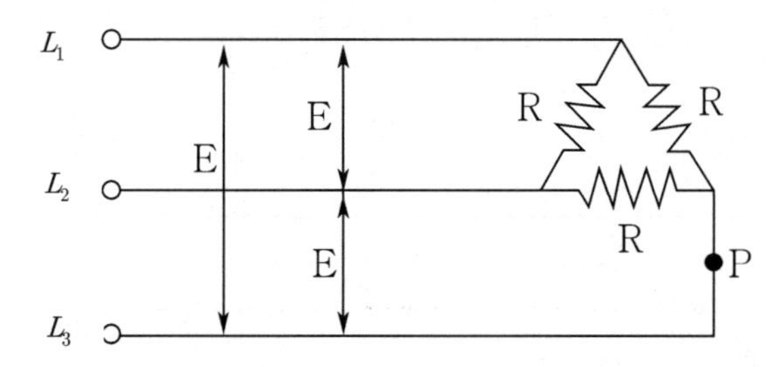

• 계산 : • 답 :

| 계 | 산 | 및 | 정 | 답 |

① 단선 전 3상의 부하의 소비전력 $P_\triangle = 3 \times \frac{E^2}{R}$

② 단선 후 부하의 소비전력

P점 단선시 합성저항은 $R_0 = \frac{2R \times R}{2R + R} = \frac{2}{3} \times R$이므로,

단선 후 단상의 소비전력은 $P' = \frac{E^2}{R_0} = \frac{E^2}{\frac{2}{3} \times R} = 1.5 \times \frac{E^2}{R}$ 이다.

③ 단선후 부하의 소비전력의 비 $\frac{P'}{P_\triangle} = \frac{1.5 \times \frac{E^2}{R}}{3 \times \frac{E^2}{R}} = \frac{1}{2}$, 즉 단선 전 소비전력의 $\frac{1}{2}$ 배이다.

【정답】 $\frac{1}{2}$

| 추 | 가 | 해 | 설 |

[단선 후 등가 회로]

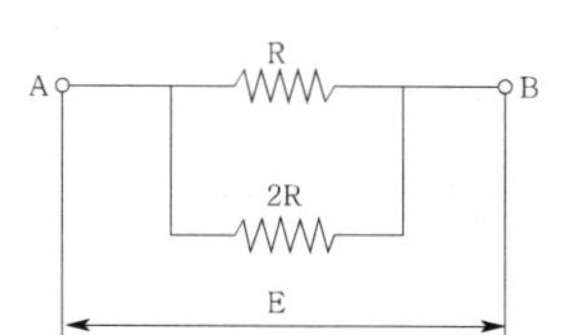

※P점이 단선되면 3상 부하에서 단상 부하가 된다.

08

출제 : 22, 18년 • 배점 : 4점

미완성 부분인 단상 변압기 3대를 $\triangle - Y$ 결선하시오.

| 계 | 산 | 및 | 정 | 답 |

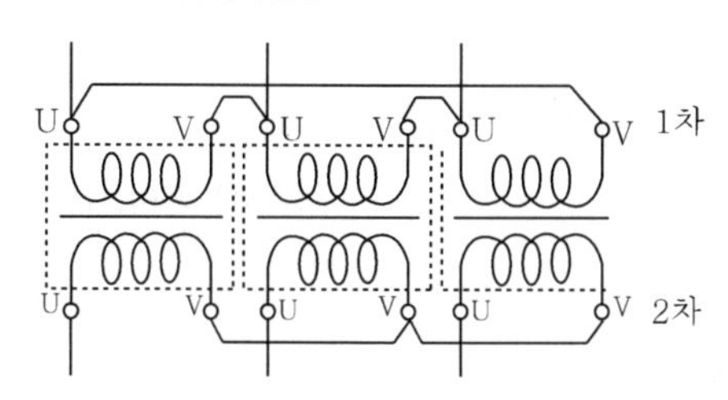

→ (1차는 △결선, 2차는 Y결선으로 한다.)

09

출제 : 22, 07년 • 배점 : 12점

그림과 같은 3상 배전선이 있다. 변전소(A점)의 전압은 3300[V], 중간(B점) 지점의 부하는 60[A], 역률 0.8(지상), 말단(C점)의 부하는 40[A], 역률 0.8이다. AB사이의 길이는 3[km], BC 사이의 길이는 2[km]이고, 선로의 km당 임피던스는 저항 0.9[Ω], 리액턴스 0.4[Ω]이다.

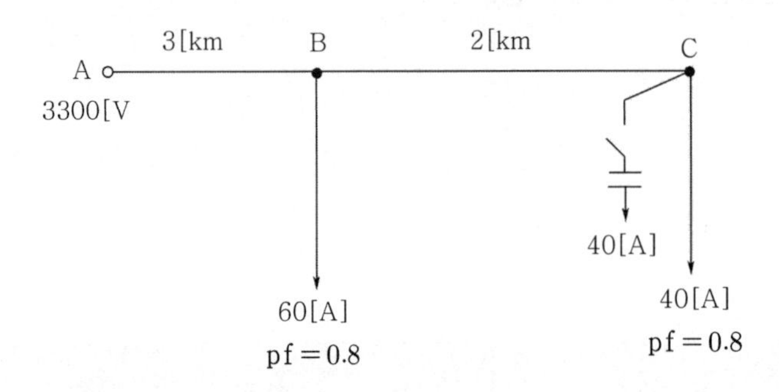

(1) C점에 전력용 콘덴서가 없는 경우 B점, C점의 전압은?

•계산 : •답 :

(2) C점에 전력용 콘덴서를 설치하여 진상 전류 40[A]를 흘릴 때 B점, C점의 전압은?

•계산 : •답 :

|계|산|및|정|답|

(1) 【계산】 ① B점의 전압 $V_B = V_A - \sqrt{3}\, I_1 (R_1 \cos\theta + X_1 \sin\theta)$

$= V_A - \sqrt{3}(I_1 \cos\theta \times R_1 + I_1 \sin\theta \times X_1)$

$= 3300 - \sqrt{3}(100 \times 0.8 \times 3 \times 0.9 + 100 \times 0.6 \times 3 \times 0.4) = 2801.17[\mathrm{V}]$

【정답】 2801.17[V]

② C점의 전압 $V_C = V_B - \sqrt{3}\, I_2 (R_2 \cos\theta + X_2 \sin\theta)$

$= 2801.17 - \sqrt{3} \times 40(2 \times 0.9 \times 0.8 + 2 \times 0.4 \times 0.6) = 2668.15[V]$

【정답】 2668.15[V]

(2) 【계산】 ① B점의 전압 $V_B = V_A - \sqrt{3} \times [I_1 \cos\theta \cdot R_1 + (I_1 \sin\theta - I_c) \cdot X_1]$

$= 3300 - \sqrt{3} \times [100 \times 0.8 \times 3 \times 0.9 + (100 \times 0.6 - 40) \times 3 \times 0.4] = 2884.31[V]$

【정답】 2884.31[V]

② C점의 전압 $V_C = V_B - \sqrt{3} \times [I_2 \cos\theta \cdot R_2 + (I_2 \sin\theta - I_c) \cdot X_2]$

$= 2884.31 - \sqrt{3} \times [40 \times 0.8 \times 2 \times 0.9 + (40 \times 0.6 - 40) \times 2 \times 0.4] = 2806.71[V]$

【정답】 2806.71[V]

10

출제 : 22년 • 배점 : 5점

다음과 같이 조명기구가 설치되어 있다. A점에서의 수평면 조도를 구하시오. 단, 각 조명의 광도는 1000[cd]이다.

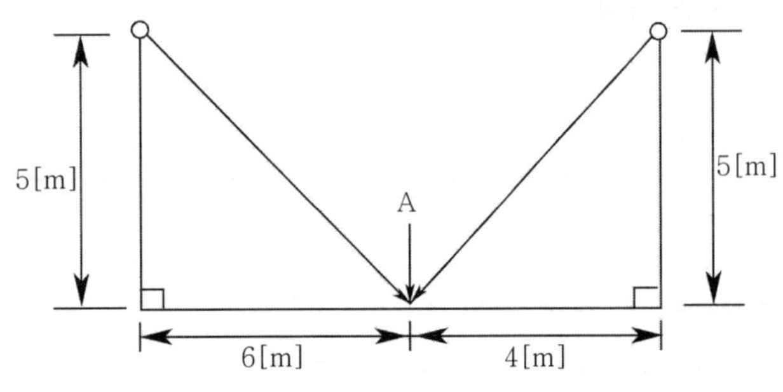

•계산 : •답 :

|계|산|및|정|답|

【계산】 ① 왼쪽 조명의 수평면 조도

$$E_L = \frac{I}{R_L^2}\cos\theta = \frac{1000}{5^2+6^2} \times \frac{5}{\sqrt{5^2+6^2}} = 10.49[\text{lx}]$$

② 오른쪽 조명의 수평면 조도

$$E_R = \frac{I}{R_R^2}\cos\theta' = \frac{1000}{5^2+4^2} \times \frac{5}{\sqrt{5^2+4^2}} = 19.05[\text{lx}]$$

∴수평면 조도 $E_h = E_L + E_R = 10.49 + 19.05 = 29.54[\text{lx}]$

【정답】 29.54[lx]

|추|가|해|설|

[조도의 구분]

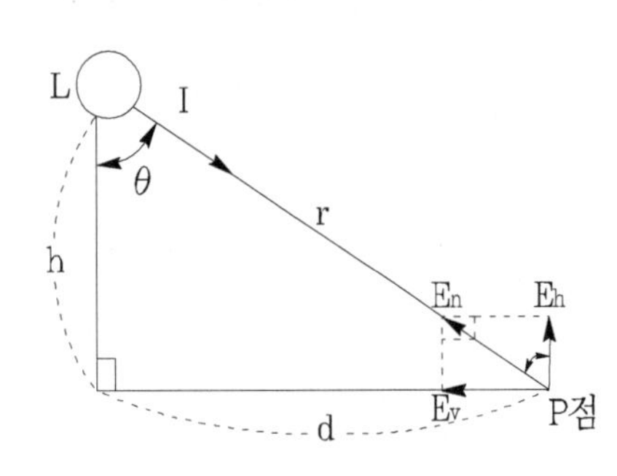

① 법선조도 $E_n = \frac{I}{r^2}[\text{lx}]$

② 수평면조도 $E_h = E_n\cos\theta = \frac{I}{r^2}\cos\theta = \frac{I}{h^2}\cos\theta^3[\text{lx}]$

③ 수직면조도 $E_v = E_n\sin\theta = \frac{I}{r^2}\sin\theta = \frac{I}{d^2}\sin\theta^3 = \frac{I}{h^2}\cos^2\theta\sin\theta$

④ 역률 $\cos\theta = \frac{h}{r} = \frac{h}{\sqrt{h^2+d^2}}$

11

출제 : 22, 19년 • 배점 : 5점

계기용 변류기(CT)의 목적과 정격부담에 대하여 설명하시오.

(1) 계기용 변류기의 사용 목적

(2) 정격부담

|계|산|및|정|답|

(1) 목적 : 회로의 대전류를 소전류(5[A])로 변성하여 계기나 계전기에 전류원 공급

(2) 정격부담 : 변류기 2차 측 단자 간에 접속되는 부하의 한도를 말하며 [VA]로 표시한다.

|추|가|해|설|

1. 계기용 변압기(PT)
   ① 용도 및 목적
      - 1차 측의 고전압을 2차 측의 저전압(110[V])으로 변성하여 계기나 계전기에 전압원 공급
      - 배전반의 전압계, 전력계, 주파수계 등 각종 계기 및 표시등의 전원으로 사용

   ② 접속 : 주회로에 병렬연결
   ③ 2차접속부하 : 전압계, 계전기의 전압 코일, 역률계, 임피던스가 큰 부하
   ④ 정격전압 : 110[V]
   ⑤ 정격부담 : 변성기의 2차측 단자간에 접속되는 부하의 한도를 말하며 [VA]로 표시
   ⑥ 심벌 :
   ⑦ 주의사항 : 2차 측을 단락하지 말 것

2. 계기용 변류기(CT)
   ① 용도 및 목적
      - 회로의 1차 측의 대전류를 2차 측의 소전류(5[A])로 변성하여 계기나 계전기에 전류원 공급
      - 배전반의 전류계, 전력계, 역률계 등 각종 계기 및 차단기 트립 코일의 전원으로 사용

   ② 접속 : 주회로에 직렬연결
   ③ 2차접속부하 : 전류계, 전원 릴레이의 전류 코일, 차단기의 트립 코일, 전원 임피던스가 작은 부하
   ④ 정격전류 : 5[A]
   ⑤ 정격부담 : 변류기 2차측 단자간에 접속되는 부하의 한도를 말하며 [VA]로 표시
   ⑥ 심벌 : CT CT
   ⑦ 주의사항 : 2차 측을 개방하지 말 것

※[변성기의 정격부담] 정격부담이란 변성기(PT, CT)의 2차 측 단자 간에 접속되는 부하의 한도, 기호는 [VA]로 표한다.

   ⑧ 변류비선정
      ㉮ 변압기 수전회로의 변류비 $= \dfrac{\text{최대부하전류} \times (1.25 \sim 1.5)}{5}$ [A]
      ㉯ 전동기 회로의 변류비 $= \dfrac{\text{최대부하전류} \times (1.5 \sim 2.0)}{5}$ [A]
      ㉰ 계기용변성기(MOF)의 변류비 $= \dfrac{\text{최대부하전류}}{5}$ [A]

12
출제 : 22년 • 배점 : 6점

그림은 변압기의 절연 내력을 시험하기 위한 회로도이다. 그림을 보고 다음 각 물음에 답하시오.

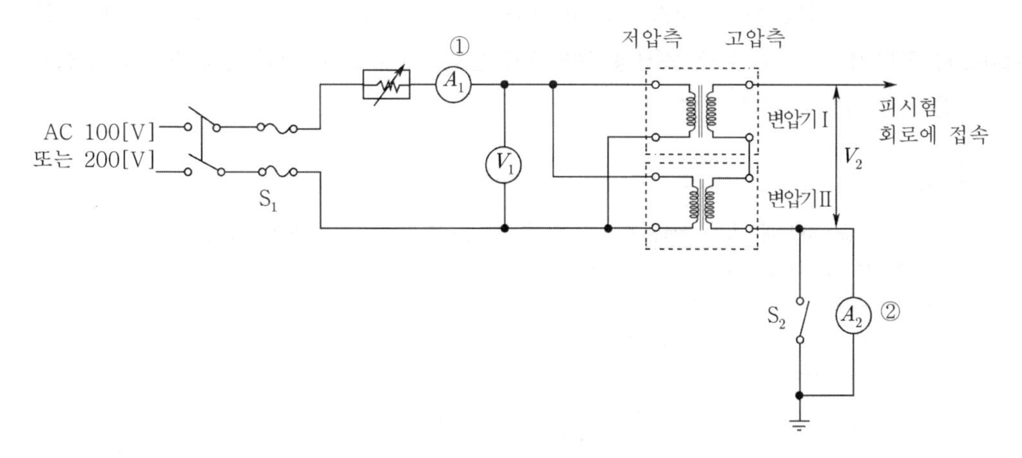

(1) ①의 전류계는 어떤 전류를 측정하는지 쓰시오.

(2) ②의 전류계는 어떤 전류를 측정하는지 쓰시오.

(3) 최대사용전압 6[kV]용 피시험기를 절연내력시험을 하고자 할 때 시험전압을 구하시오.

• 계산 : • 답 :

|계|산|및|정|답|

(1) 변압기 여자전류

(2) 피시험기기의 누설전류

(3) 【계산】 절연 내력 시험 전압 $V = 6000 \times 1.5 = 9000[V]$ → (사용전압이 7[kV] 이하, 1.5배)

【정답】 9000[V]

|추|가|해|설|

[전로의 종류 및 시험전압 (KEC 132)] (최대 사용전압의 배수)

전로의 종류	시험전압
7[kV] 이하	1.5배
7[kV] 초과 25[kV] 이하 (중성점 접지식)	0.92배
7[kV] 초과 60[kV] 이하	1.25배 (10,500[V] 미만으로 되는 경우는 10,500[V])
60[kV] 초과 (중성점 비접지식)	1.25배
60[kV] 초과 (중성점 접지식)	1.1배 (75[kV] 미만으로 되는 경우에는 75[kV])
60[kV] 초과 (중성점 직접 접지식)	0.72배
170[kV] 초과 (중성점 직접 접지식)	0.64배
60[kV] 초과하는 정류기에 접속되고 있는 전로	교류측의 최대사용전압의 1.1배의 직류전압

13

출제 : 22, 13, 05년 • 배점 : 6점

폭 12[m], 길이 18[m], 천장높이 3.1[m], 작업면(책상 위) 높이 0.85[m]인 사무실이 있다. 이 사무실의 천장은 백색 택스로 마감하였으며, 벽면은 옅은 크림색으로 마감하였고, 실내 조도는 500[lx], 조명기구는 40[W] 2등용[H형] 팬던트를 실시하고자 한다. 이때 다음 조건을 이용하여 각 물음에 설계를 하도록 하시오.

〈조 건〉

① 천장의 반사율은 50[%], 벽의 반사율은 30[%]로서 H형 팬던트의 기구를 사용할 때 조명률은 0.61로 한다.
② H형 팬던트 기구의 보수율은 0.75로 하도록 한다.
③ H형 팬던트 길이는 0.5[m]이다.
④ 램프 광속은 40[W] 1등용 3300[lm]으로 한다.
⑤ 조명기구의 배치는 5열로 배치하도록 하고, 1열 당 등수는 동일하게 한다.

(1) 광원의 높이는 몇 [m]인가?

•계산 : •답 :

(2) 이 사무실의 실지수는 얼마인가?

•계산 : •답 :

(3) 이 사무실에는 40[W] 2등용(H형) 팬던트의 조명기구를 몇 조 설치하여야 하는가?

|계|산|및|정|답|

(1) 【계산】 $H = 3.1 - (0.85 + 0.5) = 1.75[m]$ 【정답】 1.75[m]

(2 【계산】 실지수 $= \frac{XY}{H(X+Y)} = \frac{12 \times 18}{1.75(12+18)} = 4.11$ 【정답】 4.11

(3) 【계산】 등수 $N = \frac{EA}{FUM} = \frac{500 \times (12 \times 18)}{3300 \times 2 \times 0.61 \times 0.75} = 35.77[조]$ 【정답】 40[조]

→ (조명기구의 배치는 5열이고 열 당 등수는 동일해야 하므로 등수는 5의 배수로 되어야 한다.)

|추|가|해|설|

(1) 광원의 높이(H) = 천장의 높이 − 작업면의 높이

(2) 실지수 $K = \frac{X \cdot Y}{H(X+Y)}$

여기서, K : 실지수 X : 방의 폭[m], Y : 방의 길이[m], H : 작업면에서 조명기구 중심까지 높이[m]

(3) 등수 $N = \frac{E \times A}{F \times U \times M} = \frac{E \times A \times D}{F \times U}$

여기서, E : 평균 조도[lx], F : 램프 1개당 광속[lm], N : 램프 수량[개], U : 조명률, D : 감광보상률(=$\frac{1}{M}$)

M : 보수율, A : 방의 면적[m^2](방의 폭×길이)

14

출제 : 22, 13, 06, 02년 • 배점 : 6점

공급전압을 220[V]에서 380[V]로 승압할 경우 저압간선에 나타나는 효과로서 다음 각 물음에 답하시오.

(1) 공급능력은 얼마나 증가하는가?

•계산 : •답 :

(2) 전력손실은 승압 전에 비해 몇 [%]나 감소하는가?

•계산 : •답 :

|계|산|및|정|답|

(1) 【계산】 공급능력 $P=\sqrt{3}\,VI\cos\theta$ →($P \propto V$이므로 공급능력은 전압에 비례)

$$P' = \frac{380}{220} \times P = 1.73P$$

【정답】 1.73[배]

(2) 【계산】 전력손실 $P=P_L \propto \frac{1}{V^2}$ → $P_L{}' = \left(\frac{220}{380}\right)^2 P_L = 0.3352P_L$

따라서 감소는 1−0.33352=0.6648

【정답】 66.48[%]

|추|가|해|설|

(2) 전력손실 $P_L = 3I^2R = 3 \times \left(\frac{P}{\sqrt{3}\,V\cos\theta}\right)^2 \times R = \frac{RP^2}{V^2\cos^2\theta}$ → $P_L \propto \frac{1}{V^2}$

15

출제 : 22년 • 배점 : 5점

다음의 전기 배선용 도식 기호에 대한 명칭을 쓰시오.

●WP	●T	◐2	◐3P	◐E

|계|산|및|정|답|

●WP	●T	◐2	◐3P	◐E
방수형 점멸기	타이머 붙이 점멸기	2구 콘덴서	3극콘덴서	접지극붙이 콘덴서

|추|가|해|설|

1. 점멸기 기호

명칭	그림기호	적요
점멸기	●	① 용량의 표시 방법은 다음과 같다. ·10[A]는 방기하지 않는다. ·15[A] 이상은 전류값을 방기한다. 보기 ●15A ② 극수의 표시 방법은 다음과 같다. ·단극은 방기하지 않는다. ·2극 또는 3로, 4로는 각각 2P 또는 3, 4의 숫자를 방기한다. 보기 ●2P ●3 ③ 방수형은 WP를 방기한다. ●WP ④ 방폭형은 EX를 방기한다. ●EX ⑤ 플라스틱은 P를 방기한다. ●P ⑥ 타이머 붙이는 T를 방기한다. ●T

2. 콘센트

명 칭	그림기호	적 요
콘센트	◐	① 천장에 부착하는 경우는 다음과 같다. 보기 ② 바닥에 부착하는 경우는 다음과 같다. 보기 ③ 용량의 표시 방법은 다음과 같다. ·15[A]는 방기하지 않는다. ·20[A] 이상은 암페어 수를 방기한다. 보기 ◐20A ④ 2구 이상인 경우는 구수를 방기한다. 보기 ◐2 ⑤ 3극 이상인 것은 극수를 방기한다. 3극은 3P, 4극은 4P ⑥ 종류를 표시하는 경우 벽붙이용 보기 ◐ 빠짐 방지형 보기 ◐LK 걸림형 보기 ◐T 접지극붙이 보기 ◐E 접지단자붙이 보기 ◐ET 누전 차단기붙이 보기 ◐EL ⑦ 방폭형은 EX를 방기한다. 보기 ◐EX ⑧ 의료용은 H를 방기한다. 보기 ◐H ⑨ 방수형은 WP를 방기한다. 보기 ◐WP

16

출제 : 22년 • 배점 : 5점

권상 하중이 90[t]이고, 매 분당 3[m/min]의 속도로 물을 끌어 올리는 권상기용 전동기의 용량[kW]을 구하시오. (단, 전동기를 포함한 전체의 효율은 70[%]이다.)

•계산 : •답 :

|계|산|및|정|답|

【계산】 $P=\frac{W\cdot V}{6.12\cdot\eta}=\frac{90\times3}{6.12\times0.7}=63.03[\text{kW}]$

여기서, W : 권상용량[ton], V : 권상속도[m/min], η : 효율)

【정답】 63.03[kW]

|추|가|해|설|

권상기용 전동기 출력 $P=C\frac{W\cdot V}{6.12\eta}[kW]$

여기서, P : 전동기 출력[kW], W : 권상기 중량[ton], η : 효율, V : 권상기 속도[m/min], C : 여유율

17

출제 : 22, 17년 • 배점 : 4점

부하율을 식으로 표시하고 부하율이 높다는 의미에 대해 설명하시오.

(1) 부하율

(2) 부하율이 높다는 의미

|계|산|및|정|답|

(1) 부하율 $=\frac{\text{평균 수요 전력[kW]}}{\text{합성 최대 수요 전력[kW]}}\times100[\%]$

(2) 부하율이 높다

① 평균전력이 고르게 높다는 것을 의미한다.

② 부하설비의 가동률이 상승한다.

③ 공급 설비를 유용하게 사용하고 있다.

④ 첨두부하 설비가 감소된다.

|추|가|해|설|

① 수용률 $= \dfrac{\text{최대 수용전력[kV]}}{\text{(총)부하설비용량[kW]}} \times 100[\%]$

② 부등률(≥1) $= \dfrac{\text{각 부하의 최대수용전력의 합계[kVA]}}{\text{부하를 종합하였을 때의 합성최대수용전력[kVA]}}$

③ 부하율 $= \dfrac{\text{평균 수요 전력[kW]}}{\text{합성 최대 수요 전력[kW]}} \times 100[\%]$ → (평균전력[kW] $= \dfrac{\text{총사용전력량[kWh]}}{\text{사용시간[h]}}$)

부하율 $= \dfrac{\text{평균 수요 전력[kW]}}{\text{수용설비 용량의 합}} \times \dfrac{\text{부등률}}{\text{수용률}}[\%]$

18

출제 : 22년 • 배점 : 5점

500[kVA], 22.9[kV]/380[V] 규격의 배전용 변압기가 있다. 이 변압기의 %저항 1.05[%], %리액턴스 4.92[%] 일 때 2차 측 회로의 최대 단락전류는 정격전류의 몇 배인가? (단, 전원 및 선로의 임피던스는 무시한다.)

·계산 : ·답 :

|계|산|및|정|답|

【계산】 단락전류 $I_s = \dfrac{100}{\%Z} I_n = \dfrac{100}{\sqrt{1.05^2 + 4.92^2}} I_n = 19.88 I_n [A]$ 【정답】 19.88배

|추|가|해|설|

단락전류 $I_s = \dfrac{100}{\%Z} I_n = \dfrac{100}{\sqrt{\%R^2 + \%X^2}} I_n [A]$

여기서, %Z : %임피던스, I_n : 정격전류, %R : %저항, %X : %리액턴스

01 2021년 전기산업기사 실기

01

출제 : 21년 • 배점 : 5점

5[℃]에서 15[L]의 물을 60[℃]로 가열하는데 1시간이 소요되었다. 이때 사용한 전열기의 용량은 얼마인가? (단, 전열기 효율은 76[%]이다.)

·계산 : ·답 :

|계|산|및|정|답|

【계산】 전열기 효율 $\eta = \dfrac{Cm\theta}{860Pt} \times 100[\%]$ → 용량 $P = \dfrac{Cm\theta}{860t\eta} = \dfrac{15\times(60-5)}{860\times1\times0.76} = 1.2672[kW]$ 【정답】 1.26[kW]

|추|가|해|설|

[전열기의 열량] $860Pt\eta = mC\theta$ → $P = \dfrac{mC(T_2 - T_1)}{860\,t\eta}$

여기서, m : 질량, C : 비열, θ : 온도차($T_2 - T_1$), P : 전력[kW], t : 시간[h], η : 효율[%]

02

출제 : 21년 • 배점 : 4점

다음은 감리원이 공사업자에게 제출하도록 하는 요구 사항이다. 내용을 잘 읽고 알맞은 답안을 적으시오.

> 감리원은 공사 진도율이 계획공정 대비 월간 공정실적이 (①)[%] 이상 지연되거나, 누계공정 실적이 (②)[%] 이상 지연될 때에는 공사업자에게 부진사유 분석, 만회대책 및 만회공정표를 수립하여 제출하도록 지시하여야 한다.

|계|산|및|정|답|

【정답】 ① 10 ② 5

|추|가|해|설|

[부진공정 만회대책]

① 감리원은 공사 진도율이 계획공정 대비 월간 **공정실적이 10[%] 이상** 지연되거나, 누계공정 **실적이 5[%] 이상** 지연될 때에는 공사업자에게 부진사유 분석, 만회대책 및 만회공정표를 수립하여 제출하도록 지시하여야 한다.

② 감리원은 공사업자가 제출한 부진공정 만회대책을 검토 · 확인하고, 그 이행 상태를 주간단위로 점검 · 평가하여야 하며, 공사추진회의 등을 통하여 미 조치 내용에 대한 필요대책 등을 수립하여 정상 공정으로 회복할 수 있도록 조치하여야 한다.

03

출제 : 21, 18, 07, 05년 • 배점 : 14점

3층 사무실용 건물에 3상 3선식의 6000[V]를 수전하여 200[V]로 체강하여 수전하는 설비를 하였다. 각종 부하설비가 [표1], [표2]와 같을 때 주어진 조건을 이용하여 다음 각 물음에 답하시오.

[표1] 동력 부하 설비

사용 목적	용량	대수	상용 동력 [kW]	하계 동력 [kW]	동계 동력 [kW]
난방 관계					
·보일러 펌프	6.7	1			6.7
·오일 기어 펌프	0.4	1			0.4
·온수 순환 펌프	3.7	1			3.7
공기 조화 관계					
·1, 2, 3층 패키지 콤프레셔	7.5	6		45.0	
·콤프레셔 팬	5.5	3	16.5		
·냉각수 펌프	5.5	1		5.5	
·쿨링 타워	1.5	1		1.5	
급수배수 관계					
·양수 펌프	3.7	1	3.7		
기타					
·소화 펌프	0.5	1	5.5		
·셔터	0.4	2	0.8		
합 계			26.5	52.0	10.8

[표2] 조명 및 콘센트 부하 설비

사용 목적	와트수[W]	설치수량	환산 용량[VA]	총용량[VA]	비고
전등 관계					
·수은등 A	200	2	260	520	200[V] 고역률
·수은등 B	100	8	140	1120	100[V] 고역률
·형광등	40	820	55	45100	200[V] 고역률
·백열전등	60	20	60	1200	
콘센트 관계					
·일반 콘센트		70	150	10500	2P 15[A]
·환기팬용 콘센트		8	55	440	
·히터용 콘센트	1500	2		3000	
·복사기용 콘센트		4		3600	
·텔레타이프용 콘센트		2		2400	
·룸 쿨러용 콘센트		6		7200	
기타					
·전화 교환용 정류기		1		800	
합 계				75880	

[표3] 변압기 용량

상 별	제작회사에서 시판되는 표준용량[kVA]
단상, 3상	5, 10, 15, 20, 30, 50, 75, 100, 150, 200, 250, 300

〈조 건〉

1. 동력 부하의 역률은 모두 70[%]이며, 기타는 100[%]로 간주한다.
2. 조명 및 콘센트 부하 설비의 수용률은 다음과 같다.
   - 전등 설비 : 60[%]
   - 콘센트 설비 : 70[%]
   - 전화 교환용 정류기 : 100[%]
3. 변압기 용량 산출시 예비율(여유율)은 고려하지 않으며 용량은 표준 규격으로 한다.
4. 변압기 용량 산정시 필요한 동력 부하 설비의 수용률은 전체 평균 65[%]로 한다.

(1) 동계 난방 때 온수 순환 펌프는 상시 운전하고, 보일러용과 오일 기어 펌프의 수용률이 55[%] 일 때 난방 동력 수용 부하는 몇 [kW]인가?

·계산 : ·답 :

(2) 상용 동력, 하계 동력, 동계 동력에 대한 피상 전력은 몇 [kVA]가 되겠는가?

① 상용 동력

·계산 : ·답 :

② 하계 동력

·계산 : ·답 :

③ 동계 동력

·계산 : ·답 :

(3) 이 건물의 총 전기 설비 용량은 몇 [kVA]를 기준으로 하여야 하는가?

·계산 : ·답 :

(4) 조명 및 콘센트 부하 설비에 대한 단상 변압기의 용량은 최소 몇 [kVA]가 되어야 하는가?

·계산 : ·답 :

(5) 동력 부하용 3상 변압기의 용량은 몇 [kVA]가 되겠는가?

·계산 : ·답 :

(6) 단상과 3상 변압기의 전류계용으로 사용되는 변류기의 1차 측 정격전류는 각각 몇 [A]인가?

① 단상

·계산 : ·답 :

② 3상

·계산 : ·답 :

(7) 역률 개선을 위하여 각 부하마다 전력용 콘덴서를 설치하려고 할 때 보일러 펌프의 역률을 95[%]로 개선하려면 몇 [kVA]으 전력용 콘덴서가 필요한가?

·계산 : ·답 :

|계|산|및|정|답|

(1) 【계산】 수용 부하$=3.7+(6.7+0.4)\times0.55=7.61[kW]$이다. → (수용률 55[%]를 [표1]에 적용)

【정답】 7.61[kW]

(2) 【계산】 ① 상용 동력의 피상전력 : $P_a=\dfrac{P}{\cos\theta}=\dfrac{26.5}{0.7}=37.86[kVA]$ 【정답】 37.86[kVA]

② 하계 동력의 피상전력 : $\dfrac{52.0}{0.7}=74.29[kVA]$ 【정답】 74.29[kVA]

③ 동계 동력의 피상전력 : $\dfrac{10.8}{0.7}=15.43[kVA]$ 【정답】 15.43[kVA]

(3) 【계산】 ① 동력부하용량 =상용 동력+하계 동력 = $37.86+74.29=112.15[kVA]$

② 조명 콘센트 부하용량=75880[VA]=75.88[kVA]

∴ 계 112.15+75.88=188.03 【정답】 188.03[kVA]

(4) 【계산】 ① 전등 관계 : $(520+1120+45100+1200)\times0.6\times10^{-3}=28.76[kVA]$

② 콘센트 관계 : $(10500+440+3000+3600+2400+7200)\times0.7\times10^{-3}=19[kVA]$

③ 기타 : $800\times1\times10^{-3}=0.8[kVA]$

따라서 $28.76+19+0.8=48.56[kVA]$이므로 단상 변압기 용량은 $50[kVA]$가 된다.

【정답】 50[kVA]

(5) 【계산】 $\dfrac{(26.5+52.0)}{0.7}\times0.65=72.89[kVA]$ → [표3] 3상 변압기 용량 $75[kVA]$ 선정

【정답】 75[kVA]

(6) 【계산】 ① 단상 : $I=\dfrac{P}{V}\times1.25\sim1.5=\dfrac{50\times10^3}{6\times10^3}\times(1.25\sim1.5)=10.42\sim12.5$[A] $\therefore 15[A]$ 선정

【정답】 15[A]

② 3상 : $I=\dfrac{P}{\sqrt{3}\,V}\times1.25\sim1.5=\dfrac{75\times10^3}{\sqrt{3}\times6\times10^3}\times(1.25\sim1.5)=9.02\sim10.82$[A] $\therefore 10[A]$ 선정

【정답】 10[A]

(7) 【계산】 $Q_c=P(\tan\theta_1-\tan\theta_2)=P\left(\dfrac{\sin\theta_1}{\cos\theta_1}-\dfrac{\sin\theta_2}{\cos\theta_2}\right)=P\left(\dfrac{\sqrt{1-\cos\theta_1^2}}{\cos\theta_1}-\dfrac{\sqrt{1-\cos\theta_2^2}}{\cos\theta_2}\right)$

$=6.7\left(\dfrac{\sqrt{1-0.7^2}}{0.7}-\dfrac{\sqrt{1-0.95^2}}{0.95}\right)=4.633$[kVA] 【정답】 4.63[kVA]

|추|가|해|설|

(2) 피상전력 $P_a=\dfrac{P}{\cos\theta}$[kVA]

(5) 변압기 용량$=\dfrac{\text{설비용량[kVA]}\times\text{수용률}}{\text{역률}}$

(7) 역률 개선시의 콘덴서 용량 $Q_c = Q_1 - Q_2 = P\tan\theta_1 - P\tan\theta_2 = P(\tan\theta_1 - \tan\theta_2)$

$$= P\left(\frac{\sin\theta_1}{\cos\theta_1} - \frac{\sin\theta_2}{\cos\theta_2}\right) = P\left(\sqrt{\frac{1}{\cos^2\theta_1} - 1}\ \sqrt{\frac{1}{\cos^2\theta_2} - 1}\right)\Bigg\}$$

여기서, Q_c : 부하 P[kW]의 역률을 $\cos\theta_1$에서 $\cos\theta_2$로 개선하고자 할 때 콘덴서 용량[kVA]

P : 대상 부하용량[kW], $\cos\theta_1$: 개선 전 역률, $\cos\theta_2$: 개선 후 역률

04

출제 : 21, 18년 • 배점 : 4점

지중전선로에서 케이블의 매설 깊이는 관로식인 경우와 직접 매설식(차량 및 기타 중량물의 압력을 받을 우려가 있는 경우임)인 경우에 각각 얼마 이상으로 하여야 하는가?

시설장소	매설깊이
관로식	(1)
직접 매설식	(2)

|계|산|및|정|답|

시설장소	매설깊이
관로식	(1) 1.0[m] 이상
직접 매설식	(2) 1.0[m] 이상

|추|가|해|설|

[지중전선로의 시설]

전선에 케이블을 사용하고 관로식, 암거식 또는 직접 매설식에 의할 것

① 직접 매설식

1. 차량 기타 중량물의 압력을 받을 우려가 있는 장소 : 1.0[m] 이상
2. 기타 장소 : 60[cm] 이상
3. 지중 전선을 견고한 트라프 기타 방호물에 넣어 시설하여야 한다.
   단, 콤바인덕트 케이블, 파이프형 압력케이블, 최대 사용 전압이 60[kV]를 초과하는 연피케이블, 알루미늄피케이블, 금속 피복을 한 특고압 케이블 등은 견고한 트라프 기타 방호물에 넣지 않고도 부설할 수 있다.

② 관로식

1. 매설 깊이를 1.0 [m]이상
2. 중량물의 압력을 받을 우려가 없는 곳은 60 [cm] 이상으로 한다.

③ 암거식(전력구식) : 지하 구조물 내 케이블 지지대를 설치하고 그 위에 케이블을 부설하는 방식

05

출제 : 21, 18, 09년 • 배점 : 8점

예비 전원 설비를 축전지 설비로 하고자 할 때, 다음 각 물음에 답하시오.

(1) 연축전지와 알칼리 축전지를 비교할 때, 알칼리 축전지의 장·단점 1가지를 쓰시오.

- 장점 :
- 단점 :

(2) 축전지의 공칭전압[V/cell]은?

① 연축전지　　② 알칼리 축전지

(3) 축전지의 충전 방식으로 가장 많이 사용되는 부동 충전 방식에 대하여 설명하시오.

(4) 연축전지의 정격용량 250[Ah], 표준 전압 100[V], 상시부하가 15[kW]일 때 2차 전류(충전 전류)값은 얼마인가? (단, 연축전지의 공칭방전율은 10시간으로 한다.)

- 계산 :　　• 답 :

|계|산|및|정|답|

(1) 【정답】 ① 장점 : ·수명이 길다.

·기계적 강도가 크다.

·과충전, 과방전에 강하다.

·고효율 방전 특성이 우수하며 온도 특성이 좋다.

② 단점 : ·공칭전압이 낮다.

·가격이 비싸다.

·cell당 선압이 낮다.

(2) 【정답】 ① 연축전지 : 2.0[V/Cell]　　② 알칼리 축전지 : 1.2[V/Cell]

(3) 【정답】 축전지와 부하를 충전기에 병렬로 접속하여 사용하는 방식으로 축전지의 자기 방전을 보충함과 동시에 일상적인 부하전류는 충전기가 공급하되, 충전기가 공급하기 어려운 일시적인 대전류 부하는 축전지가 공급하는 충전 방식

(4) 【계산】 $I_2 = \frac{250}{10} + \frac{15000}{100} = 175[A]$　　【정답】 175[A]

|추|가|해|설|

(1) 연축전지

① 화학 반응식 : $PbO_2 + 2H_2SO_4 + Pb \underset{\leftarrow 충전}{\overset{방전\rightarrow}{\rightleftarrows}} PbSO_4 + 2H_2O + PbSO_4$

양극　전해액　음극　　양극　전해액　음극

㉮ 양극 : 이산화 연(납)(PbO_2)

㉯ 음극 : 연(납)(Pb)

㉰ 전해액 : 황산(H_2SO_4)

② 공칭전압 : 2.0[V/cell]

③ 공칭용량 : 10[Ah]

④ 방전종료전압 : 1.8[V]

⑤ 연축전지의 종류

㉮ 클래드식(CS형 : 완 방전형) : 변전소 및 일반 부하에 사용, 부동 충전 전압 2.15[V/cell]

㉯ 페이스트식(HS형 : 급 방전형) : UPS 설비 등의 대전류용에 사용, 부동 충전 전압 2.18[V/cell]

(2) 알칼리축전지

① 화학 반응식 : $\underset{\text{양극}}{2Ni(OH)_2} + \underset{\text{음극}}{Cd(OH)_2} \underset{\leftarrow \text{충전}}{\overset{\text{방전} \rightarrow}{\rightleftarrows}} \underset{\text{양극}}{2Ni\ OOH} + 2H_2O + \underset{\text{음극}}{Cd}$

㉮ 양극 : 수산화니켈($Ni(OH)_2$

㉯ 음극 : 카드뮴(Cd)

㉰ 전해액 : 수산화칼륨(KOH)

② 공칭전압 : 1.2[V/cell]

③ 공칭용량 : 5[Ah]

(3) 충전 방식

급속 충전	비교적 단시간에 보통 전류의 2~3배의 전류로 충전하는 방식이다.
보통 충전	필요 할 때마다 표준 시간율로 소정의 충전을 하는 방식이다.
부동충전	축전지의 자기 방전을 보충함과 동시에 상용 부하에 대한 전력 공급은 충전기가 부담하도록 하되 충전기가 부담하기 어려운 일시적인 대전류 부하는 축전지로 하여금 부담하게 하는 방식이다.
균등충전	부동 충전 방식에 의하여 사용할 때 각 전해조에서 일어나는 전위차를 보정하기 위하여 1~3개월마다 1회씩 정격전압으로 10~12시간 충전하여 각 전해조의 용량을 균일화하기 위한 방식이다.
세류충전	자기 방전량만을 항시 충전하는 부동 충전 방식의 일종이다.
회복 충전	정전류 충전법에 의하여 약한 전류로 40~50시간 충전시킨 후 방전시키고, 다시 충전시킨 후 방전시킨다. 이와 같은 동작을 여러 번 반복하게 되면 본래의 출력 용량을 회복하게 되는데 이러한 충전 방법을 회복충전이라 한다.

(4) 충전기 2차 충전전류[A] $I = \dfrac{\text{축전지의 정격용량}[Ah]}{\text{축전지의 공칭방전율}[h]} + \dfrac{\text{상시부하용량}[W]}{\text{표준전압}[V]}$

06

출제 : 21년 • 배점 : 6점

그림과 같이 V결선과 Y결선된 변압기 한 상의 중심 O에서 110[V]를 인출하여 사용하고자 한다.

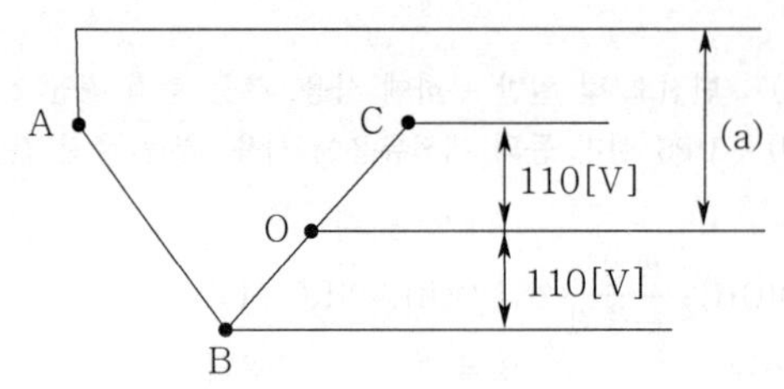

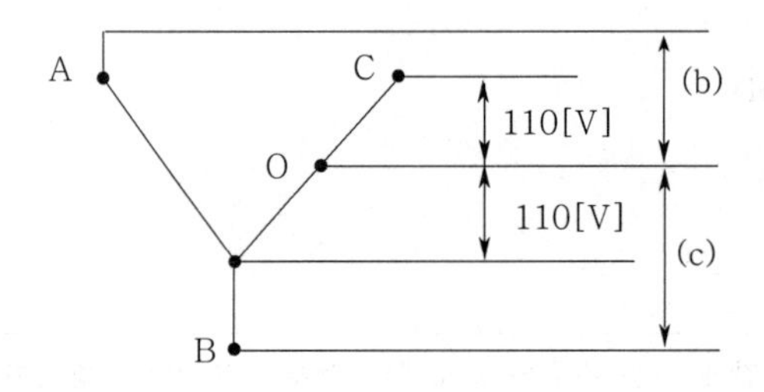

(1) 위 그림에서 (a)의 전압을 구하시오.

·계산 : ·답 :

(2) 위 그림에서 (b)의 전압을 구하시오.

·계산 : ·답 :

(3) 위 그림에서 (c)의 전압을 구하시오.

·계산 : ·답 :

|계|산|및|정|답|

(1) 【계산】 (a) $V_{AO} = V_{AB} + V_{BO}$ → (점 O는 BC상의 중심점, 따라서 V_{BO}는 V_{BC}의 $\frac{1}{2}$배)

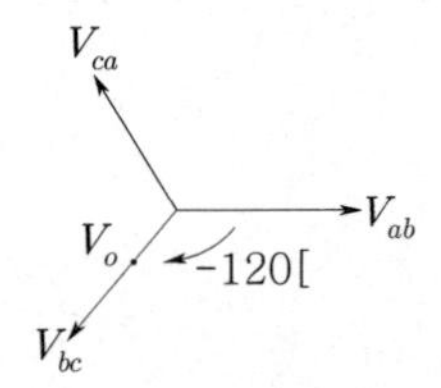

$=220\angle 0° + (220\angle -120°) \times \frac{1}{2} = 220\angle 0° + 110\angle -120°$

$=220 \times (\cos 0° + j\sin 0°) + 110\cos(-120°) + j\sin(-120°)$

$=220 + 110\left(-\frac{1}{2} - j\frac{\sqrt{3}}{2}\right) = 220 - 55 - j55\sqrt{3}$

$=165 - j55\sqrt{3}$ [V] $\therefore |V_{AO}| = \sqrt{165^2 + (-55\sqrt{3})^2} = 190.53[V]$ 【정답】 190.53[V]

(2) 【계산】 $V_{AO} = V_{AN} - V_{ON}$

→ (Y결선의 중심점을 N이라하면 (b)의 전압 V_{AO}는 $V_{AN} - V_{ON}$으로 표현 가능)

$$=220\angle 0° - (220\angle 120°) \times \frac{1}{2}$$

$$=220-110\times\left(-\frac{1}{2}+j\frac{\sqrt{3}}{2}\right)=275-j55\sqrt{3}\,[V]$$

$\therefore |V_{AO}| = \sqrt{275^2 + (-55\sqrt{3})^2} = 291.03[V]$ 【정답】 291.03[V]

(3) 【계산】 $V_{BO} = V_{BN} - V_{ON}$ → ((C)의 전압 V_{BO}는 $V_{BN} - V_{ON}$으로 표현 가능)

$$=220\angle -120° - (220\angle 120°) \times \frac{1}{2}$$

$$=220\times\left(-\frac{1}{2}-j\frac{\sqrt{3}}{2}\right)-110\times\left(-\frac{1}{2}+j\frac{\sqrt{3}}{2}\right)$$

$=-55-j165\sqrt{3}\,[V]$ $\therefore |V_{BO}| = \sqrt{(-55)^2+(-165\sqrt{3})^2} = 291.03[V]$ 【정답】 291.03[V]

|추|가|해|설|

(1)

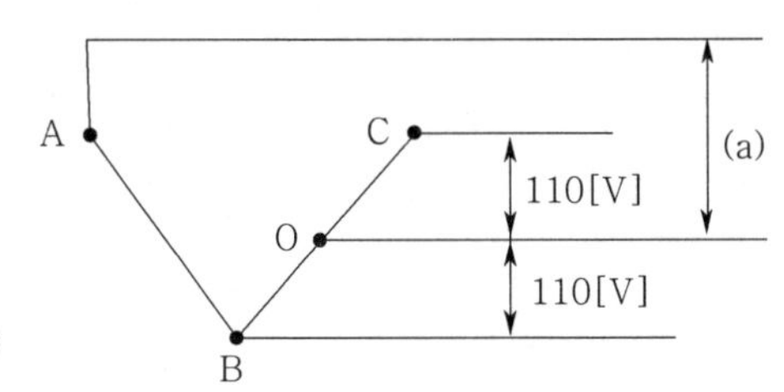

$V_{ab} = 220\angle 0°$, $V_{bc} = 220\angle -120°$, $V_{ca} = 220\angle +120°$

(a) $V_{a0} = V_{ab} + V_{b0} = V_a - V_b + (V_b - V_0) = V_a - V_b + V_b - V_0 = V_a - V_0$

(2)

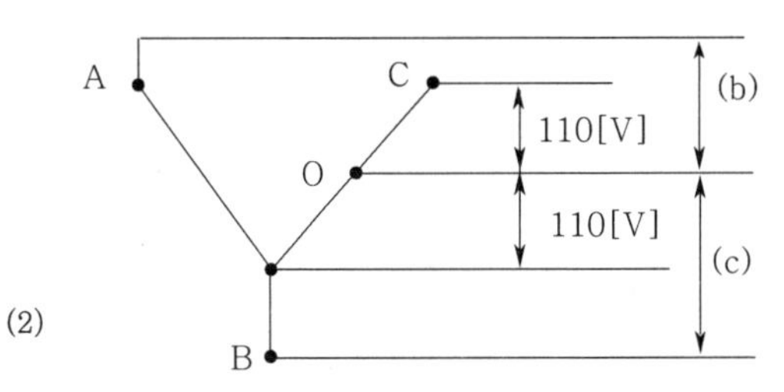

$V_{a0} = V_a - V_0$, $V_{b0} = V_b -= V_0$, $V_{ca} = 220\angle +120°$

07

출제 : 21, 07, 00년 • 배점 : 5점

다음과 같은 무접점 릴레이 회로의 출력식을 쓰고 이것을 전자 릴레이 회로로 그리시오.

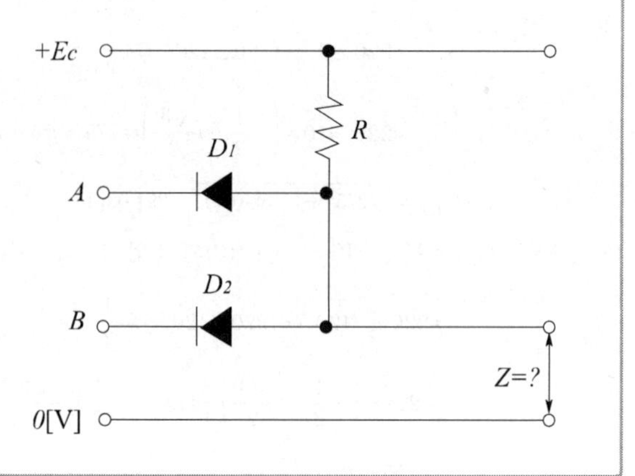

|계|산|및|정|답|

① 출력식 : $Z = A \cdot B$

② 전자 릴레이 회로

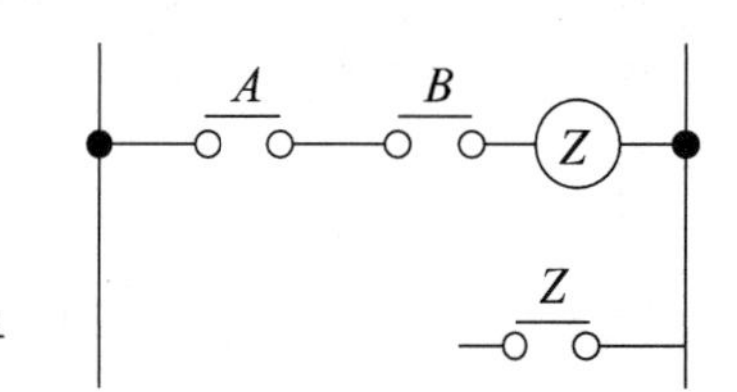

|추|가|해|설|

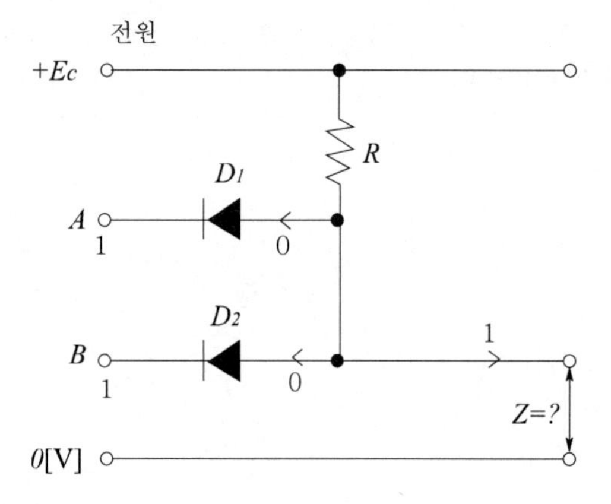

08

출제 : 21년 • 배점 : 5점

A상에 25[kVA], B상에 33[kVA], C상에 19[kVA]인 단상 부하와 20[kVA]인 3상 부하가 그림과 같이 접속되어 있을 때 최소 3상 변압기 용량을 구하시오.

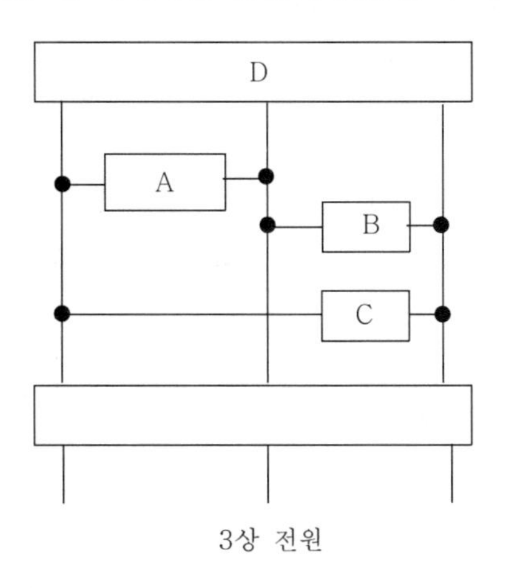

|계|산|및|정|답|

【계산】 $P_1 = 33 + \frac{20}{3} = 39.666[kVA]$ → (1상의 용량)

$\therefore$ 3상용량 $P_3 = 39.666 \times 3 = 118.998[kVA]$

【정답】 119[kVA]

|추|가|해|설|

D상이 3상평형이므로 3등분해 각 상에 더한 후 가장 큰 값을 3상 변압기 용량을 구하는 기준으로 한다. 즉, B상이 기준이 된다.

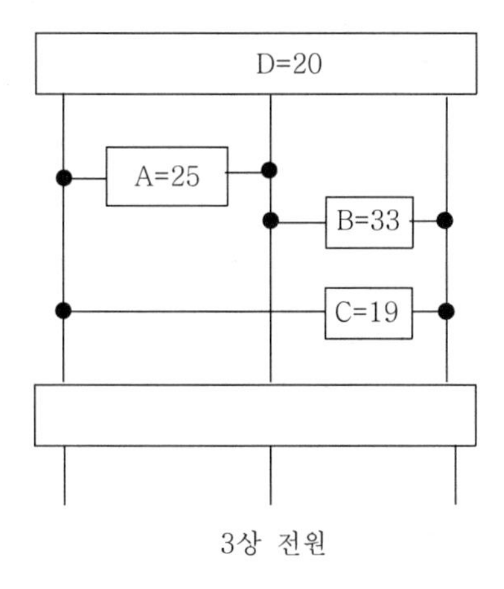

09

출제 : 21년 • 배점 : 6점

건축화 조명 방식 중 천정면을 이용하는 방식과 벽면을 이용하는 방식으로 구분하여 3가지씩 쓰시오.

(1) 천정면을 이용하는 방식

① ② ③

(2) 벽면을 이용하는 방식

① ② ③

|계|산|및|정|답|

(1) ① 광천장 조명 ② 루버 천장 조명 ③ 코브 조명

(2) ① 코니스 조명 ② 밸런스 조명 ③ 광창 조명

|추|가|해|설|

[건축화 조명]

구분		도면(예)	특징	비고
천장 전면 조명	광천장 조명		흐린 날에 가까운 상태를 실내에 재현하는 천장 전면 조명 중 조명률이 가장 높고, 보수도 용이해 많이 사용	S ≦ 1.5D S : 등기구 간격 D : 등과 광천장면 사이
	루버 천장 조명		·쾌청에 가까운 주광 상태를 재현한다. 바로 아래서 올려보지 않으면 광원이 보이지 않음 ·루버가 더러워지기 쉽고, 보수에 어려움	·보호각 30° 일 때 S ≦ 1.5D ·보호각 45° 일 때 S = D S : 등기구 간격 D : 등과 루버 사이
	코브 조명		눈부심이 없고, 조도 분포가 일정해 그림자가 없음	·간접 조명방식 ·한쪽 코브 ·양쪽 코브
벽면 조명	코니스 조명		직접 형광등 기구를 벽면 위쪽에 설치하고, 목재나 금속판으로 광원을 숨김, 직접 빛이 벽면을 조명	
	밸런스 조명		벽에 형광등 기구를 설치해 목재, 금속판 및 투과율이 낮은 재료로 광원을 숨기며 직접광은 아래쪽 벽이나 커튼을, 위쪽은 천장을 비추는 분위기 조명	
	광창		지하실이나 자연광이 들어가지 않는 방에서 낮 동안 창문에서 채광되고 있는 청명한 느낌의 조명	일반적으로 광천장을 참조

10

출제 : 21년 • 배점 : 5점

단상 2선식 220[V] 옥내 배선에서 소비전력이 40[W], 역률 85[%]의 형광등 85개를 설치할 때 16[A]의 분기회로의 최소 회선수를 구하시오. (단, 한 회선의 부하전류는 분기회로 용량의 80[%]로 하고, 수용률은 100[%]로 한다.)

|계|산|및|정|답|

【계산】 상정 부하용량 $P_a = \frac{40}{0.85} \times 85$

분기회로수 $N = \frac{\text{상정부하[VA]}}{\text{전압[V]} \times \text{분기회로 전류[A]} \times \text{여유율}} = \frac{40 \times 85}{220 \times 16 \times 0.85 \times 0.8} = 1.42 \rightarrow 2[\text{회로}]$

→ (분기회로 용량의 80[%]는 여유율, 분기회로수는 무조건 절상)

【정답】 16[A]분기 2회로

|추|가|해|설|

(1) 표준부하에 의한 분기회로 계산 방법

① 표준부하에 의해서 최대부하용량을 산정한다.

② 분기회로수[N]= $\frac{\text{최대 부하산정 용량[W]}}{\text{전압[V]} \times \text{분기회로 정격전류[A]}}$

※ · 최대상정부하=바닥면적×표준부하+룸에어콘+가산부하

· 분기회로수 산정시 소수점이 발생되면 무조건 절상하여 산출한다.

· 220[V]에서 3[kW](110[V] 때는 1.5[kW] 이상인 냉방기기, 취사용 기기 등 대형 전기 기계기구를 사용하는 경우에는 단독 분기회로를 사용하여야 한다.

(2) 실부하(사무실 형광등)에 의한 분기회로수 계산 방법

① 등수가 주어졌을 때

㉮ 총 설비용량을 산정한다.

㉯ 분기회로수= $\frac{\text{총설비용량}[W]}{\text{역률}[\cos\theta] \times \text{전압}[V] \times \text{분기회로정격}[A]}$

② 등수가 안 주어졌을 때 (램프전류가 주어진다)

㉮ 등수[N]= $\frac{E \times A \times D}{F \times U}$

여기서, E : 평균 조도[lx] F : 램프 1개당 광속[lm] N : 램프 수량[개]

U : 조명률 A : 방의 면적[m^2](방의 폭×길이) D : 감광보상률)

㉯ 총(최대) 전류를 구한다. → (등수[N]×등당 램프전류[A])

11

출제 : 21년 • 배점 : 5점

다음 그림은 TN 계통의 TN-C 접지방식이다. 중성선(N), 보호도체(PE) 등의 기호를 활용하여 노출 도전성 부분의 접지 결선도를 완성하시오.

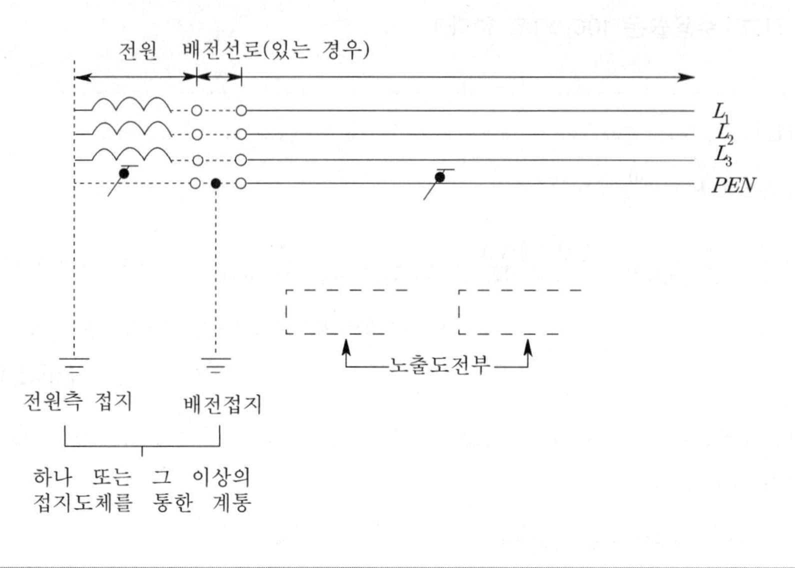

|계|산|및|정|답|

【정답】

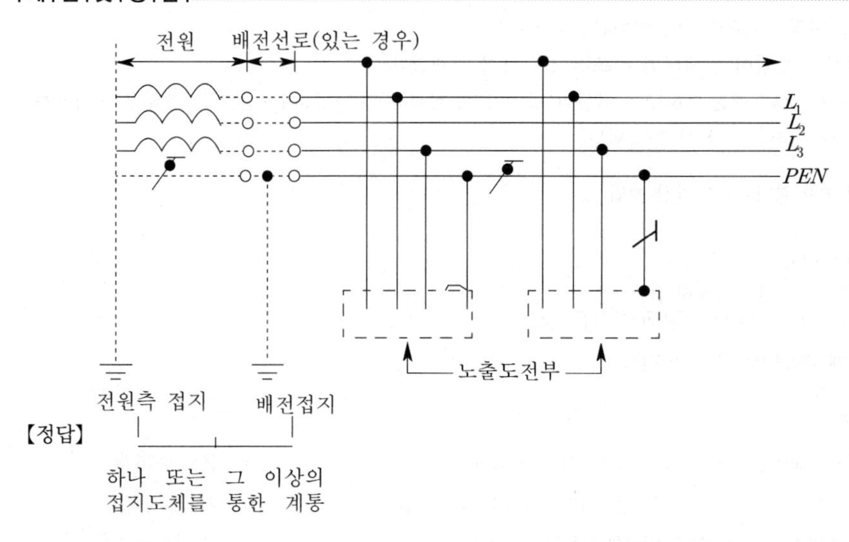

|추|가|해|설|

· PEN : 겸용도체
· 노출 도전부 : 3상4선식, 3상 3선식

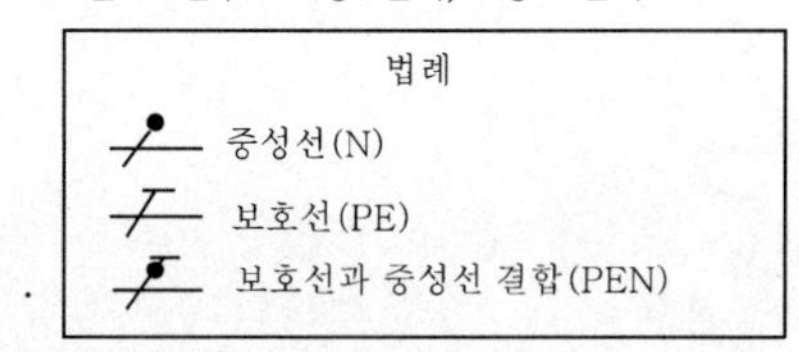

12

출제 : 21, 08년 • 배점 : 5점

공동 주택에 전력량계 1∅ 2W용 35개를 신설하고, 3∅ 4W용 7개를 사용이 종료되어 신품으로 교체하였다. 소요되는 공구손료 등을 제외한 직접노무비를 계산하시오. (단, 인공 계산은 소수점 첫째 자리까지 구하며, 내선전공의 노임은 95000원이다.)

종별	내선전공
전력량계 1∅ 2W용	0.14
전력량계 1∅ 3W용 및 2∅ 3W용	0.21
전력량계 3∅ 4W용	0.32
CT(저고압)	0.40
PT(저고압)	0.40
ZCT(영상변류기)	0.40
현수용 M.O.F(고압, 특고압)	3.00
거치용 M.O.F(고압, 특고압)	2.00
계기함	0.30
특수계기함	0.45
변성기함(저압, 고압)	0.60

〈조건〉

① 방폭 200[%]
② 아파트 등 공동주택 및 기타 이와 유사한 동일 장소 내에서 10대를 초과하는 전력량계 설치 시 추가 1대당 해당품의 70[%]
③ 특수 계기함은 3종계기함, 농사용 계기함, 집합계기함 및 저압변류기용 계기함 등임
④ 고압 변성기함, 현수용 MOF 및 거치용 MOF(설치대 조립품 포함)를 주상설치 시 배전전공 적용
⑤ 철거 30[%], 재사용 철거 50[%]

|계|산|및|정|답|

【계산】 (1) 철거 : 30[%] 적용

3∅ 4W용 : 7개×0.32인×0.3=0.672인

(2) 설치조건 ② 적용

① 1∅ 2W용 : 10개×0.14인+(35−10)×0.14×0.7=3.85인

② 3∅ 4W용 : 7개×0.32인=2.24인

(3) 내선전공인계=0.672+6.09=6.762인

∴직접노무비=6.762×95000원=642390원

【정답】 642390원

13

출제 : 21, 10년 • 배점 : 6점

주어진 진리값 표는 3개의 리미트 스위치 LS_1, LS_2, LS_3에 입력을 주었을 때 출력 X와의 관계표이다. 이 표를 이용하여 다음 각 물음에 답하시오.

LS_1	LS_2	LS_3	X
0	0	0	0
0	0	1	0
0	1	0	0
0	1	1	1
1	0	0	0
1	0	1	1
1	1	0	1
1	1	1	1

(1) 진리값 표를 이용하여 다음과 같은 Karnaugh도를 완성하시오.

LS_3 \ LS_1, LS_2	0 0	0 1	1 1	1 0
0				
1				

(2) 물음 (1)의 Karnaugh도에 대한 논리식을 쓰시오.

(3) 진리값과 물음 (2)항의 논리식을 이용하여 이것을 무접점 회로도로 표시하시오.

|계|산|및|정|답|

【정답】 (1)

LS_3 \ LS_1, LS_2	0 0	0 1	1 1	1 0
0	0	0	1	0
1	0	1	1	1

(2) $X = LS_1 \cdot LS_2 + LS_2 \cdot LS_3 + LS_1 \cdot LS_3 = LS_1 \cdot (LS_2 + LS_3) + LS_2 \cdot LS_3$

(3)

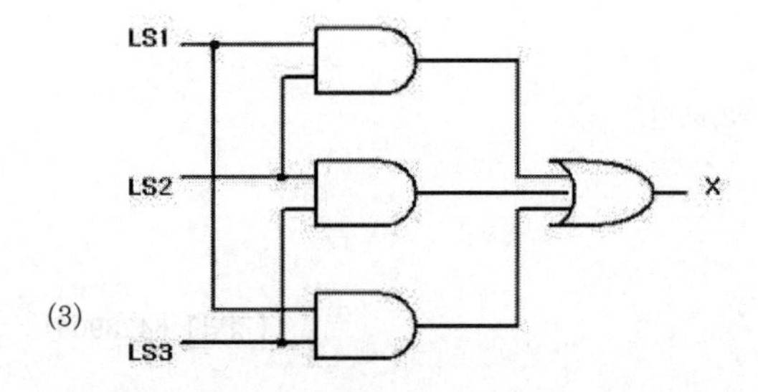

|추|가|해|설|

(1)

LS_3 \ LS_1, LS_2	0 0	0 1	1 1	1 0
0	0	0	1	0
1	0	1	1	1

(2) $X = LS_1 \cdot LS_2 \cdot \overline{LS_3} + \overline{LS_1} \cdot LS_2 \cdot LS_3 + LS_1 \cdot LS_2 \cdot LS_3 + LS_1 \cdot \overline{LS_2} \cdot LS_3$

$= LS_1 \cdot LS_2 \cdot \overline{LS_3} + \overline{LS_1} \cdot LS_2 \cdot LS_3 + LS_1 \cdot LS_2 \cdot LS_3 + LS_1 \cdot \overline{LS_2} \cdot LS_3 + LS_1 \cdot LS_2 \cdot LS_3 + LS_1 \cdot LS_2 \cdot LS_3$

$= LS_1 \cdot LS_2 \cdot (\overline{LS_3} + LS_3) + LS_2 \cdot LS_3 \cdot (\overline{LS_1} + LS_1) + LS_1 \cdot LS_3 \cdot (\overline{LS_2} + LS_2) \quad \rightarrow (\because \ A + \overline{A} = 1)$

$= LS_1 \cdot LS_2 + LS_2 \cdot LS_3 + LS_1 \cdot LS_3$

$= LS_1 \cdot (LS_2 + LS_3) + LS_2 \cdot LS_3$

(3)

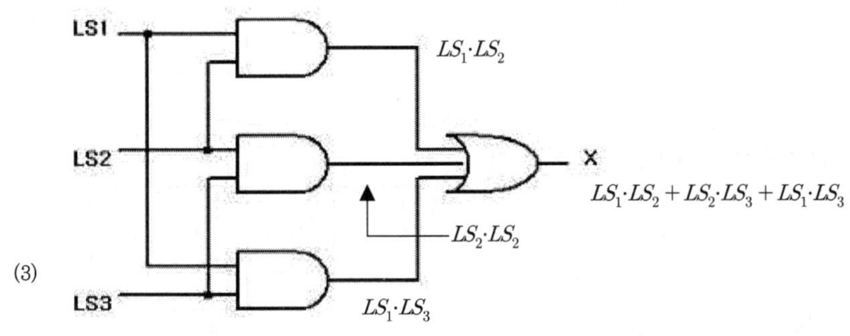

14

출제 : 21년 • 배점 : 5점

38[mm^2]의 경동연선을 사용해서 경간이 100[m]인 철탑에 가선하는 경우 이도는 얼마인가? (단, 경동연선의 인장하중은 1480[kg], 안전율은 2.2, 전선 자체의 무게는 0.334[kg/m], 수평하중은 0.608[kg/m]라 한다.)

· 계산 · 답

|계|산|및|정|답|

【계산】 이도 $D=\dfrac{\omega S^2}{8T}=\dfrac{\sqrt{0.334^2+0.608^2}\times 100^2}{8\times\dfrac{1480}{2.2}}=1.288[m]$

【정답】 1.29[m]

|추|가|해|설|

① 전선의 이도(Dip) : 전선이 전선의 지지점을 연결하는 수평선으로부터 밑으로 내려가(처져) 있는 길이

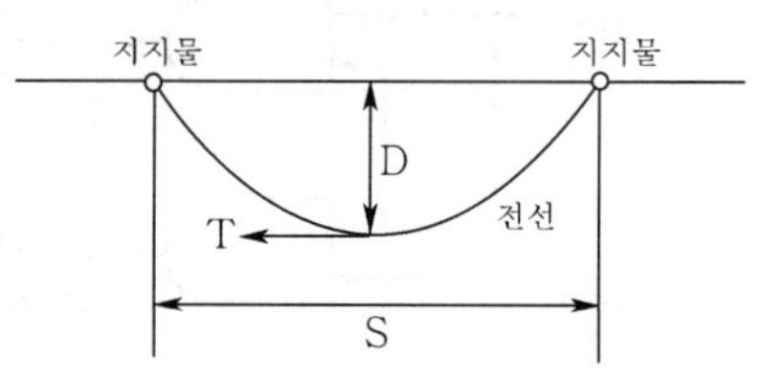

이도 $D=\dfrac{\omega S^2}{8T}$[m]

여기서, ω : 전선의 합성하중[kg/m]

($\omega=\sqrt{\text{전선의 무게}^2+\text{수평하중}^2}$)

S : 경간[m]), T : 전선의 수평 장력[kg] → $T=\dfrac{\text{인장하중}}{\text{안전율}}$

② 전선의 실제 길이 $L=S+\dfrac{8D^2}{3S}[m]$

15

출제 : 21년 • 배점 : 3점

다음과 같은 계통에서 변압기 2차측 내부고장 시 가장 먼저 차단되어야 할 것은 어느 것인가 차단기의 명칭을 쓰시오.

VCB TR ACB MCCB

전원 → 부하

|계|산|및|정|답|

【정답】 VCB(진공차단기)

|추|가|해|설|

① 고장점이 변압기 → 주보호 : VCB, 후비보호 : ACB, 후후비보호 : MCCB

② 고장 점이 부하측 → 주보호 : MCCB, 후비보호 : ACB, 후후비보호 : VCB

16

출제 : 21년 • 배점 : 4점

변압기 1차측 탭 전압이 22,900[V]이고 2차 측이 380/220[V] 일 때 2차 측 전압이 370[V]로 측정되었다. 2차 측 전압을 상승시키기 위해서 1차 측 탭 전압을 21,900[V]할 때 2차 측 전압을 구하시오.

· 계산　　　　　　　　　　　　　　　　　　　· 답

|계|산|및|정|답|

【계산】 ① 2차 측이 370[V]가 되기 위한 1차 측 전압 $V_1 \times \frac{380}{22,900} = 370[V] \rightarrow V_1 = 370 \times \frac{22,900}{380} = 22,297.37[V]$

② 1차 측 탭 전압을 변경 후 2차 측 전압 $V_2 = 22,297.37 \times \frac{380}{21,900} = 386.894[V]$

【정답】 386.89[V]

|추|가|해|설|

22900　　　　　　V_2

[전압과 탭 전압의 관계]　21900　　　　　　370

$$\frac{V_2(\text{2차 측 전압})}{V_1(\text{1차 측 전압})} = \frac{\text{2차 측 탭 전압}}{\text{1차 측 탭 전압}}$$

17

출제 : 21년 • 배점 : 5점

수용가의 인입구 전압이 22.9[V], 주차단기의 용량이 200[MVA]이다. 10[MVA], 22.9/3.3[kV] 변압기의 임피던스가 4.5[%]일 때, 변압기 2차 측에 필요한 차단기 용량을 다음 표에서 선정하시오.

[차단기의 정격용량[MVA]]

10, 20, 30, 50, 75, 100, 150, 250, 300, 400, 500, 750, 1000

· 계산 · 답

|계|산|및|정|답|

【계산】 ① 기준용량을 10[MVA]으로 잡았을 경우의 전선측 $\%Z_s$는 → $(200[MVA] = \frac{100}{\%Z_s} \times 10)$

$$\%Z_s = \frac{100}{200} \times 10 = 5[\%]$$

② 합성 $\%Z_s = 5 + 4.5 = 9.5[\%]$

∴2차 측 단락용량 $P_s = \frac{100}{9.5} \times 10 = 105.263[MVA]$ → $(P_s = \frac{100}{\%Z}P$ (여기서, P_s : 단락용량, P : 기준용량)

→ (표에서 150[MVA] 선정)

【정답】 150[MVA]

|추|가|해|설|

1. $\%Z = \frac{P}{P_s} \times 100[\%]$ →(P : 기준용량)

주차단기 용량이 주어졌으므로 $\%Z_s$를 구해야 한다.

2.

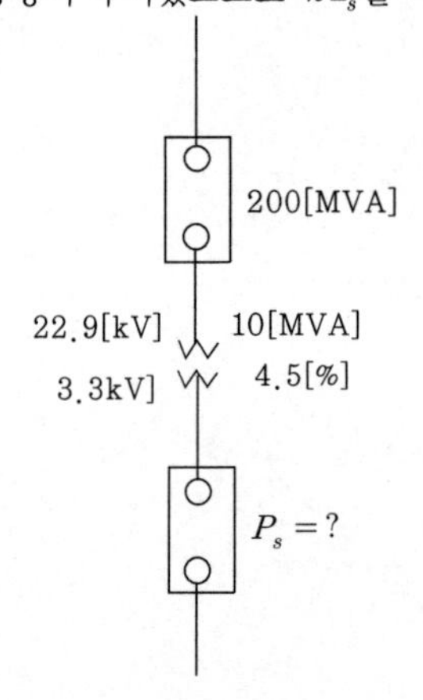

02 2021년 전기산업기사 실기

01

출제 : 21, 13년 • 배점 : 5점

어떤 발전소의 발전기가 13.2[kV], 용량 93,000[MVA], %임피던스 95[%] 일 때, 임피던스는 몇 [Ω]인가?

·계산 : ·답 :

|계|산|및|정|답|

【계산】 $\%Z = \frac{PZ}{10V^2} \rightarrow Z = \frac{\%Z \cdot 10V^2}{P} = \frac{95 \times 10 \times 13.2^2}{93000} = 1.78[\Omega]$ 【정답】 1.78[Ω]

|추|가|해|설|

[%법(Percent method)]

·$\%Z = \frac{ZP}{10V^2}[\%]$ ·$I_s = \frac{100}{\%Z}I_n[A]$ ·$P_s = \frac{100}{\%Z}P_n[kVA]$

여기서, $\%Z$: 퍼센트 임피던스[%], I_s : 단락전류[A], I_n : 정격전류[A], V : 선간전압[kV], P_s : 단락용량[kVA], P_n : 기준 용량[kVA]

02

출제 : 21년 • 배점 : 5점

다음 표와 같이 수용가 A, B, C, D에 공급하는 배전선로의 최대 전력이 700[kW]라고 할 때 수용가의 부등률은?

수용가	설비 용량[kW]	수용률[%]
A	500	60
B	700	50
C	700	50

|계|산|및|정|답|

【계산】 부등률 $= \frac{(500 \times 0.6) + (700 \times 0.5) + (700 \times 0.5)}{700} = 1.43$ 【정답】 1.43

|추|가|해|설|

부등률 $= \frac{\text{수용설비 각각의 수용전력의 합}[kW]}{\text{합성최대 수용전력}[kW]}$

03 출제 : 21, 18년 • 배점 : 6점

다음은 $3\phi4$W 22.9[kV] 수전설비 단선결선도이다. 도면의 내용을 보고 다음 각 물음에 답하시오.

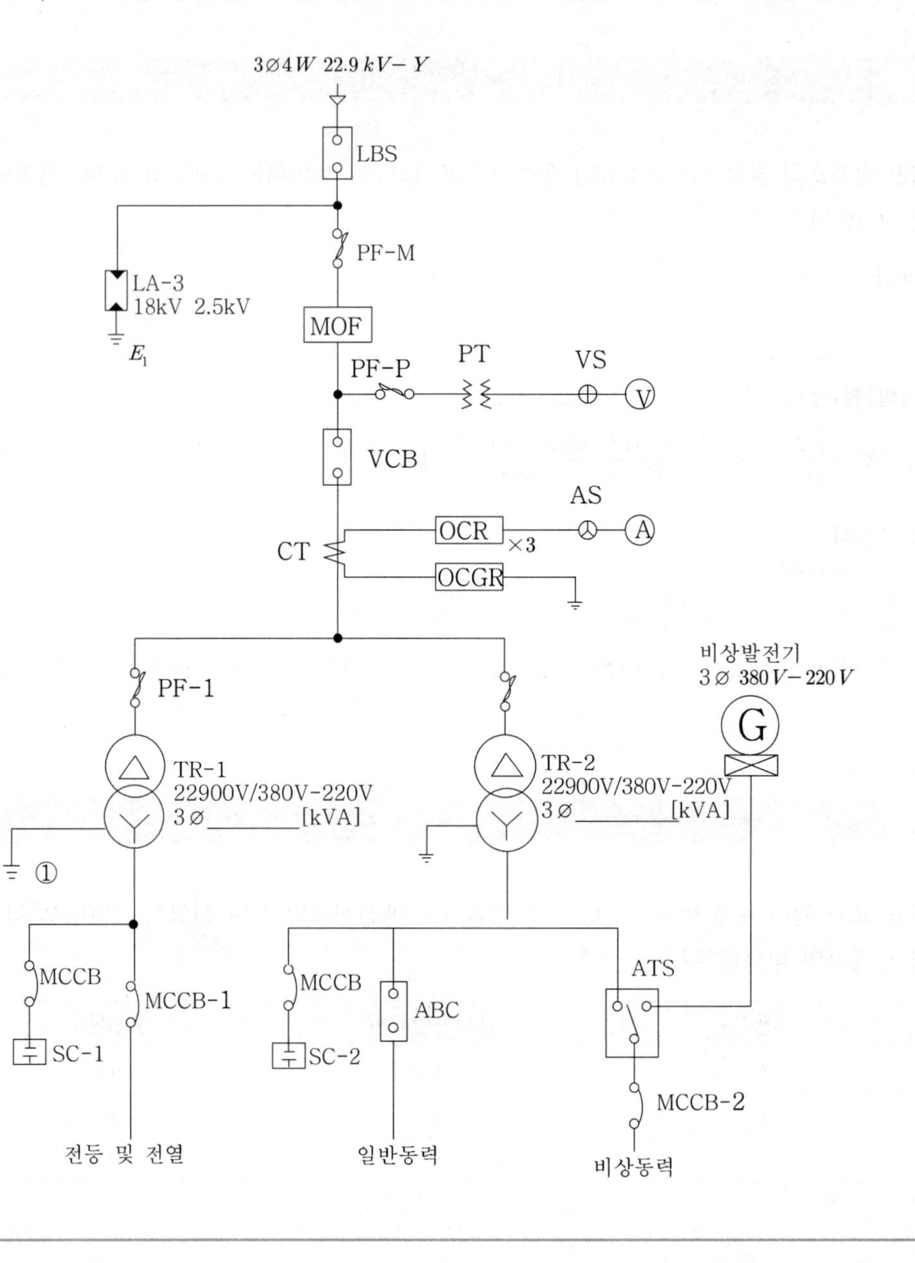

〈참고사항〉

- TR-1, TR-2 효율 90[%], TR-2 여유율 15[%]
- TR-1(수용률과 역률을 적용한) 부하설비용량(전동전열부하) : 390.42[kVA]
- TR-2(수용률과 역률을 적용한) 부하설비용량(일반동력설비) : 110.3[kVA]
- TR-2(수용률과 역률을 적용한) 부하설비용량(비상동력설비) : 75.5[kVA]
- 변압기 표준용량[kVA] : 200, 300, 400, 500, 600

(1) TR-1 변압기 용량을 선정하시오,

(2) TR-2 변압기 용량을 선정하시오,

(3) TR-1 변압기 2차 정격전류를 구하시오,

(4) ATS는 무엇을 위한 목적으로 사용되는지 쓰시오.

(5) TR-1 변압기 ①의 2차 측 중성점을 접지하는 목적이 무엇인지 쓰시오.

|계|산|및|정|답|

(1) 【계산】 변압기용량(TR-1)= $\frac{390.42}{0.9} = 433.8[kVA]$ → (변압기 표준용량에서 500[kVA] 선정)

【정답】 500[kVA]

(2) 【계산】 변압기용량(TR-2)= $\frac{110.3+75.5}{0.9} \times 1.15 = 237.41[kVA]$ 【정답】 300[kVA]

(3) 【계산】 TR-2의 2차측 정격전류 $I_2 = \frac{P}{\sqrt{3}\,V} = \frac{500\times 10^3}{\sqrt{3}\times 380} = 759.67[A]$ 【정답】 759.67[A]

(4) 【사용목적】 상용전원 정전 시 예비전원(발전기)으로 전환시키는 개폐기

(5) 【사용목적】 고전압 혼촉에 의한 전압 측 전위 상승을 억제하여 저압 측에 연결된 기계기구의 절연을 보호한다.

|추|가|해|설|

(1) 변압기용량[kVA] $= \frac{\text{설비용량}}{\text{효율}}[\text{kVA}]$

(2) 2가지 동력(일반동력+비상동력)이 걸린다.

변압기용량[kVA] $= \frac{\text{설비용량}}{\text{효율}} \times \text{여유율}[\text{kVA}]$

(3) $P = \sqrt{3}\,VI[W]$

04

출제 : 21년 • 배점 : 3점

FL-40 형광등의 정격전압이 220[V], 전류가 0.25[A]일 때 역률은 몇 [%]인가? (단, 안정기의 손실은 5[W]이다.)

·계산 : ·답 :

|계|산|및|정|답|

【계산】 40[W]의 형광등의 안정기 손실 5[W]

전체 소비전력 $P=40+5=45[W]$, V=220[V], $I=0.25[A]$이다.

$\therefore$ 역률$(\cos\theta)=\dfrac{P}{P_a}\times 100=\dfrac{P}{VI}\times 100=\dfrac{45}{220\times 0.25}\times 100=81.82[\%]$ → (피상전력 $P_a=VI[VA]$)

【정답】 81.82[%]

05

출제 : 21, 16년 • 배점 : 5점

폭 8[m]의 왕복 2차선 도로에 가로등을 도로 한 쪽 배열로 50[m] 간격으로 설치하고자 한다. 도로면의 평균 조도를 5[lx]로 설계할 경우 가로등 1등 당 필요한 광속을 구하시오. (단, 감광보상률은 1.5, 조명률은 0.43으로 본다.)

·계산 : ·답 :

|계|산|및|정|답|

【계산】 ① 면적(한쪽 배열) $S=ab[m^2]$

② 광속 : $F=\dfrac{ESD}{UN}=\dfrac{5\times 8\times 50\times 1.5}{1\times 0.43}=6976.744[lm]$

【정답】 6976.74[lm]

|추|가|해|설|

1. $F=\dfrac{DEA}{UN}=\dfrac{EA}{UNM}$

여기서, F : 램프 1개당 광속[lm], E : 평균 조도[lx], N : 램프 수량[개], U : 조명률, D : 감광보상률(=$\dfrac{1}{M}$)

M : 보수율, A : 방의 면적[m^2](방의 폭×길이)

2. ① 양쪽 조명(대치식) (1일 배치의 피조 면적) : $A=\dfrac{S\cdot B}{2}[m^2]$ → (B : 도로 폭[m], S : 등주 간격[m])

② 지그재그 조명 : $A=\dfrac{S\cdot B}{2}[m^2]$, ③ 일렬조명(한쪽) : $A=S\cdot B[m^2]$, ④ 일렬조명(중앙) : $A=S\cdot B[m^2]$

06

출제 : 21년 • 배점 : 5점

다음의 계측장비를 주기적으로 교정하고 또한 안전장구의 성능을 적정하게 위치할 수 있도록 시험하여야 한다. 다음 표의 빈칸에 계측장비들의 권장 교정 및 시험주기를 알맞게 작성하시오.

구분	권장 교정 및 시험주기 (년)
절연저항 측정기	
계전기 시험기	
접지저항 측정기	
절연저항계	
클램프미터	

|계|산|및|정|답|

구분	권장 교정 및 시험주기 (년)
절연저항 측정기	1
계전기 시험기	1
접지저항 측정기	1
절연저항계	1
클램프미터	1

|추|가|해|설|

구분		권장 교정 및 시험주기(년)
계측장비교정	계전기 시험기	1
	절연내력 시험기	1
	절연유 내압 시험기	1
	적외선 열화상 카메라	1
	전원품질분석기	1
	절연저항 측정기(1,000[V], 2,000[MΩ])	1
	절연저항 측정기(500[V], 100[MΩ])	1
	회로시험기	1
	접지저항 측정기	1
	클램프미터	1
안정장구시험	특고압 COS 조작봉	1
	저압검전기	1
	고압·특고압 검전기	1
	고압절연장갑	1
	절연장화	1
	절연안전모	1

07

출제 : 21, 15년 • 배점 : 6점

다음은 컨베이어시스템 제어회로의 도면이다. 3대의 컨베이어가 A→B→C 순서로 기동하며, C→B→A 순서로 정지한다고 할 때, 시스템도와 타임차트도를 보고 PLC 프로그램 입력 ①~⑤를 답안지에 완성하시오.

[타임차트도]

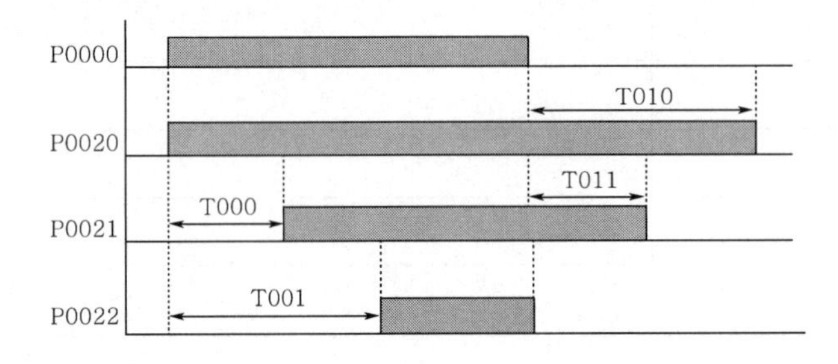

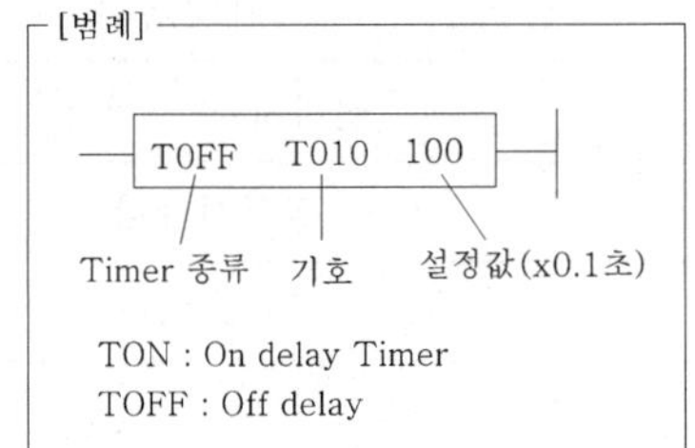

[프로그램 입력]

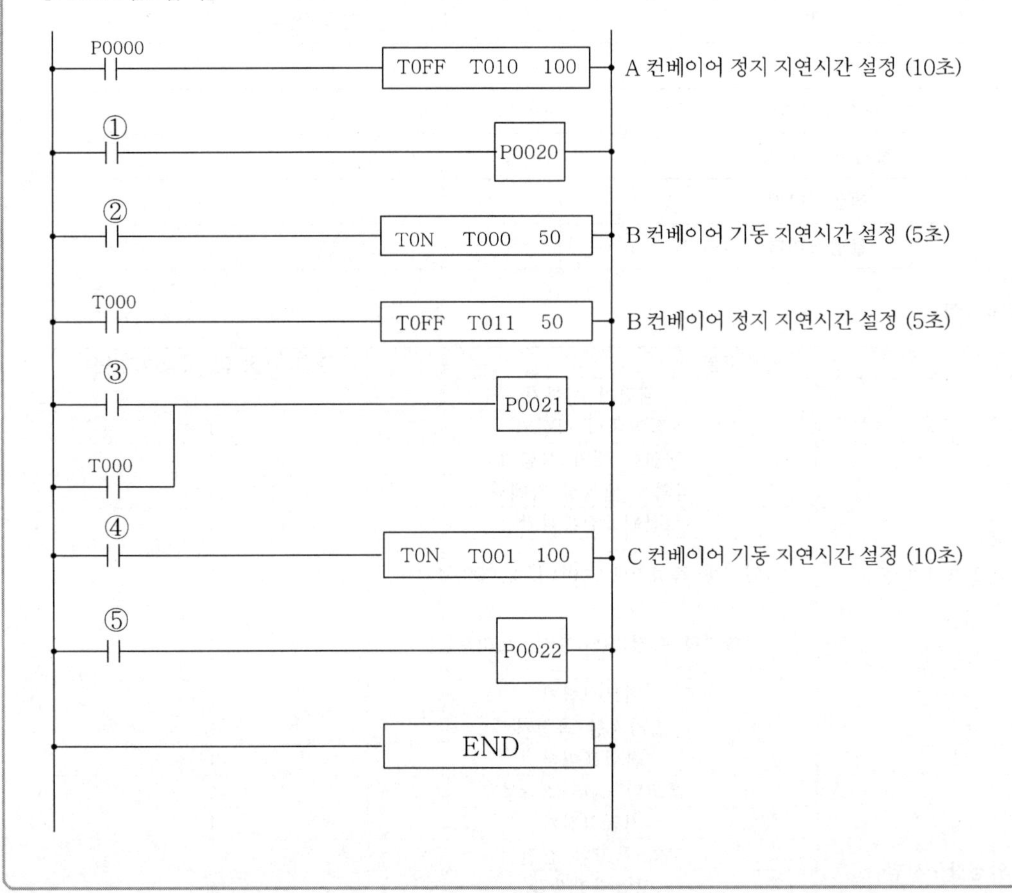

|계|산|및|정|답|

	①	②	③	④	⑤
【정답】	T010	P0000	T011	P0000	T001

08

출제 : 21, 17년 • 배점 : 6점

40[kVA], 3상 380[V], 60[Hz]용 전력용 콘덴서의 결선 방식에 따른 용량을 $[\mu F]$으로 구하시오.

(1) △결선인 경우 $C_1[\mu F]$

•계산 : •답 :

(2) Y결선인 경우 $C_2[\mu F]$

•계산 : •답 :

|계|산|및|정|답|

(1) 【계산】 △결선인 경우 $C_1[\mu F]$ $\rightarrow (V=E)$

$Q=3EI_c=3\times 2\pi f C_1 E^2$ 에서

$$C_1=\frac{Q}{6\pi f E^2}\times 10^6=\frac{Q}{6\pi f V^2}\times 10^6=\frac{40000}{6\times\pi\times 60\times 380^2}\times 10^6=245.053[\mu F]$$

【정답】 245.05$[\mu F]$

(2) 【계산】 Y결선인 경우 $C_2[\mu F]$ $\rightarrow (V=\sqrt{3}E)$

$Q=3EI_c=3\times 2\pi f C_2 E^2$ 에서

$$C_2=\frac{Q}{6\pi f E^2}\times 10^6=\frac{Q}{6\pi f\left(\frac{V}{\sqrt{3}}\right)^2}\times 10^6=\frac{40000}{2\times\pi\times 60\times 380^2}\times 10^6=735.16[\mu F]$$

【정답】 735.16$[\mu F]$

|추|가|해|설|

(2) $Q=3\times 2\pi f C_2 E^2[VA]$

여기서, f : 주파수[Hz], C : 전선ㅇ 1선당 정전용량[F], E : 상전압[V]

09

출제 : 21, 03, 05, 09년 • 배점 : 8점

CT 2대를 V결선하여 OCR 3대가 그림과 같이 연결하여 사용할 경우 다음 각 물음에 답하시오.

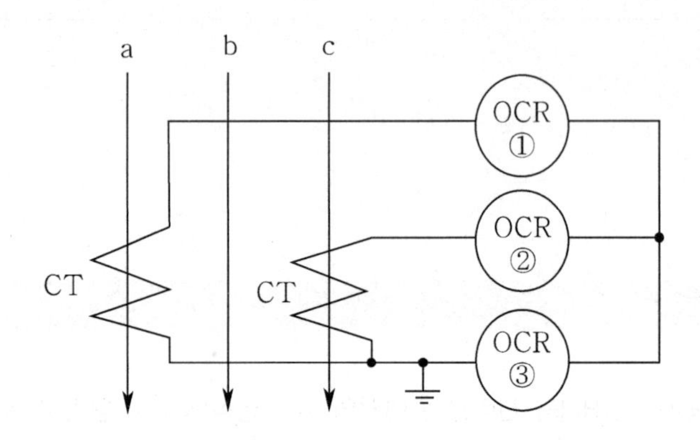

(1) 국내에서 사용되는 CT는 일반적으로 어떤 상의 전류인가?

(2) 도면에서 사용된 CT의 변류비가 40:5이고 변류기 2차측 전류를 측정하니 3[A]의 전류가 흘렀다면 수전전력은 몇 [kW]인가? (단, 수전전압은 22900[V]이고 역률은 90[%]이다.)

•계산 : •답 :

(3) OCR중에서 ③번 OCR에 흐르는 전류는 어떤 상의 전류인가?

(4) OCR은 주로 어떤 사고가 발생하였을 때 동작하는가?

(5) 통전 중에 있는 변류기 2차 측 기기를 교체하고자 할 때 가장 먼저 취하여야 할 조치는 무엇인지를 설명하시오.

|계|산|및|정|답|

(1) 감극성

(2) 【계산】 $I_1 = \frac{40}{5} \times 3 = 24[A]$

$$P = \sqrt{3} \times V_1 I_1 \cos\theta = \sqrt{3} \times 22900 \times 24 \times 0.9 = 856.74[kW]$$

【정답】 856.74[kW]

(3) b상 전류

(4) 과부하, 단락 사고

(5) 2차 측 단락

|추|가|해|설|

(2) 수전전력[kW]= $\sqrt{3}$×수전전압[V]×측정전류[A]×CT비× $\cos\theta \times 10^{-3}$

(3) 과전류계전기(OCR)에 흐르는 전류의 상 : ① a상, ② c상, ③ b상

(4) 과전류계전기 : 단락사고 또는 정정값 이상의 전류가 흘렀을 때 동작하여 차단기의 트립코일을 여자

(5) 계기용변성기 점검 시

① CT : 2차 측 단락(2차 측 과전압 및 절연 보호)

② PT : 2차 측 개방(2차 측 과전류 보호)

10

출제 : 21, 07년 • 배점 : 4점

그림과 같은 회로에서 단자전압이 V_0 일 때 전압계의 눈금 V로 측정하기 위해서는 배율기의 저항 R_m은 얼마로 하여야 하는가? (단, 전압계의 내부 저항은 R_V로 한다.)

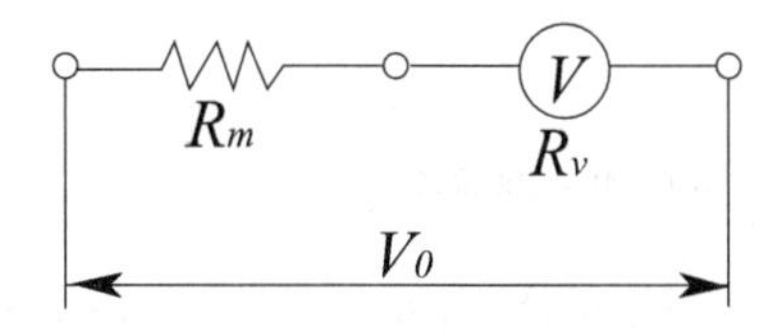

|계|산|및|정|답|

【계산】 ① $I=\frac{V}{R_V}$

② $I=\frac{V_0}{R_m+R_V} \Rightarrow \frac{V}{R_V}=\frac{V_0}{R_m+R_V} \Rightarrow V=\frac{R_V}{R_m+R_V}V_0 \rightarrow R_m=R_V\left(\frac{V_0}{V}-1\right)$

【정답】 $R_m=R_V\left(\frac{V_0}{V}-1\right)$

|추|가|해|설|

[배율기(multipliter]의 비율(m) : $m=\frac{V_0}{V}=\frac{R_m+R_v}{R_v}=1+\frac{R_m}{R_v}$

11

출제 : 21년 • 배점 : 5점

부하에 전력용 콘덴서를 설치하고자 한다. 다음 조건을 참고하여 다음 각 물음에 답하시오.

〈조 건〉

P_1부하는 역률이 60[%]이고, 유효전력은 180[kW], P_2부하는 유효전력은 120[kW], 무효전력은 160[kW]이며 전력손실은 40[kW]이다.

(1) P_1과 P_2의 합성용량은 몇 [kVA]인가?

(2) P_1과 P_2의 합성역률은 몇 [%]인가?

(3) 합성역률을 90[%]로 개선하는데 필요한 콘덴서 용량은 몇 [kVA]인가?

(4) 역률 개선 시 전력손실은 몇 [kW]인가?

|계|산|및|정|답|

(1) 【계산】 ① 유효전력 $P = P_1 + P_2 = 180 + 120 = 300[kW]$

② 무효전력 $Q = Q_1 + Q_2 = P_1 \cdot \tan\theta + Q_2 = 180 \times \frac{0.8}{0.6} + 160 = 400]\text{kVar}]$

③ 합성용량 $P_a = \sqrt{P^2 + Q^2} = \sqrt{300^2 + 400^2} = 500[\text{kVA}]$ 【정답】 500[kVA]

(2) 【계산】 합성역률 $\cos\theta = \frac{P}{P_a} \times 100 = \frac{300}{500} \times 100 = 60[\%]$ 【정답】 60[%]

(3) 역률 개선 시 콘덴서 용량 $Q_C = P(\tan\theta_1 - \tan\theta_2) = P\left(\frac{\sin\theta_1}{\cos\theta_1} - \frac{\sin\theta_2}{\cos\theta_2}\right) = (180 + 120) \times \left(\frac{0.8}{0.6} - \frac{\sqrt{1 - 0.9^2}}{0.9}\right) = 254.7[\text{kVA}]$

【정답】 254.7[kVA]

(4) 전력손실 $P_l \propto \frac{1}{\cos^2\theta}$ 이므로 $P_l' = \left(\frac{0.6}{0.8}\right)^2 P_l = \left(\frac{0.6}{0.8}\right)^2 \times 40 = 17.78[\text{kW}]$ 【정답】 17.78[kW]

|추|가|해|설|

(1) 합성용량 : 피상전력 $P_a = \sqrt{P^2 + Q^2}$

(2) 합성역률 $\cos\theta = \frac{P}{P_a} \times 100[\%]$

(3) 역률 개선 시 콘덴서용량 $Q_C = P(\tan\theta_1 - \tan\theta_2) = P\left(\frac{\sin\theta_1}{\cos\theta_1} - \frac{\sin\theta_2}{\cos\theta_2}\right)$

(4) 전력손실 $P_l = 3I^2R = 3 \times \left(\frac{P}{\sqrt{3}\, V\cos\theta}\right)^2 = \frac{RP^2}{V^2\cos^2\theta} \quad \rightarrow (P_l \propto \frac{1}{\cos^2\theta})$

12
출제 : 21, 17년 • 배점 : 6점

다음 논리회로를 보고 물음에 답하시오.

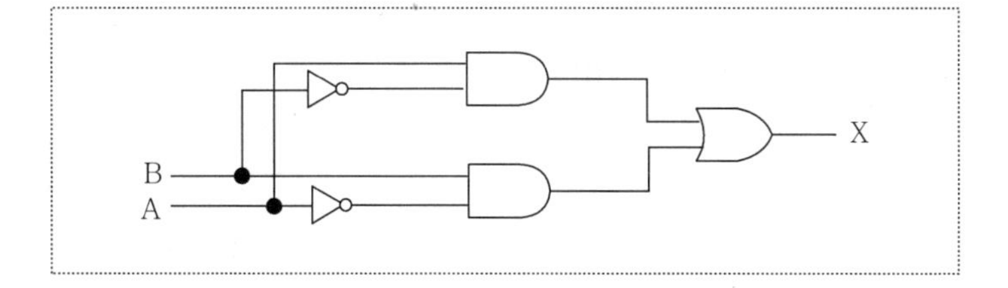

(1) 유접점 회로의 미완성된 부분을 완성하여 그리시오.

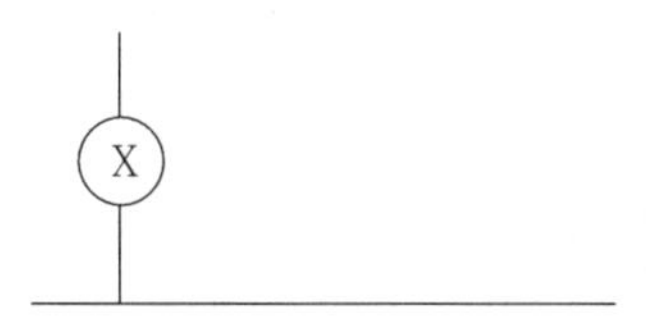

(2) 타임차트를 완성하시오.

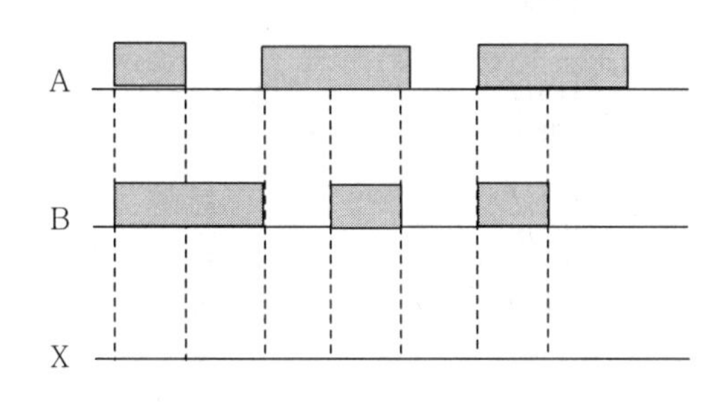

| 계 | 산 | 및 | 정 | 답 |

(1)

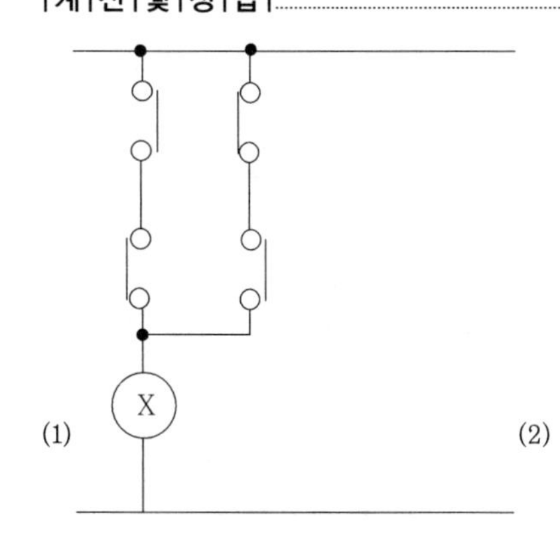

(2)

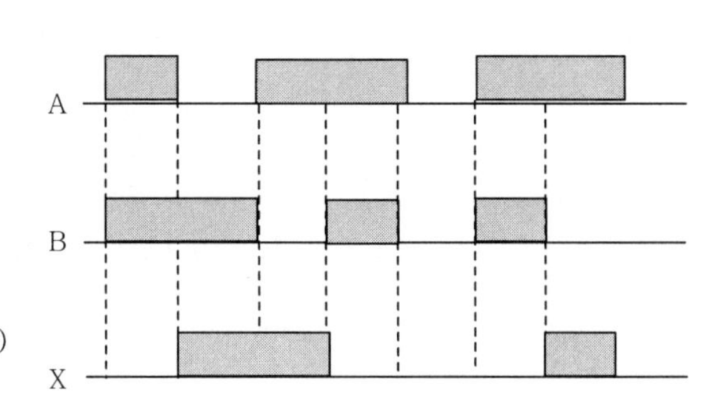

13

출제 : 21년 • 배점 : 4점

3상3선식 380[V]로 수전하는 부하전력이 10[kW], 구내배선의 길이는 10[m]이며, 배선에서의 전압강하는 3[%]까지 허용하는 경우 구내 배선의 굵기를 계산하시오.

(굵기 선정[mm^2] : 2.5, 4, 6, 16, 25, 35, 50, 70)

|계|산|및|정|답|

【계산】 전선의 굵기 $A=\frac{30.8\,LI}{1000e}=\frac{30.8\times 10\times \frac{10\times 10^3}{\sqrt{3}\times 380}}{1000\times 380\times 0.03}=0.41[mm^2]$ → $(I=\frac{P}{\sqrt{3}\,V}[A])$

【정답】 2.5[mm^2]

|추|가|해|설|

·3상3선식 전력 $P=\sqrt{3}\,VI$에서 전류 $I=\frac{P}{\sqrt{3}\,V}[A]$

·전압 강하 및 전선의 단면적

전기 방식	전압 강하		전선 단면적
단상3선식 직류3선식 3상4선식	$e=IR$	$e=\frac{17.8L}{1000A}$	$A=\frac{17.8LI}{1000e}$
단상 2선식 및 직류 2선식	$e=2IR$	$e=\frac{35.6L}{1000A}$	$A=\frac{35.6LI}{1000e}$
3상 3선식	$e=\sqrt{3}\,IR$	$e=\frac{30.8L}{1000A}$	$A=\frac{30.8LI}{1000e}$

여기서, A : 전선의 단면적[mm^2], e : 외측선 또는 각 상의 1선과 중성선 사이의 전압강하[V]

L : 전선 1본의 길이[m], I : 전류[A])

14

출제 : 21년 • 배점 : 7점

그림은 3상4선식 Line에 WHM를 접속하여 전력량을 적산시키기 위한 결선도이다. 다음을 보고 주어진 답안지에 계산식과 답을 쓰시오.

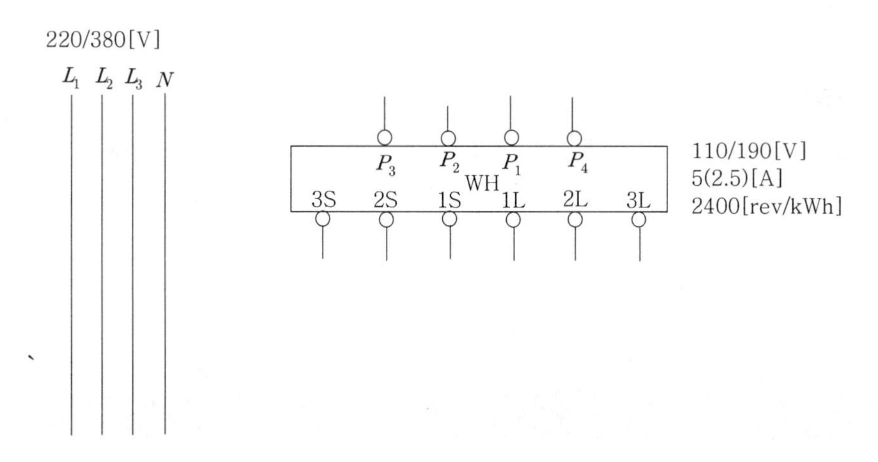

(1) WHM가 정상적으로 적산이 가능하도록 변성기를 추가하여 결선도를 완성하시오.

(2) 다음이 의미하는 것을 쓰시오.

① 5[A] ② 2.5[A]

(3) PT비는 220/110, CT비는 300/5라 한다. 전력량계의 승률은 얼마인가?

|계|산|및|정|답|

(1)

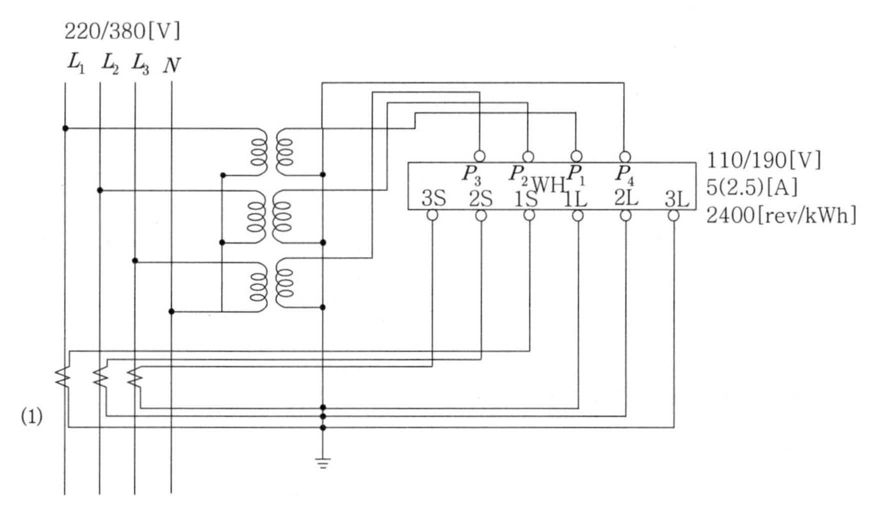

(2) ① 정격전류 5[A]는 최대전류를 적용 ② 기준전류로 정상적인 동작 및 시험에 따른 전류를 의미

(3) 【계산】 승률$= CT$비$\times PT$비$= \frac{300}{5}\times\frac{220}{110}=120$ 【정답】 120

15

출제 : 21년 • 배점 : 4점

WHM의 계기정수는 2400[rev/kWh]이고 소비전력이 500[W]이다. 전력량계 원판의 1분간 회전수는?

|계|산|및|정|답|

【계산】 회전수= 계기정수 × 전력 $= 2400 \times \dfrac{0.5}{60} = 20[\text{rpm}]$ → (1분이므로 60으로 나눈다.)

【정답】 20[rpm]

16

출제 : 21년 • 배점 : 4점

대지 고유저항률 500[Ω·m], 직경 20[mm], 길이 1800[mm]인 봉형 접지전극을 설치하였다. 접지저항(대지저항) 값은 얼마인가?

|계|산|및|정|답|

【계산】 대지저항 $R = \dfrac{\rho}{2\pi l}\left(\ln\dfrac{2l}{a}\right)[\Omega]$ 에서 → $R = \dfrac{500}{2\pi \times 1.8}\left(\ln\dfrac{2\times 1.8}{\dfrac{20\times 10^{-3}}{2}}\right) = 260.342$

【정답】 260.34[Ω]

|추|가|해|설|

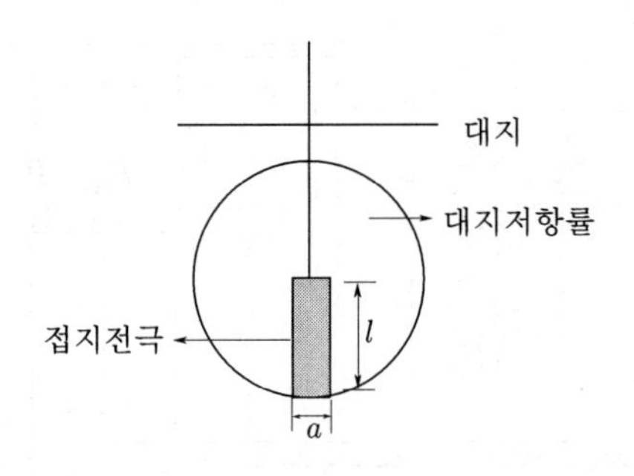

[대지저항률] $\rho = \dfrac{2\pi l R}{\ln\dfrac{2l}{a}}$

여기서, ρ : 대지의 고유저항률, l : 접지봉 매입길이, a : 접지봉 반지름)

17 출제 : 21년 • 배점 : 5점

송전전압 66[kV]의 3상3선식 송전선에서 1 선 지락사고로 영상전류 50[A]가 흐를 때 통신선에 유기되는 전자유도전압의 크기는 몇 [V]인가? (단. 상호인덕턴스는 0.06[mH/km], 병행거리는 50[km], 주파수는 60[Hz]이다.)

·계산 : ·답 :

|계|산|및|정|답|

【계산】 전자유도전압의 크기 $E_m = wMl \times 3I_0 [V]$ → $(\omega = 2\pi f)$

$= 2\pi \times 60 \times 0.06 \times 10^{-3} \times 50 \times 3 \times 50 = 169.646 [V]$ 【정답】 169.65[V]

|추|가|해|설|

[전자유도전압(E_m)] $E_m = ZI = jwMl(I_a + I_b + I_c) = jwMl \times 3I_0 [V]$

여기서, l : 전력선과 통신선의 병행 길이[km], $3I_0$: 3× 영상전류(=기유도 전류=지락 전류)

M : 전력선과 통신선과의 상호 인덕턴스, I_a, I_b, I_c : 각 상의 불평형 전류, $w(=2\pi f)$: 각주파수

03 2021년 전기산업기사 실기

01

출제 : 21, 06, 03년 • 배점 : 11점

그림은 22.9[kV] 특별고압 수전설비의 단선도이다. 이 도면을 보고 다음 각 물음에 답하시오.

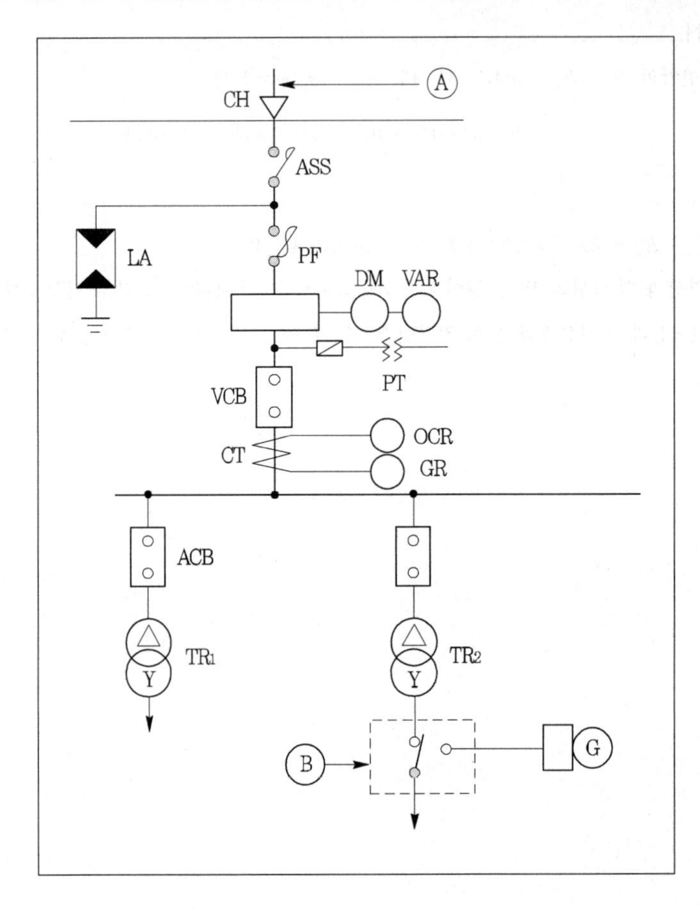

(1) 도면에 표시되어 있는 다음 약호의 명칭을 우리말로 쓰시오.

① ASS :　　② LA :

③ VCB :　　④ DM :

(2) Tr1 쪽의 부하 용량의 합이 300[kW]이고, 역률 및 효율이 각각 0.8, 수용률이 0.6이라면 Tr1 변압기의 용량은 몇 [kVA]인지를 계산하고 가장 적당한 규격 용량으로 답하시오.

·계산 :　　·답 :

(3) Ⓐ에는 어떤 종류의 케이블이 사용되는가?

(4) Ⓑ의 명칭은 무엇인가?

(5) 변압기의 결선도를 복선도로 그리시오.

|계|산|및|정|답|

(1) ① ASS : 자동고장구분개폐기 ② LA : 피뢰기 ③ VCB : 진공차단기 ④ DM : 최대 수요 전력계

(2) 【계산】 변압기의 용량 Tr1 $= \frac{\text{설비요량}[kVA] \times \text{수용률}}{\text{효율}} = \frac{\text{설비용량}[kVA] \times \text{수용률}}{\text{효율} \times \text{역률}} = \frac{300 \times 0.6}{0.8 \times 0.8} = 281.25[kVA]$

【정답】 300[kVA] 선정

(3) CNCV－W 케이블(수밀형)

(4) 자동부하전환개폐기

(5)

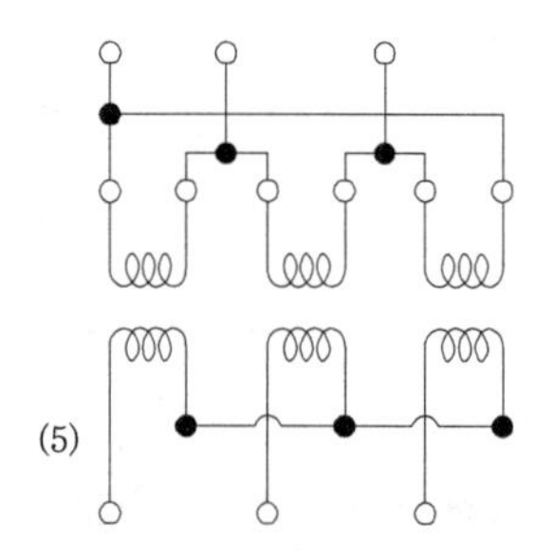

|추|가|해|설|

(1) 수전설비 표준 결선도

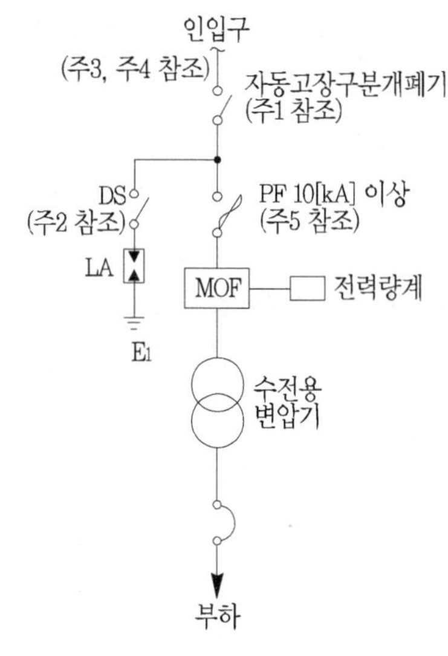

【주1】 22.9[kV－Y] 1000[kVA] 이하인 경우에는 간이 수전설비 결선도에 의할 수 있다.

【주2】 결선도 중 점선 내의 부분은 참고용 예시이다.

【주3】 차단기의 트립 전원은 직류[DC] 또는 콘덴서 방식(CTD)이 바람직하며 66[kV] 이상의 수전설비에는 직류[DC]이어야 한다.

【주4】 LA용 DS는 생략할 수 있으며 22.9[kV－Y]용의 LA는 Disconnector(또는 Isolator) 붙임형을 사용하여야 한다.

【주5】 인입선을 지중선으로 시설하는 경우로서 공동 주택 등 사고시 정전 피해가 큰 수전 설비 인입선은 예비선을 포함하여 2회선으로 시설하는 것이 바람직하다.

【주6】 지중 인입선의 경우에 22.9[kV－Y] 계통은 CNCV－W 케이블(수밀형) 또는 TR CNCV－W(트리 억제형)을 사용하여 한다. 다만, 전력구·공동구·덕트·건물구내 등 화재의 우려가 있는 장소에서는 FR CNCO－W(난연) 케이블을 사용하는 것이 바람직하다.

【주7】 DS 대신 자동고장구분 개폐기(7000[kVA] 초과 시에는 Sectionalizer)를 사용할 수 있으며 66[kV] 이상의 경우는 LS를 사용하여야 한다.

(2) 변압기의 용량 Tr1 $= \frac{\text{설비요량}[kVA] \times \text{수용률}}{\text{효율}} = \frac{\text{설비용량}[kVA] \times \text{수용률}}{\text{효율} \times \text{역률}} [kVA]$

02

출제 : 21년 • 배점 : 5점

도로의 너비가 25[m]인 곳의 양쪽으로 30[m] 간격으로 지그재그 식으로 등수를 배치하여 도로 위의 평균 조도를 5[lx]가 되도록 하려면 등수에 사용되는 수은등은 몇 [W]의 것을 사용하면 되는지 주어진 표를 참고하여 답하시오. (단, 노면의 광속 이용료 30[%], 유지율 75[%])

[수은등의 광속

용량[W]	전광속[lm]
100	3200~3500
200	7200~8500
300	10000~11000
400	13000~14000
500	18000~20000

·계산 : ·답 :

|계|산|및|정|답|

【계산】 ① 피조면의 면적 $A=\frac{1}{2}SB=25\times30\times\frac{1}{2}=375[m^2]$ → (지그재그 조명 : $A=\frac{S\cdot B}{2}[m^2]$)

② 광속 $F=\frac{EAD}{UN}=\frac{5\times375\times\frac{1}{0.75}}{0.3}=8333.33[\text{lm}]$ → (등수는 1등 기준)

위의 표에서 전광속 7200~8500[lm]에 해당하는 용량 200[W] 선정 【정답】 200[W]

|추|가|해|설|

1. $F=\frac{DEA}{UN}=\frac{EA}{UNM}$

여기서, F : 램프 1개당 광속[lm], E : 평균 조도[lx], N : 램프 수량[개], U : 조명률, D : 감광보상률$(=\frac{1}{M})$

M : 보수율, A : 방의 면적$[m^2]$(방의 폭×길이)

2. 피조면의 면적

·지그재그 조명 : $A=\frac{S\cdot B}{2}[m^2]$

·일렬조명(한쪽) : $A=S\cdot B[m^2]$

·일렬조명(중앙) : $A=S\cdot B[m^2]$

·양쪽 조명(대치식) : 1일 배치의 피조 면적 $A=\frac{S\cdot B}{2}[m^2]$

여기서, B : 도로 폭[m], S : 등주 간격[m]

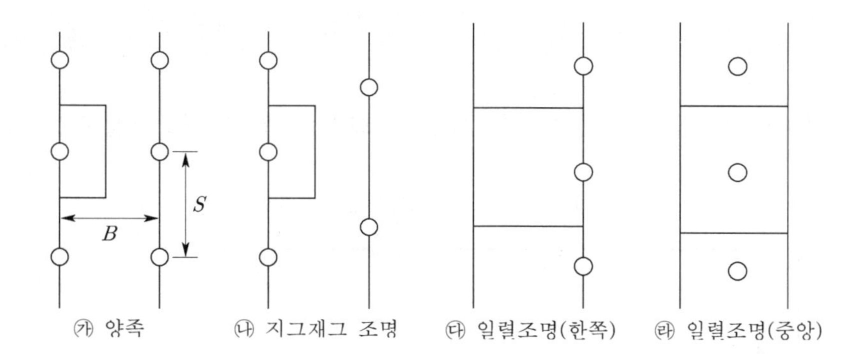

03 출제 : 21년 • 배점 : 5점

가동 코일형의 전압계가 있다. 여기에 45[mV]의 전압을 가할 때 30[mA]가 흐를 경우 다음 물음에 답하시오.

(1) 전압계의 내부저항을 구하시오.

•계산 : •답 :

(2) 이것을 100[V]의 전압계로 만들려고 할 때 배율기의 저항을 구하시오.

•계산 : •답 :

|계|산|및|정|답|

(1) 【계산】 $R_m = \frac{V}{I} = \frac{45 \times 10^{-3}}{30 \times 10^{-3}} = 1.5[\Omega]$ 【정답】 1.5[Ω]

(2) 【계산】 $m = \frac{V}{V_a} = \frac{R_s}{r_a} + 1$ → $R_s = R_m\left(\frac{V}{V_m} - 1\right) = 1.5\left(\frac{1000}{45 \times 10^{-3}} - 1\right) = 3331.83[\Omega]$

【정답】 3331.83[Ω]

|추|가|해|설|

1. 측정전압 $V_m = \frac{R_m}{R_s + R_m} V[V]$

2. 배율기(multipliter]의 비율 $m = \frac{V}{V_m} = \frac{R_s + R_m}{R_m} = 1 + \frac{R_s}{R_m}$

3. 배율기 저항 $R_s = (m-1)R_m[\Omega]$

여기서, R_m : 전압계 내부저항[Ω], R_s : 배율기저항[Ω]

04

출제 : 21년 • 배점 : 5점

그림과 같은 교류 100[V] 단상 2선식 분기회로에서 전력선의 부하 중성점 거리[m]를 구하시오.

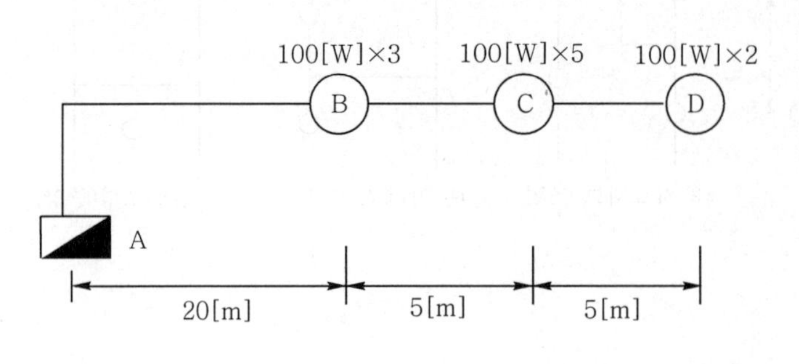

|계|산|및|정|답|

【계산】 ① 전류 : $I=\frac{P}{V}=\frac{100\times3}{100}+\frac{100\times5}{100}+\frac{100\times2}{100}=10[A]$

② 부하 중심점까지의 거리 $L=\frac{\sum I\times l}{\sum I}=\frac{3\times20+5\times25+2\times30}{10}=24.5[m]$ 【정답】 24.5[m]

05

출제 : 21년 • 배점 : 5점

3상 3선식 배전선로의 저항이 2.5[Ω], 리액턴스는 5[Ω], 수전단의 선간전압은 3[kV], 전압강하율 10[%]라 하면 최대 3상 전력[kW]을 구하시오. (단, 부하역률은 0.8(지상)이다.)

|계|산|및|정|답|

【계산】 전압강하율 $\epsilon=\frac{P}{V^2}(R+X\tan\theta)\times100[\%]$

수전전력 $P=\frac{\epsilon V^2}{R+X\tan\theta}\times10^{-3}=\frac{0.1\times(3\times10^3)^2}{2.5+5\times\frac{0.6}{0.8}}\times10^{-3}=144[kW]$ 【정답】 144[kW]

|추|가|해|설|

전압강하율 $\epsilon=\frac{e}{V_r}\times100[\%]=\frac{V_s-V_r}{V_r}\times100[\%]\frac{\sqrt{3}I(R\cos\theta+X\sin\theta)}{V_r}\times100=\frac{P}{V_r^2}(R+X\tan\theta)\times100[\%]$

여기서, V_r : 수전단전압[kV], V_s : 송전단전압[kV]

06

출제 : 21년 • 배점 : 4점

선간전압 22.9[kV], 주파수 60[Hz], 작용정전용량 0.03[μF/km], 유전체역률 0.003의 경우 유전체손실[W/km]을 구하시오.

|계|산|및|정|답|

【계산】 유전체 손실 $P_d = 2\pi f C V^2 \tan\delta [W/km]$ → ($\tan\theta$=유전체 역률)

$= 2\pi \times 60 \times 0.03 \times 10^{-6} \times 22900^2 \times 0.03 = 17.79$

【정답】 17.79[W/km]

|추|가|해|설|

유전체 손실 $P_d = 2\pi f C V^2 \tan\delta [W/km]$

여기서, C : 작용정전용량 [μF/km], δ : 유전손실각, V : 선간전압, $\tan\delta$: 유전체 역률

07

출제 : 21년 • 배점 : 4점

특고압용 변압기의 내부고장 검출방법을 3가지만 쓰시오.

|계|산|및|정|답|

① 비율차동 계전기

② 압력계전기

③ 부흐홀츠 계전기

|추|가|해|설|

[변압기 내부 고장 검출용 보호 계전기]

① 차동계전기(비율차동 계전기) : 변압기 내부 고장

② 비율차동 계전기 : 변압기 내부 고장 보호에 사용

③ 압력계전기 : 변압기 내부 사고 시 가스 발생으로 충격성의 이상 압력 상승이 생기므로 이 압력 상승을 바로 검출 및 차단

④ 부흐홀츠 계전기 : 변압기 고장 보호, 변압기와 콘서베이터 연결관 도중에 설치

08

출제 : 21년 • 배점 : 4점

다음 조건에 따른 차단기에 대한 물음에 답하시오. (단, 역률, 효율은 고려하지 않는다.)

〈조건〉

- 용량 : 30[kW]
- 전압 및 부하의 종류 : 3상 380[V] 전동기
- 과전류 차단기 동작시간 10초의 차단배율 : 5배
- 전동기 기동전류 : 8배
- 전동기 기동방식 : 직입기동

【과전류 차단기의 정격전류[A]】

20, 32, 40, 50, 63, 80, 100, 125, 150, 200, 225, 300, 400

(1) 부하의 정격전류를 구하시오.

·계산 : ·답 :

(2) 과전류 차단기의 정격전류를 선정하시오

·계산 : ·답

|계|산|및|정|답|

(1) 【계산】 $I=\frac{P}{\sqrt{3}\,V}=\frac{30\times 10^3}{\sqrt{3}\times 380}=45.58[A]$ 【정답】 45.58[A]

(2) 【계산】 ① 전동기의 기동전류 $I_m=45.58\times 8=364.64[A]$

② 정격전류 $I_n=\frac{I_m}{b}=\frac{364.64}{5}=72.928[A]$ 【정답】 80[A]

09

출제 : 21년 • 배점 : 4점

피뢰시스템의 수뢰부 시스템에 대하여 다음 물음에 답하시오.

(1) 수뢰부 시스템의 구성요소 3가지를 쓰시오.

(2) 피뢰 시스템의 배치방법 3가지를 쓰시오.

|계|산|및|정|답|

(1) 돌침, 수평도체, 메시도체

(2) 보호각법, 회전구체법, 메시법

|추|가|해|설|

[수뢰부 시스템 (KEC 152.1)]

① 요소 : 돌침, 수평도체, 메시도체의 요소 중에 한 가지 또는 이를 조합한 형식으로 시설하여야 한다.

② 배치

1. 보호각법, 회전구체법, 메시법
2. 건축물, 구조물의 뾰족한 부분, 모서리 등에 우선하여 배치

③ 높이 60[m]를 초과하는 건축물 · 구조물의 측격뢰 보호용 수뢰부시스템

1. 상층부의 높이가 60[m]를 넘는 경우는 최상부로부터 전체높이의 20[%] 부분에 한한다.
2. 코너, 모서리, 중요한 돌출부 등에 우선 배치하고, 피뢰시스템 등급 Ⅳ이상으로 하여야 한다.
3. 자연적 구성부재가 적합하면, 측뢰 보호용 수뢰부로 사용할 수 있다.

10

출제 : 21, 19, 07년 • 배점 : 5점

거리계전기의 설치점에서 고장점까지의 임피던스를 70[Ω]이라고 하면 계전기 측에서 본 임피던스는 몇 [Ω]인가? (단, PT의 전압비는 154000/110[V], CT의 변류비는 500/5[A]이다.)

·계산 : ·답 :

|계|산|및|정|답|

【계산】 ① CT비 $= \frac{500}{5} = 100$

② PT비$= \frac{154000}{110} = 1400$

③ $Z_R = Z_1 \times \frac{CT비}{PT비} = 70 \times \frac{100}{1400} = 5[\Omega]$

【정답】 5[Ω]

|추|가|해|설|

[거리 계전기]

계전기를 설치한 발·변전소의 전압과 보호 대상 송배전 선로의 전류를 각각 변성기를 사이에 두고 계전기에 보내면, 고장점까지의 임피던스를 측정하여, 그 값이 정정값 이내이면 동작하는 계전기이다.

$$Z_{RY} = \frac{V_2}{I_2} = \frac{V_1 \times \frac{1}{PT비}}{I_1 \times \frac{1}{CT비}} = \frac{V_1}{I_1} \times \frac{CT비}{PT비} = Z_1 \times \frac{CT비}{PT비}[\Omega] \quad \rightarrow (I_2 = \frac{I_1}{CT비},\ V_2 = \frac{V_1}{PT비})$$

여기서, Z_{RY} : 계전기측 임피던스[Ω], Z_1 : 계전기 설치점에서 고장점까지의 임피던스[Ω]

11

출제 : 21, 18, 08년 • 배점 : 5점

제5고조파 전류의 확대 방지 및 파형의 일그러짐을 방지하기 위하여 콘덴서에 직렬 리액터를 설치하고자 한다. 3상 전력용 콘덴서 용량이 500[kVA]라고 할 때 다음 각 물음에 답하시오,

(1) 이론상 필요한 직렬 리액터의 설치 용량은 몇 [kVA]인가?

·계산 : ·답 :

(2) 실제적으로 설치하는 진상 콘덴서용 직렬 리액터의 용량[kVA]과 이유를 간단히 쓰시오.

① 직렬 리액터의 용량 :

② 이유 :

|계|산|및|정|답|

(1) 【계산】 이론상 리액터의 용량=$500 \times 0.04 = 20[kVA]$ 【정답】 20[kVA]

(2) ① 실제적 리액터의 용량=$500 \times 0.06 = 30[kVA]$ 【정답】 30[kVA]

② 【이유】 이론상 콘덴서 용량의 4[%] 이지만 주파수 변동 등을 고려하여 6[%]를 표준 정격으로 한다.

12

출제 : 21년 • 배점 : 5점

방의 가로 6[m], 세로 8[m], 높이 4.1[m]에 천장직부형으로 형광등을 시설하려고 한다. 작업면의 높이가 0.8[m]인 경우 등기구 사이의 간격과 천장과 등기구와의 이격거리[m]를 구하시오.

(1) 벽면을 이용하는 경우

·계산 : ·답 :

(2) 벽면을 이용하지 않는 경우

·계산 : ·답 :

| 계 | 산 | 및 | 정 | 답 |

(1) 【계산】 $S_0 = \frac{1}{3}H = \frac{1}{3} \times 3.3 = 1.099[m]$ → (광원의 높이(H)=천장의 높이(4.1)−작업면 높이(0.8)=3.3[m]

【정답】 1.1[m]

(2) 【계산】 $S_0 = \frac{1}{2}H = \frac{1}{2} \times 3.3 = 1.65[m]$ 【정답】 1.65[m]

13

출제 : 21년 • 배점 : 5점

송전계통의 변압기 중성점 접지에 대한 다음 물음에 답하시오.

(1) 중성점 접지방식을 4가지만 쓰시오.

(2) 우리나라의 154[kV], 345[kV] 송전계통에 적용되는 중성점 접지방식을 쓰시오.

(3) 유효접지는 1선지락 사고 시 건전상 전위 상승이 상규 대지전압의 몇 배를 넘지 않도록 접지 임피던스를 조절하여야 하는지 쓰시오,

| 계 | 산 | 및 | 정 | 답 |

(1) ① 비접지방식 ② 저항접지방식 ③ 소호리액터 접지방식 ④ 직접접지방식

(2) 직접접지(유효접지)

(3) 1.3배

| 추 | 가 | 해 | 설 |

(1) 중성점 접지방식의 목적
- ·대지 전위 상승을 억제하여 절연레벨 경감
- ·뇌, 아크 지락 등에 의한 이상전압의 경감 및 발생 방지
- ·지락고장 시 접지계전기의 동작을 확실하게
- ·소호리액터 접지방식에서는 1선 지락시의 아크 지락을 빨리 소멸시켜 그대로 송전을 계속할 수 있게 한다.

(2) 중성점 접지방식의 종류

접지임피던스 Z_n의 종류와 크기에 따라 구분한다.

비접지 방식	임피던스를 매우 크게 접지	$\rightarrow Z_n = \infty$
직접접지 방식	임피던스를 작게 접지	$\rightarrow Z_n = 0$
저항접지 방식	저항을 통해 접지	$\rightarrow Z_n = R$
소호리액터접지	인덕턴스로 접지	$\rightarrow Z_n = jX_L$

14

출제 : 21, 06, 03년 • 배점 : 12점

누름버튼 스위치 PB_1, PB_2, PB_3에 의하여 직접 제어되는 계전기 X_1, X_2, X_3가 있다. 이 계전기 3개가 모두 소자(복귀)되어 있을 때만 출력램프 L_1이 점등되고, 그 이외에는 출력 램프 L_2가 점등되도록 계전기를 사용한 시퀀스 제어회로를 설계하려고 한다. 이때 다음 각 물음에 답하시오.

(1) 본문 요구조건과 같은 진리표를 작성하시오.

입력			출력	
X_1	X_2	X_3	L_1	L_2
0	0	0		
0	0	1		
0	1	0		
0	1	1		
1	0	0		
1	0	1		
1	1	0		
1	1	1		

(2) 최소 접점수를 갖는 논리식을 쓰시오.

① L_1

② L_2

(3) 논리식에 대응되는 계전기 시퀀스 제어회로(유접점 회로)를 그리시오.

|계|산|및|정|답|

(1)

입력			출력	
X_1	X_2	X_3	L_1	L_2
0	0	0	1	0
0	0	1	0	1
0	1	0	0	1
0	1	1	0	1
1	0	0	0	1
1	0	1	0	1
1	1	0	0	1
1	1	1	0	1

(2) ① $L_1 = \overline{X_1} \cdot \overline{X_2} \cdot \overline{X_3}$

② $L_2 = \overline{X_1} \cdot \overline{X_2} \cdot X_3 + \overline{X_1} \cdot X_2 \cdot \overline{X_3} + \overline{X_1} \cdot X_2 \cdot X_3$

$+ X_1 \cdot \overline{X_2} \cdot \overline{X_3} + X_1 \cdot \overline{X_2} \cdot X_3 + X_1 \cdot X_2 \cdot \overline{X_3} + X_1 \cdot X_2 \cdot X_3$

$= X_1 + X_2 + X_2$

(3)

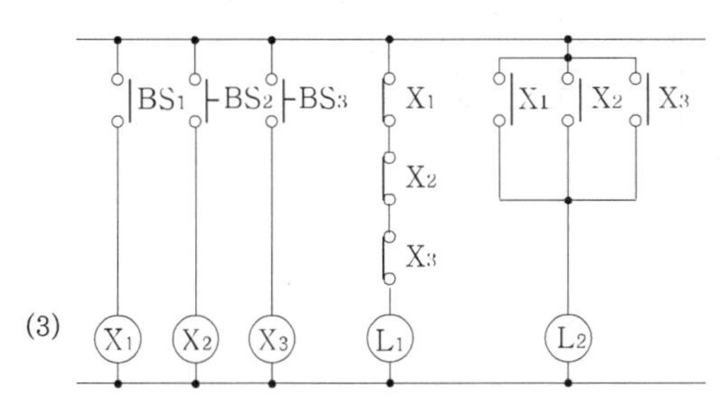

15 출제 : 21, 11년 • 배점 : 5점

지표면상 10[m]높이에 수조가 있다. 이 수조에 초당 1[m^3]의 물을 양수하는데 펌프용 전동기에 3상 전력을 공급하기 위해서 단상 변압기 2대를 V결선 하였다. 펌프 효율이 70[%]이고, 펌프축 동력에 25[%]의 여유를 두는 경우 전동기의 용량[kW]을 구하시오 (단, 펌프용 3상 농형 유도전동기의 역률을 100[%]로 가정한다.)

•계산 : •답 :

|계|산|및|정|답|

【계산】 펌프용 전동기의 소요 동력 $P = \dfrac{9.8KHq}{\eta} = \dfrac{9.8 \times 10 \times 1 \times 1.25}{0.7} = 175[\text{kW}]$ 【정답】 175[kW]

|추|가|해|설|

① 펌프용 전동기의 용량 $P = \dfrac{9.8Q'[m^3/\text{sec}]HK}{\eta}[kW] = \dfrac{9.8Q[m^3/\text{min}]HK}{60 \times \eta}[kW] = \dfrac{Q[m^3/\text{min}]HK}{6.12\eta}[\text{kW}]$

여기서, P : 전동기의 용량[kW], Q' : 양수량[m^3/sec], Q : 양수량[m^3/min]

H : 양정(낙차)[m], η : 펌프효율, K : 여유계수(1.1~1.2 정도)

② 권상용 전동기의 용량 $P = \dfrac{K \cdot W \cdot V}{6.12\eta}[KW]$ →(K : 여유계수, W : 권상 중량 [ton], V : 권상 속도[m/min], η : 효율)

③ 엘리베이터용 전동기의 용량 $P = \dfrac{KVW}{6120\eta}[kW]$

여기서, P : 전동기 용량[kW], η : 엘리베이터 효율, V : 승강속도[m/min]

W : 적재하중[kg](기계의 무게는 포함하지 않는다.), K : 계수(평형률)

16

출제 : 21년 • 배점 : 5점

그림과 같은 논리회로의 출력을 가장 간단한 식으로 표현하시오.

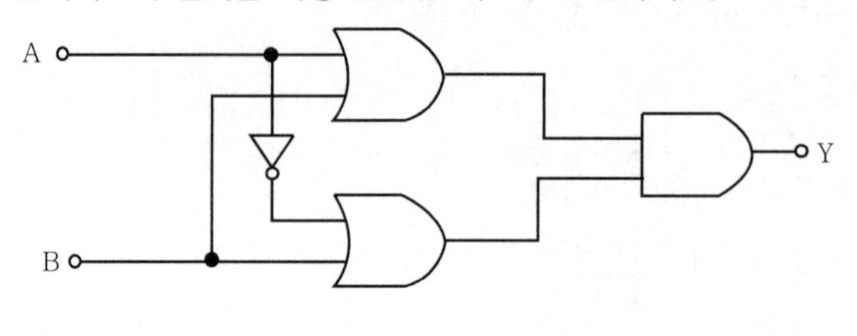

|계|산|및|정|답|

$Y=(A+B)(\overline{A}+B)=A\overline{A}+\overline{A}B+AB+BB=\overline{A}B+AB+B=B(\overline{A}+A+1)=B$

17

출제 : 21, 17, 00년 • 배점 : 5점

단상 2선식 220[V] 배전선로에 소비전력이 40[W], 역률 80[%]의 형광등 180개를 설치할 때 16[A]의 분기회로의 최소 회선수를 구하시오. (단, 한 회선의 부하전류는 분기회로 용량의 80[%]로 한다.)

·계산 : ·답 :

|계|산|및|정|답|

【계산】 ①상정 부하용량 $P_a=\frac{40}{0.8}\times 180=9000[VA]$

② 분기회로수 $N=\frac{\text{상정부하[VA]}}{\text{전압[V]}\times\text{분기회로전류[A]}}=\frac{9000}{220\times 16\times 0.8}=3.2$ → 4[회로]

【정답】 16[A]분기 4회로

|추|가|해|설|

1. 분기회로수 계산 결과값에 소수점이 발생하면 소수점 이하 절상한다.
2. 분기회로의 전류가 주어지지 않을 때에는 16[A]를 표준으로 한다.

18

출제 : 21년 • 배점 : 5점

한국전기설비규정에 따라 수용가 설비에서의 전압강하는 다음 표에 따라야 한다.
다음 (　)에 알맞은 내용을 답란에 쓰시오.

설비의 유형	조명[%]	기타[%]
A - 저압으로 수전하는 경우	①	②
B - 고압 이상으로 수전하는 경우a	③	④

a 가능한 한 최종회로 내의 전압강하가 A 유형의 값을 넘지 않도록 하는 것이 바람직하다. 사용자의 배전설비가 100[m]를 넘는 부분의 전압강하는 미터 당 0.005[%] 증가할 수 있으나 이런 증가분은 0.5[%]를 넘지 않도록 한다.

|계|산|및|정|답|

【정답】 ① 3　　② 5　　③ 6　　④ 8

|추|가|해|설|

[수용가 설비에서의 전압강하 (KEC 232.3.9)]

1. 다른 조건을 고려하지 않는다면 수용가 설비의 인입구로부터 기기까지의 전압강하는 아래 [표]의 값 이하이어야 한다.

   [표] 수용가설비의 전압강하

설비의 유형	조명[%]	기타[%]
A - 저압으로 수전하는 경우	3	5
B - 고압 이상으로 수전하는 경우[a]	6	8

[a]가능한 한 최종회로 내의 전압강하가 A 유형의 값을 넘지 않도록 하는 것이 바람직하다.
사용자의 배선설비가 100[m]를 넘는 부분의 전압강하는 미터 당 0.005[%] 증가할 수 있으나 이러한 증가분은 0.5[%]를 넘지 않아야 한다.

2. 다음의 경우에는 [표]보다 더 큰 전압강하를 허용할 수 있다.
   가. 기동 시간 중의 전동기
   나. 돌입전류가 큰 기타 기기
3. 다음과 같은 일시적인 조건은 고려하지 않는다.
   가. 과도과전압
   나. 비정상적인 사용으로 인한 전압 변동

01 2020년 전기산업기사 실기

01

출제 : 20년, 08년 • 배점 : 5점

도면은 사무실 일부의 조명 및 전열도면이다. 주어진 조건을 이용하여 다음 각 물음에 답사시오.

〈조건〉

- ·층고 : 3.6[m] 2중 천정
- ·2중 천정과 천정사이 : 1[m]
- ·조명기구 : FL40×2 매입형
- ·전선관 : 금속전선관
- ·콘크리트 슬라브 및 미장마감

[도면]

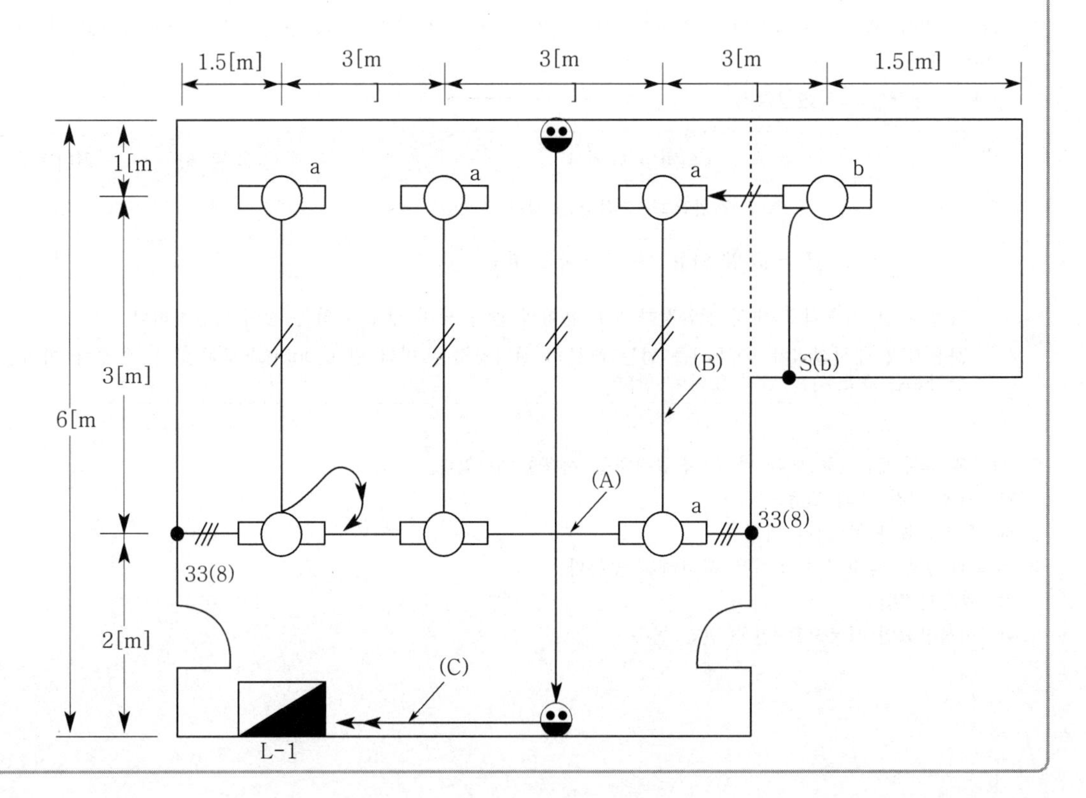

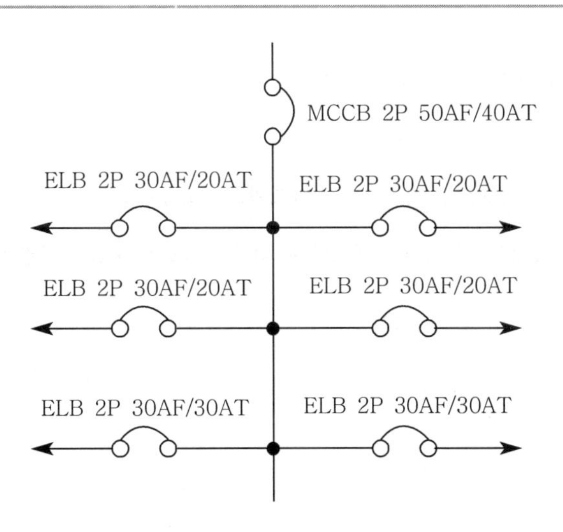

(1) 전등과 전열에 사용할 수 있는 전선의 최소 굵기는 얼마인가? (단, 접지선은 제외한다.)

· 전등 : $[mm^2]$ · 전열 : $[mm^2]$

(2) (A)와 (B)에 배선되는 전선수는 최소 몇 본이 필요한가? (단, 접지선은 제외한다.)

· (A) : · (B) :

(3) (C)에 사용될 전선의 종류와 전선의 굵기 및 전선 가닥수를 쓰시오. (단, 접지선은 제외한다.)

· 전선의 종류 :
· 전선의 최고 굵기 :
· 전선의 최소 가닥수 :

(4) 도면에서 박스(4각박스+8각박스+수위치)는 몇 개가 필요한가? (단, 분전반은 제외한다.)

(5) ELB의 우리말 명칭은?

(6) 300AF/20AT에서 ① AF와 ② AT의 의미는 무엇인가?

|계|산|및|정|답|

(1) · 전등 : 2.5$[mm^2]$ · 전열 : 2.5$[mm^2]$

(2) (A) 6가닥, (B) 4가닥

(3) · 전선의 종류 : NR · 전선의 최고 굵기 : 2.5$[mm^2]$ · 전선의 가닥수 : 4가닥

(4) 11가닥

(5) 누전차단기

(6) ① AF : 차단기 프레임 전류 ② AT : 차단기 트립 전류

|추|가|해|설|

(1) 단선의 최대 굵기 10[mm^2], 이상일 경우 연선 사용

(3) NR : 450/750[V] 일반용 단심 비닐절연전선

(4) ·4각박스(4개 : 스위치(2), 콘센트(2)의 수)　　　　·8각박스 : 전등수(7)

※2개의 화살표(—◀◀—) : 독립회로, 즉 하나의 회로와 또 하나의 회로가 동일 전선관에 시설된다는 의미

02 출제 : 20년 • 배점 : 6점

200[V], 15[kVA]인 3상 유도전동기를 부하로 사용하는 공장이 있다. 이 공장의 어느 날 1일 사용 전력량이 90[kWh]이고, 1일 최대전력이 10[kW]일 경우 다음 각 물음에 답하시오. (단, 최대전력일 때의 전류값은 43.3[A]라고 한다.)

(1) 일부하율은 몇 [%]인가?

·계산 :　　　　　　　　　　·답 :

(2) 최대전력일 때의 역률은 몇 [%]인가?

·계산 :　　　　　　　　　　·답 :

|계|산|및|정|답|

(1) 【계산】 부하율$=\dfrac{\text{평균전력}}{\text{최대전력}}\times 100$에서

$$\text{일부하율}=\frac{\dfrac{\text{1일 사용 전력량}}{24}}{\text{1일중 최대 전력[kW]}}\times 100=\frac{\dfrac{90}{24}}{10}\times 100=37.5[\%]$$

【정답】 37.5[%]

(2) 【계산】 3상전력 $P=\sqrt{3}\,VI\cos\theta$에서 역률 $\cos\theta=\dfrac{P}{\sqrt{3}\,VI}=\dfrac{10\times 10^3}{\sqrt{3}\times 200\times 43.3}\times 100=66.666[\%]$

【정답】 66.67[%]

03

출제 : 20년 • 배점 : 6점

전력기술관리법에서 정하고 있는 종합설계업을 등록하고자 할 경우 등록기준에 해당하는 기술인력은 전기분야기술사, 설계사, 설계보조자가 각각 몇 명이 필요한가?

① 전기분야기술사 : 명

② 설계사 : 명

③ 설계보조자 : 명

|계|산|및|정|답|

① 전기분야기술사 : 2명
② 설계사 : 2명
③ 설계보조자 : 2명

|추|가|해|설|

[전력기술관리법 시행령]

설계업의 종류, 종류별 기준 및 영업범위

종류		등록기준		영업범위
		기술인력	자본금	
종합설계업		전기 분야 기술사 2명 설계사 2명 설계보조사 2명	1억 원 이상	전력시설물의 설계도서 작성
전문설계업	1종	전기 분야 기술사 1명 설계사 1명 설계보조사 1명	3천만 원 이상	전력시설물의 설계도서 작성
	2종	설계사 1명 설계보조사 1명	1천만 원 이상	일반용 전력시설물의 설계도서 작성

04 출제 : 20, 04년 • 배점 : 14점

주어진 도면은 어떤 수용가의 수전설비의 단선 결선도이다. 도면을 참고하여 물음에 답하시오.

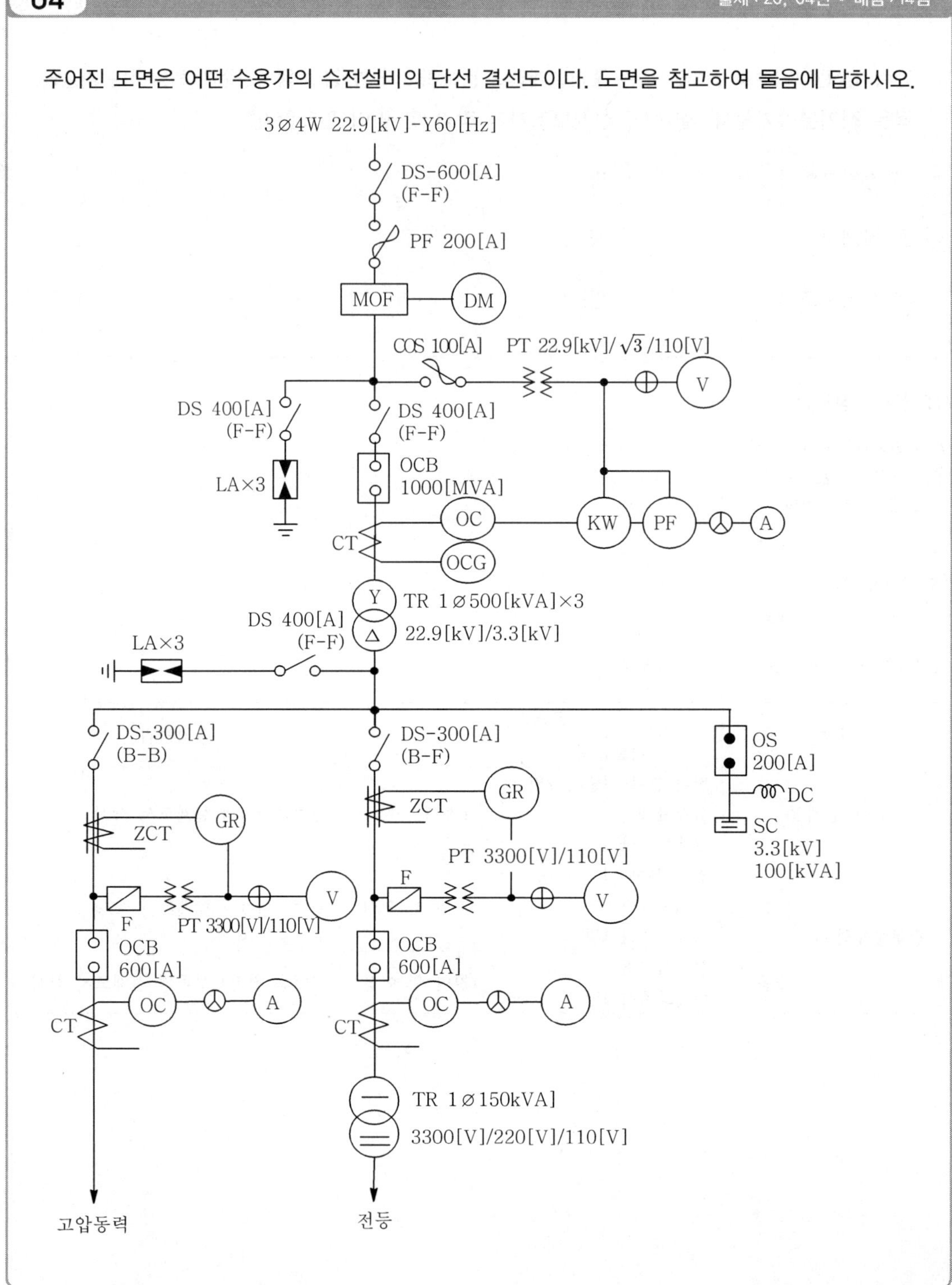

【참고표】

종별	정 격	
PT	1차정격전압 2차정격전압 정격부담	3300, 6000 110 50, 100, 200, 400
CT	1차정격전압 2차정격전류 정격부담	10, 15, 20, 30, 40, 50, 75, 100, 150, 200, 300, 500, 600 5 15, 40, 100 일반적으로 고압 회로는 40[VA] 이하 저압 회로는 15[VA] 이상

(1) 22.9[kV] 측에 대하여 다음 각 물음에 답하시오.

① MOF에 연결되어 있는 (DM)은 무엇인가?

② DS의 정격전압은 몇 [kV]인가?

③ LA의 정격전압은 몇 [kV]인가?

④ OCB의 정격전압은 몇 [kV]인가?

⑤ OCB의 정격차단용량 선정은 무엇을 기준으로 하는가?

⑥ CT의 변류비는? (단, 1차 전류의 여유는 25[%]로 한다.)

·계산 : ·답 :

⑦ DS에 표시된 F-F의 뜻은?

⑧ 그림과 같은 결선에서 단상 변압기가 2부싱형 변압기이면 1차 중성점의 접지는 어떻게 해야 하는가? (단, "접지를 한다", "접지를 하지 않는다"로 답하시오.)

⑨ OCB의 차단용량이 1000[MVA]일 때 정격차단전류는 몇 [A]인가?

·계산 : ·답 :

(2) 3.3[kV] 측에 대하여 다음 각 물음에 답하시오.

① 옥내용 PT는 주로 어떤 형을 사용하는가?

② 고압 동력용 OCB에 표시된 600[A]는 무엇을 의미하는가?

③ 콘덴서에 내장된 DC의 역할은?

④ 전등부하의 수용률이 70[%]일 때 전등용 변압기에 걸 수 있는 부하용량은 몇 [kW]인가?

·계산 : ·답 :

|계|산|및|정|답|

(1) ① 최대 수요 전력량계 ② 25.8[kV] ③ 18[kV] ④ 25.8[kV] ⑤ 단락용량

⑥ 【계산】 $I_1 = \frac{500\times 3}{\sqrt{3}\times 22.9}\times 1.25 = 47.27[A]$ 이므로 CT의 변류비는 50/5 선정 【정답】 50/5

⑦ 접속 단자의 접속 방법이 표면 접속이라는 것

⑧ 접지를 하지 않는다.

⑨ 【계산】 정격차단용량(P_s)= $\sqrt{3}\times$정격전압(V)$\times$정격차단전류(I_s)에서

$$I_s = \frac{P_s}{\sqrt{3}\,V} = \frac{1000\times 10^3}{\sqrt{3}\,25.8} = 22377.92[A]$$ 【정답】 22377.92[A]

(2) ① 몰드형

② 정격전류

③ 콘덴서에 축적된 잔류 전하 방전

④ 【계산】 부하용량= $\frac{150}{0.7} = 214.29[kW]$ 【정답】 214.29[kW]

|추|가|해|설|

(1) ② 계산과정이 없으면 바로 계통최고전압 25.8[kV]를 정답으로 한다.

만약 계산과정을 기술하라는 말이 있으면 【계산】 $22.9\times\frac{1.2}{1.1}[A]$로 계한한 후 【정답】은 25.8[kV]로 한다.

④ 단로기나 차단기의 정격전압은 모구 25.8[kV]

⑥ 변압기 1500[kVA], 25[%]=1.25배이므로 $I_1 = \frac{500\times 3}{\sqrt{3}\times 22.9}\times 1.25 = 47.27[A]$ 정격이 50[A]이므로 50/5

⑦ B : 이면접속, F : 표면접속

· B-B : 이면접속 · B-F : 이면표면접속 · F-F : 표면접속 · F-B : 표면이면접속

⑧ 변압기 1대 고장 시 역V결선으로 되어 나머지 건전한 변압기 2대를 과여자 시키기 때문이다.

(2) ② 차단기의 표시 → V : 정격전압, kA(kM) : 정격차단용량, A : 정격전류, kA : 정격차단전류

④ 단상변압기 150[kVA] 수용률= $\frac{최대수용전력}{설비부하용량}$ 에서 최대수용전력(=변압기용량)

부하용량= $\frac{최대수용전력}{수용률} = \frac{150}{0.7} = 214.29[kW]$

05

출제 : 20년 • 배점 : 5점

배전 변전소의 각종 시설에는 접지를 하고 있다. 그 접지 목적을 3가지로 요약하여 설명하고, 접지공사의 접지 개소를 2개소만 쓰시오.

(1) 접지목적 3가지

(2) 접지개소 2개소

|계|산|및|정|답|

(1) ① 고장전류로부터 기기보호 ② 인체감전사고 보호 및 화재사고 방지

③ 보호계전기 동작을 확실히 하기 위해서

(2) ① 피뢰기 ② 케이블 시스접지

06

출제 : 20, 09년 • 배점 : 4점

3상 3선식 6600[V] 변전소에서 저항 6[Ω], 리액턴스 8[Ω]의 송전선을 통하여 역률 0.8의 부하에 전력을 공급할 때 수전단 전압을 6000[V] 이상으로 유지하기 위해서 걸 수 있는 부하는 최대 몇 [kW]까지 가능하겠는가?

·계산 :　　　　　　　　　　　　　　　·답 :

|계|산|및|정|답|

【계산】 전압강하 $V_d = V_s - V_r = \dfrac{P}{V_r}(R + X\tan\theta)$에서

$$\therefore P = \frac{(V_s - V_r) \times V_r}{(R + X\tan\theta)} \times 10^{-3} = \frac{(6600-6000)\times 6000}{(6+8\frac{\sqrt{1-\cos^2\theta}}{\cos\theta})} \times 10^{-3} = \frac{600 \times 6000}{(6+8\frac{\sqrt{1-0.8^2}}{0.8})} \times 10^{-3} = 300[kW]$$

【정답】 300[kW]

07

출제 : 20, 09년 • 배점 : 6점

주변압기 3상 △결선(6.6[kV] 계통)일 때 지락사고시 지락보호에 대한 다음 물음에 답하시오.

(1) 지락보호에 사용되는 변성기 및 계전기의 명칭을 쓰시오.

① 변성기 :

② 계전기 :

(2) 영상전압을 얻기 위하여 단상 PT 3대를 사용하는 경우 접속 방법에 대해서 설명하시오.

|계|산|및|정|답|

(1) ① 변성기 : 접지형 계기용 변압기

② 계전기 : 지락 과전압 계전기

(2) ① 1차측 : Y결선한다.(중성점 접지)　　　② 2차측 : 개방 △ 결선한다.

|추|가|해|설|

(1) 변성기+계전기 → · 접지형 계전기용 변압기(GPT)+지락과전압계전기(OVGR)

· 영상변류기(ZCT)+선택지락계전기(SGR) 또는 영상변류기(ZCT)+방향지락계전기(DGR)

08

출제 : 20년 • 배점 : 6점

조명 배치에 따른 조명 설치방법 3가지를 쓰시오.

|계|산|및|정|답|

① 전반조명 방식　　② 국부조명 방식　　③ 국부적 전반조명 방식

|추|가|해|설|

② 전반조명 방식 : 조명대상 실내 전체를 일정하게 조명하는 것으로 대표적인 조명 방식이다.

② 국부조명 방식 : 실내에서 각 구역별 필요 조도에 따라 부분적 또는 국소적으로 설치하는 것이며, 일반적으로 조명기구를 작업대에 직접 설치하거나 작업부의 천장에 매다는 형태이므로 이를 고려한다.

③ 국부적 전반조명 방식 : 넓은 실내공간에서 각 구역별 작업성이나 활동영역을 고려하여 일반적인 장소에는 평균조도로서 조명하고, 세밀한 작업을 하는 구역에는 고조도로 조명하는 방식이므로 이를 고려한다.

09

출제 : 20년 • 배점 : 5점

단상 유도전동기의 기동법 5가지를 쓰시오.

|계|산|및|정|답|

① 반발기동형　　② 반발유도형　　③ 콘덴서기동형　　④ 분상기동형　　⑤ 세이딩코일형

|추|가|해|설|

[단상 유도전동기의 종류(기동토크 크기순)]

① 반발기동형 : 브러시 이동으로 속도 제어 및 역전이 가능하다.

② 반발유도형 : 구조 단순, 소형 선풍기 등 출력이 매우 작은 0.05마력 이하의 소형 전동기에 사용

③ 콘덴서기동형 : 역률이 가장 좋다. 선풍기 등과 같은 소형 가전기기에 사용

④ 콘덴서 전동기 : 역률과 효율이 좋다, 가정용 선풍기, 전기세탁기, 냉장고 등에 주로 사용

⑤ 분상기동형 : 원심개폐기 작동 시기는 회전자 속도가 동기속도의 60~80[%]일 때

⑥ 세이딩코일형 : 효율과 역률이 매우 좋지 않다. 구조가 간단하나 기동토크가 매우 작고 효율과 역률이 떨어지며, 회전 방향을 바꿀 수 없는 큰 결점이 있다.

⑦ 모노사이클릭 기동형 : 수십 W까지의 소형의 것에 한한다.

10

출제 : 20, 12년 • 배점 : 6점

예비 전원으로 이용되는 축전지에 대한 다음 각 물음에 답하시오.

(1) 그림과 같은 부하 특성을 갖는 축전지를 사용할 때 보수율이 0.8, 최저 축전지 온도 5[°C], 허용 최저 전압 90[V]일 때 몇 [Ah] 이상인 축전지를 선정하여야 하는가?
(단, $I_1 = 50$[A], $I_2 = 40$[A], $K_1 = 1.15$, $K_2 = 0.91$, 셀(cell)당 전압은 1.06[V/cell]이다.)

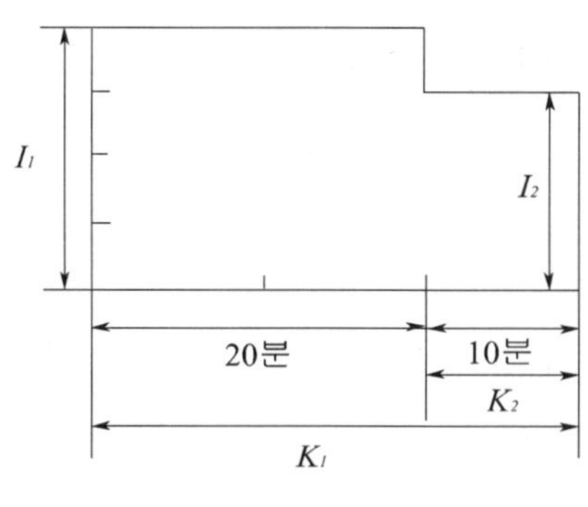

·계산 :　　　　　　　　　　　　·답 :

(2) 축전지의 과방전 및 방치 상태, 가벼운 설페이션(Sulfation)현상 등이 생겼을 때 기능 회복을 위하여 실시하는 충전방식은 무엇인가?

(3) 연축전지와 알칼리축전지의 공칭전압은 각각 몇 [V] 인가?

(4) 축전지 설비를 하려고 한다. 그 구성 요소를 크게 4가지로 구분하시오.

|계|산|및|정|답|

(1) 【계산】 축전지 용량 $C = \frac{1}{L}[K_1 I_1 + K_2(I_2 - I_1)] = \frac{1}{0.8}[1.15 \times 50 + 0.91(40-50)) = 60.5[Ah]$　　【정답】 60.5[Ah]

(2) 회복충전

(3) · 연축전지 : 2[V],　　· 알카리축전지 : 1.2[V]

(4) 축전지, 충전장치, 제어장치, 보안장치

|추|가|해|설|

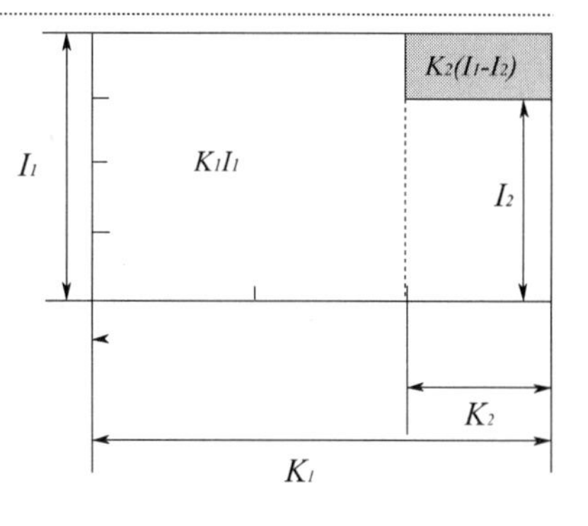

① 축전지 용량 : 방전 특성 곡선의 면적은 전체 면적 K_1I_1에서 $K_2(I_1 - I_2)$ 면적을 빼면 되므로

$K_1I_1 - k_2(I_1 - I_2) = K_1I_1 + K_2(I_2 - I_1)$이 된다. 즉, 축전지 용량

$C = \frac{1}{L}[K_1I_1 + K_2(I_2 - I_1)]$이 된다.

② 회복충전이란 : 정전류 충전법에 의하여 약한 전류로 40~50시간 충전시킨 후 방전시키고, 다시 충전시킨 후 방전시킨다. 이와 같은 동작을 여러 번 반복하게 되면 본래의 출력 용량을 회복하게 되는데 이러한 충전 방법을 회복충전이라 한다.

11

출제 : 20, 16년 • 배점 : 4점

경간이 200[m]인 가공 송전선로가 있다. 전선 1[m] 당 무게가 2[kg], 인장하중이 4000[kg], 안전율이 2 일 때 다음 물음을 계산하시오.

(1) 이도는 얼마인가?

·계산 : ·답 :

(2) 전선의 실제 길이를 구하시오.

·계산 : ·답 :

|계|산|및|정|답|

(1) 【계산】 이도 $D=\dfrac{WS^2}{8T}=\dfrac{2\times 200^2}{8\times \dfrac{4000}{2}}=5[m]$ 【정답】 5[m]

(2) 【계산】 실제 길이 $L=S+\dfrac{8D^2}{3S}=200+\dfrac{8\times 5^2}{3\times 200}=200.33[m]$ 【정답】 200.33[m]

|추|가|해|설|

① 전선의 이도(Dip) : 전선이 전선의 지지점을 연결하는 수평선으로부터 밑으로 내려가(처져) 있는 길이

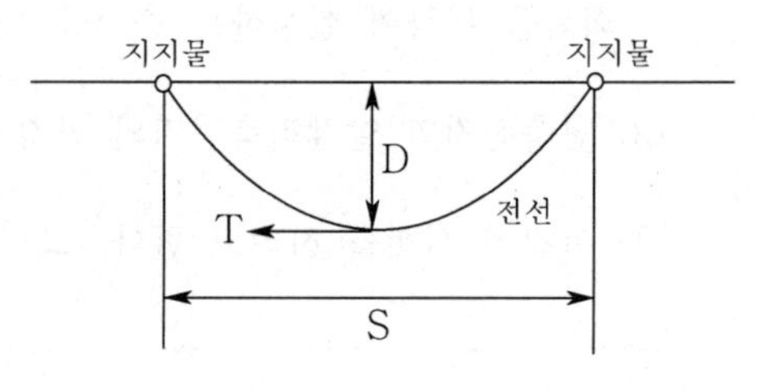

이도 $D=\dfrac{\omega S^2}{8T}$[m]

여기서, ω : 전선의 중량[kg/m], S : 경간[m])

T : 전선의 수평 장력[kg] → $T=\dfrac{\text{인장하중}}{\text{안전율}}$

② 전선의 실제 길이 $L=S+\dfrac{8D^2}{3S}[m]$

12

출제 : 20년 • 배점 : 6점

관등회로의 배선은 애자사용배선으로 하고 전선은 자기 또는 유지제 등의 애자로 견고하게 지지하여 조영재의 아랫면 또는 옆면에 부착하고 전선과 조영재 사이의 이격거리는 노출장소에서 표와 같이 시설하여야 한다. 관등회로의 전선과 조영재 사이의 전압별 이격거리를 쓰시오.

번호	전압 구분	이격거리[cm]
(1)	6,000[V] 이하	
(2)	6,000[V] 초과 9,000[V] 이하	
(3)	9,000[V] 초과	

|계|산|및|정|답|

번호	전압 구분	이격거리[cm]
(1)	6,000[V] 이하	2[cm]
(2)	6,000[V] 초과 9,000[V] 이하	3[cm]
(3)	9,000[V] 초과	4[cm]

|추|가|해|설|

[관등회로의 배선 (KEC 234.12.3)]

전선은 자기 또는 유리제 등의 애자로 견고하게 지지하여 조영재의 아랫면 또는 옆면에 부착하고 또한 다음과 같이 시설할 것. 다만, 전선을 노출장소에 시설할 경우로 공사 여건상 부득이한 경우는 조영재의 윗면에 부착할 수 있다.

(1) 전선 상호간의 이격거리는 60[mm] 이상일 것.

(2) 전선과 조영재 이격거리는 노출장소에서 표에 따르고 점검할 수 있는 은폐장소에서 60[mm] 이상으로 할 것.

사용 전압의 구분	이격 거리
6000[V] 이하	2[cm] 이상
6000[V] 넘고 9000[V] 이하	3[cm] 이상
9000[V]를 넘는 것	4[cm] 이상
점검할 수 있는 은폐된 장소	6[cm] 이상

13

출제년도 : 20, 08년 • 배점 : 6점

그림은 3상 유도전동기의 $Y-\Delta$ 기동법을 나타내는 결선도이다. 다음 물음에 답하시오.

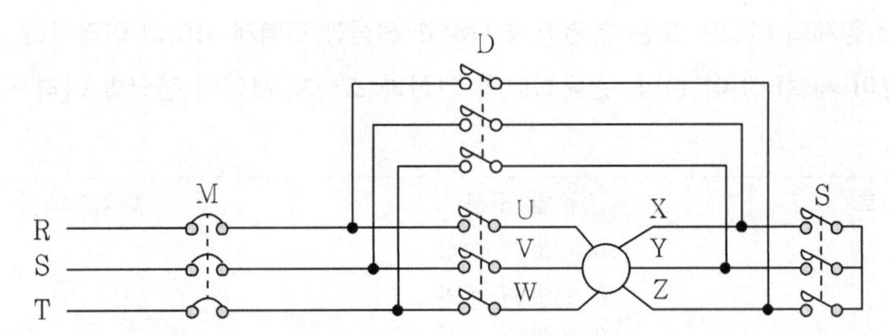

(1) 다음 표의 빈 칸에 기동 시 및 운전 시의 전자 개폐기의 접점에 ON, OFF 상태 및 접속 상태(Y결선, △결선)를 쓰시오.

구 분	전자 개폐기의 접점 상태(ON, OFF)			접속 상태
	S	D	M	(Y 결선, △결선)
기동 시				
운전 시				

(2) 전전압 기동과 비교하여 $Y-\Delta$ 기동법의 기동 시 기동전압, 기동전류, 기동토크는 각각 어떻게 되는가?

|계|산|및|정|답|

(1)

구 분	전자 개폐기의 접점 상태(ON, OFF)			접속 상태
	S	D	M	(Y 결선, △결선)
기동 시	ON	OFF	ON	Y결선
운전 시	OFF	ON	ON	△결선

(2) · 기동전압 : 전전압 기동의 $\frac{1}{\sqrt{3}}$ 배로 감소

· 기동전류 : 전전압 기동의 $\frac{1}{3}$ 배로 감소

· 기동토크 : 전전압 기동의 $\frac{1}{3}$ 배로 감소

|추|가|해|설|

· Y기동시 선전류 : $I_Y = \frac{\frac{V}{\sqrt{3}}}{Z} = \frac{V}{\sqrt{3}Z}$

· △기동시 선전류 : $I_\Delta = \sqrt{3}\frac{V}{Z}$

· $\frac{I_Y}{I_\Delta} = \frac{\frac{V}{\sqrt{3}Z}}{\frac{\sqrt{3}V}{Z}} = \frac{1}{3} \quad \rightarrow \quad \therefore I_Y = \frac{1}{3}I_\Delta$

14

출제년도 : 20, 15년 • 배점 : 9점

건축 연면적 $350[\mathrm{m}^2]$의 주택이 있다. 이때 전등, 전열용 부하는 $30[\mathrm{VA/m}^2]$이며, 2500[VA]용량의 에어컨이 2대 가설되어 있으며, 사용하는 전압은 220[V] 단상이고 예비 부하로 3500[VA]가 필요하다면 분전반의 분기회로수는 몇 회로인가? (단, 에어컨은 30[A] 분기회로로 하고 기타는 20[A] 분기회로로 한다.)

• 계산 • 답

|계|산|및|정|답|

① 전등 및 전열용 부하 【계산】 상정부하=바닥면적×부하밀도+가산부하=350×30+3500=14000[VA]

20[A] 분기회로수 $N=\dfrac{14000}{220\times 20}=3.18$회로 【정답】 4[회로]

② 에어컨 부하 【계산】 30[A] 분기회로수 $N=\dfrac{2500\times 2}{220\times 30}=0.7575$회로 【정답】 1[회로]

|추|가|해|설|

• 분기회로수$=\dfrac{\text{표준부하밀도}[VA/m^2]\times \text{바닥면적}[m^2]}{\text{전압}[V]\times \text{분기회로의 전류}[A]}$

• 분기회로수 계산 시 소수점이 발생하면 무조건 절상한다.

• 220[V]에서 3[kW](110[V] 때는 1.5[kW])를 초과하는 냉방기기, 취사용 기기 등 대형 전기 기계기구를 사용하는 경우에는 단독 분기회로를 사용하여야 한다.

15

출제 : 20년 • 배점 : 4점

전력계통의 22.9[kV], 154[kV], 345[kV], 765[kV]의 정격전압을 쓰시오.

|계|산|및|정|답|

① 22.9[kV] : 25.8[kV]
② 154[kV] : 170[kV]
③ 345[kV] : 362[kV]
④ 765[kV] : 800[kV]

02 2020년 전기산업기사 실기

01 출제 : 20, 16, 01년 • 배점 : 12점

그림은 고압 수전설비의 단선결선도이다. 다음 각 물음에 답하시오.

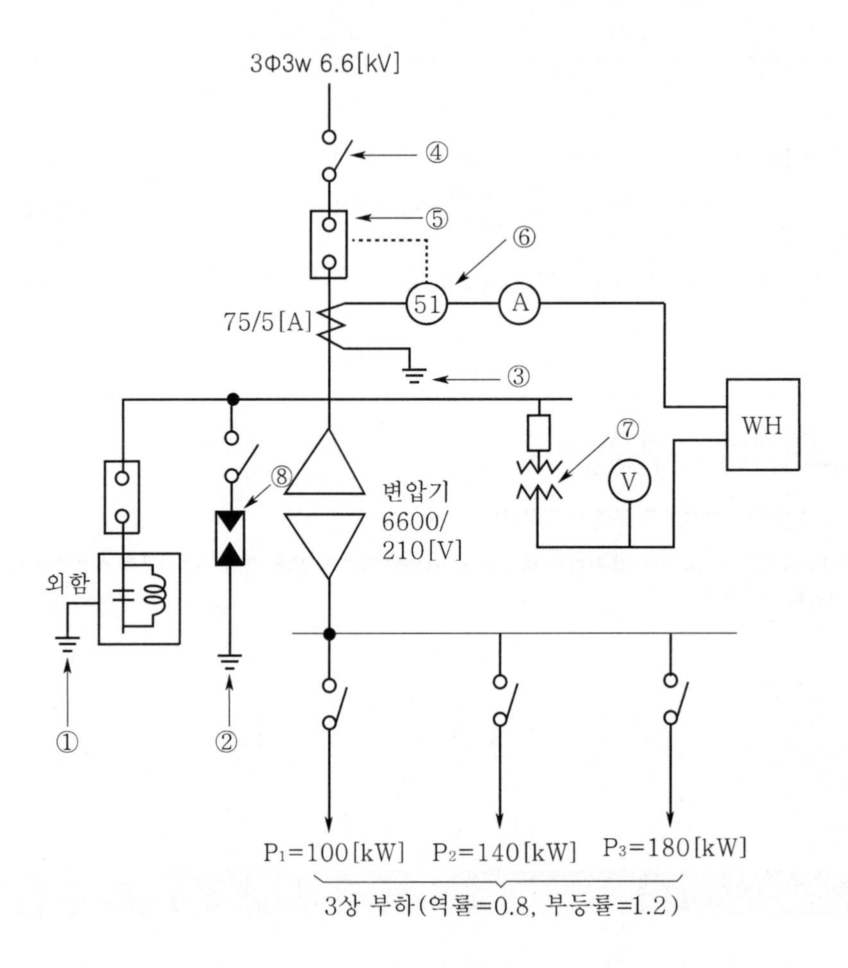

(1) 그림에서 ④~⑧의 명칭을 한글로 쓰시오.

④	⑤	⑥	⑦	⑧

(2) 각 부하의 최대전력이 그림과 같고, 역률 0.8, 부등률 1.2일 때

① 변압기 1차측의 전류계 Ⓐ에 흐르는 전류의 최대값을 구하시오.

② 동일한 조건에서 합성 역률을 0.9 이상으로 유지하기 위한 전력용 콘덴서의 최소 용량 [kVA]을 구하시오.

(3) 단선도상의 피뢰기 정격전압과 방전전류는 얼마인지 쓰시오.

(4) DC(방전코일)의 설치 목적을 쓰시오.

|계|산|및|정|답|

(1)

④	⑤	⑥	⑦	⑧
단로기	교류 차단기	과전류 계전기	계기용 변압기	피뢰기

(2) ① 【계산】 합성최대전력 $P = \dfrac{100+140+180}{1.2} = 350[kW]$

전류계 Ⓐ에 흐르는 전류 $I = \dfrac{350\times10^3}{\sqrt{3}\times6600\times0.8}\times\dfrac{5}{75} = 2.55[\text{A}]$ $\rightarrow(=\text{부하전류}\times\dfrac{1}{\text{변류비}})$

【정답】 2.55[A]

② 【계산】 $Q_c = P\left(\dfrac{\sin\theta_1}{\cos\theta_1} - \dfrac{\sin\theta_2}{\cos\theta_2}\right) = 350\left(\dfrac{0.6}{0.8} - \dfrac{\sqrt{1-0.9^2}}{0.9}\right) = 92.99[\text{kVA}]$ 【정답】 92.99[kVA]

(3) ·피뢰기 정격전압 : 7.5[kV], ·방전전류 : 2.5[kA]

(4) 콘덴서 회로 개방 시 잔류 전하 방전하여 인체의 감전사고 방지

|추|가|해|설|

(1)

명칭	약호	심벌(단선도)	용도(역할)
피뢰기	LA	LA	이상전압 내습시 대지로 방전하고 속류는 차단
단로기	DS		무부하시 선로 개폐, 회로의 접속 변경
교류차단기	CB		부하전류 및 단락전류의 개폐
과전류계전기	OCR	OCR	·정정치 이상의 전류에 의해 동작 ·차단기 트립 코일 여자
계기용 변압기	PT		고전압을 저전압(110[V])으로 변성 계기나 계전기에 전압원 공급

(2) · 합성최대전력 $P = \dfrac{\text{설비용량}\times\text{수용률}}{\text{부등률}}[kW]$

· 부하전류 $I = \dfrac{P}{\sqrt{3}\,V\cos\theta}[A]$, · 전류계에 흐르는 전류=부하전류$\times\dfrac{1}{\text{변류비}}$

· 콘덴서 용량 $Q_c = P(\tan\theta_1 - \tan\theta_2) = P\left(\dfrac{\sin\theta_1}{\cos\theta_1} - \dfrac{\sin\theta_2}{\cos\theta_2}\right)[\text{kVA}]$

여기서, P : 부하전력, $\cos\theta_1$: 개선 전 역률, $\cos\theta_2$: 개선 후 역률

(3) 역률 개선용 콘덴서 설비의 부속장치

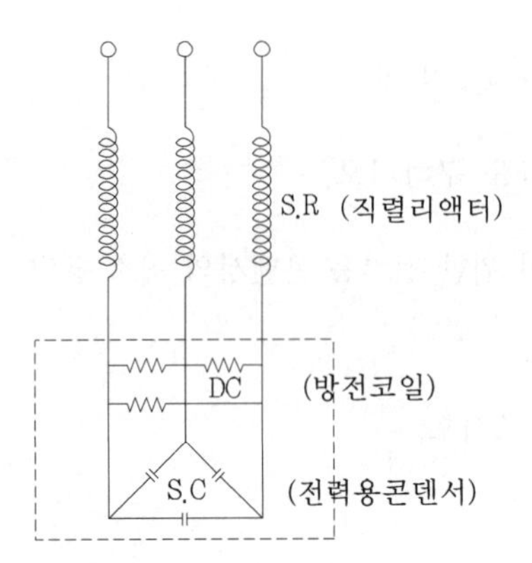

① 직렬리액터 : 제5고조파를 억제하여 파형이 일그러지는 것을 방지한다.

② 방전코일 : 콘덴서를 회로에서 개방하였을 때 전하가 잔류함으로써 일어나는 위험의 방지와 재투입할 때 콘덴서에 걸리는 과전압의 방지를 위해서 방전장치가 사용된다.

③ 전력용 콘덴서 : 부하의 역률을 개선

02

출제 : 20년 • 배점 : 5점

역률 개선용 커패시터와 직렬로 연결하여 사용하는 직렬 리액터의 장점 3가지를 쓰시오.

|계|산|및|정|답|

① 콘덴서 개방시 재점호한 경우 모선의 과전압 억제

② 콘덴서 투입시 과도 돌입전류 억제

③ 콘덴서 사용시 고조파에 의한 전압 파형의 왜곡 방지

|추|가|해|설|

[직렬리액터의 설치사유]

고조파의 발생 원인으로는 변압기의 철심에 의한 자기포화 특성에 기인하는 것과 정류기 부하에 기인되는 것이 있다. 이는 고조파가 콘덴서의 회로 투입에 의해 전원측 리액턴스 LC 공진에 의해 확대되는데 기인한다.

① 콘덴서 사용시 고조파에 의한 전압 파형의 왜곡 방지

② 콘덴서 투입시 돌입전류 억제

③ 콘덴서 개방시 재점호한 경우 모선의 과전압 억제

④ 고조파 발생원에 의한 고조파전류의 유입억제와 계전 오동작 방지

⑤ 고조파를 제거

03 출제 : 20, 18(유사), 15년(유사) • 배점 : 5점

차단기의 종류를 5가지와 소호매질을 쓰시오,

차단기의 종류	소호매질
(　　　) 차단기	
(　　　) 차단기	
(　　　) 차단기	
(　　　) 차단기	
(　　　) 차단기	

|계|산|및|정|답|

차단기의 종류	소호매질
(유입) 차단기	절연유
(자기) 차단기	전자력
(공기) 차단기	압축된 공기
(진공) 차단기	고진공
(가스) 차단기	특수 가스(SF_6)

|추|가|해|설|

[소호 원리에 따른 차단기의 종류]

종류		소호원리
명칭	약어	
유입차단기	OCB	절연유 분해 가스의 열전도 및 압력에 의한 blast를 이용해서 차단
기중차단기	ACB	대기 중에서 아크를 길게 해서 소호실에서 냉각 차단
자기차단기	MBB	대기중에서 전자력을 이용하여 아크를 소호실 내로 유도해서 냉각 차단
공기차단기	ABB	압축된 공기를 아크에 불어 넣어서 차단
진공차단기	VCB	고진공 중에서 전자의 고속도 확산에 의해 차단
가스차단기	GCB	특수 가스(SF_6)를 이용해서 차단

04

출제 : 20, 기19년(유사) • 배점 : 6점

주어진 조건에 따라 아래 물음에 답하시오.

〈조건〉

차단기의 명판(name plate)에 BIL 150[kV], 정격차단전류 20[kA], 차단시간 5사이클, 솔레노이드(Solenoid)형이라고 기재되어 있다. 단, BIL은 절연계급 20호 이상의 비유효접지계에서 계산하는 것으로 한다.

(1) BIL은 무엇인가?

(2) 이 차단기의 정격전압은 몇 [kV]인가?

·계산 : ·답 :

(3) 이 차단기의 정격차단용량은 몇 [MVA]인가?

·계산 : ·답 :

(4) 차단기의 트립(Trip) 방식 3가지를 적으시오.

|계|산|및|정|답|

(1) 기준충격절연강도

(2) 【계산】 ·BIL = 절연계급(E) × 5 + 50 → 절연계급(E)= $\frac{\text{BIL}-50}{5}$ [kV]

· 절연계급 = $\frac{150-50}{5}$ = 20[kV] → (절연계급 20호=절연계급 20[kV]를 의미한다.)

·공칭전압 = 절연계급 × 1.1이므로 → 공칭전압 = $20 \times 1.1 = 22$[kV]

∴ 정격전압 V_n = 공칭전압 × $\frac{1.2}{1.1} = 22 \times \frac{1.2}{1.1} = 24$[kV] 【정답】 24[kV]

(3) 【계산】 정격차단용량 $P_s = \sqrt{3}\, V_n I_s = \sqrt{3} \times 24 \times 20 = 831.38$[MVA] 【정답】 831.38[MVA]

(4) ① 콘덴서 트립방식 ② 과전류 트립방식 ③ 부족전압 트립방식

|추|가|해|설|

(1) BIL(Basic Insulation Level : 기준 충격 절연강도)

BIL은 절연계급 20호 이상의 비유효접지계에서 다음과 같이 계산한다.

· BIL = 5E + 50[kV] → (E = $\frac{\text{공칭전압}}{1.1}$) →(E : 절연계급)

· 공칭전압 = $E \times 1.1$ · 정격전압 = 공칭전압 × $\frac{1.2}{1.1}$

(2) 차단기의 트립방식

① 과전류 트립방식 : 별도로 설치된 축전지 등의 제어용 직류 전원의 에너지에 의하여 트립되는 방식

② 부족 전압 트립방식 : 부족 전압 트립 장치에 인가되어 있는 전압의 저하에 의하여 차단기가 트립되는 방식

③ 직류 전압 트립방식 : 별도로 설치된 축전지 등이 제어용 직류 전원의 에너지에 의하여 트립되는 방식

④ 콘덴서 트립방식 : 충전된 콘덴서의 에너지에 의하여 트립되는 방식

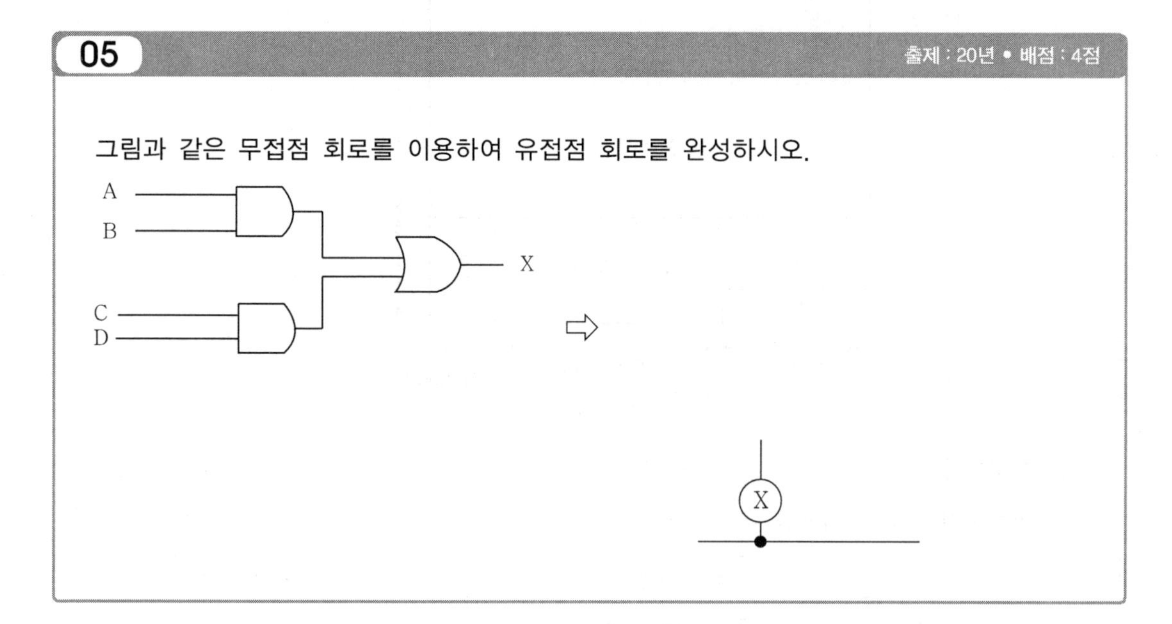

|계|산|및|정|답|

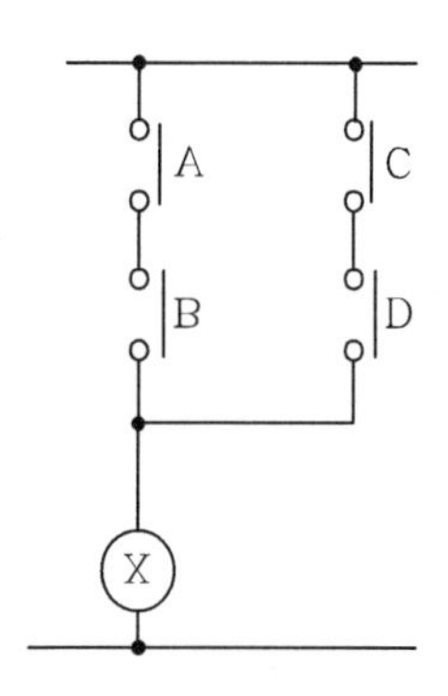

|추|가|해|설|

회로의 논리식 : $X=A\cdot B+C\cdot D$

06 출제 : 20, 기10년 • 배점 : 10점

배선을 설계하기 위한 전등 및 소형 전기기계기구의 부하용량을 상정하고 분기회로 수를 구하려고 한다. 상점이 있는 주택이 다음 그림과 같을 때, 주어진 참고 자료를 이용하여 다음 물음에 답을 구하시오. (단, 대형기기(정격소비전력이 공칭전압 220[V]는 3[kW] 이상, 공칭전압 110[V}는 1.5[kW] 이상)인 냉난방 장치 등은 별도로 1회로를 추가하며, 분기회로는 16[A] 분기회로를 사용하고, 주어진 참고 자료의 수치 적용은 최대값을 적용한다.)

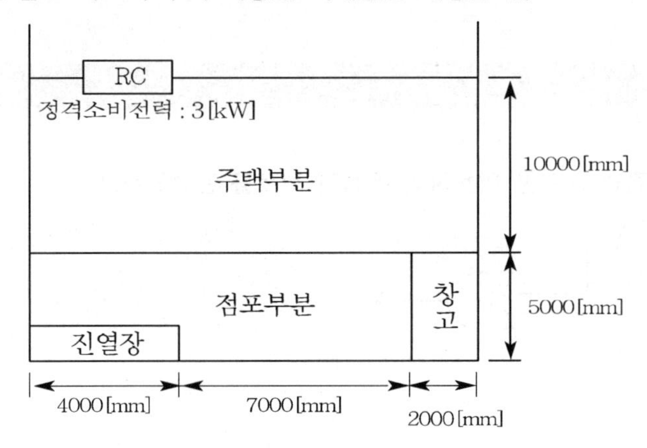

【참고사항 】

가. 건축물의 종류에 대응한 표준부하

건축물의 종류	표준부하[VA/m²]
공장, 공회당, 사원, 교회, 극장, 영화관, 연회장 등	10
기숙사, 여관, 호텔, 병원, 학교, 음식점, 다방, 대중목욕탕	20
주택, 아파트, 사무실, 은행, 상점, 이발소, 미장원	30

나. 건물(주택, 아파트 제외) 중 별도 계산할 부분의 표준부하

건축물의 부분	표준부하[VA/m²]
복도, 계단, 세면장, 창고, 다락	5
강당, 관람석	10

다. 표준부하에 따라 산출한 수치에 가산하여야 할 [VA]수

① 주택, 아파트(1세대마다)에 대하여는 500~1,000[VA]

② 상점의 진열장에 대해서는 진열장 폭 1[m]에 대하여 300[VA]

(1) 배선을 설계하기 위한 전등 및 소형 전기기계기구의 설비부하용량[VA]을 상정하시오.

・계산 : ・답 :

(2) 구정에 따라 다음의 ( )에 들어갈 내용을 답란에 쓰시오.

> 사용전압 220[V]의 15[A] 분기회로 수는 부하의 상정에 따라 상정한 설비부하량(전등 및 소형 전기기계기구에 한한다.)을 (①)[VA]로 나눈값(사용전압이 110[V]인 경우에는 (②)[VA]로 나눈값)을 원칙으로 한다.

(3) 사용전압이 220[V]인 경우 분기회로 수를 구하시오.

・계산 : ・답 :

(4) 사용전압이 110[V]인 경우 분기회로 수를 구하시오. (단, 룸에어컨은 포함하지 않는다.)

・계산 : ・답 :

(5) 연속 부하(상시 3시간 이상 연속 사용)가 있는 분기회로의 부하용량은 그 분기회로를 보호하는 과전류차단기의 정격전류의 몇 [%]를 초과하지 않아야 하는지 값을 쓰시오.

・계산 : ・답 :

|계|산|및|정|답|

(1) 【계산】 부하설비용량 =바닥 면적×표준부하+가산부하

$P=(13\times10\times30)+(11\times5\times30)+(2\times5\times5)+(4\times300)+1,000=7800[VA]$ 【정답】 7800[VA]

(2) ① 3300 ② 1650

(3) 【계산】 분기회로수$=\dfrac{\text{부하용량}[VA]}{\text{사용전압}[V]\times\text{전류}[A]}=\dfrac{7800}{220\times16}=2.22$ 【정답】 16[A] 분기 4회로 (룸에어컨 1회로 포함)

(4) 【계산】 분기회로수$=\dfrac{\text{부하용량}[VA]}{\text{사용전압}[V]\times\text{전류}[A]}=\dfrac{7800}{110\times16}=4.43$ 【정답】 16[A] 분기 5회로

(5) 80[%]

|추|가|해|설|

분기회로수$=\dfrac{\text{표준부하밀도}[VA/m^2]\times\text{바닥면적}[m^2]}{\text{전압}[V]\times\text{분기회로의 전류}[A]}$

① 분기회로수 계산 시 소수점 발생하면 무조건 절상

② 회로의 전류가 주어지지 않으면 16[A]를 표준

③ 냉방기기 및 취사용 기기의 용량이 110[V] 사용전압에서 1.5[kW], 220[V] 사용전압에서 3[kW] 이상이면 전용 분기회로를 적용하여야 한다.

07

출제 : 20, 15, 05, 03년 • 배점 : 5점

다음과 같은 값을 측정하는데 가장 적당한 것은?

(1) 단선인 전선의 굵기

(2) 옥내전등선의 절연저항

(3) 접지저항(브리지로 답할 것)

|계|산|및|정|답|

(1) 와이어게이지 (2) 메거 (3) 콜라우시브리지

|추|가|해|설|

[저항 측정]

① 저저항(1[Ω] 이하) 측정 : 캘빈브리지법(저저항 정밀 측정)

② 중저항(1[Ω]~10[kΩ]) 측정

㉮ 전압 강하법 : 백열등의 필라멘트 저항 측정

㉯ 휘스톤 브리지법

③ 특수저항 측정

㉮ 검류계의 내부 저항 : 휘스톤 브리지법

㉯ 전해액의 저항 : 콜라우시 브리지법

㉰ 접지저항 : 콜라우시 브리지법

08

출제 : 20년 • 배점 : 5점

건축화 조명은 건축물의 천장이나 벽을 조명기구 겸용으로 마무리하는 것으로 조명기구의 배치방식에 의하면 거의 전반조명 방식에 해당된다. 건축화 조명 중 천장면의 이용방식 4가지(KSD 31 70 10 : 2019)를 쓰시오.

|계|산|및|정|답|

① 다운 라이트 ② 코퍼 라이트 ③ 핀홀 라이트 ④ 라인 라이트

|추|가|해|설|

(1) 천장 전면 조명 : 라인라이트, 다운라이트, 핀홀라이트, 코퍼라이트, 광천장조명, 루버천장조명, 코브조명

(2) 벽면 이용방법 : 코너조명, 코니스조명, 밸런스조명, 광창조명

09

출제 : 20년 • 배점 : 5점

선로 전압을 110[V]에서 220[V]로 승압할 경우 선로에 나타나는 효과에 대해 다음 물음에 답하시오.

(1) 전력 손실이 동일한 경우 공급능력의 증대는 몇 배인지 구하시오. (단, 선로의 손실은 무시한다.)

• 계산 : • 답 :

(2) 전력손실의 감소는 몇 [%]인지 구하시오.

• 계산 : • 답 :

(3) 전압강하율의 감소는 몇 [%]인지 구하시오.

• 계산 : • 답 :

|계|산|및|정|답|

(1) 【계산】 공급능력 $P = VI \ \rightarrow P \propto V$이므로

$$P : P' = 110 : 220 \quad \rightarrow \ \therefore P' = \frac{220}{110} \times P = 2P$$

【정답】 2배

(2) 【계산】 전력손실 $P_l \propto \frac{1}{V^2}$ 이므로

$$P_l' = \left(\frac{110}{220}\right)^2 P_l = 0.25P_l \quad \rightarrow \text{ 그러므로 감소는 } 1-0.25 = 0.75 = 75[\%]$$

【정답】 75[%]

(3) 【계산】 전압강하율 $e \propto \frac{1}{V^2}$ 이므로

$$e' = \left(\frac{110}{220}\right)^2 e = 0.25e \quad \rightarrow \text{ 그러므로 감소는 } 1-0.25 = 0.75 = 75[\%]$$

【정답】 75[%]

|추|가|해|설|

1. 전력손실 $P_l = 3I^2R = 3 \times \left(\frac{P}{\sqrt{3}\,V\cos\theta}\right)^2 = \frac{RP^2}{V^2\cos^2\theta} \quad \rightarrow (P_l \propto \frac{1}{V^2})$

2. 전력손실률 $k \propto \frac{1}{V^2}$ → (전압의 제곱에 반비례)

3. 전압강하 $\epsilon = \frac{P}{V}(R + X\tan\theta)[V] \quad \rightarrow \quad (\epsilon \propto \frac{1}{V})$

4. 전압강하율 $\epsilon = \frac{e}{V} = \frac{\frac{PR+XQ}{V}}{V} = \frac{RP+XQ}{V^2} \quad \rightarrow (\epsilon \propto \frac{1}{V^2})$

5. 전압변동률 $\delta \propto \frac{1}{V^2}$ → (전압의 제곱에 반비례)

10

출제 : 20, 06, 04, 00년 • 배점 : 5점

그림과 같은 계통에서 측로 단로기 T_1을 통하여 부하에 공급하고 차단기를 점검하고자 할 때 차단기 점검을 하기 위한 조작 순서를 쓰시오. (단, 평상시에 T_1는 열려 있는 상태임)

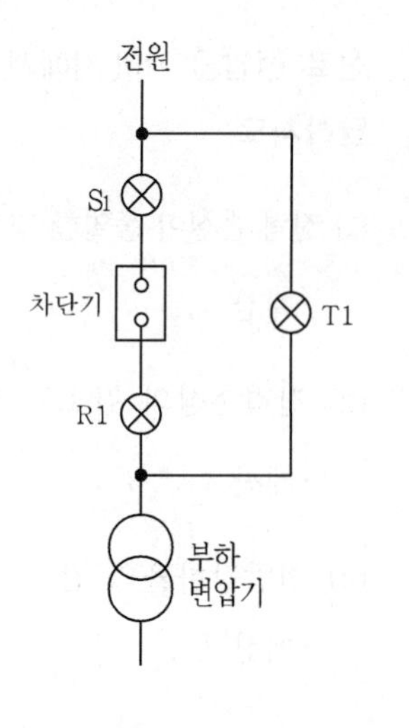

|계|산|및|정|답|

$T_1(ON)$ → 차단기(OFF) → $R_1(OFF)$ → $S_1(OFF)$

|추|가|해|설|

1. 차단 작업 시 조작 순서 : $T_1(ON)$ → 차단기(OFF) → $R_1(OFF)$ → $S_1(OFF)$
2. 투입 작업 시 조작 순서 : $R_1(ON)$ → $S_1(ON)$ → 차단기$(CB)(ON)$ → $T_1(OFF)$

11

출제 : 20, 18, 09년 • 배점 : 5점

부하가 유도 전동기이고, 기동용량이 2000[kVA]이고, 기동 시 전압강하는 20[%]까지 허용되며, 발전기의 과도리액턴스가 25[%]일 때 자가발전기의 최소 용량은 몇 [kVA]인지 계산하시오.

·계산 : ·답 :

|계|산|및|정|답|

【계산】 발전기 정격용량[kVA]$=\left(\dfrac{1}{\text{허용전압강하}}-1\right)\times$기동용량[kVA]$\times$과도 리액턴스

$=\left(\dfrac{1}{0.2}-1\right)\times 2000\times 0.25=2000$[kVA]

【정답】 2000[kVA]

12

출제 : 20년 • 배점 : 5점

그림과 같이 1선당 선로저항 $R=3[\Omega]$, 리액턴스 $4[\Omega]$이며 부하전류는 15[A], 부하역률이 0.6이다. 부하의 단자전압을 220[V]로 하기 위해 전원단 ab에 가해지는 전압 V_s는 몇 [V]인지 구하시오. (단, 선로의 유도성 리액턴스는 무시한다.)

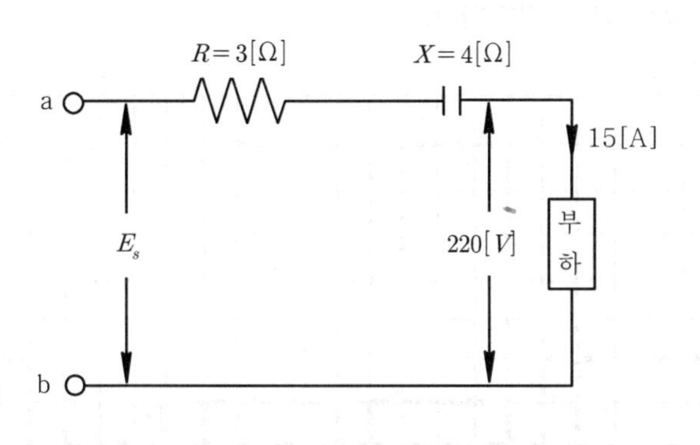

•계산 : •답 :

|계|산|및|정|답|

【계산】 1. 송전단전압 $V_s = V_r + 2I(R\cos\theta + X\sin\theta)$

→ (단상2선식에서의 전압강하 $e = V_s - V_r = 2I(R\cos\theta + X\sin\theta)[V]$)

여기서, V_s : 송전단 전압, V_r : 수전단 전압, I : 선로전류, $\cos\theta$: 역률, X : 선로리액턴스

R : 선로전항$[\Omega]$

2. 유도리액턴스가 무시되므로 $X=0$ → 송전단전압 $V_s = V_r + 2I(R\cos\theta)[V]$

$\therefore V_s = 220 + 2\times15\times3\times0.6 = 274[V]$ 【정답】 274[V]

|추|가|해|설|

*[전압강하]

1. 단상2선식 전압강하 $e = V_s - V_r = 2I(R\cos\theta + X\sin\theta)[V]$

2. 단상3선식, 3상4선식 전압강하 $e = E_s - E_r = I(R\cos\theta + X\sin\theta)[V]$

→ (단, 중성선에는 전류가 흐르지 않는다.)

3. 3상3선식 전압강하 $e = V_s - V_r = \sqrt{3}I(R\cos\theta + X\sin\theta)$

13

출제 : 20, 13, 10, 00년 • 배점 : 9점

어떤 변전실에서 그림과 같은 일부하 곡선 A, B, C인 부하에 전기를 공급하고 있다. 이 변전실의 총 부하에 대한 다음 각 물음에 답하시오. (단, A, B, C의 역률은 시간에 관계없이 각각 80[%], 100[%] 및 60[%]이며, 그림에서 부하전력은 부하곡선의 수치에 10^3을 한다는 의미이다. 즉, 수직 측의 5는 $5 \times 10^3 [kW]$라는 의미이다.)

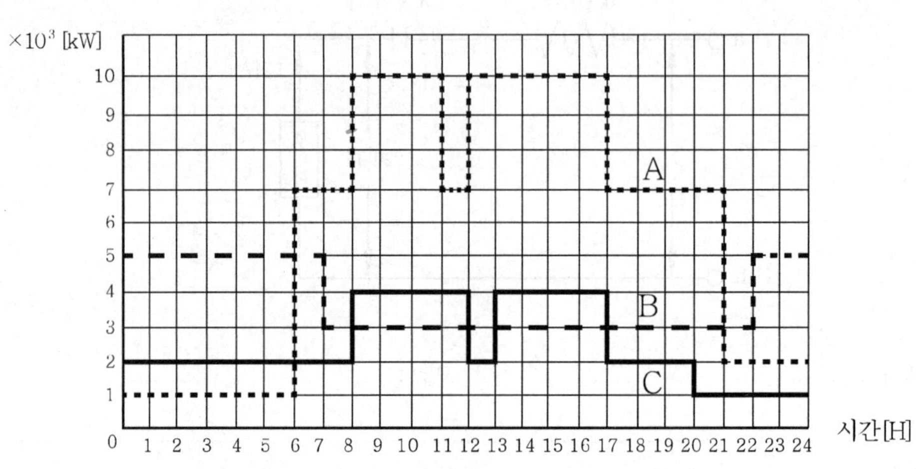

※ 부하전력은 부하곡선의 수치에 10^3을 한다는 의미임.
즉, 수직축의 5는 5×10^3 [kW]라는 의미임.

(1) 합성 최대 전력은 몇 [kW]인가?

- 계산 : 　　　　　　　　　　　　　　　• 답 :

(2) A, B, C 각 부하에 대한 평균 전력은 몇 [kW]인가?

- 계산 : 　　　　　　　　　　　　　　　• 답 :

(3) 총부하율은 몇 [%]인가?

- 계산 : 　　　　　　　　　　　　　　　• 답 :

(4) 부등률은 얼마인가?

- 계산 : 　　　　　　　　　　　　　　　• 답 :

(5) 최대 부하일 때의 합성 총 역률은 몇 [%]인가?

- 계산 : 　　　　　　　　　　　　　　　• 답 :

|계|산|및|정|답|

(1) 【계산】 합성 최대 전력 $P=(10+4+3)\times 10^3=17\times 10^3[kW]$ 【정답】 17×10^3[kW]

(2) 【계산】 $A=\dfrac{[(1\times 6)+(7\times 2)+(10\times 3)+(7\times 1)+(10\times 5)+(7\times 4)+(2\times 3)]\times 10^3}{24}=5.88\times 10^3[kW]$

$B=\dfrac{[(5\times 7)+(3\times 15)+(5\times 2)]\times 10^3}{24}=3.75\times 10^3[kW]$

$C=\dfrac{[(2\times 8)+(4\times 4)+(2\times 1)+(4\times 4)+(2\times 3)+(1\times 4)]\times 10^3}{24}=2.5\times 10^3[kW]$

【정답】 A : 5.88×10^3[kW], B : 3.75×10^3[kW], C : 2.5×10^3[kW]

(3) 【계산】 종합 부하율 $=\dfrac{\text{평균 전력}}{\text{합성 최대 전력}}\times 100$

$=\dfrac{A,\ B,\ C\text{ 각 평균 전력의 합계}}{\text{합성 최대 전력}}\times 100=\dfrac{(5.88+3.75+2.5)\times 10^3}{17\times 10^3}\times 100=71.35[\%]$

【정답】 71.35[%]

(4) 【계산】 부등율 $=\dfrac{A,\ B,\ C\text{ 최대 전력의 합계}}{\text{합성 최대 전력}}=\dfrac{(10+5+4)\times 10^3}{17\times 10^3}=1.12$ 【정답】 1.12

(5) 【계산】 최대 부하 시 Q를 구한다.

$$Q=\frac{10\times 10^3}{0.8}\times 0.6+\frac{3\times 10^3}{1}\times 0+\frac{4\times 10^3}{0.6}\times 0.8=12833.33[kVar]$$

$$\cos\theta=\frac{P}{\sqrt{P^2+Q^2}}=\frac{17000}{\sqrt{17000^2+12833.33^2}}\times 100=79.81[\%]$$

【정답】 79.81[%]

|추|가|해|설|

① 평균전력 $=\dfrac{\text{전력사용시간}}{\text{사용시간}}$

② 유효전력 $P=P_a\cos\theta$ → (P_a : 피상전력, $\cos\theta$: 역률)

③ 무효전력 $Q=P_a\sin\theta=\dfrac{P}{\cos\theta}\times\sin\theta$

④ 역률 $\cos\theta=\dfrac{P}{P_a}=\dfrac{P}{\sqrt{P^2+Q^2}}$

⑤ 부하율 $=\dfrac{\text{평균 수요 전력[kW]}}{\text{합성 최대 수요 전력[kW]}}\times 100[\%]$

⑥ 수용률 $=\dfrac{\text{최대 수용전력[kV]}}{\text{(총)부하설비용량[kW]}}\times 100[\%]$

⑦ 부등률(≥1) $=\dfrac{\text{각 부하의 최대수용전력의 합계[kVA]}}{\text{부하를 종합하였을 때의 합성최대수용전력[kVA]}}$

14

출제 : 20, 15년 • 배점 : 5점

공통 접지는 협소한 면적의 대형 건축물 내에 설치된 여러 설비의 접지를 공통으로 묶어서 사용하는 접지방법이다. 공통 접지의 장점 5가지를 쓰시오.

|계|산|및|정|답|

① 접지극의 연접으로 합성저항의 저감 효과

② 접지극의 연접으로 접지극의 신뢰도 향상

③ 접지극의 수량 감소

④ 계통접지의 단순화

⑤ 철근, 구조물 등을 연접하면 거대한 접지전극의 효과를 얻을 수 있다.

|추|가|해|설|

[공용(공통)접지의 단점]

① 계통의 이상전압 발생 시 유기전압 상승

② 다른 기기, 계통으로부터 사고 파급

③ 피뢰침용과 공용하므로 뇌서지에 대한 영향을 받을 수 있다.

15

출제년도 : 20, 08년 • 배점 : 5점

주상 변압기 1∅ 주변압기 2290/380[V], 500[kVA] 3대를 Y-Y 결선하여 사용할 때 2차 측에 설치할 차단기 용량 [MVA]은? (단, %Z=3[%]이다.)

〈조건〉

변압기의 $\%Z$는 3[%]로 계산하여, 그 외 임피던스는 고려하지 않는다.

|계|산|및|정|답|

【계산】 $P_n = 3 \times 500 \times 10^{-3} = 1.5[MVA]$

$\therefore$ 차단기 용량 $Q = \frac{100}{\%Z} \times P_n = \frac{100}{3} \times 1.5 = 50[MVA]$

【정답】 50[MVA]

16

출제 : 20, 14, 03, 00년 • 배점 : 8점

그림과 같은 3상 유도 전동기의 미완성 시퀀스 회로도를 보고 다음 각 물음에 답하시오.

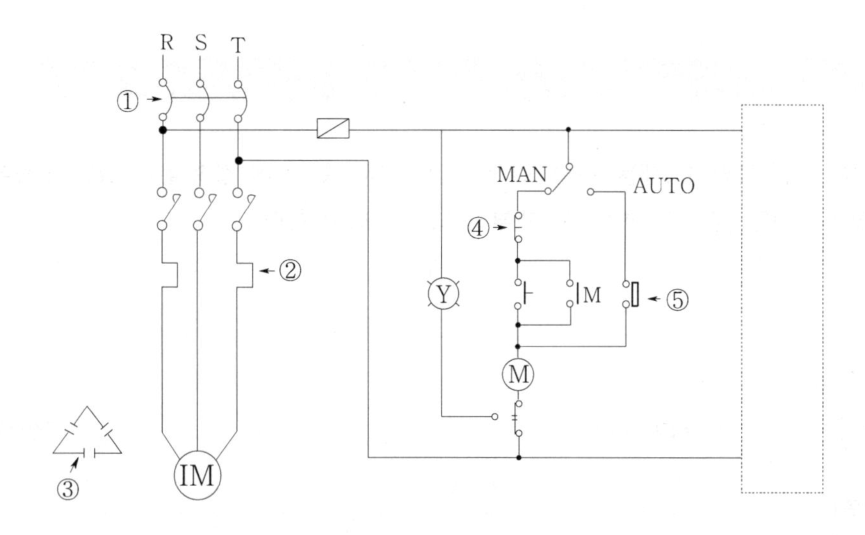

(1) 도면에 표시한 ①~⑤의 약호와 명칭을 쓰시오.

(2) 도면에 그려져 있는 Ⓨ등은 어떤 역할을 하는 등인가?

(3) 전동기가 정지하고 있을 때는 녹색등 Ⓖ가 점등되고, 전동기가 운전 중일 때는 녹색등 Ⓖ가 소등되고 적색등 Ⓡ이 점등되도록 표시등 Ⓖ, Ⓡ을 회로의 ☐ 내에 설치하시오.

(4) ③의 결선도를 완성하고 역할을 쓰시오.

|계|산|및|정|답|

(1)

번호	①	②	③	④	⑤
약호	MCCB	Thr	SC	PBS	LS
명칭	배선용 차단기	열동계전기	전력용 콘덴서	푸쉬버튼 스위치	리미트 스위치

(2) 과부하 동작 표시 램프

(3)

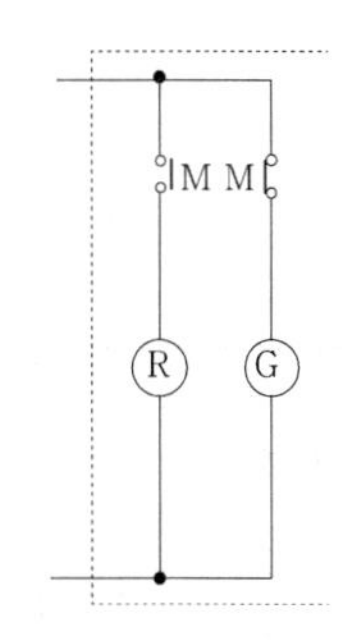

(4) •결선도

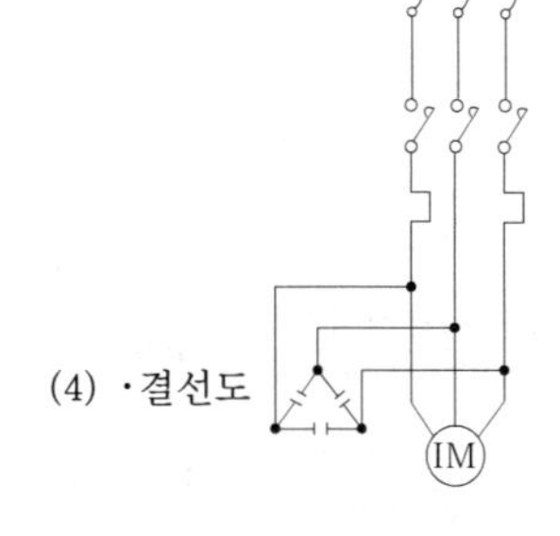

•역할 : 역률을 개선한다.

03 2020년 전기산업기사 실기

01

출제 : 20년 • 배점 : 5점

100[kVA] 단상 변압기 3대를 Y-△ 결선한 경우 2차 측 1상에 접속할 수 있는 전등부하는 최대 몇 [kVA]인가? (단, 변압기는 과부하 되지 않아야 한다.)

·계산 : ·답 :

|계|산|및|정|답|

【계산】 $P=\frac{3}{2}\times P_1=\frac{3}{2}\times 100=150[\text{kVA}]$ 【정답】 150[kVA]

|추|가|해|설|

※변압기 2차 측이 △결선인 상태에서 단상인 전등부하를 접속하면 변압기 △결선인 1상에는 전부하가 걸리며, 나머지 2상에는 $\frac{1}{2}$부하를 분담하게 되므로 3상 변압기에 단상 부하를 걸면 단상 변압기 1대 용량의 $3/2(1+\frac{1}{2})$배까지 걸 수 있다.

02

출제 : 20, 04년 • 배점 : 5점

200[V], 10[kVA]인 3상 유도전동기를 부하설비로 사용하는 곳이 있다. 이곳의 어느 날 부하 실적이 1일 사용 전력량 60[kW], 1일 최대 사용전력 8[kW], 최대 전류일 때의 전류값이 30[A]이었을 경우 다음 각 물음에 답사시오.

(1) 일 부하율[%]을 구하시오.

·계산 : ·답 :

(2) 최대 사용 전력일 때의 역률[%]을 구하시오.

·계산 : ·답 :

|계|산|및|정|답|

(1) 【계산】 일 부하율 $=\frac{\text{1일의 평균전력}}{\text{1일의 최대전력}}\times 100=\frac{\text{1일 사용전력량/24}}{\text{1일의 최대전력}}\times 100=\frac{\frac{60}{24}}{8}\times 100=31.25[\%]$ 【정답】 31.25[%]

(2) 【계산】 역률 $\cos\theta=\frac{P}{P_a}\times 100=\frac{P}{\sqrt{3}\,VI}\times 100=\frac{8000}{\sqrt{3}\times 200\times 30}\times 100=76.98[\%]$ 【정답】 76.98[%]

03

출제 : 20, 18, 17, 04년 • 배점 : 4점

단상 변압기의 병렬운전 조건을 4가지만 쓰시오.

|계|산|및|정|답|

① 변압기의 극성이 같을 것

② 각 변압기의 권수비 및 1차, 2차 정격전압이 같을 것

③ 각 변압기의 %임피던스 강하가 같을 것

④ 내부 저항과 누설 리액턴스의 비가 같을 것

|추|가|해|설|

[변압기 병렬운전 조건]

(1) 단상 변압기 두 대의 조건 (4가지)

① 극성이 같을 것

→ 극성이 일치하지 않을 경우 : 큰 순환전류가 흘러 권선이 소손

② 권수비가 같고, 1차와 2차의 정격전압이 같을 것

→ 권수비가 일치하지 않을 경우 : 순환전류가 흘러 권선이 가열

③ 퍼센트 임피던스 강하(임피더스 전압)가 같을 것 → ($\%Z = \frac{I_n Z}{V_n} \times 100[\%]$)

→ 퍼센트 임피던스 강하가 같지 않을 경우 : 부하의 분담이 용량의 비가 되지 않아 부하의 분담이 균형을 이룰 수 없다.

④ 내부 저항과 누설인덕턴스의 비가 같을 것

→ 내부 저항과 누설인덕턴스의 비가 같지 않을 경우 : 각 변압기 전류간의 위상차가 생겨 동손이 증가

(2) 3상 변압기 두 대의 조건 (위의 4가지+2가지 추가)

① 상회전이 일치할 것

→ 상회전 방향이 다를 경우 : 변압기 간에 단락 상태가 되어 변압기를 소손시킨다.

② 위상의 변위가 같을 것

→ 위상의 변위가 다를 경우 : 위상차에 따른 내부 순환 전류로 인해 변압기 권선이 과열된다.

04

출제 : 20년 • 배점 : 5점

계약전력 3000[kW]인 자가용설비 수용가가 있다. 1개월간 사용 전력량이 540[MWh], 1개월간 무효전력량이 350[MVarh]이다. 기본요금이 4045[원/kWh], 전력량 요금이 51[원/kWh]라 할 때 1개월간의 사용 전기요금을 구하시오.
(단, 역률에 따른 요금의 추가 또는 감액은 시간대에 관계없이 역률 90[%]에 미달하는 경우, 미달하는 역률 60[%]까지 매 1[%]당 기본요금의 0.2[%]를 추가하고 90[%]를 초과하는 경우에는 95[%]까지 초과하는 매 1[%]당 기본요금의 0.2[%]를 감액한다.)

•계산 : •답 :

|계|산|및|정|답|

【계산】 ① 기본요금 $= 3000 \times 4045 = 12135000$[원]

② 사용요금$= 540000 \times 51 = 27540000$[원]

③ 역률 $\cos\theta = \dfrac{P}{\sqrt{P^2 + P_r^2}} \times 100 = \dfrac{540}{\sqrt{540^2 + 350^2}} \times 100 = 83.92$[%]

역률 미달분=90−83.92=6.08[%]

역률 미달에 따른 기본요금 추가$= 7 \times 0.002 \times 3000 \times 4045 = 169890$[원]

∴전기요금=기본요금+사용요금=12135000+27540000+169890=39844890[원]

【정답】 39,844,890[원]

05

출제 : 20, 18, 09년 • 배점 : 4점

과도적인 과전압을 제한하고 서지(Surge)전류를 분류하는 목적으로 사용하는 SPD(서지 보호장치)에 대한 다음 물음에 답하시오.

(1) 기능별 종류 3가지를 쓰시오.

(2) 구조별 종류 2가지를 쓰시오.

|계|산|및|정|답|

(1) ① 전압스위치형 SPD ② 조합형 SPD ③ 전압억제형 SPD

(2) ① 1포트 SPD ② 2포트 SPD

|추|가|해|설|

(1) SPD의 기능에 따른 종류

① 전압스위치형 SPD

② 전압제한형 SPD

③ 복합형 SPD

(2) SPD에는 회로의 접속단자 형태로 1포트 SPD와 2포트 SPD가 있다.

① SPD의 구성 : 1포트 SPD, 2포트 SPD

② 1포트 SPD는 전압 스위치형, 전압제한형 또는 복합형의 기능을 갖는 SPD이고, 2포트 SPD는 복합형의 기능을 가지고 있다.

06

출제 : 20, 07년 • 배점 : 5점

그림과 같이 CT가 결선되어 있을 때 전류계 Ⓐ3의 지시는 얼마인가? (단, 부하전류 $I_1 = I_2 = I_3 = I$로 한다.)

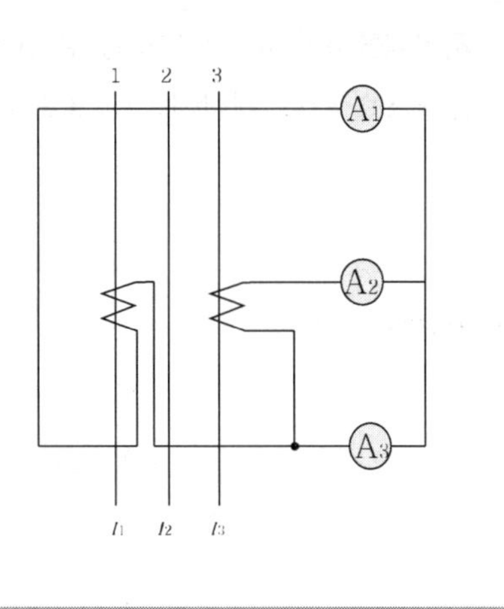

|계|산|및|정|답|

【계산】 $A_3 = 2 \times I\cos 30° = \sqrt{3}\, I[A]$

【정답】 $\sqrt{3}\, I[A]$

|추|가|해|설|

① 가동접속

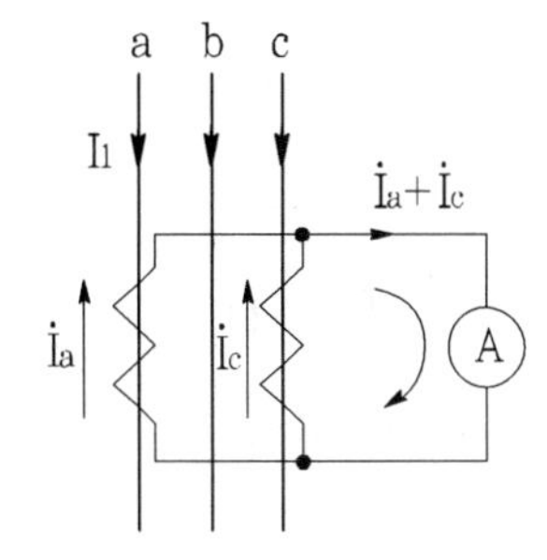

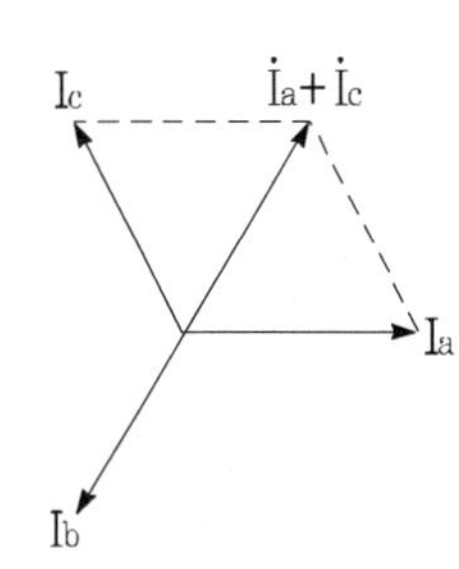

② 차동접속

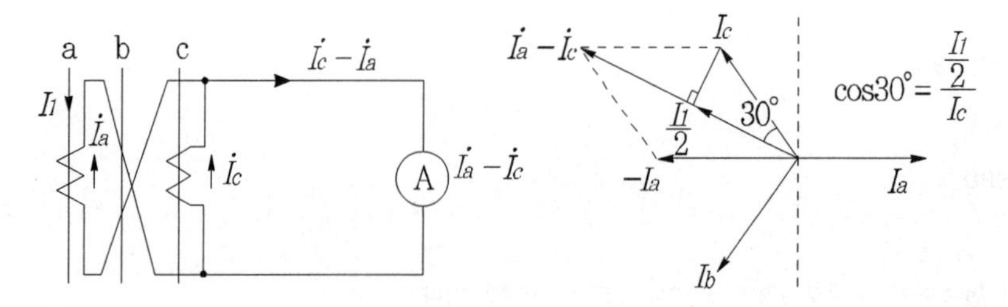

07

출제 : 20, 18, 17년 • 배점 : 5점

지상역률 80[%]인 100[kW] 부하에 지상역률 60[%]의 70[kW] 부하를 연결하였다. 이때 합성역률을 90[%]로 계산하는데 필요한 콘덴서 용량은 몇 [kVA]인가?

·계산 : ·답 :

|계|산|및|정|답|

【계산】 합성무효전력 $Q = Q_1 + Q_2 = P_1 \tan\theta_1 + P_2 \tan\theta_2 = 100 \times \frac{0.6}{0.8} + 70 \times \frac{0.8}{0.6} = 168.33[\text{kVar}]$

합성유효전력 $P = P_1 + P_2 = 100 + 70 = 170[\text{kW}]$

합성용량 $P_a = \sqrt{P^2 + Q^2} = \sqrt{170^2 + 168.33^2} = 239.24[kVA]$

합성역률 $\cos\theta = \frac{P}{P_a} \times 100 = \frac{170}{239.24} \times 100 = 71.06[\%]$

$\therefore$ 콘덴서용량 $Q = P(\tan\theta_1 + \tan\theta_2) = P\left(\frac{\sqrt{1-\cos^2\theta_1}}{\cos\theta_1} - \frac{\sqrt{1-\cos^2\theta_2}}{\cos\theta_2}\right)$

$= 170 \times \left(\frac{\sqrt{1-0.7106^2}}{0.7106} - \frac{\sqrt{1-0.9^2}}{0.9}\right) = 85.99[\text{kVA}]$

【정답】 85.99[kVA]

|추|가|해|설|

역률 개선시의 콘덴서 용량 $Q_c = Q_1 - Q_2 = P\tan\theta_1 - P\tan\theta_2 = P(\tan\theta_1 - \tan\theta_2)$

$= P\left(\frac{\sin\theta_1}{\cos\theta_1} - \frac{\sin\theta_2}{\cos\theta_2}\right) = P\left(\sqrt{\frac{1}{\cos^2\theta_1} - 1}\sqrt{\frac{1}{\cos^2\theta_2} - 1}\right)\}$

여기서, Q_c : 부하 P[kW]의 역률을 $\cos\theta_1$ 에서 $\cos\theta_2$ 로 개선하고자 할 때 콘덴서 용량[kVA]

P : 대상 부하용량[kW], $\cos\theta_1$: 개선 전 역률, $\cos\theta_2$: 개선 후 역률

08

출제 : 20, 16년 • 배점 : 5점

다음 그림을 이용하여 축전지 용량을 구하시오. (단, 축전지 사용 시의 보수율 0.8, 축전지 온도 5[℃], 허용 최저전압 90[V], 셀당 전압 1.06 [V/cell], K_1=1.15, K_2=0.92)

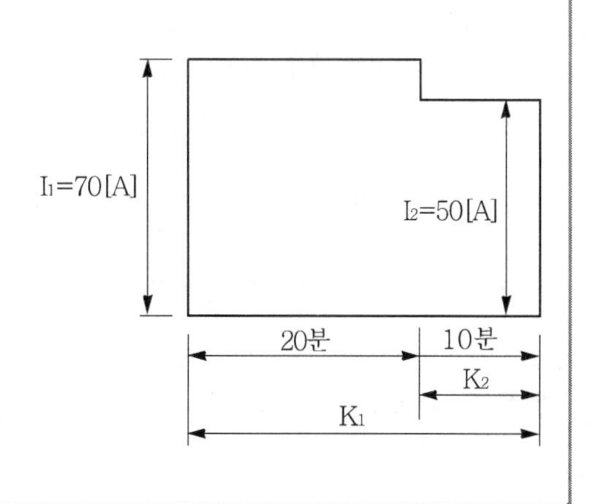

| 계 | 산 | 및 | 정 | 답 |

【계산】 $C=\frac{1}{L}[K_1I_1+K_2(I_2-I_1)]=\frac{1}{0.8}\times[(1.15\times70)+0.92(50-70)]=77.625[Ah]$

【정답】 77.63[Ah]

| 추 | 가 | 해 | 설 |

[축전지 용량 산출]

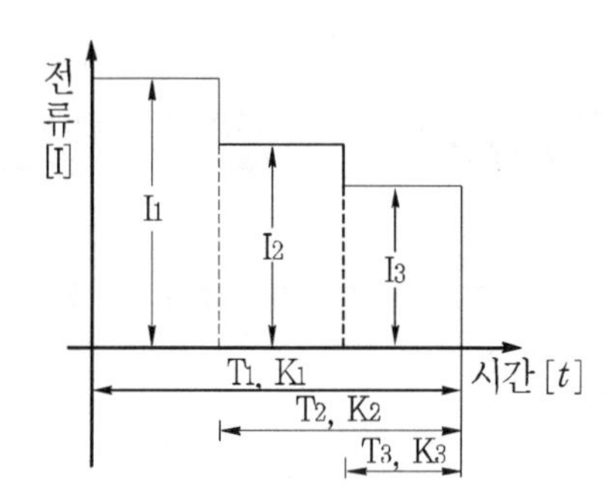

축전지용량 $C=\frac{1}{L}[K_1I_1+K_2(I_2-I_1)+K_3(I_3-I_2)]$ [Ah]

여기서, C : 축전지 용량[Ah], L : 보수율(축전지 용량 변화에 대한 보정값), K : 용량 환산 시간, I : 방전 전류[A]

09

출제 : 20, 18년 • 배점 : 5점

다음 논리식에 대한 물음에 답하시오.

$X = \overline{A}B + C$ (단, A, B는 입력이고, X는 출력이다.)

(1) NOT, AND(2입력, 1출력), OR(2입력, 1출력) 게이트만 사용하여 논리회로를 그리시오.

(2) 문제 (1)번을 NAND(2입력, 1출력) 게이트만을 최소로 사용한 회로로 그리시오.

|계|산|및|정|답|

(1)

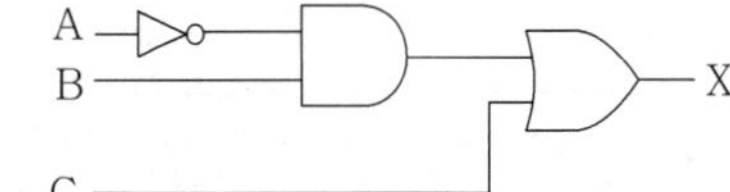

(2)

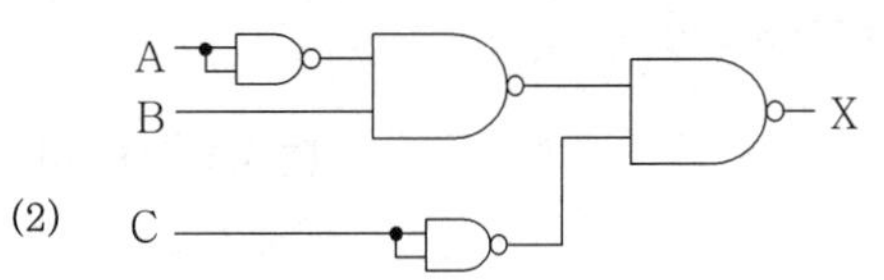

10

출제 : 20, 09년(유사) • 배점 : 5점

45[kW]의 전동기를 사용하여 지상 10[m], 용량 300[m^3]의 저수조에 물을 채우려 한다. 펌프의 효율이 85[%], K=1.2라면 몇 분 후에 물이 가득 차겠는가?

·계산 : ·답 :

|계|산|및|정|답|

【계산】 $P = K\dfrac{HQ}{6.12\eta} = K\dfrac{H\frac{W}{t}}{6.12\eta}$ 에서 $t = \dfrac{KHW}{P \times 6.12\eta} = \dfrac{1.2 \times 10 \times 300}{45 \times 6.12 \times 0.85} = 15.38[\text{min}]$

【정답】 15.38[min]

|추|가|해|설|

전동기 용량 $P = \dfrac{KHQ}{6.12\eta} = \dfrac{KH\frac{W}{t}}{6.12\eta}[kW]$

여기서, P : 전동기 용량[kW], η : 효율, W : 용량[m^3], H : 전양정[m], Q : 양수량[m^3/min], t : 시간[min], K : 계수

11

출제 : 20년 • 배점 : 5점

전로의 절연저항에 대하여 다음 각 물음에 답하시오.

(1) 사용전압이 저압인 전로에서 정전이 어려운 경우 등 절연저항 측정이 곤란한 경우 저항성분의 누설전류는 얼마 이하로 유지하여야 하는가?

(2) 다음 표의 전로의 사용전압의 구분에 따른 저항값은 몇 [MΩ] 이상이어야 하는지 그 값을 표에 써넣으시오.

전로의 사용전압의 구분	DC 시험전압	절연 저항값
SELV 및 PELV	250	①
FELV, 500[V] 이하	500	②
500[V] 초과	1000	③

| 계 | 산 | 및 | 정 | 답 |

(1) 1[mA] 이하

(2)

전로의 사용전압의 구분	DC 시험전압	절연 저항값
SELV 및 PELV	250	① 0.5[MΩ]
FELV, 500[V] 이하	500	② 1[MΩ]
500[V] 초과	1000	③ 1[MΩ]

| 추 | 가 | 해 | 설 |

(1) 전로의 사용전압에 따른 절연저항값 (기술기준 제52조)

전로의 사용전압의 구분	DC 시험전압	절연 저항값
SELV 및 PELV	250	0.5[MΩ]
FELV, 500[V] 이하	500	1.0[MΩ]
500[V] 초과	1000	1.0[MΩ]

※특별저압(2차 전압이 AC 50[V], DC 120[V] 이하)으로 SELV(비접지 회로 구성) 및 PELV(접지회로 구성)은 1차와 2차가 전기적으로 절연된 회로, FELV는 1차와 2차가 전기적으로 절연되지 않은 회로

SPD 또는 기타 기기 등은 측정 전에 분리시켜야 하고, 부득이하게 분리가 어려운 경우에는 시험전압을 250[V] DC로 낮추어 측정할 수 있지만 절연저항값은 1[MΩ] 이상이어야 한다.

(2) 전로의 절연저항 및 절연내력 (KEC 132)

① 저압 전선로 중 절연 부분의 전선과 대시 사이 및 전선의 심선 상호 간의 절연저항은 사용 전압에 대한 누설전류가 최대 공급전류의 1/2000을 넘지 않도록 하여야한다.

② 절연저항 측정이 곤란한 경우에는 누설전류를 1 [mA] 이하로 유지하여야 한다.

12

출제 : 01, 18년 • 배점 : 14점

그림과 같은 인입변대에 22.9[kV] 수전설비를 설치하여 380/220[V]를 사용하고자 한다. 다음 각 물음에 답하시오.

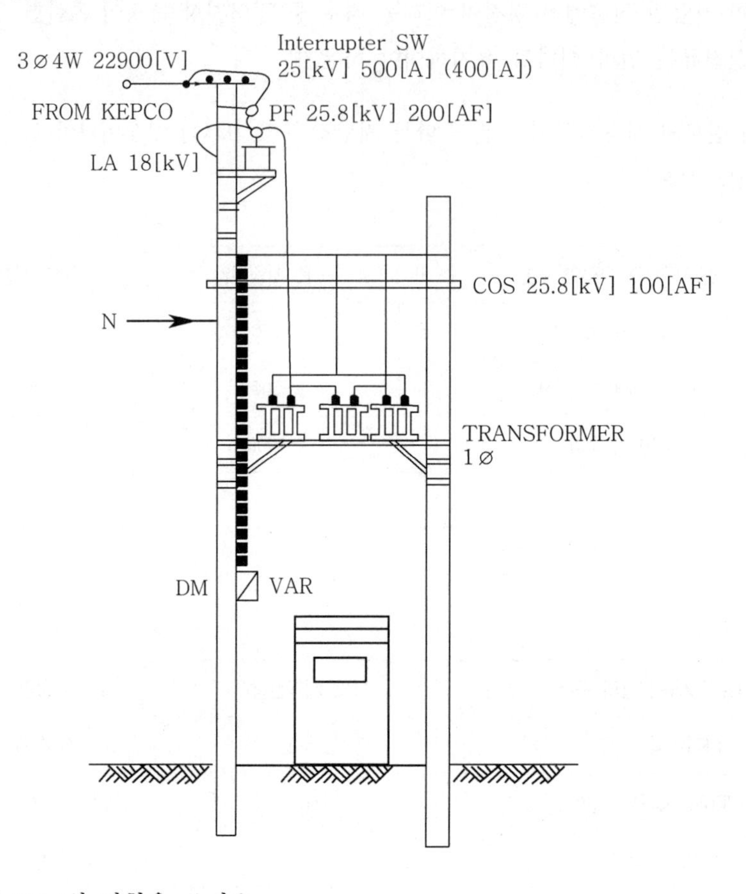

(1) DM 및 VAR의 명칭을 쓰시오.

(2) 도면에 사용된 LA의 수량은 몇 개이며 정격전압은 몇 [kV]인가?

(3) 22.9[kV] 계통에 사용하는 것은 주로 어떤 케이블인가?

(4) 주어진 도면을 단선도로 그리시오.

| 계 | 산 | 및 | 정 | 답 |

(1) ·DM : 최대 수요 전력량계 ·VAR : 무효 전력계

(2) ·LA 수량 : 3개 ·정격전압 : 18[kV]

(3) CNCV-W 케이블(수밀형)

(4)

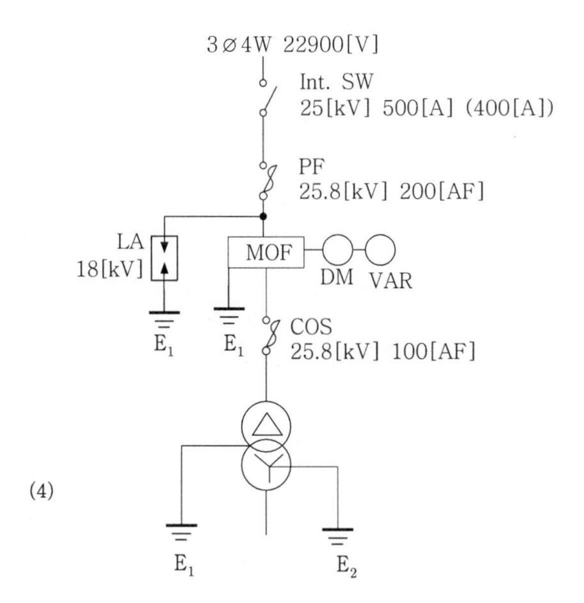

|추|가|해|설|

(2) 피뢰기(LA)는 각 상에 1개씩 필요하므로 위의 3상 도면에서는 3개를 설치해야 한다.

(3) 지중 인입선의 경우에 22.9[kV-Y] 계통은 CNCV-W 케이블(수밀형) 또는 TR CNCV-W(트리 억제형)을 사용해야 한다.

13 출제 : 20년 • 배점 : 4점

22900/380-220[V], 30[kVA] 변압기에서 공급되는 전선로가 있다. 다음 각 물음에 답하시오.

(1) 1선당 허용 누설전류의 최대값[A]을 구하시오.

•계산 : •답 :

(2) 이때의 절연저항의 최소값[Ω]을 구하시오.

•계산 : •답 :

|계|산|및|정|답|

(1) 【계산】 $I=\dfrac{P_a}{\sqrt{3}\,V}=\dfrac{30\times10^3}{\sqrt{3}\times380}=45.58[A]$

누설전류 $I_g=45.58\times\dfrac{1}{2000}=0.02279[A]$ 【정답】 22.79[mA]

(2) 【계산】 절연저항 $R=\dfrac{380}{22.79\times10^{-3}}=16{,}673.98[\Omega]=0.02[m\Omega]$

→ (사용전압 500[V] 이하인 경우 저압 전로의 절연저항은 1.0[mΩ] 이상을 만족해야 한다.

【정답】 1.0[Ω]

|추|가|해|설|

전로의 사용전압에 따른 절연저항값 (기술기준 제52조)

전로의 사용전압의 구분	DC 시험전압	절연 저항값
SELV 및 PELV	250	0.5[MΩ]
FELV, 500[V] 이하	500	1.0[MΩ]
500[V] 초과	1000	1.0[MΩ]

※특별저압(Extra Low Voltage : 2차 전압이 AC 50[V], DC 120[V] 이하)으로 SELV(비접지 회로 구성) 및 PELV(접지회로 구성)은 1차와 2차가 전기적으로 절연된 회로, FELV는 1차와 2차가 전기적으로 절연되지 않은 회로

14

출제 : 20년 • 배점 : 5점

단상 변압기의 2차 측 탭 전압 105[V] 단자에 1[Ω]의 저항을 접속하고 1차 측에 1[A]의 전류를 흘렸을 때 1차 측의 단자전압이 900[V]이었다면 다음 각 물음에 답하시오.

(1) 1차 측 탭 전압 V_1을 구하시오.

·계산 : ·답 :

(2) 2차 전류 I_2를 구하시오.

·계산 : ·답 :

|계|산|및|정|답|

(1) 【계산】 $R_1 = \frac{V_1}{I_1} = \frac{900}{1} = 900[\Omega]$

권수비 $a = \frac{V_1}{V_2} = \frac{I_2}{I_1} = \sqrt{\frac{R_1}{R_2}} = \sqrt{\frac{900}{1}} = 30$

따라서 $V_1 = aV_2 = 30 \times 105 = 3150[V]$ 【정답】 3150[V]

(2) 【계산】 2차전류 $I_2 = aI_1 = 30 \times 1 = 30[A]$ 【정답】 30[A]

|추|가|해|설|

변압기의 권수비 $a = \frac{V_1}{V_2} = \frac{N_1}{N_2} = \frac{I_2}{I_1} = \sqrt{\frac{Z_1}{Z_2}} = \sqrt{\frac{R_1}{R_2}} = \sqrt{\frac{L_1}{L_2}}$

15

출제 : 20년 • 배점 : 7점

그림과 같은 시퀀스도를 보고 논리회로 및 타임차트를 그리시오.

(단, PBS_1, PBS_2, PBS_3는 푸시버튼스위치, X_1, X_2는 릴레이, L_1, L_2는 출력램프이다.)

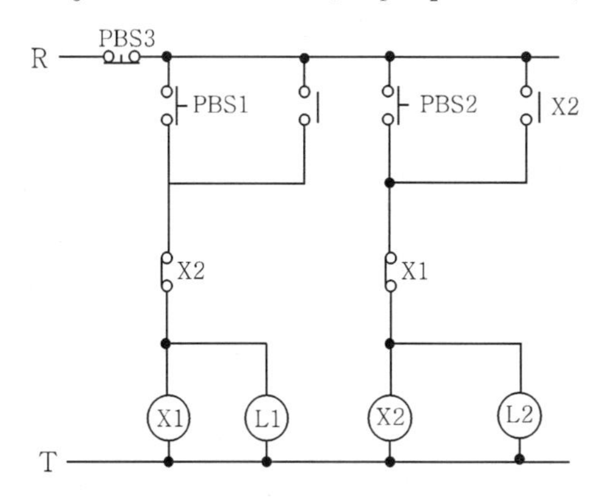

(1) 시퀀스 회로를 논리회로로 표현하시오.

(단, OR(2입력, 1출력), AND(3입력, 1출력), NOT 게이트만을 이용하여 표현하시오.

(2) 시퀀스 회로를 보고 타임차트를 완성하시오.

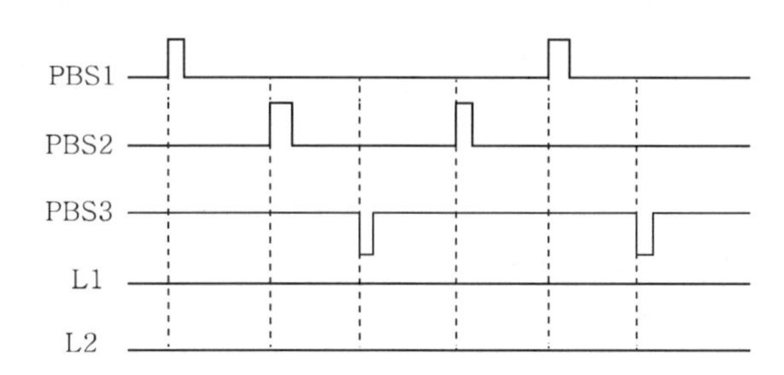

|계|산|및|정|답|

(1) 논리회로

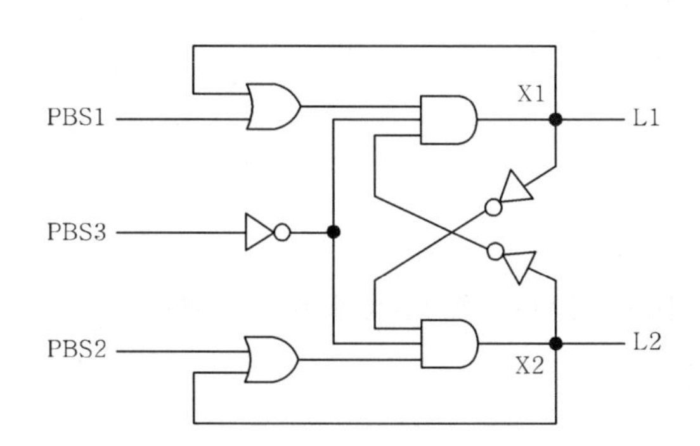

(2) 타임차트

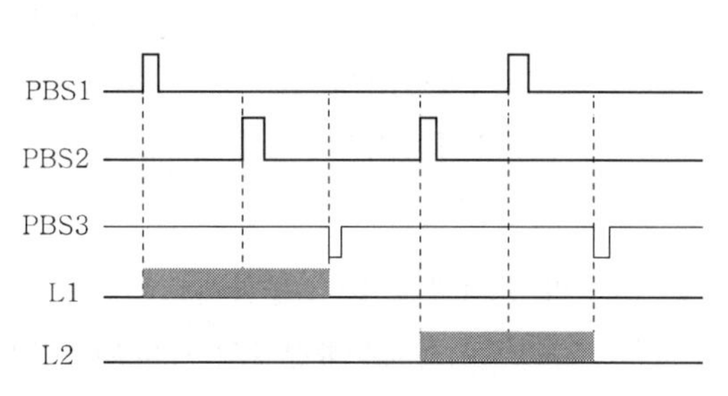

자가용 전기설비의 수·변전설비 단면도 일부이다. 과전류계전기와 관련된 다음 각 물음에 답하시오.

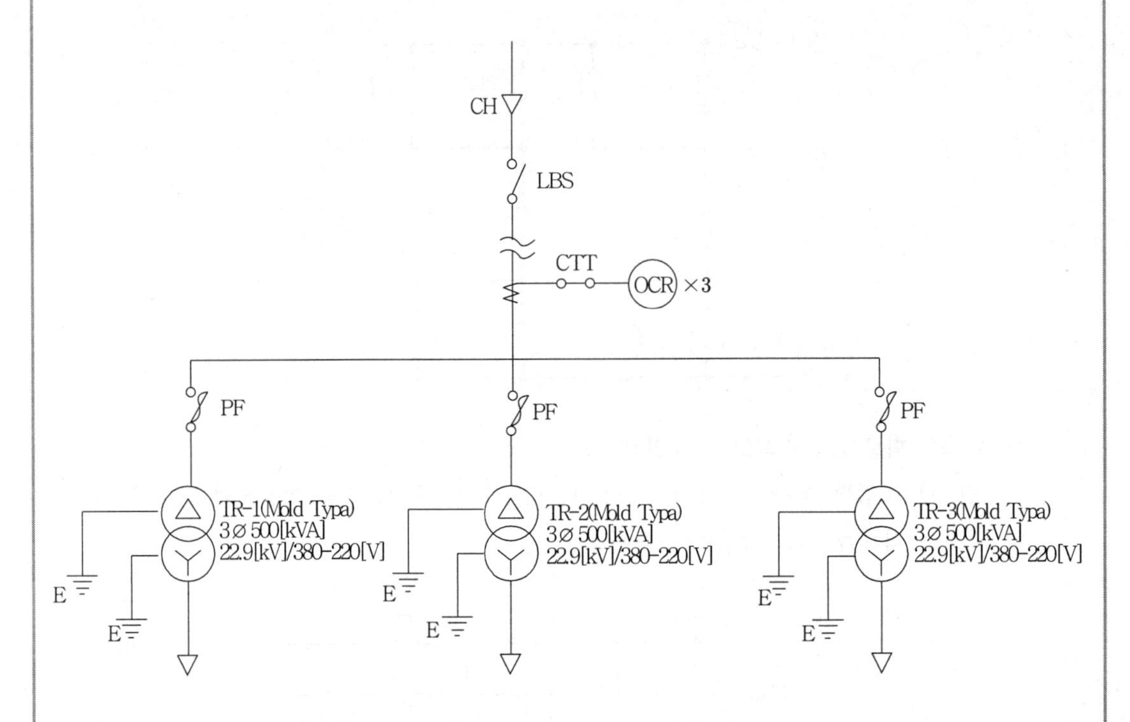

- 계전기 Type : 유도원판형
- 동작특성 : 반한시
- Tap Range : 한시 3~9[A](3, 4, 5, 6, 7, 8, 9)
- Lever : 1~10

계기용 변류기 정격	
1차 정격전류[A]	20, 25, 30, 40, 50, 75
2차 정격전류[A]	5

(1) OCR의 한시 TAP을 선정하시오.

(단, CT비는 최대부하전류의 125[%], 정정기준은 변압기 정격전류의 150[%]이다.)

·계산 : ·답 :

(2) OCR의 순시 TAP을 선정하시오.

(단, 정정기준은 변압기 1차 측 단락사고에 동작하고, 변압기 2차 측 단락사고 및 여자돌입전류에는 동작하지 않도록 변압기 2차 3상 단락전류의 150[%] Seting, 변압기 2차 3상 단락전류는 20087[A] 이다.)

·계산 : ·답 :

(3) 유도원판형 계전기의 Lever는 무슨 의미인지 쓰시오.

(4) OCR의 동작특성 중 반한시 특성이란 무엇인지 쓰시오.

|계|산|및|정|답|

(1) 【계산】 · CT 1차측 전류 $I_1 = \frac{1500}{\sqrt{3} \times 22.9} \times 1.25 = 47.27[A]$, 따라서, CT는 50/5 선정

· OCR의 한시 Tap 설정 전류값 $I_1 = \frac{1500}{\sqrt{3} \times 22.9} \times 1.5 = 56.73[A]$

따라서, OCR 설정 전류탭=$56.73 \times \frac{5}{50} = 5.67[A]$ 【정답】 6[A]

(2) 【계산】 · 변압기 1차측 단락전류 $= 20087 \times 1.5 \times \frac{380}{22900} = 499.98[A]$

· OCR의 한시 $\text{Tap} = 499.98 \times \frac{5}{50} = 50[A]$ 【정답】 50[A]

(3) 과전류계전기의 동작시간을 조정

(4) 동작 전류가 커질수록 동작 시간이 짧게 되는 특성

|추|가|해|설|

[보호 계전기의 특징]

순한시 계전기 (고속도 계전기)	고장이 생기면 즉시 동작하는 고속도 계전기로 0.3초 이내에 동작하는 계전기
정한시 계전기	입력값이 일정값[정정값(Setting)] 이상일 경우 동작하며, 입력값의 크기에 관계없이 일정한 시간이 지나면 동작하는 계전기
반한시 계전기	입력값이 증가하는데 따라 동작속도가 빨라지는 특성을 갖는 계전기
반한시성 정한시 계전기	입력값의 어느 범위까지는 반한시 특성을 가지고, 그 이상이 되면 정한시 특성을 가지는 계전기

17

출제 : 20, 16년 • 배점 : 5점

폭 24[m]의 도로 양쪽에 30[m] 간격으로 지그재그식으로 가로등을 배열하여 평균 조도를 5[lx]로 한다면 이때 가로등의 광속을 얼마인지 구하시오. (단, 조명률 35[%], 감광보상률 1.3이다.)

·계산 : ·답 :

|계|산|및|정|답|

【계산】 $F=\dfrac{DEA}{UN}=\dfrac{5\times\left(24\times30\times\dfrac{1}{2}\right)\times1.3}{0.35\times1}=6685.714[\text{lm}]$ 【정답】 6685.714[lm]

|추|가|해|설|

(1) 조명계산

광속 $F=\dfrac{DEA}{UN}[\text{lm}]$

여기서, F : 광속[lm], U : 조명률[%], N : 등수[등], E : 조도[lX], A : 면적[m^2]

$D=\dfrac{1}{M}$: 감광보상률$=\dfrac{1}{\text{보수율(유지율)}}$

(2) 도로 조명 배치 방법

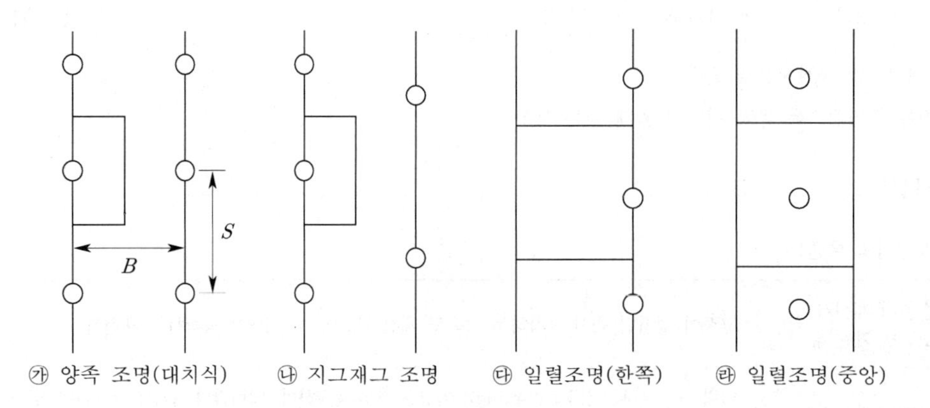

① 양쪽 조명(대치식) (1일 배치의 피조 면적) : $A=\dfrac{S\cdot B}{2}[m^2]$

② 지그재그 조명 : $A=\dfrac{S\cdot B}{2}[m^2]$

③ 일렬조명(한쪽) : $A=S\cdot B[m^2]$

④ 일렬조명(중앙) : $A=S\cdot B[m^2]$

04 2020년 전기산업기사 실기

01

출제 : 20년 • 배점 : 5점

그림과 같은 전로의 단락용량은 약 몇 [MVA]인가?
(단, 그림의 수치는 10[MVA]를 기준으로 한 %리액턴스를 나타낸다.

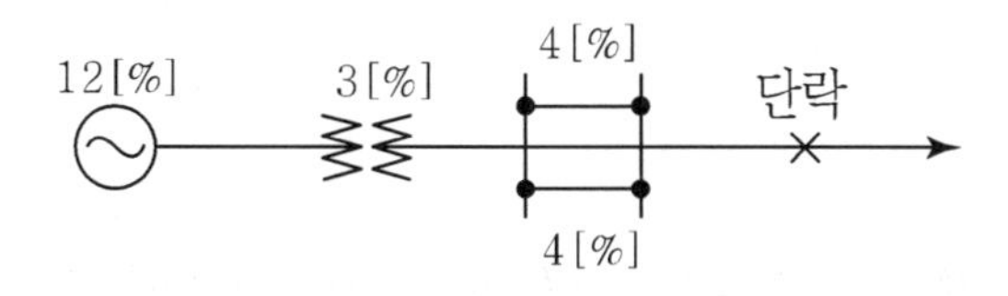

·계산 :　　　　　　　　　　　·답 :

|계|산|및|정|답|

【계산】 ① 선로임피던스 $\%Z = \frac{4 \times 4}{4+4} = 2[\%]$

② 단락점까지의 합성임피던스 $\%Z = 12+3+2 = 17[\%]$

∴단락용량 $P_s = \frac{100}{\%Z} \times P_n = \frac{100}{17} \times 10 = 58.82[MVA]$

【정답】 58.82[MVA]

|추|가|해|설|

퍼센트 임피던스(%Z)가 주어진 경우, 차단기의 용량은 다음과 같다.

$$P_s = \frac{100}{\%Z} \times P_n [MVA]$$

여기서, P_n : 기준용량[MVA], $\%Z$: 전원 측으로부터 합성 임피던스

02 출제 : 20, 12, 09년 • 배점 : 5점

지표상 20[m] 높이의 수조가 있다. 이 수조에 18[m^3/min] 물을 양수하는데 필요한 펌프용 전동기의 소요 동력은 몇 [KW]인가? (단, 펌프의 효율은 70[%]로 하고, 여유계수는 1.1로 한다.)

·계산 : ·답 :

|계|산|및|정|답|

【계산】 펌프용 전동기 용량 $P = \frac{KQH}{6.12\eta}[KW] = \frac{1.1 \times 18 \times 20}{6.12 \times 0.7} = 92.44[KW]$ 【정답】 92.44[KW]

|추|가|해|설|

① 펌프용 전동기의 용량 $P = \frac{9.8Q'[m^3/\sec]HK}{\eta}[kW] = \frac{9.8Q[m^3/\min]HK}{60 \times \eta}[kW] = \frac{Q[m^3/\min]HK}{6.12\eta}[\mathrm{kW}]$

여기서, P : 전동기의 용량[kW], Q' : 양수량[m^3/sec], Q : 양수량[m^3/min]
H : 양정(낙차)[m], η : 펌프효율, K : 여유계수(1.1~1.2 정도)

② 권상용 전동기의 용량 $P = \frac{K \cdot W \cdot V}{6.12\eta}[KW]$

여기서, K : 여유계수, W : 권상 중량 [ton], V : 권상 속도[m/min], η : 효율

③ 엘리베이터용 전동기의 용량 $P = \frac{KVW}{6120\eta}[kW]$

여기서, P : 전동기 용량[kW], η : 엘리베이터 효율, V : 승강속도[m/min]
W : 적재하중[kg](기계의 무게는 포함하지 않는다.), K : 계수(평형률)

03 출제 : 04, 12, 17년 • 배점 : 5점

500[kVA]의 변압기가 그림과 같은 부하로 운전되고 있다. 오전에는 역률 85[%]로, 오후에는 100[%]로 운전된다고 하면 전일 효율은 몇 [%]가 되겠는가? 단, 이 변압기의 철손은 6[kW], 전부하시 동손은 10[kW]라 한다.

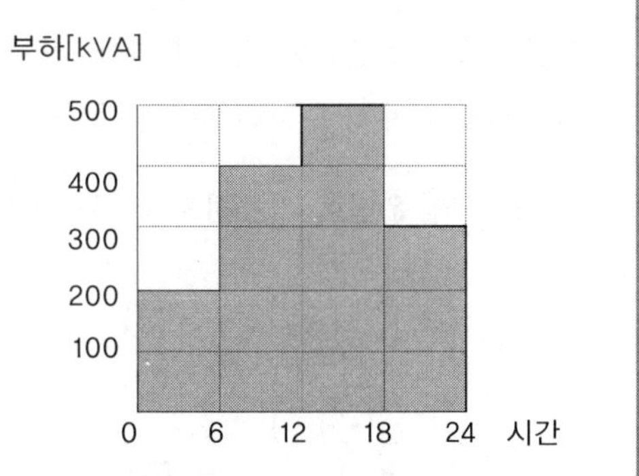

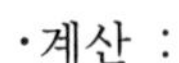

·계산 :

·답 :

|계|산|및|정|답|

【계산】 ① 출력 $P=(200\times6\times0.85)+(400\times6\times0.85)+(500\times6\times1)+(300\times6\times1)=7860[\text{kWh}]$

→ (하루의 총 출력 전력량은 그림에서와 같이 검은색 부분에 역률을 곱하면 구해진다.)

② 철손 $P_i=24\times6=144[\text{kWh}]$ → (철손은 부하와 관계가 없으므로)

③ 동손 $P_c=10\times\left\{\left(\frac{200}{500}\right)^2\times6+\left(\frac{400}{500}\right)^2\times6+\left(\frac{500}{500}\right)^2\times6+\left(\frac{300}{500}\right)^2\times6\right\}=129.6[\text{kWh}]$

→ (동손은 부하율의 제곱에 비례하므로 동손)

$$\therefore \text{전일효율 } \eta=\frac{\text{1일의총출력전력량}}{\text{1일의총출력전력량}+\text{손실전력량}}\times100[\%]=\frac{7860}{7860+144+129.6}\times100=96.64[\%]$$

【정답】 96.64[%]

|추|가|해|설|

· 철손 $P_i=a^2P_c$ → (P_i : 철손, P_c : 전부하시 동손, a : 부하율)

·동손 $P_c=I^2R[W]$, $P_c=\frac{P_i}{a^2}[W]$

· 전일효율 $\eta=\frac{\text{1일의총출력전력량}}{\text{1일의총출력전력량}+\text{손실전력량}}\times100=\frac{\sum h\left(\frac{1}{m}\right)VI\cos\theta}{\sum h\left(\frac{1}{m}\right)VI\cos\theta+24P_i+\sum h\left(\frac{1}{m}\right)^2P_c}\times100[\%]$

04 출제년도 : 20, 08년 • 배점 : 6점

다음 회로는 전동기의 정·역 변환 시퀀스 회로이다. 전동기는 가동 중 정·역을 곧바로 바꾸면 과전류와 기계적 손상이 오기 때문에 자연 시간을 주도록 하였다. 다음 각 물음에 답하시오.

(1) 정 · 역 운전이 가능하도록 주어진 회로의 주회로의 미완성 부분을 완성하시오.

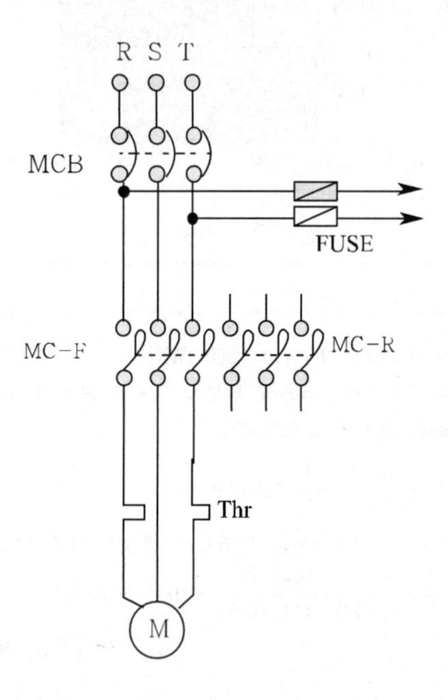

(2) 정 · 역 운전이 가능하도록 주어진 보조(제어)회로의 미완성 부분을 완성하시오. (단, 접점에는 접점 명칭을 반드시 기록하도록 한다.)

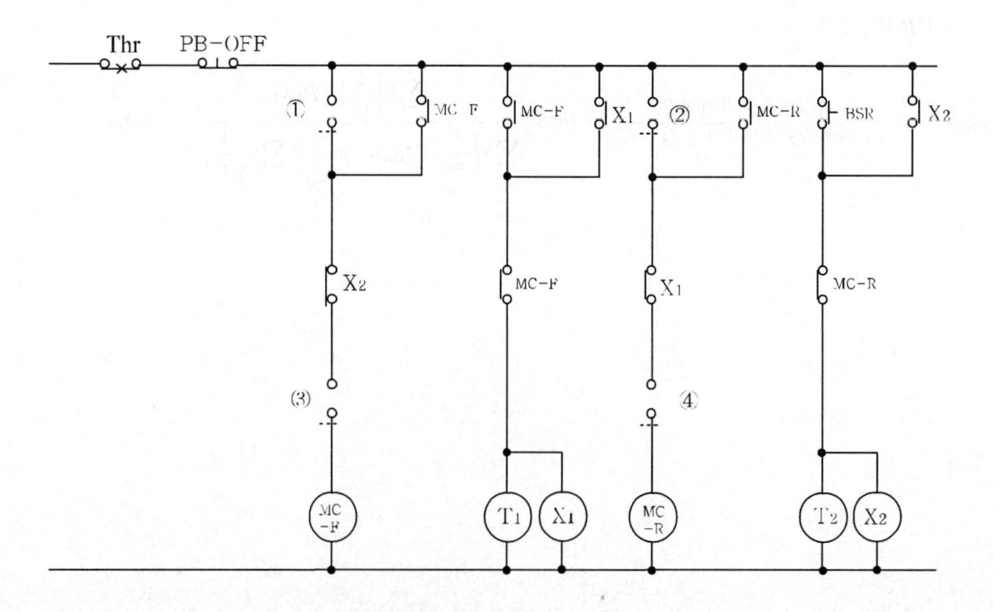

(3) 주어진 도면에서 약호 Thr은 무엇인가?

|계|산|및|정|답|

(1) 주회로　　　　　　　　(2) 보조회로

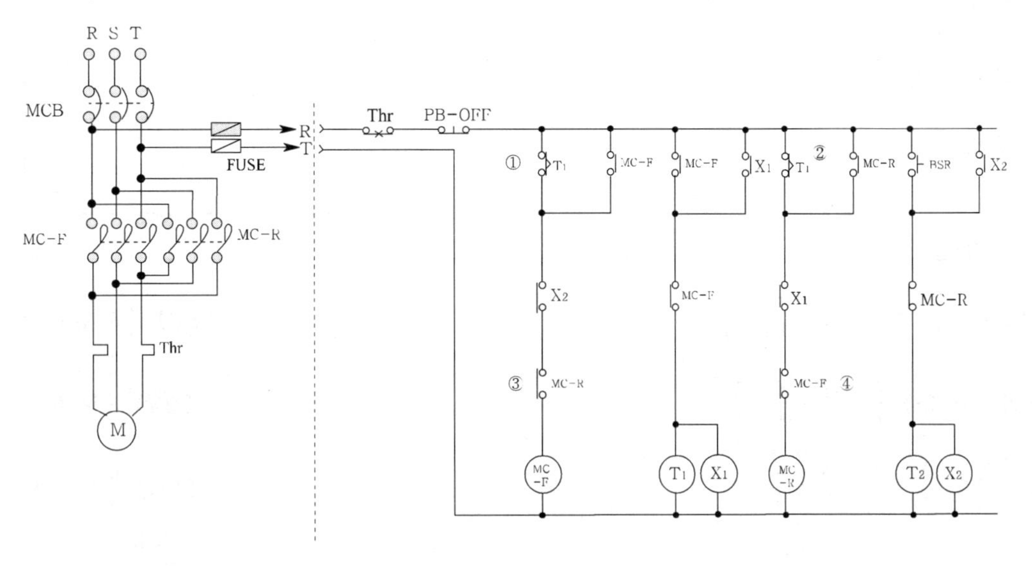

(3) Thr : 열동계전기(thermal relay)

※[KEC 적용] 2021년 적용되는 KEC에 의하여 전선의 표시가 다음과 같이 바뀌어 출제됩니다.
A, B, $C(a, b, c)$ 또는 R, S, T → L_1, L_2, L_3

05

출제 : 20, 18, 05, 00년 • 배점 : 6점

50[Hz]로 설계된 3상 유도전동기를 동일 전압으로 60[Hz]에 사용할 경우 다음 요소는 어떻게 변화하는지를 수치를 이용하여 설명하시오.

(1) 무부하전류

(2) 온도 상승

(3) 속도

|계|산|및|정|답|

(1) 【계산】 무부하전류 $\frac{I_2}{I_1}=\frac{f_1}{f_2}=\frac{50}{60}=\frac{5}{6}$ 【정답】 $\frac{5}{6}$로 감소

(2) 【계산】 온도 상승 $\frac{I_2}{I_1}=\frac{f_1}{f_2}=\frac{50}{60}=\frac{5}{6}$ 【정답】 $\frac{5}{6}$로 감소

(3) 【계산】 속도 $\frac{N_2}{N_1}=\frac{f_2}{f_1}=\frac{60}{50}=\frac{6}{5}$ 【정답】 $\frac{6}{5}$로 증가

|추|가|해|설|

(1) $V=4.44K_w\omega f\varnothing[V] \rightarrow \varnothing=\frac{V}{4.44K_w\omega f} \rightarrow$ ∴ 무부하전류 $I_\varnothing \propto \varnothing \propto \frac{1}{f}$

주파수가 높아지면 자화전류가 감소하고 그에 따라 무부하전류(여자전류)도 감소한다.

(2) 히스테리시스손 $P_h \propto fB_m^2 \propto f\varnothing^2 \propto f\cdot(\frac{1}{f})^2 \propto \frac{1}{f}$, 철손 $P_i \propto \frac{1}{f}$

주파수가 높아지면 히스테리시스손이 감소하고 그에 따라 전동기의 온도도 감소한다.

(3) 속도 $N_s=\frac{120f}{p} \rightarrow N_s \propto f$

주파수가 높아지면 전동기의 속도도 증가한다.

06

출제 : 20, 14년 • 배점 : 5점

어떤 콘덴서 3개를 선간전압 3300[V], 주파수 60[Hz]의 선로에 △로 접속하여 60[kVA]가 되도록 하려면 콘덴서 1개의 정전용량[μF]은 약 얼마로 하여야 하는가?

·계산 : ·답 :

|계|산|및|정|답|

【계산】 $Q = 3EI_c = 3\times 2\pi f CE^2$ 이므로

1개의 정전 용량 $C = \frac{Q}{6\pi f E^2} = \frac{60\times 10^3}{6\pi\times 60\times 3300^2}\times 10^6 = 48.7[\mu F]$

【정답】 4.87[μF]

|추|가|해|설|

·△결선 : 콘덴서 용량 $Q = 3EI_c = 3\times 2\pi f C_d E^2$

정전용량 $C_d = \frac{Q}{3\times 2\pi f E^2}$

·Y결선 : 콘덴서 용량 $Q_Y = 3\times 2\pi f C_s \left(\frac{V}{\sqrt{3}}\right)^2 = 2\pi f C_s V^2$

정전용량 $C_s = \frac{Q_Y}{2\pi f V^2}$ [μF]

07

출제 : 20, 10년 • 배점 : 5점

권상 하중이 18[t]이고, 매 분당 6.5[m/min]의 속도로 물을 끌어 올리는 권상기용 전동기의 용량[kW]을 구하시오. (단, 전동기를 포함한 전체의 효율은 73[%]이다.)

·계산 : ·답 :

|계|산|및|정|답|

【계산】 $P = \frac{WV}{6.12\eta} = \frac{18\times 6.5}{6.12\times 0.73} = 26.188$[kW]

여기서, W : 권상용량[ton], V : 권상속도[m/min], η : 효율)

【정답】 26.19[kW]

|추|가|해|설|

권상기용 전동기 출력 $P = C\frac{W\cdot V}{6.12\eta}[kW]$

여기서, P : 전동기 출력[kW], W : 권상기 중량[ton], η : 효율, V : 권상기 속도[m/min], C : 여유율

08 출제 : 20년 • 배점 : 5점

다음 그림의 논리식를 참고하여 각 물음에 답하시오.

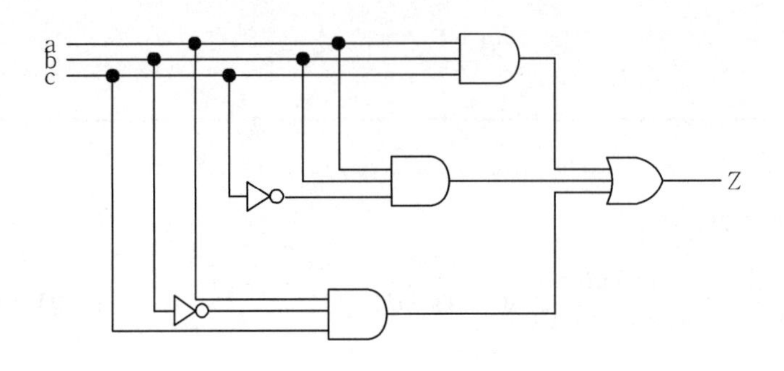

(1) 그림의 논리식을 간략화 하시오.

(2) (1)항에서 간소화한 출력식 Z에 따른 시퀀스 회로를 완성하시오.

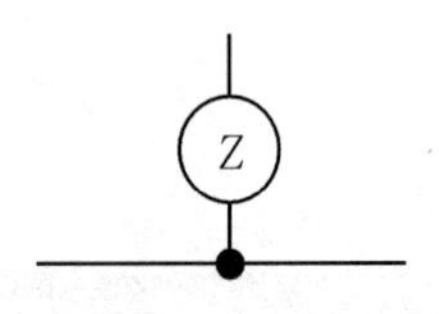

|계|산|및|정|답|

(1) 【간략화 과정】 $Z = ABC + AB\overline{C} + A\overline{B}C$

$= ABC + ABC + AB\overline{C} + A\overline{B}C$

$= AB(C + \overline{C}) + AC(B + \overline{B})$

$= AB + AC = A(B + C)$

$Z = A(B + C)$

(2)

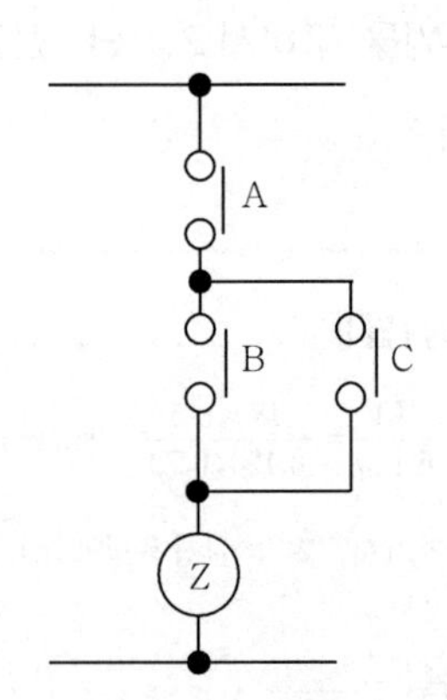

09

출제 : 20, 06, 01년 • 배점 : 14점

다음과 같은 철골 공장에 백열등 전반 조명시 작업면의 평균 조도로 200[lx]를 얻기 위한 광원의 소비전력[W]은 얼마이어야 하는가를 주어진 답안지의 순서에 의하여 계산하시오.

단 • 천장, 벽면의 반사율은 30[%]이다.

- 조명 기구는 금속 반사갓 직부형이다.
- 광원은 천장면하 1[m]에 부착한다.
- 천장의 높이는 9[m]이다.
- 감광보상률은 보수 상태 양으로 적용한다.
- 배광은 직접 조명으로 한다.

[도면]

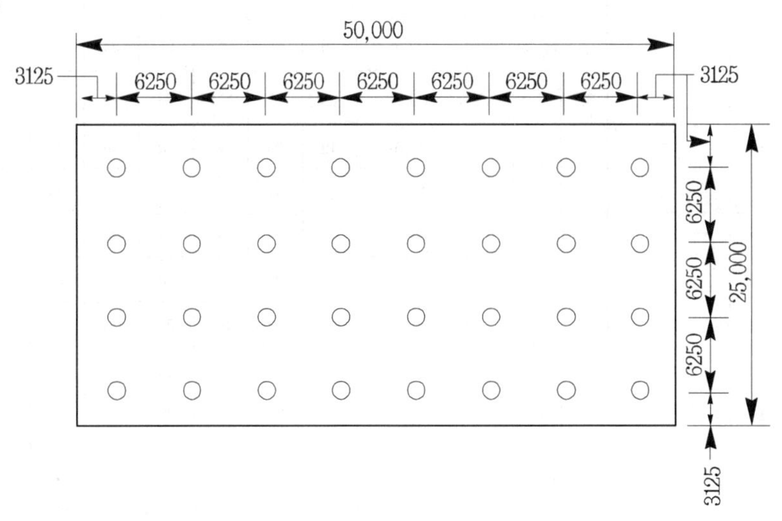

[표 1] 실지수 분류기호

기호	A	B	C	D	E	F	G	H	I	J
실지수	5.0	4.0	3.0	2.5	2.0	1.5	1.25	1.0	0.8	0.6
범위	4.5	4.5	3.5	2.75	2.25	1.75	1.38	1.12	0.9	0.7
		~	~	~	~	~	~	~	~	
	이상	3.5	2.75	2.25	1.75	1.38	1.12	0.9	0.7	이하

[표 2] 조명률, 감광보상률 및 설치 간격

번호	배광 / 설치간격	조명 기구	감광보상률(D) 보수상태 양	중	부	반사율 ρ 천장	0.75			0.50			0.30	
						벽	0.5	0.3	0.1	0.5	0.3	0.1	0.3	0.1
						실지수	조명률 U[%]							
1	간접 0.80 0 $S \leq 1.2H$		전구			J0.6	16	13	11	12	10	08	06	05
						I0.8	20	16	15	15	13	11	08	07
						H1.0	23	20	17	17	14	13	10	08
						G1.25	26	23	20	20	17	15	11	10
			1.5	1.7	2.0	F1.5	29	26	22	22	19	17	12	11
						E2.0	32	29	26	24	21	19	13	12
			형광등			D2.5	36	32	30	26	24	22	15	14
			1.7	2.0	2.5	C3.0	38	35	32	28	25	24	16	15
						B4.0	42	39	36	30	29	27	18	17
						A5.0	44	41	39	33	30	29	19	18
2	반직접 0.25 0.55 $S \leq H$		전구			J0.6	26	22	19	24	21	18	19	17
						I0.8	33	28	26	30	26	24	25	23
						H1.0	36	32	30	33	30	28	28	26
			1.3	1.4	1.5	G1.25	40	36	33	36	33	30	30	29
						F1.5	43	39	35	39	35	33	33	31
						E2.0	47	44	40	43	39	36	36	34
			형광등			D2.5	51	47	43	46	42	40	39	37
			1.6	1.7	1.8	C3.0	54	49	45	48	44	42	42	38
						B4.0	57	53	50	51	47	45	43	41
						A5.0	59	55	52	53	49	47	47	43
3	직접 0 0.75 $S \leq 1.3H$		전구			J0.6	34	29	26	32	29	27	29	27
						I0.8	43	38	35	39	36	35	36	34
						H1.0	47	43	40	41	40	38	40	38
			1.3	1.4	1.5	G1.25	50	47	44	44	43	41	42	41
						F1.5	52	50	47	46	44	43	44	43
						E2.0	58	55	52	49	48	46	47	46
			형광등			D2.5	62	58	56	52	51	49	50	49
			1.4	1.7	2.0	C3.0	64	61	58	54	52	51	51	50
						B4.0	67	64	62	55	53	52	52	52
						A5.0	68	66	64	56	54	53	54	52

[표 3] 각종 전등의 특성

(A) 백열등

형식	종별	유리지구의 지름(표준치)	길이 [mm]	베이스	초기 특성			50[%] 수명에서의 효율[lm/W]	수명 [h]
					소비전력 [W]	광속 [lm]	효율 [lm/W]		
L100V 100W	가스입단코일	70	140 〃	E26/25	100±5.0	1500±150	15.0±1.2	13.5 〃	1000
L100V 150W	가스입단코일	80	170 〃	E26/25	150±7.5	2450±250	16.4±1.3	14.8 〃	1000
L150V 200W	가스입단코일	80	180 〃	E26/25	200±10	3450±350	17.3±1.4	15.3 〃	1000
L100V 300W	가스입단코일	95	220 〃	E39/41	300±15	5550±550	18.3±1.5	15.8 〃	1000
L100V 500W	가스입단코일	110	240 〃	E39/41	500±25	9900±990	19.7±1.6	16.9 〃	1000
L100V 1000W	가스입단코일	165	332 〃	E39/41	1000±50	21000±2100	21.0±1.7	17.4 〃	1000

(1) 광원의 높이는 몇 [m]인가?

·계산 : ·답 :

(2) 실지수의 기호와 실지수를 구하시오.

·계산 : ·답 :

(3) 조명률은 얼마인가?

(4) 감광보상률은 얼마인가?

(5) 전 광속을 계산하시오.

·계산 : ·답 :

(6) 전등 한 등당 광속은?

·계산 : ·답 :

(7) 백열전구의 크기 및 소비 전력은?

|계|산|및|정|답|

(1) 【계산】 직접 조명방식이고 작업면이 바닥이다. 조명기구가 1[m] 아래에 있으므로

등고(관원의 높이) $H=9-1=8$[m]

【정답】 8[m]

(2) 【계산】 실지수$=\dfrac{XY}{H(X+Y)}=\dfrac{50\times 25}{8(50+25)}=2.08$, 따라서 [표 1]에서 실지수 기호는 E

【정답】 실지수 : 2.0, 실지수기호 : E

(3) 조명률 : 천장, 벽반사율 30[%], 따라 내려오면서 직접조명 실지수 E와 교차하는 조명률을 찾으면 [표1]에서 조명률은 47[%] 선정 【정답】 47[%]

(4) 감광보상률 : 문제 조건에서 보수상태 '양'이므로 [표1]에서 직접 조명, 전구란에서 1.3 선택 【정답】 1.3

(5) 【계산】 총 소요 광속 $NF=\frac{EAD}{U}=\frac{200\times(50\times25)\times1.3}{0.47}=691489.36[\text{lm}]$ 【정답】 691489.36[lm]

(6) 【계산】 1등당 광속 : 등수가 32개이므로 $F=\frac{691489.36}{32}=21609.04[\text{lm}]$ 【정답】 21609.04[lm]

(7) 백열전구의 크기 : [표3]의 전등 특성표에서 21000±2100[lm]인 1000[W] 선정

소비전력 : $1000\times32=32000[\text{W}]$ 【정답】 32[kW]

|추|가|해|설|

(1) 광원의 높이 (H) = 천장의 높이 − 작업면의 높이

(2) 실지수 $K=\frac{X\cdot Y}{H(X+Y)}$

여기서, K : 실지수 X : 방의 폭[m], Y : 방의 길이[m], H : 작업면에서 조명기구 중심까지 높이[m]

(5) 광속 $NF=\frac{E\times A}{U\times M}=\frac{E\times A\times D}{U}$

(6) 등수 $N=\frac{E\times A}{F\times U\times M}=\frac{E\times A\times D}{F\times U}$

여기서, E : 평균 조도[lx], F : 램프 1개당 광속[lm], N : 램프 수량[개], U : 조명률, D : 감광보상률$(=\frac{1}{M})$

M : 보수율, A : 방의 면적[m^2](방의 폭×길이)

10

출제 : 20, 09, 18년 • 배점 : 5점

3로스위치 4개를 사용한 3개소 점멸의 단선도를 참조하여 복선도를 완성하시오.

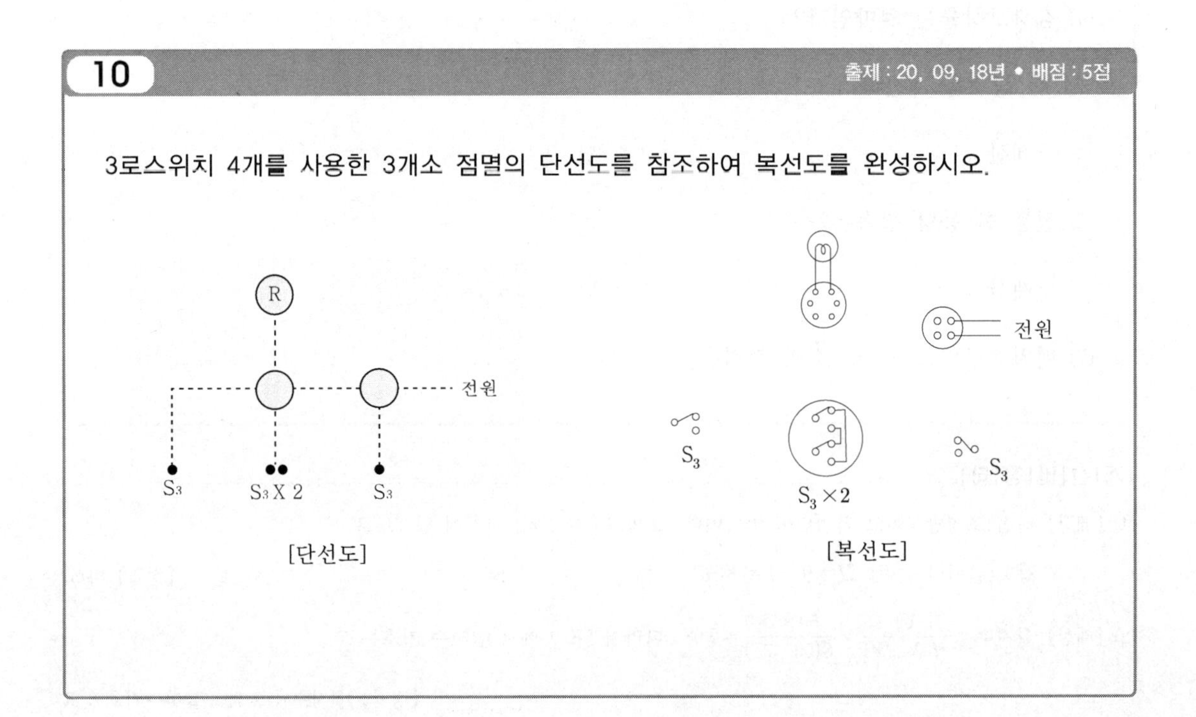

|계|산|및|정|답|

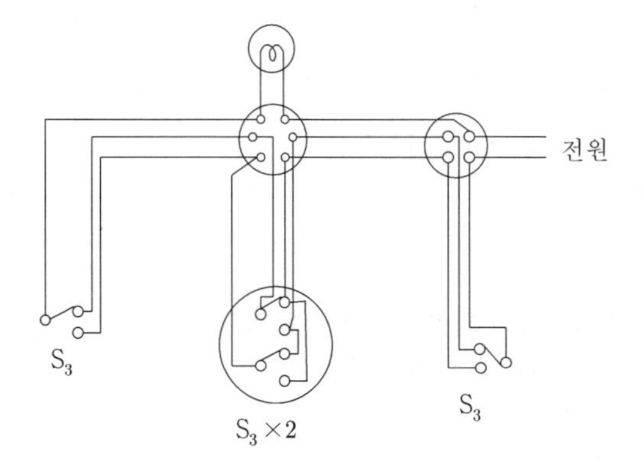

11 출제 : 20, 18, 07년 • 배점 : 5점

다음 ( )에 알맞은 내용을 쓰시오.

임의의 면에서 한 점의 조도는 광원의 광도 및 입사각 θ의 코사인에 비례하고, 거리의 제곱에 반비례한다. 이와 같이 입사각의 코사인에 비례하는 것을 Lambert의 코사인 법칙이라 한다. 또 광선과 피조면의 위치에 따라 조도를 (①) 조도, (②) 조도, (③) 조도 등으로 분류할 수 있다.

|계|산|및|정|답|

① 법선 ② 수평면 ③ 수직면

|추|가|해|설|

[조도의 구분]

· 법선 조도 : $E_n = \dfrac{I}{r^2}$ [lx]

· 수평면 조도 : $E_h = E_n \cos\theta = \dfrac{I}{r^2}\cos\theta = \dfrac{I}{h^2}\cos\theta^3$ [lx]

· 수직면 조도 : $E_v = E_n \sin\theta = \dfrac{I}{r^2}\sin\theta = \dfrac{I}{d^2}\sin\theta^3 = \dfrac{I}{h^2}cos^2\theta \sin\theta$ [lx]

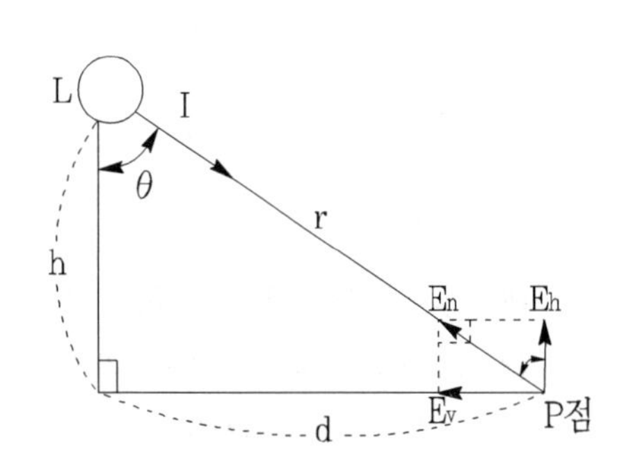

12

출제 : 20, 18, 10, 03, 02, 00년 • 배점 : 12점

어느 회사의 한 부지 내에 A, B, C의 세 개의 공장을 세워 3대의 급수 펌프 P_1(소형), P_2(중형), P_3(대형)로 다음과 같이 급수 계획을 세웠을 때 다음 물음에 답하시오.

〈조 건〉

① 모든 공장 A, B, C가 휴무이거나 또는 그 중 한 공장만 가동할 때는 펌프 P_1만 가동시킨다.
② 모든 공장 A, B, C, D 중 어느 것이나 두 공장만 가동할 때에는 펌프 P_2만 가동시킨다.
③ 모든 공장 A, B, C를 모두 가동할 때에는 P_3만 가동시킨다.

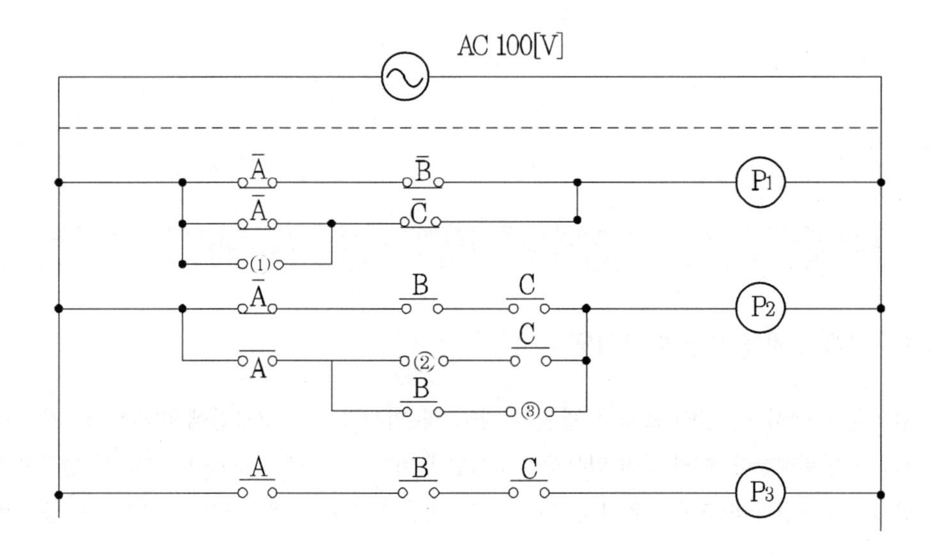

(1) 조건과 같은 진리표를 작성하시오.

A	B	C	P_1	P_2	P_3
0	0	0			
0	0	1			
0	1	0			
0	1	1			
1	0	0			
1	0	1			
1	1	0			
1	1	1			

(2) ①~③번의 접점 문자 기호를 쓰시오.

(3) P_1, P_2, P_3의 출력식을 각각 쓰시오.

* 접점 심벌을 표시할 때는 A, B, C, D, $\overline{A}$, $\overline{B}$, $\overline{C}$ 등 문자를 이용하여 표현하시오.

|계|산|및|정|답|

(1)

A	B	C	P_1	P_2	P_3
0	0	0	1	0	0
0	0	1	1	0	0
0	1	0	1	0	0
0	1	1	0	1	0
1	0	0	1	0	0
1	0	1	0	1	0
1	1	0	0	1	0
1	1	1	0	0	1

(2) ① $\overline{B}$ (접점)　② $\overline{B}$ (접점)　③ $\overline{C}$ (접점)

(3) $\cdot P_1 = \overline{A}\cdot\overline{B}\cdot\overline{C}+\overline{A}\cdot\overline{B}\cdot C+\overline{A}\cdot B\cdot\overline{C}+A\cdot\overline{B}\cdot\overline{C} = \overline{A}\cdot\overline{B}\cdot\overline{C}+\overline{A}\cdot\overline{B}\cdot\overline{C}+\overline{A}\cdot\overline{B}\cdot\overline{C}+\overline{A}\cdot\overline{B}\cdot C+\overline{A}\cdot B\cdot\overline{C}+A\cdot\overline{B}\cdot\overline{C}$

$= \overline{A}\cdot\overline{B}\cdot(\overline{C}+C)+\overline{A}\cdot\overline{C}\cdot(\overline{B}+B)+\overline{B}\cdot\overline{C}\cdot(\overline{A}+A) = \overline{A}\cdot\overline{B}+\overline{A}\cdot\overline{C}+\overline{B}\cdot\overline{C} = \overline{A}\cdot\overline{B}+(\overline{A}+\overline{B})\cdot\overline{C}$

$\cdot P_2 = \overline{A}\cdot B\cdot C+A\cdot\overline{B}\cdot C+A\cdot B\cdot\overline{C} = \overline{A}\cdot B\cdot C+A\cdot(\overline{B}\cdot C+B\cdot\overline{C})$

$\cdot P_3 = A\cdot B\cdot C$

13

출제 : 20년 • 배점 : 4점

정전기 대전의 종류 3가지와 정전기 방지 대책 2가지를 쓰시오.

(1) 정전기 대전의 종류 3가지

(2) 정전기 방지 대책 2가지

|계|산|및|정|답|

(1) ① 접촉대전　② 마찰대전　③ 박리대전

(2) ① 대전되는 물체의 전기적 접지　② 주변의 습도를 높여준다.

|추|가|해|설|

[대전 현상의 종류]

① 접촉대전　② 마찰대전　③ 유동대전
④ 충돌대전　⑤ 파괴대전　⑥ 박리대전

[정전기 방지 및 제어]

① 접지 : 물체에 대전된 정전기를 대지로 흘려보낸다.
② 가습 : 정전기의 발생은 가습에 의해 공기의 상대습도를 높이면 물체 표면의 흡습량이 증가되고, 표면저항률이 저하되어 물체는 잘 대전되지 않는다. 상대습도는 현장 상황에 따라 다르지만 보통 60~70[%]가 적당하다.
③ 대전방지제의 사용 : 대전 방지제를 절연물의 표면에 도포하거나 혼입하여 표면 저항을 저하시켜 대전을 방지하는 방법

14

출제 : 20, 14년 • 배점 : 8점

3상 4선식 교류 380[V], 15[kw] 3상 부하 주변전실에서 배전반까지 190[m] 간선 케이블의 최소 굵기를 계산하고 케이블 선정하시오.

[표] 전선길이 60[m] 초과하는 경우 전압 강하율

전선 길이	전압 강하율	
	전용 변압기 공급	저압 공급
120[m] 이하	5 이하	4 이하
200[m] 이하	6 이하	5 이하
200[m] 초과	7 이하	6 이하

·계산 : ·답 :

|계|산|및|정|답|

【계산】 $L=190[m]$, $e=220\times0.06$

· $I=\dfrac{P_a}{\sqrt{3}\,V}=\dfrac{15\times10^3}{\sqrt{3}\times380}=22.79[A]$

· 전선의 굵기(3상 4선) $A=\dfrac{17.8LI}{1000e}=\dfrac{17.8\times190\times22.79}{1000\times220\times0.06}=5.84[mm^2]$

【정답】 $6[mm^2]$

|추|가|해|설|

[전압 강하 및 전선의 단면적]

전기 방식	전압 강하		전선 단면적
단상3선식 직류3선식 3상4선식	$e=IR$	$e=\dfrac{17.8L}{1000A}$	$A=\dfrac{17.8LI}{1000e}$
단상 2선식 및 직류 2선식	$e=2IR$	$e=\dfrac{35.6L}{1000A}$	$A=\dfrac{35.6LI}{1000e}$
3상 3선식	$e=\sqrt{3}IR$	$e=\dfrac{30.8L}{1000A}$	$A=\dfrac{30.8LI}{1000e}$

[KSC IEC 전선의 규격$[mm^2]$]

1.5	2.5	4
6	10	16
25	35	50
70	95	120
150	185	240
300	400	500

여기서, A : 전선의 단면적$[mm^2]$, e : 외측선 또는 각 상의 1선과 중성선 사이의 전압강하[V]

L : 전선 1본의 길이[m], C : 전선의 도전율(경동선 97[%])

15

출제 : 20, 10년 • 배점 : 5점

송전용량 5000[kVA], 부하 역률 80[%]에서 4000[kW]까지 공급 할 때, 부하 역률을 95[%]로 개선할 때 개선 전 80[%]에 비하여 공급 가능한 용량 [kW]는?

·계산 : ·답 :

|계|산|및|정|답|

【계산】 역률 개선 후의 유효 전력 $P_2 = P_a \cos\theta = 5000 \times 0.95 = 4750[kW]$이므로

증가시킬 수 있는 유효 전력은 $\Delta P = P' - P$=4750−4000=750[kW]이다.

【정답】 750[kW]

|추|가|해|설|

· 역률 개선 후 공급전력 증가분 $\Delta P = P_a \times (\cos\theta_2 - \cos\theta_1)$ → ($\cos\theta_2$: 개선 후, $\cos\theta_1$: 개선 전)

16

출제 : 20년 • 배점 : 4점

전력시설물 공시감리업무 수행지침에 따른 검사절차에 대한 내용이다. 다음 ( )에 들어갈 내용을 답란에 쓰시오. (단, 반드시 전력시설물 공사감리업무 수행지침에 표현된 문구를 활용하여 쓰시오.)

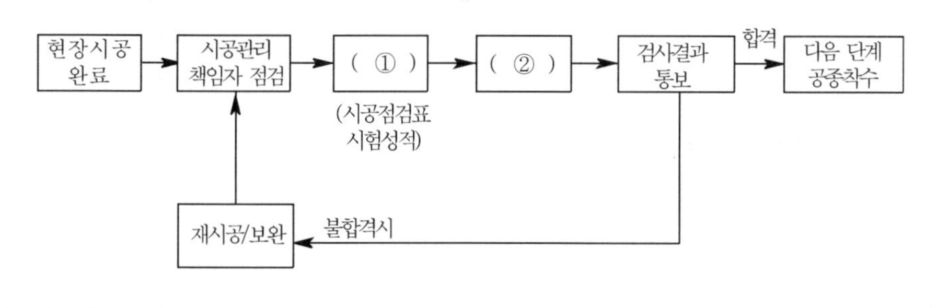

|계|산|및|정|답|

① 검사 요청서 제출 ② 감리원 현장검사

17 출제 : 20년 • 배점 : 5점

저압 케이블 회로의 누전점을 HOOK-ON 미터로 탐지하려고 한다. 다음 각 물음에 답하시오.

(1) 저압 3상4선식 선로의 합성전류를 HOOK-ON 미터로 아래 그림과 같이 측정하였다. 부하측에서 누전이 없는 경우 HOOK-ON 미터 지시값은 몇 [A]를 지시하는지 쓰시오.

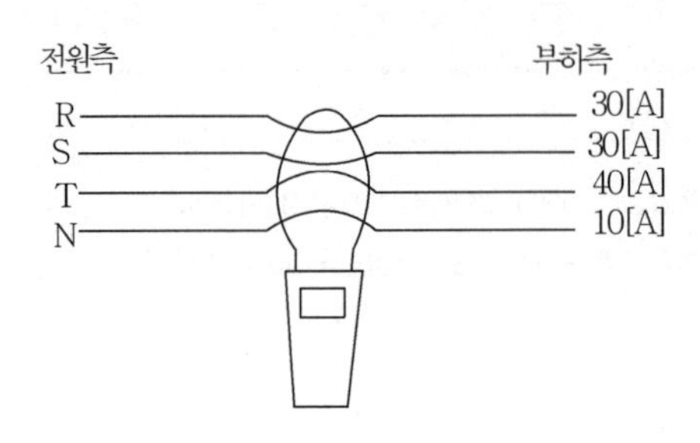

(2) 다른 곳에는 누전이 없고, 'G'지점에서 3[A]가 누전되면 'S'지점에서 HOOK-ON 미터검출전류는 몇 [A]가 검출되고, 'K'지점에서 HOOK-ON 미터 검출전류는 몇 [A]가 검출되는지 쓰시오.

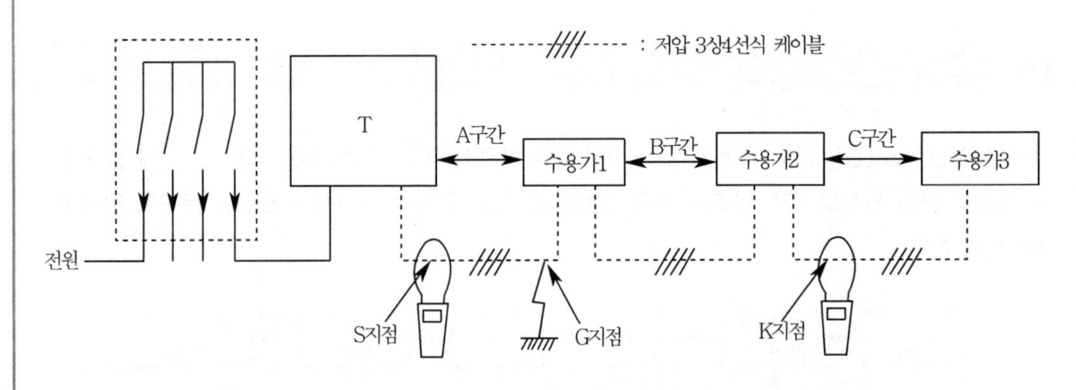

① 'S'지점에서의 검출전류 : [A]

② 'K'지점에서의 검출전류 : [A]

|계|산|및|정|답|

(1) '0'을 지시한다.

(2) ① 3[A] ② 0[A]

|추|가|해|설|

(2) ② K지점은 누전이 되는 G지점보다 부하측이 되므로 G지점의 누전과 관계없이 0을 지시한다.

01 2019년 전기산업기사 실기

01

출제년도 : 03, 06, 19년 • 배점 : 11점

그림은 22.9[kV] 특별고압 수전설비의 단선도이다. 이 도면을 보고 다음 각 물음에 답하시오.

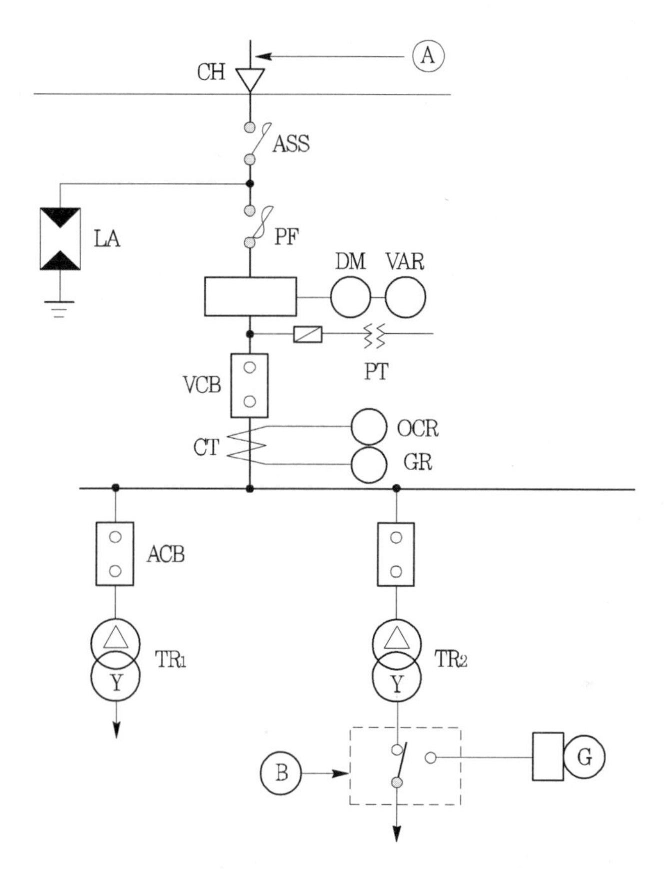

(1) 도면에 표시되어 있는 다음 약호의 명칭을 우리말로 쓰시오.

① ASS :　　　　② LA :

③ VCB :　　　　④ DM :

(2) Tr1 쪽의 부하 용량의 합이 300[kW]이고, 역률 및 효율이 각각 0.8, 수용률이 0.6이라면 Tr1 변압기의 용량은 몇 [kVA]인지를 계산하고 가장 적당한 규격 용량으로 답하시오. (단, 변압기의 규격용량[kVA]은 100, 150, 225, 300, 500이다.)

·계산 :　　　　·답 :

(3) Ⓐ에는 어떤 종류의 케이블이 사용되는가?

(4) Ⓑ의 명칭은 무엇인가?

(5) 변압기의 결선도를 복선도로 그리시오.

|계|산|및|정|답|

(1) ① ASS : 자동고장구분개폐기　② LA : 피뢰기

③ VCB : 진공차단기　④ DM : 최대 수요 전력계

(2) 【계산】 변압기의 용량 Tr1 $= \dfrac{설비요량[kVA] \times 수용률}{효율} = \dfrac{설비용량[kVA] \times 수용률}{효율 \times 역률}$

$= \dfrac{300 \times 0.6}{0.8 \times 0.8} = 281.25[kVA]$

【정답】 300[kVA] 선정

(3) CNCV－W(수밀형)

(4) 자동부하전환개폐기

(5)

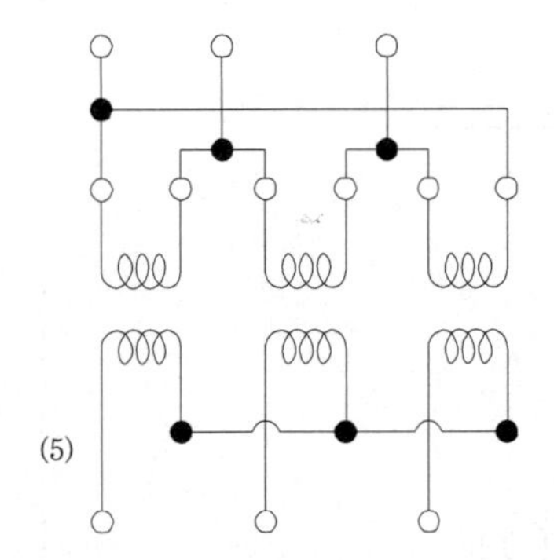

|추|가|해|설|

(1) ① ASS : Automatic Section Switch　② LA : Lightning Arresters

③ VCB : Vacuum Circuit Breaker　④ DM : Demand Meter

(2) 변압기의 용량 Tr1 $= \dfrac{설비요량[kVA] \times 수용률}{효율} = \dfrac{설비용량[kVA] \times 수용률}{효율 \times 역률}[kVA]$

(3) 지중 인입선의 경우에는 22.9[kV-Y] 계통은 CNCV-W 케이블(수밀형) 또는 TR CNCV-W(트리억제형)을 사용한다.

(4) 자동부하전환개폐기(ALTS) : 22.9[kV-Y] 배전선로에 사용되는 개폐기로서 정전 시에 큰 피해를 입는 수용가에 이중 전원을 확보하여 주전원이 정전 시 또는 기준 전압 이하로 떨어질 때 예비전원으로 자동 전환시켜 안정된 저원을 공급하도록 하는 장치이다.

02

출제 : 22, 19년 • 배점 : 4점

다음 (　　)에 가장 알맞은 내용을 답란에 적으시오.

> 교류변전소용 자동제어 기구 번호에서 52C는 (①)이고, 52T는 (②)이다.

|계|산|및|정|답|

① 차단기 투입 코일(Closing coil)　　② 차단기 트립 코일(Trip coil)

|추|가|해|설|

기구번호	명칭
52	교류차단기
52C	차단기 투입 코일
52T	차단기 트립 코일
52H	소내용 차단기
52P	MTr 1차 차단기
52S	MTr 2차 차단기
52K	MTr 3차 차단기

03

출제년도 : 13, 19년 • 배점 : 5점

최대 사용전압이 22,900[V]인 중성점 다중접지 방식의 절연내력시험은 몇 [V]이며, 이 시험전압을 몇 분간 가하여 이에 견디어야 하는가?

(1) 절연내력 시험전압은 얼마인가?

·계산 :　　·답 :

(2) 시험 시간은 몇 분인가?

·해설

|계|산|및|정|답|

① 【계산】 절연내력시험전압 $V = 22900 \times 0.92 = 21068[V]$　　【정답】 21068[V]

② 【가하는 시간】 10분

|추|가|해|설|

① 절연내력시험 방법 : 그 전로의 최대 사용전압을 기준으로 하여 정해진 시험전압을 10분간 가했을 때 이상이 생기는지의 여부를 확인하는 방법

② 절연내력 시험전압(최대 사용전압의 배수)

접지방식	최대 사용전압	시험전압 (최대사용전압 배수)	최저시험전압
비접지	7[kV] 이하	1.5배	
	7[kV] 초과	1.25배	10,500[V]
중성점접지	60[kV] 초과	1.1배	75[kV]
중성점직접접지	60[kV] 초과 170[kV] 이하	0.72배	
	170[kV] 초과	0.64배	
중성점다중접지	25[kV] 이하	0.92배	

04

출제년도 : 02, 11, 19년 • 배점 : 6점

비상용 조명으로 40[W] 120[등], 60[W] 50[등]을 30분간 사용하려고 한다. 납 급방전형 축전지(HS형) 1.7[V/cell]을 사용하여 허용 최저 전압 90[V], 최저 축전지 온도를 5[℃]로 할 경우 참고 자료를 사용하여 물음에 답하시오. (단, 비상용 조명 부하의 전압은 100[V]로 한다.)

납 축전지 용량 환산 기산[k]

형식	온도	10분			30분		
		1.6[V]	1.7[V]	1.8[V]	1.6[V]	1.7[V]	1.8[V]
CS	25	0.9 0.8	1.15 1.06	1.6 1.42	1.41 1.34	1.6 1.55	2.0 1.88
	5	1.15 1.1	1.35 1.25	2.0 1.8	1.75 1.75	1.85 1.8	2.45 2.35
	−5	1.35 1.25	1.6 1.5	2.65 2.25	2.05 2.05	2.2 2.2	3.1 3.0
HS	25	0.58	0.7	0.93	1.03	1.14	1.38
	5	0.62	0.74	1.05	1.11	1.22	1.54
	−5	0.68	0.82	1.15	1.2	1.35	1.68

【주】 (상단은 900[Ah]를 넘는 것(2000[Ah]까지), 하단은 900[Ah] 이하인 것)

(1) 비상용 조명 부하의 전류는 몇 [A]인가?

(2) HS형 납축전지의 셀 수는? (단, 1셀의 여유를 준다.)

(3) HS형 납축전지의 용량 [AH]은? (단, 경년 용량 저하율은 0.8이다.)

|계|산|및|정|답|

(1) 【계산】 전류 $I=\frac{P}{V}=\frac{40\times120+60\times50}{100}=78[A]$ 【정답】 78[A]

(2) 【계산】 축전지 셀수 $N[cell]=\frac{90}{1.7}=52.94[cell]$

53[cell]이나, 최종 셀수에서 1셀의 여유를 준다고 했으므로 54[cell]이다. 【정답】 54[cell]

(3) 【계산】 HS형에서 방전 시간 30분, 1.7[V/cell] 기준하면, 표에서 용량환산 시간 1.22 선정

축전지 용량 $C=\frac{1}{L}KI=\frac{1}{0.8}(1.22\times78)=118.95[Ah]$ 【정답】 118.95[Ah]

|추|가|해|설|

(2) 축전지 셀수 $N[cell]=\frac{\text{부하의 정격 전압}[V]}{\text{1셀당 축전지의 허용 최저 전압}[V]}[cell]$

(3) 축전지용량 $C=\frac{1}{L}[K_1I_1+K_2(I_2-I_1)+K_3(I_3-I_2)]$[Ah]

여기서, C : 축전지 용량[Ah], L : 보수율(축전지 용량 변화에 대한 보정값)

K : 용량 환산 시간, I : 방전 전류[A]

05

출제 : 22, 19년 • 배점 : 5점

계기용 변류기(CT)의 목적과 정격부담에 대하여 설명하시오.

(1) 계기용 변류기의 사용 목적

(2) 정격부담

|계|산|및|정|답|

(1) 목적 : 회로의 대전류를 소전류(5[A])로 변성하여 계기나 계전기에 전류원 공급

(2) 정격부담 : 변류기 2차 측 단자 간에 접속되는 부하의 한도를 말하며 [VA]로 표시한다.

|추|가|해|설|

$VA=I^2\cdot Z \quad \rightarrow \quad (I=5[A])$

06 출제년도 : 08, 15, 19년 • 배점 : 8점

피뢰기는 이상전압이 기기에 침입했을 때 그 파고값을 저감시키기 위하여 뇌전류를 대지로 방전시켜 절연파괴를 방지하며, 방전에 의하여 생기는 속류를 차단하여 원래의 상태를 회복시키는 장치이다. 다음 각 물음에 답하시오.

(1) 갭(gap)형 피뢰기의 구성요소를 쓰시오.

(2) 피뢰기의 구비 조건 4가지만 쓰이오,

(3) 피뢰기의 제한전압은 어떤 전압을 말하는가?

(4) 피뢰기의 정격전압이라고 하는 것은 어떤 전압을 말하는가?

(5) 충격 방전 개시 전압이란 무엇인가?

|계|산|및|정|답|

(1) 직렬갭, 특성요소, 분로저항, 측로갭, 소호코일

(2) ① 제한 전압이 낮을 것　② 속류 차단 능력이 클 것
③ 상용주파 방전개시전압이 높을 것　④ 충격 방전 개시 전압이 낮을 것

(3) 피뢰기 방전 중 피뢰기 단자 간에 남게 되는 충격 전압

(4) 속류를 차단하는 상용주파수 최고의 교류전압

(5) 피뢰기 단자 간에 충격 전압을 인가하였을 경우 방전을 개시하는 전압

|추|가|해|설|

[피뢰기의 구비조건]

① 제한 전압이 낮을 것 : 제한 전압은 피뢰기 동작 시 피뢰기 양 단자에 남게 되는 전압으로 이 제한 전압이 변압기에 가해진다. 따라서 피뢰기 동작 시 피뢰기의 제한 전압이 낮을수록 변압기에 가해지는 전압이 낮아지게 되므로 제한 전압이 낮아야 한다.

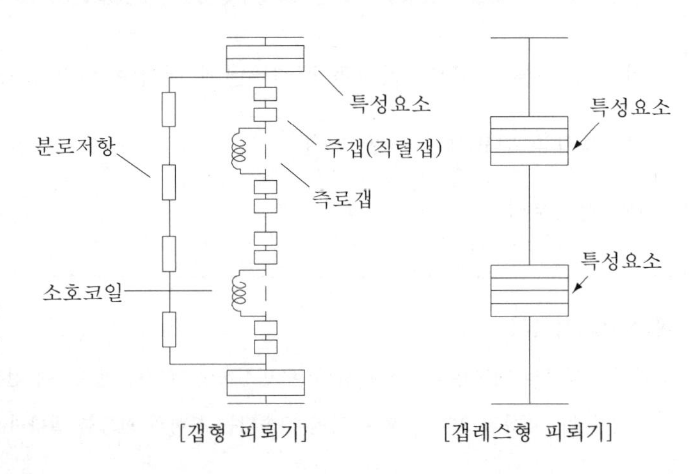

[피뢰기의 구조]

[갭형 피뢰기]　[갭레스형 피뢰기]

② 속류 차단 능력이 클 것 : 뇌서지 침입 후 피뢰기가 동작하여 이상 전압을 대지로 방전시킨 후 정상 상태에 도달하게 되면 피뢰기는 즉시 동작을 멈추어 상용주파수의 전류가 대지로 흐르게 되는 것을 막아야 한다. 따라서 피뢰기는 속류 차단 능력이 클수록 좋다.

③ 상용주파 방전개시전압이 높을 것 : 상용주파의 전압이란 이상전압의 침입이 없는 정상 상태를 의미한다. 따라서 정상 상태에서 피뢰기가 동작하면 안 되므로 상용주파에서 방전을 개시하는 전압이 높을수록 좋다.

④ 충격 방전 개시 전압이 낮을 것 : 직격뢰의 파두장은 1~10[μs], 파미장은 10~100[μs] 정도인 충격파다. 따라서 뇌서지가 침입하면 피뢰기는 즉시 동작하여 이상 전압을 대지로 방전시켜야 하므로 피뢰기의 충격방전개시전압은 낮을수록 좋다.

⑤ 뇌전류 방전과 속류 차단의 반복 동작에 대하여 장기간 사용할 수 있을 것

07

출제 : 19년 • 배점 : 5점

3상 380[V], 60[Hz] 일 때 전력용 콘덴서의 용량이 1[kVA]라면 콘덴서의 정전용량[μF]을 얼마인가?
(표준 용량은 10, 15, 20, 30, 50, 75[μF]이다.)

•계산 : •답 :

|계|산|및|정|답|

【계산】 Y결선인 경우 콘덴서의 정전용량 $C[\mu F]$

$$C = \frac{Q}{\omega V^2} = \frac{Q}{2\pi f V^2} = \frac{1\times 10^3}{2\times\pi\times 60\times 380^2}\times 10^6 = 18.37[\mu F]$$ 그러므로 표준용량 20[μF]를 선정한다.

【정답】 20[μF]

|추|가|해|설|

Y결선에서의 충전용량 $Q = 3\times 2\pi f CE^2 = 3\times 2\pi f C\left(\frac{V}{\sqrt{3}}\right)^2 = 2\pi f CV^2[VA]$

여기서, f : 주파수[Hz], C : 전선 1선당 정전용량[F], E : 상전압[V], V : 선간전압[V]
→ (결선이 주어지지 않은 경우 Y결선의 충전용량으로 구한다.)

08

출제 : 19년 • 배점 : 6점

조명에 사용되는 용어 중 광속, 광도, 조도의 정의를 설명하시오.

(1) 광속

(2) 광도

(3) 조도

|계|산|및|정|답|

(1) 광속(F[lm]) : 복사 에너지를 눈으로 보아 빛으로 느끼는 크기로서 나타낸 것으로 광원으로부터 발산되는 빛의 양
(2) 광도(I[cd]) : 광원에서 어떤 방향에 대한 단위 입체각 w[sr]당 발산되는 광속으로서 광원의 세기를 나타낸다.
(3) 조도(E[lx]) : 어떤 면의 단위 면적당 입사 광속으로서 피조면의 밝기를 나타낸다.

|추|가|해|설|

· 광도 $I = \frac{F}{\omega}[\text{lm/sr}] = [\text{cd}]$ → (ω : 입체각(기호 : sr), F[lm] : 광속)
· 조도 $E = \frac{F}{S}[\text{lm/m}^2] = [\text{lx}]$ → (S : 단위면적, F[lm] : 광속)
· 휘도 $B = \frac{I}{S}[\text{cd/m}^2 = \text{nt}]$ → (S : 단위면적, I : 광도)

09 출제년도 : 12, 19년 • 배점 : 14점

다음의 회로도는 펌프용 3.3[kV] 모터 및 GPT의 단선 결선도이다. 회로도를 보고 물음에 답하여라.

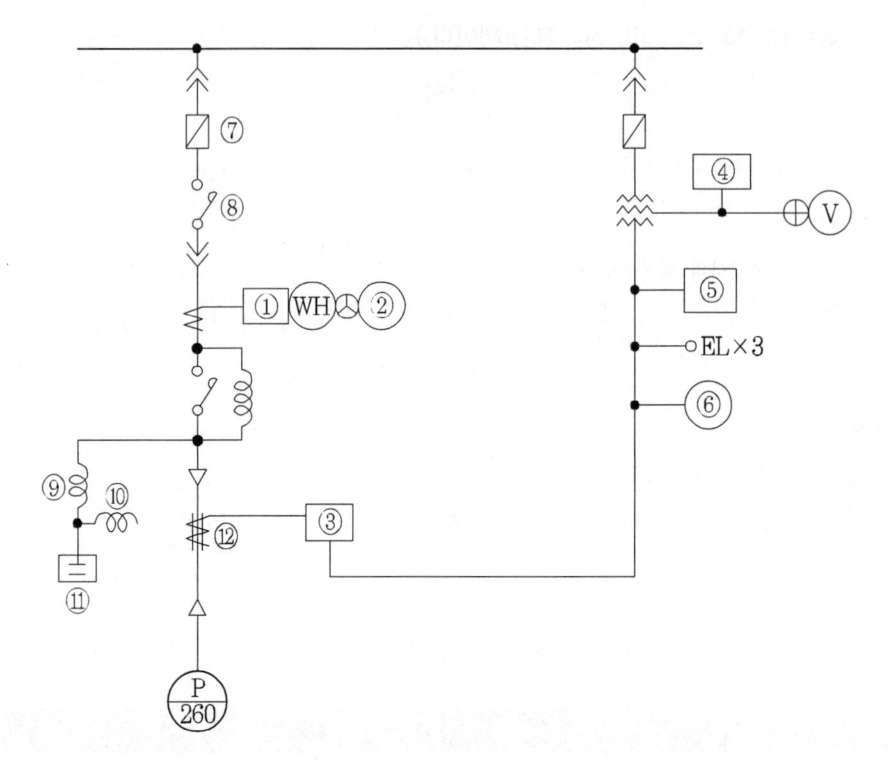

(1) ①~⑥으로 표시된 보호 계전기 및 기기의 명칭을 기입하시오.

(2) ⑦~⑫로 표시된 전기기계 기구의 명칭(최근 가장 많이 사용되는 기종의 명칭) 및 용도를 간단히 기술하시오.

(3) 펌프용 모터의 출력 260[kW], 역률이 85[%]의 경우, 회로의 역률을 95[%]로 개선하기 위해 필요한 전력용 콘덴서의 용량을 계산하시오.

•계산 : •답 :

|계|산|및|정|답|

(1) ① 과전류 계전기 ② 전류계 ③ 지락 방향 계전기
④ 부족 전압 계전기 ⑤ 지락 과전압 계전기 ⑥ 영상 전압계

(2) ⑦ 【명칭】 전력용 퓨즈 【용도】 단락 전류 차단
⑧ 【명칭】 개폐기 【용도】 전동기의 기동 정지
⑨ 【명칭】 직렬리액터 【용도】 제5고조파를 제거
⑩ 【명칭】 방전코일 【용도】 잔류 전하를 방전시켜 감전사고 방지

⑪ 【명칭】 전력용 콘덴서 【용도】 부하의 역률 개선

⑫ 【명칭】 영상 변류기 【용도】 영상 전류를 검출

(3) 【계산】 $Q = P(\tan\theta_1 - \tan\theta_2) = 260\left(\frac{\sqrt{1-085^2}}{0.85} - \frac{\sqrt{1-0.95^2}}{0.95}\right) = 75.68[KVA]$ 【정답】 75.68[kVA]

|추|가|해|설|

(3) 역률 개선시의 콘덴서 용량 $Q_c = Q_1 - Q_2 = P\tan\theta_1 - P\tan\theta_2 = P(\tan\theta_1 - \tan\theta_2)$

$$= P\left(\frac{\sin\theta_1}{\cos\theta_1} - \frac{\sin\theta_2}{\cos\theta_2}\right) = P\left(\sqrt{\frac{1}{\cos^2\theta_1} - 1}\sqrt{\frac{1}{\cos^2\theta_2} - 1}\right)\}$$

여기서, Q_c : 부하 P[kW]의 역률을 $\cos\theta_1$에서 $\cos\theta_2$로 개선하고자 할 때 콘덴서 용량[kVA]

P : 대상 부하용량[kW], $\cos\theta_1$: 개선 전 역률, $\cos\theta_2$: 개선 후 역률

10

출제 : 19년 • 배점 : 4점

한시 보호 계전기의 종류 4가지를 쓰시오.

|계|산|및|정|답|

① 순한시 계전기(고속도 계전기) ② 정한시 계전기 ③ 반한시 계전기 ④ 반한시성 정한시 계전기

|추|가|해|설|

[보호용 계전기의 동작 시간에 의한 분류]

구분	설명
순한시 계전기 (고속도 계전기)	고장이 생기면 즉시 동작하는 고속도 계전기로 0.3초 이내에 동작하는 계전기
정한시 계전기	입력값이 일정값[정정값(Setting)] 이상일 경우 동작하며, 입력값의 크기에 관계없이 일정한 시간이 지나면 동작하는 계전기
반한시 계전기	입력값이 증가하는데 따라 동작속도가 빨라지는 특성을 갖는 계전기
반한시성 정한시 계전기	입력값의 어느 범위까지는 반한시 특성을 가지고, 그 이상이 되면 정한시 특성을 가지는 계전기

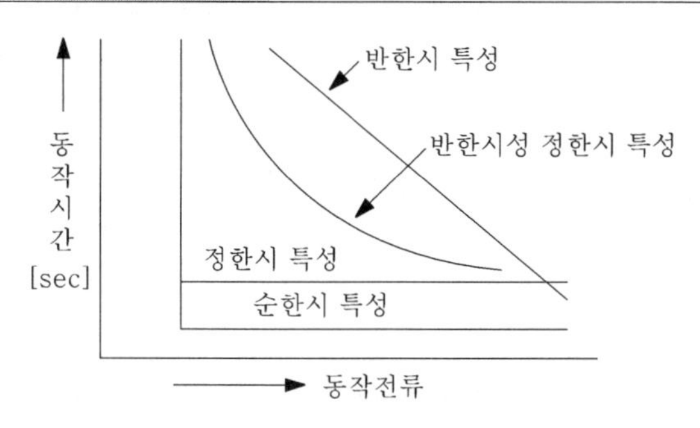

11

출제 : 14, 19년 • 배점 : 6점

용량 30[kVA]의 단상 주상변압기가 있다. 이 변압기의 어느 날의 부하가 30[kW] 4시간, 24[kW] 8시간, 8[kW] 10시간 사용일 때 이 변압기의 일부하율과 전일효율 계산하시오. (단, 부하의 역률은 1, 철손은 200[W], 변압기의 전부하 동손은 500[W]이다.)

(1) 일부하율

·계산 : ·답 :

(2) 전일효율

·계산 : ·답 :

|계|산|및|정|답|

(1) 【계산】 일부하율== $\dfrac{\dfrac{(30\times4+24\times8+8\times10)}{24}}{30}\times100=54.444$ 【정답】 54.44[%]

(2) 【계산】 전일효율= $\dfrac{\text{1일의 총출력전력량}}{\text{1일의 총출력전력량}+\text{손실전력량}}\times100[\%]$

·출력 $P=30\times4+24\times8+8\times10=392[\text{kWh}]$

·철손 $P_i=0.2\times24=4.8[\text{kWh}]$

·동손 $P_c=\left(\dfrac{30}{30}\right)^2\times0.5\times4+\left(\dfrac{24}{30}\right)^2\times0.5\times8+\left(\dfrac{8}{30}\right)^2\times0.5\times10=4.915[\text{kWh}]$

·전일효율 $\eta=\dfrac{392}{392+4.8+4.915}\times100=97.581[\%]$ 【정답】 97.58[%]

|추|가|해|설|

· 전일효율 = $\dfrac{\text{1일의 총출력전력량}}{\text{1일의 총출력전력량}+\text{손실전력량}}\times100[\%]$

·동손 $P_c=m^2\times P_l$ → (부하 $m=\dfrac{\text{부하용량}}{Tr\text{용량}}$)

· 부하율 = $\dfrac{\text{기간중의 평균전력}}{\text{기간중의 최대전력}}\times100[\%]$

· 월부하율 = $\dfrac{\text{1개월간의 소비전력량}(kWh)}{\text{최대전력}(24\times30)}\times100[\%]$

·일평균전력 = $\dfrac{\text{1일사용량}(kWh)}{\text{24시간}}$

·일부하율 = $\dfrac{\text{평균전력}(kWh)}{\text{최대전력}}\times100[\%]$

12

출제 : 15, 19년 • 배점 : 6점

어떤 변전소의 공급구역내의 총 부하용량은 전등 600[kW], 동력 800[kW]이다. 각 수용가의 수용률은 전등 60[%], 동력 80[%], 각 수용가 간의 부등률은 전등 1.2, 동력 1.6이며, 또한 변전소에서 전등부하와 동력부하 간의 부등률을 1.4라고 하고, 배전선(주상변압기 포함)의 전력 손실을 전등부하, 동력부하 각각 10[%]라 할 때 다음 각 물음에 답하시오.

(1) 전등의 종합 최대 수용전력은 몇 [kW]인가?

·계산 : ·답 :

(2) 동력의 종합 최대 수용전력은 몇 [kW]인가?

·계산 : ·답 :

(3) 변전소에 공급하는 최대 전력은 몇 [kW]인가?

·계산 : ·답 :

|계|산|및|정|답|

(1) 【계산】 전등부하최대수용전력 $P_N = \dfrac{600 \times 0.6}{1.2} = 300[\mathrm{kW}]$ 【정답】 300[kW]

(2) 【계산】 동력부하의 최대수용전력 $P_M = \dfrac{800 \times 0.8}{1.6} = 400[\mathrm{kW}]$ 【정답】 400[kW]

(3) 【계산】 최대전력 $P = \dfrac{300+400}{1.4} \times (1+0.1) = 550[\mathrm{kW}]$ 【정답】 550[kW]

|추|가|해|설|

(1) 부등률 $= \dfrac{\text{개별 최대수용 전력의 합}}{\text{합성최대수용 전력}} = \dfrac{\text{설비용량} \times \text{수용률}}{\text{합성최대수용 전력}}$

(2) 합성 최대 수용전력[kW] $= \dfrac{\text{설비용량[kW]} \times \text{수용률}}{\text{부등률}}$

13

출제 : 19년 • 배점 : 5점

신설 공장의 부하 설비가 [표]와 같을 때 다음 각 물음에 답하시오.

변압기군	부하의 종류	출력[kW]	수용률[%]	부등률	역률
A	플라스틱 압출기(전동기)	50	60	1.3	80
B	일반 동력 전동기	85	40	1.3	80
C	전등 조명	60	80	1.1	90
D	플라스틱 압출기	100	60	1.3	80

(1) 각 변압기군의 최대 수용 전력은 몇 [kW] 인가?

① A 변압기의 최대 수용 전력

•계산 : •답 :

② B 변압기의 최대 수용 전력

•계산 : •답 :

③ C 변압기의 최대 수용 전력

•계산 : •답 :

(2) 변압기 효율을 98[%]로 할 때 각 변압기의 최소 용량은 몇 [kVA] 인가?

① A 변압기의 최소 용량

•계산 : •답 :

② B 변압기의 최소 용량

•계산 : •답 :

③ C 변압기의 최소 용량

•계산 : •답 :

|계|산|및|정|답|

(1) 【계산】 ① $P_A = \frac{50 \times 0.6 + 85 \times 0.4}{1.3} = 49.23[\text{kW}]$ 【정답】 49.23[kW]

② $P_B = \frac{60 \times 0.8}{1.1} = 43.64[\text{kW}]$ 【정답】 43.64[kW]

③ $P_C = \frac{100 \times 0.6}{1.3} = 46.15[\text{kW}]$ 【정답】 46.15[kW]

(2) 【계산】 ① A 변압기의 최소 용량 $= \dfrac{P_A}{\cos\theta_A \times \eta} = \dfrac{49.23}{0.8 \times 0.98} = 62.79[\text{kW}]$ 【정답】 62.79[kVA]

② B 변압기의 최소 용량 $= \dfrac{P_B}{\cos\theta_B \times \eta} = \dfrac{43.64}{0.9 \times 0.98} = 49.47[\text{kVA}]$ 【정답】 49.47[kVA]

③ C 변압기의 최소 용량 $= \dfrac{P_C}{\cos\theta_C \times \eta} = \dfrac{46.15}{0.8 \times 0.98} = 58.87[\text{kVA}]$ 【정답】 58.86[kVA]

|추|가|해|설|

·변압기 용량 ≥ 합성 최대 수용 전력[kW] $= \dfrac{\text{최대수용전력}}{\text{부등률}} = \dfrac{\text{설비용량} \times \text{수용률}}{\text{부등률}}[\text{kW}]$

·변압기 용량 $= \dfrac{\text{최대수용전력}}{\text{부등률}} = \dfrac{\text{설비용량} \times \text{수용률}}{\text{부등률} \times \text{역률} \times \text{효율}}[\text{kVA}]$

14

출제년도 : 01, 19년 • 배점 : 5점

고압 수용가의 큐비클식 수전설비의 주차단기의 종류에 따른 분류 3가지를 쓰시오.

|계|산|및|정|답|

① CB형 큐비클 ② PF·CB형 큐비클 ③ PF·S형 큐비클

|추|가|해|설|

[큐비클]

(1) 큐비클 : 단로기, 차단기, 변압기 등의 변전용 기기를 강철제 용기에 콤팩트하게 수납하고 패널(뚜껑)에 계기를 부착한 것

(2) 큐비클의 종류

종류	특징
CB형	차단기(CB)를 사용한 것
PF-CB형	한류형 전력퓨즈(PF)와 CB를 조합하여 사용하는 것
PF-S형	PF와 고압 개폐기를 조합하여 사용하는 것

15

출제 : 19년 • 배점 : 5점

실내 바닥에서 3[m] 떨어진 곳에 300[cd]인 전등이 점등되어 있은데 이 전등 바로 아래에서 수평으로 4[m] 떨어진 곳의 수평면조도는 몇 [lx]인지 구하시오.

·계산 : ·답 :

|계|산|및|정|답|

【계산】 수평면 조도 $E_h = \frac{I}{r^2}\cos\theta = \frac{300}{(\sqrt{3^2+4^2})^2} \times \frac{3}{\sqrt{3^2+4^2}} = 7.2[\text{lx}]$

【정답】 7.2[lx]

|추|가|해|설|

① 법선 조도 : $E_n = \frac{I}{r^2}[\text{lx}]$

② 수평면 조도 : $E_h = E_n\cos\theta = \frac{I}{r^2}\cos\theta = \frac{I}{h^2}\cos\theta^3[\text{lx}]$

③ 수직면 조도 : $E_v = E_n\sin\theta = \frac{I}{r^2}\sin\theta$

$= \frac{I}{d^2}\sin\theta^3 = \frac{I}{h^2}cos^2\theta\sin\theta[\text{lx}]$

④ 역률 $\cos\theta = \frac{h}{r} = \frac{h}{\sqrt{h^2+d^2}}$

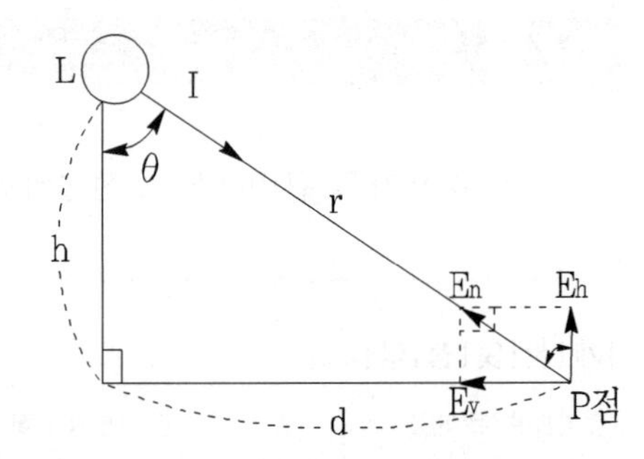

16

출제년도 : 11, 19년 • 배점 : 5점

단상 2선식 200[V]의 옥내배선에서 소비전력 60[W], 역률 65[%]의 형광등을 100[등] 설치할 때 이 시설을 15[A]의 분기회로로 하려고 한다. 이때 필요한 분기회로는 최소 몇 회선이 필요한가? (단, 한 회로의 부하전류는 분기회로 용량의 80[%]로 하고 수용률은 100[%]로 한다.)

·계산 : ·답 :

|계|산|및|정|답|

(1) 【계산】 분기회로수$N = \frac{\frac{60}{0.65}\times 100}{200\times 15\times 0.8} = 3.85$회로

【정답】 15[A] 분기 4회로

|추|가|해|설|

(1) 분기회로수 $N = \frac{\text{상정부하설비의 합}[VA]}{\text{전압}[V]\times\text{분기회로 전류}[A]\times\text{정격률}}$ → (※ 계산 결과에 소수가 발생하면 절상한다.)

02 2019년 전기산업기사 실기

01

출제년도 : 09, 19년 • 배점 : 6점

3상 3선식 배전선로의 1선당 저항이 3[Ω], 리액턴스는 2[Ω], 수전단 전압은 6000[V], 수전단 전력은 480[kW], 역률이 0.8의 평형부하가 접속되어 있을 경우에 송전단 전압 V_s, 송전단 전력 P_s 및 송전단 역률 $\cos\theta_s$를 구하시오.

(1) 송전단 전압

(2) 송전단 전류

(3) 송전단 역률

|계|산|및|정|답|

(1) 【계산】 송전단전압 $V_S = V_r + e[V]$

전압강하 $e = \sqrt{3}I(R\cos\theta_r + X\sin\theta_r) = \sqrt{3} \times 57.735(3 \times 0.8 + 2 \times 0.6) = 360[V]$

그러므로 $V_S = V_r + e = 6000 + 360 = 6360$ 【정답】 6360[V]

(2) 【계산】 송전단전력 $P_S = P_r + P_l[\mathrm{kW}]$

전력손실 $P_l = 3I^2R$에서

부하전류 $I = \dfrac{P_r}{\sqrt{3}V_r\cos\theta_r} = \dfrac{480 \times 10^3}{\sqrt{3} \times 6000 \times 0.8} = 57.735[A]$이므로

$P_l = 3I^2R = 3 \times 57.735^2 \times 3 = 29.999 \times 10^3 = 30[kW]$

그러므로 $P_S = P_r + P_l = 480 + 30 = 510$ 【정답】 510[kW]

(3) 【계산】 송전단 역률 $\cos\theta_s = \dfrac{\text{송전단유효전력}(P_s)}{\text{송전단피상전력}(P_{as})} = \dfrac{\text{송전단전력}(P_s)}{\text{송전단피상전력}(P_{as})}$

$= \dfrac{P_s}{\sqrt{3}V_sI} = \dfrac{510 \times 10^3}{\sqrt{3} \times 6360 \times 57.74} \times 100 = 80.18[\%]$

【정답】 80.18[%]

|추|가|해|설|

- 부하전류 $I = \dfrac{P_r}{\sqrt{3}V_r\cos\theta_r}[A]$
- 전압강하 $v = \sqrt{3}I(R\cos\theta_r + X\sin\theta_r)[V]$
- 전력손실 $P_l = 3I^2R[kW]$

02

출제 : 19년 • 배점 : 7점

수용률, 부하율, 부등률의 관계식을 정확하게 쓰고 부하율이 수용률 및 부등률과 일반적으로 어떤 관계인지를 비례, 반비례 등으로 설명하시오.

|계|산|및|정|답|

(1) ① 수용률 $= \dfrac{\text{최대 수용전력[kV]}}{\text{(총)부하설비용량[kW]}} \times 100[\%]$

② 부하율 $= \dfrac{\text{평균 수요 전력[kW]}}{\text{합성 최대 수요 전력[kW]}} \times 100[\%]$

③ 부등률 $= \dfrac{\text{각 부하의 최대수용전력의 합계[kVA]}}{\text{부하를 종합하였을 때의 합성최대수용전력[kVA]}}$

(2) 부하율은 수용률과 반비례하고, 부하율과 부등률은 비례한다.

|추|가|해|설|

· 부하율 $= \dfrac{\text{평균 수요 전력[kW]}}{\text{합성 최대 수요 전력[kW]}} \times 100[\%]$ $\rightarrow$ (평균전력[kW] $= \dfrac{\text{총사용전력량[kWh]}}{\text{사용시간[h]}}$)

$= \dfrac{\text{평균 수요 전력[kW]}}{\text{수용설비용량의합}} \times \dfrac{\text{부등률}}{\text{수용률}} [\%]$

· 부등률$(\geq 1) = \dfrac{\text{각 부하의 최대수용전력의 합계[kVA]}}{\text{부하를 종합하였을 때의 합성최대수용전력[kVA]}}$

03

출제년도 : 07, 19년 • 배점 : 5점

거리 계전기의 설치점에서 고장점까지의 임피던스를 70[Ω]이라고 하면 계전기 측에서 본 임피던스는 몇 [Ω]인가? (단, PT의 전압비는 154000/110[V], CT의 변류비는 500/5이다.)

· 계산 :   · 답 :

|계|산|및|정|답|

【계산】 · CT비 $= \dfrac{500}{5} = 100$ · PT비 $= \dfrac{154000}{110} = 1400$

$\therefore Z_R = Z_1 \cdot CT\text{비} \cdot \dfrac{1}{PT\text{비}} = 70 \times 100 \times \dfrac{1}{1400} = 5[\Omega]$

【정답】 5[Ω]

|추|가|해|설|

[거리 계전기]

계전기를 설치한 발·변전소의 전압과 보호 대상 송배전 선로의 전류를 각각 변성기를 사이에 두고 계전기에 보내면, 고장점까지의 임피던스를 측정하여, 그 값이 정정값 이내이면 동작하는 계전기이다.

$$Z_{RY} = \frac{V_2}{I_2} = \frac{V_1 \times \frac{1}{PT비}}{I_1 \times \frac{1}{CT비}} = \frac{V_1}{I_1} \times \frac{CT비}{PT비} = Z_1 \times \frac{CT비}{PT비}[\Omega] \quad \rightarrow (I_2 = \frac{I_1}{CT비},\ V_2 = \frac{V_1}{PT비})$$

여기서, Z_{RY} : 계전기측 임피던스[Ω], Z_1 : 계전기 설치점에서 고장점까지의 임피던스[Ω]

04

출제 : 14, 19년 • 배점 : 5점

최대 눈금 250[V]인 전압계 V_1, V_2를 직렬로 접속하여 측정하면 몇 [V]까지 측정할 수 있는가? (단, 전압계 내부 저항 V_1은 18[kΩ], V_2는 15[kΩ]으로 한다.)

·계산 : ·답 :

|계|산|및|정|답|

(1) 【계산】 $V_{max} = \frac{R_1}{R_1 + R_2} \times V = \frac{18}{18+15} \times V = 250[V]$

$\therefore V = 250 \times \frac{18+15}{18} = 458.33[V]$[V]

【정답】 458.33[V]

|추|가|해|설|

[전압 분배법칙]

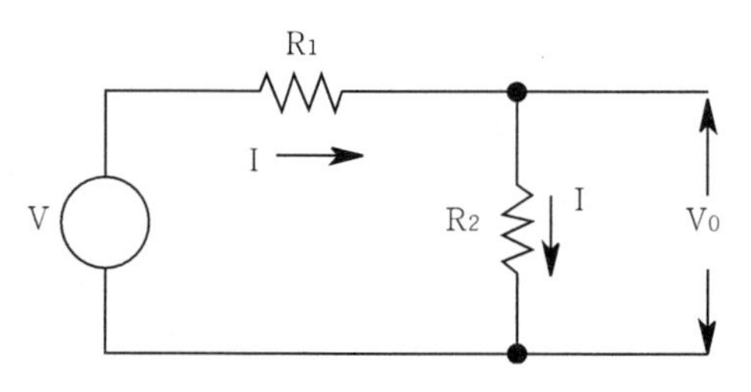

$$I = \frac{V}{R_1 + R_2},\quad V_{OUT} = IR_2 \quad \rightarrow \quad V_{OUT} = V\frac{R_2}{R_1 + R_2}$$

05

출제년도 : 04, 12, 19년 • 배점 : 4점

송전 계통의 중성점 접지방식에서 어떻게 접지하는 것을 유효접지(effective grounding)라 하는지를 설명하고, 유효접지의 가장 대표적인 접지방식 한 가지만 쓰시오.

·설명 :   ·접지방식 :

|계|산|및|정|답|

【설명】 1선 지락 사고시 건전상의 전위가 상용 전압의 1.3배 이하가 되도록 중성점 임피던스를 조절하여 접지하는 방식을 말한다.

【접지방식】 중성점 직접접지방식

06

출제년도 : 08, 19년 • 배점 : 4점

축전지 설비에 대한 다음 물음에 답하시오.

(1) 연(鉛)축전지의 전해액이 변색되며, 충전하지 않고 방치된 상태에서 다량으로 가스가 발생되고 있다. 어떤 원인의 고장으로 추정되는가?

(2) 거치용 축전설비에서 가장 많이 사용되는 충전 방식으로 자기 방전을 보충함과 동시에 상용 부하에 대한 전력 공급은 충전기가 부담하도록 하되 충전기가 부담하기 어려운 일시적인 대전류 부하는 축전기가 부감하게 되는 충전 방식은?

(3) 연(鉛)축전지와 알칼리축전지의 공칭전압은 몇 [V/cell]인가?

(4) 축전지 용량을 구하는 식에서 L은 보통 0.8을 적용한다. 이 L을 무엇이라 하는가?

$$C_B = \frac{1}{L}[K_1I_1 + K_2(I_2 - I_1) + K_3(I_3 - I_2) .... + K_n(I_n - I_{n-1})][\text{Ah}]$$

|계|산|및|정|답|

(1) 전해액의 불순물의 혼입

(2) 부동충전방식

(3) ·연축 전지 : 2.0[V/Cell]   ·알칼리 축전지 : 1.2[V/Cell]

(4) L은 보수율이다.

|추|가|해|설|

[축전지용량 계산] $C = \frac{1}{L}[K_1I_1 + K_2(I_2 - I_1) + K_3(I_3 - I_2)]$ [Ah]

여기서, C : 축전지 용량[Ah], L : 보수율(축전지 용량 변화에 대한 보정값), K : 용량 환산 시간, I : 방전 전류[A]

[축전지 고장의 원인과 현상

	현상	추정 원인
초기 고장	전체 셀 전압의 불균형이 크고 비중이 낮다.	사용 개시시의 충전 보충 부족
	단전지 전압의 비중 저하, 전압계의 역전	역접속
사용 중 고장	전체 셀 전압의 불균형이 크고 비중이 낮다.	·부동충전압이 낮다. ·균등충전의 부족 ·방전 후의 회복 충전 부족
	어떤 셀만의 전압, 비중이 극히 낮다.	국부 단락
	·전체 셀의 비중이 높다. ·전압은 정상	·액면 저하 ·보수시 묽은 황산의 혼입
	·충전 중 비중이 낮고 전압은 높다. ·방전 중 전압은 낮고 용량이 감퇴한다.	·방전 상태에서 장기간 방치 ·충전 부족의 상태에서 장기간 사용 ·극판 노출 ·불순물 혼입
	전해액의 변색, 충전하지 않고 방치 중에도 다량으로 가스가 발생한다.	불순물 혼입
	전해액의 감소가 빠르다.	·충전전압이 높다. ·실온이 높다.
	축전지의 현저한 온도 상승, 또는 소손	·충전 장치의 고장 ·과충전 ·액면 저하로 인한 극판의 노출 ·교류 전류의 유입이 크다.

[부동충전 방식]

부동충전방식은 정류기가 축전지의 충전에만 사용하는 것이 아니라 평상시에는 다른 직류부하의 전원으로도 사용되는 충전방식이다.

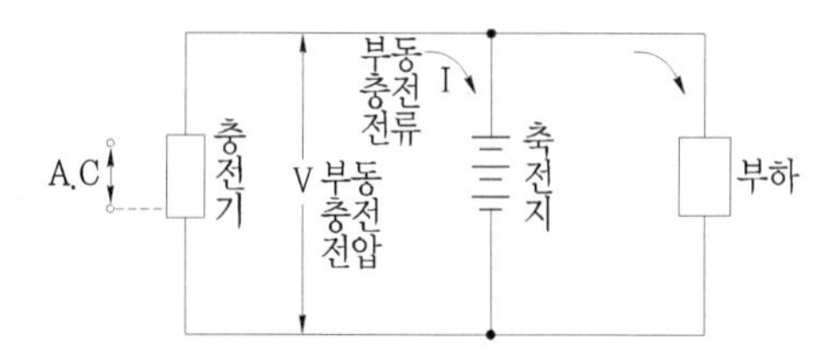

이방식의 특징은 다음과 같다.

① 축전지는 완전 충전 상태에 있다.

② 정류기의 용량이 작아도 된다.

③ 축전지의 수명에 좋은 영향을 준다.

④ 충전기 2차 충전전류[A] $I = \frac{\text{축전지의 정격용량}[Ah]}{\text{축전지의 공칭방전율}[h]} + \frac{\text{상시부하용량}[W]}{\text{표준전압}[V]}$

⑤ 부동 충전 전압

·CS형(클래드식, 완방전형) : 2.15[V/cell]

·HS형(페이스트식, 급방전형) : 2.18[V/cell]

07

출제 : 09, 19년 • 배점 : 5점

PLC의 프로그램을 보고 프로그램에 맞는 접점 회로도를 답안지에 완성하여라.

어드레스	명령어	데이터	비고
01	STR	001	W
02	STR	003	W
03	ANDN	002	W
04	OB	–	W
05	OUT	100	W
06	STR	001	W
07	ANDN	002	W
08	STR	003	W
09	OB	–	W
10	OUT	200	W
11	END	–	W

STR	입력 A 신호
STRN	입력 B 신호
OR	OR a 접점
AND	AND a 접점
ANDN	AND b 접점
ORL	OR b 접점
OB	병렬 접속점
OUT	출력
END	끝
w	각 번지 끝

·PLC 접점 회로도

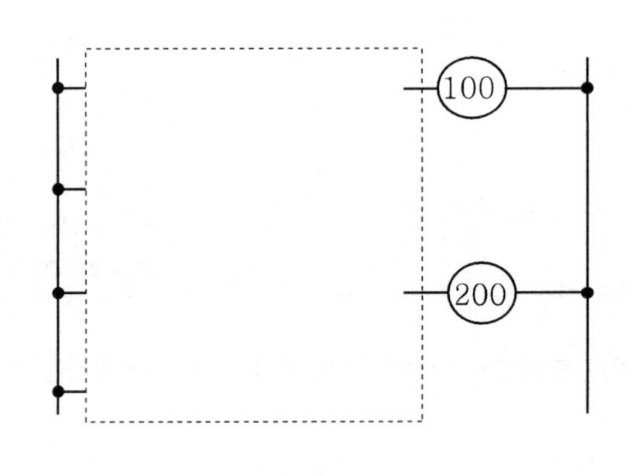

|계|산|및|정|답|

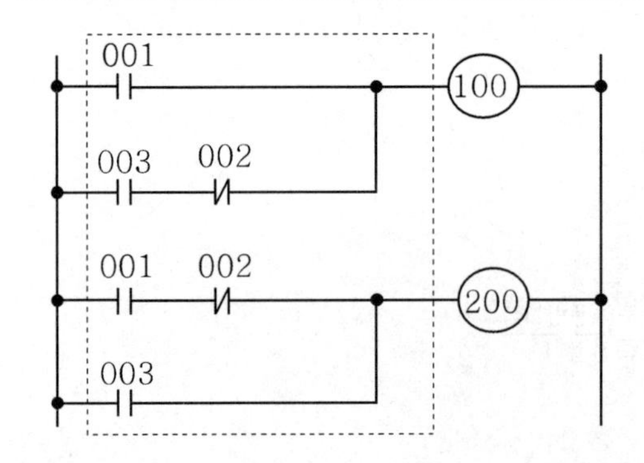

→ (병렬 접속점(OB)을 상용하여 두 개의 블록을 합한다.)

08 출제년도 : 11, 19년 • 배점 : 6점

그림과 같은 무접점의 논리 회로도를 보고 다음 각 물음에 답하시오.

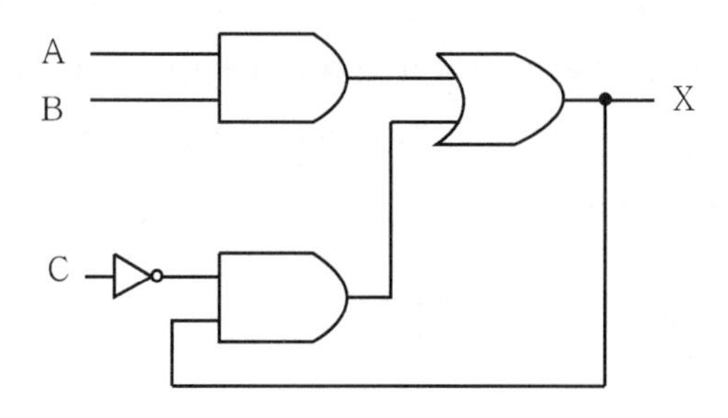

(1) 주어진 타임 차트를 완성하시오.

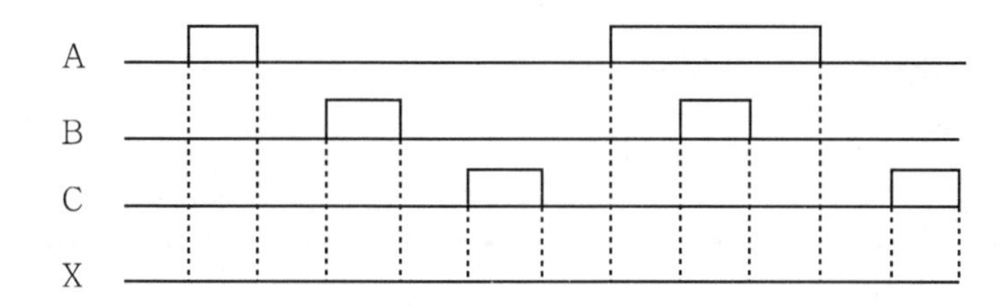

(2) 논리식을 쓰시오.

(3) 주어진 무접점 논리회로에서 유접점 논리회로로 바꾸어 그리시오.

| 계 | 산 | 및 | 정 | 답 |

(1)

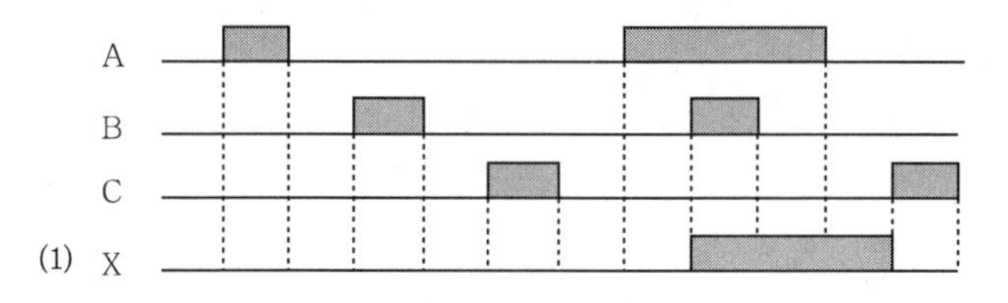

(2) 논리식 $X = A \cdot B + \overline{C} \cdot X$

(3) 유접점 회로도

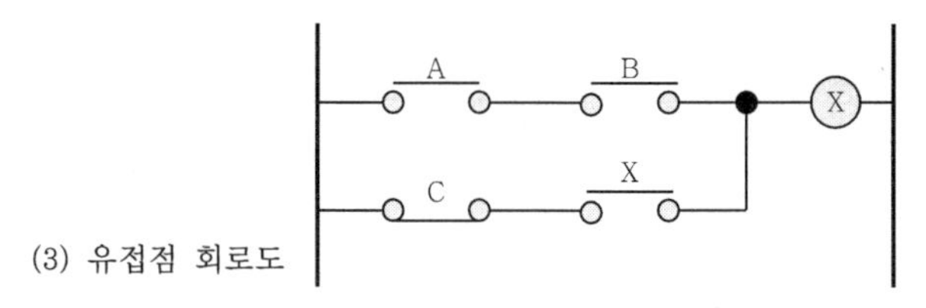

09

출제 : 06, 19년 • 배점 : 6점

어떤 변전소의 공급 구역내의 총 설비 용량은 전등 600[kW], 동력 800[kW]이다. 각 수용가의 수용률은 각각 전등 60[%], 동력 [80%]로 보고, 또 각 수용가간의 부등률은 전등 1.2, 동력 1.6이며 변전소에 전등 부하에 동력 부하간의 부등률이 1.4라 하면, 이 변전소에서 공급하는 최대 전력을 구하시오. (단, 배전선로(주상 변압기를 포함)의 전력 손실은 전등 부하, 동력 부하 모두 부하 전력의 10[%]이다.)

(1) 전등의 종합 최대수용전력은 몇 [kW]인가?

•계산 : •답 :

(2) 동력의 종합 최대수용전력은 몇 [kW]인가?

•계산 : •답 :

(3) 변전소에 공급하는 최대전력은 몇 [kW]인가?

•계산 : •답 :

|계|산|및|정|답|

(1) 【계산】 전등의 종합 최대 수용 전력 $P_N = \dfrac{600 \times 0.6}{1.2} = 300[kW]$ 【정답】 300[kW]

(2) 【계산】 동력의 종합 최대 수용 전력 $P_M = \dfrac{800 \times 0.8}{1.6} = 400[kW]$ 【정답】 400[kW]

(3) 【계산】 최대 전력 $P = \dfrac{300 + 400}{1.4} \times (1 + 0.1) = 550[kW]$ 【정답】 550[kW]

|추|가|해|설|

•부등률(≥1) $= \dfrac{\text{각 부하의 최대수용전력의 합계[kVA]}}{\text{부하를 종합하였을 때의 합성최대수용전력[kVA]}} = \dfrac{\text{설비용량} \times \text{수용률}}{\text{합성 최대 수용 전력}}$

•합성 최대 수용 전력 $= \dfrac{\text{설비용량} \times \text{수용률}}{\text{부등률}}$[kW]

10

출제 : 08, 19년 • 배점 : 6점

변압기와 고압 모터에 서지흡수기를 설치하고자 한다. 각각의 경우에 대하여 서지흡수기를 그려 넣고 각각의 공칭전압에 따른 서지 흡수기의 정격(정격 전압 및 공칭 방전 전류)도 함께 쓰시오.

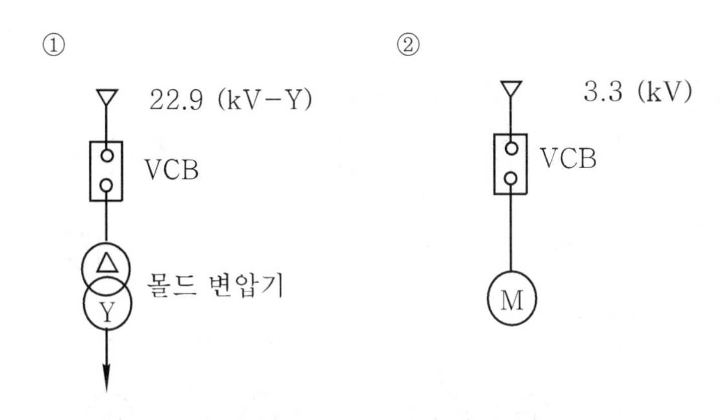

|계|산|및|정|답|

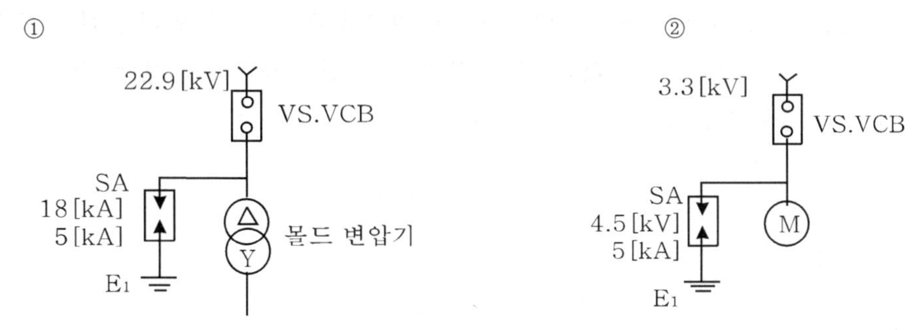

|추|가|해|설|

[서지흡수기]

① 피뢰기와 같은 구조로 되어 있으나 적용 전압 범위만을 조정하여 적용시키는 일종의 옥내 피뢰기로서 선로에서 발생할 수 있는 개폐기 서지, 순간 과도전압 등의 이상전압이 2차 기기에 악영향을 주는 것을 막기 위해 설치한다.

② 서지흡수기는 그림과 같이 보호하고자 하는 기기(발전기, 전동기, 콘덴서, 반도체 장비 계통) 전단에 설치하여 대부분의 개폐서지를 발생하는 차단기 후단에 설치, 운용한다.

③ Surge Absorbor는 그림과 같이 부하기기 운전용의 VCB와 피보호 기기와의 사이에 각 상의전로−대지간에 설치한다.

④ 서지 흡수기의 정격

㉮ 계통공칭전압 3.3[kV] : 정격전압 4.5[kV], 공칭방전전류 : 5[kA]

㉯ 계통공칭전압 22.9[kV] : 정격전압 18[kV], 공칭방전전류 : 5[kA]

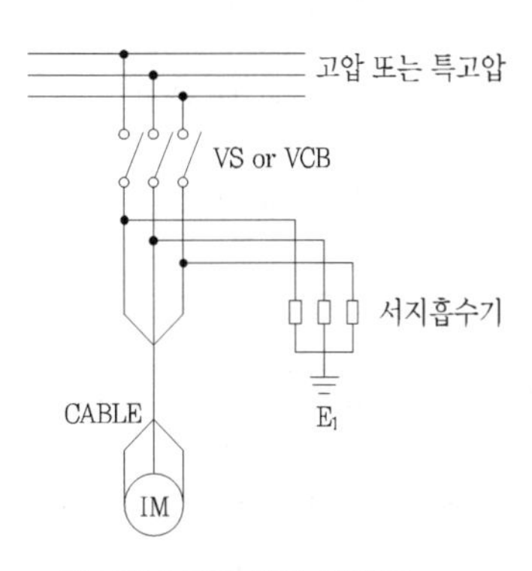

[서지흡수기의 설치 위치도]

11

출제년도 : 04, 10, 19년 • 배점 : 12점

그림은 환기팬의 수동 운전 및 고장 표시등 회로의 일부이다. 이 회로를 이용하여 다음 각 물음에 답하시오.

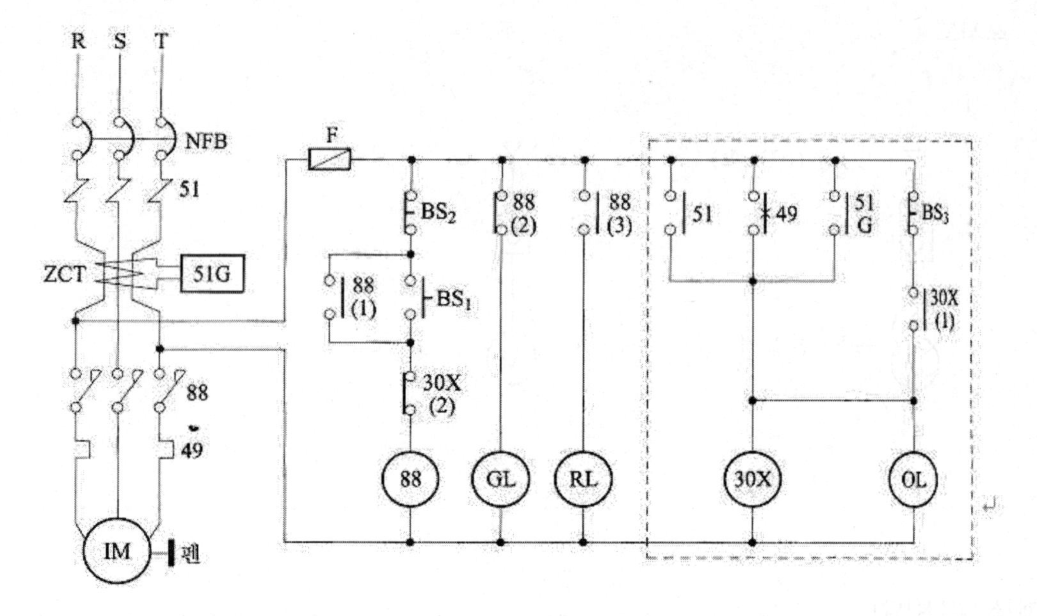

(1) 88은 MC로서 도면에서는 출력 기구이다. 도면에 표시된 기구에 대하여 다음에 해당되는 명칭을 그 약호로 쓰시오. (단, 중복은 없고, NFB, ZCT, IM, 팬은 제외하며, 해당되는 기구가 여러 가지 일 경우에는 모두 쓰도록 한다.)

① 고장 표시기수 :

② 고장 회복 확인 기구 :

③ 기동 기구 :

④ 정지 기구 :

⑤ 운전 표시 램프 :

⑥ 정지 표시 램프 :

⑦ 고장 표시 램프 :

⑧ 고장 검출 기구 :

(2) 그림의 점선으로 표시된 회로를 AND, OR, NOT 회로를 사용하여 로직 회로를 그리시오. 로직 소자는 3입력 이하로 한다.

|계|산|및|정|답|

(1) ① 고장표시기수 : 30X　　② 고장회복 확인기구 : BS_3

③ 기동기구 : BS_1　　④ 정지기구 : BS_2

⑤ 운전표시램프 : RL　　⑥ 정지표시램프 : GL

⑦ 고장표시램프 : OL　　⑧ 고장검출기구 : 49, 51, 51G

(2) 로직회로 :

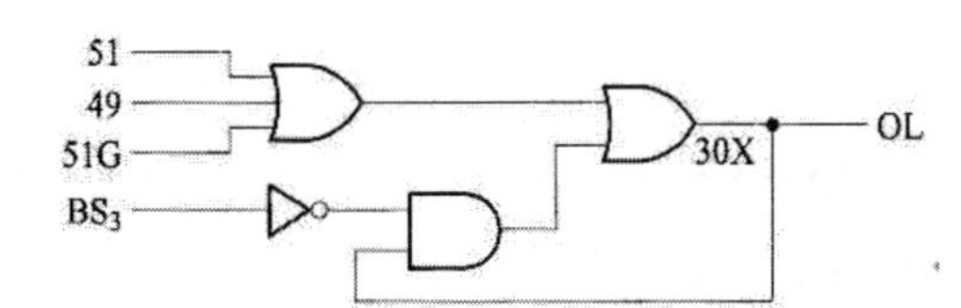

12

출제 : 19년 • 배점 : 5점

한국전기설비규정에 의한 저압에 사용 가능한 케이블의 종류를 3가지만 쓰시오.

|계|산|및|정|답|

① 0.6/1[kV] 연피케이블　② 클로로프렌외장케이블　③ 비닐외장케이블

|추|가|해|설|

[저압케이블 (KEC 122.4)]

사용전압이 저압인 전로의 전선으로 사용하는 케이블은 다음과 같다.

- 0.6/1[kV] 연피(鉛皮)케이블
- 클로로프렌외장(外裝)케이블
- 비닐외장케이블
- 폴리에틸렌외장케이블
- 무기물 절연케이블
- 금속외장케이블
- 저독성 난연 폴리올레핀외장케이블
- 300/500[V] 연질 비닐시스케이블

13

출제 : 00, 01, 15, 19년 • 배점 : 5점

길이 24[m], 폭 12[m], 천장높이 5.5[m], 조명률 50[%]의 어떤 사무실에서 전광속 6000[lm]의 32[W]×2등용 형광등을 사용하여 평균조도가 300[lx]되려면, 이 사무실에 필요한 형광등 수량을 구하시오. (단, 유지율은 80[%]로 계산한다.)

·계산 : ·답 :

|계|산|및|정|답|

(1) 【계산】 등수 $N=\frac{EAD}{FU}=\frac{300\times(24\times12)\times\frac{1}{0.8}}{6000\times0.5}=36[\text{등}]$ 【정답】 36[등]

|추|가|해|설|

등수 $N=\frac{EAD}{FU}$

여기서, $F[\text{lm}]$: 광원 1개당의 광속, $U[\%]$: 조명률, $N[\text{등}]$: 등수, $E[\text{lx}]$: 작업면상의 평균조도, $A[\text{m}^2]$: 면적

$D\ (=\frac{1}{M})$: 감광보상률 = $\frac{1}{\text{보수율(유지율)}}$)

14

출제 : 19년 • 배점 : 6점

다음 전동기의 회전방향을 바꾸는 방법에 대해 설명하시오.

(1) 3상 농형 유도전동기

(2) 단상 유도전동기(분상기동형)

(3) 직류 직권전동기

|계|산|및|정|답|

(1) 3개의 선 중 2개의 선을 바꿔서 연결

(2) 기동권선 또는 주권선 중 한 권선의 단자를 반대로 바꾸어 접속

(3) 계자회로와 전기자회로 중 어느 한쪽의 접속을 반대로 한다.

15

출제 : 19년 • 배점 : 12점

그림은 22.9[kV-Y] 1000[kVA] 이하에 적용 가능한 특별 고압 간이수전설비결선도이다. 이 결선도를 보고 다음 각 물음에 답하시오.

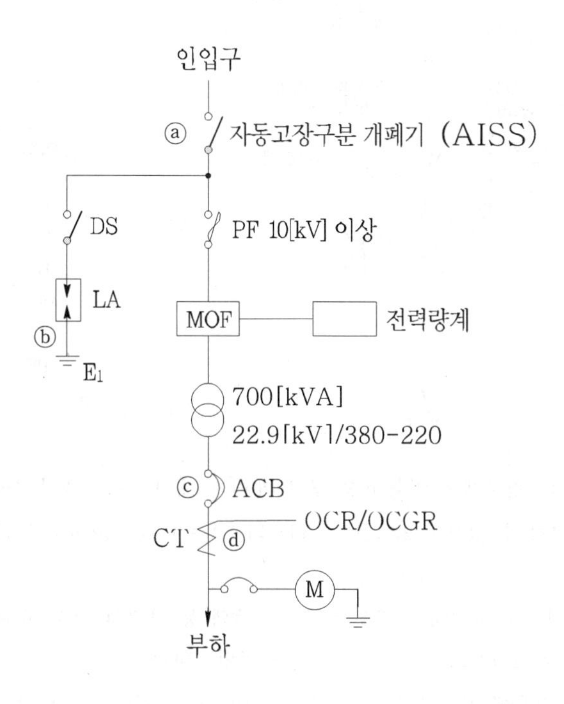

(1) ⓐ의 수전설비는 (①)[kVA] 이하의 경우에 사용하고 300[kVA] 이하일 경우 AISS 대신 (②)을 사용할 수 있다.

(2) ⓑ의 접지선의 굵기 계산 시 과전류차단기는 정격전류의 (①)배 전류에서는 (②)초 이내에 끊어져야 한다. 그리고 고장전류가 흐를 때 허용온도는 (③)[℃]이다.

(3) ⓒ는 변압기 2차 개폐기 ACB이다. 보호요소 3가지를 쓰시오.

(4) ⓓ의 변류비를 구하시오. 이때 변류기 1차 정격전류는 1000, 1200, 1500, 2000, 2500[A]이며, 2차 전류는 5[A]이다. 여유는 1.25배를 적용한다.

•계산 : •답 :

|계|산|및|정|답|

(1) ① 1000 ② INT. SW

(2) ① 20 ② 0.1 ③ 160

(3) 결상보호, 단락보호, 과부하보호

(4) 【계산】 $I = \frac{\text{변압기용량} \times \text{여유}}{\sqrt{3} \times \text{선간전압}} = \frac{700 \times 10^3}{\sqrt{3} \times 380} \times 1.25 = 1329.424[A]$ 【정답】 1500/5

|추|가|해|설|

[간이 수전설비 표준 결선도]

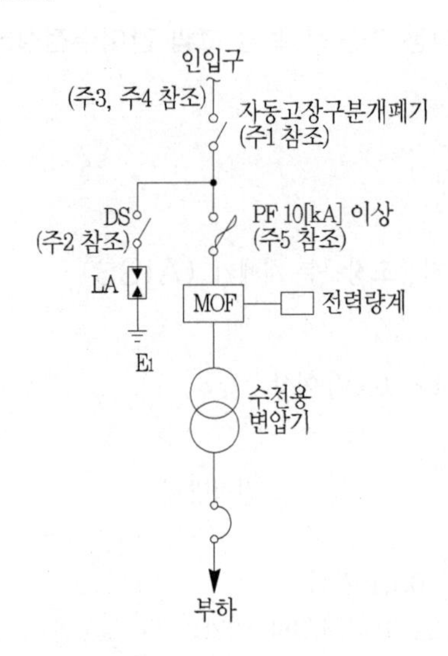

약호	명칭
DS	단로기
ASS	자동고장구분개폐기
LA	피뢰기
MOF	계기용 변압 변류기
COS	컷아웃스위치
PF	전력퓨즈

【주1】 300[kVA] 이하의 경우에는 자동고장 구분 개폐기 대신 INT SW를 사용할 수 있다.

【주2】 LA용 DS는 생략할 수 있으며 22.9[kV－Y]용의 LA는 Disconnector(또는 Isolator) 붙임형을 사용하여야 한다.

【주3】 인입선을 지중선으로 시설하는 경우로서 공동주택 등 사고시 정전 피해가 큰 수전설비 인입선은 예비선을 포함하여 2회선으로 시설하는 것이 바람직하다.

【주4】 지중 인입선의 경우에 22.9[kV－Y] 계통은 CNCV－W 케이블(수밀형) 또는 TR CNCV－W(트리 억제형)을 사용하여야 한다. 다만, 전력구 · 공동구 · 덕트 · 건물구내 등 화재의 우려가 있는 장소에서는 FR CNCO－W(난연) 케이블을 사용하는 것이 바람직하다.

【주5】 300[kVA] 이하인 경우 PF 대신 COS(비대칭 차단 전류 10[kA] 이상의 것)을 사용할 수 있다.

【주6】 간이 수전설비는 PF의 용단 등에 의한 결상 사고에 대한 대책이 없으므로 변압기 2차측에 설치되는 주차단기에는 결상 계전기 등을 설치하여 결상 사고에 대한 보호 능력이 있도록 함이 바람직하다.

[변류기의 변류비 선정]

1. 변류기 1차 전류 $= \dfrac{P_1}{\sqrt{3}\,V_1\cos\theta} \times (1.25 \sim 1.5)[A]$

2. 변류비 $= \dfrac{I_1}{I_2}$ → (단, 정격2차전류 $I_2 = 5[A]$)

16

출제 : 19년 • 배점 : 5점

전기방식에 대한 설명이다. 다음 ( )에 들어갈 내용을 답란에 쓰시오.

> 전기방식용 전원장치는 (①), (②), (③), (④)로 구성되며, 전기방식회로의 최대 사용전압은 직류 (⑤)[V] 이하이다.

|계|산|및|정|답|

① 절연변압기　② 정류기　③ 개폐기　④ 과전류차단기　⑤ 60

|추|가|해|설|

[전기방식 전원장치]

① 전원장치는 견고한 금속제의 외함에 넣을 것
② 변압기는 절연변압기이고, 또한 교류 1000[V]의 시험전압을 하나의 권선과 다른 권선, 철심 및 외함과의 사이에 계속적으로 1분간 가하여 절연내력을 시험할 때 이에 견디는 것이어야 한다.
③ 전원장치란 절연변압기, 정류기, 개폐기 및 과전류차단기를 말한다.
④ 전기방식회로의 최대사용전압은 직류 60[V] 이하일 것

03 2019년 전기산업기사 실기

01

출제년도 : 22, 19, 15년 • 배점 : 5점

그림과 같은 교류 3상 3선식 전로에 연결된 3상 평형부하가 있다. 이때 T상의 P점이 단선된 경우, 이 부하의 소비전력은 단선 전 소비전력에 비하여 어떻게 되는지 계산식을 이용하여 설명하시오. (단, 선간전압은 E[V]이며, 부하의 저항은 R[Ω]이다.)

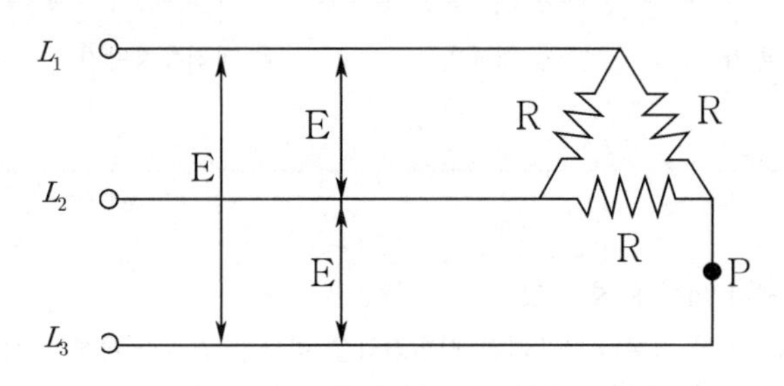

・계산 :

・답 :

|계|산|및|정|답|

① 단선 전 3상의 부하의 소비전력 $P_\Delta = 3\times\dfrac{E^2}{R}$

② 단선 후 부하의 소비전력

P점 단선시 합성저항은 $R_0=\dfrac{2R\times R}{2R+R}=\dfrac{2}{3}\times R$이므로,

난선 후 난상의 소비전력은 $P'=\dfrac{E^2}{R_0}=\dfrac{E^2}{\dfrac{2}{3}\times R}=1.5\times\dfrac{E^2}{R}$ 이다.

③ 단선후 부하의 소비전력의 비 $\dfrac{P'}{P}=\dfrac{1.5\times\dfrac{E^2}{R}}{3\times\dfrac{E^2}{R}}=\dfrac{1}{2}$, 즉 단선 전 소비전력의 $\dfrac{1}{2}$배이다.

【정답】 $\dfrac{1}{2}$

|추|가|해|설|

[단선 후 등가 회로]

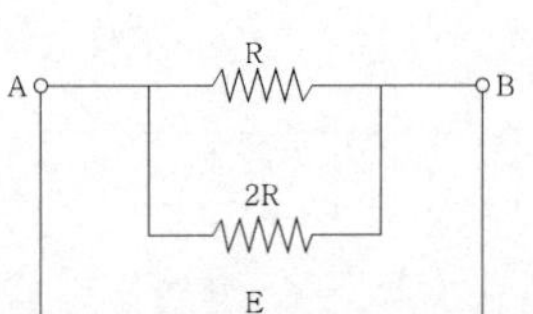

※P점이 단선되면 3상 부하에서 단상 부하가 된다.

02

출제 : 19년 • 배점 : 5점

총 설비부하가 350[kW], 수용률 60[%], 부하역률 70[%]인 수용가에 전력을 공급하기 위한 변압기 용량[kVA]을 계산하고 규격용량으로 답하시오.

•계산 : •답 :

|계|산|및|정|답|

【계산】 $P = \frac{350 \times 0.6}{0.7} = 300[kVA]$ 【정답】 300[kVA]

|추|가|해|설|

변압기 용량[kVA]= $\frac{\text{합성최대전력[kW]}}{\text{역률}} = \frac{\sum(\text{설비용량} \times \text{수용률})}{\text{부등률} \times \text{효율} \times (\text{역률})} \times \text{여유율}$

03

출제 : 12, 19년 • 배점 : 5점

서지 흡수기(Surge Absorbor)의 주요 기능 및 설치위치에 대하여 설명하시오.

|계|산|및|정|답|

【서지 흡수기의 기능】 개폐서지 등 이상 전압으로부터 변압기 등 기기보호

【설치위치】 개폐서지를 발생하는 차단기의 후단과 보호 대상기기의 전단 사이에 설치

|추|가|해|설|

[서지흡수기]

① 피뢰기와 같은 구조로 되어 있으나 적용 전압 범위만을 조정하여 적용시키는 일종의 옥내 피뢰기로서 선로에서 발생할 수 있는 개폐기 서지, 순간 과도전압 등의 이상전압이 2차 기기에 악영향을 주는 것을 막기 위해 설치한다.

② 서지흡수기는 그림과 같이 보호하고자 하는 기기(발전기, 전동기, 콘덴서, 반도체 장비 계통) 전단에 설치하여 대부분의 개폐서지를 발생하는 차단기 후단에 설치, 운용한다.

③ Surge Absorbor는 그림과 같이 부하기기 운전용의 VCB와 피보호 기기와의 사이에 각 상의전로-대지간에 설치한다.

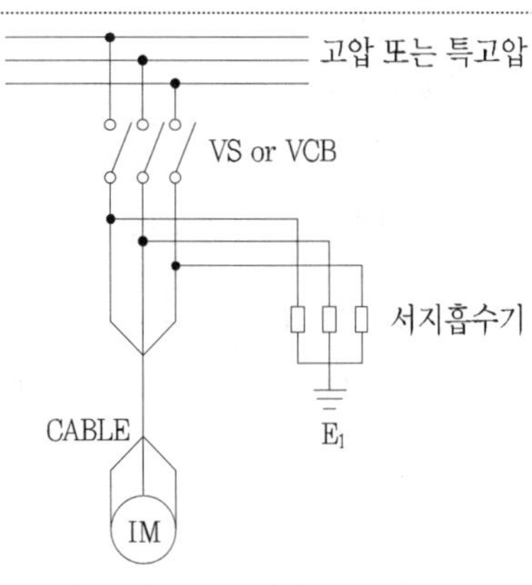

[서지흡수기의 설치 위치도]

04 출제 : 16, 19년 • 배점 : 6점

그림과 같은 분기회로의 전선 굵기를 표준 공칭 단면적으로 산정하여 쓰시오. (단, 전압강하는 2[V] 이하이고, 배선 방식은 교류 220[V], 단상 2선식이며, 후강전선관 공사로 한다.)

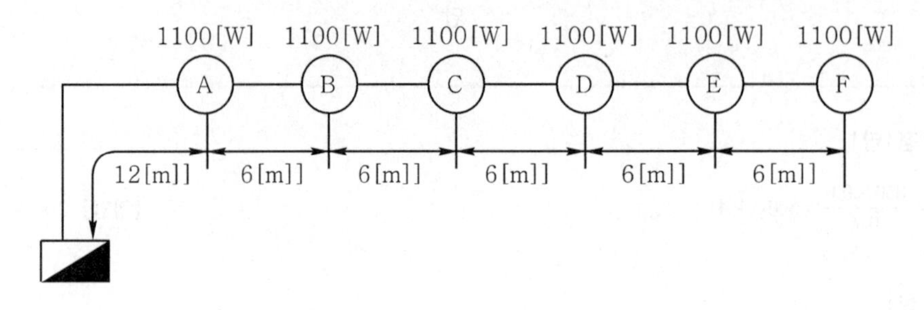

|계|산|및|정|답|

【계산】 ① 전류 : $i=\frac{P}{V}=\frac{1100}{220}=5[A]$

② 부하 중심점까지의 거리 $L=\frac{\sum i\times l}{\sum i}=\frac{(12+18+24+30+36+42)\times 5}{5+5+5+5+5+5}=27[m]$

③ 부하전류 $I=\frac{1100\times 6}{220}=30[A]$

③ 전선의 단면적 $A=\frac{35.6LI}{1000e}=\frac{35.6\times 27\times 30}{1000\times 2}=14.418[mm^2]$

따라서, 공칭단면적 $16[mm^2]$로 선정 【정답】 $16[mm^2]$

|추|가|해|설|

[전압 강하 및 전선의 단면적]

전기 방식	전압 강하		전선 단면적
단상3선식 직류3선식 3상4선식	$e=IR$	$e=\frac{17.8L}{1000A}$	$A=\frac{17.8LI}{1000e}$
단상 2선식 및 직류 2선식	$e=2IR$	$e=\frac{35.6L}{1000A}$	$A=\frac{35.6LI}{1000e}$
3상 3선식	$e=\sqrt{3}IR$	$e=\frac{30.8L}{1000A}$	$A=\frac{30.8LI}{1000e}$

[KSC IEC 전선의 규격$[mm^2]$]

1.5	2.5	4
6	10	16
25	35	50
70	95	120
150	185	240
300	400	500

여기서, A : 전선의 단면적$[mm^2]$, e : 외측선 또는 각 상의 1선과 중성선 사이의 전압강하[V]

L : 전선 1본의 길이[m], C : 전선의 도전율(경동선 97[%])

05

출제 : 10, 11, 12, 18, 19년 • 배점 : 6점

유입 변압기와 비교한 몰드 변압기의 장점 3가지, 단점 3가지를 쓰시오.

|계|산|및|정|답|

【장점】 ① 난연성, 절연의 신뢰성이 좋다.　② 코로나 특성 및 임펄스 강도가 높다.

③ 소형, 경량화 할 수 있다.　④ 전력 손실이 감소된다.

⑤ 단시간 과부하 내량이 크다.　⑥ 내습, 내진성이 양호하다.

⑦ 유지보수가 용이하다.

【단점】 ① 가격이 비싸다.　② 고장점검이 어렵다.

③ 진공차단기 사용시 서지흡수기가 필요하다. ④ 충격과 내전압이 낮다.

⑤ 수지층에 차폐물이 없으므로 운전 중 코일 표면과 접촉하면 위험하다.

|추|가|해|설|

[유입, 건식, 몰드 변압기의 특성 비교]

구분	몰드	건식	유입
기본 절연	고체	기체	액체
절연 구성	에폭수지+무기물충전제	공기, MICA	크레프크지 광유물
내열 계급	B종 : 120[℃] F종 : 150[℃]	H종 : 180[℃]	A종 : 105[℃]
권선 허용 온도 상승 한도	금형방식 : 75[℃] 무금형방식 : 150[℃]	120[℃]	절연유 : 55[℃] 권선 : 50[℃]
단시간 과부하 내량	200[%] 15분	150[%] 15분	
전력 손실	작다	작다	크다
소음	중	대	소
연소성	난연성	난연성	가연성
방재 안정성	매우 강함	강함	개방형-흡습가능
내습 내진성	흡습 가능	흡습 가능	강함
단락 강도	강함	강함	매우 강함
외형 치수	소	대	대
중량	소	중	대
충격파 내 전압 (22[kV]의 경우)	95[kV]	95[kV]	150[kV]
초기 설치비	×	×	○
운전 경비	○	○	×

06 출제 : 09, 19년 • 배점 : 10점

스위치 S_1, S_2, S_3, S_4에 의하여 직접 제어되는 계전기 A_1, A_2, A_3, A_4가 있다. 전등 X, Y, Z가 동작표와 같이 점등되었다고 할 때 다음 각 물음에 답하시오.

A_1	A_2	A_3	A_4	X	Y	Z
0	0	0	0	0	1	0
0	0	0	1	0	0	0
0	0	1	0	0	0	0
0	0	1	1	0	0	0
0	1	0	0	0	0	0
0	1	0	1	0	0	0
0	1	1	0	1	0	0
0	1	1	1	1	0	0
1	0	0	0	0	0	0
1	0	0	1	0	0	1
1	0	1	0	0	0	0
1	0	1	1	1	1	0
1	1	0	0	0	0	1
1	1	0	1	0	0	1
1	1	1	0	0	0	0
1	1	1	1	1	0	0

·출력 램프 X에 대한 논리식

$$X = \overline{A_1}A_2A_3\overline{A_4} + \overline{A_1}A_2A_3A_4 + A_1A_2A_3A_4 + A_1\overline{A_2}A_3A_4$$

$$= A_3(\overline{A_1}A_2 + A_1A_4)$$

·출력 램프 Y에 대한 논리식

$$Y = \overline{A_1}\,\overline{A_2}\,\overline{A_3}\,\overline{A_4} + A_1\overline{A_2}A_3A_4 = \overline{A_2}(\overline{A_1}\,\overline{A_3}\,\overline{A_4} + A_1A_3A_4)$$

·출력 램프 Z에 대한 논리식

$$Z = A_1\overline{A_2}\,\overline{A_3}A_4 + A_1A_2\overline{A_3}\,\overline{A_4} + A_1A_2\overline{A_3}A_4$$

$$= A_1\overline{A_3}(A_2 + A_4)$$

(1) 답란에 미완성 부분을 최소 접점수로 접점 표시를 하고 접점 기호를 써서 유접점 회로를 완성하시오.

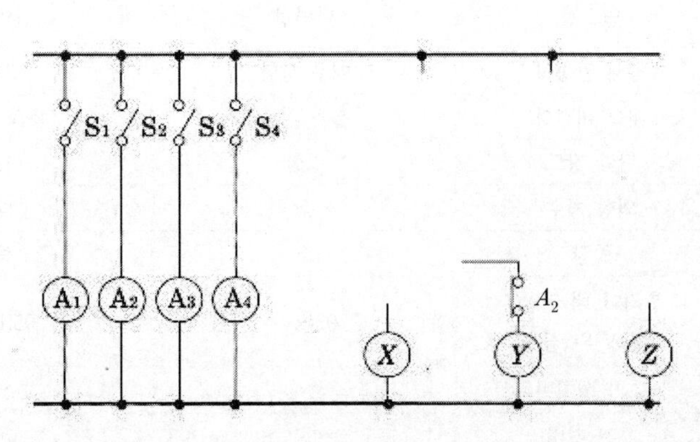

(2) 답란에 미완성 무접점 회로도를 완성하시오.

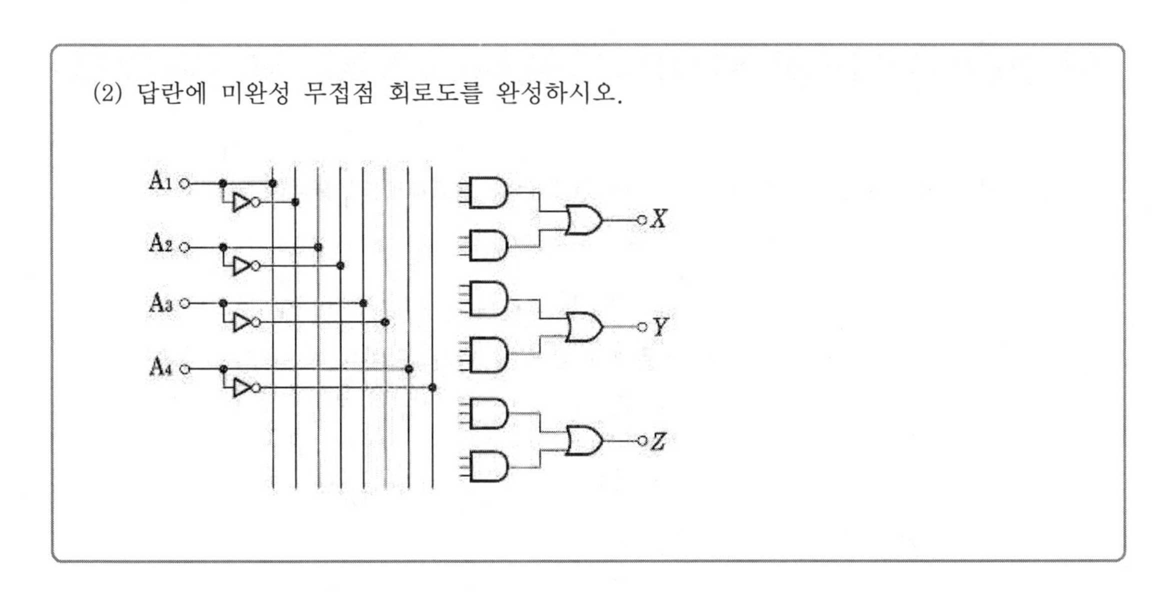

|계|산|및|정|답|

(1)

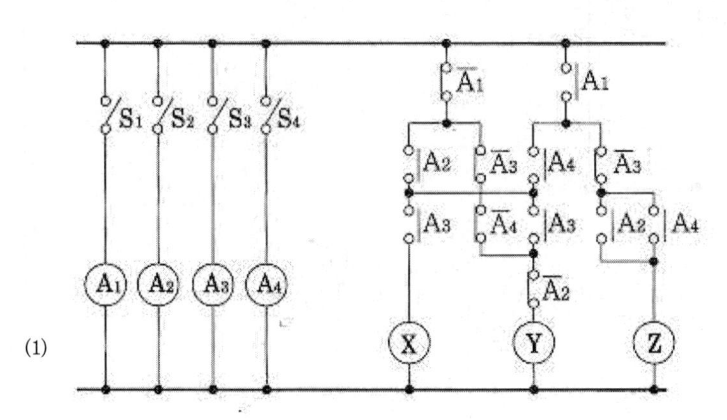

(2)

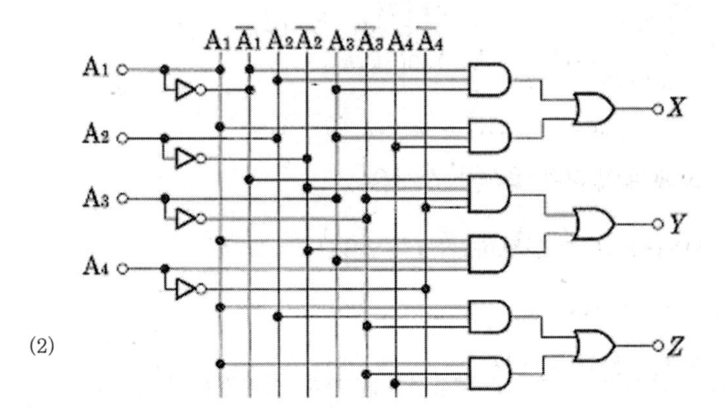

07

출제 : 03, 14, 19년 • 배점 : 15점

아래 도면은 어느 수전설비의 단선결선도이다. 도면을 보고 다음의 물음에 답하시오.

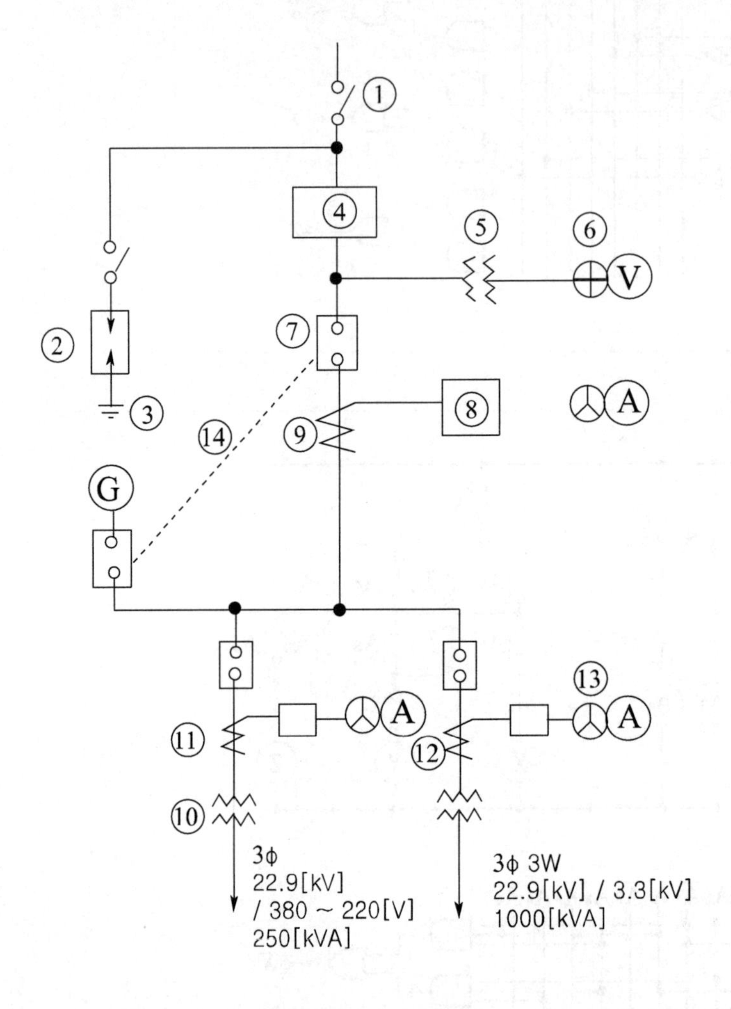

(1) ①, ②, ④, ⑤, ⑥, ⑦, ⑧, ⑨, ⑬의 명칭과 용도를 쓰시오.

(2) ⑭번 부분의 점선 역할은 어떠한 관계인가, 간단히 설명하시오.

(3) ⑤의 1, 2차 전압은 얼마인가?

(4) ⑪, ⑫의 1차 전류와 변류비를 구하시오. (단, CT 정격전류는 부하 정격전류의 1.5배로 한다.)

(5) ⑩번 변압기의 2차 측 결선방식은 무슨 결선인가?

|계|산|및|정|답|

(1) ① 【명칭】 단로기
【용도】 무부하시 전로를 개폐한다.

② 【명칭】 피뢰기
【용도】 이상전압 내습 시 대지로 방전시키고 속류를 차단

④ 【명칭】 전력수급용 계기용 변성기
【용도】 전력량을 산출하기 위해서 PT 및 CT를 하나의 함에 내장한 것

⑤ 【명칭】 계기용 변압기
【용도】 고전압을 저전압으로 변성시킴

⑥ 【명칭】 전압계용 절환개폐기
【용도】 하나의 전압계로 3상의 전압을 측정하는 질환 개폐기

⑦ 【명칭】 교류차단기
【용도】 고장전류 차단 및 부하전류 개폐

⑧ 【명칭】 과전류 계전기
【용도】 과부하 및 단락사고 시 차단기 개방

⑨ 【명칭】 계기용 변류기
【용도】 대전류를 소전류로 변류시킴

⑬ 【명칭】 전류계용 절환개폐기
【용도】 하나의 전류계로 3상의 전류를 측정하는 절환 개폐기

(2) 【명칭】 인터록(Interlock)
【용도】 상용 전원과 예비 전원의 동시 투입을 방지한다.

(3) 【1차전압】 $\frac{22900}{\sqrt{3}}$[V], 또는 13,200[V]

【2차전압】 $\frac{190}{\sqrt{3}}$, 또는 110[V]

(4) 【계산】 ⑪ 1차전류 $I=\frac{P}{\sqrt{3}\times V_n}=\frac{250}{\sqrt{3}\times 22.9}=6.30296[A]$ 【정답】 6.3[A]

변류비 : $I_1=6.3\times 1.5=9.45[A]$, 그러므로 변류비 10/5 【정답】 10/5

⑫ 1차전류 $I=\frac{P}{\sqrt{3}\times V_n}=\frac{1000}{\sqrt{3}\times 22.9}=25.21[A]$ 【정답】 25.21[A]

변류비 : $I_1=25.21\times 1.5=37.82[A]$, 그러므로 변류비 40/5 【정답】 40/5

(5) Y결선

|추|가|해|설|

(4) CT 1차 측 정격전류: 5, 10, 15, 20, 30, 40, 50, 75, 100, 150, 200, 300[A]

(5) 2가지 종류의 전압(380, 220)을 사용할 수 있는 결선 방법은 Y결선이다.

08
출제 : 19년 • 배점 : 3점

형광방전램프의 점등회로 방식 3가지를 쓰시오.

|계|산|및|정|답|

① 예열기동형　② 래피드기동형　③ 전자식기동형

|추|가|해|설|

[형광방전램프의 점등회로 방식]

① 예열기동형 : 바이메탈의 글로우 방전 접속(직렬)으로 2배의 전류가 흘러 필라멘트를 가열하고 열전자를 방출한다.

② 래피드기동형(속시기동형) : 안정기에 전극 가열용으로 별도의 권선 설치, 스위치 투입과 동시에 전극가열전류가 흘러 기동전압이 저하되면 형광등이 자연히 점등

③ 전자식 기동형 : 20~50[kHz]의 고조파를 이용하여 점증

④ 순시기동식 : 형광등에 자기 누설변압기 사용으로 고전압을 인가하여 필라멘트의 예열없이 순간적으로 기동

⑤ 수동식 : 예열방식과 동일 구조로서 바이메탈 대신 수동식 누름 스위치 설치

09
출제 : 19년 • 배점 : 5점

60[Hz], 6600/210[V], 50[kVA]의 단상 변압기에 있어서 임피던스 전압은 170[V], 임피던스 와트는 700[W]이다. 이 변압기에 지역률 0.8인 정격부하를 건 상태에서의 전압변동률은 몇 [%]인지 구하시오.

•계산 :　　•답 :

|계|산|및|정|답|

【계산】 %임피던스 강하 $z=\frac{V_s}{V_{1n}}\times 100=\frac{170}{6600}=2.58[\%]$

%저항 강하 $p=\frac{P_s}{V_{1n}I_{1n}}\times 100=\frac{700}{50\times 10^3}\times 100=1.4[\%]$

%리액턴스 강하 $q=\sqrt{z^2-p^2}=\sqrt{2.58^2-1.4^2}=2.17[\%]$

∴ 전압변동률 $\epsilon=p\cos\varnothing+q\sin\varnothing=1.4\times 0.8+2.17\times 0.6=2.42[\%]$　$\rightarrow (\sin\theta=\sqrt{1-\cos^2\theta})$

【정답】 2.42[%]

|추|가|해|설|

[지상(뒤짐) 부하 시 전압 변동률(ϵ)]

$\epsilon = p\cos\theta + q\sin\theta$ → (p : %저항 강하, q : %리액턴스 강하), θ : 부하 Z의 위상각

※ $\cos\theta$=1일 때 전압 변동률은 %저항 강하와 같다. 즉, $\epsilon = p$

[진상(앞섬) 부하 시 전압 변동률(ϵ)]

$\epsilon = p\cos\varnothing - q\sin\varnothing$

[전압 변동률의 최대값(ϵ_{max})]

$\epsilon_{max} = \sqrt{p^2 + q^2}$

[최대 전압 변동률을 발생하는 역률($\cos\varnothing_{max}$)]

$\cos\varnothing_{max} = \dfrac{p}{\sqrt{p^2+q^2}}$

10 출제 : 16, 19년 • 배점 : 6점

어느 수용가의 수전설비에서 100[kVA] 단상 변압기 3대를 △결선하여 273[kW] 부하에 전력을 공급하고 있다. 단상 변압기 1대가 고장났을 때 단상 변압기 2대로 V결선하여 전력을 공급할 경우 다음 각 물음에 답하시오. (단, 부하역률은 1로 계산한다.)

(1) V결선 시 공급할 수 있는 최대전력[kW]을 구하시오.

•계산 •답

(2) V결선 상태에서 273[kW] 부하 모두를 연결할 때 과부하율[%]을 구하시오.

•계산 •답

|계|산|및|정|답|

(1) 【계산】 V결선 시 공급할 수 있는 최대전력 $P_V = \sqrt{3}P_1\cos\theta = \sqrt{3}\times100\times1 = 173.21$[kW]

→ (P_1 : 변압기 1대의 용량)

【정답】 173.21[kW]

(2) 【계산】 과부하율 $= \dfrac{최대부하}{변압기용량}\times100 = \dfrac{273}{173.21}\times100 = 157.61$[%] 【정답】 157.61[%]

11

출제 : 19년 • 배점 : 5점

단상 2선식의 교류 배전선이 있다. 전선 1선의 저항은 0.03[Ω], 리액턴스는 1.05[Ω]이고, 부하는 무유도성으로 220[V], 3[kW]일 때 급전점의 전압은 몇 [V]인가?

·계산 : ·답 :

|계|산|및|정|답|

【계산】 부하전류 $I = \frac{P}{V} = \frac{3 \times 10^3}{220}[A]$

급전점의 전압 $V_s = V_r + 2IR = 220 + 2 \times \frac{3000}{220} \times 0.03 = 220.82[V]$

【정답】 220.82[V]

|추|가|해|설|

· 부하전류 $I = \frac{P}{V}[A]$

·급전점의 전압 $V_s = V_r + 2I(R\cos\theta + X\sin\theta) = V_r + 2IR$ → ($\cos\theta = 1$일때 $\sin\theta = 0$)

12

출제 : 14(기사), 19년 • 배점 : 5점

어떤 공장의 1일 사용전력이 100[kWh], 1일 초대 전력이 7[kW]이고, 최대 전류일 때의 전류값이 20[A]일 경우 다음 각 물음에 답사시오. 단, 이 공장은 220[V], 11[kW]인 3상 유도전동기를 부하설비로 사용한다.

(1) 일 부하율을 구하시오.

·계산 : ·답 :

(2) 최대부하 사용 시의 역률을 구하시오.

·계산 : ·답 :

|계|산|및|정|답|

(1) 【계산】 부하율 $F_{LO} = \frac{1\text{일의 평균전력}}{1\text{일의 최대전력}} \times 100 = \frac{1\text{일 사용전력량}/24}{1\text{일의 최대전력}} \times 100$

$= \frac{100/24}{7} \times 100 = 59.52[\%]$

【정답】 59.52[%]

(2) 【계산】 역률 $\cos\theta = \frac{P}{\sqrt{3}\,VI} \times 100 = \frac{7000}{\sqrt{3} \times 220 \times 20} \times 100 = 91.85[\%]$ 【정답】 91.85[%]

|추|가|해|설|

[부하율(Load Factor)]

공급설비가 어느 정도 유효하게 사용되는가를 나타내며 부하율이 클수록 수용전력의 변동이 적고 배전설비가 유효하게 사용됨을 나타낸다. 구하는 기간에 따라 일 부하율, 월 부하율, 연 부하율이 있다.

- 부하율 $= \frac{\text{평균수용전력[kW]}}{\text{합성최대수용전력[kW]}} \times 100[\%]$ → (평균전력$[kW] = \frac{\text{총사용전력량[kWh]}}{\text{사용시간[h]}}$)
- 부하율 $= \frac{\text{평균수용전력[kW]}}{\text{수용설비용량의 합}} \times \frac{\text{부등률}}{\text{수용률}}[\%]$

13

출제년도 : 03, 11, 19년 • 배점 : 5점

3상 3선식 중성점 비접지식 6600[V] 가공 전선로가 있다. 이 전선로의 전선 연장이 350[km]이다. 이 전로에 접속된 주상 변압기 100[V]측 1단자에 접지 공사를 할 때 접지 저항값은 얼마 이하로 유지하여야 하는가? (단, 이 전선로에는 고저압 혼촉시 2초 이내에 자동 차단하는 장치가 없다.)

- 계산 :
- 답 :

|계|산|및|정|답|

【계산】 1선 지락 전류 $I_g = 1 + \frac{\frac{V}{3}L - 100}{150} = 1 + \frac{\frac{6.6/1.1}{3} \times 350 - 100}{150} = 5[A]$

2초 이내 자동 차단하는 장치가 있으므로 $R_2 = \frac{150}{I_g} = \frac{150}{5} = 30[\Omega]$ 【정답】 30[Ω]

|추|가|해|설|

(1) 가공전선로에서 지락전류 $I_g = 1 + \frac{\frac{V}{3} \times L - 100}{150}[A]$

- 지락전류 계산시 소수점 이하는 절상한다.
- V[kV] : 공칭전압을 1.1로 나눈다.
- L[km] : 동일 모선에 접속되는 고압전로의 전선 연장

(2) 변압기 중성점 접지공사의 접지저항

① 자동 차단 장치가 없는 경우 $R_2 = \frac{150}{\text{1선지락전류}}[\Omega]$

② 2초 이내에 동작하는 자동 차단 장치가 있는 경우 $R_2 = \frac{300}{\text{1선지락전류}}[\Omega]$

③ 1초 이내에 동작하는 자동 차단 장치가 있는 경우 $R_2 = \frac{600}{\text{1선지락전류}}[\Omega]$

14

출제 : 19, 15년 • 배점 : 6점

3상3선식 380[V] 회로에 그림과 같이 부하가 연결되어 있다. 간선의 허용전류[A]를 구하시오. (단, 전동기의 평균 역률은 80[%]이다.)

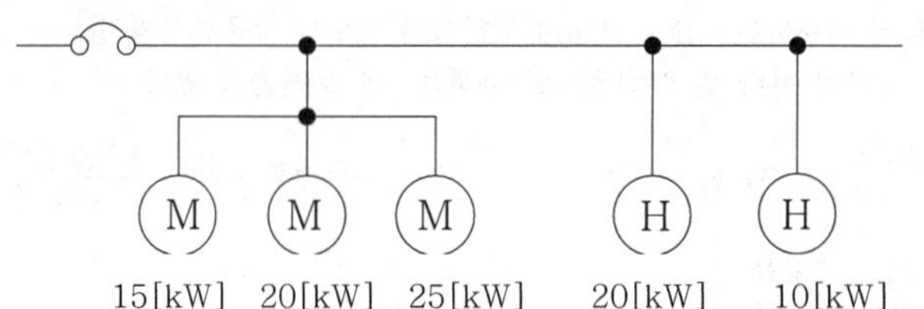

(M : 전동기, H : 전열기)

• 계산 : • 답 :

|계|산|및|정|답|

【계산】 전동기의 정격전류의 합 $\sum I_M = \dfrac{(15+20+25)\times 10^3}{\sqrt{3}\times 380 \times 0.8} = 113.95[A]$

전동기의 유효 전류 $I_r = 113.95 \times 0.8 = 91.16[A]$

전동기의 무효 전류 $I_q = 113.95 \times \sqrt{1-0.8^2} = 68.37[A]$

전열기의 정격전류의 합 $\sum I_H = \dfrac{(20+10)\times 10^3}{\sqrt{3}\times 380 \times 1.0} = 45.58[A]$

간선의 허용전류 $I_B = \sqrt{(91.16+45.58)^2 + 68.37^2} = 152.88[A]$

간선의 허용전류는 $I_B \le I_n \le I_Z$의 조건을 만족해야 하므로 최소 허용 전류 $I_z = 152.88[A]$

【정답】 152.88[A]

|추|가|해|설|

[도체와 과부하 보호장치 사이의 협조 (kec 212.4.1)]

① 과부하에 대해 케이블(전선)을 보호하는 장치의 동작특성은 다음의 조건을 충족해야 한다.

1. $I_B \le I_n \le I_Z$
2. $I_2 \le 1.45 \times I_Z$

여기서, I_B : 회로의 설계전류, I_Z : 케이블의 허용전류, I_n : 보호장치의 정격전류

I_2 : 보호장치가 규약시간 이내에 유효하게 동작하는 것을 보장하는 전류

② 과부하 보호 설계 조건도

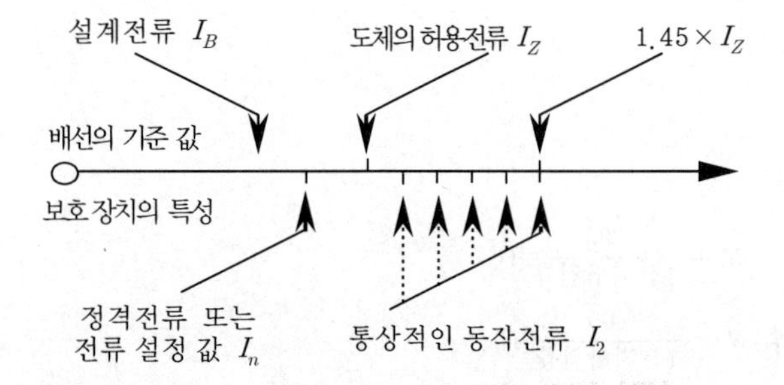

15

출제 : 00, 02, 06, 19년 • 배점 : 7점

전력 퓨즈에서 퓨즈에 대한 그 역할과 기능에 대해서 다음 각 물음에 답하시오.

(1) 퓨즈의 역할을 크게 2가지로 대별하여 간단하게 설명하시오.

(2) 퓨즈의 가장 큰 단점은 무엇인가?

(3) 주어진 표는 개폐장치(기구)의 동작 가능한 곳에 ○표를 한 것이다. ①~③은 어떤 개폐장치이겠는가?

능력 / 기능	회로 분리		사고 차단	
	무부하	부하	과부하	단락
퓨즈	○			○
①	○	○	○	○
②	○	○	○	
③	○			

(4) 큐비클의 종류중 PF·S형 큐비클은 주 차단장치로서 어떤 것들을 조합하여 사용하는 것을 말하는가?

|계|산|및|정|답|

(1) 【전력퓨즈의 역할】 ·부하전류는 안전하게 통전한다.
·어떤 일정값 이상의 과전류는 차단하여 전로나 기기를 보호한다,

(2) 재투입이 불가능하다.

(3) ① 차단기 ② 단로기 ③ 개폐기

(4) 전력퓨즈와 개폐기

|추|가|해|설|

[퓨즈와 각종 개폐기 및 차단기와의 기능 비교]

능력 / 기능	회로 분리		사고 차단	
	무부하	부하	과부하	단락
퓨즈	○			○
차단기	○	○	○	○
개폐기	○	○	○	
단로기	○			
전자 접촉기	○	○	○	

16

출제 : 19년 • 배점 : 5점

단상 3선식 선로에 그림과 같이 부하가 접속되어 있는 경우 설비불평형률을 계산하시오.

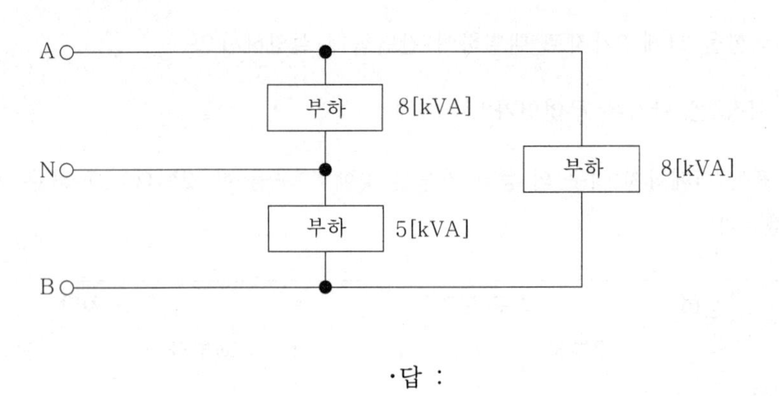

•계산 : •답 :

|계|산|및|정|답|

(1) 【계산】 단상 3선식 설비불평형률설비불평형률 $= \dfrac{8-5}{(8+5+8)\times\dfrac{1}{2}}\times 100 = 28.57[\%][\%]$

【정답】 28.57[%]

|추|가|해|설|

(1) 저압 수전의 단상3선식

$$설비불평형률 = \frac{중성선과\ 각\ 전압측\ 전선간에\ 접속되는\ 부하설비용량[kVA]의\ 차}{총\ 부하설비용량[kVA]의 1/2}\times 100[\%]$$

여기서, 불평형률은 40[%] 이하이어야 한다.

특고압 및 고압 수전에서 대용량의 단상전기로 등의 사용으로 40[%] 제한에 따르기가 어려울 경우는 전기사업자와 협의하여 다음 각 호에 의하여 시설하는 것을 원칙으로 한다.

① 단상부하 1개의 경우는 2차 역V 접속에 의할 것. 다만, 300[kVA]를 초과하지 말 것

② 단상부하 2개의 경우는 스코트 접속에 의할 것. 다만, 1개의 용량이 200[kVA] 이하인 경우는 부득이한 경우에 한하여 보통의 변압기 2대를 사용하여 별개의 선간에 부하를 접속할 수 있다.

③ 단상부하 3개 이상인 경우는 가급적 선로전류가 평형이 되도록 각 선간에 부하를 접속할 것

(2) 저압, 고압 및 특별고압 수전의 3상3선식 또는 3상4선식

$$설비불평형률 = \frac{각\ 선간에\ 접속되는\ 단상\ 부하설비용량[kVA]의\ 최대와\ 최소의\ 차}{총\ 부하설비용량[kVA]의\ 1/3}\times 100[\%]$$

여기서, 불평형률은 30[%] 이하여야 한다.

다만, 다음 각 호의 경우에는 이 제한을 따라하지 않을 수 있다.

① 저압 수전에서 전용 변압기 등으로 수전하는 경우

② 고압 및 특별고압 수전에서는 100[kVA] 이하의 단상부하의 경우

③ 특별고압 및 고압 수전에서는 단상부하 용량의 최대와 최소의 차가 100[kVA] 이하인 경우

④ 특별고압 수전에서는 100[kVA] 이하의 단상변압기 2대로 역V결선하는 경우

※설비불평형률의 계산식에서 부하설비용량의 단위는 반드시 [kVA]의 수치로 계산하여야 한다.

01 2018년 전기산업기사 실기

01

출제 : 07, 18년 • 배점 : 5점

다음 ( )에 알맞은 내용을 쓰시오.

> 임의의 면에서 한 점의 조도는 광원의 광도 및 입사각 θ의 코사인에 비례하고, 거리의 제곱에 반비례한다. 이와 같이 입사각의 코사인에 비례하는 것을 Lambert의 코사인 법칙이라 한다. 또 광선과 피조면의 위치에 따라 조도를 (①) 조도, (②) 조도, (③) 조도 등으로 분류할 수 있다.

|계|산|및|정|답|

① 법선　　② 수평면　　③ 수직면

|추|가|해|설|

[조도의 구분]

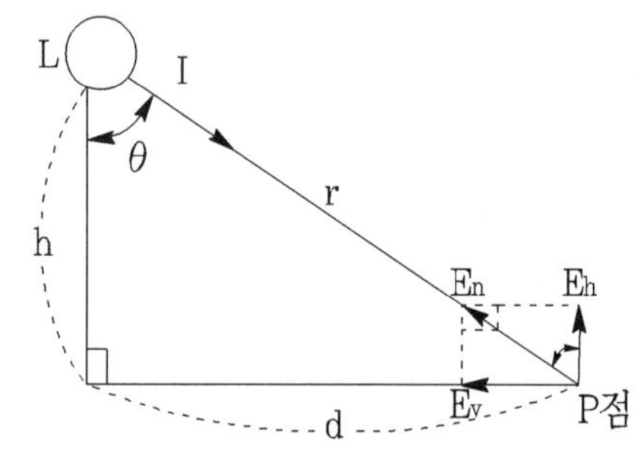

- 법선 조도 : $E_n = \dfrac{I}{r^2}$[lx]
- 수평면 조도 : $E_h = E_n \cos\theta = \dfrac{I}{r^2}\cos\theta = \dfrac{I}{h^2}\cos\theta^3$[lx]
- 수직면 조도 : $E_v = E_n \sin\theta = \dfrac{I}{r^2}\sin\theta = \dfrac{I}{d^2}\sin\theta^3 = \dfrac{I}{h^2}cos^2\theta \sin\theta$[lx]

02 출제 : 10, 18년 • 배점 : 9점

3상 154[kV] 회로도와 조건을 이용하여 F점에서 단락 사고가 발생한 경우, 단락 전류 등을 154[kV], 100[MVA] 기준으로 계산하는 과정에 대한 다음 물음에 답하시오.

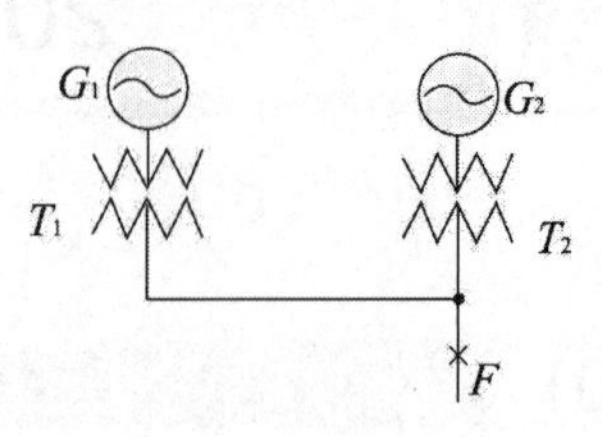

〈조 건〉

① 발전기 $G_1 : S_{G1} = 20[MVA]$, $\%Z_{G1} = 30[\%]$

$G_2 : S_{G2} = 5[MVA]$, $\%Z_{G1} = 30[\%]$

② 발전기 T_1 : 전압 $11/154[kA]$, 용량 : $20[MVA]$, $\%Z_{T1} = 10[\%]$

T_2 : 전압 $6.6/154[kA]$, 용량 : $5[MVA]$, $\%Z_{T2} = 10[\%]$

③ 송전선로 : 전압 154[kV], 용량 : 20[MVA], $\%Z_{TL} = 5[\%]$

(1) 정격전압과 정격용량을 각각 154[kV], 100[MVA]로 할 때 정격전류(I_n)을 구하시오.

•계산 : •답 :

(2) 발전기(G_1, G_2), 변압기(T_1, T_2) 및 송전 선로의 %임피던스 $\%Z_{G1}$, $\%Z_{G2}$, $\%Z_{T1}$ $\%Z_{T2}$, $\%Z_{TL}$ 을 각각 구하시오.

•계산 : •답 :

(3) 점 F점에서의 협성%임피던스를 구하시오.

•계산 : •답 :

(4) 점 F점에서의 3상 단락전류 I_s를 구하시오.

•계산 : •답 :

(5) F점에 설치할 차단기의 용량을 구하시오.

•계산 : •답 :

|계|산|및|정|답|

(1) 【계산】 $I_n = \frac{P_n}{\sqrt{3}\,V_n} = \frac{100 \times 10^6}{\sqrt{3} \times 154 \times 10^3} = 374.903$ 【정답】 374.9[A]

(2) 【계산】 ① $\%Z_{G1} = \frac{100}{20} \times 30 = 150[\%]$ 【정답】 150[%]

② $\%Z_{G2} = \frac{100}{5} \times 30 = 600[\%]$ 【정답】 600[%]

③ $\%Z_{T1} = \frac{100}{20} \times 10 = 50[\%]$ 【정답】 50[%]

④ $\%Z_{T2} = \frac{100}{5} \times 10 = 200[\%]$ 【정답】 200[%]

⑤ $\%Z_{TL} = \frac{100}{20} \times 5 = 25[\%]$ 【정답】 25[%]

(3) 【계산】 $\%Z = \%Z_{TL} + \frac{(\%Z_{G1} + \%Z_{T1}) \times (\%Z_{G2} + \%Z_{T2})}{(\%Z_{G1} + \%Z_{T1}) + (\%Z_{G2} + \%Z_{T2})} = \frac{(150+50) \times (600+200)}{(150+50)+(600+200)} + 25 = 185[\%]$

【정답】 185[%]

(4) 【계산】 $I_S = \frac{100}{\%Z} \times I_n = \frac{100}{185} \times 374.9 = 202.648$ 【정답】 202.65[A]

(5) 【계산】 차단용량 $P_S = \sqrt{3} \times$ 정격전압$[kV] \times$ 정격차단전류$[kA]$ → (정격전압$[kV]$ = 공칭전압 $\times \frac{1.2}{1.1}$)

$= \sqrt{3} \times 154 \times 10^3 \times \frac{1.2}{1.1} \times 202.65 \times 10^{-6} = 58.97$ 【정답】 58.97[MVA]

|추|가|해|설|

(1) 정격전류 $I_n = \frac{P_n}{\sqrt{3}\, V_n}[A]$

(2) %임피던스 $\%Z = \frac{P[\text{kVA}] \cdot Z[\Omega]}{10\, V^2[\text{kV}]}[\%]$

(3) 합성%임피던스 $\%Z = \%Z_{TL} + \frac{(\%Z_{G1} + \%Z_{T1}) \times (\%Z_{G2} + \%Z_{T2})}{(\%Z_{G1} + \%Z_{T1}) + (\%Z_{G2} + \%Z_{T2})}[\Omega]$

(4) 단락전류 $I_S = \frac{100}{\%Z} \times I_n[A]$

(5) 차단용량 $P_S = \sqrt{3} \times$ 정격전압$[kV] \times$ 정격차단전류$[kA]$ → (정격전압$[kV]$ = 공칭전압 $\times \frac{1.2}{1.1}$)

03

출제 : 08, 18년 • 배점 : 5점

제5고조파 전류의 확대 방지 및 파형의 일그러짐을 방지하기 위하여 콘덴서에 직렬 리액터를 설치하고자 한다. 콘덴서 용량이 500[kVA]라고 할 때 다음 각 물음에 답하시오,

(1) 이론상 필요한 직렬 리액터의 설치 용량은 몇 [kVA]인가?

·계산 : ·답 :

(2) 실제적으로 설치하는 직렬 리액터의 용량[kVA]과 이유를 간단히 쓰시오.

① 직렬 리액터의 용량 :

② 이유 :

|계|산|및|정|답|

(1) 【계산】 이론상 리액터의 용량=$500 \times 0.04 = 20[kVA]$ 【정답】 20[kVA]

(2) ① 실제적 리액터의 용량=$500 \times 0.06 = 30[kVA]$ 【정답】 30[kVA]

② 【이유】 이론상 콘덴서 용량의 4[%] 이지만 주파수 변동 등을 고려하여 6[%]를 표준 정격으로 한다.

04

출제 : 11, 18년 • 배점 : 5점

단상 2선식 220[V] 옥내 배선에서 소비전력이 40[W], 역률 80[%]의 형광등 180개를 설치할 때 15[A]의 분기회로의 최소 회선수를 구하시오. 단, 한 회선의 부하전류는 분기회로 용량의 80[%]로 한다.

|계|산|및|정|답|

【계산】 상정 부하용량 $P_a = \frac{40}{0.8} \times 180 = 9000[VA]$

$$\text{분기회로수 } N = \frac{\text{상정부하[VA]}}{\text{전압[V]} \times \text{분기회로 전류[A]}} = \frac{9000}{220 \times 15 \times 0.8} = 3.41 \rightarrow 4[\text{회로}]$$

(※ 분기회로수 산정시 소수가 발생되면 무조건 절상하여 산출한다.)

【정답】 15[A]분기 4회로

|추|가|해|설|

(1) 표준부하에 의한 분기회로 계산 방법

① 표준부하에 의해서 최대부하용량을 산정한다.

② 분기회로수[N]= $\dfrac{\text{최대 부하산정 용량[W]}}{\text{전압[V]} \times \text{분기회로 정격전류[A]}}$

※ · 최대상정부하=바닥면적×표준부하+룸에어콘+가산부하

· 분기회로수 산정시 소수가 발생되면 무조건 절상하여 산출한다.

· 220[V]에서 3[kW](110[V] 때는 1.5[kW] 이상인 냉방기기, 취사용 기기 등 대형 전기 기계기구를 사용하는 경우에는 단독 분기회로를 사용하여야 한다.

(2) 실부하(사무실 형광등)에 의한 분기회로수 계산 방법

① 등수가 주어졌을 때

㉮ 총 설비용량을 산정한다.

㉯ 분기회로수= $\dfrac{\text{총설비용량}[W]}{\text{역률}[\cos\theta] \times \text{전압}[V] \times \text{분기회로정격}[A]}$

② 등수가 안 주어졌을 때 (램프전류가 주어진다)

㉮ 등수[N]= $\dfrac{E \times A \times D}{F \times U}$

여기서, E : 평균 조도[lx]　　F : 램프 1개당 광속[lm]　　N : 램프 수량[개]

U : 조명률　　A : 방의 면적[m^2](방의 폭×길이)　　D : 감광보상률)

㉯ 총(최대) 전류를 구한다.　→ (등수[N]×등당 램프전류[A])

㉰ 분기회로수= $\dfrac{\text{총(최대) 전류}[A]}{\text{분기회로정격}[A]}$

※ 분기회로 정격은 100[%]로 하지만 분기회로 정격이 80[%]로 주어졌을 때에는 분기회로 정격[A]에 0.8을 곱한다.

05 출제 : 17, 18년 • 배점 : 5점

지상역률 80[%]인 100[kW] 부하에 지상역률 60[%]의 70[kW] 부하를 연결하였다. 이때 합성역률을 90[%]로 계산하는데 필요한 콘덴서 용량은 몇 [kVA]인가?

·계산 : ·답 :

|계|산|및|정|답|

【계산】 ·합성 무효 전력 $Q=Q_1+Q_2=P_1\tan\theta_1+P_2\tan\theta_2=100\times\frac{0.6}{0.8}+70\times\frac{0.8}{0.6}=168.33[\text{kVar}]$

·합성 유효 전력 $P=P_1+P_2=100+70=170[\text{kW}]$

·합성 용량 $P_a=\sqrt{P^2+Q^2}=\sqrt{170^2+168.33^2}=239.24[kVA]$

·합성 역률 $\cos\theta=\frac{P}{P_a}\times 100=\frac{170}{239.24}\times 100=71.06[\%]$

$\therefore$ 콘덴서 용량 $Q=P(\tan\theta_1+\tan\theta_2)=P\left(\frac{\sqrt{1-\cos^2\theta_1}}{\cos\theta_1}-\frac{\sqrt{1-\cos^2\theta_2}}{\cos\theta_2}\right)$

$$=170\times\left(\frac{\sqrt{1-0.7106^2}}{0.7106}-\frac{\sqrt{1-0.9^2}}{0.9}\right)=85.99[\text{kVA}]$$

【정답】 85.99[kVA]

|추|가|해|설|

역률 변화 시의 콘덴서 용량 $Q_c=Q_1-Q_2=P\tan\theta_1-P\tan\theta_2=P(\tan\theta_1-\tan\theta_2)$

$$=P\left(\frac{\sin\theta_1}{\cos\theta_1}-\frac{\sin\theta_2}{\cos\theta_2}\right)=P\left(\sqrt{\frac{1}{\cos^2\theta_1}-1}\sqrt{\frac{1}{\cos^2\theta_2}-1}\right)$$

여기서, Q_c : 부하 P[kW]의 역률을 $\cos\theta_1$에서 $\cos\theta_2$로 개선하고자 할 때 콘덴서 용량[kVA]

P : 대상 부하용량[kW], $\cos\theta_1$: 개선 전 역률, $\cos\theta_2$: 개선 후 역률

06

출제 : 18년 • 배점 : 12점

그림은 3상 4선식 22.9[kV] 수전설비 단선결선도이다.

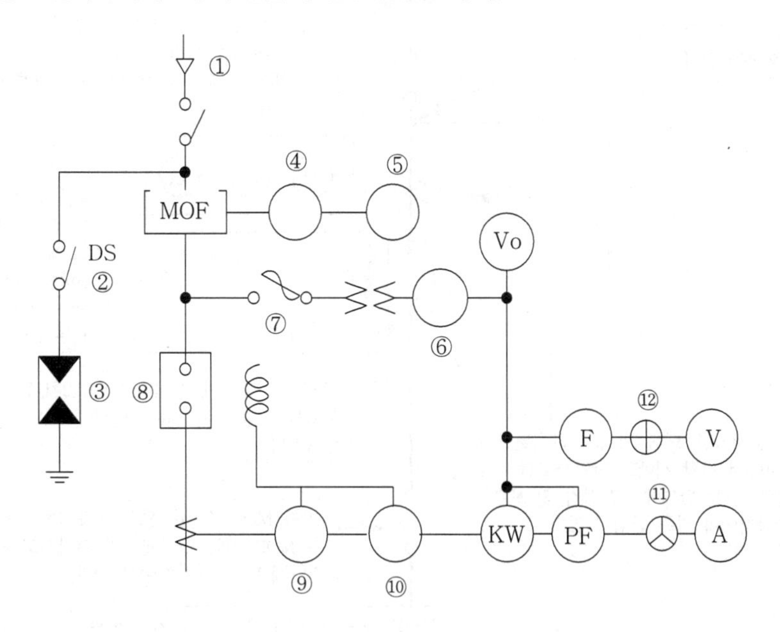

(1) ①의 심벌의 용도를 쓰시오.

(2) ②의 심벌의 명칭과 용도를 쓰시오.

(3) ③의 심벌의 용도를 쓰시오.

(4) ④부터 ⑫까지의 심벌의 명칭을 쓰시오.

|계|산|및|정|답|

(1) 【용도】 케이블의 단말처리

(2) 【명칭】 단로기

【용도】 피뢰기 전원 개방

(3) 【명칭】 피뢰기

【용도】 뇌전류를 대지로 방전시키고 속류를 차단

(4) ④ 최대수요전력량계 ⑤ 무효전력량계 ⑥ 지락과전압계전기

⑦ 전력퓨즈 또는 컷아웃스위치 ⑧ 교류차단기 ⑨ 과전류계전기

⑩ 지락과전류계전기 ⑪ 전류계용 전환개폐기 ⑫ 전압계용 전환개폐기

|추|가|해|설|

[표준 결선도 작성 예]

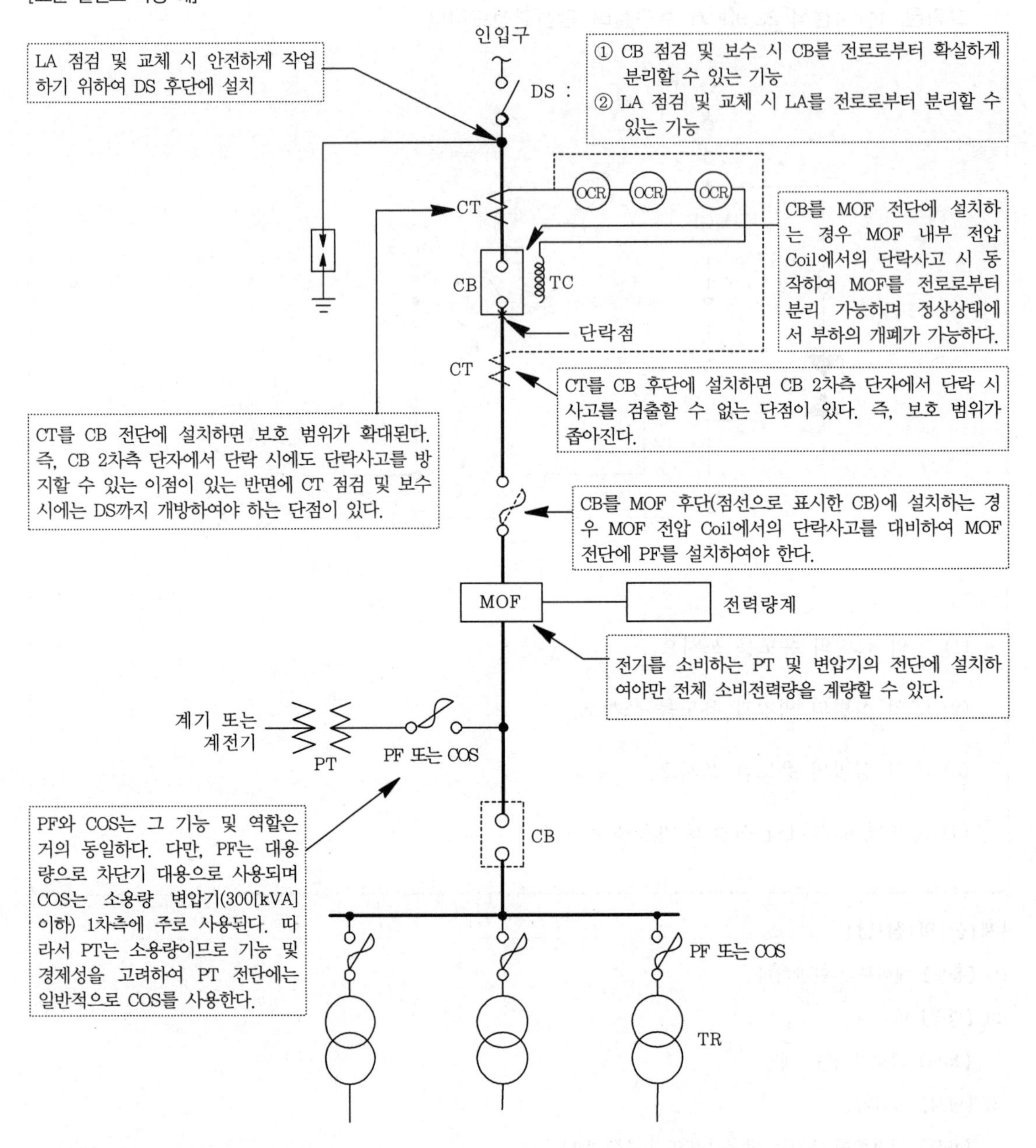

07

출제 : 18년 • 배점 : 5점

태양광 모듈 1장의 출력이 300[W], 변환효율이 20[%] 일 때 , 발전소 발전용량이 12[kW]인 태양광 발전소의 최소 설치 필요 면적은 몇 [m^2]인지 구하시오. 단, 일사량은 1000[W/m^2], 이격거리는 고려하지 않는다.

・계산 :　　　　　　　　　　　　　　・답 :

|계|산|및|정|답|

【계산】 ① 태양전지모듈 변화효율 $\eta=\frac{P_{mpp}}{A\times S}\times 100[\%]$

모듈면적 $A=\frac{P_{mpp}}{\eta\times S}\times 100=\frac{300}{20\times 1000}\times 100=1.5[m^2]$

② 발전용량은 12[kW], 모듈 1장의 출력은 300[W]이므로

태양전지모듈 수 $N=\frac{12000}{300}=40[EA]$

따라서 태양광발전소의 최소 설치 면적=40×1.5=60[m^2]　　　【정답】 60[m^2]

|추|가|해|설|

$$모듈변환효율=\frac{모듈출력[W]}{1[m^2]에\ 입사된\ 에너지량[W]}\times 100[\%]$$

일사량이 1000[W/m^2]라면

1[m^2]에 입사된 에너지량[W]=모듈면적[m^2]×1000[W/m^2]

모듈출력 $P_{mpp}[W]$, 모듈면적 $A[m^2]$라면

$$모듈변환효율=\frac{P_{mpp}[W]}{A[m^2]\times 1000[W/m^2]}\times 100[\%]$$

08 출제 : 05, 07, 18년 • 배점 : 14점

3층 사무실용 건물에 3상 3선식의 6000[V]를 수전하여 200[V]로 체강하여 수전하는 설비를 하였다. 각종 부하 설비가 [표1], [표2]와 같을 때 주어진 조건을 이용하여 다음 각 물음에 답하시오.

[표1] 동력 부하 설비

사용 목적	용량	대수	상용 동력 [kW]	하계 동력 [kW]	동계 동력 [kW]
난방 관계					
··일러 펌프	6.7	1			6.7
·오일 기어 펌프	0.4	1			0.4
·온수 순환 펌프	3.7	1			3.7
공기 조화 관계					
·1, 2, 3층 패키지 콤프레셔	7.5	6		45.0	
·콤프레셔 팬	5.5	3	16.5		
·냉각수 펌프	5.5	1		5.5	
·쿨링 타워	1.5	1		1.5	
급수배수 관계					
·양수 펌프	3.7	1	3.7		
기타					
·소화 펌프	0.5	1	5.5		
·셔터	0.4	2	0.8		
합　계			26.5	52.0	10.8

[표2] 조명 및 콘센트 부하 설비

사용 목적	와트수[W]	설치수량	환산 용량[VA]	총용량[VA]	비고
전등 관계					
·수은등 A	200	2	260	520	200[V] 고역률
·수은등 B	100	8	140	1120	100[V] 고역률
·형광등	40	820	55	45100	200[V] 고역률
·백열전등	60	20	60	1200	
콘센트 관계					
··일반 콘센트		70	150	10500	2P 15[A]
·환기팬용 콘센트		8	55	440	
·히터용 콘센트	1500	2		3000	
·복사기용 콘센트		4		3600	
·텔레타이프용 콘센트		2		2400	
·룸 쿨러용 콘센트		6		7200	
기타					
·전화 교환용 정류기		1		800	
합　계				75880	

[표3] 변압기 용량

상 별	제작회사에서 시판되는 표준용량[kVA]
단상, 3상	5, 10, 15, 20, 30, 50, 75, 100, 150, 200, 250, 300

〈조 건〉

1. 동력 부하의 역률은 모두 70[%]이며, 기타는 100[%]로 간주한다.
2. 조명 및 콘센트 부하 설비의 수용률은 다음과 같다.
   - 전등 설비 : 60[%]
   - 콘센트 설비 : 70[%]
   - 전화 교환용 정류기 : 100[%]
3. 변압기 용량 산출시 예비율(여유율)은 고려하지 않으며 용량은 표준 규격으로 한다.
4. 변압기 용량 산정시 필요한 동력 부하 설비의 수용률은 전체 평균 65[%]로 한다.

(1) 동계 난방 때 온수 순환 펌프는 상시 운전하고, 보일러용과 오일 기어 펌프의 수용률이 55[%] 일 때 난방 동력 수용 부하는 몇 [kW]인가?

·계산 : ·답 :

(2) 상용 동력, 하계 동력, 동계 동력에 대한 피상 전력은 몇 [kVA]가 되겠는가?

① 상용 동력

·계산 : ·답 :

② 하계 동력

·계산 : ·답 :

③ 동계 동력

·계산 : ·답 :

(3) 이 건물의 총 전기 설비 용량은 몇 [kVA]를 기준으로 하여야 하는가?

·계산 : ·답 :

(4) 조명 및 콘센트 부하 설비에 대한 단상 변압기의 용량은 최소 몇 [kVA]가 되어야 하는가?

·계산 : ·답 :

(5) 동력 부하용 3상 변압기의 용량은 몇 [kVA]가 되겠는가?

·계산 : ·답 :

(6) 단상과 3상 변압기의 전류계용으로 사용되는 변류기의 1차측 정격전류는 각각 몇 [A]인가?

① 단상

·계산 : ·답 :

② 3상

・계산 : ・답 :

(7) 역률 개선을 위하여 각 부하마다 전력용 콘덴서를 설치하려고 할 때 보일러 펌프의 역률을 95[%]로 개선하려면 몇 [kVA]으 전력용 콘덴서가 필요한가?

・계산 : ・답 :

|계|산|및|정|답|

(1) 【계산】 수용 부하 $=3.7+(6.7+0.4)\times 0.55=7.61[kW]$이다. → (수용률 55[%]를 [표1]에 적용)

【정답】 7.61[kW]

(2) 【계산】 ① 상용 동력의 피상전력 : $P_a=\dfrac{P}{\cos\theta}=\dfrac{26.5}{0.7}=37.86[kVA]$ 【정답】 37.86[kVA]

② 하계 동력의 피상전력 : $\dfrac{52.0}{0.7}=74.29[kVA]$ 【정답】 74.29[kVA]

③ 동계 동력의 피상전력 : $\dfrac{10.8}{0.7}=15.43[kVA]$ 【정답】 15.43[kVA]

(3) 【계산】 ① 동력부하용량 =상용 동력+하계 동력 = $37.86+74.29=112.15[kVA]$

② 조명 콘센트 부하용량=75880[VA]=75.88[kVA]

∴ 계 112.15+75.88=188.03 【정답】 188.03[kVA]

(4) 【계산】 ① 전등 관계 : $(520+1120+45100+1200)\times 0.6\times 10^{-3}=28.76[kVA]$

② 콘센트 관계 : $(10500+440+3000+3600+2400+7200)\times 0.7\times 10^{-3}=19[kVA]$

③ 기타 : $800\times 1\times 10^{-3}=0.8[kVA]$

따라서 $28.76+19+0.8=48.56[kVA]$이므로 단상 변압기 용량은 $50[kVA]$가 된다.

【정답】 50[kVA]

(5) 【계산】 $\dfrac{(26.5+52.0)}{0.7}\times 0.65=72.89[kVA]$ → [표3] 3상 변압기 용량 $75[kVA]$ 선정

【정답】 75[kVA]

(6) 【계산】 ① 단상 : $I=\dfrac{P}{V}\times 1.25\sim 1.5=\dfrac{50\times 10^3}{6\times 10^3}\times(1.25\sim 1.5)=10.42\sim 12.5[A]$ $\therefore 15[A]$ 선정

【정답】 15[A]

② 3상 : $I=\dfrac{P}{\sqrt{3}\,V}\times 1.25\sim 1.5=\dfrac{75\times 10^3}{\sqrt{3}\times 6\times 10^3}\times(1.25\sim 1.5)=9.02\sim 10.82[A]$ $\therefore 10[A]$ 선정

【정답】 10[A]

(7) 【계산】 $Q_c=P(\tan\theta_1-\tan\theta_2)=P\left(\dfrac{\sin\theta_1}{\cos\theta_1}-\dfrac{\sin\theta_2}{\cos\theta_2}\right)=P\left(\dfrac{\sqrt{1-\cos\theta_1^2}}{\cos\theta_1}-\dfrac{\sqrt{1-\cos\theta_2^2}}{\cos\theta_2}\right)$

$=6.7\left(\dfrac{\sqrt{1-0.7^2}}{0.7}-\dfrac{\sqrt{1-0.95^2}}{0.95}\right)=4.63[kVA]$ 【정답】 4.63[kVA]

|추|가|해|설|

(2) 피상전력 $P_a=\dfrac{P}{\cos\theta}[kVA]$

(5) 변압기 용량 $=\dfrac{\text{설비용량}[kVA]\times\text{수용률}}{\text{역률}}$

09

출제 : 15, 18년 • 배점 : 6점

고압 이상에 사용되는 차단기의 종류를 3가지만 쓰시오.

|계|산|및|정|답|

① 가스 차단기

② 유입 차단기

③ 진공 차단기

|추|가|해|설|

[소호 원리에 따른 차단기의 종류]

종류		소호원리
명칭	약어	
유입차단기	OCB	절연유 분해 가스의 열전도 및 압력에 의한 blast를 이용해서 차단
기중차단기	ACB	대기 중에서 아크를 길게 해서 소호실에서 냉각 차단
자기차단기	MBB	대기중에서 전자력을 이용하여 아크를 소호실 내로 유도해서 냉각 차단
공기차단기	ABB	압축된 공기를 아크에 불어 넣어서 차단
진공차단기	VCB	고진공 중에서 전자의 고속도 확산에 의해 차단
가스차단기	GCB	특수 가스(SF_6)를 이용해서 차단

10

출제 : 03, 04, 11, 12, 17, 18년 • 배점 : 5점

25[m]의 거리에 있는 분전함에서 4[kW]의 교류 단상 200[V] 전열기를 설치하였다. 배선 방법을 금속관공사로 하고 전압 강하를 1[%] 이하로 하기 위하여 전선의 굵기를 얼마로 선정하는 것이 적당한가? 단, 전선규격은 1.5, 2.5, 4, 6, 10, 16, 25, 35에서 선정한다.

·계산 : ·답 :

|계|산|및|정|답|

【계산】 전류 $I=\frac{P}{V}=\frac{4\times10^3}{200}=20[A]$

전압강하 $e=200\times0.01=2[V]$

$A=\frac{35.6LI}{1000\cdot e}=\frac{35.6\times25\times20}{1000\times2}=8.9[\text{mm}^2]$

【정답】 10[mm²]

|추|가|해|설|

[전압 강하 및 전선의 단면적]

전기 방식	전압 강하		전선 단면적
단상3선식 직류3선식 3상4선식	$e=IR$	$e=\frac{17.8L}{1000A}$	$A=\frac{17.8LI}{1000e}$
단상 2선식 및 직류 2선식	$e=2IR$	$e=\frac{35.6L}{1000A}$	$A=\frac{35.6LI}{1000e}$
3상 3선식	$e=\sqrt{3}IR$	$e=\frac{30.8L}{1000A}$	$A=\frac{30.8LI}{1000e}$

[KSC IEC 전선의 규격[mm^2]]

1.5	2.5	4
6	10	16
25	35	50
70	95	120
150	185	240
300	400	500

여기서, A : 전선의 단면적[mm²], e : 외측선 또는 각 상의 1선과 중성선 사이의 전압강하[V]

L : 전선 1본의 길이[m], C : 전선의 도전율(경동선 97[%])

11

출제 : 00, 05, 18년 • 배점 : 6점

50[Hz]로 설계된 3상 유도전동기를 동일 전압으로 60[Hz]에 사용할 경우 다음 요소는 어떻게 변화하는지를 수치를 이용하여 설명하시오.

(1) 무부하전류

(2) 온도 상승

(3) 속도

|계|산|및|정|답|

(1) 5/6으로 감소　　(2) 5/6으로 감소　　(3) 6/5로 증가

|추|가|해|설|

(1) $V = 4.44K_w \omega f \varnothing [V] \rightarrow \varnothing = \frac{V}{4.44K_w \omega f} \rightarrow \therefore I_\varnothing \propto \varnothing \propto \frac{1}{f}$

주파수가 높아지면 자화전류가 감소하고 그에 따라 무부하전류(여자전류)도 감소한다.

(2) 히스테리시스손 $P_h \propto fB_m^2 \propto f\varnothing^2 \propto f \cdot (\frac{1}{f})^2 \propto \frac{1}{f}$

주파수가 높아지면 히스테리시스손이 감소하고 그에 따라 전동기의 온도도 감소한다.

(3) 속도 $N_s = \frac{120f}{p} \rightarrow N_s \propto f$

주파수가 높아지면 전동기의 속도도 증가한다.

12

출제 : 09, 18년 • 배점 : 8점

예비 전원 설비를 축전지 설비로 하고자 할 때, 다음 각 물음에 답하시오.

(1) 연축전지와 알칼리 축전지를 비교할 때, 알칼리 축전지의 장·단점 1가지를 쓰시오.

·장점 :

·단점 :

(2) 축전지의 공칭전압[V/cell]은?

① 연축전지 ② 알칼리 축전지

(3) 축전지의 충전 방식으로 가장 많이 사용되는 부동 충전 방식에 대하여 설명하시오.

(4) 연축전지의 정격용량 250[Ah], 표준 전압 100[V], 상시부하가 15[kW]일 때 2차 전류(충전 전류)값은 얼마인가? (단, 연축전지의 공칭방전율은 10시간으로 한다.)

·계산 : ·답 :

|계|산|및|정|답|

(1) ① 장점 : ·수명이 길다.
·기계적 강도가 크다.
·과충전, 과방전에 강하다.
·고효율 방전 특성이 우수하며 온도 특성이 좋다.
② 단점 : ·가격이 비싸다.
·cell당 전압이 낮다.

(2) ① 연축전지 : 2.0[V/Cell] ② 알칼리 축전지 : 1.2[V/Cell]

(3) 축전지와 부하를 충전기에 병렬로 접속하여 사용하는 방식으로 축전지의 자기 방전을 보충함과 동시에 일상적인 부하전류는 충전기가 공급하되, 충전기가 공급하기 어려운 일시적인 대전류 부하는 축전지가 공급하는 충전 방식

(4) 【계산】 $I_2 = \frac{250}{10} + \frac{15000}{100} = 175[A]$ 【정답】 175[A]

|추|가|해|설|

(1) 연축전지

① 화학 반응식 : $PbO_2 + 2H_2SO_4 + Pb \underset{\leftarrow 충전}{\overset{방전\rightarrow}{\rightleftarrows}} PbSO_4 + 2H_2O + PbSO_4$
양극 전해액 음극 양극 전해액 음극

㉮ 양극 : 이산화 연(납)(PbO_2) ㉯ 음극 : 연(납)(Pb) ㉰ 전해액 : 황산(H_2SO_4)

② 공칭전압 : 2.0[V/cell]

③ 공칭용량 : 10[Ah]

④ 방전종료전압 : 1.8[V]

⑤ 연축전지의 종류

㉮ 클래드식(CS형 : 완 방전형) : 변전소 및 일반 부하에 사용, 부동 충전 전압 2.15[V/cell]

㉯ 페이스트식(HS형 : 급 방전형) : UPS 설비 등의 대전류용에 사용, 부동 충전 전압 2.18[V/cell]

(2) 알칼리축전지

① 화학 반응식 : $\underset{\text{양극}}{2Ni(OH)_2} + \underset{\text{음극}}{Cd(OH)_2} \underset{\leftarrow\text{충전}}{\overset{\text{방전}\rightarrow}{\longleftrightarrow}} \underset{\text{양극}}{2Ni\ OOH} + 2H_2O + \underset{\text{음극}}{Cd}$

㉮ 양극 : 수산화니켈($Ni(OH)_2$

㉯ 음극 : 카드뮴(Cd)

㉰ 전해액 : 수산화칼륨(KOH)

② 공칭전압 : 1.2[V/cell]

③ 공칭용량 : 5[Ah]

(4) 충전기 2차 충전전류[A] $I = \frac{\text{축전지의 정격용량}[Ah]}{\text{축전지의 공칭방전율}[h]} + \frac{\text{상시부하용량}[W]}{\text{표준전압}[V]}$

13

출제 : 18년 • 배점 : 4점

지중전선로에서 케이블의 매설 깊이는 관로식인 경우와 직접 매설식(차량 및 기타 중량물의 압력을 받을 우려가 있는 경우임)인 경우에 각각 얼마 이상으로 하여야 하는가?

시설장소	매설깊이
관로식	(1)
직접 매설식	(2)

|계|산|및|정|답|

시설장소	매설깊이
관로식	(1) 1.0[m] 이상
직접 매설식	(2) 1.0[m] 이상

|추|가|해|설|

[지중 전선로의 시설]

지중 전선로는 전선에 케이블을 사용하고 관로식, 암거식 또는 직접 매설식에 의할 것

① 관로식에 의하는 경우 매설 깊이를 1.0 [m]이상으로 하되, 매설 깊이가 충분하지 못한 장소에는 견고하고 차량 기타 중량물의 압력에 견디는 것을 사용할 것. 다만 중량물의 압력을 받을 우려가 없는 곳은 60 [cm] 이상으로 한다.

② 지중 전선로를 직접 매설식에 의하는 경우 매설 깊이는 차량 기타 중량물의 압력을 받을 우려가 있는 장소 1.0[m] 이상, 기타 0.6[m] 이상으로 견고한 트라프 기타 방호 등에 넣어 시설할 것. 다만, 다음 각 호의 어느 하나에 해당하는 경우에는 지중전선을 견고한 트라프 기타 방호물에 넣지 아니하여도 된다.

14 출제 : 12, 18년 • 배점 : 5점

지표면상 15[m] 높이의 수조가 있다. 이 수조에서 시간당 $5000[m^3/h]$의 물을 양수하는데 필요한 펌프용 전동기의 소요동력은 몇 [kW]인가? (단, 펌프의 효율은 55[%], 여유계수 K=1.1로 한다.)

·계산 : ·답 :

|계|산|및|정|답|

【계산】 펌프용 전동기의 소요동력(분당 양수량인 경우) $P=\dfrac{9.8\times Q\times H}{\eta}K$

여기서, K : 여유계수(손실계수), Q : 분당 양수량$[m^3/min]$ H : 총양정[m], η : 효율

$$P=\frac{9.8\times\frac{5000}{3600}\times 15\times 1.1}{0.55}=408.33[kW]$$

【정답】 408.33[kW]

|추|가|해|설|

① 펌프용 전동기의 용량 $P=\dfrac{9.8Q'[m^3/sec]HK}{\eta}[kW]=\dfrac{9.8Q[m^3/min]HK}{60\times\eta}[kW]=\dfrac{Q[m^3/min]HK}{6.12\eta}[kW]$

여기서, P : 전동기의 용량[kW], Q' : 양수량$[m^3/sec]$, Q : 양수량$[m^3/min]$

H : 양정(낙차)[m], η : 펌프효율, K : 여유계수(1.1~1.2 정도)

② 권상용 전동기의 용량 $P=\dfrac{K\cdot W\cdot V}{6.12\eta}[KW]$ →(K : 여유계수, W : 권상 중량 [ton], V : 권상 속도[m/min], η : 효율)

③ 엘리베이터용 전동기의 용량 $P=\dfrac{KVW}{6120\eta}[kW]$

여기서, P : 전동기 용량[kW], η : 엘리베이터 효율, V : 승강속도[m/min]

W : 적재하중[kg](기계의 무게는 포함하지 않는다.), K : 계수(평형률)

15

출제 : 18년 • 배점 : 5점

다음 논리식에 대한 물음에 답하시오.

$X = \overline{A}B + C$

(1) 논리회로를 그리시오.

(2) (1)번을 2입력 NAND만으로 그리시오.

|계|산|및|정|답|

(1)

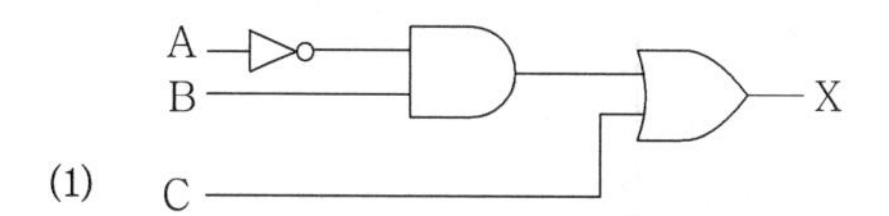

(2)

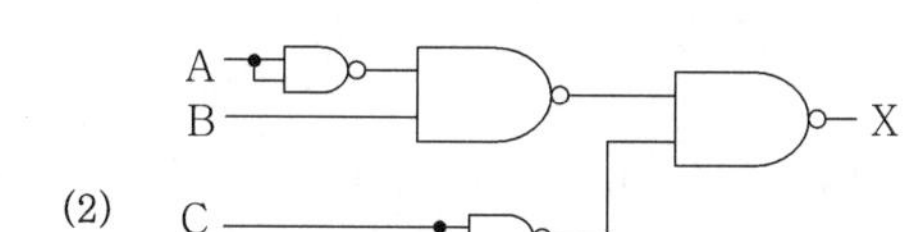

02 2018년 전기산업기사 실기

01 출제 : 01, 03, 06, 18년 • 배점 : 4점

그림은 어느 수용가의 일부하 곡선이다. 이 수용가의 일부하율은 몇 [%]인가?

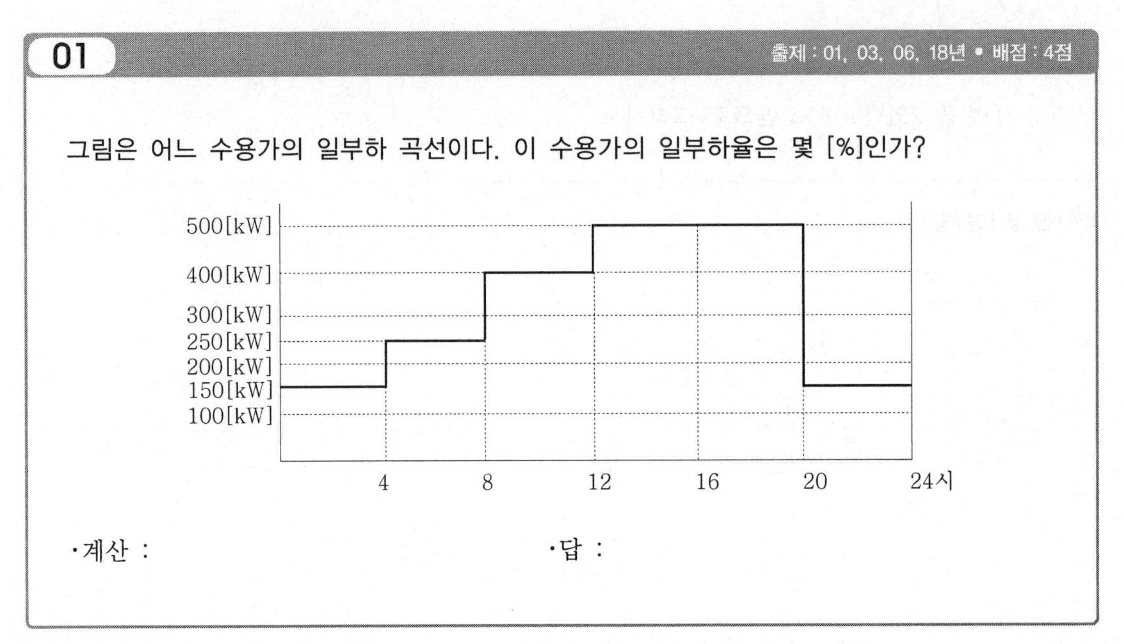

•계산 : •답 :

|계|산|및|정|답|

【계산】 일부하율 $= \dfrac{\dfrac{1\text{일 사용 전력량}}{24}}{1\text{일중 최대 전력}[\text{kW}]} \times 100 = \dfrac{\dfrac{(150\times4+250\times4+400\times4+500\times8+150\times4)}{24}}{500} \times 100 = 65[\%]$

【정답】 65[%]

|추|가|해|설|

① 부하율 $= \dfrac{\text{평균 수요 전력}[\text{kW}]}{\text{합성 최대 수요 전력}[\text{kW}]} \times 100[\%]$ → (평균전력$[\text{kW}] = \dfrac{\text{총사용전력량}[\text{kWh}]}{\text{사용시간}[\text{h}]}$)

② 부하율 $= \dfrac{\text{평균 수요 전력}[\text{kW}]}{\text{수용설비 용량의 합}} \times \dfrac{\text{부등률}}{\text{수용률}} [\%]$

③ 일부하율$= \dfrac{\dfrac{1\text{일 사용전력량}}{24}}{1\text{일중 최대전력}} \times 100[\%]$

④ 월부하율$= \dfrac{\dfrac{1\text{개월 사용전력량}}{30\times24}}{1\text{개월중 최대전력}} \times 100[\%]$

⑤ 년부하율$= \dfrac{\dfrac{1\text{년 동안 사용전력량}}{365\times24}}{1\text{년중 최대전력}} \times 100[\%]$

※ 부하율은 수용률과 반비례하고, 부하율과 부등률은 비례한다.

02

출제 : 18년 • 배점 : 12점

3상 3선식 6.6[kV]로 수전하는 수용가의 수전점에서 100/5[A], CT 2대와 6600/110[V] PT 2대를 사용하여 CT 및 PT 2차측에서 측정한 3상 전력이 300[W]였다면 수전전력은 몇 [kW]인지 계산하시오.

·계산 : ·답 :

|계|산|및|정|답|

【계산】 수전전력 $P_1 = $ 측정전력(전력계의 지시값) $\times CT$비 $\times PT$비

$$= 300 \times \frac{6600}{110} \times \frac{100}{5} \times 10^{-3} = 360$$

【정답】 360[kW]

03

출제 : 18년 • 배점 : 5점

송전선로에 대한 다음 물음에 답하시오.

(1) 송전선로에서 사용하는 중성점 접지방식의 종류 4가지를 쓰시오.

(2) 우리나라 송전선로에서 사용하는 중성점 접지방식을 쓰시오.

(3) 유효접지의 배수는?

|계|산|및|정|답|

(1) ① 직접접지방식 ② 소호리액터 접지방식 ③ 저항접지방식 ④ 비접지방식

(2) 직접접지방식

(3) 1.3배

|추|가|해|설|

유효접지: 1선 지락사고 시 건전상의 전압 상승이 평상 시 대지전압의 1.3배를 넘지 않도록 임피던스를 조절한 접지방식

04

출제 : 09, 18년 • 배점 : 6점

과도적인 과전압을 제한하고 서지(Surge)전류를 분류하는 목적으로 사용하는 SPD(서지 보호장치)에 대한 다음 물음에 답하시오.

(1) 기능별 종류 3가지를 쓰시오.

(2) 구조별 종류 2가지를 쓰시오.

|계|산|및|정|답|

(1) ① 전압스위치형 SPD ② 조합형 SPD ③ 전압억제형 SPD

(2) ① 1포트 SPD ② 2포트 SPD

|추|가|해|설|

(1) SPD의 기능에 따른 종류 : 전압스위치형 SPD, 전압제한형 SPD, 복합형 SPD

(2) SPD에는 회로의 접속단자 형태로 1포트 SPD와 2포트 SPD가 있다.

① SPD의 구성 : 1포트 SPD, 2포트 SPD

② 1포트 SPD는 전압 스위치형, 전압제한형 또는 복합형의 기능을 갖는 SPD이고, 2포트 SPD는 복합형의 기능을 가지고 있다.

05

출제 : 13, 18년 • 배점 : 5점

어떤 발전소의 발전기가 13.2[kV], 용량 93000[kVA], %Z=95[%]일 때 임피던스(Z)는 몇 [Ω]인지 계산하시오.

·계산 : ·답 :

|계|산|및|정|답|

【계산】 $\%Z = \frac{P \cdot Z}{10V^2} \rightarrow Z = \frac{\%Z \cdot 10V^2}{P} = \frac{95 \times 10 \times 13.2^2}{93000} = 1.78$ 【정답】 1.78[Ω]

06

출제 : 09, 18년 • 배점 : 5점

부하가 유도전동기이고, 기동용량이 2000[kVA]이고, 기동 시 전압강하는 20[%]까지 허용되며, 발전기의 과도리액턴스가 25[%]일 때 자가발전기의 최소 용량은 몇 [kVA]인지 계산하시오.

·계산 : ·답 :

|계|산|및|정|답|

【계산】 발전기 정격용량[kVA]$=\left(\dfrac{1}{\text{허용전압강하}}-1\right)\times$기동용량[kVA]$\times$과도 리액턴스

$=\left(\dfrac{1}{0.2}-1\right)\times 2000\times 0.25=2000$[kVA]

【정답】 2000[kVA]

07

출제 : 08, 18, 22년 • 배점 : 5점

다음 각 항목을 측정하는 데 가장 알맞은 계측기 또는 측정기를 쓰시오.

(1) 변압기의 절연저항

(2) 검류계의 내부저항

(3) 전해액의 저항

(4) 배전선의 전류

(5) 접지극의 접지저항

|계|산|및|정|답|

(1) 절연저항계(메거) (2) 휘스톤 브리지 (3) 콜라우시 브리지

(4) 후크온 메터 (5) 접지저항계

08

출제 : 08, 17, 18년 • 배점 : 5점

단상 변압기의 병렬운전 조건을 3가지만 쓰시오.

|계|산|및|정|답|

① 변압기의 극성이 같을 것

② 각 변압기의 권수비 및 1차, 2차 정격전압이 같을 것

③ 각 변압기의 %임피던스 강하가 같을 것

④ 내부 저항과 누설 리액턴스의 비가 같을 것

|추|가|해|설|

① 단상 변압기일 때는 극성이, 3상 변압기일 때는 각 변위와 상회전 방향이 같을 것. 변압기의 극성을 반대로 접속하면 변압기를 등가적으로 단락시키게 되며, 각 변위가 다르면 변압기의 순환전류가 흘러 권선 온도의 상승을 가져오고 결국은 고장의 원인이 된다.

② 1차, 2차 전압이 같아야 한다.

병렬운전을 할 변압기는 1차 전압과 2차 전압이 각각 같아야 한다. 만약 전압이 같지 않으면 변압기 간의 순환전류가 흘러 출력이 줄고 변압기가 소손될 수 있다.

③ 임피던스 전압이 같고 저항과 리액턴스비가 같아야 한다.

임피던스 전압이 서로 다르면 변압기의 용량에 비례한 부하 분담을 하지 않고, 임피던스 전압이 작은 쪽이 과부하가 되어 변압기가 소손된다. 즉, 저항과 리액턴스의 비율이 같지 않을 경우 부하의 역률에 따라서는 변압기의 부하분담이 변화하여 소손될 염려가 있다.

09

출제 : 10, 12, 18년 • 배점 : 5점

유입 변압기와 비교한 몰드 변압기의 장점 5가지 쓰시오.

|계|산|및|정|답|

① 난연성, 절연의 신뢰성이 좋다.

② 코로나 특성 및 임펄스 강도가 높다.

③ 소형, 경량화 할 수 있다.

④ 전력 손실이 감소된다.

⑤ 단시간 과부하 내량이 크다.

|추|가|해|설|

[몰드 변압기]

몰드 변압기는 권선 전체를 에폭시수지에 의하여 함침 또는 주형된 고체절연 방식을 채택, 몰드 변압기의 특징은 다음과 같다.

① 경화시에 가스 발생이 없고 반응 수축이 작다.
② 내약품성, 내수성, 내열성이 좋다.
③ 금속에 대한 집착력이 매우 강하다.
④ 권선은 자체 소화성을 갖고 있는 내열성 에폭시수지를 몰드한 난연성이다.
⑤ 몰드 코일 표면이 에폭시수지로 싸여 있으므로 건식 변압기보다 감전 등에 대하여 안전하다.
⑥ 습기 등 오손에 의한 절연 성능이 변하지 않고 절연물이 경련 변화도 없다.
⑦ 무부하 손실이 저감, 저소음 되어 있다.
⑧ 이상 진동 등에 대하여 강한 구조로 되어 있다.

[유입, 건식, 몰드 변압기의 특성 비교]

구분	몰드	건식	유입
기본 절연	고체	기체	액체
절연 구성	에폭수지+무기물충전제	공기, MICA	크레프크지 광유물
내열 계급	B종 : 120[℃] F종 : 150[℃]	H종 : 180[℃]	A종 : 105[℃]
권선 허용 온도 상승 한도	금형방식 : 75[℃] 무금형방식 : 150[℃]	120[℃]	절연유 : 55[℃] 권선 : 50[℃]
단시간 과부하 내량	200[%] 15분	150[%] 15분	
전력 손실	작다	작다	크다
연소성	난연성	난연성	가연성
방재 안정성	매우 강함	강함	개방형-흡습가능
내습 내진성	흡습 가능	흡습 가능	강함
충격파 내 전압 (22[kV]의 경우)	95[kV]	95[kV]	150[kV]

10

출제 : 18년 • 배점 : 5점

다음 유접점에 대한 회로를 보고 MC, RL, GL의 논리식을 쓰시오.

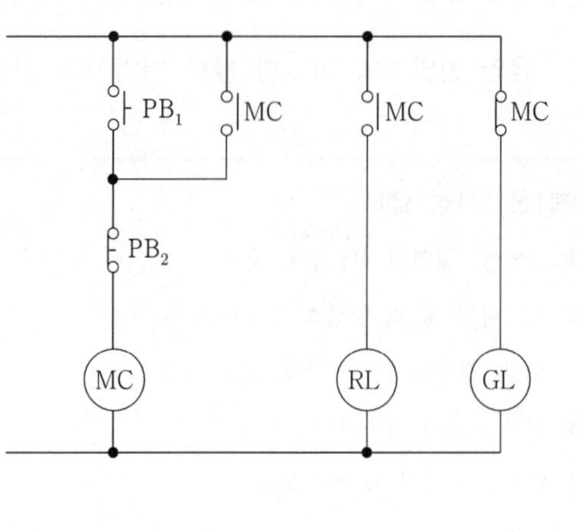

|계|산|및|정|답|

· $MC = (PB_1 + MC) \cdot \overline{PB_2}$

· $RL = MC$

· $GL = \overline{MC}$

|추|가|해|설|

문제의 회로도는 푸시버튼 스위치 PB_1 을 눌러 MC가 여자 된 후, PB_1 에서 손을 떼어도 MC의 a접점에 의해 지속적으로 여자 상태를 유지하는 자기유지회로이다.

11

출제 : 08, 14, 18년 • 배점 : 6점

수전실(변전실) 등의 시설과 관련하여 변압기, 배전반 등 수전설비는 보수 점검에 필요한 공간 및 방화상 유효한 공간을 유지하기 위하여 주요 부분이 유지하여야 할 거리를 정하고 있다. 다음 표에 기기별 최소 유지거리를 쓰시오.

기기별 / 위치별	앞면 또는 조작계측면	뒷면 또는 점검면	열상호간(점검하는 면)
특고압 배전반	[m]	[m]	[m]
저압 배전반	[m]	[m]	[m]

|계|산|및|정|답|

위치별 / 기기별	앞면 또는 조작계측면	뒷면 또는 점검면	열상호간(점검하는 면)
특고압 배전반	1.7[m]	0.8[m]	1.4[m]
저압 배전반	1.5[m]	0.6[m]	1.2[m]

|추|가|해|설|

[수전설비의 배전반 등의 최소 유지거리]

위치별 / 기기별	앞면 또는 조작·계측면	뒷면 또는 점검면	열상호간(점검하는 면)	기타의 면
특고압 배전반	1.7[m]	0.8[m]	1.4[m]	–
저압 배전반	1.5[m]	0.6[m]	1.2[m]	–
	1.5[m]	0.6[m]	1.2[m]	–
변압기 등	0.6[m]	0.6[m]	1.2[m]	0.3[m]

【주】 앞면 또는 조작계측 면은 배전반 앞에서 계측기를 판독할 수 있거나 필요 조작을 할 수 있는 최소 거리임

12 출제 : 18년 • 배점 : 12점

도면은 어느 수용가의 수전설비 결선도이다. 이 결선도를 보고 다음 각 물음에 답하시오.

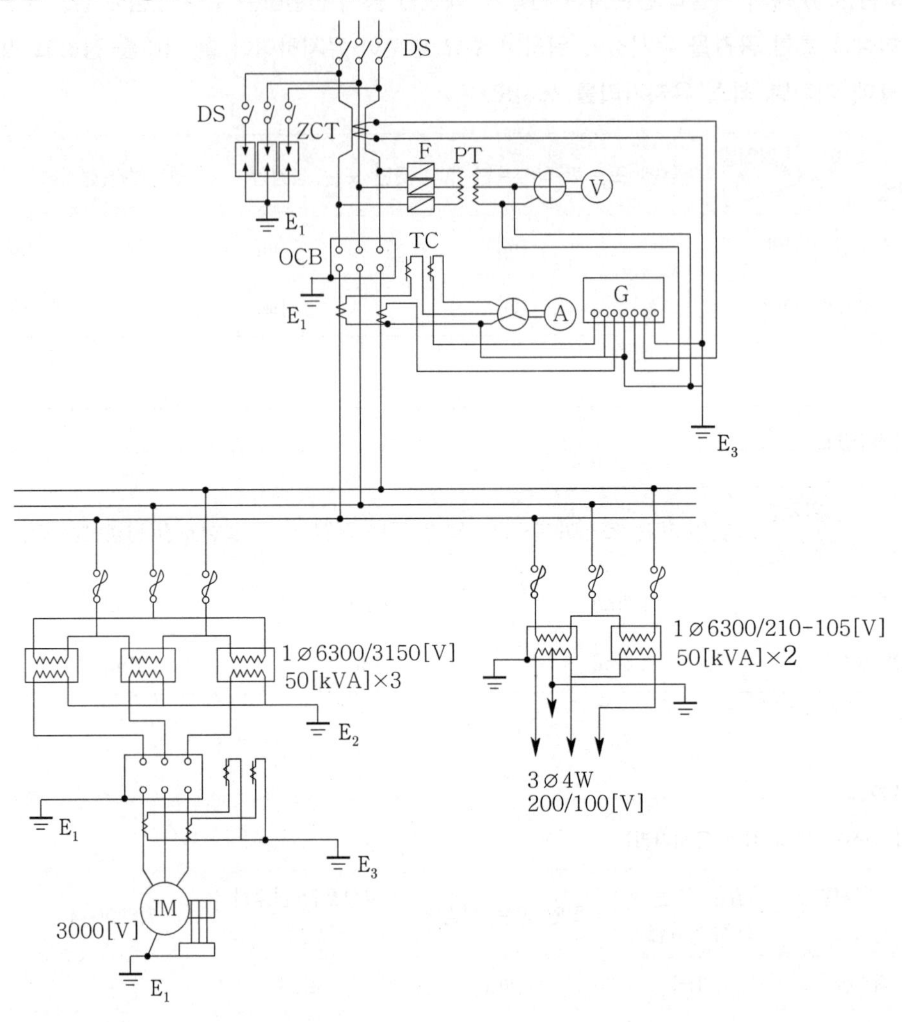

(1) ZCT의 명칭과 역할을 간단히 쓰시오.

(2) 도면의 VS와 AS의 명칭을 쓰시오.

(3) 6300/3150[V] 단상 변압기 3대의 2차측 결선 및 접지가 잘못되어 있다. 이 부분을 올바르게 고쳐서 그리시오.

(4) 도면에서 CT는 무엇을 나타내는지 쓰시오.

|계|산|및|정|답|

(1) ·명칭 : 영상변류기

·역할 : 지락사고 시 영상전류(지락전류)를 검출한다.

(2) ·VS : 전압계용 전환개폐기

·AS : 전류계용 전환개폐기

(3)

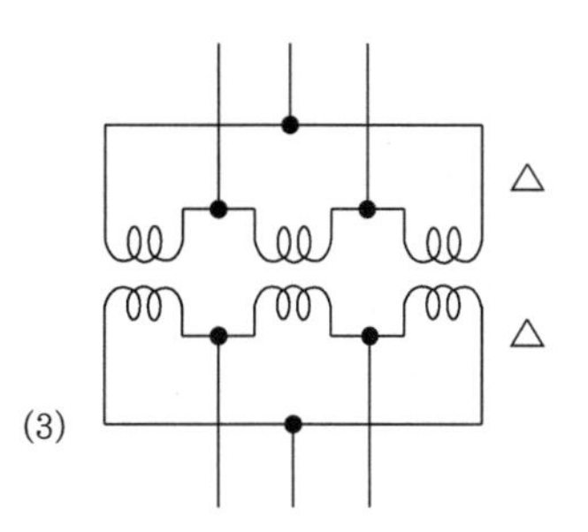

(4) 트립코일

|추|가|해|설|

(2)

명칭	약호	심벌(단선도)	용도(역할)
전류계용 전환(절환) 개폐기	AS		1대의 전류계로 3상 전류를 측정하기 위하여 사용하는 전환 개폐기
전압계용 전환(절환) 개폐기	VS		1대의 전압계로 3상 전압을 측정하기 위하여 사용하는 전환 개폐기

(3) 전동기 전압이 3000[V]이고 단상 변압기 2차측 전압이 3150[V]이므로 변압기의 결선을 Y결선으로 하면 전동기에 인가되는 전압이 선간전압이 되어 $\sqrt{3}$배가 되므로 변압기는 $\Delta-\Delta$결선으로 해야 한다.

13 출제 : 01, 18년 • 배점 : 14점

그림과 같은 인입변대에 22.9[kV] 수전설비를 설치하여 380/220[V]를 사용하고자 한다. 다음 각 물음에 답하시오.

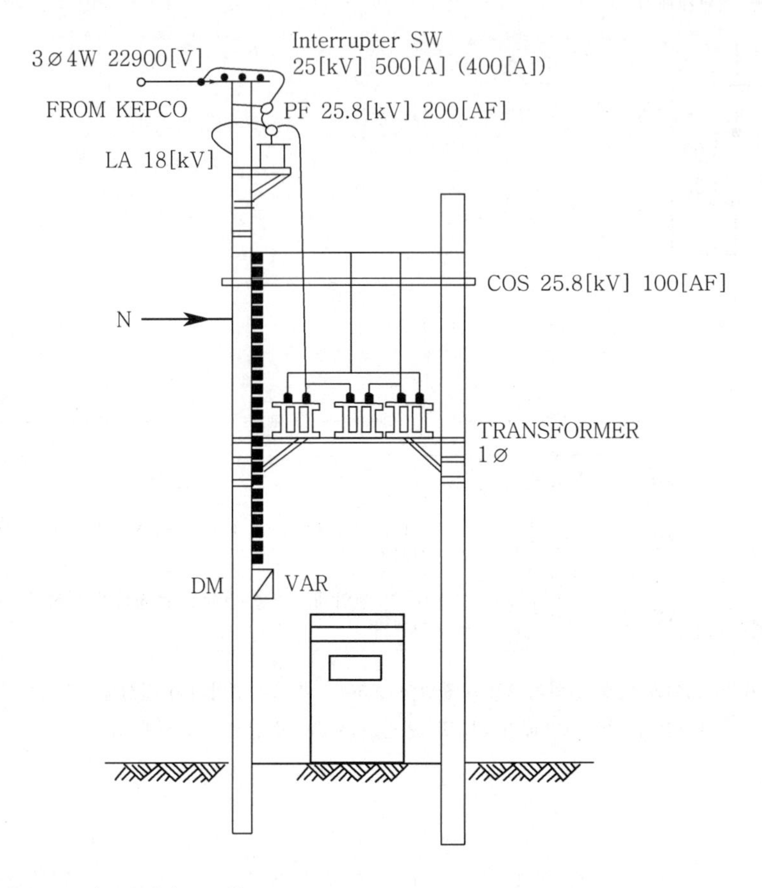

(1) DM 및 VAR의 명칭을 쓰시오.

(2) 도면에 사용된 LA의 수량은 몇 개이며 정격전압은 몇 [kV]인가?

(3) 22.9[kV] 계통에 사용하는 것은 주로 어떤 케이블인가?

(4) 주어진 도면을 단선도로 그리시오.

|계|산|및|정|답|

(1) ·DM : 최대 수요 전력량계 ·VAR : 무효 전력계

(2) ·LA 수량 : 3개 ·정격전압 : 18[kV]

(3) CNCV-W 케이블(수밀형)

(4)

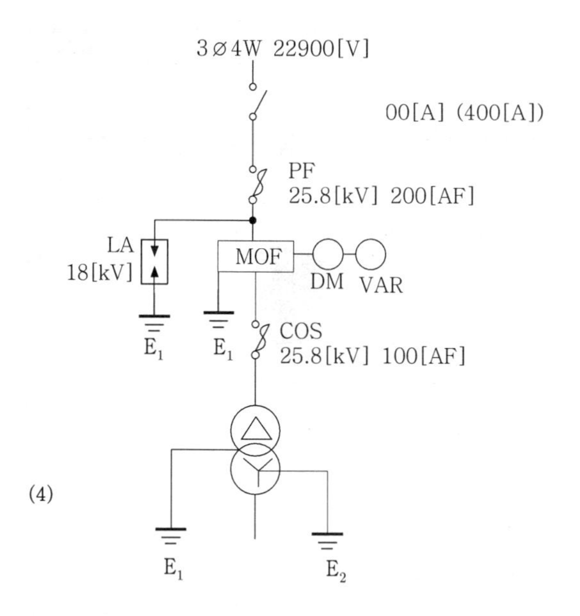

|추|가|해|설|

(2) 적용 장소별 피뢰기 정격 전압]

전력 계통		피뢰기 정격전압[kV]	
전압[kV]	중성점 접지방식	변전소	배전선로
345	유효 접지	288	−
154	유효 접지	144	−
66	PC접지 또는 비접지	72	−
22	PC접지 또는 비접지	24	−
22.9	3상 4선 다중접지	21	18

피뢰기(LA)는 각 상에 1개씩 필요하므로 도면에 사용된 LA의 수량은 3대이다.

(3) 지중 인입선의 경우에 22.9[kV−Y] 계통은 CNCV−W 케이블(수밀형) 또는 TR CNCV−W(트리 억제형)을 사용하여 한다.

14

출제 : 13, 18년 • 배점 : 5점

다음 그림은 배전반에서 계측을 하기 위한 계기용 변성기이다. 아래 그림을 보고 명칭, 약호, 심벌, 역할에 알맞은 내용을 쓰시오.

구분		
명칭		
약호		
심벌		
역할		

|계|산|및|정|답|

구분		
명칭	계기용 변류기	계기용 변압기
약호	C.T	P.T
심벌	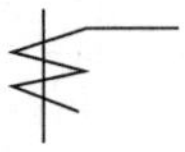	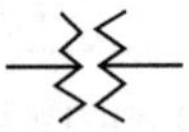
역할	1차 측의 대 전류를 2차 측의 소 전류(5[A])로 변류하여 계기 및 계전기에 공급한다.	1차 측의 고 전압을 2차의 저 전압(110[V])으로 변성시켜 계기 및 계전기 등의 전원으로 사용한다.

15

출제 : 09, 18년 • 배점 : 8점

3로스위치 4개를 사용한 3개소 점멸의 단선도를 참조하여 복선도를 완성하시오.

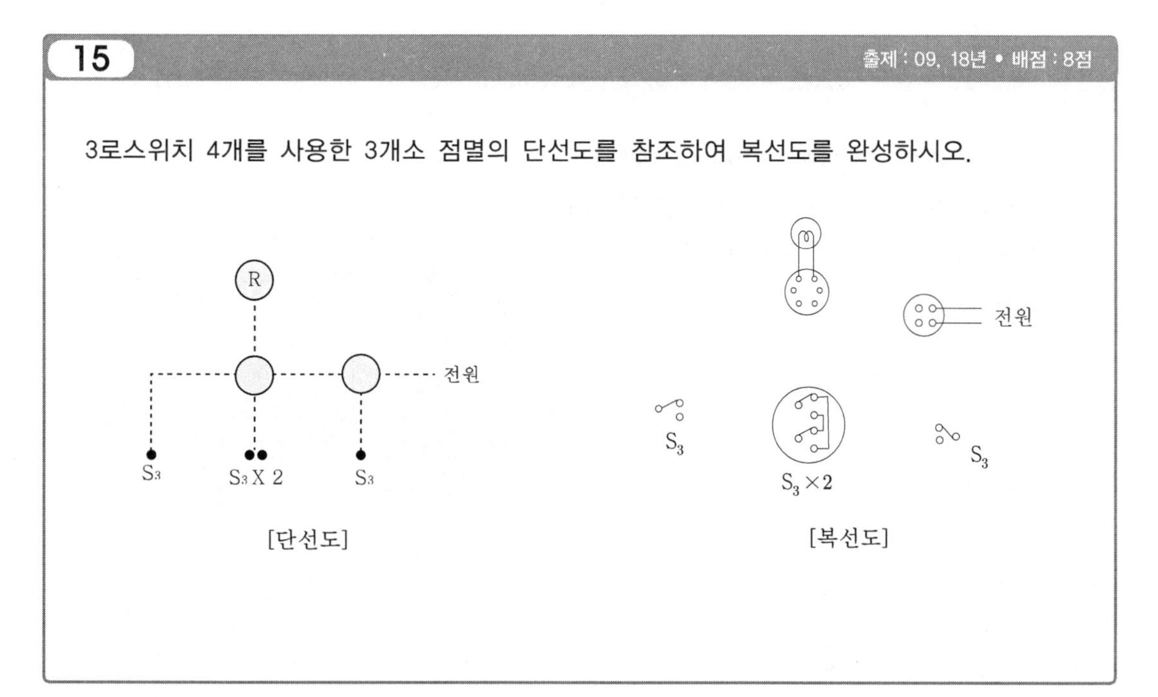

| 계 | 산 | 및 | 정 | 답 |

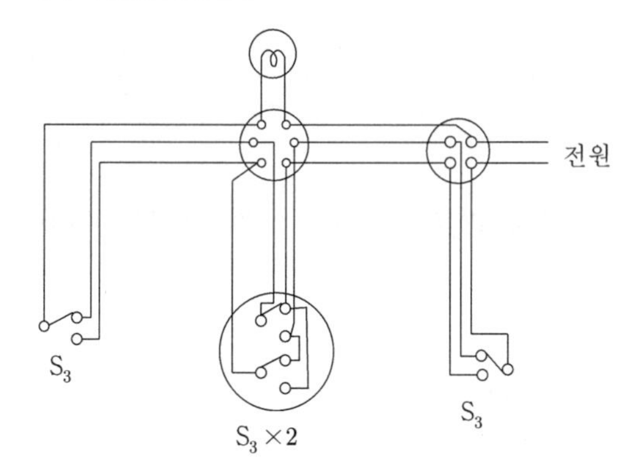

16

출제 : 13, 18년 • 배점 : 5점

그림과 같은 PLC 시퀀스(래더 다이어그램)가 있다. PLC 프로그램에서의 신호 흐름은 단방향이므로 시퀀스를 수행해야 한다. 문제의 도면을 바르게 작성하시오.

|계|산|및|정|답|

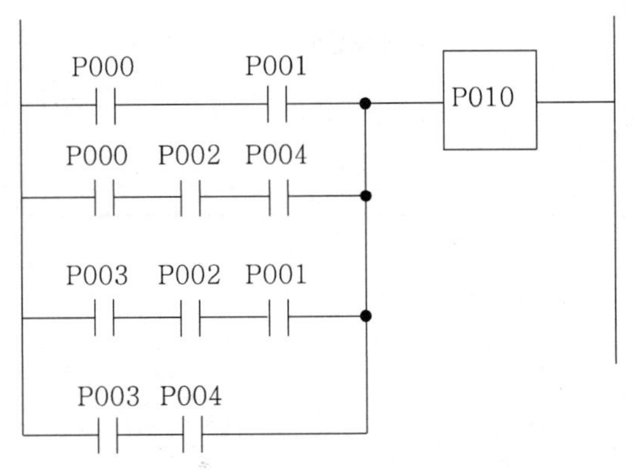

→ (논리식: P010 = (P000·P001) + (P000·P002·P004) + (P003·P002·P001) + (P003·P004)

03 2018년 전기산업기사 실기

01 출제 : 22, 18년 • 배점 : 4점

미완성 부분인 단상 변압기 3대를 $\triangle - Y$ 결선하시오.

U V U V U V 1차

U V U V U V 2차

| 계 | 산 | 및 | 정 | 답 |

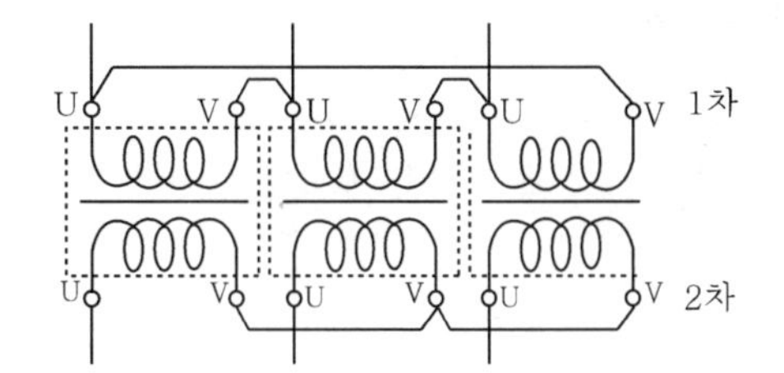

→ (1차는 △결선, 2차는 Y결선으로 한다.)

| 추 | 가 | 해 | 설 |

[변압기 결선]

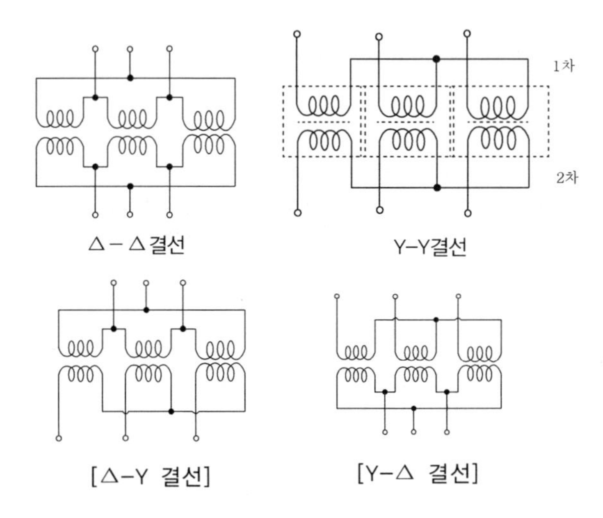

△ − △결선

Y−Y결선

[△−Y 결선]

[Y−△ 결선]

02

출제 : 09, 18년 • 배점 : 14점

주어진 진리값(참값) 표는 3개의 리미트 스위치 LS_1, LS_2, LS_3에 입력을 주었을 때 출력 X와의 관계표이다. 이 표를 이용하여 다음 각 물음에 답하시오.

진리값(참값) 표

LS_1	LS_2	LS_3	X
0	0	0	0
0	0	1	0
0	1	0	0
0	1	1	1
1	0	0	0
1	0	1	1
1	1	0	1
1	1	1	1

(1) 진리값 표를 이용하여 다음과 같은 Karnaugh도를 완성하시오.

LS_3 \ LS_1, LS_2	0 0	0 1	1 1	1 0
0				
1				

(2) 물음 (1)의 Karnaugh도에 대한 논리식을 쓰시오.

(3) 진리값과 물음 (2)항의 논리식을 이용하여 이것을 무접점 회로도로 표시하시오.

|계|산|및|정|답|

(1)

LS_3 \ LS_1, LS_2	0 0	0 1	1 1	1 0
0	0	0	1	0
1	0	1	1	1

(2) $X = LS_1 LS_2 + LS_2 LS_3 + LS_1 LS_3$

(3)

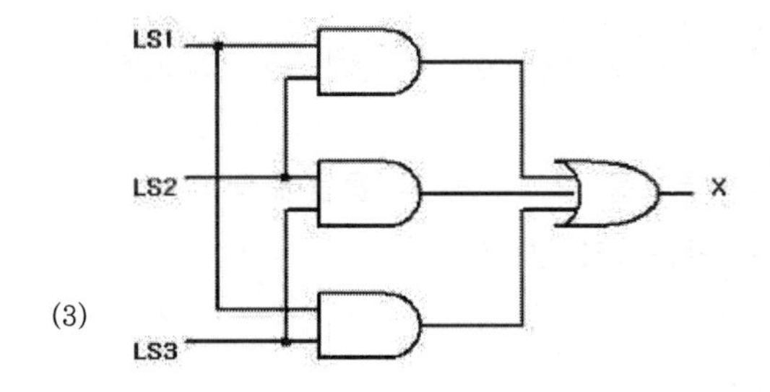

|추|가|해|설|

(2) $X = LS_1LS_2LS_3 + LS_1LS_2\overline{LS_3} + \overline{LS_1}LS_2LS_3 + LS_1\overline{LS_2}LS_3$

$= LS_1LS_2LS_3 + LS_1LS_2LS_3 + LS_1LS_2LS_3 + LS_1LS_2\overline{LS_3} + \overline{LS_1}LS_2LS_3 + LS_1\overline{LS_2}LS_3$ $\rightarrow (\because A + A = A)$

$= LS_1LS_2(LS_3 + \overline{LS_3}) + LS_2LS_3(LS_1 + \overline{LS_1}) + LS_1LS_3(LS_2 + \overline{LS_2})$ $\rightarrow (\because A + \overline{A} = 1)$

$= LS_1LS_2 + LS_2LS_3 + LS_1LS_3$

03 출제 : 18년 • 배점 : 6점

FL-20D 형광등의 전압이 100[V], 전류가 0.35[A]일 때 역률은 몇 [%]인가? 단, 안정기의 손실은 5[W]이다.

•계산 : •답 :

|계|산|및|정|답|

【계산】 20[W]의 형광등의 안정기 손실 5[W]

전체 소비전력 $P = 20 + 5 = 25$[W], V=100[V], $I = 0.35$[A]이다.

따라서, 역률$(\cos\theta) = \frac{P}{VI} \times 100 = \frac{25}{100 \times 0.35} \times 100 = 71.43[\%]$ 【정답】 71.43[%]

|추|가|해|설|

1. FL-20D : 직관형광등 - 20[W] (주광색)

04

출제 : 02, 17, 18년 • 배점 : 7점

다음 어느 생산 공장의 수전 설비의 계통도이다. 이 계통도를 보고 다음 각 물음에 답하시오. 단, 용량 및 변류비 산출 시 주어지지 않은 조건은 반영하지 않는다.

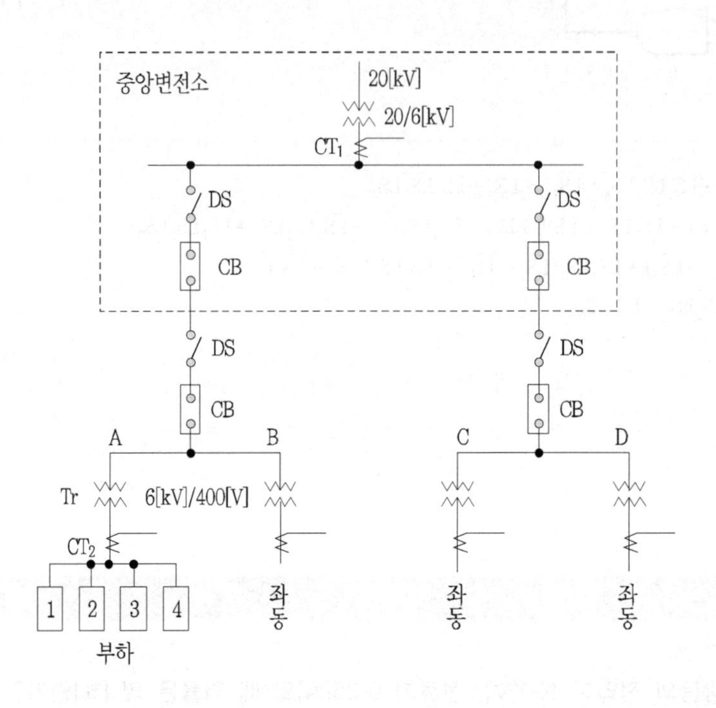

뱅크의 부하 용량표

피더	부하 설비 용량[kW]	수용률[%]
1	125	80
2	125	80
3	500	70
4	600	84

변류기 규격표

항목	변류기
정격 1차 전류[A]	5, 10, 15, 20, 30, 40 50, 75, 100, 150, 200 300, 400, 500, 600, 750 1000, 1500, 2000, 2500
정격 2차 전류[A]	5

(1) A, B, C, D 4개의 뱅크가 있으며, 각 뱅크는 부등률이 1.3이고, 전부하 합성역률은 0.8이다. 이때 중앙 변전소의 변압기 용량을 산정하시오. 단, 변압기 용량은 표준규격으로 답하도록 한다.

•계산 : •답 :

(2) 변류기 CT_1의 변류비를 산정하시오. 단, 변류비는 1.2로 결정한다.

•계산 : •답 :

(3) A뱅크 변압기의 용량을 산정하고 CT_2의 변류비를 산정하시오. 단, 변류비는 1.15로 결정한다.

① A뱅크의 요량

② CT_2의 변류비

•계산 : •답 :

|계|산|및|정|답|

(1) 【계산】 A뱅크의 최대 수요 전력= $\frac{125\times0.8+125\times0.8+500\times0.7+600\times0.84}{0.8}=1317.5[\text{kVA}]$

A, B, C, D 각 뱅크간의 부등률은 1.3이므로

$ST_r=\frac{1317.5\times4}{1.3}=4053.85[\text{kVA}]$ 【정답】 5000[kVA]

(2) 【계산】 CT_1 $I_1=\frac{5000}{\sqrt{3}\times6}\times1.2=577.35[A]$ 【정답】 600/5

(3) ① A뱅크의 변압기 용량 1500[kVA] 【정답】 1500[kVA]

② 【계산】 CT_2의 변류비

CT_2 $I_1=\frac{1500}{\sqrt{3}\times0.4}\times1.15=2489.82[A]$ 【정답】 2500/5

|추|가|해|설|

•최대수요전력 $=\frac{\frac{\text{부하설비용량}[kW]}{\cos\theta}\times\text{수용률}}{\text{부등률}}[\text{kVA}]$

05

출제 : 00, 02, 03, 10, 18년 • 배점 : 12점

어느 회사의 한 부지 내에 A, B, C의 세 개의 공장을 세워 3대의 급수 펌프 P_1(소형), P_2(중형), P_3(대형)로 다음과 같이 급수 계획을 세웠을 때 다음 물음에 답하시오.

〈조 건〉

① 모든 공장 A, B, C가 휴무이거나 또는 그 중 한 공장만 가동할 때는 펌프 P_1만 가동시킨다.
② 모든 공장 A, B, C, D 중 어느 것이나 두 공장만 가동할 때에는 펌프 P_2만 가동시킨다.
③ 모든 공장 A, B, C를 모두 가동할 때에는 P_3만 가동시킨다.

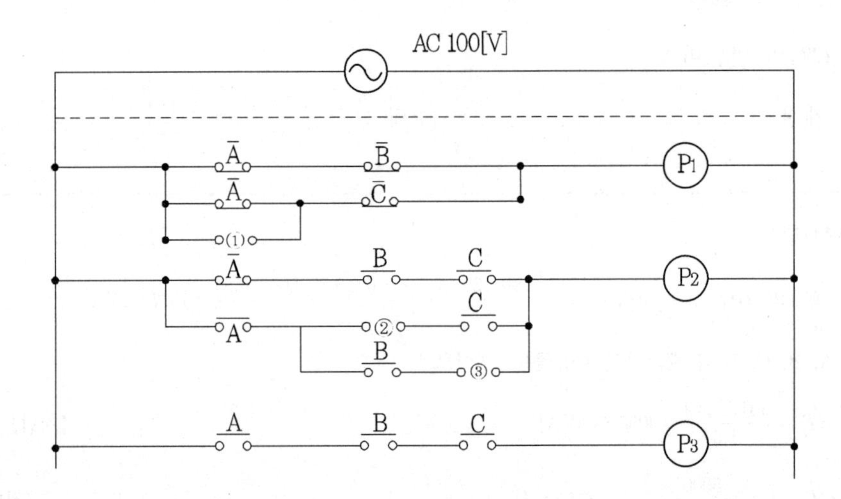

(1) 조건과 같은 진리표를 작성하시오.

A	B	C	P_1	P_2	P_3
0	0	0			
0	0	1			
0	1	0			
0	1	1			
1	0	0			
1	0	1			
1	1	0			
1	1	1			

(2) ①~③번의 접점 문자 기호를 쓰시오.

(3) P_1, P_2, P_3의 출력식을 각각 쓰시오.

＊ 접점 심벌을 표시할 때는 A, B, C, D, $\overline{A}$, $\overline{B}$, $\overline{C}$ 등 문자를 이용하여 표현하시오.

| 계 | 산 | 및 | 정 | 답 |

(1)

A	B	C	P_1	P_2	P_3
0	0	0	1	0	0
0	0	1	1	0	0
0	1	0	1	0	0
0	1	1	0	1	0
1	0	0	1	0	0
1	0	1	0	1	0
1	1	0	0	1	0
1	1	1	0	0	1

(2) ① $\overline{B}$ ② $\overline{B}$ ③ $\overline{C}$

(3) $\cdot P_1 = \overline{A}\cdot\overline{B}\cdot\overline{C} + \overline{A}\cdot\overline{B}\cdot C + \overline{A}\cdot B\cdot\overline{C} + A\cdot\overline{B\cdot C} = \overline{A}\cdot\overline{B}\cdot\overline{C} + \overline{A}\cdot\overline{B}\cdot\overline{C} + \overline{A}\cdot\overline{B}\cdot\overline{C} + \overline{A}\cdot\overline{B}\cdot C + \overline{A}\cdot B\cdot\overline{C} + A\cdot\overline{B}\cdot\overline{C}$

$= \overline{A}\cdot\overline{B}\cdot(\overline{C}+C) + \overline{A}\cdot\overline{C}\cdot(\overline{B}+B) + \overline{B}\cdot\overline{C}\cdot(\overline{A}+A) = \overline{A}\cdot\overline{B} + \overline{A}\cdot\overline{C} + \overline{B}\cdot\overline{C} = \overline{A}\cdot\overline{B} + (\overline{A}+\overline{B})\cdot\overline{C}$

$\cdot P_2 = \overline{A}\cdot B\cdot C + A\cdot\overline{B}\cdot C + A\cdot B\cdot\overline{C} = \overline{A}\cdot B\cdot C + A\cdot(\overline{B}\cdot C + B\cdot\overline{C})$

$\cdot P_3 = A\cdot B\cdot C$

06

출제 : 05, 07, 09, 18년 • 배점 : 13점

3층 사무실용 건물에 3상 3선식의 6000[V]를 수전하여 200[V]로 체강하여 수전하는 설비를 하였다. 각종 부하 설비가 [표1], [표2]와 같을 때 주어진 조건을 이용하여 다음 각 물음에 답하시오.

[표1] 동력 부하 설비

사용 목적	용량	대수	사용 동력[kW]	하계 동력[kW]	동계 동력[kW]
난방 관계					
·보일러 펌프	6.0	1			6.0
·오일 기어 펌프	0.4	1			0.4
·온수 순환 펌프	3.0	1			3.0
공기 조화 관계					
·1, 2, 3층 패키지 콤프레셔	7.5	6		45.0	
·콤프레셔 팬	5.5	3	16.5		
·냉각수 펌프	5.5	1		5.5	
·쿨링 타워	1.5	1		1.5	
급수배수 관계					
·양수 펌프	3.0	1	3.0		
기타					
·소화 펌프	5.5	1	5.5		
·셔터	0.4	2	0.8		
합 계			25.8	52.0	9.4

[표2] 조명 및 콘센트 부하 설비

사용 목적	와트수[W]	설치수량	환산 용량[VA]	총용량[VA]	비고
전등 관계					
·수은등 A	200	4	260	1040	200[V] 고역률
·수은등 B	100	8	140	1120	100[V] 고역률
·형광등	40	820	55	45100	200[V] 고역률
·백열전등	60	10	60	600	
콘센트 관계					
·일반 콘센트		80	150	12000	2P 15[A]
·환기팬용 콘센트		8	55	440	
·히터용 콘센트	1500	2		3000	
·복사기용 콘센트		4		3600	
·텔레타이프용 콘센트		2		2400	
·룸 쿨러용 콘센트		6		7200	
기타					
·전화 교환용 정류기		1		800	
합 계				77300	

[표3] 변압기 용량

상 별	제작회사에서 시판되는 표준용량[kVA]
단상, 3상	5, 10, 15, 20, 30, 50, 75, 100, 150, 200, 250, 300

(1) 동계 난방 때 온수 순환 펌프는 상시 운전하고, 보일러용과 오일 기어 펌프의 수용률이 50[%] 일 때 난방 동력 수용 부하는 몇 [kW]인가?

·계산 : ·답 :

(2) 동력부하의 역률이 전부 70[%]라고 한다면 피상 전력은 각각 몇 [kVA]가 되겠는가?

① 상용 동력

·계산 : ·답 :

② 하계 동력

·계산 : ·답 :

③ 동계 동력

·계산 : ·답 :

(3) 이 건물의 총 전기 설비 용량은 몇 [kVA]를 기준으로 하여야 하는가?

·계산 : ·답 :

(4) 전등의 수용률은 60[%], 콘덴서 설비의 수용률은 70[%]라고 한다면, 몇 [kVA]의 단상변압기에 연결해야 하는가? 단, 전화교환기용 정류기는 100[%] 수용률로서 계산결과에 포함시키며, 변압기 예비율(여유율)은 무시한다.

・계산 : ・답 :

(5) 동력 부하의 수용률이 모두 65[%]라면 동력부하용 3상 변압기의 용량은 몇 [kVA]인가? 단, 동력부하의 역률은 70[%]로 하며 변압기의 예비율은 무시한다.

・계산 : ・답 :

(6) 단상과 3상 변압기의 전류계용으로 사용되는 변류기의 1차측 정격전류는 각각 몇 [A]인가?

① 단상

・계산 : ・답 :

② 3상

・계산 : ・답 :

(7) 선정된 동력용 변압기 용량에서 역률을 95[%]로 올리면 콘덴서 용량은 몇 [kVA]인가?

|계|산|및|정|답|

(1) 【계산】 수용 부하= $(3.0+6.0+0.4)\times 0.5 = 6.2[kW]$이다. (수용률 55[%]를 [표1]에 적용)

【정답】 6.2[kW]

(2) 【계산】 ① 상용 동력 : $\frac{25.8}{0.7} = 36.86[kVA]$ 【정답】 36.86[kVA]

② 하계 동력 : $\frac{52.0}{0.7} = 74.29[kVA]$ 【정답】 74.29[kVA]

③ 동계 동력 : $\frac{9.4}{0.7} = 13.43[kVA]$ 【정답】 13.43[kVA]

(3) 【계산】 ① 동력부하용량 =상용 동력+하계 동력 = $36.86+74.29=111.15[kVA]$

② 조명 콘센트 부하용량=77300[VA]=77.3[kVA]

∴ 계 111.15+77.3=188.45 【정답】 188.45[kVA]

(4) 【계산】 ① 전등 관계 : $(1040+1120+45100+600)\times 0.6\times 10^{-3} = 28.72[kVA]$

② 콘센트 관계 : $(12000+440+3000+3600+2400+7200)\times 0.7\times 10^{-3} = 20.05[kVA]$

③ 기타 : $800\times 1\times 10^{-3} = 0.8[kVA]$
$28.72+20.05+0.8=49.57[kVA]$이므로 단상 변압기 용량은 $50[kVA]$가 된다.

【정답】 50[kVA]

(5) 【계산】 $\frac{(25.8+52.0)}{0.7}\times 0.65 = 72.24[kVA]$ → [표3] 3상 변압기 용량 $75[kVA]$ 선정

【정답】 75[kVA]

(6) 【계산】 ① 단상 : $I=\frac{P}{V}\times1.25\sim1.5=\frac{50\times10^3}{6\times10^3}\times(1.25\sim1.5)=10.42\sim12.5$[A]

【정답】 10[A] 선정

② 3상 : $I=\frac{P}{\sqrt{3}\,V}\times1.25\sim1.5=\frac{75\times10^3}{\sqrt{3}\times6\times10^3}\times(1.25\sim1.5)=9.02\sim10.83$[A]

【정답】 10[A] 선정

(7) 【계산】 동력 콘덴서 용량 $Q=P_n\times\cos\theta_1\times\left(\frac{\sin\theta_1}{\cos\theta_1}-\frac{\sin\theta_2}{\cos\theta_2}\right)=75\times0.7\times\left(\frac{\sqrt{1-0.7^2}}{0.7}-\frac{\sqrt{1-0.95^2}}{0.95}\right)=36.39$kVA]

【정답】 36.39[kVA]

|추|가|해|설|

(2) 피상전력 $P_a=\frac{P}{\cos\theta}$[kVA]

(5) 변압기 용량= $\frac{\text{설비용량[kVA]}\times\text{수용률}}{\text{역률}}$

07

출제 : 02, 05, 16, 18년 • 배점 : 5점

바닥 면적이 200[m²]인 사무실의 조도를 150[lx]로 할 경우 전광속 2500[lm], 램프 2개의 전류가 0.4[A], 40W×2 형광등을 시설할 경우, 조명률 50[%], 감광보상률 1.25으로 가정하고 이 사무실에 대한 최소 전등수를 구하시오.

·계산 : ·답 :

|계|산|및|정|답|

【계산】 $N=\frac{AED}{FU}=\frac{200\times150\times1.25}{2500\times0.5}=30$[등]

【정답】 30[등]

|추|가|해|설|

등수 $N=\frac{EAD}{FU}=\frac{EA}{FUM}$

여기서, F : 광속[lm], U : 조명률[%], N : 등수[등], E : 조도[lX], A : 면적[m^2], $D=\frac{1}{M}$ (감광보상률= $\frac{1}{\text{보수율(유지율)}}$)

08

출제 : 09, 18년 • 배점 : 6점

전력 퓨즈에는 한류형 퓨즈 PF와 비한류형 퓨즈가 있다. 전력 퓨즈의 장 · 단점 3개씩 쓰시오.
(단, 가격, 무게 등 기술적인 것 이외는 제외한다.)

장점	단점
①	①
②	②
③	③

|계|산|및|정|답|

장점	단점
① 고속도 차단이 가능하다.	① 재투입 불가
② 소형으로 큰 차단 용량을 갖는다.	② 차단 전류–동작 시간 특성의 조정이 불가능하다.
③ 후비 보호에 완벽하다.	③ 비보호 영역이 존재한다.

|추|가|해|설|

[한류형, 비한류형의 장 · 단점 비교

퓨즈	장점	단점
한류형	· 소형이며 차단용량이 크다. · 한류효과가 크다(백업용으로 최적). · 차단시 무소음, 무방출이다. · 유지보수 간단, 정전용량이 작다.	· 차단시 과전압을 발생한다. · 최소 차단전류가 있다.
비한류형	· 과전압을 발생하지 않는다(2중 회로용으로 최적). · 녹으면 반드시 차단한다(과부하 보호기능).	· 대형 · 한류효과가 적다.

09

출제 : 07, 18년 • 배점 : 6점

송전선로 전압을 154[kV]에서 345[kV]로 승압할 경우 송전선로에 나타나는 효과로서 다음 각 물음에 답하시오.

(1) 전력 손실률이 동일한 경우 공급 능력 증대는 몇 배인가?

•계산 : •답 :

(2) 전력 손실의 감소는 몇 [%]인가?

•계산 : •답 :

(3) 전압 강하율의 감소는 몇 [%]인가?

•계산 : •답 :

|계|산|및|정|답|

(1) 【계산】 공급능력 $P=\left(\frac{V_2}{V_1}\right)=\left(\frac{345}{154}\right)=2.24$ 【정답】 2.24[배]

(2) 【계산】 $P_l(\%)=\left(\frac{V_1}{V_2}\right)^2\times 100=\left(\frac{154}{345}\right)^2\times 100=19.93[\%]$

전력손실 감소(%)=100-19.93=80.07[%] 【정답】 80.07[%] 감소

(3) 【계산】 $e(\%)=\left(\frac{V_1}{V_2}\right)^2\times 100=\left(\frac{154}{345}\right)^2\times 100=19.93[\%]$

전압강하율 감소(%)=100-19.93=80.07[%] 【정답】 80.07[%] 감소

10 출제 : 18년 • 배점 : 6점

책임감리원은 감리기간 종료 후 14일 이내에 발주자에게 최종감리보고서를 제출해야 한다. 최종감리보고서에 포함될 서류 중 안전관리 실적 3가지를 쓰시오.

|계|산|및|정|답|

① 안전관리조직

② 교육실적

③ 안전점검실적

|추|가|해|설|

책임감리원은 다음 각 호의 사항이 포함된 최종감리보고서를 감리기간 종료 후 14일 이내에 발주자에게 제출하여야 한다.

1. 공사 및 감리용역 개요 등(사업목적, 공사개요, 감리용역 개요, 설계용역 개요)
2. 공사추진 실적현황(기성 및 준공검사 현황, 공종별 추진실적, 설계변경 현황, 공사현장 실정보고 및 처리현황, 지시사항 처리, 주요인력 및 장비투입현황, 하도급 현황, 감리원 투입현황)
3. 품질관리 실적(검사요청 및 결과통보현황, 각종 측정기록 및 조사표, 시험장비 사용현황, 품질관리 및 측정자 현황, 기술검토실적 현황 등)
4. 주요기자재 사용실적(기자재 공급원 승인현황, 주요기자재 투입현황, 사용자재 투입현황)
5. 안전관리 실적(안전관리조직, 교육실적, 안전점검실적, 안전관리비 사용실적)
6. 환경관리 실적(폐기물발생 및 처리실적)
7. 종합분석

11

출제 : 18년 • 배점 : 4점

다음 그림은 PLC기호이다. 심벌 명칭과 용도를 쓰시오.

명령어	Loader 상의 Symbol
LOAD	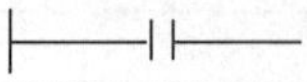 ├──┤├──
LOAD NOT	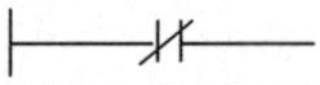 ├──┤/├──

|계|산|및|정|답|

① LOAD

・명칭 : 시작입력 a접점

・용도 : 논리연산의 a접점 시작

② LOAD NOT

・명칭 : 시작입력 b접점

・용도 : 논리연산의 b접점 시작

12

출제 : 18년 • 배점 : 6점

매입 방법에 따른 건축화 조명 방식의 종류를 5가지만 쓰시오.

|계|산|및|정|답|

① 매입 형광등 방식　② 다운 라이트　③ 코퍼 라이트

④ 핀홀 라이트　⑤ 라인 라이트

|추|가|해|설|

(1) 천장 매입방법 : 매입 형광등, down light, pin hole light, coffer light, line light

(2) 천장면 이용방법 : 광천장 조명, 루버 조명, cover 조명

(3) 벽면 이용 방법 : coner 조명, conice 조명, valance 조명,광창 조명

13

출제 : 12, 17, 18년 • 배점 : 4점

그림과 같이 지지점 A, B에는 고저차가 없으며, 경간 AB와 BC 사이에 전선이 가설되어 있다. 지금 경간 AC의 중점인 지지점 B에서 전선이 떨어졌다고 하면, 전선의 이도 D_2는 전선이 떨어지기 전 D_1의 몇 배가 되는지 구하시오.

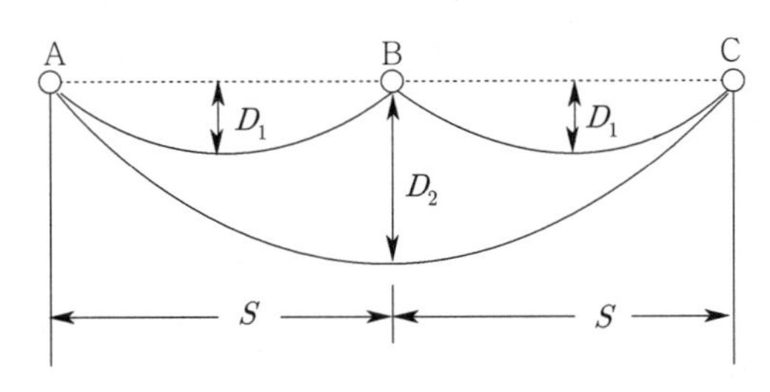

·계산 :   ·답 :

| 계 | 산 | 및 | 정 | 답 |

【계산】 전선이 실제 길이 $L=S+\dfrac{8D^2}{3S}$ → (여기서, S : 경간, D : 이도)

AB구간 및 BC구간 전선의 실제 길이를 L_1, AC구간 전선의 실제 길이를 L_2라 하면

전선의 실제 길이는 떨어지기 전과 떨어진 후가 같으므로 $2L_1=L_2$

$$2\left(S+\frac{8D_1^2}{3S}\right)=2S+\frac{8D_2^2}{3\times 2S} \;\rightarrow\; 2S+\frac{2\times 8D_1^2}{3S}=2S+\frac{8D_2^2}{3\times 2S}$$

$$\frac{8D_2^2}{3\times 2S}=\frac{2\times 8D_1^2}{3S} \;\rightarrow\; D_2^2=\frac{2\times 8D_1^2}{3S}\times\frac{3\times 2S}{8}$$

$$\therefore D_2=\sqrt{4D_1^2}=2D_1$$

【정답】 2배

| 추 | 가 | 해 | 설 |

① 전선의 이도(Dip) : 전선이 전선의 지지점을 연결하는 수평선으로부터 밑으로 내려가(처져) 있는 길이

이도 $D=\dfrac{\omega S^2}{8T}$[m]

여기서, ω : 전선의 중량[kg/m], S : 경간[m])

T : 전선의 수평 장력[kg] → $T=\dfrac{\text{인장하중}}{\text{안전율}}$

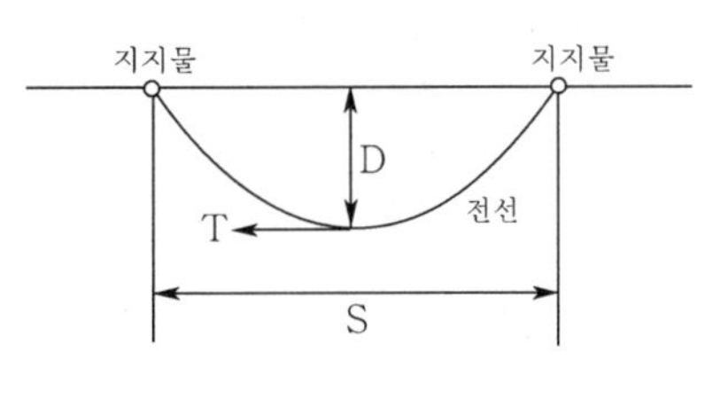

② 전선의 실제 길이 $L=S+\dfrac{8D^2}{3S}$[m]

14

출제 : 18년 • 배점 : 6점

수전방식 중 회선수에 따른 분류에서 1회선 수전방식의 특징을 3가지만 쓰시오.

|계|산|및|정|답|

① 간단하며 경제적이다. ② 공사가 용이하다. ③ 저압방식에 많이 적용하고 있다.

④ 특고압에서도 소용량에 적당하다.

|추|가|해|설|

[수전방식의 비교]

명칭	특징		장점	단점
1회선 수전 방식	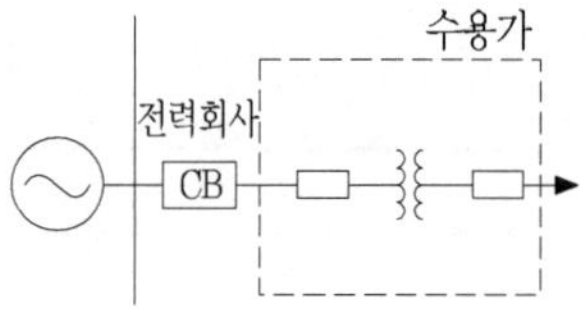 수용가 전력회사 CB		① 간단하며 경제적이다. ② 공사가 용이하다. ③ 저압방식에 많이 적용하고 있다. ④ 특고압에서도 소용량에 적당하다.	① 주로 소규모 용량에 많이 쓰인다. ② 선로 및 수전용 차단기 사고에 대비책이 없으며 신뢰도가 낮다.
2회선 수전 방식	Loop 수전 방식	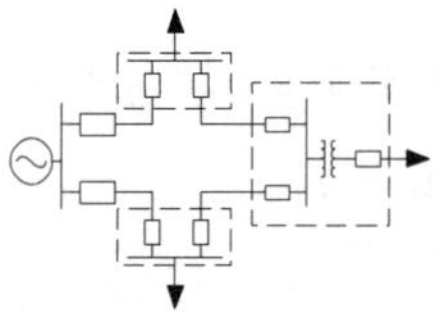	① 임의의 배전선 또는 타 건물사고에 의하여 Loop가 개로될 뿐이며 정전은 되지 않는다. ② 전압 변동률이 적다.	① Loop회로에 걸리는 용량은 전부하(타건물 포함)를 고려하여야 한다. ② 수전방식이 다소 복잡하다. ③ 회로상의 사고 복귀에 시간이 걸린다.
2회선 수전 방식	평행 2회선 수전 방식	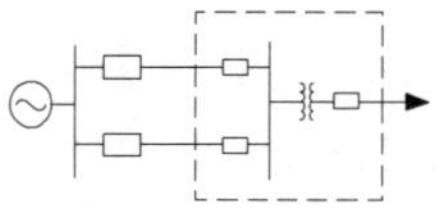	① 어느 한쪽의 수전사고에 대해서도 무정전 수전이 가능하다. ② 단독 수전이 가능하다. ③ 2회선 중 경제적이며, 국내에서 가장 많이 적용하고 있다.	① 수전선 보호장치와 2회선 평행수전장치가 필요하다. ② 1회선 수전방식에 비해 시설비가 많이 든다.
	본선, 예비선 수전 방식	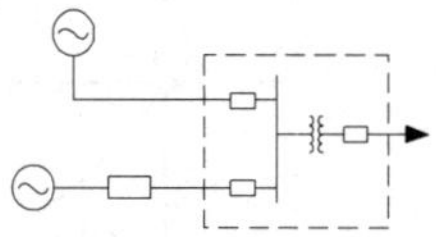	① 선로 사고에 대비할 수 있다. ② 단독 수전이 가능하다.	① 실질적으로 1회선 수전이라 할 수 있으며 무정전절체가 필요한 경우 절체용 차단기가 필요하다. ② 1회선분에 대한 시설비가 더 증가한다.

명칭	특징	장점	단점
스폿 네트워크 수전 방식	네트워크 프로텍터 네트워크 변압기 ※네트워크 프로텍터 : 역류방지장치(방향계전기와 차단기 내포)	① 무정전 공급이 가능하다. ② 효율적인 운전이 가능하다. ③ 전압 변동률이 적다. ④ 전력 손실을 감소할 수 있다. ⑤ 부하 증가에 대한 적응성이 크다. ⑥ 기기의 이용률이 향상된다. ⑦ 2차 변전소를 감소시킬 수 있다. ⑧ 전등 전력의 일원화가 가능하다.	① 시설 투자비가 많이 든다. ② 아직까지는 보호장치를 전량 수입해야 한다.

15

출제 : 02, 18년 • 배점 : 4점

어느 수용가의 3상 전력이 30[kW]이고, 역률이 65[%]이다. 이 부하의 역률을 90[%]로 개선하려면 전력용 콘덴서 몇 [kVA]가 필요한가?

·계산 : ·답 :

|계|산|및|정|답|

【계산】 $Q_c = P(\tan\theta_1 + \tan\theta_2) = P\left(\frac{\sqrt{1-\cos^2\theta_1}}{\cos\theta_1} - \frac{\sqrt{1-\cos^2\theta_2}}{\cos\theta_2}\right)$

$= 30 \times \left(\frac{\sqrt{1-0.65^2}}{0.65} - \frac{\sqrt{1-0.9^2}}{0.9}\right) = 20.54[\text{kVA}]$

【정답】 20.54[kVA]

|추|가|해|설|

역률 개선 시의 콘덴서 용량 $Q_c = P(\tan\theta_1 + \tan\theta_2) = P\left(\frac{\sqrt{1-\cos^2\theta_1}}{\cos\theta_1} - \frac{\sqrt{1-\cos^2\theta_2}}{\cos\theta_2}\right)$

여기서, P : 유효전력[kW], $\cos\theta_1$: 개선 전 역률, $\cos\theta_2$: 개선 후 역률,

16 출제 : 00, 02, 03, 04, 09, 17, 18년 • 배점 : 5점

표와 같이 어느 수용가 A, B, C에 공급하는 배전선로의 최대 전력은 700[kW]일 때 수용가의 부등률은 얼마인가?

수용가	설비 용량[kW]	수용률[%]
A	500	60
B	700	50
C	700	50

·계산 : ·답 :

|계|산|및|정|답|

【계산】 부등률 $V_2 = \frac{\text{수용설비 각각의 최대 수용전력의 합}[kW]}{\text{합성최대수용전력}[kW]}$

$$= \frac{(500 \times 0.6) + (700 \times 0.5) + (700 \times 0.5)}{700} = 1.43$$

【정답】 1.43

01 2017년 전기산업기사 실기

01

출제 : 04, 11, 17년 • 배점 : 5점

분전반에서 30[m]인 거리에 5[kW]의 단상 교류(2선식) 220[V]의 전열기용 아웃트렛을 설치하여, 그 전압강하를 4[V] 이하가 되도록 하고자 한다. 이곳의 배선 방법을 금속관공사로 한다고 할 때 여기에 필요한 전선의 굵기를 계산하고, 실제 사용되는 전선의 굵기(실제 사용 규격)를 산정하시오.

|계|산|및|정|답|

전류 $I = \frac{P}{V} = \frac{5000}{200} = 25[A]$

전선의 굵기 $A = \frac{35.6LI}{1000e} = \frac{35.6 \times 30 \times 25}{1000 \times 4} = 6.68[mm^2]$ → 전선의 공칭단면적 $10[mm^2]$ 선정

【정답】 $10[mm^2]$

|추|가|해|설|

[전압 강하 및 전선의 단면적]

전기 방식	전압 강하		전선 단면적
단상3선식 직류3선식 3상4선식	$e = IR$	$e = \frac{17.8L}{1000A}$	$A = \frac{17.8LI}{1000e}$
단상 2선식 및 직류 2선식	$e = 2IR$	$e = \frac{35.6L}{1000A}$	$A = \frac{35.6LI}{1000e}$
3상 3선식	$e = \sqrt{3}IR$	$e = \frac{30.8L}{1000A}$	$A = \frac{30.8LI}{1000e}$

[KSC IEC 전선의 규격$[mm^2]$]

1.5	2.5	4
6	10	16
25	35	50
70	95	120
150	185	240
300	400	500

여기서, A : 전선의 단면적$[mm^2]$, e : 외측선 또는 각 상의 1선과 중성선 사이의 전압강하[V]

L : 전선 1본의 길이[m], I : 부하전류[A]

02

출제 : 07, 17년 • 배점 : 12점

다음 도면을 보고 물음에 답하시오.

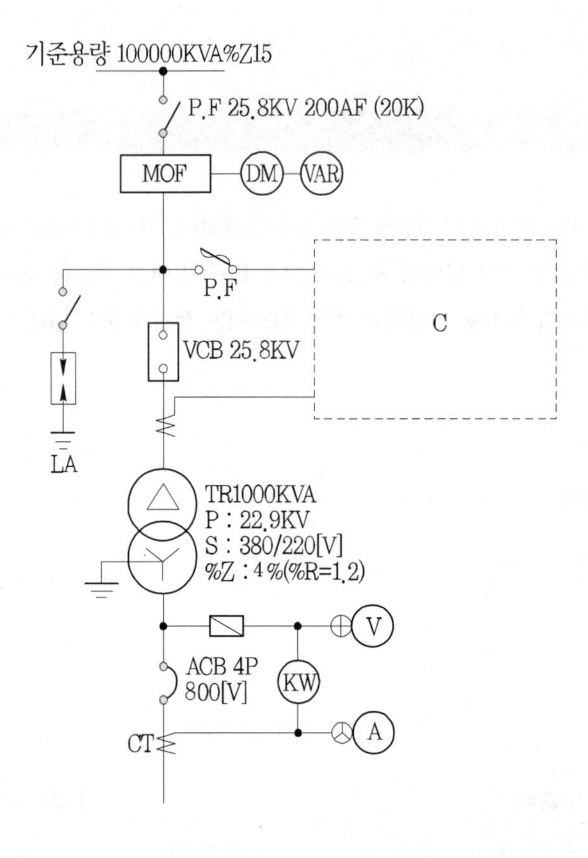

(1) LA의 명칭과 기능을 설명하시오.

(2) VCB의 필요한 최소 차단용량은 몇 [MVA]인가?

　·계산 :　　　　　　　　　　　　　　　·답 :

(3) 도면 C 부분의 계통도에 그려져야 할 것들 중에서 그 종류를 5가지만 쓰도록 하시오.

(4) ACB의 최소 차단전류는 몇 [kA]인가?

　·계산 :　　　　　　　　　　　　　　　·답 :

(5) 최고 부하 800[kVA], 역률 80[%]라 하면 변압기에 의한 전압 변동률은 몇 [%]인가?

　·계산 :　　　　　　　　　　　　　　　·답 :

|계|산|및|정|답|

(1) ·명칭 : 피뢰기

　·기능 : 이상 전압이 내습하면 대지로 방전시키고, 속류를 차단한다.

(2) 【계산】 전원측 %Z가 100[MVA]에 대하여 15[%]이므로 $P_S = \frac{100}{\%Z} \times P_n$[MVA]

$$P_S = \frac{100}{12} \times 100 = 833.33[\text{MVA}]$$ 【정답】 833.33[MVA]

(3) ① 계기용 변압기 ② 전압계용 전환 개폐기 ③ 전압계 ④ 과전류계전기 ⑤ 전류계용 전환개폐기

(4) 【계산】 변압기 %Z를 100[MVA]로 환산하면 $\%Z_t = \frac{100000}{1000} \times 4 = 400[\%]$

합성 %Z = 12 + 400 = 412[%]

단락전류 $I_S = \frac{100}{\%Z} \times I_n = \frac{100}{412} \times \frac{100 \times 10^6}{\sqrt{3} \times 380} \times 10^{-3} = 36.88[\text{kA}]$ 【정답】 36.88[kA]

(5) 【계산】 %저항 강하 $p = 1.2 \times \frac{800}{1000} = 0.96[\%]$

%리액턴스 강하 $q = \sqrt{4^2 - 1.2^2} \times \frac{800}{1000} = 3.05[\%]$

전압변동률 $\epsilon = p\cos\theta + q\sin\theta = 0.96 \times 0.8 + 3.05 \times 0.6 = 2.6[\%]$ 【정답】 2.6[%]

|추|가|해|설|

(2) 정격차단용량 $P_s = \frac{100}{\%Z} \times P_n$[MVA] → ($P_n$: 기분용량[MVA], $\%Z$: 전원 측으로부터 합성 임피던스)

(3) C부분 결선도

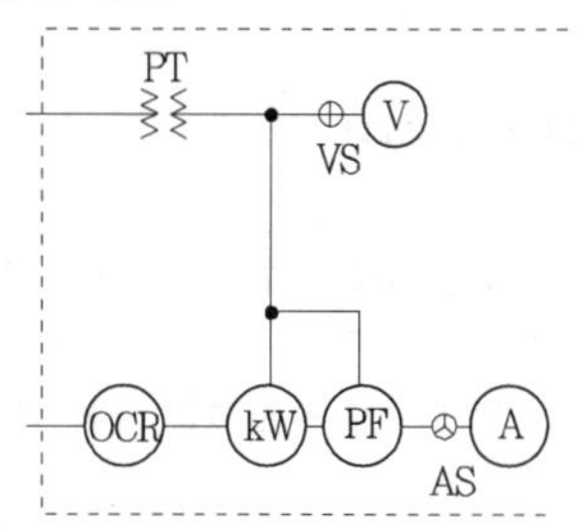

(4) ① $\%Z$ 환산 → $\%Z_t = \frac{\text{기준용량}}{\text{정격용량}} \times \%Z$

② 3상 변압기 단락전류 $I_s = \frac{100}{\%Z} \times I_n = \frac{100}{\%Z} \times \frac{P_n}{\sqrt{3}\,V}[A]$

(I_n: 정격전류[A], V: 공칭전압[V], P_n: 기분용량[MVA], $\%Z$: %임피던스)

(5) ① %저항 강하 $p = \frac{\text{기준용량800}}{\text{정격용량}} \%R[\%]$

② %리액턴스 강하 $q = \frac{\text{기준용량}}{\text{정격용량}} \times \%X[\%]$

③ 전압변동률 $\epsilon = p\cos\theta + q\sin\theta[\%]$

[특별고압 수전설비 표준 결선도] CB 1차측에 CT와 PT를 설치하는 경우 (CB 1차측의 변압기 설치는 10[kVA] 이하의 경우에 적용가능)]

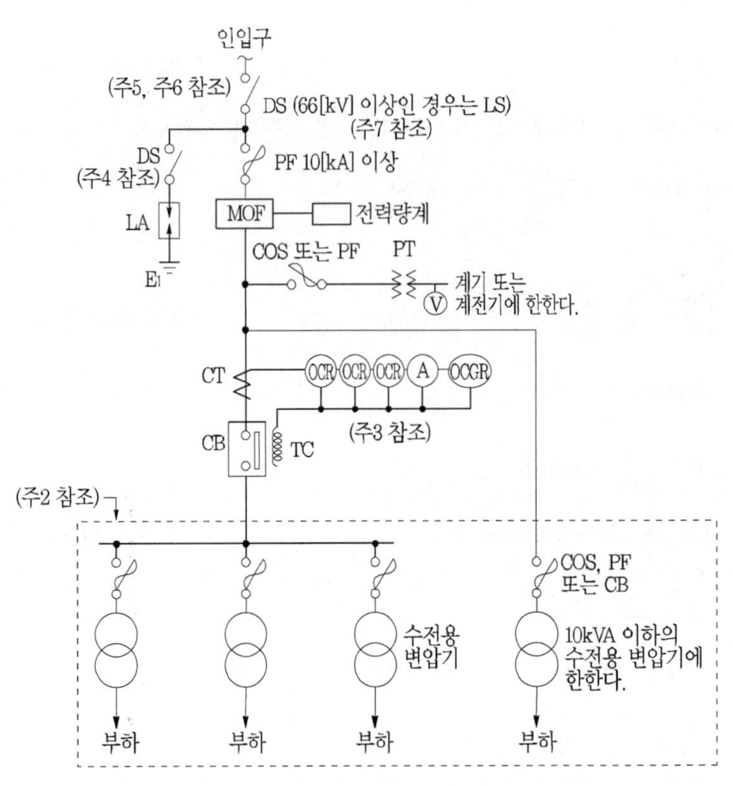

【주1】 22.9[kV−Y] 1000[kVA] 이하인 경우에는 간이 수전설비 결선도에 의할 수 있다.

【주2】 결선도 중 점선 내의 부분은 참고용 예시이다.

【주3】 차단기의 트립 전원은 직류[DC] 또는 콘덴서 방식(CTD)이 바람직하며 66[kV] 이상의 수전설비에는 직류[DC]이어야 한다.

【주4】 LA용 DS는 생략할 수 있으며 22.9[kV−Y]용의 LA는 Disconnector(또는 Isolator) 붙임형을 사용하여야 한다.

【주5】 인입선을 지중선으로 시설하는 경우로서 공동 주택 등 사고시 정전 피해가 큰 수전 설비 인입선은 예비선을 포함하여 2회선으로 시설하는 것이 바람직하다.

【주6】 지중 인입선의 경우에 22.9[kV−Y] 계통은 CNCV−W 케이블(수밀형) 또는 TR CNCV−W(트리 억제형)을 사용하여 한다. 다만, 전력구 · 공동구 · 덕트 · 건물구내 등 화재의 우려가 있는 장소에서는 FR CNCO−W(난연) 케이블을 사용하는 것이 바람직하다.

【주7】 DS 대신 자동고장구분 개폐기(7000[kVA] 초과 시에는 Sectionalizer)를 사용할 수 있으며 66[kV] 이상의 경우는 LS를 사용하여야 한다.

03

출제 : 17년 • 배점 : 6점

단상 2선식 220[V]의 전원을 사용하는 간선에 전등 부하의 전류 합계가 8[A], 정격전류 5[A]의 전열기가 2대 그리고 정격전류 24[A]인 전동기 1대를 접속하는 부하설비가 있다.
다음 물음에 답하시오. 단, 전동기의 기동 계급은 고려하지 않는다.

(1) 전원을 공급하는 간선의 굵기를 선정하기 위한 전류의 최소값은 몇 [A]인가?

•계산 : •답 :

(2) 이 간선에 설치하여야 하는 과전류 차단기를 다음 규격에 의하여 선정하시오.

차단기 규격	50[A], 75[A], 100[A], 125[A], 150[A], 175[A], 200[A]

|계|산|및|정|답|

(1) 【계산】 전열기 전류의 합 $\sum I_H = 8+5\times 2 = 18[A]$, 전동기 전류의 합 $\sum I_M = 24[A]$

설계전류 $I_B = \sum I_M + \sum I_H = 24+18 = 42[A]$

→ 간선의 허용전류는 $I_B \le I_n \le I_Z$의 조건을 만족해야 하므로 간선의 최소 허용전류 $I_Z = 42[A]$

【정답】 42[A]

(2) $I_B \le I_n \le I_Z$에서 과전류 차단기의 최소동작전류 $I_n = 42[A]$

∴차단기의 규격은 50[A] 선정 【정답】 50[A] 선정

|추|가|해|설|

[과부하에 대해 케이블(전선)을 보호하는 장치의 동작특성 (KEC 212.4.1)]

① $I_B \le I_n \le I_Z$

② $I_2 \le 1.45\times I_Z$

여기서, I_B: 회로의 설계전류, I_Z: 케이블의 허용전류, I_n: 보호장치의 정격전류

I_2: 보호장치가 규약시간 이내에 유효하게 동작하는 것을 보장하는 전류

04	출제 : 기사 05, 산업 14, 17년 • 배점 : 5점

그림과 같은 논리회로를 유접점 회로로 변환하여 그리시오.

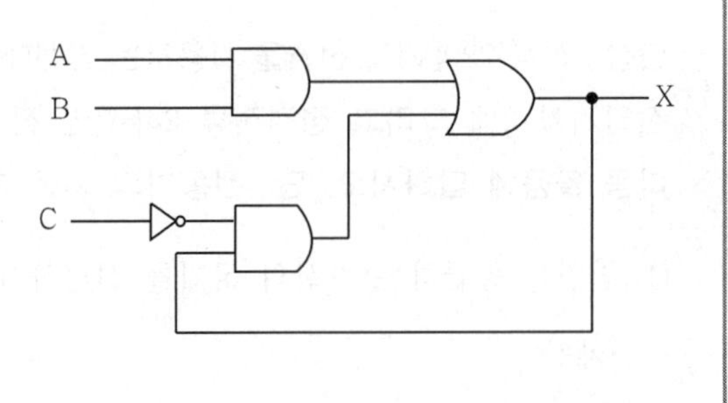

|계|산|및|정|답|

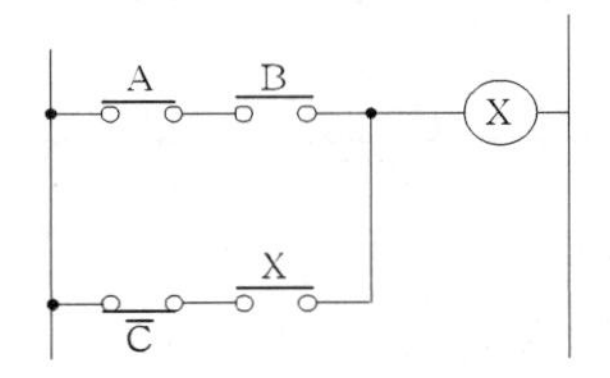

|추|가|해|설|

1. 회로의 논리식 $X = A \cdot B + \overline{C} \cdot X$

2. Gate 기호 및 진리표 정리

Gate 이름	논리회로 논리식	유접점 회로	무접점 회로	진리표
AND 회로	A, B — M $M = A \cdot B$	A B M	V R M A D_1 B D_2	A B M 0 0 0 0 1 0 1 0 0 1 1 1
OR 회로	A, B — M $M = A + B$	A B M	V R M A D_1 B D_2	A B M 0 0 0 0 1 1 1 0 1 1 1 1
NOT 회로	A — M $M = \overline{A}$	$\overline{A}$ M	V R M A R_2 T_r	A M 0 1 1 0

Gate 이름	논리회로 논리식	유접점 회로	무접점 회로	진리표
NAND 회로	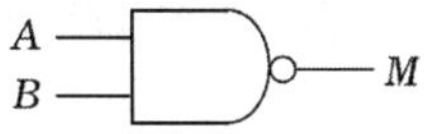 $M = \overline{A \cdot B}$	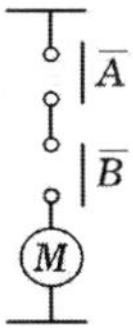	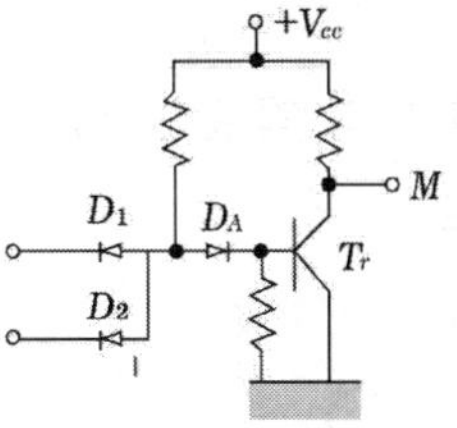	A B M: 0 0 1 / 0 1 1 / 1 0 1 / 1 1 0
NOR 회로	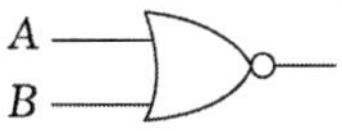 $M = \overline{A+B}$	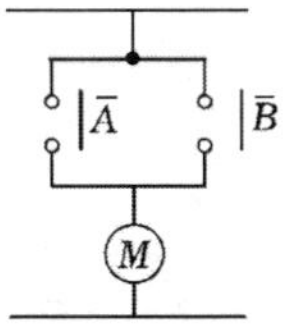	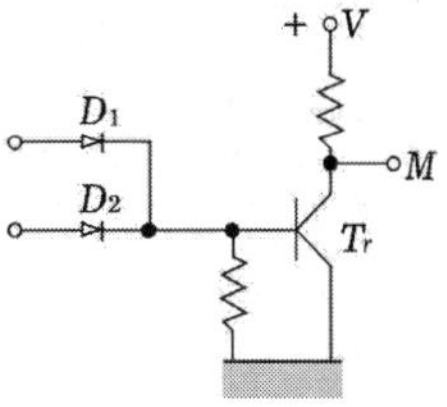	A B M: 0 0 1 / 0 1 0 / 1 0 0 / 1 1 0
exclusive -OR 회로	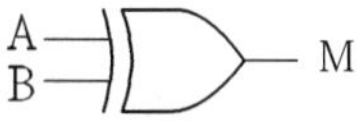 $M = A\overline{B} + \overline{A}B = A \oplus B$	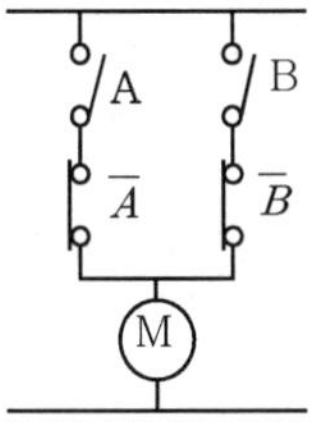	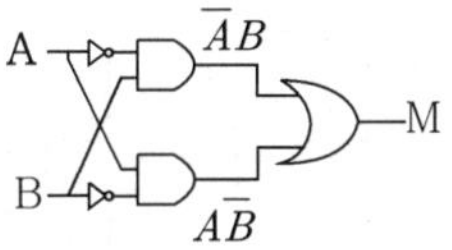	A B M: 0 0 0 / 0 1 1 / 1 0 1 / 1 1 0

05

출제 : 17년 • 배점 : 5점

다음 주어진 전동기 정·역 운전회로의 주회로에 알맞은 제어회로를 주어진 설명과 같은 시퀀스도로 완성하시오.

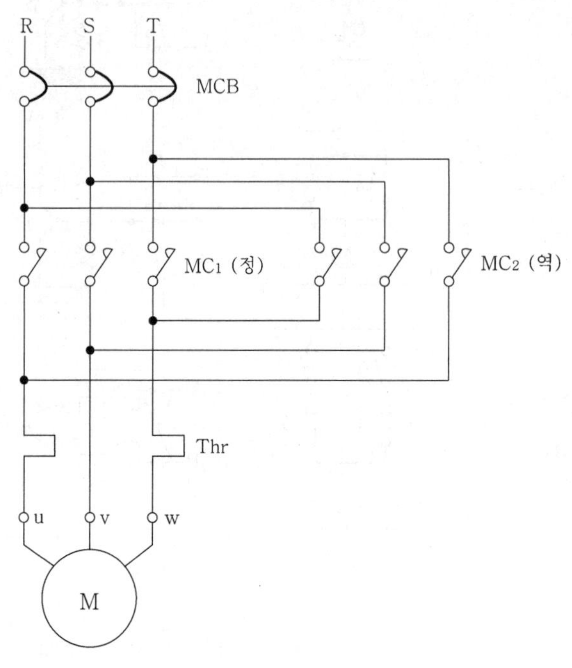

[동작회로 동작 설명]

1. 제어회로에 전원이 인가되면 GL 램프가 점등된다.
2. 푸시버튼(BS1)을 누르면 MC1이 여자되고 회로가 자기유지되며, RL1 램프가 점등된다.
3. MC1의 동작에 따라 전동기는 정회전을 하고 GL 램프는 소등된다.
4. 푸시버튼(BS3)을 누르면 전동기가 정지하고 GL 램프가 점등된다.
5. 푸시버튼(BS2)을 누르면 MC2가 여자되고 회로가 자기유지되며, RL2 램프가 점등된다.
6. MC2의 동작에 따라 전동기는 역회전을 하고 GL 램프는 소등된다.
7. 푸시버튼(BS3)을 누르면 전동기가 정지하고 GL 램프가 점등된다.
8. MC1, MC2는 동시 작동하지 않도록 MC b 접점을 이용하여 상호 인터록 회로로 구성되어 있다.
9. 과전류가 흘러 열동형 계전기가 작동하면, 제어회로에 전원이 차단되고 OL 램프가 점등된다.

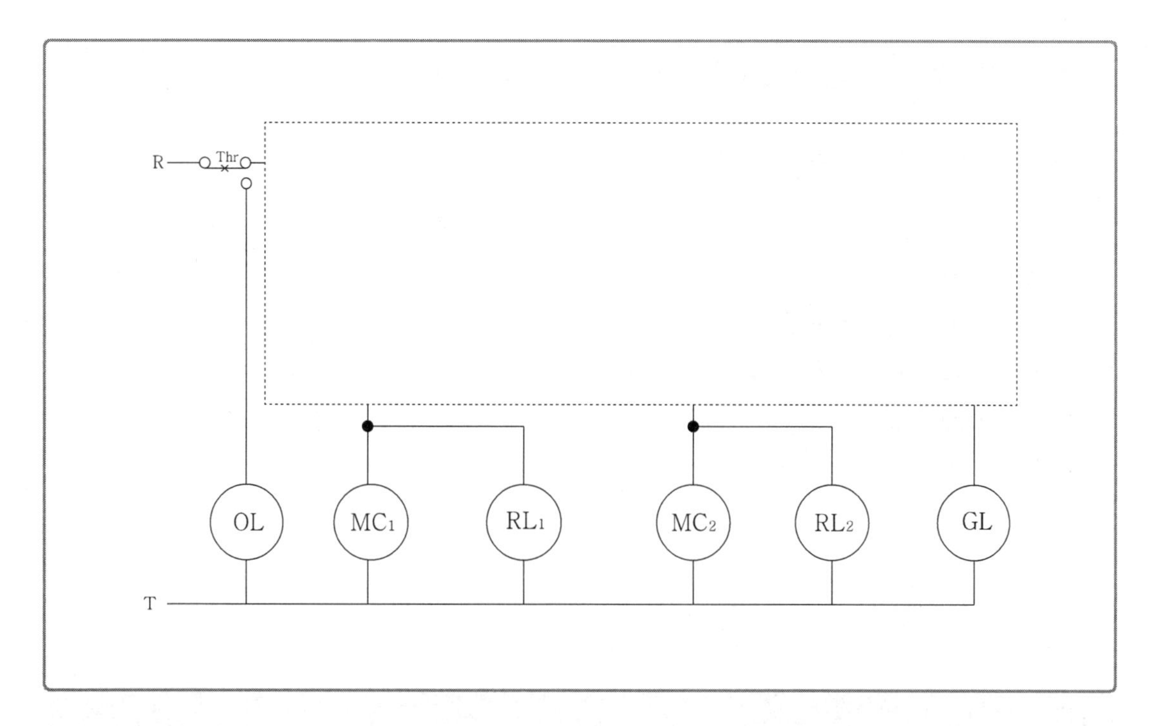
R
Thr
OL
MC1
RL1
MC2
RL2
GL
T

|계|산|및|정|답|

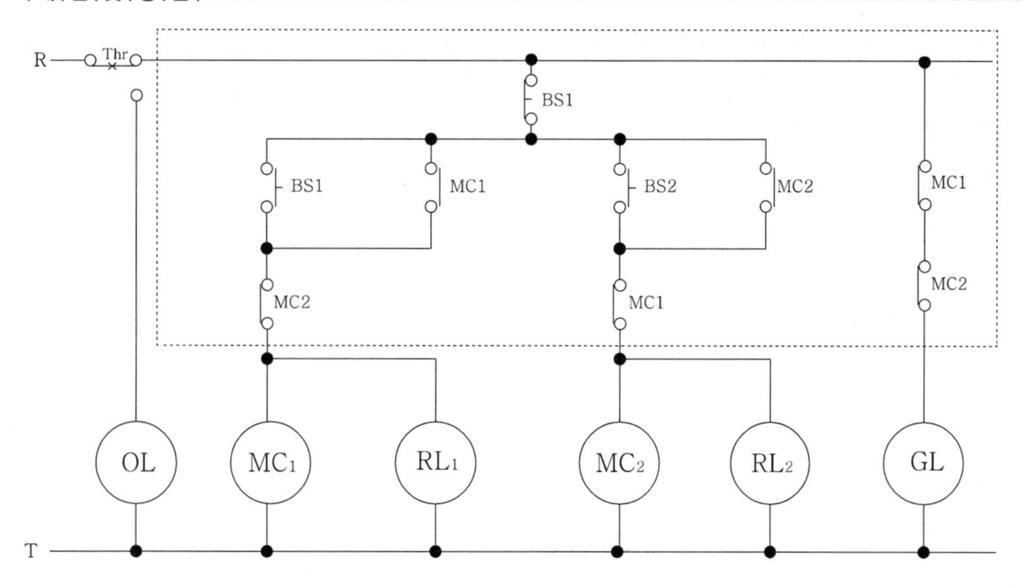
R
Thr
BS1
BS1
MC1
BS2
MC2
MC1
MC2
MC1
MC2
OL
MC1
RL1
MC2
RL2
GL
T

06

출제 : 17년 • 배점 : 6점

피뢰기의 정기점검 항목을 4가지만 쓰시오.

|계|산|및|정|답|

① 피뢰기 애자 부분 손상여부 점검

② 피뢰기 1, 2차측 단자 및 단자볼트 이상 유무 점검

③ 피뢰기 절연저항 측정

④ 피뢰기 접지저항 측정

07

출제 : 기사 03, 15, 산업 17년 • 배점 : 5점

역률 과보상 시 발생하는 현상에 대하여 3가지만 쓰시오.

|계|산|및|정|답|

① 역률의 저하 및 손실의 증가

② 단자전압 상승

③ 계전기의 오동작

④ 고조파 왜곡의 증대

⑤ 설비 용량이 감소하여 과부하가 될 수 있다.

|추|가|해|설|

[역률 과보상 시 나타나는 역효과]

· 계전기 오동작
· 단자전압 상승
· 역률 저하
· 전력손실 증가

08

출제 : 17년 • 배점 : 6점

40[kVA], 3상 380[V], 60[Hz]용 전력용 콘덴서의 결선 방식에 따른 용량을 $[\mu F]$으로 구하시오.

(1) △결선인 경우 $C_1[\mu F]$

•계산 : •답 :

(2) Y결선인 경우 $C_2[\mu F]$

•계산 : •답 :

|계|산|및|정|답|

(1) 【계산】 △결선인 경우 $C_1[\mu F]$ → $(V=E)$

$Q=3EI_c=3\times 2\pi f C_1 E^2$ 에서

$$C_1=\frac{Q}{6\pi f E^2}\times 10^6=\frac{Q}{6\pi f V^2}\times 10^6=\frac{40000}{6\times\pi\times 60\times 380^2}\times 10^6=245.053[\mu F]$$

【정답】 245.05$[\mu F]$

(2) 【계산】 Y결선인 경우 $C_2[\mu F]$ → $(V=\sqrt{3}E)$

$Q=3EI_c=3\times 2\pi f C_2 E^2$ 에서

$$C_2=\frac{Q}{6\pi f E^2}\times 10^6=\frac{Q}{6\pi f\left(\frac{V}{\sqrt{3}}\right)^2}\times 10^6=\frac{40000}{2\times\pi\times 60\times 380^2}\times 10^6=735.16[\mu F]$$

【정답】 735.16$[\mu F]$

|추|가|해|설|

[충전용량]

1. △결선의 충전용량 $Q=3EI_c=3\times 2\pi f CE^2=3\omega CE^2=3\omega CV^2[VA]$

2. Y결선의 충전용량 $Q=3EI_c=3\times 2\pi f CE^2=3\times\omega C\times\left(\frac{V}{\sqrt{3}}\right)^2=\omega CV^2[VA]$

09

출제 : 09, 16, 17년 • 배점 : 6점

지상 7[m]에 있는 300[m^3]의 저수조에 양수하는데 30[kW]의 전동기를 사용할 경우 저수조에 물을 가득 채우는 데 소요되는 시간(분)을 구하시오. 단, 펌프의 효율 80[%], K=1.2이다.

・계산 : ・답 :

|계|산|및|정|답|

【계산】 펌프용 전동기의 용량 $P=\frac{QHK}{6.12\eta}=\frac{KH\frac{V}{t}}{6.12\eta}$에서

$$t=\frac{KHV}{P\times 6.12\times 0.8}=\frac{1.2\times 7\times 300}{30\times 6.12\times 0.8}=17.16[분]$$

【정답】 17.16[분]

추|가|해|설|

① 펌프용 전동기의 용량 $P=\frac{9.8Q'[m^3/\text{sec}]HK}{\eta}[kW]=\frac{9.8Q[m^3/\text{min}]HK}{60\times\eta}[kW]=\frac{Q[m^3/\text{min}]HK}{6.12\eta}[\text{kW}]$

여기서, P : 전동기의 용량[kW], Q' : 양수량[m^3/sec], Q : 양수량[m^3/min]

H : 양정(낙차)[m], η : 펌프효율, K : 여유계수(1.1~1.2 정도)

② 권상용 전동기의 용량 $P=\frac{K\cdot W\cdot V}{6.12\eta}[KW]$

여기서, K : 여유계수, W : 권상 중량 [ton], V : 권상 속도[m/min], η : 효율

③ 엘리베이터용 전동기의 용량 $P=\frac{KVW}{6120\eta}[kW]$

여기서, P : 전동기 용량[kW], η : 엘리베이터 효율, V : 승강속도[m/min]

W : 적재하중[kg](기계의 무게는 포함하지 않는다.), K : 계수(평형률)

10

출제 : 22, 17, 04년 • 배점 : 5점

다음 조건에 있는 콘센트의 그림기호를 그리시오.

벽붙이용	천정에 부착하는 경우	바닥에 부착하는 경우	방수형	2구용

|계|산|및|정|답|

	벽붙이용	천정에 부착하는 경우	바닥에 부착하는 경우	방수형	2구용
(1)				WP	2

|추|가|해|설|

[콘센트 표시]

명 칭	그림기호	적 요
콘센트		① 천장에 부착하는 경우는 다음과 같다. 보기 ② 바닥에 부착하는 경우는 다음과 같다. 보기 ③ 용량의 표시 방법은 다음과 같다. ·15[A]는 방기하지 않는다. ·20[A] 이상은 암페어 수를 방기한다. 보기 20A ④ 2구 이상인 경우는 구수를 방기한다. 보기 2 ⑤ 3극 이상인 것은 극수를 방기한다. 3극은 3P, 4극은 4P ⑥ 종류를 표시하는 경우 벽붙이용 보기 빠짐 방지형 보기 LK 걸림형 보기 T 접지극붙이 보기 E 접지단자붙이 보기 ET 누전 차단기붙이 보기 EL ⑦ 방폭형은 EX를 방기한다. 보기 EX ⑧ 의료용은 H를 방기한다. 보기 H ⑨ 방수형은 WP를 방기한다. 보기 WP

11

출제 : 17년 • 배점 : 6점

전력시설물 공사감리업무 수행 시 비상주 감리원의 업무를 5가지만 쓰시오.

|계|산|및|정|답|

① 설계도서 등의 검토
② 상주감리원이 수행하지 못하는 현장 조사분석 및 시공상의 문제점에 대한 기술검토와 민원사항에 대한 현지조사 및 해결방안 검토
③ 중요한 설계변경에 대한 기술검토
④ 설계변경 및 계약금액 조정의 심사
⑤ 기성 및 준공검사
⑥ 정기적(분기 또는 월별)으로 현장 시공상태를 종합적으로 점검·확인·평가하고 기술지도
⑦ 공사와 관련하여 발주자(지원업무수행자 포함)가 요구한 기술적 사항 등에 대한 검토
⑧ 그 밖에 감리업무 추진에 필요한 기술지원 업무

12

출제 : 04, 12, 17년 • 배점 : 5점

500[kVA]의 변압기가 그림과 같은 부하로 운전되고 있다. 오전에는 역률 85[%]로, 오후에는 100[%]로 운전된다고 하면 전일 효율은 몇 [%]가 되겠는가? 단, 이 변압기의 철손은 6[kW], 전부하시 동손은 10[kW]라 한다.

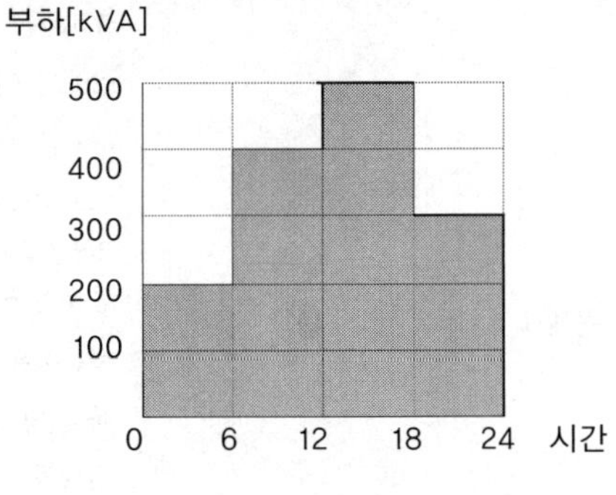

부하[kVA]
500
400
300
200
100
0 6 12 18 24 시간

·계산 :

·답 :

|계|산|및|정|답|

【계산】 하루의 총 출력 전력량은 그림에서와 같이 검은색 부분에 역률을 곱하면 구해진다.

출력 $P=(200\times6\times0.85)+(400\times6\times0.85)+(500\times6\times1)+(300\times6\times1)=7860[\text{kWh}]$

철손은 부하와 관계가 없으므로 철손 $P_i=24\times6=144[\text{kWh}]$

동손은 부하율의 제곱에 비례하므로 동손

$$P_c=\left\{\left(\frac{200}{500}\right)^2\times6+\left(\frac{400}{500}\right)^2\times6+\left(\frac{500}{500}\right)^2\times6+\left(\frac{300}{500}\right)^2\times6\right\}=129.6[\text{kWh}]$$

$$\text{전일효율 } \eta = \frac{\text{1일의총출력전력량}}{\text{1일의총출력전력량}+\text{손실전력량}}\times100[\%]=\frac{7860}{7860+144+129.6}\times100=96.64[\%]$$

【정답】 96.64[%]

13

출제 : 17년 • 배점 : 3점

전기사용장소의 사용전압이 500[V] 이하인 경우, 전로의 전선 상호간 및 전로와 대지간의 절연저항은 개폐기 또는 과전류차단기로 구분할 수 있는 전로마다 얼마 이상을 유지하여야 하는지 쓰시오.

|계|산|및|정|답|

사용전압이 500[V] 이하인 경우 1.0[MΩ]

【정답】 1.0[MΩ]

|추|가|해|설|

[전로의 사용전압에 따른 절연저항값]

전로의 사용전압의 구분	DC 시험전압	절연 저항값
SELV 및 PELV	250	0.5[MΩ]
FELV, 500[V] 이하	500	1.0[MΩ]
500[V] 초과	1000	1.0[MΩ]

※특별저압(2차 전압이 AC 50[V], DC 120[V] 이하)으로 SELV(비접지 회로 구성) 및 PELV(접지회로 구성)은 1차와 2차가 전기적으로 절연된 회로, FELV는 1차와 2차가 전기적으로 절연되지 않은 회로

14

출제 : 00, 17년 • 배점 : 5점

단상 2선식 220[V] 배전선로에 소비전력이 40[W], 역률 80[%]의 형광등 180개를 설치할 때 15[A]의 분기회로의 최소 회선수를 구하시오. 단, 한 회선의 부하전류는 분기회로 용량의 80[%]로 한다.

·계산 :

·답 :

|계|산|및|정|답|

【계산】 상정 부하용량 $P_a = \frac{40}{0.8} \times 180 = 9000[VA]$

분기회로수 $N = \frac{\text{상정부하[VA]}}{\text{전압[V]} \times \text{분기회로 전류[A]}} = \frac{9000}{220 \times 15 \times 0.8} = 3.41 \rightarrow 4[\text{회로}]$

【정답】 15[A]분기 4회로

15

출제 : 22, 17년 • 배점 : 4점

부하율을 식으로 표시하고 부하율이 높다는 의미에 대해 설명하시오.

(1) 부하율

(2) 부하율이 높다는 의미

|계|산|및|정|답|

(1) 부하율 $= \dfrac{\text{평균 수요 전력[kW]}}{\text{합성 최대 수요 전력[kW]}} \times 100[\%]$

(2) 부하율이 높다

① 평균전력이 고르게 높다는 것을 의미한다.

② 부하설비의 가동률이 상승한다.

③ 공급 설비를 유용하게 사용하고 있다.

④ 첨두부하 설비가 감소된다.

|추|가|해|설|

① 수용률 $= \dfrac{\text{최대 수용전력[kV]}}{\text{(총)부하설비용량[kW]}} \times 100[\%]$

② 부등률(≥1) $= \dfrac{\text{각 부하의 최대수용전력의 합계[kVA]}}{\text{부하를 종합하였을 때의 합성최대수용전력[kVA]}}$

③ 부하율 $= \dfrac{\text{평균 수요 전력[kW]}}{\text{합성 최대 수요 전력[kW]}} \times 100[\%]$ → (평균전력[kW] $= \dfrac{\text{총사용전력량[kWh]}}{\text{사용시간[h]}}$)

부하율 $= \dfrac{\text{평균 수요 전력[kW]}}{\text{수용설비 용량의 합}} \times \dfrac{\text{부등률}}{\text{수용률}}[\%]$

16

출제 : 11, 17년 • 배점 : 5점

변류비 30/5[A]인 CT 2개를 그림과 같이 접속할 때 전류계에 2[A]가 흐른다면 CT 1차측에 흐르는 전류는 몇 [A]인가?

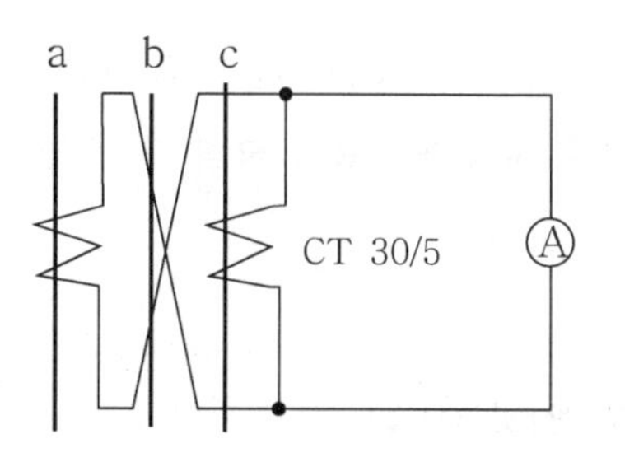

·계산 :

·답 :

|계|산|및|정|답|

【계산】 CT 1차측 전류=전류계 지시값$\times\frac{1}{\sqrt{3}}\times$변류비$=2\times\frac{30}{5}\times\frac{1}{\sqrt{3}}=6.93[A]$ 【정답】 6.93[A]

|추|가|해|설|

[차동접속 (교차접속)]

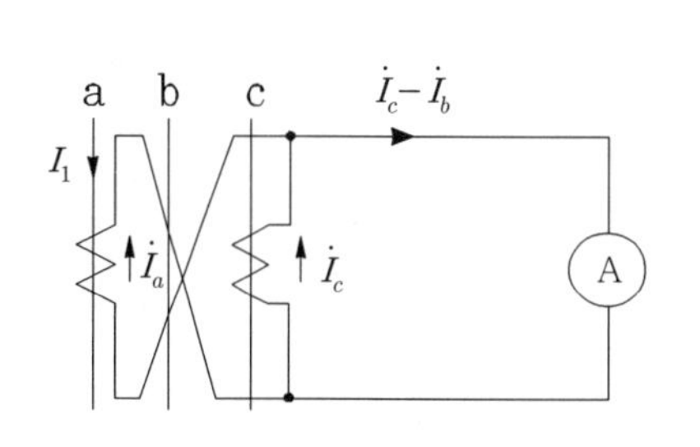

⇨

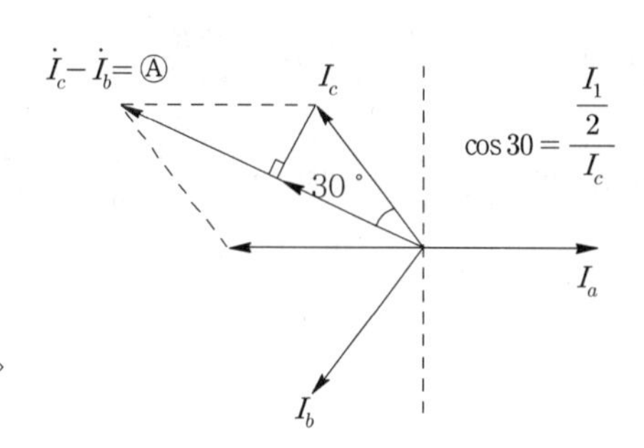

여기서, $\dot{I}_c-\dot{I}_a$: 전류계Ⓐ지시값 → Ⓐ$=2\times I_c\cos 30°=\sqrt{3}I_c=\sqrt{3}I_a$

즉, 전류계 지시값은 CT 2차 전류의 $\sqrt{3}$ 배 지시 → ($I_a=\frac{\text{전류계 Ⓐ지시값}}{\sqrt{3}}$, $I_c=\frac{\text{전류계 Ⓐ지시값}}{\sqrt{3}}$)

$\therefore I_1=$전류계Ⓐ지시값$\times\frac{1}{\sqrt{3}}\times$CT비

※[KEC 적용] 2021년 적용되는 KEC에 의하여 전선의 표시가 다음과 같이 바뀌어 출제됩니다.

$A,\ B,\ C(a,\ b,\ c)$ 또는 $R,\ S,\ T$ → $L_1,\ L_2,\ L_3$

17

출제 : 17년 • 배점 : 6점

수전전압 3000[V], 역률 0.8의 부하에 지름 5[mm]의 경동선으로 20[km]의 거리에 10[%] 이내의 손실률로 보낼 수 있는 3상 전력[kW]을 구하시오.

·계산 : ·답 :

|계|산|및|정|답|

【계산】 저항 $R=\rho\frac{l}{A}=\rho\frac{l}{\frac{\pi D^2}{4}}=\frac{1}{55}\times\frac{20\times10^3}{\frac{\pi\times5^2}{4}}=18.52[\Omega]$

공급전력 $P=\frac{V^2\cos^2\theta}{R}\times\frac{k}{100}\times10^{-3}=\frac{3000^2\times0.8^2}{18.52}\times\frac{10}{100}\times10^{-3}=31.1[\text{kW}]$

【정답】 31.1[kW]

|추|가|해|설|

① 경동선의 고유저항(ρ)$=\frac{1}{55}[\Omega\cdot\text{mm}^2/\text{m}]$

② 전력손실 $P_l=3I^2R=3\times\left(\frac{P}{\sqrt{3}\,V\cos\theta}\right)^2R=\frac{P^2R}{V^2\cos^2\theta}$

③ 전력손실률 $k=\frac{P_l}{P}\times100=\frac{PR}{V^2\cos^2\theta}\times100 \rightarrow P=\frac{V^2\cos^2\theta}{R}\times\frac{k}{100}$

18

출제 : 22, 17, 08년 • 배점 : 5점

전기사업자는 그가 공급하는 전기의 품질(표준 전압, 표준 주파수)을 허용 오차 안에서 유지하도록 전기사업법에 규정되어 있다. 다음 표의 빈칸 ①~④에 표준 전압, 표준 주파수에 대한 허용 오차를 정확하게 쓰시오.

표준 전압, 표준 주파수	허용 오차
110[V]	110볼트의 상하로 (①)볼트 이내
220[V]	220볼트의 상하로 (②)볼트 이내
380[V]	380볼트의 상하로 (③)볼트 이내
60[Hz]	60헤르츠 상하로 (④)헤르츠 이내

|계|산|및|정|답|

【정답】 ① 6　② 13　③ 38　④ 0.2

|추|가|해|설|

[전기사업법상 전압 및 주파수 등의 유지기준]

전등용은 6[%] 이하, 동력용은 10[%] 이하

① 유지하여야 하는 전압

표준전압	허용오차
110[V]	110[V]의 상 · 하로 6[V] 이내
200[V]	200[V]의 상 · 하로 12[V] 이내
220[V]	220[V]의 상 · 하로 13[V] 이내
380[V]	380[V] 상 · 하로 38[V] 이내

② 유지하여야 하는 주파수

표준주파수	유지하여야 하는 주파수
60[Hz]	60[Hz] 상·하로 0.2[Hz] 이내

02 2017년 전기산업기사 실기

01

출제 : 17년 • 배점 : 5점

200[kW] 설비용량 수용가의 부하율 70[%], 수용률 80[%]라면 1개월(30일) 동안의 사용 전력량[kWh]를 구하시오.

・계산 : ・답 :

|계|산|및|정|답|

【계산】 사용 전력량=최대 수용 전력×부하율×시간 = 설비용량×수용률×부하율×시간

$$= 200 \times 0.8 \times 0.7 \times 30 \times 24 = 80640[\text{kWh}]$$

【정답】 80640[kWh]

|추|가|해|설|

・수용률 $= \dfrac{\text{최대 수용 전력}}{\text{설비용량}} \times 100[\%]$

・부하율 $= \dfrac{\text{평균 수요 전력}[\text{kW}]}{\text{합성 최대 수요 전력}[\text{kW}]} \times 100[\%] \quad \rightarrow \left(\text{평균전력}[\text{kW}] = \dfrac{\text{총사용전력량}[\text{kWh}]}{\text{사용시간}[\text{h}]}\right)$

・월간 사용 전력량=평균전력[kW]×24[시간]×30[일]

02

출제 : 01, 07, 09, 15, 17년 • 배점 : 5점

전력계통에 이용되는 리액터의 분류에 따른 설치 목적을 쓰시오.

(1) 분로(병렬) 리액터

(2) 직렬 리액터

(3) 소호 리액터

(4) 한류 리액터

|계|산|및|정|답|

(1) 분로 리액터 : 장거리 송전선로에서 송전선의 충전 전류를 경감시켜 페런티 현상 방지

(2) 직렬 리액터 : 전력용 콘덴서의 부속 기기로서 고조파를 제거하여 전압의 파형을 개선

(3) 소호 리액터 : 송전선로의 중성점 접지 방식에서, 지락전류의 제한

(4) 한류 리액터 : 단락 고장에 대하여 고장 전류를 제한하기 위해서 회로에 직렬 접속

03

출제 : 16, 17년 • 배점 : 5점

축전지를 충전하는 방식을 3가지만 쓰고 충전방식에 대하여 설명하시오.

|계|산|및|정|답|

① 급속충전 : 비교적 단시간에 보통 전류의 2~3배의 전류로 충전하는 방식이다.
② 보통충전 : 필요할 때마다 표준 시간율로 소정의 충전을 하는 방식이다.
③ 부동충전 : 축전지의 자기 방전을 보충함과 동시에 상용 부하에 대한 전력 공급은 충전기가 부담하도록 하되 충전기가 부담하기 어려운 일시적인 대전류 부하는 축전지로 하여금 부담하게 하는 방식이다.

|추|가|해|설|

[정답 외의 축전지 충전 방식]

④ 균등충전	부동 충전 방식에 의하여 사용할 때 각 전해조에서 일어나는 전위차를 보정하기 위하여 1~3개월 마다 1회씩 정격전압으로 10~12시간 충전하여 각 전해조의 용량을 균일화하기 위한 방식이다.
⑤ 세류충전	자기 방전량만을 항시 충전하는 부동 충전 방식의 일종이다.
⑥ 회복 충전	정전류 충전법에 의하여 약한 전류로 40~50시간 충전시킨 후 방전시키고, 다시 충전시킨 후 방전시킨다. 이와 같은 동작을 여러 번 반복하게 되면 본래의 출력 용량을 회복하게 되는데 이러한 충전 방법을 회복충전이라 한다.

04

출제 : 16, 17년 • 배점 : 5점

부하 용량이 300[kW]이고, 전압이 3상 380[V]인 전기설비의 계기용 변류기와 1차 전류를 계산하고 그 값을 기준으로 변류기의 1차 전류를 아래 규격에서 선정하시오.

·계산 : ·답 :

〈조 건〉

·수용가의 인입 회로나 전력용 변압기의 1차측에 설치
·실제 사용하는 정도의 1차 전류용량을 산정
·부하 역률은 1로 계산
·계기용 변류기 1차 전류[A] 규격 : 300, 400, 600, 800, 1000 중에서 선정

|계|산|및|정|답|

【계산】 $I_n = \dfrac{P}{\sqrt{3}\,V\cos\theta} = \dfrac{300\times10^3}{\sqrt{3}\times380\times1} = 455.8[A]$

변류기 1차 전류 $I_1 = I_n \times (1.25 \sim 1.5) = 455.8 \times (1.25 \sim 1.5) = 569.75 \sim 683.7[A]$

→ 변류비 600/5 선정 【정답】 600[A]

→ (k=1.25~1.5 : 변압기의 여자돌입전류를 감안한 여유도)

05

출제 : 17년 • 배점 : 6점

어느 단상 변압기의 2차 정격전압은 2300[V], 2차 정격전류는 43.5[A], 2차 측으로부터 본 합성저항이 0.66[Ω], 무부하손이 1000[W]이다. 전부하시 역률이 100[%] 및 80[%] 일 때의 효율을 각각 구하시오.

(1) 전부하시 역률 100[%]일 때의 효율[%]

•계산 : •답 :

(2) 전부하시 역률 80[%]일 때의 효율[%]

•계산 : •답 :

|계|산|및|정|답|

(1) 【계산】 전부하 역률 100[%]일 때

전부하시 동손 $P_c = I^2R[W]$

효율 $\eta = \dfrac{P\cos\theta}{P\cos\theta + P_i + P_c} \times 100 = \dfrac{VI\cos\theta}{VI\cos\theta + P_i + P_c} \times 100$ 에서 $P_c = I^2R[W]$ 이므로

$$\eta = \frac{2300 \times 43.5 \times 1}{2300 \times 43.5 \times 1 + 1000 + 43.5^2 \times 0.66} \times 100 = 97.8[\%]$$

【정답】 97.8[%]

(2) 【계산】 전부하 역률 80[%] 일 때

$$\eta = \frac{2300 \times 43.5 \times 0.8}{2300 \times 43.5 \times 0.8 + 1000 + 43.5^2 \times 0.66} \times 100 = 97.27[\%]$$

【정답】 97.27[%]

|추|가|해|설|

① 전부하 시 변압기 효율 $\eta = \dfrac{VI\cos\theta}{VI\cos\theta + P_i + P_c} \times 100[\%]$

여기서, P_i : 무부하손(철손), P_c : 동손, V : 정격전압, I : 정격전류

② 동손 $P_c = I^2R[W]$

③ $\dfrac{1}{m}$ 부분 부하 시 변압기 효율 $\eta = \dfrac{\frac{1}{m}VI\cos\theta}{\frac{1}{m}VI\cos\theta + P_i + \left(\frac{1}{m}\right)^2 P_c} \times 100[\%]$

06

출제 : 22, 17, 07년 • 배점 : 5점

폭 5[m], 길이 7.5[m], 천장높이 3.5[m]의 방에 형광등 40[W] 4등을 설치하니 평균 조도가 100[lx]가 되었다. 40[W] 형광등 1등의 광속이 3000[lm], 조명률 0.5일 때 감광보상률 D를 구하시오.

·계산 :　　　　　　　　　　·답 :

|계|산|및|정|답|

【계산】 $D=\dfrac{F\times N\times U}{EA}=\dfrac{3000\times 0.5\times 4}{100\times 5\times 7.5}=1.6$

【정답】 1.6

|추|가|해|설|

감광보상률 $D=\dfrac{1}{M}$ (M : 유지율(보수율), D : 감광보상률(D 〉 1))

$$E=\frac{F\times N\times U\times M}{A} \quad\rightarrow\quad M=\frac{EA}{F\times N\times U}$$

여기서, E : 평균 조도[lx], F : 램프 1개당 광속[lm], N : 램프 수량[개], U : 조명률, M : 보수율

A : 방의 면적[m^2](방의 폭×길이)

$$\therefore D=\frac{1}{M}=\frac{F\times N\times U}{EA}$$

07

출제 : 기사 04, 산업 17년 • 배점 : 4점

부하설비의 역률이 90[%] 이하로 낮아지는 경우 수용자가 볼 수 있는 어떤 손해를 4가지만 쓰시오.

|계|산|및|정|답|

① 전력손실이 커진다.
② 전기요금이 증가한다.
③ 전기설비용량이 증가한다.
④ 전압강하가 커진다.

|추|가|해|설|

[전력요금과 역률]

수용가는 수용장소의 전체 부하역률을 90[%] 이상으로 유지해야 한다.

한국전력공사의 전기공급 약관에 의하면 수용장소의 부하역률을 90[%] 이상으로 유지하여야 하며 이에 필요한 시설은 수용가의 부담으로 한다라고 규정하고 있으며, 기본 요금에 대해서는 90[%] 이상 95[%]까지는 역률 1[%] 보상에 기본 요금 1[%]를 감해주고, 반대로 90[%] 이하에 대해서는 기본 요금을 1[%]씩 추가로 더 부담시키고 있다. 또한 08 : 00~22 : 00까지 사용한 전력량에 대해서만 역률을 적용하고 있으므로, 밤 10시 이후에 과보상되는 역률에 대해서는 별도로 관리를 해야 한다.

08 출제 : 07, 11, 14, 17년 • 배점 : 6점

3상 4선식 송전선에서 한 선의 저항이 10[Ω], 리액턴스가 20[Ω]이고, 송전단 전압이 6600[V], 수전단 전압이 6100[V]이었다. 수전단의 부하를 끊은 경우 수전단 전압이 6300[V], 부하 역률이 0.8일 때 다음 각 물음에 답하시오.

(1) 전압 강하율을 구하시오.

•계산 : •답 :

(2) 전압 변동률을 구하시오.

•계산 : •답 :

(3) 이 송전선로의 수전 가능한 전력[kW]를 구하시오.

•계산 : •답 :

|계|산|및|정|답|

(1) 【계산】 전압강하율 $\epsilon = \dfrac{V_s - V_r}{V_r} \times 100 = \dfrac{6600-6100}{6100} \times 100 = 8.2[\%]$ 【정답】 8.2[%]

(2) 【계산】 전압변동률 $\delta = \dfrac{V_{r0} - V_r}{V_r} \times 100 = \dfrac{6300-6100}{6100} \times 100 = 3.28[\%]$ 【정답】 3.28[%]

(3) 【계산】 전압강하 $e = V_s - V_r = 6600 - 6100 = 500[V]$

$e = \dfrac{P(R + X\tan\theta)}{V_r}$ 에서 $P = \dfrac{V_r}{R + \tan\theta} \cdot e = \dfrac{500 \times 6100}{10 + 20 \times \dfrac{0.6}{0.8}} = 122 \times 10^3 = 122[\text{kW}]$

($\cos\theta = 0.8$일 때 $\sin\theta = \sqrt{1-0.8^2} = 0.6$, $\tan\theta = \dfrac{0.6}{0.8} = 0.75$) 【정답】 122[kW]

|추|가|해|설|

· 전압변동률 $= \dfrac{\text{무부하상태에서의 수전단전압}(V_{r0}) - \text{정격부하상태에서의 수전단전압}(V_r)}{\text{정격부하 상태에서의 수전단전압}(V_r)} \times 100[\%]$

· 전압강하율 $= \dfrac{\text{송전단전압}(V_s) - \text{수전단전압}(V_r)}{\text{수전단전압}(V_r)} \times 100[\%]$

[전력요금의 경감]

전기요금은 계약전력[kW]으로 정해지는 기본요금과, 사용전력량[kW]으로 정해지는 전력요금으로 구성된다.

전력수용가의 부하역률을 개선하면 설비의 합리화를 유도하기 위하여 기본요금의 역률할인제도를 시행하고 있다.

전기요금 = 기본요금 + 전력사용량 요금

기본요금[원] = 계약전력[kW]$\times (1 + \dfrac{90 - \text{역률}[\%]}{100}) \times$단가[원/kW]

전력사용량요금[원] = 사용전력량[kWh] × 단가[원/kWh]

여기서 역률[%]은 개선 후 역률을 나타낸다.

09 출제 : 17년 • 배점 : 6점

그림과 같은 배전방식의 명칭과 이 배전방식의 특징을 4가지 쓰시오. 단, 특징은 배전용 변압기 1대 단위로 저압 배전선로를 구성하는 방식과 비교한 경우이다.

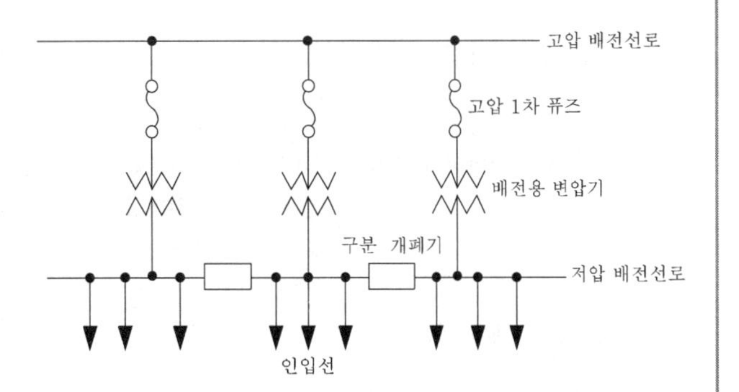

(1) 명칭

(2) 특징

|계|산|및|정|답|

(1) 저압 뱅킹 방식

(2) ① 전압 강하가 작다.

② 전압 변동 및 전력 손실이 경감된다.

③ 부하의 증가에 대응할 수 있는 공급 탄력성이 향상된다.

④ 고장 보호 방식이 적당할 때 공급 신뢰도는 향상된다.

10 출제 : 기사 00, 03, 04, 09, 17년 • 배점 : 5점

표와 같이 어느 수용가 A, B, C에 공급하는 배전 선로의 최대 전력은 600[kW]일 때 수용가의 부등률은 얼마인가?

수용가	설비 용량[kW]	수용률[%]
A	400	70
B	400	60
C	500	60

·계산 : ·답 :

|계|산|및|정|답|

【계산】 부등률 $V_2 = \dfrac{\text{수용설비 각각의 최대 수용전력의 합}[kW]}{\text{합성최대수용전력}[kW]} = \dfrac{(400\times0.7)+(400\times0.6)+(500\times0.6)}{600} = 1.37$

【정답】 1.37

11

출제 : 17년 • 배점 : 4점

다음 표 안의 시설조건에 맞는 고압가공인입선의 높이를 쓰시오. 단, 내선규정을 따른다.

시설 조건	전선의 높이[m]
도로(농로 기타의 교통이 복잡하지 않는 도로 및 횡단보도교는 제외)의 지표상	(①) 이상
철도 또는 레일면상	(②) 이상
횡단보도교의 노면상	(③)이상
상기 이외의 지표상	(④)이상
공장구내 등에서 해당 전선(가공케이블은 제외)의 아래쪽에 위험하다는 표시를 할 때의 지표상)	(⑤)이상

|계|산|및|정|답|

시설 조건	전선의 높이[m]
도로(농로 기타의 교통이 복잡하지 않는 도로 및 횡단보도교는 제외)의 지표상	① 6.0 이상
철도 또는 레일면상	② 6.5 이상
횡단보도교의 노면상	③ 3.5 이상
상기 이외의 지표상	④ 5.0 이상
공장구내 등에서 해당 전선(가공케이블은 제외)의 아래쪽에 위험하다는 표시를 할 때의 지표상)	⑤ 3.5 이상

12 출제 : 22, 17년 • 배점 : 5점

책임 설계감리원이 설계감리의 기성 및 준공을 처리한 때에 발주자에게 제출하는 준공서류 중 감리기록서류 5가지를 쓰시오. 단, 설계감리업무 수행지침을 따른다.

|계|산|및|정|답|

① 설계감리일지
② 설계감리지시부
③ 설계감리기록부
④ 설계감리요청서
⑤ 설계자와 협의사항 기록부

|추|가|해|설|

[설계감리의 기성 및 준공]

책임 설계감리원이 설계감리의 기성 및 준공을 처리한 때에는 다음 각 호의 준공서류를 구비하여 발주자에게 제출하여야 한다.

1. 설계용역 기성부분 검사원 또는 설계용역 준공검사원
2. 설계용역 기성부분 내역서
3. 설계감리 결과보고서
4. 감리기록서류
   가. 설계감리일지
   나. 설계감리지시부
   다. 설계감리기록부
   라. 설계감리요청서
   마. 설계자와 협의사항 기록부
5. 그 밖에 발주자가 과업지시서상에서 요구한 사항

그림은 154[kV]를 수전하는 어느 공장의 수전 설비 도면의 일부분이다. 이 도면을 보고 다음 각 물음에 답하시오.

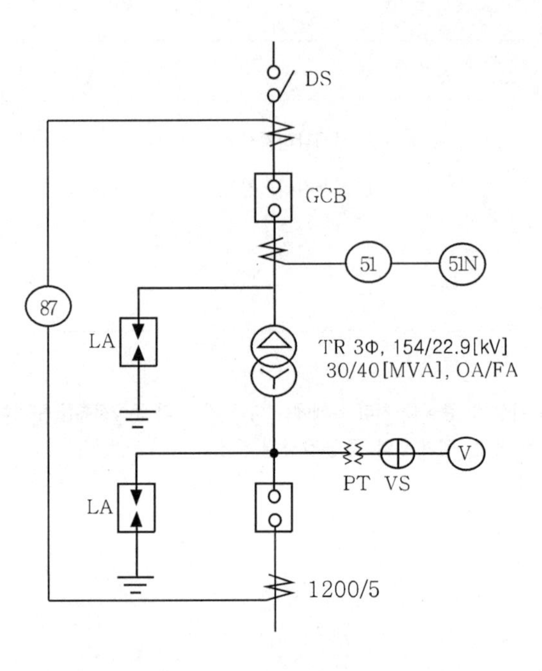

(1) 그림에서 87과 51N의 명칭은 무엇인가?

(2) 154/22.9[kV] 변압기에서 FA 용량 기준으로 154[kV] 측의 전류와 22.9[kV] 측의 전류는 몇 [A]인가?

• 계산 : • 답 :

(3) GCB에서는 주로 어떤 절연재료를 사용하는가?

(4) $\triangle - Y$ 변압기의 복선도를 그리시오.

1차 U V U V U V

2차 U V U V U V

|계|산|및|정|답|

(1) ① 87 : 전류 차동 계전기 ② 51N : 중성점 과전류 계전기

(2) 【계산】 ① 154[kVA] 측 : $I_1 = \dfrac{40 \times 10^3}{\sqrt{3} \times 154} = 149.96[A]$ 【정답】 149.96[A]

② 22.9[kVA] 측 : $I=\frac{40\times10^3}{\sqrt{3}\times22.9}=1008.47[A]$ 【정답】 1008.47[A]

(3) SF_6 가스(육불화유황가스)

(4)

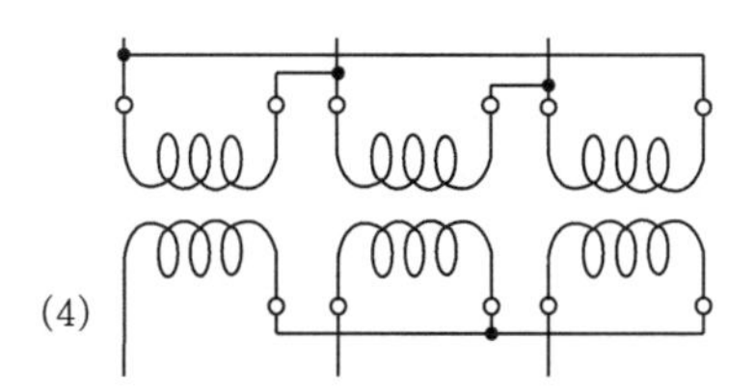

|추|가|해|설|

① 51 : 과전류 계전기

- 51G : 지락과전류계전기
- 51N : 중성점과전류계전기
- 51P : 주변압기 1차용 과전류계전기
- 51S : 주변압기 2차용 과전류계전기
- 52P : 주변압기 1차용 차단기
- 52S : 주변압기 2차용 차단기

② 87 : 전류차동계전기

- 87B : 모선 보호 차동 계전기
- 87T : 주변압기 보호 차동 계전기

14

출제 : 기사 16, 산업 13, 15, 17년 • 배점 : 5점

비상용 조명 부하 110[V]용 58[등], 60[W] 50[등]이 있다. 방전시간 30분, 축전지 HS형 54[cell], 허용 최저전압 100[V], 최저 축전지 온도 5[℃]일 때 축전지 용량은 몇 [Ah]인지 계산하시오. 단, 경년용량 저하율 0.8, 용량 환산시간 k=1.2이다.

·계산 : ·답 :

|계|산|및|정|답|

【계산】 조명부하전류 $I=\frac{P}{V}=\frac{100\times58+60\times50}{110}=80[A]$

축전지 용량 $C=\frac{1}{L}KI=\frac{1}{0.8}\times1.2\times80=120[Ah]$ 【정답】 120[Ah]

여기서, C : 축전지 용량[Ah], L : 보수율(경년용량 저하율), K : 용량환산시간 계수, I : 방전 전류[A]

|추|가|해|설|

축전지용량 $C=\frac{1}{L}[K_1I_1+K_2(I_2-I_1)+K_3(I_3-I_2)][Ah]$

여기서, C : 축전지 용량[Ah], L : 보수율(축전지 용량 변화에 대한 보정값), K : 용량 환산 시간, I : 방전 전류[A]

15

출제 : 기사 13, 산업 08, 17년 • 배점 : 4점

변압기 병렬운전 조건을 4가지만 쓰시오.

|계|산|및|정|답|

① 변압기의 극성이 같을 것

② 각 변압기의 권수비 및 1차, 2차 정격전압이 같을 것

③ 각 변압기의 %임피던스 강하가 같을 것

④ 내부 저항과 누설 리액턴스의 비가 같을 것

|추|가|해|설|

(1) 단상 변압기의 병렬운전 조건 및 조건에 맞지 않을 경우의 증상

병렬운전 조건	조건에 맞지 않는 경우
① 극성이 같을 것	큰 순환전류가 흘러 권선이 소손
② 권수비가 같고, 1차와 2차의 정격전압이 같을 것	순환전류가 흘러 권선이 소손
③ 퍼센트 저항 강하와 리액턴스 강하가 같을 것	각 변압기의 전류간에 위상차가 생겨 동손이 증가
④ 부하 분담시 용량에는 비례하고 퍼센트 임피던스 강하에는 반비례할 것	부하의 분담이 용량의 비가 되지 않아 부하의 분담이 균형을 이룰 수 없다.

(2) 3상 변압기에서는 위의 조건 외에 각 변압기의 상회전 방향 및 각 변위가 같아야 한다.

16

출제 : 06, 17년 • 배점 : 5점

그림은 특별 고압 수변전 설비 중 지락 보호 회로의 복선도의 일부분이다. ①~⑤까지에 해당되는 부분의 명칭을 쓰시오.

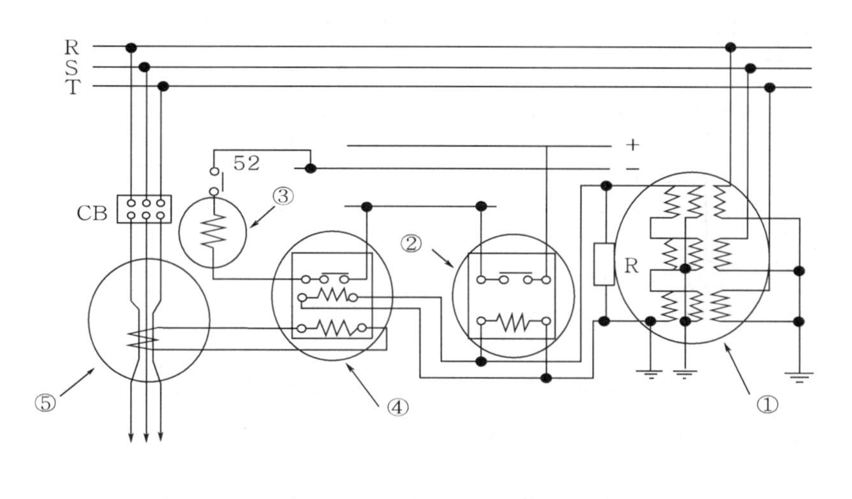

|계|산|및|정|답|

① 접지형 계기용 변압기(GPT) ② 지락 과전압 계전기(OVGR)

③ 트립 코일(TC) ④ 선택 접지 계전기(SGR)

⑤ 영상 변류기(ZCT)

17

출제 : 17년 • 배점 : 5점

역률 개선용 콘덴서의 주파수를 50[Hz]에서 60[Hz]로 변경하였을 때 콘덴서에 흐르는 전류비를 구하시오. 단, 인가전압 변동은 없다.

• 계산 : • 답 :

|계|산|및|정|답|

【계산】 콘덴서에 흐르는 전류 $I_c = \frac{V}{X_c} = \frac{V}{\frac{1}{j\omega C}} = j\omega CV = j2\pi fCV$에서 $I_c \propto f = \frac{60}{50} = 1.2$ 【정답】 1.2

|추|가|해|설|

콘덴서에 흐르는 전류 $I_c = \omega CE = 2\pi fCE[A]$에서 문제 조건에 인가전압의 변동은 없다고 하였으므로 $I_c \propto f$의 관계가 있다.

18

출제 : 08, 17년 • 배점 : 7점

그림과 같은 시퀀스도를 보고 다음 각 물음에 답하시오?

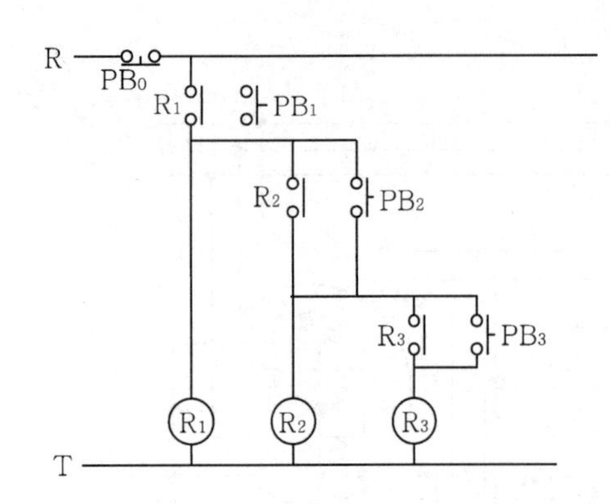

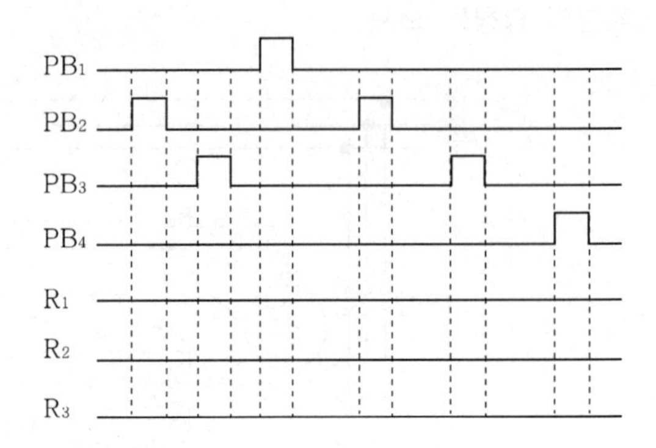

(1) 전원측의 가장 가까운 누름 버튼 스위치 PB_1으로부터 PB_2, PB_3, PB_0까지 ON조작한 경우의 동작 사항을 설명하시오. (단, 여기에서 ON 조작은 누름버튼스위치를 눌러주는 역할)

(2) 최초의 PB_2를 'ON'조작한 경우에는 동작 상황이 어떻게 되는가?

(3) PB_1, PB_2, PB_0과 같은 타이밍으로 ON 조작하였을 때 R_1, R_2, R_3의 동작 상태를 그림으로 그려라.

|계|산|및|정|답|

(1) PB_1, PB_2, PB_3 순서대로 누르면 R_1, R_2, R_3가 순서대로 여자된다.

또한 PB_0를 누르면 R_1, R_2, R_3가 동시에 소자된다.

(2) 동작하지 않는다.

(3) 타임차트

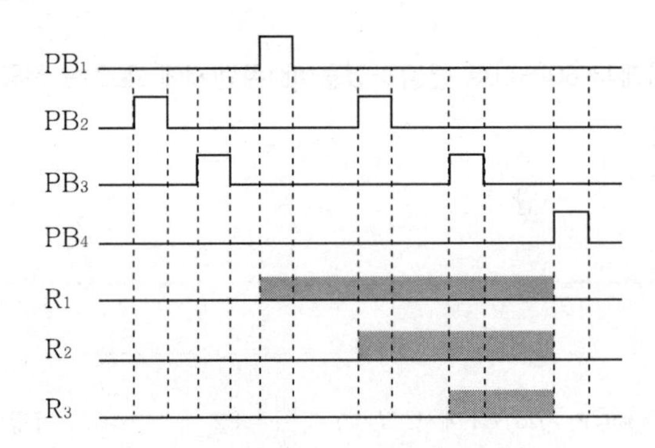

03 2017년 전기산업기사 실

01

출제 : 04, 08, 11, 17년 • 배점 : 6점

그림은 발전기의 상간 단락 보호 계전 방식을 도면화한 것이다. 이 도면을 보고 다음 물음에 답하시오.

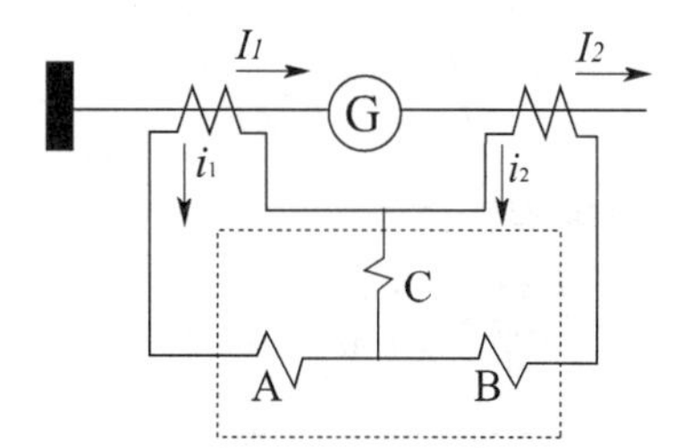

(1) 점선 안의 계전기 명칭은?

(2) 동작 코일은 A, B, C 코일 중 어느 것인가?

(3) 발전기에 상간 단락이 발생할 때 코일 C의 전류 i_d는 어떻게 표현되는가?

(4) 동기발전기의 병렬 운전 조건 4가지를 쓰시오.

|계|산|및|정|답|

(1) 비율 차동 계전기

(2) C코일

(3) $i_d = |i_1 - i_2|$

(4) ① 기전력의 크기가 일치할 것 ② 기전력의 위상이 일치할 것
③ 기전력의 파형이 일치할 것 ④ 기전력의 주파수가 일치할 것

|추|가|해|설|

[동기 발전기 병렬 운전 조건]

병렬운전 조건	조건이 맞지 않는 경우
① 기전력의 크기가 같을 것	기전력이 다르면 무효횡류(무료 순환전류)가 흐르게 된다. 무효순환전류 $I_c = \dfrac{E_a - E_b}{2Z_s}$
② 기전력의 주파수가 같을 것	기전력의 주파수가 달라지면 기전력의 크기가 달라지는 순간이 반복하여 생기게 되므로 무효횡류(동기화전류)가 주기적으로 흐르게 되어 난조의 원인이 된다. 동기화 전류 $I_s = \dfrac{2E_a}{2Z_s}\sin\dfrac{\delta}{2}$
③ 기전력의 위상이 같을 것	위상 틀려지면 위상 차에 의한 차 전압에 의해 무효횡류(동기화 전류)가 흐른다. 이 전류는 위상이 늦은 발전기의 부하를 감소시켜서 회전속도를 증가시키고 위상이 빠른 발전기에는 속도를 느리게 하여 두 발전기간의 위상이 같아지도록 작용한다.
④ 기전력의 파형이 같을 것	파형이 틀릴 때에는 각 순간의 순시치가 달라지므로 양 발전기간에 고조파 무효순환전류(무효횡류)가 흐르게 된다. 이 전류는 전기자 동손을 증가시키고 과열의 원인이 된다.
⑤ 상 회전 방향이 같을 것	

02

출제 : 17년 • 배점 : 5점

사무실의 크기가 12[m]×24[m]이다. 이 사무실의 평균조도를 150[lx] 이상으로 하고자 한다. 이곳에 다운라이트(LED 15[W] 사용)로 배치하고자 할 때, 시설하려야 할 최소 등기구는 몇[개]인가? 단, LED 150[W]의 전광속은 2450[lm], 기구의 조명률은 0.7, 감광보상률 1.4로 한다.

·계산 : ·답 :

|계|산|및|정|답|

【계산】 $N=\frac{AED}{FU}=\frac{12\times24\times150\times1.4}{2450\times0.7}=35.27$[개] 【정답】 36[개]

|추|가|해|설|

등수 $N=\frac{EAD}{FU}=\frac{EA}{FUM}$

여기서, F : 광속[lm], U : 조명률[%], N : 등수[등], E : 조도[lX], A : 면적[m^2], $D=\frac{1}{M}$ (감광보상률=$\frac{1}{\text{보수율(유지율)}}$)

03

출제 : 01, 17년 • 배점 : 5점

변전소에서 200[Ah]의 연축전지가 55개 설치되어 있다. 다음 각 물음에 답하시오.

(1) 묽은 황산의 농도는 표준이고, 액면이 저하하여 극판이 노출되어 있다. 어떤 조치를 하여야 하는가?

(2) 부동 충전 시에 알맞은 전압은?

·계산 : ·답 :

(3) 충전 시에 발생하는 가스의 종류는?

(4) 충전이 부족할 때 극판에 발생하는 현상을 무엇이라고 하는가?

|계|산|및|정|답|

(1) 증류수를 보충한다.

(2) 【계산】 부동 충전 전압은 2.15[V/cell]이므로 $V=2.15\times55=118.25[V]$ 【정답】 118.25[V]

(3) 수소가스

(4) 설페이션

|추|가|해|설|

[부동 충전 전압]

① CS형(클래드식, 완방전형) : 2.15[V/cell] → (일반 변전소의 기기 동작 용도)

② HS(페이스트식, 급방전형) : 2.18[V/cell] → (UPS 등의 대전류가 필요한 부하용)

※문제에서 급방전이라는 내용이 없으므로 일반적인 완방전형인 클래드식으로 계산한다.

04

출제 : 17년 • 배점 : 3점

특고압 가공전선과 저고압 가공전선 등의 접근 또는 교차에 관한 내용이다. 다음 ①~③에 들어갈 내용을 쓰시오.

- 특고압 가공전선이 저고압 가공전선과 접근 시 특고압 가공전선로는 1차 접근상태로 시설되는 경우 (①) 특고압 보안공사에 의하여야 한다.
- 특고압 가공전선과 저고압 가공전선 등 또는 이들의 지지물이나 지주 사이의 이격거리는 (②)[m]이며, 사용전압이 60000[V] 초과 시 10000[V] 또는 그 단수마다 (③)[cm] 더한 거리이다.

|계|산|및|정|답|

① 제3종, ② 2, ③ 12

|추|가|해|설|

[특고압 가공전선과 저고압 가공전선 등의 접근 또는 교차]

① 특고압 가공전선이 가공약전류 전선 등 저압 또는 고압의 가공전선이나 저압 또는 고압의 전차선과 제1차 접근상태로 시설되는 경우에는 다음 각 호에 따라야 한다.

1. 특고압 가공전선로는 제3종 특고압 보안공사에 의할 것
2. 특고압 가공전선과 저고압 가공 전선 등 또는 이들의 지지물이나 지주 사이의 이격거리는 표에서 정한 값 이상일 것

사용전압	이격거리
60[kV] 이하	2[m]
60[kV] 초과	이격거리=2+단수×0.12[m], 단수=$\frac{(\text{전압}[kV]-60)}{10}$

05

출제 : 17년 • 배점 : 6점

지상역률 80[%]인 60[kW] 부하에 지상역률 60[%]의 40[kW] 부하를 연결하였다. 이때 합성역률을 90[%]로 계산하는데 필요한 콘덴서 용량은 몇 [kVA]인가?

·계산 :　　　　　　　　　　　　　　　　·답 :

|계|산|및|정|답|

【계산】 합성무효전력 $Q=Q_1+Q_2=P_1\tan\theta_1+P_2\tan\theta_2=60\times\frac{0.6}{0.8}+40\times\frac{0.8}{0.6}=98.33[\text{kVar}]$

합성유효전력 $P=P_1+P_2=40+60=100[\text{kW}]$

합성용량 $P_a=\sqrt{P^2+Q^2}=\sqrt{100^2+98.33^2}=140.25[\text{kVA}]$

합성역률 $\cos\theta=\frac{P}{P_a}\times100=\frac{100}{140.25}\times100=71.3[\%]$

콘덴서용량 $Q=P(\tan\theta_1+\tan\theta_2)=P\left(\frac{\sqrt{1-\cos^2\theta_1}}{\cos\theta_1}-\frac{\sqrt{1-\cos^2\theta_2}}{\cos\theta_2}\right)$

→ (P : 부하전력, $\cos\theta_1$: 개선 전 역률, $\cos\theta_2$: 개선 후 역률)

$=100\times\left(\frac{\sqrt{1-0.713^2}}{0.713}-\frac{\sqrt{1-0.9^2}}{0.9}\right)=49.91[\text{kVA}]$

【정답】 49.91[kVA]

06

출제 : 02, 17년 • 배점 : 7점

옥내 배선용 그림 기호에 대한 다음 각 물음에 답사시오.

(1) 일반적으로 콘센트의 그림 기호 ◐이다. 어떤 경우에 사용되는가?

(2) 점멸기의 그림 기호로 ●2P, ●3의 의미는 어떤 의미인가?

(3) 배선용 차단기, 누전 차단기의 그림 기호를 그리시오.

(4) HID등으로서 M400, N400의 의미는 무엇인가?

|계|산|및|정|답|

(1) 벽붙이용

(2) 2극 스위치, 3로 스위치

(3) 배선용 차단기 : [B], 누전 차단기 : [E]

(4) 400[W] 메탈 헬라이드등, 400[W] 나트륨등

|추|가|해|설|

1. 점멸기 기호

명칭	그림기호	적요
점멸기	●	① 용량의 표시 방법은 다음과 같다. ·10[A]는 방기하지 않는다. ·15[A] 이상은 전류값을 방기한다. 보기 ●15A ② 극수의 표시 방법은 다음과 같다. ·단극은 방기하지 않는다. ·2극 또는 3로, 4로는 각각 2P 또는 3, 4의 숫자를 방기한다. 보기 ●2P ●3 ③ 방수형은 WP를 방기한다. ●WP ④ 방폭형은 EX를 방기한다. ●EX ⑤ 플라스틱은 P를 방기한다. ●P ⑥ 타이머 붙이는 T를 방기한다. ●T

2. 콘센트

명 칭	그림기호	적 요
콘센트	◐	① 천장에 부착하는 경우는 다음과 같다. 보기 ② 바닥에 부착하는 경우는 다음과 같다. 보기 ③ 용량의 표시 방법은 다음과 같다. ·15[A]는 방기하지 않는다. ·20[A] 이상은 암페어 수를 방기한다. 보기 ◐20A ④ 2구 이상인 경우는 구수를 방기한다. 보기 ◐2 ⑤ 3극 이상인 것은 극수를 방기한다. 3극은 3P, 4극은 4P ⑥ 종류를 표시하는 경우 벽붙이용 보기 ◐ 빠짐 방지형 보기 ◐LK 걸림형 보기 ◐T 접지극붙이 보기 ◐E 접지단자붙이 보기 ◐ET 누전 차단기붙이 보기 ◐EL ⑦ 방폭형은 EX를 방기한다. 보기 ◐EX ⑧ 의료용은 H를 방기한다. 보기 ◐H ⑨ 방수형은 WP를 방기한다. 보기 ◐WP

3. 개폐기 및 계기

명 칭	그림기호	적 요
개폐기	S	① 상자들이인 경우는 상자의 재질 등을 방기한다. ② 극수, 정격전류, 퓨즈 정격전류 등을 방기한다. 보기 S 2P 30A f 15A ③ 전류계붙이는 (S)를 사용하고 전류계의 정격전류를 방기한다. 보기 (S) 3P 30A f 15A A 5
배선용 차단기	B	① 상자들이인 경우는 상자의 재질 등을 방기한다. ② 극수, 프레임의 크기, 정격전류 등을 방기한다. 보기 B 3P 225AF 150A ③ 모터 브레이커를 표시하는 경우는 B를 사용한다. ④ B를 B MCB으로 표시하여도 된다.
누전차단기	E	① 상자들이인 경우는 상자의 재질 등을 방기한다. ② 과전류 소자붙이는 극수, 프레임의 크기, 정격전류, 정격감도전류 등 과전류 소자없음은 극수, 정격전류, 정격감도전류 등을 방기한다. ·과전류 소자붙이의 보기 E 2P 30AF 15A 300mA ·과전류 소자없음의 보기 E 2P 15A 300mA ③ 과전류 소자붙이는 BE를 사용하여도 좋다. ④ E를 S ELB로 표시하여도 좋다.
압력스위치	⊙P	
플로트스위치	⊙F	
플로트리스 스위치 전극	⊙LF	전극수를 방기한다. 보기 ⊙ LF 3
타임스위치	TS	
전력량계	(Wh)	① 필요에 따라 전기방식, 전압, 전류 등을 방기한다. ② 그림기호 (Wh)은 (WH)으로 표시하여도 좋다.
전력량계 (상자들이 또는 후드붙이)	Wh	① 전력량계의 적요를 준용한다. ② 집합계기 상자에 넣는 경우는 전력량계의 수를 방기한다. 보기 Wh 12
변류기(상자들이)	CT	필요에 따라 전류를 방기한다.

명 칭	그림기호	적 요
전류제한기	Ⓛ	① 필요에 따라 전류를 방기한다. ② 상자들이인 경우는 그 뜻을 방기한다.
누전경보기	⊖G	필요에 따라 종류를 방기한다.
누전 화재 경보기 (소방법에 따르는 것)	⊖F	필요에 따라 급별을 방기한다.
지진감지기	(EQ)	필요에 따라 작동 특성을 방기한다. 보기 (EQ) 100 170cm/s^2 (EQ) 100~170Gal

07

출제 : 17년 • 배점 : 6점

다음 용어의 정의를 쓰시오.

(1) 변전소

(2) 개폐소

(3) 급전소

|계|산|및|정|답|

(1) 변전소 : 변전소의 밖으로부터 전송받은 전기를 변전소 안에 시설한 변압기·전동발전기·회전변류기·정류기 그 밖의 기계기구에 의하여 변성하는 곳으로서 변성한 전기를 다시 변전소 밖으로 전송하는 곳을 말한다.

(2) 개폐소 : 개폐소 안에 시설한 개폐기 및 기타 장치에 의하여 전로를 개폐하는 곳으로서 발전소·변전소 및 수용장소 이외의 곳을 말한다.

(3) 급전소 : 전력계통의 운용에 관한 지시 및 급전조작을 하는 곳을 말한다.

08

출제 : 02, 17년 • 배점 : 10점

다음 어느 생산 공장의 수전 설비의 계통도이다. 이 계통도를 보고 다음 각 물음에 답하시오. 단, 용량 및 변류비 산출 시 주어지지 않은 조건은 반영하지 않는다.

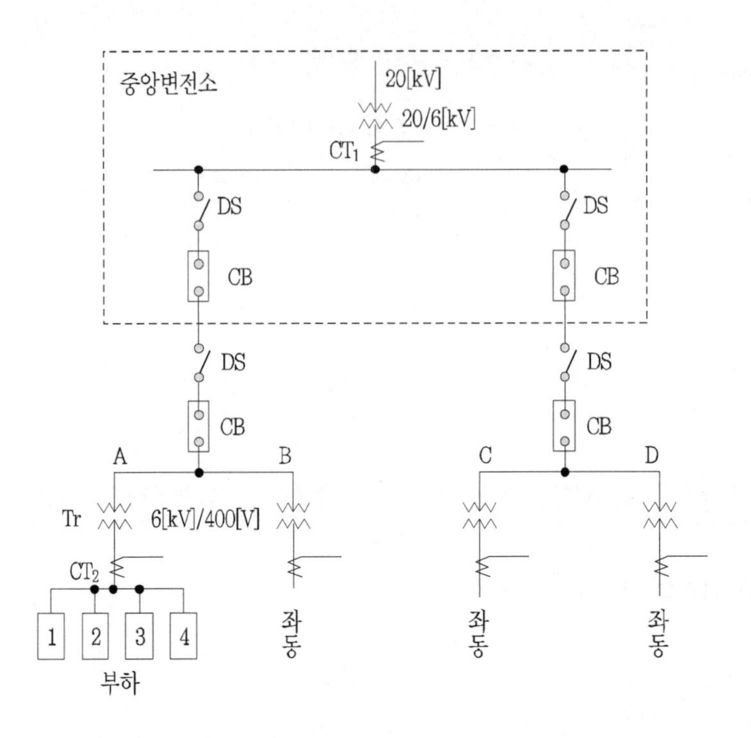

뱅크의 부하 용량표

피더	부하 설비 용량[kW]	수용률[%]
1	125	80
2	125	80
3	500	70
4	600	84

변류기 규격표

항목	변류기
정격 1차 전류[A]	5, 10, 15, 20, 30, 40 50, 75, 100, 150, 200 300, 400, 500, 600, 750 1000, 1500, 2000, 2500
정격 2차 전류[A]	5

(1) A, B, C, D 4개의 뱅크가 있으며, 각 뱅크는 부등률이 1.1이고, 전부하 합성역률은 0.8이다. 이때 중앙 변전소의 변압기 용량을 산정하시오. 단, 변압기 용량은 표준규격으로 답하도록 한다.

·계산 :　　　　　　　　　　　　　　　·답 :

(2) 변류기 CT_1과 CT_2의 변류비를 산정하시오. 단, 1차 수전전압은 20000/6000[V], 2차 수전전압은 6000/400[V]이며, 변류비는 1.25배로 결정한다.

·계산 :　　　　　　　　　　　　　　　·답 :

|계|산|및|정|답|

(1) 【계산】 A뱅크의 최대 수요 전력$= \dfrac{\dfrac{부하설비용량[kW]}{\cos\theta}\times 수용률}{부등률}$ [kVA]

$$= \frac{125\times 0.8+125\times 0.8+500\times 0.7+600\times 0.84}{1.1\times 0.8} = 1197.73[kVA]$$

A, B, C, D 각 뱅크간의 부등률은 없으므로 $ST_r = 1197.73\times 4 = 4790.92[kVA]$

【정답】 500[kVA]

(2) 【계산】 ① CT1 : $I_1 = \dfrac{4790.92}{\sqrt{3}\times 6}\times 1.25 \sim 1.5 = 576.26[A]$ 【정답】 600/5

② CT_2 : $I_1 = \dfrac{1197.73}{\sqrt{3}\times 0.4}\times 1.25 \sim 1.5 = 2160.97[A]$ 【정답】 2500/5

09

출제 : 17년 • 배점 : 4점

전기안전관리자에게 감리 업무를 수행하게 하는 공사를 2가지 적으시오. 단, 관계법령은 전기사업법 및 전력기술관리법을 따른다.

|계|산|및|정|답|

(1) 비상용 예비발전설비의 설치, 변경공사로서 총 공사비가 1억 원 미만인 공사

(2) 전기수용설비의 증설 또는 변경공사로서 총 공사비가 5천만 원 미만인 공사

10 출제 : 기사 08, 산업 14, 17년 • 배점 : 5점

매 분 18[m^3]의 물을 높이 15[m]인 탱크에 양수하는데 필요한 전력을 V결선한 변압기로 공급 한다면, 여기에 필요한 단상 변압기 1대의 용량은 몇 [kVA]인가? 단, 펌프와 전동기의 합성 효율은 65[%]이고, 전동기의 전부하 역률은 95[%]이며, 펌프의 축동력은 15[%]의 여유를 본다고 한다.

·계산 : ·답 :

|계|산|및|정|답|

【계산】 $P=\dfrac{HQK}{6.12\eta}=\dfrac{15\times18\times1.15}{6.12\times0.65}=78.05[\text{kW}]$

[kVA]로 환산하면, 부하 용량= $\dfrac{78.05}{0.95}=82.16[\text{kVA}]$, V결선시 용량 $P_V=\sqrt{3}P_1$에서

단상변압기 1대의 용량 $P_1=\dfrac{P_V}{\sqrt{3}}=\dfrac{82.16}{\sqrt{3}}=47.44[\text{kVA}]$ 【정답】 47.44[kVA]

|추|가|해|설|

① 펌프용 전동기의 용량 $P=\dfrac{9.8Q'[m^3/\text{sec}]HK}{\eta}[kW]=\dfrac{9.8Q[m^3/\text{min}]HK}{60\times\eta}[kW]=\dfrac{Q[m^3/\text{min}]HK}{6.12\eta}[\text{kW}]$

여기서, P : 전동기의 용량[kW], Q' : 양수량[m^3/sec], Q : 양수량[m^3/min]

H : 양정(낙차)[m], η : 펌프효율, K : 여유계수(1.1~1.2 정도)

② 권상용 전동기의 용량 $P=\dfrac{K\cdot W\cdot V}{6.12\eta}[KW]$

여기서, K : 여유계수, W : 권상 중량 [ton], V : 권상 속도[m/min], η : 효율)

③ 엘리베이터용 전동기의 용량 $P=\dfrac{KVW}{6120\eta}[kW]$

여기서, P : 전동기 용량[kW], η : 엘리베이터 효율, V : 승강속도[m/min]

W : 적재하중[kg](기계의 무게는 포함하지 않는다.), K : 계수(평형률)

11

출제 : 12, 17년 • 배점 : 4점

차단기에 비하여 전력용 퓨즈의 장점 4가지를 쓰시오.

|계|산|및|정|답|

① 소형으로 큰 차단 용량을 갖는다.

② 보수가 용이하다.

③ 릴레이나 변성기가 필요 없다.

④ 고속도 차단한다.

|추|가|해|설|

[전력 퓨즈]

(1) 정의 : 전력용 퓨즈는 고압 및 특별고압기기의 단락보호용 퓨즈이고 소호방식에 따라 한류형과 비한류형이 있다.

(2) 전력 퓨즈의 특징

① 전차단 특성

② 단시간 허용 특성

③ 용단 특성

(3) 전력 퓨즈의 장·단점

장점	단점
① 가격이 저렴하다.	① 재투입이 불가능하다.
② 소형 경량이다.	② 과전류에서 용단될 수 있다.
③ RELAY나 변성기가 불필요	③ 동작시간-전류 특성을 계전기처럼 자유로이 조정불가
④ 한류형 퓨즈는 차단시 무음, 무방출	④ 비보호 영역이 있어, 사용중에 열화해 동작하면 결상을 일으킬 우려가 있다.
⑤ 소형으로 큰 차단용량을 가진다.	⑤ 한류형 퓨즈는 용단되어도 차단하지 못하는 전류 범위가 있다.
⑥ 보수가 간단하다.	⑥ 한류형은 차단시에 과전압을 발생한다.
⑦ 고속도 차단한다.	⑦ 고 Impendance 접지계통의 지락보호는 불가능
⑧ 현저한 한류 특성을 가진다.	
⑨ SPACE가 작아 장치전체가 소형 저렴하게 된다.	
⑩ 후비보호에 완벽하다.	

12

출제 : 기사 00, 산업 11, 17년 • 배점 : 9점

다음의 결선도는 PT 및 CT의 미완성 결선도이다. 그림 기호와 약호들을 사용하여 결선도를 완성하시오.

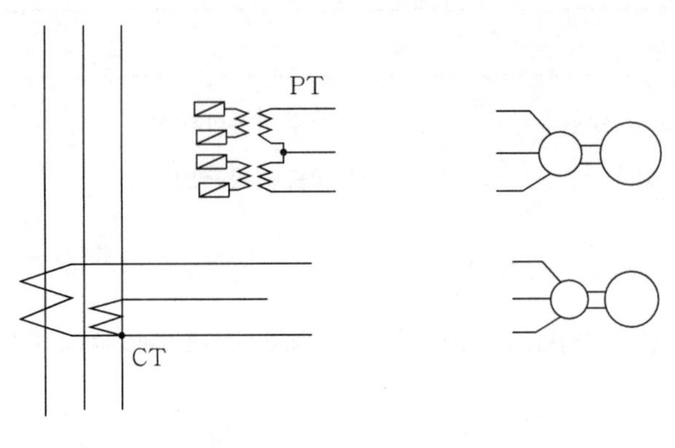

|계|산|및|정|답|

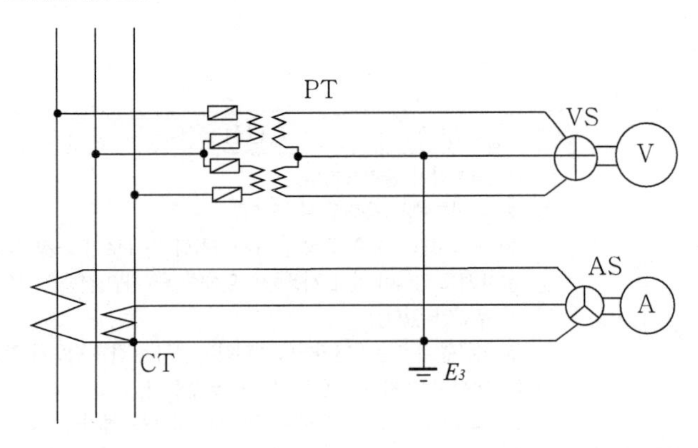

13

출제 : 17년 • 배점 : 4점

몰드 변압기의 열화원인 4가지를 쓰시오.

|계|산|및|정|답|

① 열적 열화 ② 전계 열화 ③ 응력 열화 ④ 환경 열화

14

출제 : 17년 • 배점 : 4점

다음 곡선의 계전기 명칭을 쓰시오.

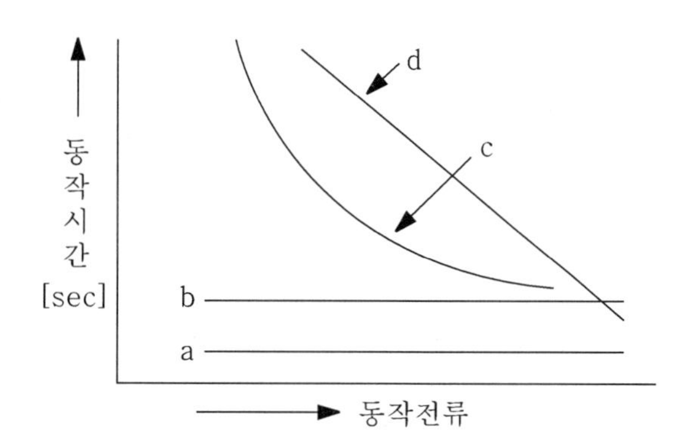

특성 곡선	계전기 명칭
a	
b	
c	
d	

|계|산|및|정|답|

특성 곡선	계전기 명칭
a	순한시 계전기
b	정한시 계전기
c	반한시성 정한시 계전기
d	반한시 계전기

|추|가|해|설|

[보호용 계전기의 동작 시간에 의한 분류]

순한시 계전기 (고속도 계전기)	고장이 생기면 즉시 동작하는 고속도 계전기로 0.3초 이내에 동작하는 계전기
정한시 계전기	입력값이 일정값[정정값(Setting)] 이상일 경우 동작하며, 입력값의 크기에 관계없이 일정한 시간이 지나면 동작하는 계전기
반한시 계전기	입력값이 증가하는데 따라 동작속도가 빨라지는 특성을 갖는 계전기
반한시성 정한시 계전기	입력값의 어느 범위까지는 반한시 특성을 가지고, 그 이상이 되면 정한시 특성을 가지는 계전기

15 출제 : 02, 17년 • 배점 : 10점

주어진 도면과 동작설명을 보고 각 물음에 답하시오.

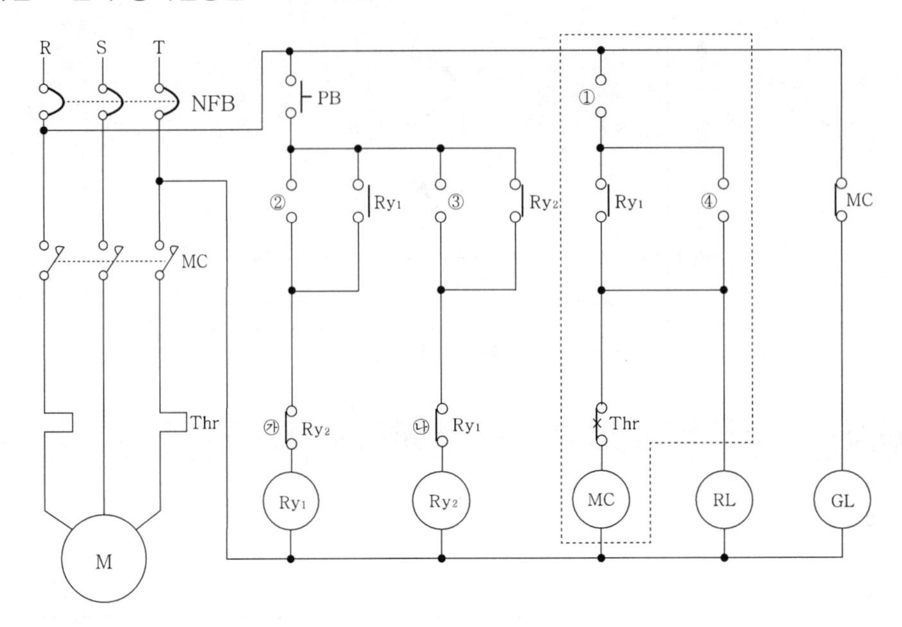

〈동작설명〉

① 누름 버튼 스위치 PB를 누르면 릴레이 Ry1이 여자되어 MC를 여자시켜 전동기가 기동되며 PB에서 손을 떼어도 전동기는 계속 운전된다.

② 다시 PB를 누르면 릴레이 Ry2가 여자되어 MC는 소자되며 전동기는 정지한다.

③ 다시 PB를 누름에 따라서 ①과 ②의 동작을 반복하게 된다.

(1) ①~④에 알맞은 접점과 기호를 넣으시오.

(2) ㉮, ㉯의 릴레이 b접점이 서로 작용하는 역할에 대하여 이것을 무슨 접점이라 하는가?

(3) 운전 중에 과전류로 인하여 Thr이 작동되면 점등되는 램프는 어떤 램프인가?

(4) 그림의 점선 부분을 논리식(출력식)과 무접점 논리회로로 표시하시오.

(5) 동작에 관한 타임차트를 완성하시오.

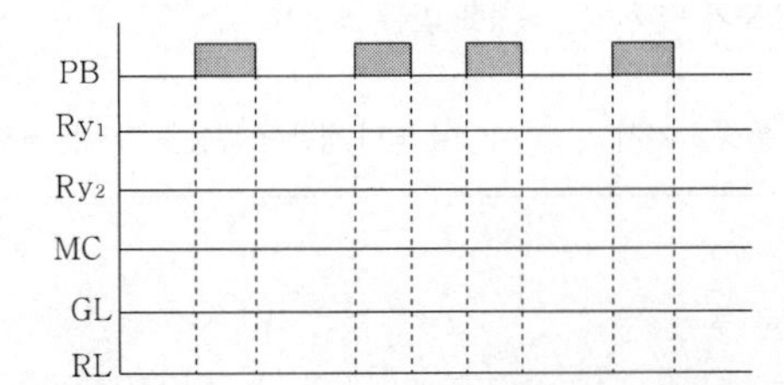

|계|산|및|정|답|

(1) ① 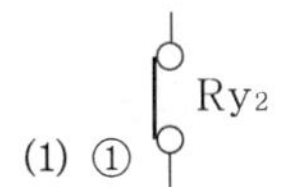

② 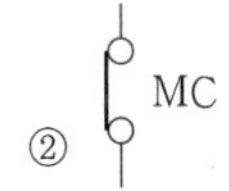

③ 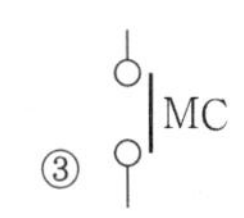

④ MC

(2) 인터록 접점(Ry1, Ry2 동시 투입 방지)

(3) GL램프

(4) ·논리식 : $MC = \overline{Ry_2}(Ry_1 + MC) \cdot \overline{Thr}$

·논리회로

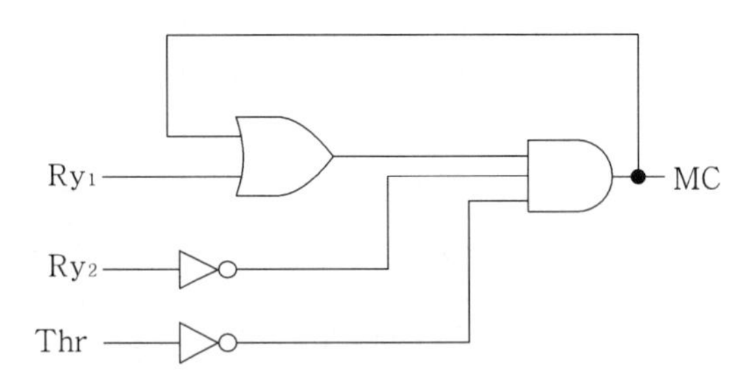

(5)

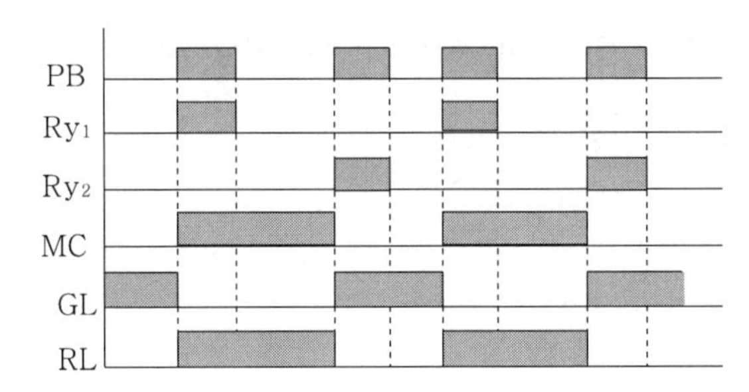

※[KEC 적용] 2021년 적용되는 KEC에 의하여 전선의 표시가 다음과 같이 바뀌어 출제됩니다.
A, B, $C(a, b, c)$ 또는 R, S, T → L_1, L_2, L_3

16

출제 : 기사 08, 산업 01, 03, 17년 • 배점 : 6점

그림은 최대 사용 전압 6900[V]인 변압기의 절연 내력을 시험하기 위한 회로도이다. 그림을 보고 다음 각 물음에 답하시오. (단, 시험 전압은 10350[V]이다.)

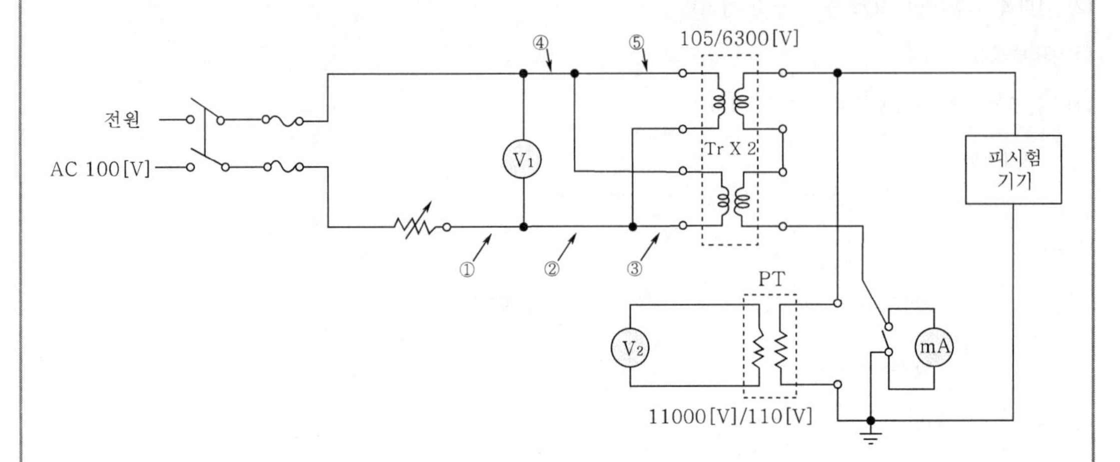

(1) 전원측 회로에 전류계 Ⓐ를 설치하고자 할 때 ①~⑤번 중 어느 곳이 적당한가?

(2) 시험시 전압계 V_1으로 측정되는 전압은 몇 [V]인가?

・계산 : ・답 :

(3) 시험시 전압계 V_2로 측정되는 전압은 몇 [V]인가?

・계산 : ・답 :

(4) PT의 설치 목적은 무엇인가?

(5) 전류계[mA]의 설치 목적은 어떤 전류를 측정하기 위함인가?

|계|산|및|정|답|

(1) ①

(2) 【계산】 절연 내력 시험 전압 $V = 6900 \times 1.5 = 10350[V]$

전압계 $V_1 = 10350 \times \frac{1}{2} \times \frac{105}{6300} = 86.25[V]$ 【정답】 86.25[V]

(3) 【계산】 전압계 $V_2 = 10350 \times \frac{110}{11000} = 103.5[V]$ 【정답】 103.5[V]

(4) 피시험기기의 절연 내력 시험 전압 측정

(5) 누설 전류의 측정

| 추 | 가 | 해 | 설 |

[절연내력 시험전압] (최대 사용전압의 배수)

전로의 종류	시험전압
7[kV] 이하	1.5배
7[kV] 초과 25[kV] 이하 (중성점 접지식)	0.92배
7[kV] 초과 60[kV] 이하	1.25배 (10,500[V] 미만으로 되는 경우는 10,500[V])
60[kV] 초과 (중성점 비접지식)	1.25배
60[kV] 초과 (중성점 접지식)	1.1배 (75[kV] 미만으로 되는 경우에는 75[kV])
60[kV] 초과 (중성점 직접 접지식)	0.72배
170[kV] 초과 (중성점 직접 접지식)	0.64배
60[kV] 초과하는 정류기에 접속되고 있는 전로	교류측의 최대사용전압의 1.1배의 직류전압

17

출제 : 00, 05, 17년 • 배점 : 4점

그림과 같은 부하곡선을 보고 다음 각 물음에 답하시오.

(1) 일공급 전력량은 몇 [kWh]인가?

- 계산 :
- 답 :

(2) 일부하율은 몇 [%]인가?

- 계산 :
- 답 :

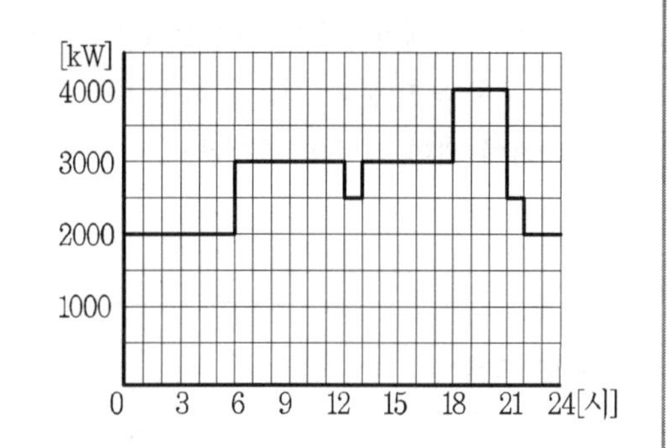

| 계 | 산 | 및 | 정 | 답 |

(1) 【계산】 $W = 2000 \times (6+2) + 3000 \times (6+5) + 4000 \times 3 + 2500 \times 2 = 66000[\text{kWh}]$ 【정답】 66000[kWh]

(2) 【계산】 일부하율 $= \dfrac{66000}{24 \times 4000} \times 100 = 68.75[\%]$ 【정답】 68.75[%]

| 추 | 가 | 해 | 설 |

- 일 평균전력 $= \dfrac{\text{1일 사용량}}{\text{24시간}}$
- 일 부하율 $= \dfrac{\text{평균 전력}}{\text{최대 전력}} \times 100[\%]$
- 월부하율 $= \dfrac{\dfrac{\text{1개월 사용전력량}}{30 \times 24}}{\text{1개월중 최대전력}} \times 100[\%]$
- 년부하율 $= \dfrac{\dfrac{\text{1년 동안 사용전력량}}{365 \times 24}}{\text{1년중 최대전력}} \times 100[\%]$

18 출제 : 17년 • 배점 : 5점

다음은 자동제어의 분류방법 중에서 제어기의 구성에 따른 분류이다. 해당하는 제어방식을 적어 넣으시오.

(1) (　　　) 제어 : 제어량이 설정값에서 어긋나면 조작부를 개폐하여 제어신호를 ON(기동) 또는 OFF(정지)하여 제어하는 방식으로 제어결과가 사이클링을 일으키므로 오프셋이 일어나며 빠른 응답속도를 요구하는 제어기에서는 사용할 수 없다.

(2) (　　　) 제어 : 기준입력(설정값)과 제어 대상(플랜트)의 피드백 양의 오차에 비례게인(이득) 값을 곱하여 제어하는 방식으로 정상상태 오차를 수반할 수 있다.

(3) (　　　) 제어 : 기준입력(설정값)과 제어 대상(플랜트)의 피드백 양의 오차에 비례게인(이득)과 그 오차를 적분하여 적분게인을 곱한다. 그리고 그 두 값을 더하여 제어 대상의 조작량으로 제어하는 방식으로 정상상태의 특성을 개선할 수 있다.

(4) (　　　) 제어 : 기준입력(설정값)과 제어 대상(플랜트)의 피드백 양의 오차에 비례게인(이득)과 그 오차를 미분하여 미분게인을 곱한다. 그리고 그 두 값을 더하여 제어대상의 조작량으로 제어하는 방식으로 응답 속응성을 개선할 수 있다.

(5) (　　　) 제어 : 기준입력(설정값)과 제어 대상(플랜트)의 피드백 양의 오차에 비례게인(이득)과 그 오차를 미분과 적분을 수행하여 미분게인과 적분게인을 곱한다. 그리고 그 값을 모두 더하여 제어 대상의 조작량으로 제어하는 방식으로 정상상태 특성과 응답 속응성을 개선할 수 있다.

|계|산|및|정|답|

(1) ON-OFF　(2) 비례　(3) 비례적분　(4) 비례미분　(5) 비례미분적분

|추|가|해|설|

[조절부의 동작에 의한 분류]

종류		특 징
P	비례동작	·정상오차를 수반　·잔류편차 발생
I	적분동작	잔류편차 제거
D	미분동작	오차가 커지는 것을 미리 방지
PI	비례적분동작	·잔류편차 제거　·제어결과가 진동적으로 될 수 있다.
PD	비례미분동작	응답 속응성의 개선
PID	비례적분미분동작	·잔류편차 제거　·정상 특성과 응답 속응성을 동시에 개선 ·오버슈트를 감소시킨다.　·정정시간 적게 하는 효과 ·연속 선형 제어

01 2016년 전기산업기사 실기

01

출제 : 16년 • 배점 : 5점

폭 24[m]의 도로 양쪽에 30[m] 간격으로 지그재그식으로 가로등을 배열하여 평균 조도를 5[lx]로 한다면 이때 가로등의 광속을 얼마인지 구하시오. (단, 조명률 35[%], 감광보상률 1.3이다.)

·계산 : ·답 :

|계|산|및|정|답|

【계산】 $F=\frac{DEA}{UN}=\frac{5\times\left(24\times30\times\frac{1}{2}\right)\times1.3}{0.35\times1}=6685.714[\text{lm}]$ 【정답】 6685.714[lm]

|추|가|해|설|

[조명계산]

광속 $F=\frac{DEA}{UN}[\text{lm}]$ → (F : 광속[lm], U : 조명률[%], N : 등수[등], E : 조도[lX], A : 면적[m^2]

$D=\frac{1}{M}$: 감광보상률$=\frac{1}{\text{보수율(유지율)}}$)

02

출제 : 16년 • 배점 : 5점

변압기 2차 측 단락전류 억제 대책을 고압 회로와 저압 회로로 나누어 설명하시오.

(1) 고압회로 억제 대책 2가지

(2) 저압회로 억제 대책 3가지

|계|산|및|정|답|

(1) 고압회로 억제 대책

① 계통 분할 방식 ② 계통전압의 격상

(2) 저압회로 억제 대책

① 한류리액터 사용 ② 캐스케이드 보호방식 ③ 계통 연계기 사용

03

출제 : 16년 • 배점 : 5점

그림의 PLC 시퀀스의 프로그램상의 ①~⑤를 완성하시오. (단, 명령어는 LOAD(시작입력), OUT(출력), AND, OR, NOT, 그룹 간의 접속은 AND LOAD, OR LOAD이다.)

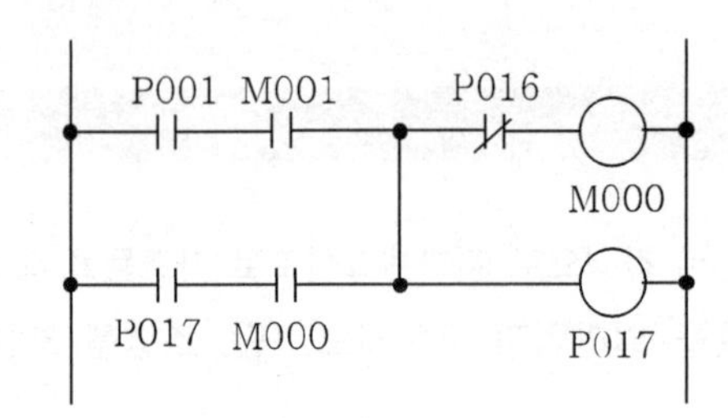

Step	Op	Add	Step	Op	Add
0	LOAD	P001	4	②	–
1	AND	M001	5	OUT	③
2	①	P017	6	④	P016
3	AVD	M000	7	OUT	⑤

|계|산|및|정|답|

① LOAD NOT ② OR LOAD ③ P017 ④ AND NOT ⑤ M000

04

출제 : 16년 • 배점 : 6점

어느 수용가의 수전설비에서 100[kVA] 단상 변압기 3대를 △결선하여 273[kW] 부하에 전력을 공급하고 있다. 단상 변압기 1대가 고장났을 때 단상 변압기 2대로 V결선하여 전력을 공급할 경우 다음 각 물음에 답하시오. (단, 부하역률은 1로 계산한다.)

(1) V결선 시 공급할 수 있는 최대전력[kW]을 구하시오.

·계산 ·답

(2) V결선 상태에서 273[kW] 부하 모두를 연결할 때 과부하율[%]을 구하시오.

·계산 ·답

|계|산|및|정|답|

(1) 【계산】 V결선 시 공급할 수 있는 최대전력 $P_V = \sqrt{3}\,P_1\cos\theta = \sqrt{3}\times 100\times 1 = 173.21[\text{kW}]$ 【정답】 173.21[kW]

(2) 【계산】 과부하율 $= \dfrac{\text{최대부하}}{\text{변압기용량}}\times 100 = \dfrac{273}{173.21}\times 100 = 157.61[\%]$ 【정답】 157.61[%]

05

출제 : 16년 • 배점 : 5점

감리원은 공사 시작 전에 설계도서의 적성 여부를 검토하여야 한다. 설계도서 검토 시 포함하여야 할 주요 검토 내용 5가지를 쓰시오.

|계|산|및|정|답|

① 현장 조건에 부합 여부

② 시공의 실제가능 여부

③ 다른 사업 또는 다른 공정과의 상호부합 여부

④ 설계도면, 설계설명서, 기술계산서, 산출내역서 등의 내용에 대한 상호일치 여부

⑤ 설계도서의 누락, 오류 등 불명확한 부분의 존재여부

⑥ 시공 상의 예상 문제점 및 대책 등

06

출제 : 12, 16년 • 배점 : 5점

고압 수전설비의 부하전류가 50[A]이고 변류기(CT) 75/5[A]의 2차측에 과전류계전기를 사용하여 120[%]의 과부하에서 부하를 차단시키고자 한다. 과전류 계전기의 탭 설정값을 얼마인지 계산하시오. (단, 탭 전류 : 2[A], 3[A], 4[A], 5[A], 6[A], 7[A], 8[A], 10[A], 12[A])

|계|산|및|정|답|

【계산】 탭 전류 $I_t = \text{CT1차측 전류} \times \text{CT역수비} \times \text{설정값}$

$= 50 \times \frac{5}{75} \times 1.2 = 4[A]$ → (탭 설정값은 부하 전류의 120[%])

【정답】 4[A]

|추|가|해|설|

과전류계전기의 탭 전류 $I_t = \text{CT 1차 측전류} \times \text{CT역수비} \times \text{설정값} = \text{CT 1차 측전류} \times \frac{1}{\text{변류비}} \times \text{설정값}$

※OCR(과전류계전기)의 탭전류 : 2, 3, 4, 5, 6, 7, 8, 10, 12[A]

07

출제 : 16년 • 배점 : 7점

그림의 3상 교류회로를 보고 물음에 답하시오.

〈조 건〉

- %리액턴스 : 발전기 10[%], 변압기 7[%]
- 발전기 용량 : G1 = 1800[kVA], G2 = 30000[kVA]
- 변압기 TR의 용량 : 40000[kVA]

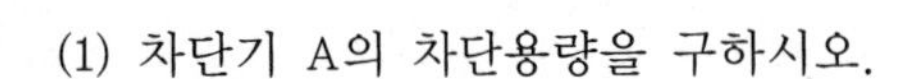

(1) 차단기 A의 차단용량을 구하시오.

·계산 : ·답 :

(2) 차단기 B의 차단용량을 구하시오.

·계산 : ·답 :

(3) 차단기 C의 차단용량을 구하시오.

·계산 : ·답 :

|계|산|및|정|답|

(1) 【계산】 $P_{sa} = \frac{100}{\%Z}P_n = \frac{100}{10} \times 18 = 180[MVA]$ 【정답】 180[MVA]

(2) 【계산】 $P_{sb} = \frac{100}{10} \times 30 = 300[\text{MVA}]$ 【정답】 300[MVA]

(3) 【계산】 기준 용량을 18[MVA]로 하여 환산하면

$$\%X_{G2} = \%X_{자기} \times \frac{기준용량}{자기용량} = 10 \times \frac{18}{30} = 6[\%]$$

$$\%X_r = 7 \times \frac{18}{40} = 3.15[\%]$$

합성 리액턴스 $\%X = \frac{\%X_{G1} \times \%X_{G2}}{\%X_{G1} + \%X_{G2}} + \%X_r = \frac{10 \times 6}{10 + 6} + 3.15 = 6.9[\%]$

따라소 C 차단기의 차단용량 $P_{cs} = \frac{100}{6.9} \times 18 = 260.87[MVA]$

【정답】 260.87[MVA]

08

출제 : 09, 16년 • 배점 : 5점

지표면 상 20[m] 높이의 수조가 있다. 이 수조에 $15[m^3/min]$의 물을 양수하는데 필요한 펌프용 전동기의 소요동력은 몇 [kW]인가? (단, 펌프의 효율은 70[%], 여유계수 K=1.2로 한다.)

|계|산|및|정|답|

【계산】 펌프용 전동기의 소요동력(분당 양수량인 경우) $P=\frac{9.8\times Q\times H}{\eta}K$

여기서, K : 여유계수(손실계수), Q : 분당 양수량$[m^3/min]$ H : 총양정[m], η : 효율

$$P=\frac{9.8\times\frac{15}{60}\times 20\times 1.2}{0.7}=84[kW]$$

【정답】 84[kW]

|추|가|해|설|

① 펌프용 전동기의 용량 $P=\frac{9.8Q'[m^3/sec]HK}{\eta}[kW]=\frac{9.8Q[m^3/min]HK}{60\times\eta}[kW]=\frac{Q[m^3/min]HK}{6.12\eta}[kW]$

여기서, P : 전동기의 용량[kW], Q' : 양수량$[m^3/sec]$, Q : 양수량$[m^3/min]$
H : 양정(낙차)[m], η : 펌프효율, K : 여유계수(1.1~1.2 정도)

② 권상용 전동기의 용량 $P=\frac{K\cdot W\cdot V}{6.12\eta}[KW]$

여기서, K : 여유계수, W : 권상 중량 [ton], V : 권상 속도[m/min], η : 효율)

③ 엘리베이터용 전동기의 용량 $P=\frac{KVW}{6120\eta}[kW]$

여기서, P : 전동기 용량[kW], η : 엘리베이터 효율, V : 승강속도[m/min]
W : 적재하중[kg](기계의 무게는 포함하지 않는다.), K : 계수(평형률)

09

출제 : 09, 16년 • 배점 : 3점

전기설비로 유입되는 뇌서지를 피보호물의 절열내력 이하로 제한함으로써 기기를 보호하기 위해 전기기기의 전단에 설치되며, 과도적인 과전압을 제한하고 서지전류를 분류하는 것을 목적으로 설치하는 장치를 쓰시오.

|계|산|및|정|답|

서지보호장치

10

출제 : 02, 07, 12, 16년 • 배점 : 10점

어떤 인텔리전트 빌딩에 대한 등급별 추정 전원 용량에 대한 표를 이용하여 물음에 답하시오.

[표] 등급별 추정 전원 용량[VA/m^2]

내용 \ 등급별	0등급	1등급	2등급	3등급
조명	22	22	22	30
콘센트	5	13	5	5
사무자동화(OA) 기기	–	2	34	36
일반동력	38	45	45	45
냉방동력	40	43	43	43
사무자동화(OA) 동력	–	2	8	8
합계	105	127	157	167

(1) 연면적 1000[m^2]인 인텔리전트 2등급인 사무실 빌딩의 전력 설비 부하의 용량을 위의 표를 이용하여 구하도록 하시오.

부하내용	면적을 적용한 부하용량[kVA]
조명	
콘센트	
OA 기기	
일반 동력	
냉방 동력	
OA 동력	
합계	

(2) 물음 "(1)"에서 조명, 콘센트, 사무자동화기기의 적정 수용률은 0.75, 일반동력 및 사무자동화 동력의 적정 수용률은 0.5, 냉방동력의 적정 수용률은 0.9이고, 주변압기 부등률은 1.3로 적용한다. 이때 전압방식을 2단 강압 방식으로 채택할 경우 변압기의 용량에 따른 변전설비의 용량을 산출하시오. (단, 조명, 콘센트, 사무자동화 기기를 3상 변압기 1대로, 일반동력 및 사무자동화 동력을 3상 변압기 1대로, 냉방동력을 3상 변압기 1대로 구성하고, 상기 부하에 대한 주변압기 1대를 사용하도록 하며, 변압기 용량은 표를 활용한다.)

변압기 표준용량 [kVA]	10, 15, 20, 30, 50, 75, 100, 150, 200, 300, 500, 750, 1000

① 조명, 콘센트, 사무자동화 기기에 필요한 변압기 용량 산정

·계산 : ·답 :

② 일반 동력, 사무자동화동력에 필요한 변압기 용량 산정

·계산 : ·답 :

③ 냉방 동력에 필요한 변압기 용량 산정

·계산 : ·답 :

④ 주변압기 용량 산정

·계산 : ·답 :

(3) 수전 설비의 단선 계통도를 간단하게 그리시오.

|계|산|및|정|답|

(1)

부하내용	면적을 적용한 부하용량[kVA]
조명	$22 \times 10000 \times 10^{-3} = 220[\text{kVA}]$
콘센트	$5 \times 10000 \times 10^{-3} = 50[\text{kVA}]$
OA 기기	$34 \times 10000 \times 10^{-3} = 340[\text{kVA}]$
일반 동력	$43 \times 10000 \times 10^{-3} = 450[\text{kVA}]$
냉방 동력	$43 \times 10000 \times 10^{-3} = 430[\text{kVA}]$
OA 동력	$8 \times 10000 \times 10^{-3} = 80[\text{kVA}]$
합계	$157 \times 10000 \times 10^{-3} = 1570[\text{kVA}]$

(2) 【계산】 ① $Tr_1 = (220 + 50 + 340) \times 0.75 = 457.5[\text{kVA}]$ 【정답】 500[kVA]

② $Tr_2 = (450 + 80) \times 0.5 = 265[\text{kVA}]$ 【정답】 300[kVA]

③ $Tr_3 = 430 \times 0.9 = 387[\text{kVA}]$ 【정답】 500[kVA]

④ $\text{주변압기용량}(STr) = \dfrac{\text{각부하설비 최대수용전력의 합}}{\text{부등률}}$

$$STr = \frac{457.5 + 265 + 387}{1.3} = 853.46[\text{kVA}]$$ 【정답】 1000[kVA]

(3)

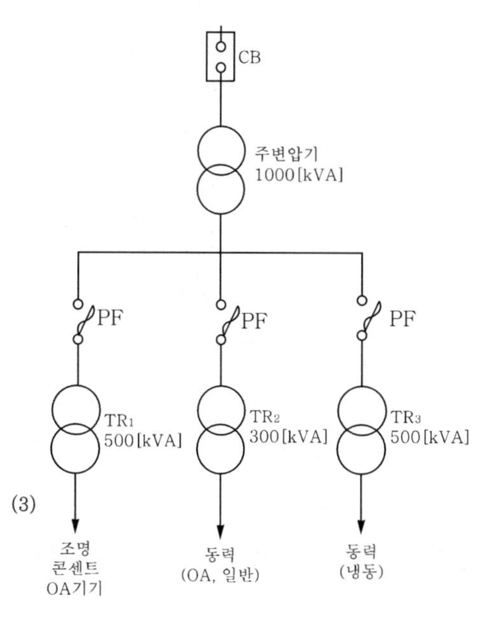

11

출제 : 16년 • 배점 : 6점

폐쇄형 수배전반(Metal Clad Switchgear)의 특징과 장점 3가지를 쓰시오.

|계|산|및|정|답|

[특징]

외부접속을 제외한 차단기, 단로기 등 전력용 개폐기, 계기용 변압 변류기, 모선 및 접속도체의 감시제어에 필요한 기구 등의 집합체를 접지된 금속체로 폐쇄 조립한 배전반

[장점]

① 유지보수 및 점검이 용이하다.

② 개방형에 비하여 30~40[%]의 전용면적을 줄일 수 있다.

③ 절연에 대한 신뢰성이 높다.

④ 증설, 확장의 유연성

⑤ 특별고압, 고압, 저압부를 별도 수납하여 신뢰성과 안전성 우수

12

출제 : 07, 16년 • 배점 : 3점

다음과 같은 수전설비에서 변압기나 부하설비에서 사고가 발생하였을 때 가장 먼저 개로 해야 하는 기기의 명칭을 쓰시오.

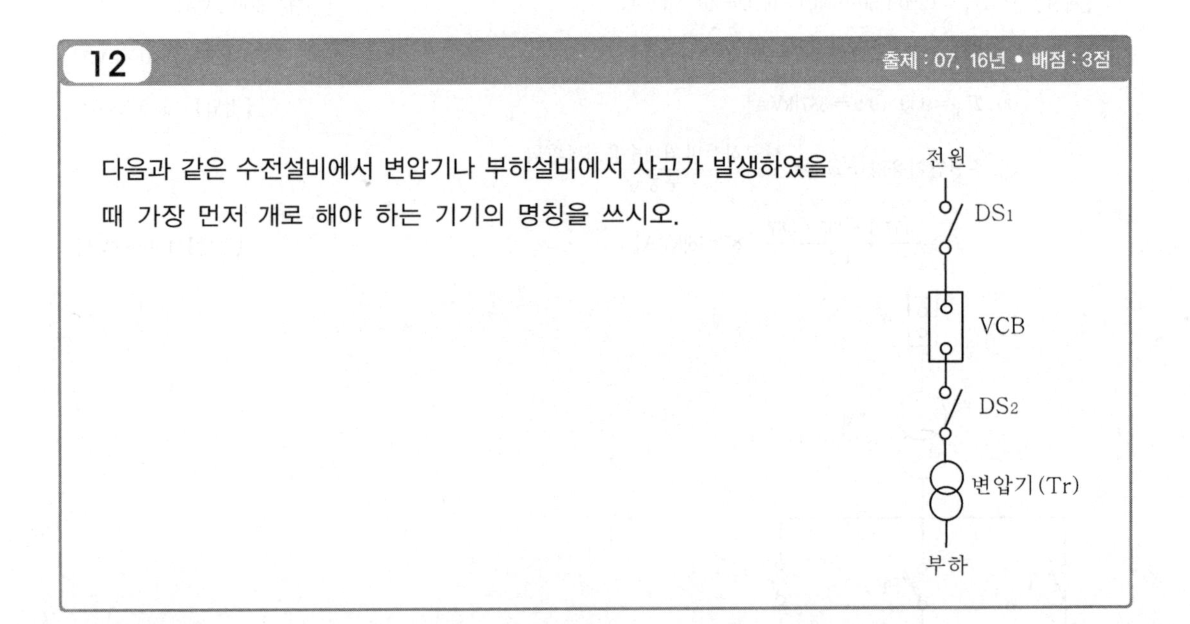

|계|산|및|정|답|

VCB(진공차단기)

|추|가|해|설|

단로기는 사고 전류의 차단 능력이 없다. 따라서 고장전류의 차단능력이 있는 VCB(진공차단기)를 개로하여 사고개소를 전원으로부터 분리하여야 한다.

13

출제 : 16년 • 배점 : 5점

수전단 전압 3000[V]인 3상 3선식 배전선로의 역률 0.8(지상)되는 520[kW]의 부하가 접속되어 있다. 이 부하에 동일 역률의 부하 80[kW]를 추가하여 600[kW]로 증가시키되 부하와 병렬로 전력용 콘덴서를 설치하여 수전단 전압 및 선로 전류를 일정하게 불변으로 유지하고자 한다. 이때 필요한 소요 콘덴서 용량 및 부하 증가 전후의 송전단 전압을 구하시오. (단, 전선의 1선당 저항 및 리액턴스는 각각 1.78[Ω], 1.17[Ω]이다.).

(1) 이 경우 필요한 전력용 콘덴서 용량은 몇 [kVA]인가?

(2) 부하 증가 전의 송전단 전압은 몇 [V]인가?

|계|산|및|정|답|

(1) 【계산】 520[kW] 부하 시와 600[kW] 부하 시의 선로 전류 및 수전단 전압이 일정하므로 다음 식이 성립된다.

$$I=\frac{520\times10^3}{\sqrt{3}\times3000\times0.8}=\frac{600\times10^3}{\sqrt{3}\times3000\times x}\quad\rightarrow\quad x=0.8\times\frac{600}{520}=0.92[\text{kVA}]$$

그러므로 소요콘덴서용량 $Q_C=P(\tan\theta_1-\tan\theta_2)=P\left(\frac{\sin\theta_1}{\cos\theta_1}-\frac{\sin\theta_2}{\cos\theta_2}\right)=P\left(\frac{\sqrt{1-\cos\theta_1^2}}{\cos\theta_1}-\frac{\sqrt{1-\cos\theta_2^2}}{\cos\theta_2}\right)$

$$=600\times\left(\frac{\sqrt{1-0.8^2}}{0.8}-\frac{\sqrt{1-0.92^2}}{0.92}\right)=194.4[\text{kVA}]$$

【정답】 194.4[kVA]

(2) 【계산】 부하 증가 전의 송전단 전압

선로전류 $I=\frac{P}{\sqrt{3}\,V_R\cos\theta}=\frac{520\times10^3}{\sqrt{3}\times3000\times0.8}=125.09[\text{A}]$

전선의 저항 $R=1.78[\Omega]$, 리액턴스 $X=1.17[\Omega]$, $\cos\theta=0.8$이므로 $\sin\theta=0.6$

그러므로 송전단전압 $V_S=V_R+\sqrt{3}I(R\cos\theta+X\sin\theta)$

$$=3000+\sqrt{3}\times125.09\times(1.78\times0.8+1.17\times0.6)=3460.6[V]$$

【정답】 3460.6[V]

14 출제 : 16년 • 배점 : 5점

다음 그림을 이용하여 축전지 용량을 구하시오.
(단, 축전지 사용 시의 보수율 0.8, 축전지 온도 5[℃], 허용 최저전압 90[V], 셀당 전압 1.06 [V/cell], K_1=1.15, K_2=0.92)

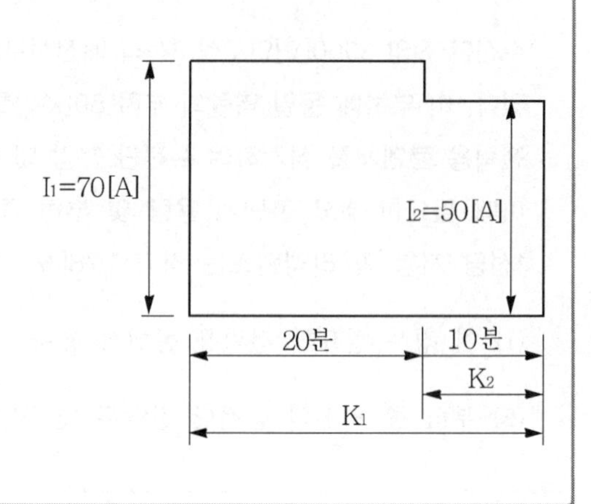

|계|산|및|정|답|

【계산】 $C = \frac{1}{L}[K_1 I_1 + K_2(I_2 - I_1)] = \frac{1}{0.8} \times [(1.15 \times 70) + 0.92(50 - 70)] = 77.625[Ah]$

【정답】 77.63[Ah]

|추|가|해|설|

[축전지 용량 산출]

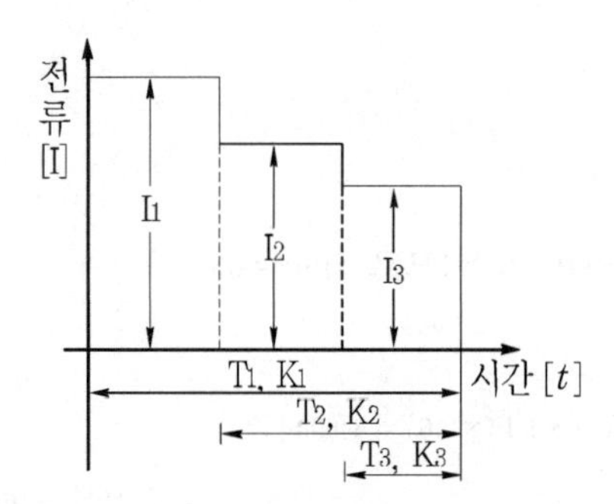

축전지용량 $C = \frac{1}{L}[K_1 I_1 + K_2(I_2 - I_1) + K_3(I_3 - I_2)][Ah]$

여기서, C : 축전지 용량[Ah], L : 보수율(축전지 용량 변화에 대한 보정값), K : 용량 환산 시간, I : 방전 전류[A]

15 출제 : 16년 • 배점 : 7점

다음과 같은 직류 분권전동기가 있다. 단자전압 220[V], 보극을 포함한 전기자 회로 저항 0.06[Ω], 계자 회로 저항 180[Ω], 무부하 공급전류 4[A], 전부하 시 공급전류가 40[A], 무부하시 회전속도 1800[rpm])이라고 한다. 이 전동기에 대하여 다음 각 물음에 답하시오.

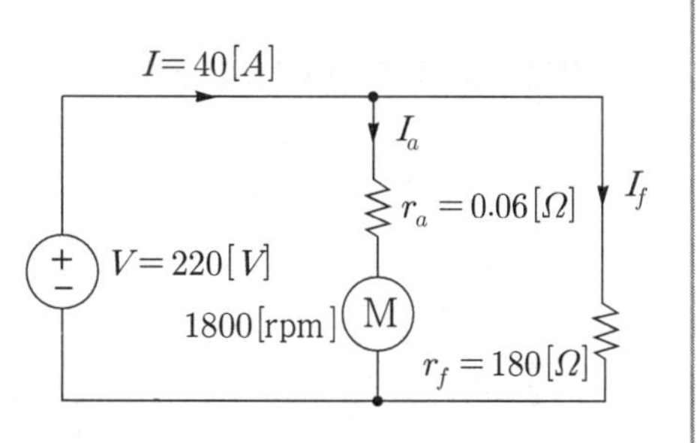

(1) 전부하시 출력[kW]을 구하시오.

•계산 : •답 :

(2) 전부하시 효율[%]은 얼마인가?

•계산 : •답 :

(3) 전부하시 회전속도[rpm]를 계산하시오.

•계산 : •답 :

(4) 전부하시 토크[N • m]를 계산하시오.

•계산 : •답 :

|계|산|및|정|답|

(1) 【계산】 계자전류 $I_f = \frac{V}{r_f} = \frac{220}{180} = 1.22[\text{A}]$

전기자전류 $I_a = I - I_f = 40 - 1.22 = 38.78[\text{A}]$

역기전력 $E_c = V - I_a r_a = 220 - 38.78 \times 0.06 = 217.67[\text{V}]$

$\therefore$ 전부하 시 출력 $P = E_c \cdot I_a = 217.67 \times 38.78 \times 10^{-3} = 8.44[\text{kW}]$ 【정답】 8.44[kW]

(2) 【계산】 $\eta = \frac{\text{출력}}{\text{입력}} \times 100 = \frac{8.44 \times 10^3}{220 \times 40} \times 100 = 95.91[\%]$ 【정답】 95.91[%]

(3) 【계산】 무부하시 단자전압 $V_0 = E = 220 \rightarrow E \propto N$

$\frac{N'}{N} = \frac{E_c}{E} \rightarrow N' = N \times \frac{E_c}{E} = 1800 \times \frac{217.67}{219.83} = 1782.31[rpm]$ 【정답】 1782.31[rpm]

(4) 【계산】 $T = 0.975 \times \frac{\text{기계적출력}}{\text{회전수}}[\text{kg}\cdot\text{m}] = 0.975 \times \frac{8.44 \times 10^3}{1782.31} \times 9.8 = 45.25[\text{N}\cdot\text{m}]$ 【정답】 45.25[[N·m]

16

출제 : 16년 • 배점 : 10점

도면은 3상 유도전동기의 $Y-\triangle$ 기동회로이다. 다음 각 물음에 답하시오.

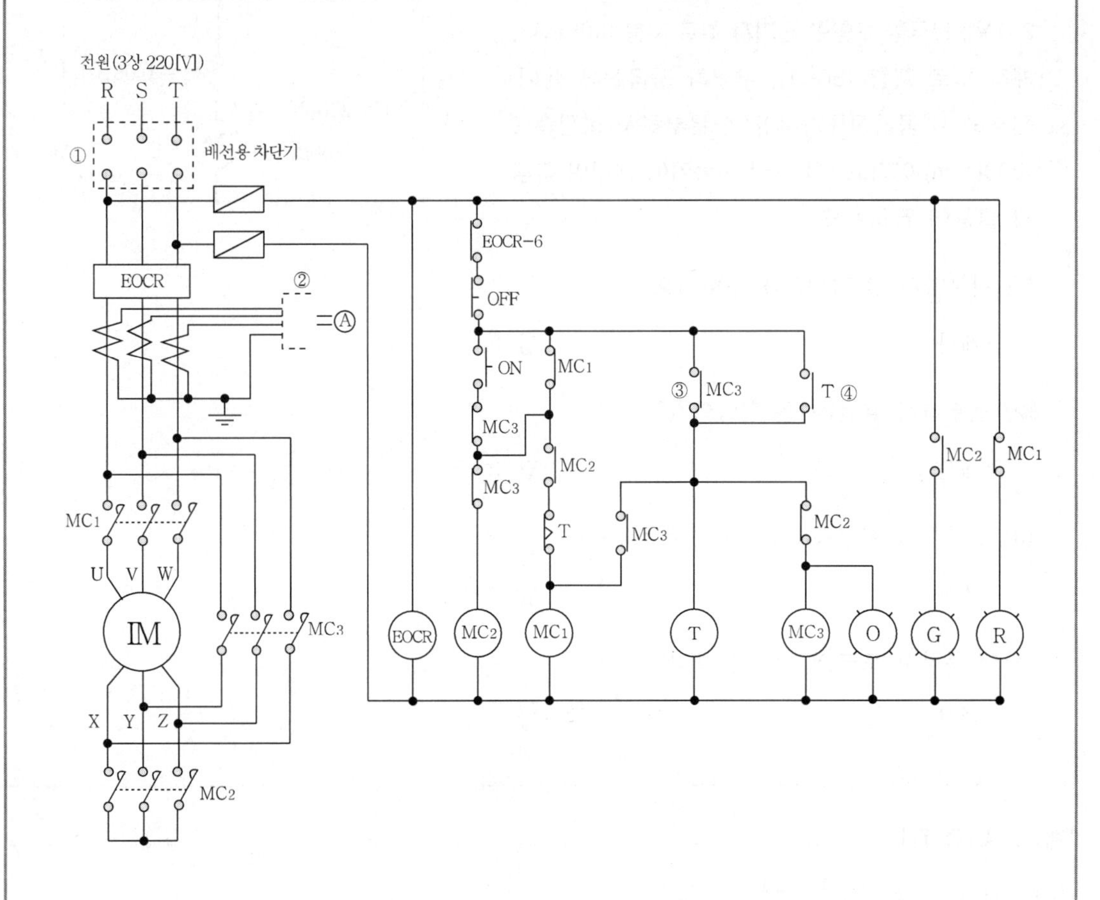

(1) $Y-\triangle$ 기동법을 사용하는 이유를 쓰시오.

(2) 회로에서 ①의 배선용차단기 그림기호를 3상 복선도용으로 나타내시오.

(3) 회로에서 ②의 명칭과 단선도용 그림기호를 그리시오.

(4) EOCR의 명칭과 기능을 쓰시오.

(5) 회로에서 표시등 O, G, R의 용도를 쓰시오.

|계|산|및|정|답|

(1) 직입 기동 시 정격전류의 약 6배 정도의 높은 기동전류를 1/3로 줄이기 위해서이다.

(2) 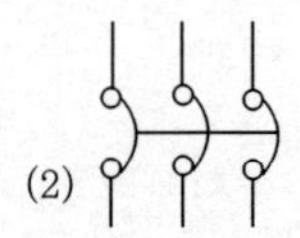

(3) ·명칭 : 전류계용 전환 개폐기

·그림기호 : ⊗

(4) ·명칭 : 전자식 과전류 계전기

·기능 : IM(3상 유도전동기)에 과전류가 흐르면 차단한다.

(5) O : 전상 운전표시등, G : 기동(Y기동)표시등, R : 전동기의 정지 표시등

17

출제 : 16년 • 배점 : 5점

3상 전원에 접속된 진상콘덴서를 △결선에서 Y결선(성형)으로 바꿀 때 콘덴서 용량을 구하시오.

·계산 : ·답 :

|계|산|및|정|답|

【계산】 △결선의 진상용량 $Q_{\triangle}=3\times 2\pi fCV^2$

Y결선의 진상용량 $Q_Y=3\times 2\pi fC\left(\frac{V^2}{\sqrt{3}}\right)=2\pi fCV^2$

그러므로 $Q_Y=\frac{1}{3}Q_{\triangle}$

【정답】 진상용량은 1/3배가 된다.

02 2016년 전기산업기사 실기

01

출제 : 12, 16년 • 배점 : 5점

접지공사에서 접지저항을 저감시키는 방법을 5가지만 쓰시오.

|계|산|및|정|답|

① 접지극을 병렬접속한다.

② 접지극의 치수를 확대한다.

③ 매설지선 및 평판 접지극을 사용한다.

④ 다중접지 sheet법을 사용한다.

⑤ 접지봉 매설 깊이를 깊게 한다(심타공법).

|추|가|해|설|

[접지저항 저감법]

(1) 물리적인 저감법

① 접지극의 길이를 길게 한다.

・직렬접지시공 ・매설지선시설 ・평판접지극시설

② 접지극의 병렬접속 $R=k\frac{R_1R_2}{R_1+R_2}$ →(여기서, k는 결합계수로 보통 1.2를 적용한다)

③ 접지봉의 매설깊이를 깊게 한다. (지표면하 75[cm] 이하에 시설)

④ 접지극과 대지와의 접촉저항을 향상시키기 위하여 심타공법으로 시공한다.

(2) 화학적 저감방법

① 접지극 주면의 토양의 개량(염, 유산, 암모니아, 탄산소다, 카본분말, 밴드나이트 등 화학약품을 사용하는데 따른 환경오염이 제한되고 있다.)

② 접지저항 저감제 사용(주로 아스톤 사용)

02

출제 : 16년 • 배점 : 5점

변전실의 위치를 선정할 때 고려하여야 할 사항을 5가지 쓰시오.

|계|산|및|정|답|

① 전력손실, 전압강하 및 배선비를 최소화하기 위해서 가능한 부하 중심의 가까운 곳에 위치를 선정한다.
② 장비 반입 및 반출 통로가 확보되어야 한다.
③ 사용부하의 중심에 가깝고, 간선의 배선이 용이한 곳이어야 한다.
④ 지반이 견고하고 침수, 기타 재해의 우려가 없는 장소이어야 한다.
⑤ 장비의 배치에 충분하고 유지보수가 용이한 넓이를 갖고 장비에 대해 충분한 유효 높이를 확보한다.
⑥ 화재, 폭발의 우려가 있는 위험물 제조소나 저장소 부근을 피한다.

|추|가|해|설|

[변전실]
① 변전실 면적 : 변전실 면적은 동일용량이라도 변전실 형식 및 기기 시방에 따라 큰 차이(일반적으로 30~40%)가 생기므로 주의한다.
② 변전실 면적에 영향을 주는 요소
- 수전전압 및 수전 방식
- 변전설비 강압 방식, 변압기용량, 수량 및 형식
- 설치 기기와 큐비클 및 시방
- 기기의 배치 방법 및 유지보수에 필요한 면적
- 건축물의 구조적 여건

③ 변전실의 높이
- 변전실의 높이는 기기의 최고 높이, 바닥 트렌치 및 무근 콘크리트 설치여부, 천장 배선방법 및 여유율을 고려한 유효 높이가 되어야 한다.
- 큐비클식 수변전설비가 설치된 변전실인 경우 특별 고압수전 또는 변전 기기가 설치되는 경우 4,500[mm] 이상, 고압의 경우 3,000[mm] 이상의 유효 높이를 확보한다.

03

출제 : 16년 • 배점 : 5점

진상용 콘덴서 회로에 직렬리액터를 설치하는 경우와 그 이유를 쓰시오.

|계|산|및|정|답|

① 【경우】 고조파가 발생하는 경우
② 【이유】 5고조파에 의한 전압 파형의 찌그러짐 방지

|추|가|해|설|

[직렬리액터(Series Reactor : SR)]
역률 개선용으로서 콘덴서를 사용하면 회로의 전압이나 전류파형의 왜곡을 확대하는 수가 있고 때로는 기본파 이상의 고조파를 발생하는 수가 있다. 이러한 고조파의 발생으로 야기되는 문제점을 보완하기 위하여 콘덴서용 직렬리액터를 설치운용 한다.

04

출제 : 16년 • 배점 : 5점

어느 건축물의 계약전력 3000[kW], 월 기본요금 7500[원/kW], 월 평균역률 95[%]라 할 때 1개월의 기본요금을 구하시오. 또한 1개월간의 사용 전력량이 54만[kWh], 전력량요금이 90[원/kWh]라 할 때 총 전력요금은 얼마인가를 계산하시오.

•계산 : •답 :

|계|산|및|정|답|

(1) 【계산】 기본요금 $=3000\times7500\times(1-0.05)=2,137,500$[원] 【정답】 2,137,500[원]

(2) 【계산】 1개월간 요금=기본요금+사용요금) $=2137500+540000\times90=50,737,500$[원] 【정답】 50,737,500[원]

05

출제 : 16년 • 배점 : 5점

그림은 각 지점 간의 저항을 동일하다고 가정하고 간선 AD 사이에 전원을 공급하려고 한다. 전력손실을 최소로 하려면 간선 AD 사이의 어느 지점에 전원을 공급하는 것이 가장 좋은가?

A B C D
간선
50[A] 20[A] 30[A] 50[A]

•계산 : •답 :

|계|산|및|정|답|

【계산】 저항값이 같으므로 AB, BC, CD의 저항을 r[Ω]이라고 가정,

전력손실(P)=$I^2r[W]$이므로 각 점의 전력손실은 다음과 같다.

① A점 : $P_A=100^2r+80^2r+50^2r=18900r[W]$

② B점 : $P_B=50^2r+80^2r+50^2r=11400r[W]$

③ C점 : $P_C=50^2r+70^2r+50^2r=9900r[W]$

④ D점 : $P_D=50^2r+70^2r+100^2r=17400r[W]$

따라서 C점 공급 시 전력손실이 가장 적다. 【정답】 C점

06 출제 : 16년 • 배점 : 5점

다음 그림 기호의 정확한 명칭을 쓰시오.

(1)  (CT)

(2)  (kWh)

(3)  (TS)

(4) 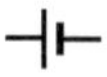 ⊣⊢

|계|산|및|정|답|

(1) 변류기

(2) 전력량계

(3) 타임스위치

(4) 직류전원(축전지)

|추|가|해|설|

명칭	그림기호	적요
타임스위치	TS	
전력량계	(Wh)	① 필요에 따라 전기방식, 전압, 전류 등을 방기한다. ② 그림기호 (Wh)은 (WH)으로 표시하여도 좋다.
변류기(상자들이)	CT	필요에 따라 전류를 방기한다.
축전지	⊣⊢	필요에 따라 종류, 용량, 전압 등을 방기한다.

07

출제 : 16년 • 배점 : 5점

그림의 도면은 농형 유도전동기의 직류 여자 방식 제어 기기의 접속도이다. 그림 및 동작 설명을 참고하여 다음 각 물음에 답하시오.

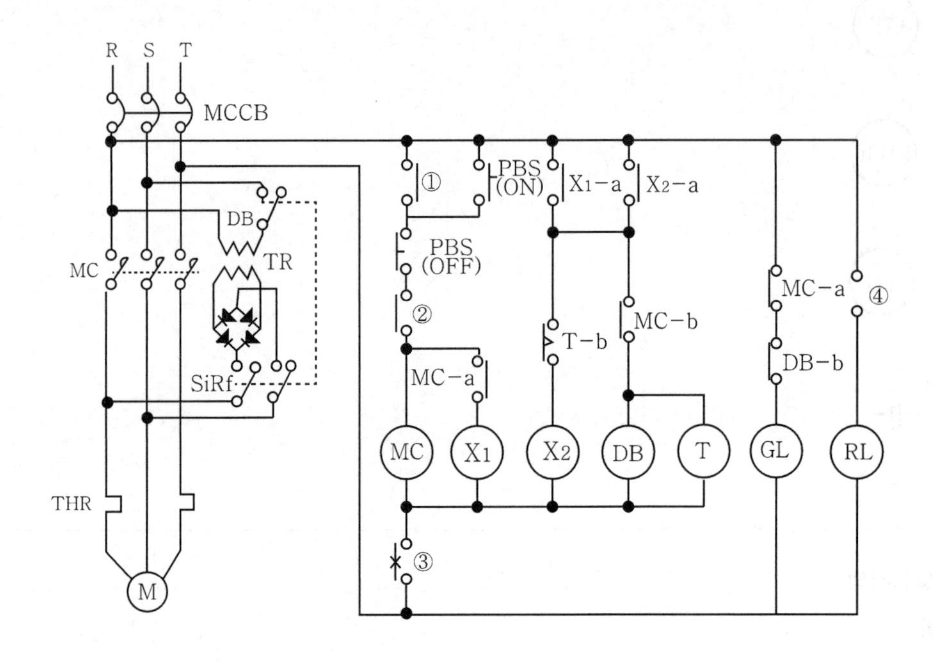

〈범례〉

- ·MCB : 배선용 차단기
- ·Thr : 열동형 과전류계전기
- ·MC : 주전자 접촉기
- ·TR : 정류 전원 변압기
- ·SiRf : 실리콘 정류기
- ·X_1, X_2 : 보조 계전기
- ·T : 타이머
- ·DB : 제동용 전자 접촉기
- ·PBS(ON) : 운전용 푸시버튼
- ·PBS(OFF) : 정지용 푸시버튼
- ·GL : 정지램프
- ·RL : 운전램프

〈동작설명〉

- ·운전용 푸시버튼 스위치 PBS(ON)를 눌렀다 놓으면 MC가 동작하여 주전자 접촉기 MC가 투입되어 전동기는 가동하기 시작하며 운전을 계속한다.
- ·운전을 정지하기 위하여 정지용 푸시버튼 스위치 PBS(OFF)를 누르면 MC가 복귀되어 주전자 접촉기 MC가 끊어지고 직류 제동용 전자 접촉기 DB가 투입되며 전동기에는 직류가 흐른다.
- ·타이머 T에 설정한 시간만큼 직류 제동 전류가 흐른 후 직류가 차단되고 각 접점은 운전 전의 상태로 복귀되고 전동기는 정지하게 된다.

(1) ①번 심벌의 기호를 써 넣으시오.

(2) ②번 심벌의 기호를 써 넣으시오.

(3) 정지용 푸시버튼 PBS(OFF)를 누르면 타이머 T에 통전하여 설정(set)한 시간만큼 타이머 T가 동작하여 직류 제어용 직류 전원을 차단하게 된다. 타이머 T에 의해 조작받는 계전기 혹은 전자 접촉기의 심벌 2가지를 도면 중에서 선택하여 그리시오.

(4) ③번 심벌의 기호를 써 넣으시오.

(5) (RL)은 운전 중 점등하는 램프이다. ④는 어느 계전기의 어느 접점을 사용하는가? 운전 중의 상태를 직접 표시하시오.

|계|산|및|정|답|

(1) MC−a

(2) MC−b

(3) 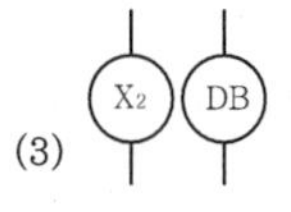

(4) Thr−b

(5) X_1−a

08

출제 : 12, 16년 • 배점 : 6점

서지 흡수기(Surge Absorbor)의 주요 기능에 대하여 설명하시오.

|계|산|및|정|답|

개폐서지 등 이상 전압으로부터 변압기 등 기기보호

|추|가|해|설|

[서지흡수기]

① 피뢰기와 같은 구조로 되어 있으나 적용 전압 범위만을 조정하여 적용시키는 일종의 옥내 피뢰기로서 선로에서 발생할 수 있는 개폐기 서지, 순간 과도전압 등의 이상전압이 2차 기기에 악영향을 주는 것을 막기 위해 설치한다.

② 서지흡수기는 그림과 같이 보호하고자 하는 기기(발전기, 전동기, 콘덴서, 반도체 장비 계통) 전단에 설치하여 대부분의 개폐서지를 발생하는 차단기 후단에 설치, 운용한다.

③ Surge Absorbor는 그림과 같이 부하기기 운전용의 VCB와 피보호 기기와의 사이에 각 상의전로−대지간에 설치한다.

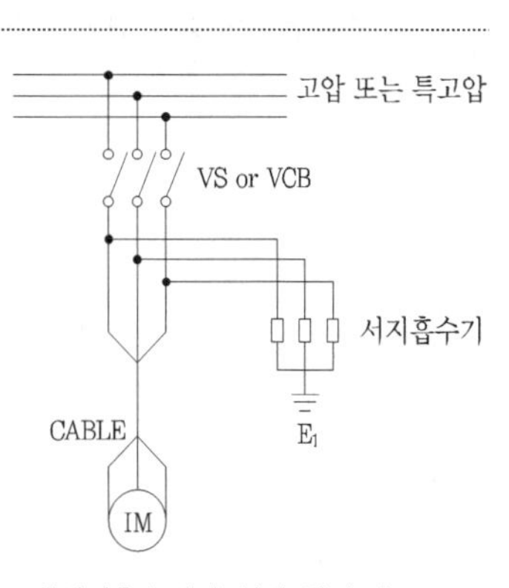

[서지흡수기의 설치 위치도]

09 출제 : 07, 16년 • 배점 : 7점

다음 각 물음에 답하시오.

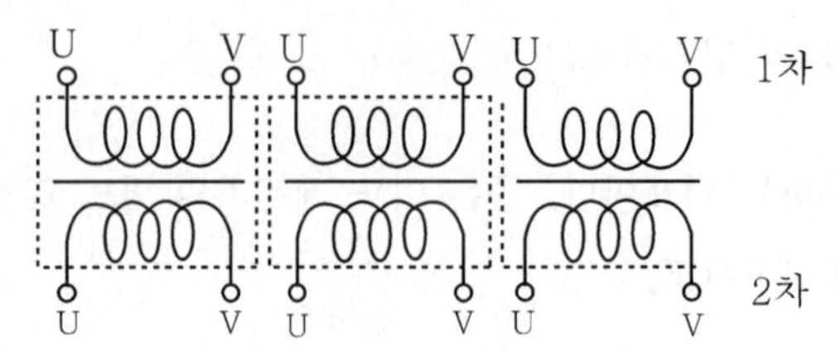

(1) 이 변압기를 주어진 그림에 △－△결선을 하시오.

(2) △－△결선으로 운전 시 장점과 단점을 각각 2가지만 쓰시오.

|계|산|및|정|답|

(1) △ － △ 결선도

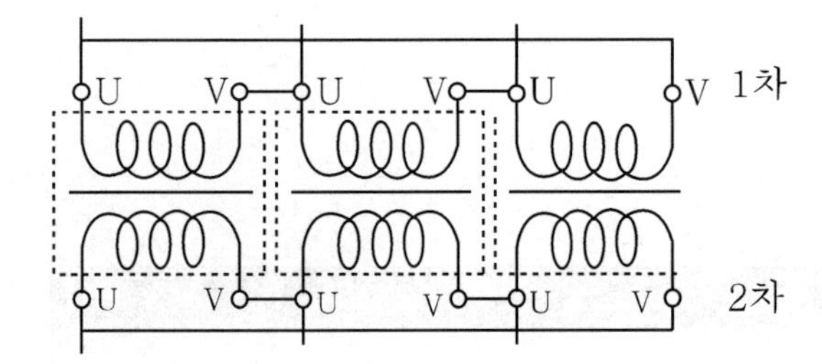

(2) 【장점】

① 1대 고장 시 V-V 결선이 가능하다.

② 3고조파가 제거된다. 유도장해가 적다.

【단점】

① 지락사고 시 검출이 어렵다.

② 순환전류가 있어 권선이 가열된다.

10

출제 : 16년 • 배점 : 4점

경간이 200[m]인 가공 송전선로가 있다. 전선 1[m] 당 무게가 2[kg], 인장하중이 4000[kg], 안전율이 2 일 때 다음 물음을 계산하시오.

(1) 이도는 얼마인가?

•계산 : •답 :

(2) 전선의 실제 길이를 구하시오.

•계산 : •답 :

|계|산|및|정|답|

(1) 【계산】 이도 $D=\frac{WS^2}{8T}=\frac{2\times 200^2}{8\times \frac{4000}{2}}=5[m]$ 【정답】 5[m]

(2) 【계산】 실제 길이 $L=S+\frac{8D^2}{3S}=200+\frac{8\times 5^2}{3\times 200}=200.33[m]$ 【정답】 200.33[m]

|추|가|해|설|

(1) 이도 : 전선의 지지점을 연결하는 수평선으로부터 밑으로 늘어지는 정도를 말한다.

이도 $D=\frac{WS^2}{8T}$

여기서, T : 수평장력, W : 합성하중, S : 경간

수평장력 T = $\frac{\text{인장하중}}{\text{안전률}}$

(2) 전선의 실제 길이 $L=S+\frac{8D^2}{3S}$

여기서, L : 전선의 실제 길이[m], S : 경간[m], D : 이도[m]

11

출제 : 16년 • 배점 : 5점

변류기의 1차 측에 전류가 흐르는 상태에서 2차 측을 개방할 경우 발생하는 문제점 2가지 및 대책을 쓰시오.

|계|산|및|정|답|

(1) 【문제점】

① 2차측에 과전압이 발생한다. ② 절연이 파괴되고 소손된다.

(2) 【대책】 변유기 2차 측을 단락

12

출제 : 00, 01, 07, 15, 16년 • 배점 : 9점

면적이 500[m^2]인 방에 평균조도 300[lx]를 얻기 위해 전광속 2400[lm]의 32[W] 형광등을 사용했을 때 필요한 형광등 수를 구하시오. (단, 조명률 0.8, 감광보상률 1.2이다.)

·계산 : ·답 :

|계|산|및|정|답|

【계산】 등수 $N = \frac{EAD}{FU} = \frac{300 \times 500 \times 1.2}{2400 \times 0.8} = 93.75$ 【정답】 94[등]

|추|가|해|설|

등수 $N = \frac{EAD}{FU}$

여기서, F[lm] : 광원 1개당의 광속, U[%] : 조명률, N[등] : 등수, E[lx] : 작업면상의 평균조도

A[m^2] : 면적, D ($= \frac{1}{M}$) : 감광보상률 $= \frac{1}{\text{보수율(유지율)}}$)

→ (※ 등수 계산에서 소수점은 무조건 절상한다.)

13

출제 : 09, 16년 • 배점 : 5점

공장 설계 시 조명 에너지 절약하기 위한 대책 4가지를 작성하시오.

|계|산|및|정|답|

① 등기구의 격등 제어 및 적정한 회로의 구성 ② 자연 채광의 최대 이용

③ 저휘도, 고조도 반사갓의 채용 ④ 고효율 등기구 채용

|추|가|해|설|

[기타의 대책]

① 슬림라인 형광등 및 전구식 형광등 채용 ② 창측 조명기구 개별 점등

③ 재실감지기 및 카드키 채용 ④ 적절한 조관제어 실시

14

출제 : 16년 • 배점 : 6점

초당 1000[kg]의 물을 양정 7[m]인 탱크에 양수하는데 필요한 전력을 변압기로 공급 한다면, 여기에 필요한 변압기의 용량은 몇 [kW]인가? (단, 펌프와 전동기의 합성 효율은 70[%]이고, 펌프의 축동력은 20[%]의 여유를 본다고 한다.)

·계산 : ·답 :

|계|산|및|정|답|

【계산】 $P=9.8\times\dfrac{HQK}{\eta}=9.8\times\dfrac{7\times1\times1.2}{0.7}=117.6$ 【정답】 117.6[kW]

|추|가|해|설|

① 권상용 전동기의 용량 $P=\dfrac{K\cdot W\cdot V}{6.12\eta}[KW]$

여기서, K : 여유계수, W : 권상 중량 [ton], V : 권상 속도[m/min], η : 효율

② 펌프용 전동기의 용량 $P=\dfrac{9.8Q'[m^3/sec]HK}{\eta}[kW]=\dfrac{9.8Q[m^3/min]HK}{60\times\eta}[kW]=\dfrac{Q[m^3/min]HK}{6.12\eta}[kW]$

여기서, P : 전동기의 용량[kW], Q' : 양수량[m^3/sec], Q : 양수량[m^3/min]
H : 양정(낙차)[m], η : 펌프효율, K : 여유계수(1.1~1.2 정도)

③ 엘리베이터용 전동기의 용량 $P=\dfrac{KVW}{6120\eta}[kW]$

여기서, P : 전동기 용량[kW], η : 엘리베이터 효율, V : 승강속도[m/min]
W : 적재하중[kg](기계의 무게는 포함하지 않는다.), K : 계수(평형률)

15

출제 : 16년 • 배점 : 4점

설계감리업무 수행지침의 용어 정의 중 전력시설물의 현장 적용 적합성 및 생애주기비용 등을 검토하는 것은?

|계|산|및|정|답|

설계의 경제성 검토

16

출제 : 05, 16년 • 배점 : 9점

도면은 고압 수전 설비의 단선 결선도이다. 도면을 보고 다음 각 물음에 알맞은 답을 작성하시오.

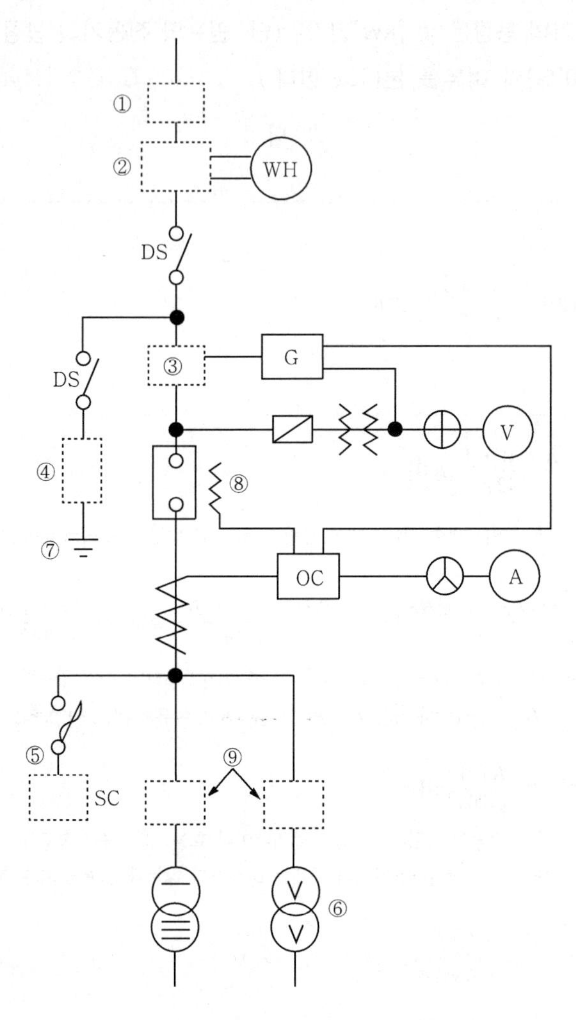

(1) ①~③까지의 그림기호를 단선도로 그리고 그림기호에 대한 우리말 명칭을 쓰시오.

(2) ④~⑥까지의 그림기호를 복선도로 그리고 그림기호에 대한 우리말 명칭을 쓰시오.

(3) 장치 ⑧의 약호와 이것을 설치하는 목적을 쓰시오.

(4) ⑨에 사용되는 보호장치로 가장 적당한 것은?

|계|산|및|정|답|

(1) ① 케이블 헤드 :

② 전력수급용 계기용 변성기 :

③ 영상변류기 : 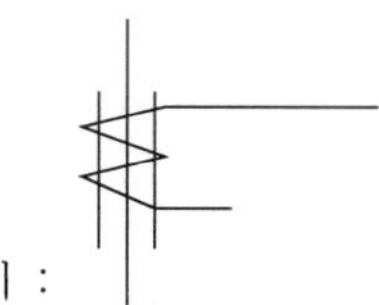

(2) ④ 피뢰기 : 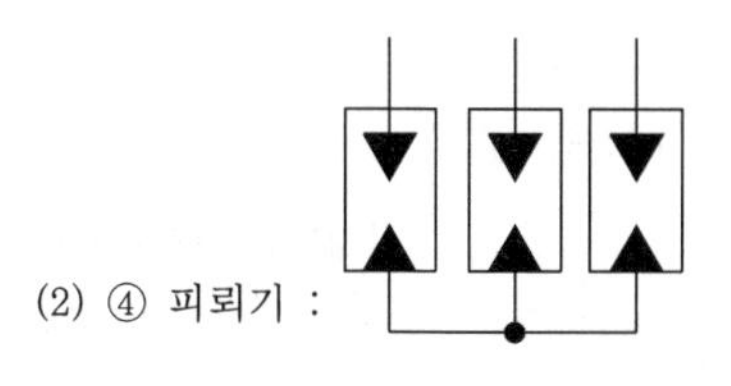

⑤ 전력용 콘덴서 : 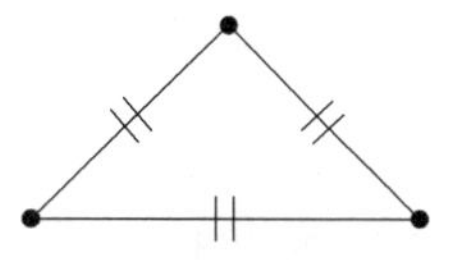

⑥ 변압기 V결선 :

(3) ·약호 : TC

·목적 : 과부하 및 단락 사고로 이한 과전류 계전기의 신호에 의해 코일이 여자되어 차단기를 개방하는 것이다.

(4) COS(컷아웃 스위치)

17

출제 : 16년 • 배점 : 5점

설비용량이 300[kW]인 변압기 용량을 산정하시오. (단, 역률은 85[%]이고 수용률은 70[%]이다.)

·계산 : ·답 :

|계|산|및|정|답|

【계산】 변압기 용량 $= \dfrac{\text{설비 용량} \times \text{수용률}}{\text{부등률}} = \dfrac{\text{설비 용량} \times \text{수용률}}{\text{부등률} \times \text{역률}} = \dfrac{300 \times 0.7}{0.85} = 247.0588$ 【정답】 250[kVA]

18

출제 : 16년 • 배점 : 3점

60[Hz], 4극인 3상 유도전동기의 전부하에서 회전수가 1620[rpm]이다. 다음 물음에 답하시오.

(1) 동기속도를 구하시오.

·계산 ·답

(2) 슬립은 몇 [%]인가?

·계산 ·답

|계|산|및|정|답|

(1) 【계산】 동기속도 $N_s = \frac{120f}{P} = \frac{120 \times 60}{4} = 1800[\text{rpm}]$ → (f : 주파수[Hz], p : 극수)

【정답】 1800[rpm]

(2) 【계산】 유도전동기의 슬립 $s = \frac{N_s - N}{N_s} \times 100 = \frac{1800 - 1620}{1800} = 10$

여기서, N_s : 회전자계의 속도(동기속도)[rpm], N : 전동기의 실제 속도[rpm]

【정답】 10[%]

19

출제 : 16년 • 배점 : 5점

부하개폐기(LBS)의 역할을 설명하시오.

|계|산|및|정|답|

정상 상태의 부하전류를 개폐 및 PF의 결상사고 방지

|추|가|해|설|

기기명칭	정격전압 [kVA]	정격 전류[A]	개요 및 특성	설치 장소	비고
부하개폐기 (L.B.S) (Load Break Switch)	25.8	630[A]	·부하전류는 개폐할 수 있으나 고장전류는 차단할 수 없음 ·LBS(PF부)는 단로기 기능과 차단기로서의 PF 성능을 만족시키는 국가 공인기관의 시험성적이 있는 경우에 한하여 사용가능	수전실 구내 인입구	고장이 쉽게 발생하므로 잘 사용이 안 되고 있음

03 2016년 전기산업기사 실기

01

출제 : 16년 • 배점 : 4점

다음 ( ) 안에 공통으로 들어갈 내용을 답란에 쓰시오.

감리원은 공사업자로부터 (   )을(를) 사전에 제출받아 다음 각 호의 사항을 고려하여 공사업자가 제출한 날로부터 7일 이내에 검토·확인하여 승인한 후 시공할 수 있도록 하여야 한다. 다만 7일 이내에 검토·확인이 불가능한 때에는 사유 등을 명시하여 통보하고, 통보 사항이 없는 때에는 승인한 것으로 본다.

① 설계도면, 설계 설명서 또는 관계 규정에 일치하는지 여부

② 현장의 시공 기술자가 명확하게 이해할 수 있는지 여부

③ 실제 시공 가능 여부

④ 안정성의 확보 여부

⑤ 계산의 정확성

⑥ 제도의 품질 및 선명성, 도면 작성 표준에 일치 여부

⑦ 도면으로 표시 곤란한 내용은 시공시 유의사항으로 작성되었는지 등의 검토

※(   )은(는) 설계도면 및 설계설명서 등에 불명확한 부분을 명확하게 해줌으로써 시공상의 착오방지 및 공사의 품질을 확보하기 위한 수단으로 사용한다.

|계|산|및|정|답|

시공상세도

02

출제 : 16년 • 배점 : 5점

송전계통의 중성점을 접지하는 목적을 3가지만 쓰시오.

|계|산|및|정|답|

① 이상 전압을 억제하여 기기의 손상 방지

② 감전 및 화재사고 방지

③ 지락 고장 시 접지 계전기의 동작을 확실하게 한다.

④ 지락 아이크를 방지하고 이상 전압 억제

03

출제 : 13, 16년 • 배점 : 5점

다음 전선 약호의 품명을 쓰시오.

약 호	명 칭
ACSR	
CN-CV-W	
ER CNCO-W	
LPS	
VCT	

|계|산|및|정|답|

약 호	명 칭
ACSR	강심 알루미늄 연선
CN-CV-W	동심 중성선 수밀형 전력케이블
FR CNCO-W	동심 중성선 수밀형 저독성 난연 전력케이블
LPS	300/500[V] 연질 비닐 시스 케이블
VCT	0.6/1[kV] 비닐절연 비닐 캡타이어 케이블

| 추 | 가 | 해 | 설 |

[전선 약호]

약호		명칭
A	A	연동선
	A-AI	연알루미늄선
	ABC-W	특고압 수밀형 가공케이블
	ACSR	강심알루미늄 연선
	ACSR-DV	인입용 강심 알루미늄도체 비닐절연전선
	ACSR-DC	옥외용 강심 알루미늄도체 가교 폴리에틸렌 절연전선
	ACSR-OE	옥외용 강심 알루미늄도체 폴리에틸렌 절연전선
	AI-OC	옥외용 강심 알루미늄도체 가교 폴리에틸렌 절연전선
	AI-OE	옥외용 알루미늄도체 폴리에틸렌 절연전선
	AI-OW	옥외용 알루미늄도체 비닐 절연전선
	AWP	크로롤프렌, 천연합성고무 시스 용접용 케이블
	AWR	고무 시스 용접용 케이블
B	BL	300/500[V] 편조 리프트 케이블
	BRC	300/300[V] 편조 고무 코드
C	CA	강복알루미늄선
	CB-EV	콘크리트 직매용 폴리에딜렌절연 비닐 시스 케이블(환형)
	CB-EVF	콘크리트 직매용 폴리에딜렌절연 비닐 시스 케이블(평형)
	CBN	제어용 부틸 고무절연 클롤로프렌 시스 케이블
	CCE	0.6/1[kV] 제어용 가교 폴리에틸렌 절연 폴리에틸렌 시스 케이블
	CCV	0.6/1[kV] 제어용 가교 폴리에틸렌 절연 비닐 시스 케이블
	CD-C	가교폴리에틸렌 절연 CD 케이블
	CE1	0.6/1[kV] 가교 폴리에틸렌 절연 폴리에틸렌 시스 케이블
	CE10	6/10[kV] 가교 폴리에틸렌 절연 폴리에틸렌 시스 케이블
	CET	6/10[kV] 트리플렉스형 가교 폴리에틸렌 절연 폴리에틸렌 시스 케이블
	CEV	제어용 폴리에틸렌 절연비닐 외장 케이블
	CLF	300/300[V] 유연성 가교 비닐 절연 가교 비닐 시스 코드
	CN-CV	동심중성선 차수형 전력케이블
	CN-CV-W	동심중성선 수밀형 전력케이블
	CRN	제어용 고무절연 클롤로프렌 외장 케이블
	CSL	원형 비닐 시스 리프트 케이블
	CV1	0.6/1[kV] 가교 폴리에틸렌 절연 비닐 시스 케이블
	CV10	6/10[kV] 가교 폴리에틸렌 절연 비닐 시스 케이블
	CVV	0.6/1[kV] 비닐 절연 비닐 시스 제어 케이블
	CVT	6/10[kV] 트리플렉스형 가교 폴리에틸렌 절연 비닐 시스 케이블
D	DV	인입용 비닐절연전선
E	EE	폴리에틸렌 절연 폴리에틸렌 시스 케이블
	EV	폴리에틸렌 절연 비닐 시스 케이블

약호		명칭
F	FL	형광방전등용 비닐전선
	FNC	300/300[V] 평형 비닐 코드
	FR CNCO-W	동심중성선 수밀형 저독성 난연 전력 케이블
	FSC	평형 비닐 시스 리프트 케이블
	FTC	300/300[V] 평형 금사 코드
G	GV	접지용 비닐절연전선
H	H	경동선
	HA	반경동선
	HAL	경알루미늄선
	HFCCO	0.6/1[kV] 가교 폴리에틸렌 절연 저독성 난연 폴리올레핀 시스 제어 케이블
	HFIO	450/750 저독성 난연 절연전선
	HFCO	0.6/1[kV] 가교 폴리에틸렌 절연 저독성 난연 폴리올레핀 시스 전력 케이블
	HIV	내열용 비닐절연전선
	HLPC	300/300[V] 내열성 연질 시스 코드(90[℃])
	HOPC	300/500[V] 내열성 범용 비닐 시스 코드(90[℃])
	HPSC	450/750[V] 경질 클로로프렌, 합성 고무 시스 유연성 케이블
	HR(0.5)	500[V] 내열성 고무 절연전선(110[℃])
	HR(0.75)	750[V] 내열성 고무 절연전선(110[℃])
	HRF(0.5)	500[V] 내열성 유연성 고무 절연전선(110[℃])
	HRF(0.75)	750[V] 내열성 유연성 고무 절연전선(110[℃])
	HRS	300/500[V] 내열 실리콘 고무 절연전선(180[℃])
I	IACSR	강심알루미늄 합금연선
	IDC	300/300[V] 실내 장식 전등 기구용 코드
	IV	600[V] 비닐절연전선
L	LPS	300/500[V] 연질 비닐 시스 케이블
	LPC	300/300[V] 연질 비닐 시스 코드
M	MI	미네랄 인슈레이션 케이블
N	NEV	폴리에틸렌 절연비닐외장네온전선
	NF	450/750[V] 일반용 유연성 단심 비닐 절연전선
	NFI(70)	300/500[V] 기기 배선용 유연성 단심 비닐 절연전선(70[℃])
	NFI(90)	300/500[V] 기기 배선용 유연성 단심 절연전선(90[℃])
	NR	450/750[V] 일반용 단심 비닐 절연전선
	NRC	고무 절연 클로로프렌 외장네온전선
	NRI(70)	300/500[V] 기기 배선용 단심 비닐 절연전선(70[℃])
	NRI(90)	300/500[V] 기기 배선용 단심 비닐 절연전선(90[℃])
	NRV	고무절연 비닐 시스 네온전선
	NV	비닐절연 네온전선

약호		명칭
O	OC	옥외용 가교 폴리에틸렌 절연전선
	OE	옥외용 폴리에틸렌 절연전선
	OPC	300/500[V] 범용 비닐 시스 코드
	OPSC	300/500[V] 범용 클로로프렌. 합성고무 시스 코드
	ORPSF	300/500[V] 오일내성 비닐절연 비닐시스 차폐 유연성 케이블
	ORPUF	300/500[V] 오일내성 비닐절연 비닐시스 비차폐 유연성 케이블
	ORSC	300/500[V] 범용 고무시스 코드
	OW	옥외용 비닐절연전선
P	PCSC	300/500[V] 장식 전등 기구용 클로로프렌, 합성고무 시스 케이블(원형)
	PCSCF	300/500[V] 장식 전등 기구용 클로로프렌, 합성고무 시스 케이블(평면)
	PDC	6/10[kV] 고압 인하용 가교 폴리에틸렌 절연전선
	PDP	6/10[kV] 고압 인하용 가교 EP 고무 절연전선
	PL	300/500[V] 폴리클로로프렌, 합성고무 시스 리프트 케이블
	PN	0.6/1[kV] EP 고무 절연 클로로프렌 시스 케이블
	PNCT	0.6/1[kV] EP 고무 절연 클로로프렌 캡타이어 케이블
	PV	0.6/1[kV] EP 고무 절연 비닐 시스 케이블
R	RB	고무절연전선
	RIF	300/300[V] 유연성 고무 절연 고무 시스 코드
	RICLF	300/300[V] 유연성 고무 절연 가교 폴리에틸렌 비닐 시스 코드
	RL	300/500[V] 고무 시스 리프트 케이블
V	VCT	0.6/1[kV] 비닐절연 비닐 캡타이어 케이블
	VV	0.6/1[kV]비닐절연 비닐 외장 케이블
	VVF	비닐절연 비닐 외장 평형 케이블

04

출제 : 16년 • 배점 : 5점

다음 그림은 TN 계통의 TN-C방식 저압 배전선로 접지 계통이다. 중성선(N), 보호선(PE) 등의 범례 기호를 활용하여 노출 도전성 부분의 접지계통 결선도를 완성하시오.

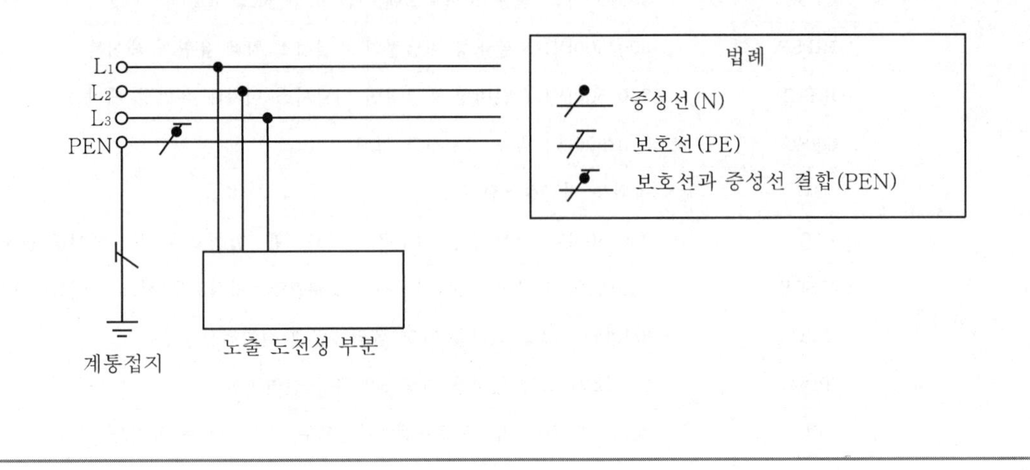

|계|산|및|정|답|

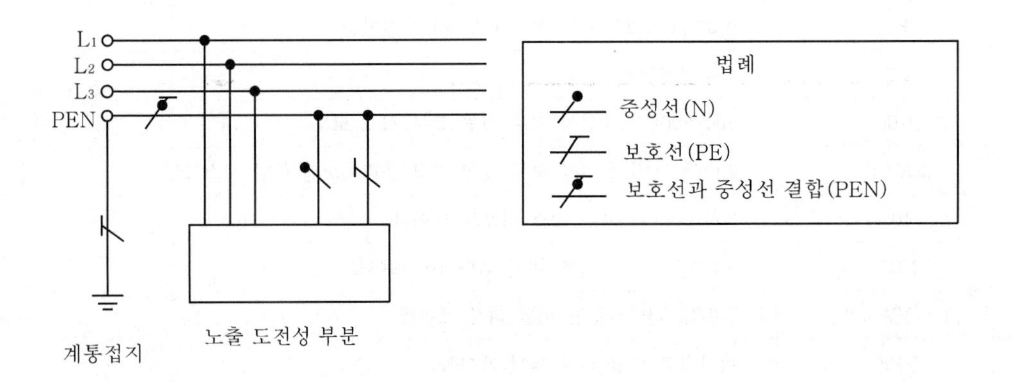

|추|가|해|설|

[TN 계통 (KEC 203.2)]

전원측의 한 점을 직접접지하고 설비의 노출도전부를 보호도체로 접속시키는 방식으로 중성선 및 보호도체(PE 도체)의 배치 및 접속방식에 따라 다음과 같이 분류한다.

① TN-S 계통은 계통 전체에 대해 별도의 중성선 또는 PE 도체를 사용한다.

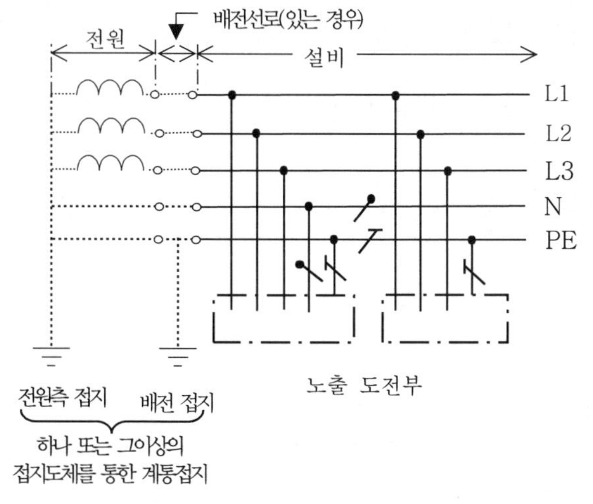

② TN-C 계통은 그 계통 전체에 대해 중성선과 보호도체의 기능을 동일도체로 겸용한 PEN 도체를 사용한다. 배전계통에서 PEN 도체를 추가로 접지할 수 있다.

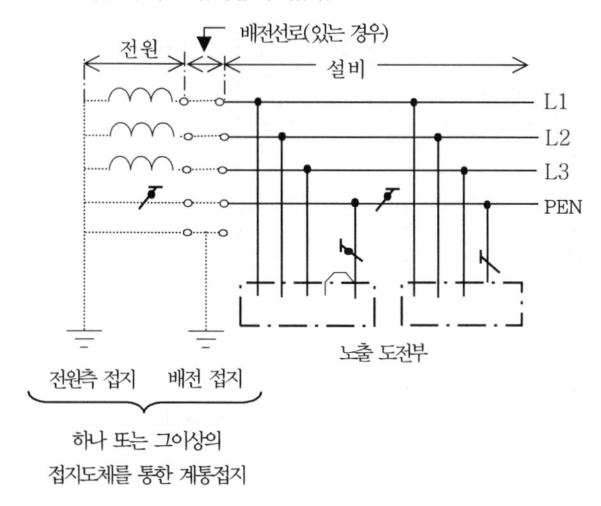

05

출제 : 01, 16년 • 배점 : 12점

그림은 고압 수전설비의 단선결선도이다. 다음 각 물음에 답하시오.

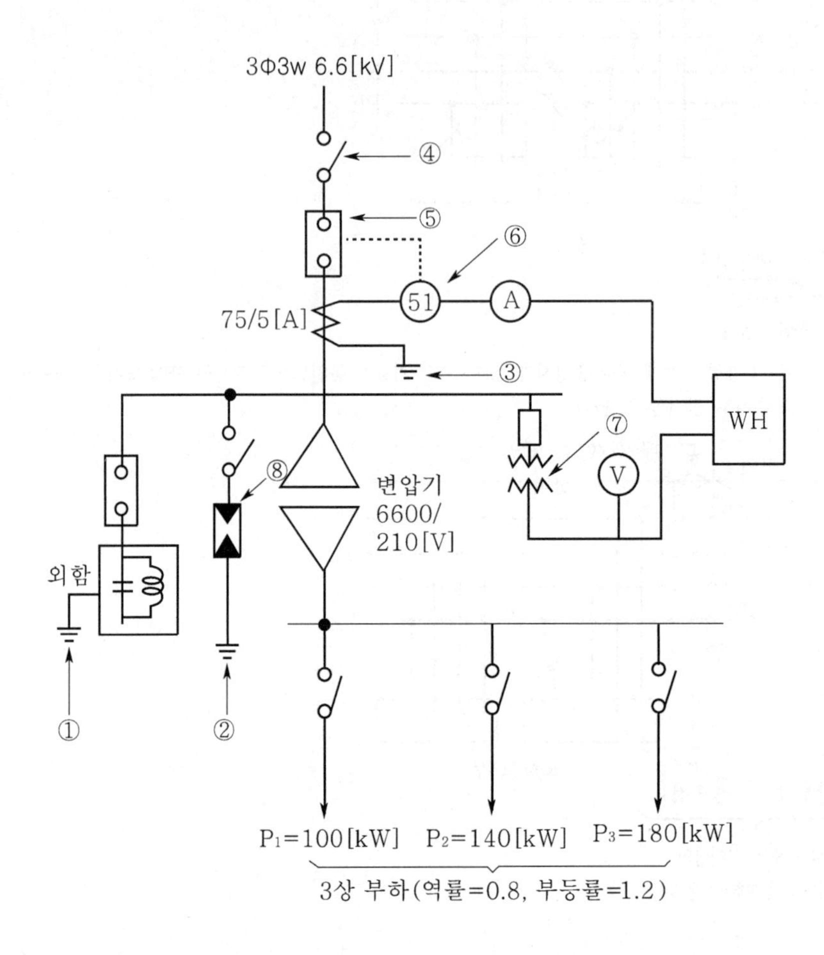

(1) 그림에서 ④~⑧의 명칭을 한글로 쓰시오.

④	⑤	⑥	⑦	⑧

(2) 각 부하의 최대전력이 그림과 같고, 역률 0.8, 부등률 1.2일 때

① 변압기 1차측의 전류계 Ⓐ에 흐르는 전류의 최대값을 구하시오.

•계산 : •답 :

② 동일한 조건에서 합성 역률을 0.9 이상으로 유지하기 위한 전력용 콘덴서의 최소 용량 [kVA]을 구하시오.

•계산 : •답 :

(3) 단선도상의 피뢰기 정격전압과 방전전류는 얼마인지 쓰시오.

(4) DC(방전코일)의 설치 목적을 쓰시오.

|계|산|및|정|답|

(1)

④	⑤	⑥	⑦	⑧
단로기	교류 차단기	과전류 계전기	계기용 변압기	피뢰기

(2) 【계산】 ① $P=\dfrac{100+140+180}{1.2}=350[kW]$

$$I=\frac{350\times10^3}{\sqrt{3}\times6600\times0.8}\times\frac{5}{75}=2.55[\mathrm{A}]$$

【정답】 2.55[A]

② 콘덴서 용량 $Q_c=P(\tan\theta_1-\tan\theta_2)=P\left(\dfrac{\sin\theta_1}{\cos\theta_1}-\dfrac{\sin\theta_2}{\cos\theta_2}\right)=350\left(\dfrac{0.6}{0.8}-\dfrac{\sqrt{1-0.9^2}}{0.9}\right)=92.99[\mathrm{kVA}]$

【정답】 92.99[kVA]

(3) 피뢰기 정격전압 : 7.5[kV], 방전전류 : 2.5[kA]

(4) 콘덴서 회로 개방 시 잔류 전하 방전하여 인체의 감전사고 방지

|추|가|해|설|

(2) 접지저항값의 조건이 없는 경우에는 반드시 이하를 쓸 것

(3) $P=\dfrac{\text{설비용량}\times\text{수용률}}{\text{부등률}}[kW]$

부하전류 $I=\dfrac{P}{\sqrt{3}\,V\cos\theta}[A]$

전류계에 흐르는 전류=부하전류$\times\dfrac{1}{\text{변류비}}$

06

출제 : 16년 • 배점 : 6점

그림과 같은 저압 배전 방식의 명칭과 특징을 4가지만 쓰시오.

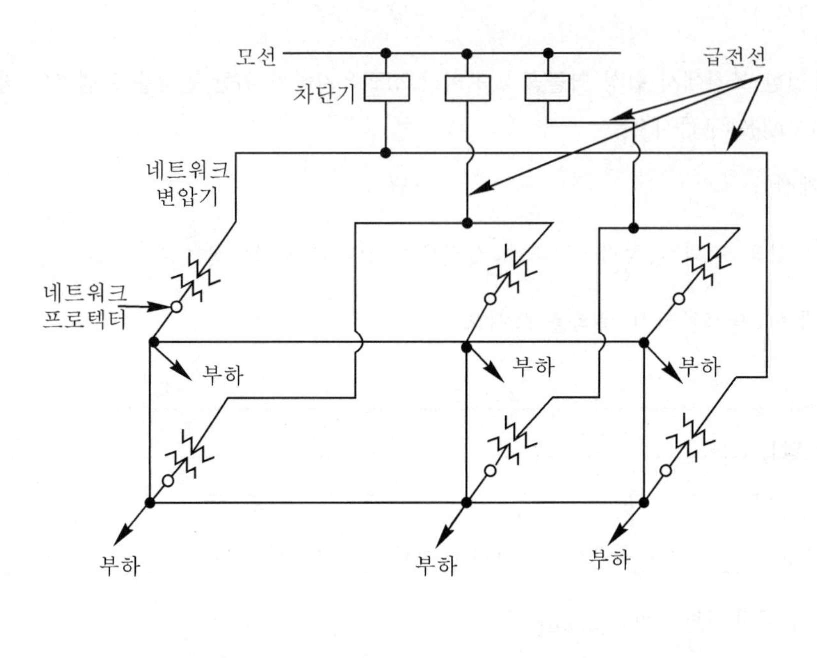

|계|산|및|정|답|

(1) 【명칭】 저압 네트워크 배전 방식

(2) 【특징】

① 무정전 공급이 가능해서 공급 신뢰도가 높다.

② 플리커, 전압 변동률이 적다.

③ 전력손실이 감소된다.

④ 기기의 이용률이 향상된다.

|추|가|해|설|

[저압 네트워크 방식]

네트워크 방식 2회선 이상의 배전선으로 변압기군에 전력을 공급하여 2차 측을 망상으로 접속시키는 방식이다. 설비비가 많이 들고 특별한 보호 장치를 필요로 하지만 신뢰도가 높고, 전력수요밀도가 극히 큰 시가지 배선에 적합하다.

07

출제 : 16년 • 배점 : 5점

부하 용량이 900[kW]이고, 전압이 3상 4선식 380[V]인 수용가 전기설비의 계기용 변류기를 결정하고자 한다. 다음 조건에 알맞은 변류기를 주어진 표에서 찾아 선정하시오.

〈조 건〉

- 수용가의 인입 회로에 설치하는 것으로 한다.
- 부하 역률은 0.9로 계산한다.
- 실제 사용하는 정도의 1차 전류 용량으로 하며 여유율은 1.25배로 한다.

[표] 변류기의 정격

1차 정격전류[A]	400	500	600	750	1000	1500	2000	2500
2차 정격전류[A]	5							

- 계산 :　　　　　　　　　　　　　　　　　　　　- 답 :

| 계 | 산 | 및 | 정 | 답 |

【계산】 $I_n = \dfrac{P}{\sqrt{3}\,V\cos\theta} = \dfrac{900\times10^3}{\sqrt{3}\times380\times0.9} = 1519.34[A]$

$I = I_n \times 1.25 = 1519.34\times1.25 = 1899.18[A]$, 표에서 2000 선정

【정답】 2000/5[A]

08

출제 : 16년 • 배점 : 5점

단상 2선식 220[V]의 옥내 배선에서 소비전력이 40[W], 역률 85[%]의 LED 형광등 85등을 설치할 때 15[A]의 분기회로 수는 최소 몇 회로인지 구하시오. (단, 한 회선의 부하전류는 분기회로 용량의 80[%]로 하고 수용률은 100[%]로 한다.)

- 계산 :　　　　　　　　　　　　　　　　　　　　- 답 :

| 계 | 산 | 및 | 정 | 답 |

① 【계산】 상정 부하용량 $P_a = \dfrac{40}{0.85}\times85 = 4000[VA]$

분기회로수 $N = \dfrac{\text{상정부하[VA]}}{\text{전압[V]}\times\text{분기회로 전류[A]}} = \dfrac{4000}{220\times15\times0.8} = 1.515$

【정답】 15[A]분기 2회로

09

출제 : 16년 • 배점 : 8점

10[kVar]의 전력용 콘덴서를 설치하고자 할 때 필요한 콘덴서의 정전용량[μF]을 각각 구하시오. (단, 사용 전압은 380[V]이고, 주파수는 60[Hz]이다.)

(1) 단상 콘덴서 3개를 Y결선할 때 콘덴서의 정전용량[μF]은 얼마인가?

・계산 ・답

(2) 단상 콘덴서 3개를 △결선할 때 콘덴서의 정전용량[μF]은 얼마인가?

・계산 ・답

(3) 콘덴서는 어떤 결선으로 하는 것이 유리한지 설명하시오.

|계|산|및|정|답|

(1) 【계산】 $C_s = \dfrac{Q}{2\pi f E^2} = \dfrac{10\times10^3}{2\pi\times60\times380^2}\times10^6 = 183.696[\mu\text{F}]$ 【정답】 183.70[μF]

(2) 【계산】 $C_d = \dfrac{Q}{6\pi f E^2} = \dfrac{10\times10^3}{6\pi\times60\times380^2}\times10^6 = 61.232[\mu\text{F}]$ 【정답】 61.23[μF]

(3) △결선이 유리하다.

|추|가|해|설|

(1) Y결선 : 콘덴서 용량 $Q_Y = 3\times2\pi f C_s\left(\dfrac{E}{\sqrt{3}}\right)^2 = 2\pi f C_s E^2$ → 정전용량 $C_s = \dfrac{Q}{2\pi f E^2}$

(2) △결선 : 콘덴서 용량 $Q_\Delta = 3\times2\pi f C_d E^2$ → 정전용량 $C_d = \dfrac{Q}{3\times2\pi f E^2}$

(3) △결선시 필요한 콘덴서의 정전용량은 Y결선보다 정전용량[μF]을 $\dfrac{1}{3}$로 작게 할 수 있으므로 △결선으로 하는 것이 유리하다.

10

출제 : 16년 • 배점 : 5점

폭 8[m]의 2차선 도로에 가로등을 도로 한 쪽 배열로 50[m] 간격으로 설치하고자 한다. 도로면의 평균 조도를 5[lx]로 설계할 경우 가로등 1등 당 필요한 광속을 구하시오. (단, 감광보상률은 1.5, 조명률은 0.43으로 본다.)

•계산 : •답 :

|계|산|및|정|답|

【계산】 ① 면적(한쪽 배열) $S = ab[\mathrm{m}^2]$

② 광속 : $F = \dfrac{ESD}{UN} = \dfrac{5 \times 8 \times 50 \times 1.5}{1 \times 0.43} = 6976.744[\mathrm{lm}]$

【정답】 6976.74[lm]

|추|가|해|설|

광속 $F = \dfrac{ESD}{UN}[\mathrm{lm}]$

여기서, E : 평균 조도[lx], F : 램프 1개당 광속[lm], N : 램프 수량[개], U : 조명률, D : 감광보상률$(=\dfrac{1}{M})$

M : 보수율, A : 방의 면적$[\mathrm{m}^2]$(방의 폭×길이)

11

출제 : 16년 • 배점 : 5점

다음은 수용률, 부등률 및 부하율을 나타낸 것이다. ( ) 안에 알맞은 내용을 답란에 쓰시오.

(1) $\text{수용률} = \dfrac{\text{최대수용전력}}{(\ ①\ )} \times 100[\%]$

(2) $\text{부등률} = \dfrac{(\ ②\ )}{\text{합성최대수용전력}}$

(3) $\text{부하률} = \dfrac{\text{부하의 평균수용 전력}}{(\ ③\ )} \times 100[\%]$

|계|산|및|정|답|

①	②	③
총 부하 설비용량	각 부하의 최대수용전력의 합계	부하의 합성 최대 수용전력

12

출제 : 16년 • 배점 : 6점

그림과 같은 분기회로의 전선 굵기를 표준 공칭 단면적으로 산정하여 쓰시오. (단, 전압강하는 2[V] 이하이고, 배선 방식은 교류 220[V], 단상 2선식이며, 후강전선관 공사로 한다.)

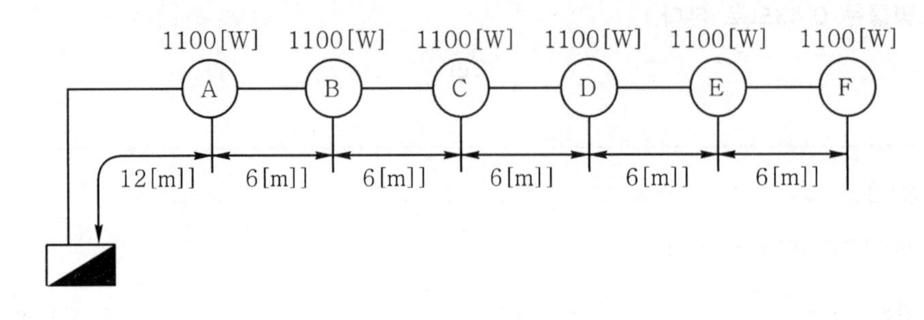

|계|산|및|정|답|

【계산】 ① 전류 : $i=\dfrac{P}{V}=\dfrac{1100}{220}=5[\text{A}]$

② 부하 중심점까지의 거리 $L=\dfrac{\sum i\times l}{\sum i}=\dfrac{(12+18+24+30+36+42)\times 5}{5+5+5+5+5+5}=27[\text{m}]$

③ 부하전류 $I=\dfrac{1100\times 6}{220}=30[A]$

③ 전선의 단면적 $A=\dfrac{35.6LI}{1000e}=\dfrac{35.6\times 27\times 30}{1000\times 2}=14.418[\text{mm}^2]$

따라서, 공칭단면적 $16[mm^2]$로 선정 【정답】 $16[\text{mm}^2]$

|추|가|해|설|

[전압 강하 및 전선의 단면적]

전기 방식	전압 강하		전선 단면적
단상3선식 직류3선식 3상4선식	$e=IR$	$e=\dfrac{17.8L}{1000A}$	$A=\dfrac{17.8LI}{1000e}$
단상 2선식 및 직류 2선식	$e=2IR$	$e=\dfrac{35.6L}{1000A}$	$A=\dfrac{35.6LI}{1000e}$
3상 3선식	$e=\sqrt{3}\,IR$	$e=\dfrac{30.8L}{1000A}$	$A=\dfrac{30.8LI}{1000e}$

[KSC IEC 전선의 규격$[mm^2]$]

1.5	2.5	4
6	10	16
25	35	50
70	95	120
150	185	240
300	400	500

여기서, A : 전선의 단면적$[\text{mm}^2]$, e : 외측선 또는 각 상의 1선과 중성선 사이의 전압강하[V]

L : 전선 1본의 길이[m], C : 전선의 도전율(경동선 97[%])

13

출제 : 16년 • 배점 : 4점

다음 진리표(Truth Table)는 어떤 논리 회로를 나타낸 것인지 명칭과 논리 기호로 나타내시오.

입력		출력
A	B	
0	0	0
0	1	0
1	0	0
1	1	1

|계|산|및|정|답|

① 명칭 : AND회로(논리곱)

② 논리기호 :

|추|가|해|설|

[AND 회로]

① 기능 : 회로에서 입력 A, B가 동시에 주어질 때만 출력 X가 생기는 회로

② 논리기호

A
B
X

논리기호

X=AB

③ 회로와 타임차트

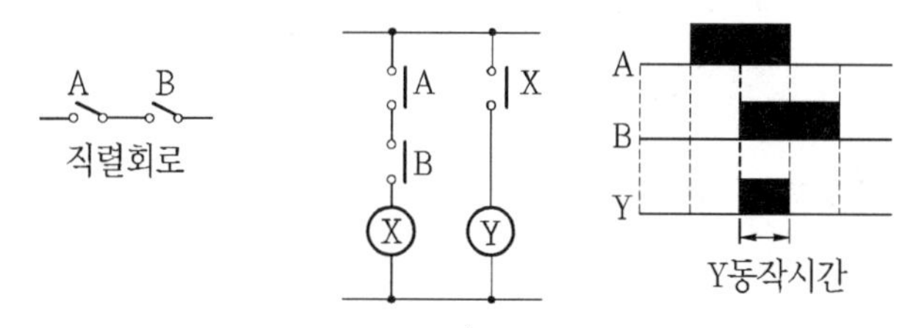

④ 진리표(1은 High level input, 0은 Low level input)

A	B	X
0	0	0
0	1	0
1	0	0
1	1	1

14

출제 : 16년 • 배점 : 6점

다음과 같은 전등 부하 계통에 전력을 공급하고 있다. 각 군 수용가의 총 설비용량은 각각 30[kW] 및 40[kW]라고 한다. 다음 각 물음에 답하시오.

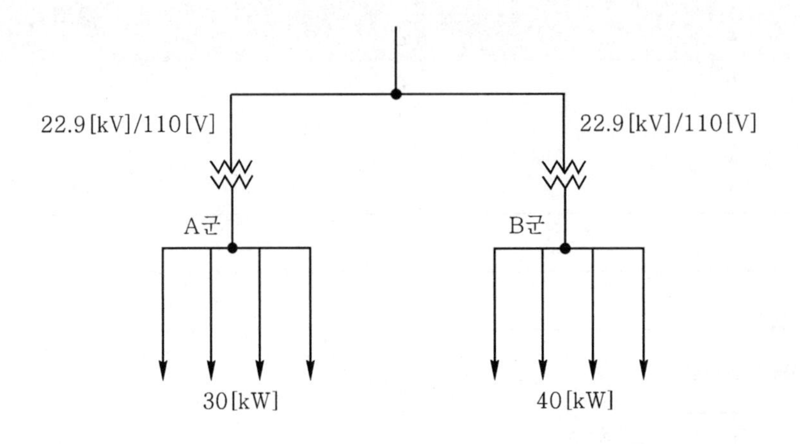

〈조 건〉

- A군의 수용가의 수용률 : 0.6
- A군의 부등률 : 1.2
- 변압기 상호 간의 부등률 : 1.3
- B군의 수용가의 수용률 : 0.6
- B군의 부등률 : 1.5
- 부하 역률 : 1

[참고자료]

변압기의 표준 용량[kVA]							
5	10	15	20	25	50	75	100

(1) 수용가의 변압기 용량을 각각 구하시오.

- 계산
- 답

(2) 고압 간선에 걸리는 최대 부하[kW]를 구하시오.

- 계산
- 답

|계|산|및|정|답|

(1) 【계산】 ① A군 수용가 $P_A = \frac{30 \times 0.6}{1.2 \times 1} = 15[kVA]$ 【정답】 15[kVA]

② B군 수용가 $P_B = \frac{40 \times 0.6}{1.5 \times 1} = 16[kVA]$ 【정답】 20[kVA]

(2) 【계산】 최대부하 $P_{\max} = \frac{\frac{30 \times 0.6}{1.2} + \frac{40 \times 0.6}{1.5}}{1.3} = 23.85[kW]$ 【정답】 23.85[kW]

|추|가|해|설|

(1) 변압기 용량 ≥ 합성 최대 전력 $= \dfrac{\text{최대 수용 전력}}{\text{부등률}} = \dfrac{\text{설비 용량} \times \text{수용률}}{\text{부등률}} = \dfrac{\text{설비 용량} \times \text{수용률}}{\text{부등률} \times \text{역률}}$

(2) 부등률 $= \dfrac{\text{수용설비 각각의 최대 수용전력의 합[kW]}}{\text{합성최대수용 전력[kW]}} = \dfrac{\text{설비용량} \times \text{수용전력}}{\text{합성최대수용 전력}}$

최대 부하 전력 $= \dfrac{\text{수용설비 각각의 최대 수용전력의 합[kW]}}{\text{부등률}}$

15

출제 : 16년 • 배점 : 5점

그림과 같은 시퀀스 회로에서 접점 "PB"가 닫혀서 폐회로가 될 때 표시등 L의 동작 사항을 설명하시오.
(단, X는 보조 릴레이, T_1, T_2는 타이머(On delay)이며 설정시간은 3초이다.)

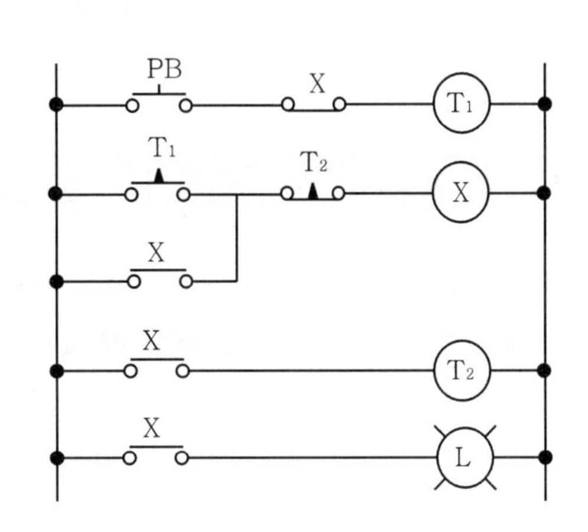

|계|산|및|정|답|

3초 단위로 L이 깜박거린다. PB가 개로되면 반복을 중지한다.

|추|가|해|설|

T_1이 여자되면 3초 후 X가 여자되고 X에 의해 T_2가 여자되며 L이 점등된다.

3초 후 T_2-b에 의해 X가 소자되어 L이 소등된다. 이때 다시 T_1이 여자되면서 반복 동작을 통해 L이 깜박이며 동작한다. 즉, 3초 단위로 L이 깜박거린다.

16

출제 : 16년 • 배점 : 5점

조명 설비의 광원으로 활용되는 할로겐램프의 장점(3가지)과 사용용도(2가지)를 각각 쓰시오.

|계|산|및|정|답|

(1) 장점(3가지)

① 초소형, 경량의 전구　　② 발생 광속이 크다.

③ 휘도가 높다.　　④ 수명이 길다.

(2) 용도(2가지)

① 고천장 조명　　② 옥외의 투관 조명

③ 공학용　　④ 복사기용

17

출제 : 16년 • 배점 : 5점

부하의 허용 최저 전압 DC 115[V]이고, 축전지와 부하간의 전선에 의한 전압강하가 5[V]이다. 직렬로 접속한 축전지가 55셀일 때 축전지 셀당 허용 최저 전압을 구하시오.

·계산 :　　·답 :

|계|산|및|정|답|

【계산】 허용 최저 전압 $V=\dfrac{V_a+V_e}{n}[V/cell]=\dfrac{115+5}{55}=2.18[V/cell]$

여기서, V_a : 부하의 허용 최저전압, V_e : 축전지와 부하사이의 전압강하, n : 직렬로 접속된 셀수

【정답】 2.18[V/cell]

18 출제 : 16년 • 배점 : 4점

축전지 사용 중 충전하는 방식 4가지만 쓰시오.

|계|산|및|정|답|

① 보통 충전 방식
② 급속 충전방식
③ 부동 충전 방식
④ 세류 충전방식
⑤ 균등 충전 방식

|추|가|해|설|

① 보통 충전 : 필요 할 때마다 표준 시간율로 소정의 충전을 하는 방식이다.

② 급속 충전 : 비교적 단시간에 보통 전류의 2~3배의 전류로 충전하는 방식이다.

③ 부동충전 : 축전지의 자기 방전을 보충함과 동시에 상용 부하에 대한 전력 공급은 충전기가 부담하도록 하되 충전기가 부담하기 어려운 일시적인 대전류 부하는 축전지로 하여금 부담하게 하는 방식이다.

④ 세류충전 : 자기 방전량만을 항시 충전하는 부동 충전 방식의 일종이다.

⑤ 균등충전 : 부동 충전 방식에 의하여 사용할 때 각 전해조에서 일어나는 전위차를 보정하기 위하여 1~3개월 마다 1회씩 정격전압으로 10~12시간 충전하여 각 전해조의 용량을 균일화하기 위한 방식이다.

01 2015년 전기산업기사 실기

01

출제 : 15년 • 배점 : 6점

그림과 같은 22[kV], 3상 1회전 선로의 F점에서 3상 단락고장이 발생하였을 경우 고장전류 [A]를 구하시오.

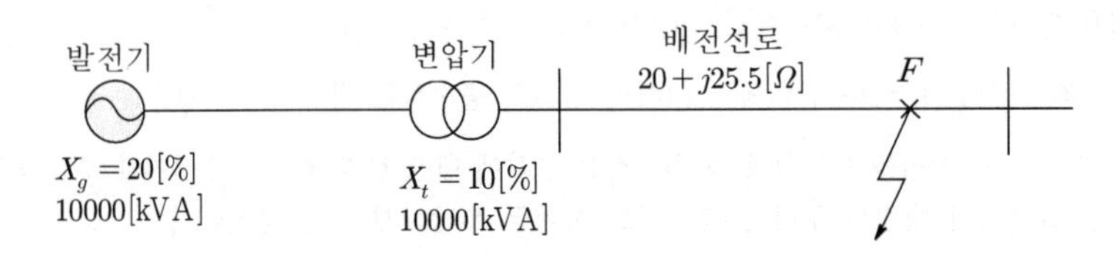

·계산 : ·답 :

|계|산|및|정|답|

【계산】 배전선로 $\%Z = \frac{PZ}{10V^2} = \frac{10000 \times 20}{10 \times (22)^2} + j\frac{10000 \times 25.5}{10 \times (22)^2} = 41.32 + j52.69[\%]$

발전기 $X_g = 20[\%]$, 변압기 $X_t = 10[\%]$이므로

$\%Z_t = 41.32 + j(52.69 + 20 + 10) = 41.32 + j82.69 = \sqrt{41.32^2 + 82.69^2} = 92.44$

$\therefore$ 단락 전류 $I_s = \frac{100}{\%Z_t} I_n = \frac{100}{92.44} \times \frac{10000 \times 10^3}{\sqrt{3} \times 22 \times 10^3} = 283.91[A]$ 【정답】 283.91[A]

|추|가|해|설|

·%임피던스 $\%Z = \frac{P \times 10^3 \times Z}{(V \times 10^3)^2} \times 100 = \frac{PZ}{10V^2}$ → (정격전압 : $V[kV]$, 정격용량 : $P[kVA]$)

·3상 단락전류 $I_s = \frac{100}{\%Z} I[A] = \frac{100}{\%Z} \cdot \frac{P}{\sqrt{3}V}[A]$ → ($\because$ 3상 용량 $P = \sqrt{3}VI$)

02

출제 : 02, 06, 15년 • 배점 : 6점

그림은 어느 공장의 하루의 전력부하곡선이다. 이 그림을 보고 다음 각 물음에 답하시오. (단, 이 공장의 부하설비용량은 80[kW]라고 한다.)

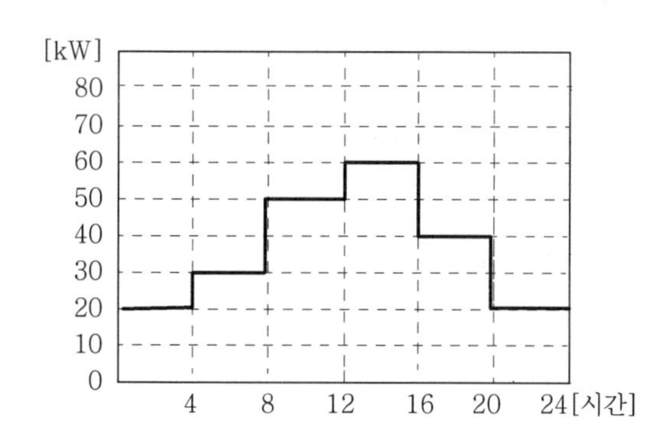

(1) 이 공장의 부하 평균전력은 몇 [kW]인가?
　・계산 : 　　　　　　　　　　　・답 :

(2) 이 공장의 일 부하율은 얼마인가?
　・계산 : 　　　　　　　　　　　・답 :

(3) 이 공장의 수용률은 얼마인가?
　・계산 : 　　　　　　　　　　　・답 :

|계|산|및|정|답|

(1) 【계산】 $P=\dfrac{20\times4+30\times4+50\times4+60\times4+40\times4+20\times4}{24}=36.67[\text{kW}]$ 　【정답】 36.67[kW]

(2) 【계산】 일부하율$=\dfrac{36.67}{60}\times100=61.12[\%]$ 　【정답】 61.12[%]

(3) 【계산】 수용률$=\dfrac{60}{80}\times100=75[\%]$ 　【정답】 75[%]

|추|가|해|설|

(1) 평균 수용전력 $=\dfrac{\text{사용 전력량[kWh]}}{\text{사용시간[h]}}$

(2) 부하율 $=\dfrac{\text{평균부하전력}}{\text{최대부하전력}}\times100[\%]$

(3) 수용률 $=\dfrac{\text{최대수용전력}}{\text{부하설비 합계}}\times100[\%]$

03

출제 : 00, 01, 15년 • 배점 : 4점

길이 24[m], 폭 12[m], 천장높이 5.5[m], 조명률 50[%]의 어떤 사무실에서 전광속 6000[lm]의 32[W]×2등용 형광등을 사용하여 평균조도가 300[lx]되려면, 이 사무실에 필요한 형광등 수량을 구하시오. (단, 유지율은 80[%]로 계산한다.)

·계산 : ·답 :

|계|산|및|정|답|

【계산】 등수 $N=\dfrac{EAD}{FU}=\dfrac{300\times(24\times12)\times\dfrac{1}{0.8}}{6000\times0.5}=36$[등]

【정답】 36[등]

|추|가|해|설|

등수 $N=\dfrac{EAD}{FU}$

여기서, F[lm] : 광원 1개당의 광속, U[%] : 조명률, N[등] : 등수

E[lx] : 작업면상의 평균조도, $A[\mathrm{m}^2]$: 면적, D ($=\dfrac{1}{M}$) : 감광보상률 = $\dfrac{1}{\text{보수율(유지율)}}$)

→ (※ 등수 계산에서 소수점은 무조건 절상한다.)

04

출제 : 15년 • 배점 : 5점

50[A]의 과전류차단기로 보호하고 있는 옥내 간선의 굵기가 $10[\mathrm{mm}^2]$이고, 간선에 접속한 분기회로의 전선 굵기가 $6[\mathrm{mm}^2]$일 때 분기개폐기의 설치위치는 분기점으로부터 어떻게 하여야 하는지를 설명하시오. (단, $6[\mathrm{mm}^2]$ 전선 3조를 금속관에 넣었을 때 허용전류는 34[A]로 한다.)

|계|산|및|정|답|

$$\frac{6[\mathrm{mm}^2]\text{의 허용 전류}}{\text{간선보호용 과전류차단기의 정격전류}}=\frac{34[\mathrm{A}]}{50[\mathrm{A}]}=0.68$$

68[%]로 분기회로 전선의 허용전류가 간선보호용 과전류 차단기 정격전류의 55[%] 이상이다.

그러므로 분기개폐기는 분기점으로부터 3[m]를 초과하는 임의의 거리에 과전류 차단기를 설치하여야 한다.

|추|가|해|설|

[내선규정 3315-4]

① 원칙 : 분기점에서 3[m] 이하의 장소에 개폐기 및 과전류 차단기를 시설하여야 한다.

② 분기선 허용 전류≥0.35×간선 보호용 과전류 차단기 정격전류 : 분기선에서 8[m] 이하에 설치가능

③ 분기선 허용 전류≥0.55×간선 보호용 과전류 차단기 정격전류 : 분기선에서 임의의 거리에 설치

05

출제 : 00, 01, 02, 03, 07, 15년 • 배점 : 5점

그림과 같은 심벌의 명칭을 구체적으로 쓰시오.

(1)  (2)  (3) 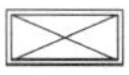 (4)  (5)

|계|산|및|정|답|

(1) 배전반

(2) 제어반

(3) 재해방지 전원회로용 배전반

(4) 재해방지 전원회로용 분전반

(5) 분전반

|추|가|해|설|

명칭	그림기호	적요
배전반, 분전반 및 제어반	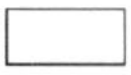	① 종류를 구별하는 경우는 다음과 같다. 배전반  , 분전반  , 제어반  ② 직류용은 그 뜻을 방기한다. ③ 재해방지전원 회로용 배전반 등인 경우는 2중 틀로 하고 필요에 따라 종별을 방기한다. 보기  1종  2종

06

출제 : 06, 15년 • 배점 : 8점

피뢰기의 속류와 제한전압에 대하여 설명하시오.

|계|산|및|정|답|

① 속류 : 방전 전류에 이어서 전원으로부터 공급되는 상용 주파수의 전류가 직렬 갭을 통하여 대지로 흐르는 전류

② 제한전압 : 피뢰기 방전 중 피뢰기 단자 간에 남게 되는 충격전압

07

출제 : 15년 • 배점 : 5점

3상 3선식 전로에 연결된 3상 평형부하가 있다. c상의 P점이 단선되었다고 할 때, 이 부하의 소비전력은 단선 전 소비전력에 비하여 어떻게 되는지 계산식을 이용하여 설명하시오. (단, 선간 전압은 E[V]이며, 부하의 저항은 $R[\Omega]$이다.)

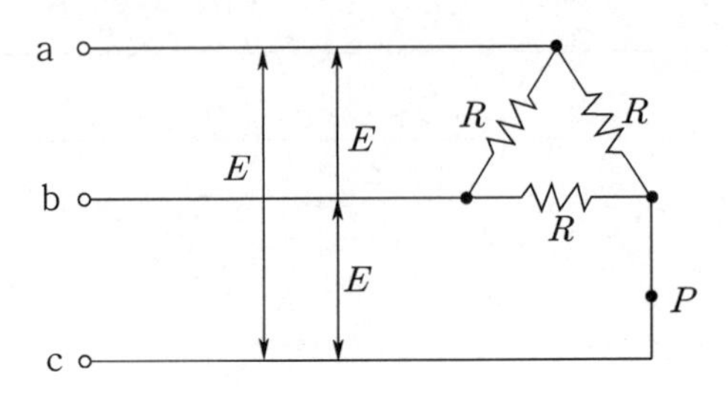

|계|산|및|정|답|

① 단선 전 소비전력 $P=3I_p^2R$

$$I_p=\frac{V_p}{R}=\frac{E}{R}\rightarrow\ \therefore P=3\times\left(\frac{E}{R}\right)^2\times R=\frac{2E^2}{R}$$

② 단선 전 소비전력 $P'=\frac{E^2}{R}+\frac{E^2}{2R}=\frac{3E^2}{2R}$

그러므로 소비전력비는 $\frac{P'}{P}=\frac{\frac{3}{2}\frac{E^2}{R}}{3\frac{E^2}{R}}=\frac{1}{2}\ \rightarrow P_1=\frac{1}{2}P_3$

따라서 소비전력은 단선 전 소비전력에 비하여 $\frac{1}{2}$배로 감소한다.

|추|가|해|설|

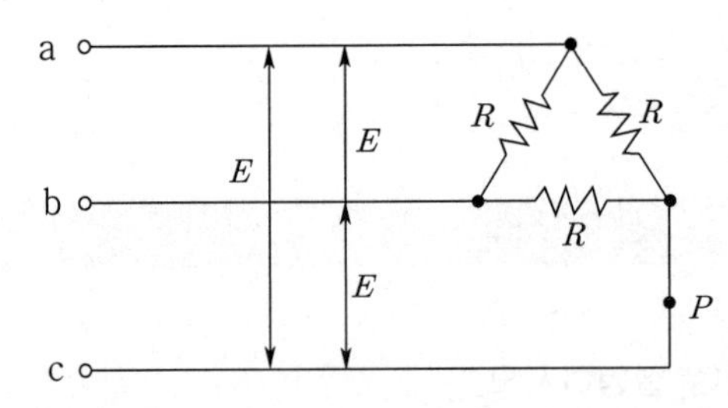

·단선 전 : △결선

·단선 후 : R과 $2R$의 병렬회로

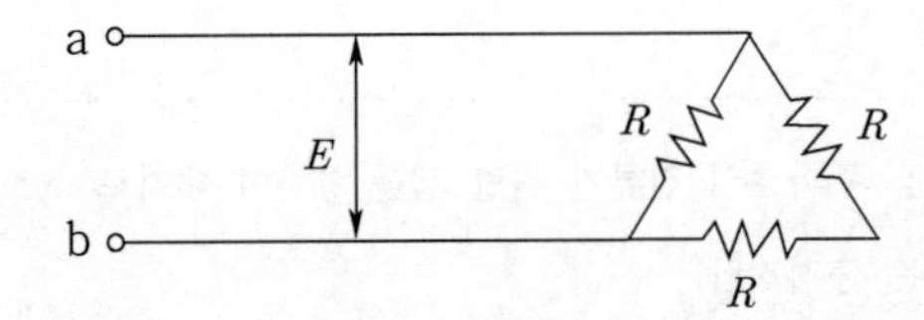

08 출제 : 07, 08 15년 • 배점 : 6점

피뢰기의 속류와 제한전압에 대하여 설명하시오.
정격용량 500[kVA]의 변압기에서 배전선의 전력손실을 40[kW]로 유지하면서 부하 L_1, L_2에 전력을 공급하고 있다. 지금 그림과 같이 전력용 콘덴서를 기존 부하와 병렬로 연결하여 합성역률을 90[%]로 개선하려고 할 때 다음 각 물음에 답하시오. (단, 여기서 부하 L_1은 역률 60[%], 180[kW]이고, 부하 L_2의 전력은 120[kW], 160[kVar]이다.)

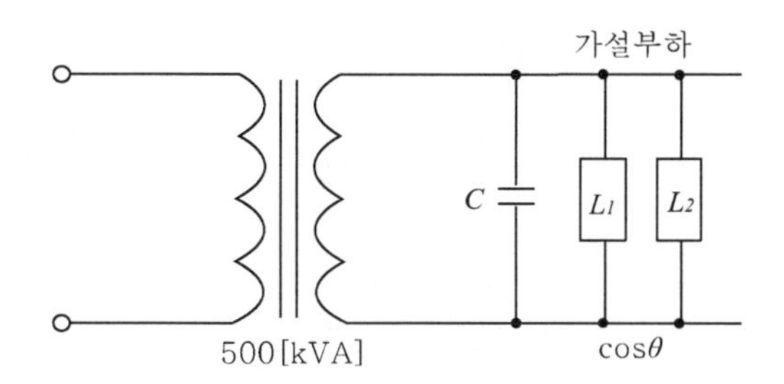

(1) 부하 L_1과 L_2의 합성용량 [kVA]을 구하시오.
•계산 : •답 :

(2) 부하 L_1과 L_2의 합성역률을 구하시오.
•계산 : •답 :

(3) 합성역률 90[%]로 개선하는데 필요한 콘덴서 용량(Q_c)은 몇 [kVar]인가?
•계산 : •답 :

|계|산|및|정|답|

(1) 【계산】 유효전력 $P = P_1 + P_2 = 180 + 120 = 300[\text{kW}]$

무효전력 $Q = Q_1 + Q_2 = \dfrac{P_1}{\cos\theta_1} \times \sin\theta_1 + Q_2 = \dfrac{180}{0.6} \times 0.8 + 160 = 400[\text{kVar}]$

합성용량 $P_a = \sqrt{P^2 + Q^2} = \sqrt{300^2 + 400^2} = 500[\text{kVA}]$ 【정답】 500[kVA]

(2) 【계산】 합성역률 $\cos\theta = \dfrac{P}{P_a} = \dfrac{300}{500} \times 100 = 60[\%]$ 【정답】 60[%]

(3) 【계산】 역률 개선시 콘덴서 용량 $Q_c = P(\tan\theta_1 - \tan\theta_2) = 300 \times \left(\dfrac{0.8}{0.6} - \dfrac{\sqrt{1-0.9^2}}{0.9}\right) = 254.7[\text{kVA}]$

【정답】 254.7[kVA]

|추|가|해|설|

[역률개선]

콘덴서 용량 : $Q_c = P(\tan\theta_1 - \tan\theta_2) = P\left(\dfrac{\sin\theta_1}{\cos\theta_1} - \dfrac{\sin\theta_2}{\cos\theta_2}\right) = P\left(\dfrac{\sqrt{1-\cos\theta_1^2}}{\cos\theta_1} - \dfrac{\sqrt{1-\cos\theta_2^2}}{\cos\theta_2}\right)$

여기서, $\cos\theta_1$: 개선 전 역률, $\cos\theta_2$: 개선 후 역률 → $(\sin\theta = \sqrt{1-\cos^2\theta})$

09 출제 : 22(유사), 15, 06년 • 배점 : 8점

그림과 같은 평형 3상 회로에서 운전되는 유도 전동기에 전력계, 전압계, 전류계를 접속하고, 각 계기의 지시를 측정하니 전력계 $W_1 = 6.57[\text{kW}]$, $W_2 = 4.38[\text{kW}]$, 전압계 $V = 220[\text{V}]$, 전류계 $I = 30.41[\text{A}]$이었을 때, 다음 각 물음에 답하시오. 단, 전압계와 전류계는 정상 상태로 연결되어 있다고 한다.

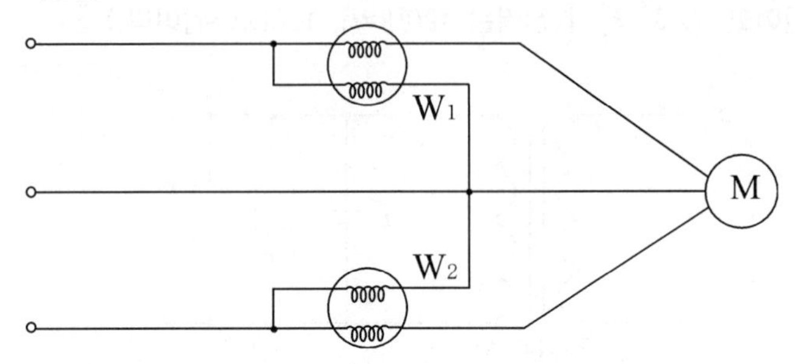

(1) 전압계와 전류계를 적당한 위치에 부착하여 도면을 작성하시오.

(2) 유효전력은 몇 [kW]인가?

•계산 : •답 :

(3) 피상전력은 몇 [kVA]인가?

•계산 : •답 :

(4) 역률은 몇 [%]인가?

•계산 : •답 :

(5) 이 유도 전동기로 30[m/min]의 속도로 물체를 권상한다면 몇 [kg]까지 가능하겠는가? 단, 종합 효율은 85[%]이다.

•계산 : •답 :

|계|산|및|정|답|

(1)

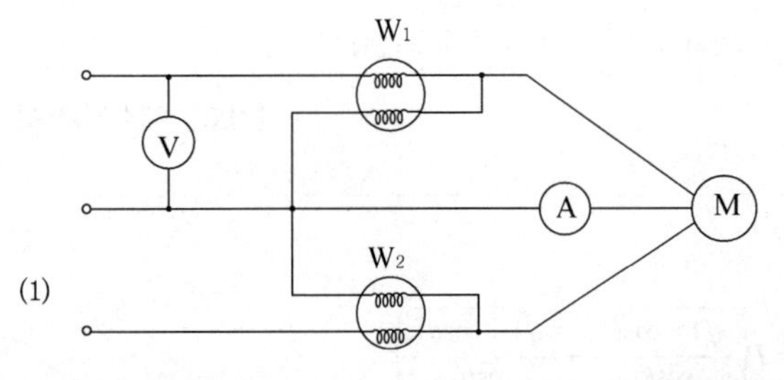

(2) 【계산】 유효전력 $P = W_1 + W_2 = 6.27 + 4.38 = 10.95[\text{kW}]$ 【정답】 10.95[kW]

(3) 【계산】 피상전력 $P_a = \sqrt{3}\,VI = \sqrt{3} \times 220 \times 30.41 \times 10^{-3} = 11.59[\text{kVA}]$ 【정답】 11.59[kVA]

(4) 【계산】 역률 $\cos\theta = \frac{P}{P_a} \times 100 = \frac{10.95}{11.59} \times 100 = 94.48[\%]$ 【정답】 94.48[%]

(5) 【계산】 권상기 용량 $P = \frac{MV}{6.12\eta}[kW]$

여기서, P : 권상기용량[kW], M : 중량[ton], V : 권상속도[m/min], η : 효율

$\therefore M = \frac{P \times 6.12\eta}{V} = \frac{(10.95 \times 10^3) \times 6.12 \times 0.85}{30} = 1898.73[kg]$ 【정답】 1898.73[kg]

10

출제 : 08, 14, 15년 • 배점 : 5점

200[kVA]의 단상변압기가 있다. 철손은 1.6[kW]이고 전부하에서 동손은 2.4[kW]이다. 역률 80[%]에서의 최대효율을 계산하시오.

• 계산 : • 답 :

|계|산|및|정|답|

【계산】 최대 효율을 가지는 부분 부하 $\frac{1}{m} = \sqrt{\frac{P_i}{P_c}} = \sqrt{\frac{1.6}{2.4}} = 0.8165$

전부하 시 최대 효율 $\eta_{max} = \frac{최대효율시출력}{최대효율시출력 + 2P_i} \times 100 = \frac{200 \times 0.8 \times 0.8165}{200 \times 0.8 \times 0.8165 + 1.6 \times 2} \times 100 = 97.61[\%]$

【정답】 97.61[%]

|추|가|해|설|

• 부분 부하시 최대효율조건 $P_i = \left(\frac{1}{m}\right)^2 P_c$, 따라서 부분 부하 $\frac{1}{m} = \sqrt{\frac{P_i}{P_c}}$

• 전부하시 최대효율 $\eta_{max} = \frac{최대효율시출력}{최대효율시출력 + 2P_i} \times 100$

11

출제 : 15년 • 배점 : 6점

다음 그림은 3상 유도전동기의 직입기동 제어회로의 미완성 부분이다. 주어진 동작설명과 보기의 명칭 및 접점수를 준수하여 회로를 완성하시오.

〈동작설명〉

- PB_2(기동)를 누른 후 놓으면, MC는 자기유지되며, MC에 의하여 전동기가 운전된다.
- PB_1(정지)을 누르면, MC는 소자되며, 운전 중인 전동기는 정지된다.
- 과부하에 의하여 전자식 과전류 계전기(EOCR)가 동작되면, 운전 중인 전동기는 동작을 멈추며, X_1 릴레이가 여자되고, X_1 릴레이 접점에 의하여 경보벨이 동작한다.
- 경보벨 동작 중 PB_3을 눌렀다 놓으면, X_2 릴레이가 여자되어 경보벨의 동작은 멈추지만 전동기는 기동되지 않는다.
- 전자식 과전류 계전기(EOCR)가 복귀되면 X_1, X_2 릴레이가 소자된다.
- 전동기가 운전 중이면 RL(적색), 정지되면 GL(녹색) 램프가 점등된다.

[보기]

약호	명칭	약호	명칭
MCCB	배선용차단기(3P)	PB_1	누름버튼스위치 (전동기 정지용, 1b)
MC	전자개폐기 (주접점 3a, 보조접점 2a1b)	PB_2	누름버튼스위치 (전동기 기동용, 1a)
EOCR	전자식 과전류 계전기 (보조접점 1a1b)	PB_3	누름버튼스위치 (경보벨 정지용, 1a)
X_1	경보릴레이(1a)	RL	적색 표시등
X_2	경보정지릴레이(1a1b)	GL	녹색 표시등
M	3상 유도전동기	B(▯○)	경보벨

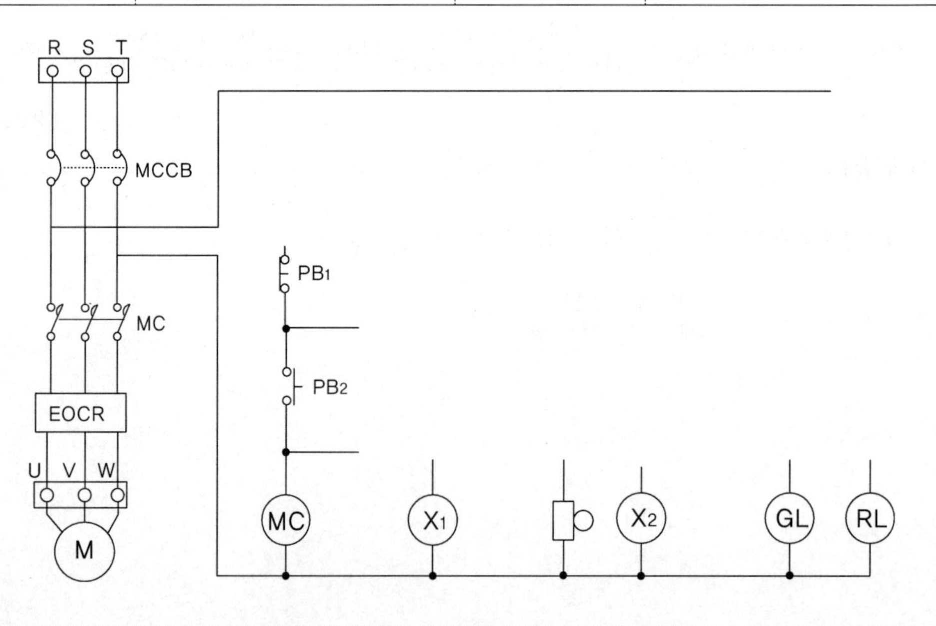

|계|산|및|정|답|

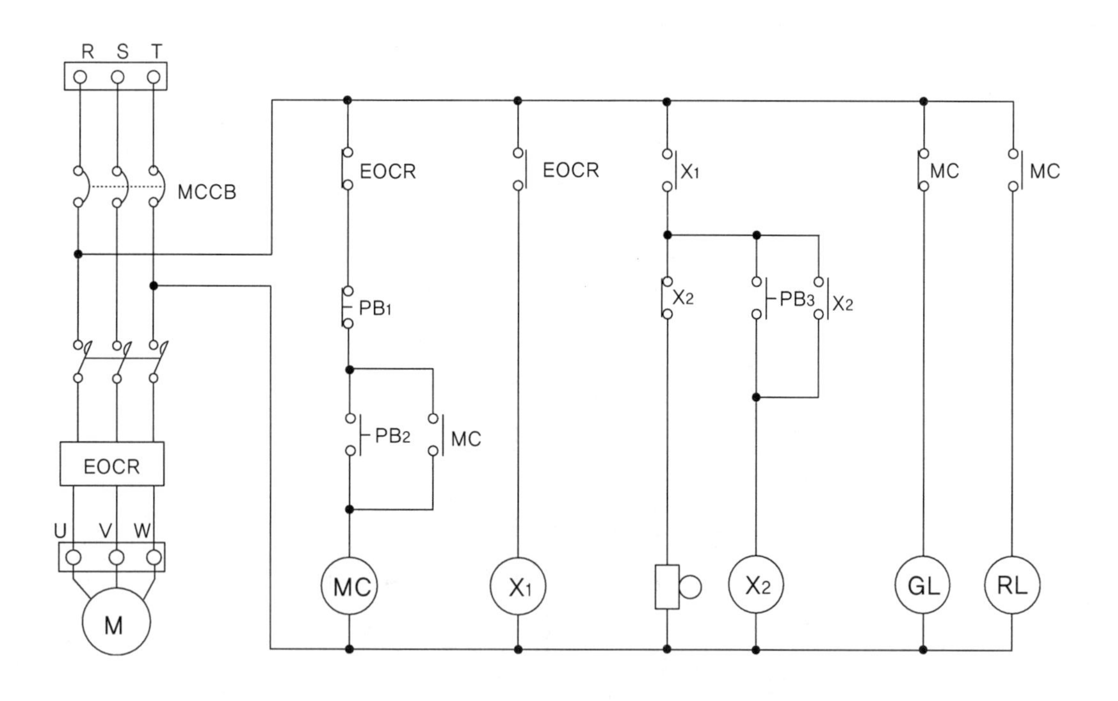

12 출제 : 15년 • 배점 : 5점

다음 그림의 출력 Z에 대한 논리식을 입력 요소가 모두 나타나도록 전개하시오. (단, A, B, C, D는 푸시버튼스위치 입력이다.)

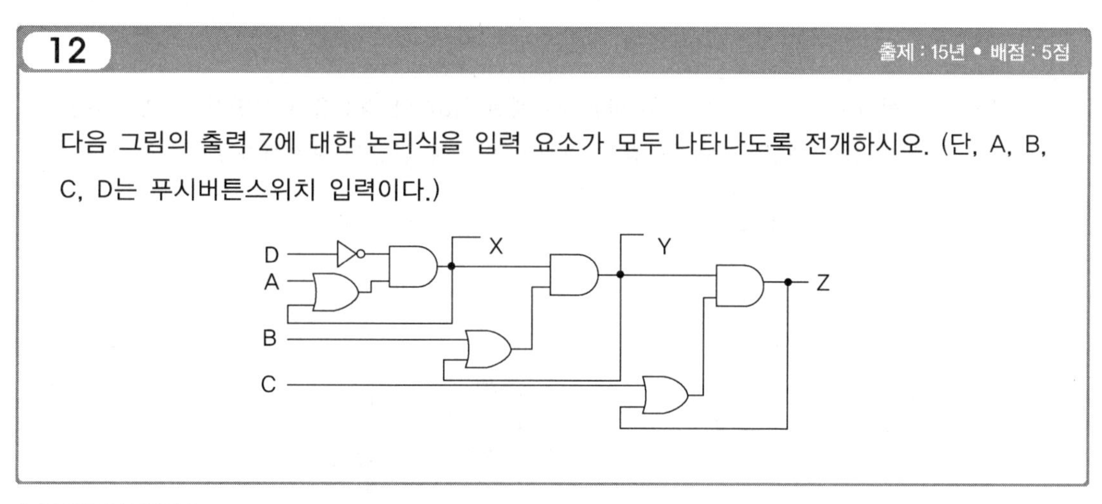

|계|산|및|정|답|

$Z = (C+Z) \cdot (B+Y) \cdot (A+X) \cdot \overline{D}$

|추|가|해|설|

$X = (A+X) \cdot \overline{D}$ $Y = (B+Y) \cdot X$ $Z = (C+Z) \cdot Y$

13

출제 : 02, 15년 • 배점 : 11점

주어진 도면을 보고 다음 각 물음에 답하시오. (단, 변압기의 2차측은 고압이다.)

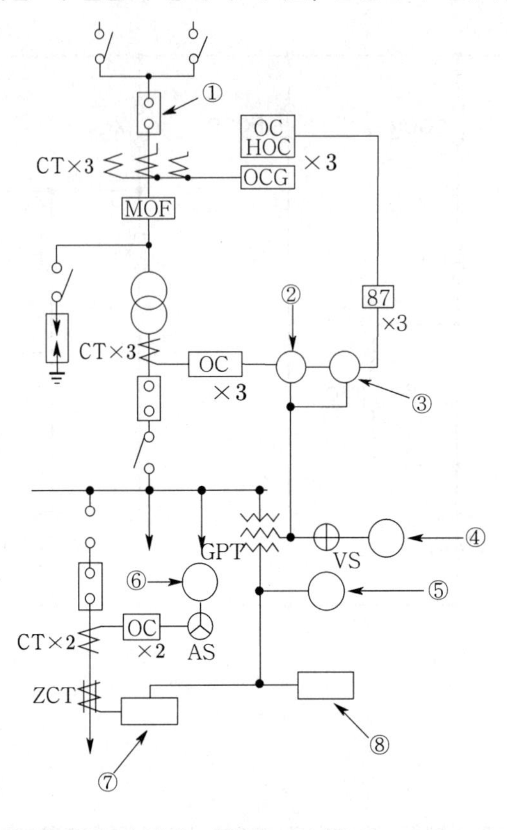

(1) 도면의 ①~⑧까지의 약호와 우리말 명칭을 쓰시오.

(2) 변압기 결선이 △-Y 결선일 경우 비율차동계전기(87)의 결선을 완성하시오. (단, 위상 보정이 되지 않는 계전기이며, 변류기 결선에 의하여 위상을 보정한다.)

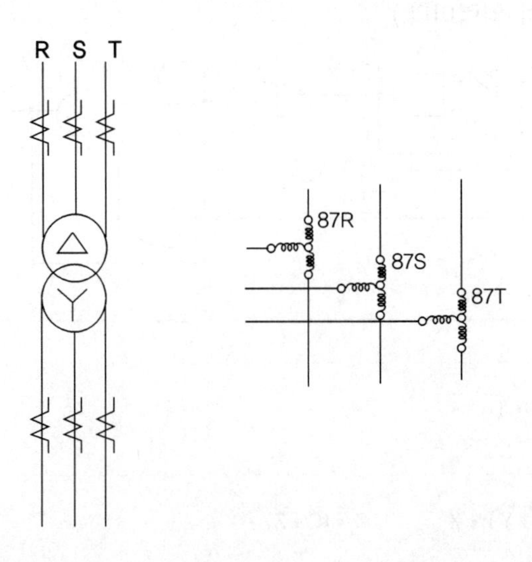

(3) 도면상의 약호 중 AS와 VS의 명칭 및 용도를 간단히 설명하시오.

약호	명칭	용도
AS		
VS		

|계|산|및|정|답|

(1) ① 약호 : CB　　명칭 : 교류차단기

② 약호 : 51V　　명칭 : 전압 억제 과전류 계전기

③ 약호 : TLR(TC)　　명칭 : 한시 계전기

④ 약호 : V　　명칭 : 전압계

⑤ 약호 : Vo　　명칭 : 영상 전압계

⑥ 약호 : A　　명칭 : 전류계

⑦ 약호 : SG　　명칭 : 선택 지락 계전기

⑧ 약호 : OVGR　　명칭 : 지락 과전압 계전기

(2)

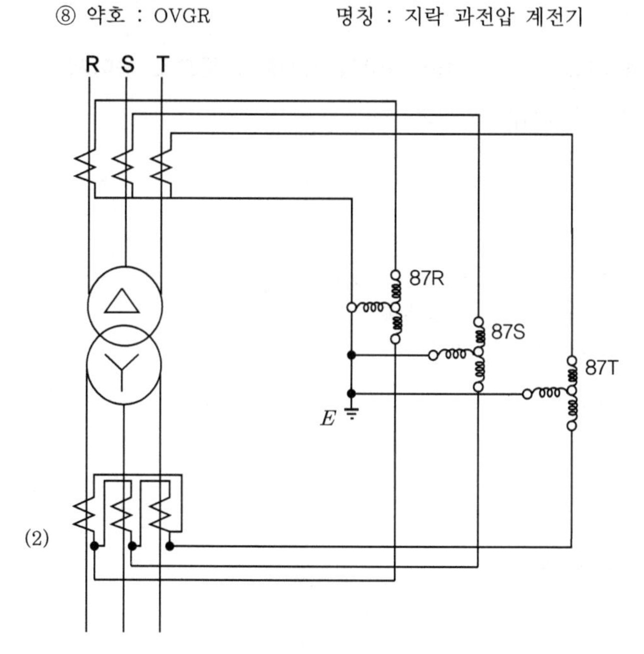

(3)

약호	명칭	용도
AS	전류계용 전환개폐기	3상 각 상의 전류를 1대의 전류계로 측정하기 위한 전환 개폐기
VS	전압계용 전환개폐기	3상 각 상의 전압을 1대의 전압계로 측정하기 위한 전환 개폐기

|추|가|해|설|

(2) 비율차동계전기용 CT는 계전기 1차측과 2차측의 전류 위상을 맞추기 위하여 변압기 결선과 반대로 한다. 즉, 변압기 결선이 △－Y이면 CT의 결선은 Y－△로 한다.

변압기 결선	비율차동계전기 결선
Y－△	△－Y
△－Y	Y－△

14

출제 : 15년 • 배점 : 5점

공통 접지는 협소한 면적의 대형 건축물 내에 설치된 여러 설비의 접지를 공통으로 묶어서 사용하는 접지방법이다. 공통 접지의 장점 5가지를 쓰시오.

|계|산|및|정|답|

① 접지극의 연접으로 합성저항의 저감효과 ② 접지극의 연접으로 접지극의 신뢰도 향상
③ 접지극의 수량 감소 ④ 계통접지의 단순화
⑤ 철근, 구조물 등을 연접하면 거대한 접지전극의 효과를 얻을 수 있다.

|추|가|해|설|

공용(공통)접지의 단점

① 계통의 이상전압 발생 시 유기전압 상승
② 다른 기기, 계통으로부터 사고 파급
③ 피뢰침용과 공용하므로 뇌서지에 대한 영향을 받을 수 있다.

15

출제 : 03, 15년 • 배점 : 5점

3개의 접지판 상호간의 저항을 측정한 값이 그림과 같다면 G_3의 접지 저항값은 몇 $[\Omega]$이 되겠는가?

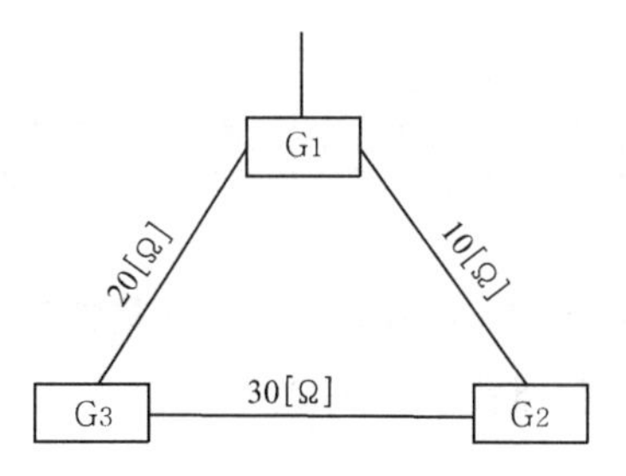

•계산 : •답 :

|계|산|및|정|답|

$R_{G1}+R_{G2}=R_{G12}=10,\ \ R_{G2}+R_{G3}=R_{G23}=30,\ \ R_{G3}+R_{G1}=R_{G31}=20$

$2(R_{G1}+R_{G2}+R_{G3})=60 \ \rightarrow \ R_{G1}+R_{G2}+R_{G3}=30$

$R_{G3}=30-(R_{G1}+R_{G2}) \ \rightarrow \ R_{G3}=30-10=20$

∴ 접지저항값 $R_{G3}=20[\Omega]$

【정답】 $20[\Omega]$

16

출제 : 15년 • 배점 : 5점

비상용 조명부하의 사용전압이 110[V]이고, 100[W]용 18등, 60[W]용 25등이 있다. 방전 시간 30분, 축전지 HS형 54[cell], 허용 최저 전압 100[V], 최저 축전지 온도 5[℃]일 때 축전지 용량은 몇 [Ah]인가? (단, 경년용량 저하율이 0.8, 용량 환산 시간 $K=1.2$이다.)

•계산 : •답 :

|계|산|및|정|답|

【계산】 부하전류 $I=\dfrac{P}{V}=\dfrac{100\times 18+60\times 25}{110}=30[A]$

∴ 축전지 용량 : $C=\dfrac{1}{L}KI=\dfrac{1}{0.8}\times 1.2\times 30=45[Ah]$

여기서, C : 축전지의 용량[Ah], L : 보수율(경년용량 저하율, K : 용량환산 시간 계수, I : 방전전류[A]

【정답】 45[Ah]

02 2015년 전기산업기사 실기

01 출제 : 08, 15년 • 배점 : 5점

그림은 22.9[kV-y] 1000[kVA] 이하를 시설하는 경우의 특별고압 간이수전설비 결선도이다. [주1]~[주5]의 (①~⑤)에 알맞은 내용을 쓰시오.

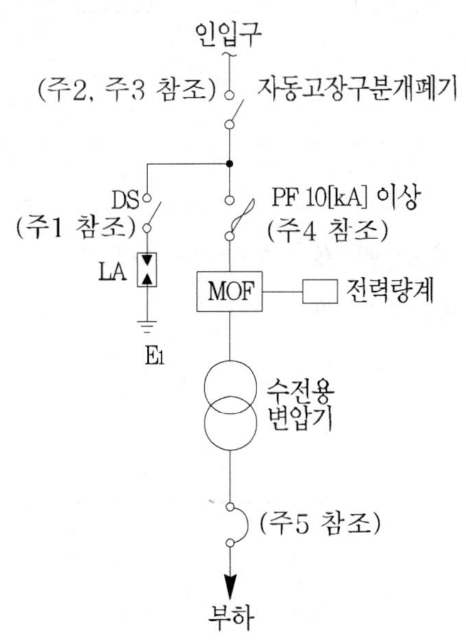

【주1】 LA용 DS는 생략할 수 있으며 22.9[kV-Y]용의 LA는 Disconnector(또는 Isolator) 붙임형을 사용하여야 한다.

【주2】 인입선을 지중선으로 시설하는 경우로서 공동 주택 등 사고시 정전 피해가 큰 경우에는 예비 지중선을 포함하여 (①)으로 시설하는 것이 바람직하다.

【주3】 지중 인입선의 경우에 22.9[kV-Y] 계통은 CNCV-W 케이블(수밀형) 또는 (②)을 사용하여 한다. 다만, 전력구·공동구·덕트·건물구내 등 화재의 우려가 있는 장소에서는 (③)을 사용하는 것이 바람직하다.

【주4】 300[kVA] 이하인 경우에는 PF 대신 (④)을 사용할 수 있다.

【주5】 특별고압 간이수전설비는 PF의 용단 등의 결상사고에 대한 대책이 없으므로 변압기 2차측에 설치되는 주차단기에는 (⑤) 등을 설치하여 결상사고에 대한 보호능력이 있도록 함이 바람직하다.

|계|산|및|정|답|

①	②	③	④	⑤
2회선	TR CNCV-W (트리억제형)	FR CNCO-W (난연)	COS(비대칭 차단 전류 10[kA] 이상의 것)	결상 계전기

|추|가|해|설|

[간이 수전설비 표준 결선도]

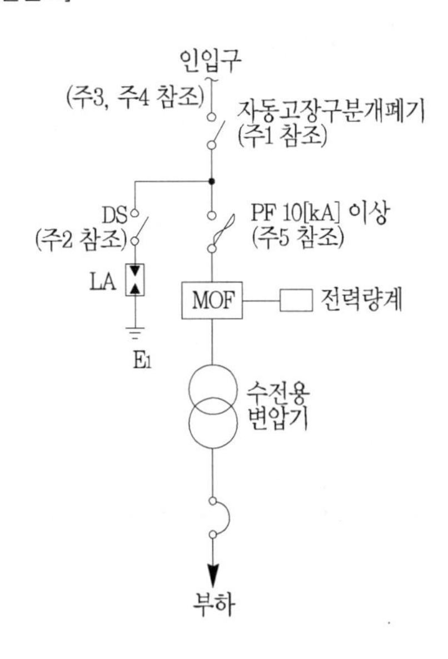

약호	명칭
DS	단로기
ASS	자동고장구분개폐기
LA	피뢰기
MOF	계기용 변압 변류기
COS	컷아웃스위치
PF	전력퓨즈

【주1】 300[kVA] 이하의 경우에는 자동고장 구분 개폐기 대신 INT SW를 사용할 수 있다.

【주2】 LA용 DS는 생략할 수 있으며 22.9[kV-Y]용의 LA는 Disconnector(또는 Isolator) 붙임형을 사용하여야 한다.

【주3】 인입선을 지중선으로 시설하는 경우로서 공동주택 등 사고시 정전 피해가 큰 수전설비 인입선은 예비선을 포함하여 2회선으로 시설하는 것이 바람직하다.

【주4】 지중 인입선의 경우에 22.9[kV-Y] 계통은 CNCV-W 케이블(수밀형) 또는 TR CNCV-W(트리억제형)을 사용하여야 한다. 다만, 전력구 · 공동구 · 덕트 · 건물구내 등 화재의 우려가 있는 장소에서는 FR CNCO-W(난연) 케이블을 사용하는 것이 바람직하다.

【주5】 300[kVA] 이하인 경우 PF 대신 COS(비대칭 차단 전류 10[kA] 이상의 것)을 사용할 수 있다.

【주6】 간이 수전설비는 PF의 용단 등에 의한 결상 사고에 대한 대책이 없으므로 변압기 2차측에 설치되는 주차단기에는 결상 계전기 등을 설치하여 결상 사고에 대한 보호 능력이 있도록 함이 바람직하다.

02

출제 : 15년 • 배점 : 5점

다음 내용에서 ①~③에 알맞은 내용을 답란에 쓰시오.

"회로의 전압은 주로 변압기의 자기포화에 의하여 변형이 일어나는데 (①)을(를) 접속함으로서 이 변형이 확대되는 경우가 있어 전동기, 변압기 등의 소음 증대, 계전기의 오동작 또는 기기의 손실이 증대되는 등의 장해를 일으키는 경우가 있다. 그렇기 때문에 이러한 장해의 발생 원인이 되는 전압파형의 찌그러짐을 개선할 목적으로 (①)와(과) (②)로(으로) (③)을(를) 설치한다."

|계|산|및|정|답|

①	②	③
진상 콘덴서	직렬	리액터

|추|가|해|설|

[직렬리액터(Series Reactor : SR)]

역률 개선용으로서 콘덴서를 사용하면 회로의 전압이나 전류파형의 왜곡을 확대하는 수가 있고 때로는 기본파 이상의 고조파를 발생하는 수가 있다. 이러한 고조파의 발생으로 야기되는 문제점을 보완하기 위하여 콘덴서용 직렬리액터를 설치운용 한다.

03

출제 : 11, 15년 • 배점 : 5점

5500[lm]의 광속을 발산하는 전등 20개를 가로 10[m]×세로 20[m]의 방에 설치하였다. 이 방의 평균조도를 구하시오. (단, 조명률은 0.5, 감광보상률 1.3이다.)

·계산 : ·답 :

|계|산|및|정|답|

【계산】 $E=\dfrac{FUN}{AD}=\dfrac{5500\times0.5\times20}{10\times20\times1.3}=211.54[\mathrm{lx}]$ 【정답】 211.54[lx]

|추|가|해|설|

평균조도 $E=\dfrac{FUN}{AD}[\mathrm{lx}]$

여기서, $F[\mathrm{lm}]$: 광원 1개당의 광속, $U[\%]$: 조명률, N[등] : 등수

$E[\mathrm{lx}]$: 작업면상의 평균조도, $A[\mathrm{m}^2]$: 면적, $D(=\dfrac{1}{M})$: 감광보상률 $=\dfrac{1}{\text{보수율(유지율)}}$)

04

출제 : 15년(기사 11, 14년) • 배점 : 6점

수전 전압 22.9[kV], 가공 전선로의 %임피던스가 5[%]일 때 수전점의 3상 단락 전류가 3000[A]인 경우 기준 용량과 수전용 차단기의 차단 용량을 구하고, 다음 표에서 차단기의 정격 용량은 선정하시오.

차단기의 정격 용량[MVA]

10	20	30	50	75	100	150	250	300	400	500

(1) 기준 용량

•계산 : •답 :

(2) 차단 용량

•계산 : •답 :

(3) 차단기 정격용량 선정

|계|산|및|정|답|

(1) 【계산】 기준 용량

단락 전류 : $I_s = \frac{100}{\%Z} I_n$ 에서

정격전류 : $I_n = \frac{\%Z}{100} I_s = \frac{5}{100} \times 3000 = 150[\text{A}]$

$\therefore$기준 용량 : $P_n = \sqrt{3}\, V_n I_n = \sqrt{3} \times 22900 \times 150 \times 10^{-6} = 5.95[\text{MVA}]$ 【정답】 5.95[MVA]

(2) 【계산】 차단용량 : $P_s = \sqrt{3}\, V_n I_s = \sqrt{3} \times 25800 \times 3000 \times 10^{-6} = 134.06[\text{MVA}]$

여기서, V_n : 정격 전압[kV], I_s : 정격 차단 전류[kA] 【정답】 134.06[MVA]

(3) 차단기 정격용량 150[MVA]로 선정

|추|가|해|설|

(2) 차단기의 공칭전압 22.9[kV]의 기기 정격전압은 25.8[kV]

05 출제 : 00, 02, 03, 15년 • 배점 : 5점

실부하 6000[kW] 역률 85[%]로 운전하는 공장에서 역률을 95[%]로 개선하는데 필요한 콘덴서 용량을 구하시오.

·계산 : ·답 :

|계|산|및|정|답|

【계산】 $Q_c = P\left(\frac{\sqrt{1-\cos\theta_1^2}}{\cos\theta_1} - \frac{\sqrt{1-\cos\theta_2^2}}{\cos\theta_2}\right)$[kVA]

$= 6000 \times \left(\frac{\sqrt{1-0.83^2}}{0.83} - \frac{\sqrt{1-0.93^2}}{0.93}\right) = 1746.36$[kVA]

【정답】 1746.36[kVA]

|추|가|해|설|

역률개선 시 전력용 콘덴서 용량 $Q_c = P(\tan\theta_1 - \tan\theta_2)$

$$= P\left(\frac{\sin\theta_1}{\cos\theta_1} - \frac{\sin\theta_2}{\cos\theta_2}\right)$$

$$= P\left(\frac{\sqrt{1-\cos\theta_1^2}}{\cos\theta_1} - \frac{\sqrt{1-\cos\theta_2^2}}{\cos\theta_2}\right)\text{[kVA]}$$

여기서, P : 유효전력[kW], $\cos\theta_1$: 개선 전 역률, $\cos\theta_2$: 개선 후 역률

06

출제 : 15년 • 배점 : 6점

다음 그림은 3상 유도전동기의 무접점 회로도이다. 다음 각 물음에 답하시오.

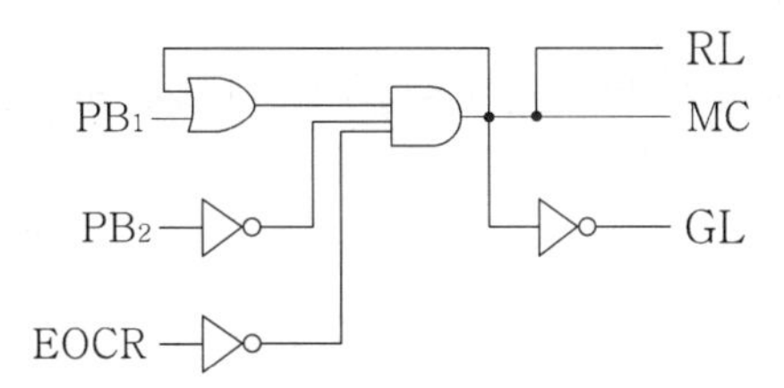

(1) 유접점 회로를 완성하시오.

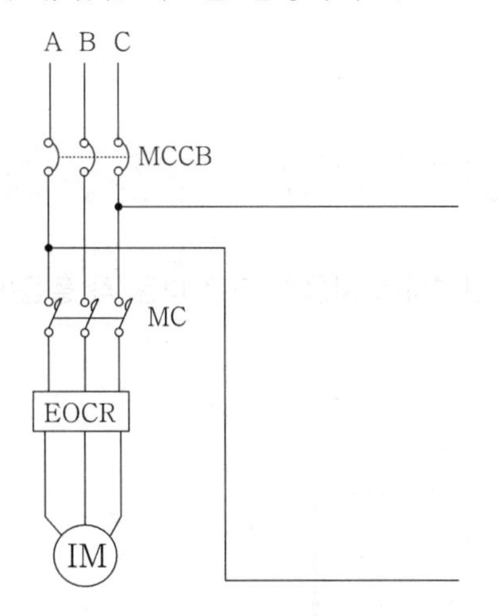

(2) MC, RL, GL의 논리식을 각각 쓰시오.

|계|산|및|정|답|

(1)

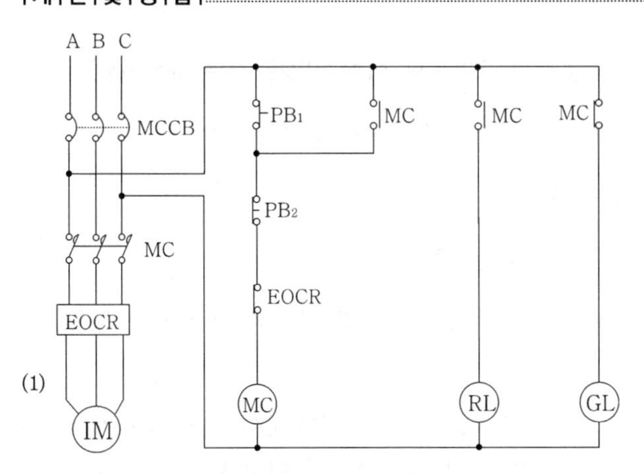

(2) • $MC = (PB_1 + MC) \cdot \overline{PB_2} \cdot \overline{EOCR}$
- $RL = MC$
- $GL = \overline{MC}$

|추|가|해|설|

[무접점 회로에서 논리식]

·병렬 : OR ·직렬 : AND ·b접점 : bar 사용 ($\overline{C}$)

※[KEC 적용] 2021년 적용되는 KEC에 의하여 전선의 표시가 다음과 같이 바뀌어 출제됩니다.
$A,\ B,\ C(a,\ b,\ c)$ 또는 $R,\ S,\ T\ \rightarrow\ L_1,\ L_2,\ L_3$

07

출제 : 00, 03, 05, 06, 09, 15년 • 배점 : 8점

변류기(CT) 2대를 V결선하여 OCR 3대를 그림과 같이 연결하여 사용할 경우 다음 각 물음에 답하시오.

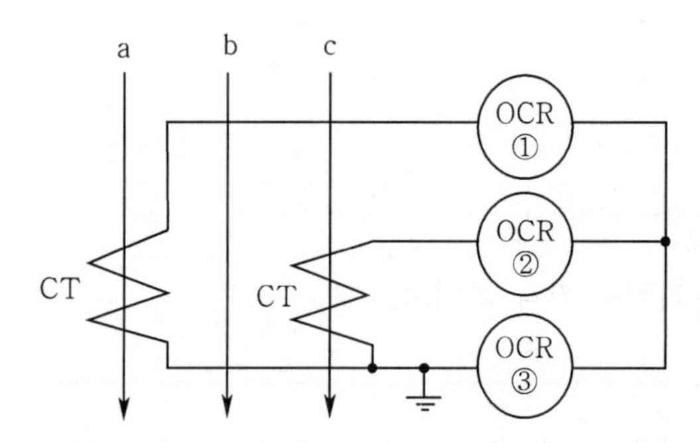

(1) 우리나라에서 사용하는 변류기(CT)의 극성은 일반적으로 어떤 극성을 사용하는가?

(2) 변류기(CT) 2차측에 접속하는 외부 부하 임피던스를 무엇이라고 하는가?

(3) ③번 OCR에 흐르는 전류는 어떤 상의 전류인가?

(4) OCR은 주로 어떤 사고가 발생하였을 때 동작하는가?

(5) 이 선로는 어떤 배전 방식을 취하고 있는가? (단, 배전방식 및 접지식, 비접지식 등을 구분 하여 구체적으로 쓰도록 한다.)

(6) 그림에서 CT의 변류비가 30/5이고, 변류기 2차측 전류를 측정하였더니 3[A]이었다면 수전전력은 약 몇 [kW]인가? (단, 수전전압은 22900[V]이고, 역률은 90[%]이다.)

·계산 : ·답 :

|계|산|및|정|답|

(1) 감극성　　(2) 정격부담

(3) b상 전류　　(4) 단락사고

(5) 3상 3선식 비접지 방식

(6) 【계산】 $P=\sqrt{3}\,VI\cos\theta=\sqrt{3}\times22900\times3\times\frac{30}{5}\times0.9\times10^{-3}=642.56[\text{kW}]$　　【정답】 642.56[kW]

※[KEC 적용] 2021년 적용되는 KEC에 의하여 전선의 표시가 다음과 같이 바뀌어 출제됩니다.
$A,\ B,\ C(a,\ b,\ c)$ 또는 $R,\ S,\ T\ \rightarrow\ L_1,\ L_2,\ L_3$

08

출제 : 15년 • 배점 : 6점

고압차단기의 종류 3가지와 각각의 소호매체를 답란에 쓰시오.

고압차단기	소호매체

|계|산|및|정|답|

고압차단기	소호매체
유입차단기	절연유
가스차단기	SF_6 가스
진공차단기	고진공

|추|가|해|설|

[차단기의 소호원리]

명 칭	약 어	소호 원리
가스 차단기	GCB	고성능 절연 특성을 가진 특수 가스(SF_6)를 이용해서 차단
공기 차단기	ABB	압축된 공기를 아크에 불어 넣어서 차단
유입 차단기	OCB	소호실에서 아크에 의한 절연유 분해 가스의 열전도 및 압력에 의한 blast를 이용해서 차단
진공 차단기	VCB	고진공 중에서 전자의 고속도 확산에 의해 차단
자기 차단기	MBB	대기중에서 전자력을 이용하여 아크를 소호실 내로 유도해서 냉각 차단
기중 차단기	ACB	대기 중에서 아크를 길게 해서 소호실에서 냉각 차단

09

출제 : 15년 • 배점 : 5점

변압기의 임피던스 전압에 대하여 설명하시오.

|계|산|및|정|답|

정격전류가 흐를 때 변압기 내의 전압강하

|추|가|해|설|

[임피던스 전압]

변압기 2차측(저압측)을 단락시키고 1차측(고압측)에 전압을 가하여 전류계 전류가 1차(고압측) 정격전류와 같게 되었을 때, 이 때 고압측에 인가하는 전압으로 교류 전압계의 지시값을 임피던스 전압이라고 한다.

10

출제 : 15년 • 배점 : 6점

농형 유도전동기의 일반적인 속도제어 방법 3가지를 쓰시오.

|계|산|및|정|답|

① 극수 변환법 ② 주파수 변환법 ③ 전압 제어법

|추|가|해|설|

[농형 유도 전동기의 속도 제어법]

① 주파수 변환법 : 주파수를 바꾸는 방법으로 주로 인견동업의 pot motor, 선박의 전기추진기 등에 사용

② 극수 변환법 : 극수를 바꾸는 방법으로 극수가 다른 권수 2개를 넣어 2~4단 정도의 단계적으로 속도를 제어하는 방식

③ 전압 제어법 : 전원 전압을 바꾸는 방법으로 슬립은 전압의 제곱에 반비례($s \propto \frac{1}{V^2}$)하므로 슬립이 커지면 속도는 감소하며 슬립이 작아지면 속도는 상승하게 된다.

11

출제 : 15년(기사 11년) • 배점 : 5점

어느 수용가의 총설비 부하 용량은 전등 800[kW], 동력 1200[kW]라고 한다. 각 수용가의 수용률은 60[%]이고, 각 수용가 간의 부등률은 전등 1.2, 동력 1.5, 전등과 동력 상호간은 1.4라고 하면 여기에 공급되는 변전시설용량은 몇 [kVA]인가? (단, 부하 전력 손실은 5[%]로 하며, 역률은 1로 계산한다.)

・계산 : ・답 :

|계|산|및|정|답|

【계산】 변전시설 용량 $= \dfrac{\text{설비용량} \times \text{수용률}}{\text{부등률} \times \text{역률}} \times \text{손실에 대한 여유분}$

$$= \frac{\dfrac{800 \times 0.6}{1.2} + \dfrac{1200 \times 0.6}{1.5}}{1.4} \times (1 + 0.05) = 660[\text{kVA}]$$

【정답】 660[kVA]

12

출제 : 10, 15년 • 배점 : 5점

권선하중이 2.5톤이며, 매분 25[m]의 속도로 끌어 올리는 권상용 전동기의 용량[kW]을 구하시오. (단, 전동기를 포함한 권상기의 효율은 80[%], 여유계수는 1.1이다.)

・계산 : ・답 :

|계|산|및|정|답|

【계산】 권상용 전동기의 출력 $P = \dfrac{kWV}{6.12\eta} = \dfrac{1.1 \times 2.5 \times 25}{6.12 \times 0.8} = 14.04[\text{kW}]$

여기서, W : 권상 중량[ton], V : 권상 속도[m/min], η : 효율

【정답】 14.04[kW]

13

출제 : 02, 08, 12, 15년 • 배점 : 6점

그림과 같은 단상변압기 3대가 있다. 이 변압기에 대하여 다음 각 물음에 답하시오.

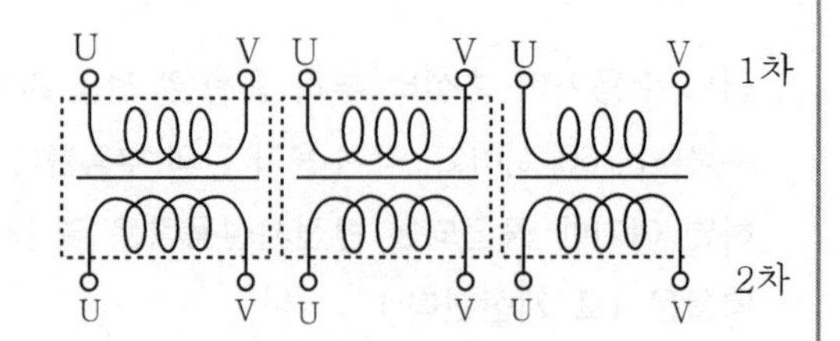

(1) 이 변압기를 주어진 그림에 △－△결선을 하시오.

(2) △－△결선으로 운전하던 중 S상 변압기에 고장이 생겨 이것을 분리하고 나머지 2대로 3상 전력을 공급하고자 한다. 이때의 결선도를 그리고, 이 결선의 명칭을 쓰시오.

① 결선도

② 명칭

(3) "(2)"문항에서와 같이 결선한 변압기 2대의 3상 출력은 △－△결선시의 변압기 3대의 3상 출력과 비교할 때 몇 [%]정도 되는가?

·계산 : ·답 :

|계|산|및|정|답|

(1) △ － △ 결선도

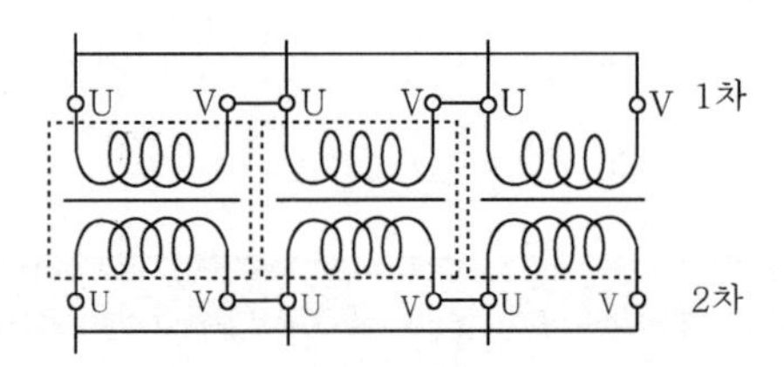

(2) ① 결선도

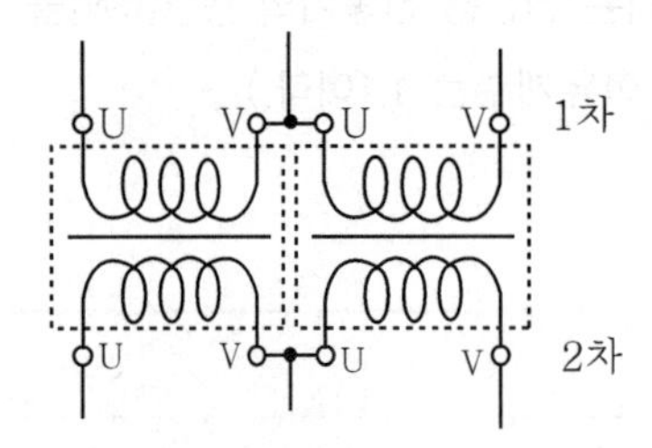

② 결선도의 명칭 : V-V결선

(3) 【계산】 출력의 비 $= \dfrac{V\text{결선 출력}}{3\text{상 출력}} = \dfrac{\sqrt{3}\,VI}{3VI} = \dfrac{1}{\sqrt{3}} ≒ 0.5774 = 57.74[\%]$ 【정답】 57.74[%]

14

출제 : 15년 • 배점 : 4점

역률 개선에 대한 효과를 4가지만 쓰시오.

|계|산|및|정|답|

① 전력 손실 경감
② 전압 강하 감소
③ 설비 용량의 여유분 증가
④ 전기 요금의 절감

|추|가|해|설|

·전력손실 $P_l = \dfrac{P^2 R}{V^2 \cos^2\theta}$

·전력용 콘덴서는 진상 무효분을 공급하여 부하의 역률 개선을 위하여 사용한다.

진상용 콘덴서 용량 계산은 다음에 의한다.

$$Q_c = P\left[\left(\sqrt{\frac{1}{\cos^2\theta_1} - 1}\right) - \left(\sqrt{\frac{1}{\cos^2\theta_2} - 1}\right)\right]$$

여기서, Q_c : 부하 P[kW]의 역률을 $\cos\theta_1$에서 $\cos\theta_2$로 개선하고자 할 때 콘덴서 용량[kVA]

P : 대상 부하용량[kW]

15

출제 : 08, 15년 • 배점 : 5점

변압기의 고장(소손(燒損)) 원인 중 5가지만 쓰시오.

|계|산|및|정|답|

① 권선의 상간단락
② 층간단락
③ 고·저압 혼촉
④ 지락 및 단락사고에 의한 과전류
⑤ 절연물 및 절연유의 열화에 의한 절연내력 저하

16 출제 : 04, 15년 • 배점 : 6점

그림과 같은 탭(tap) 전압 1차측이 3150[V], 2차측이 210[V]인 단상 변압기에서 V_1을 V_2로 승압하고자 한다. 이때 다음 각 물음에 답하시오.

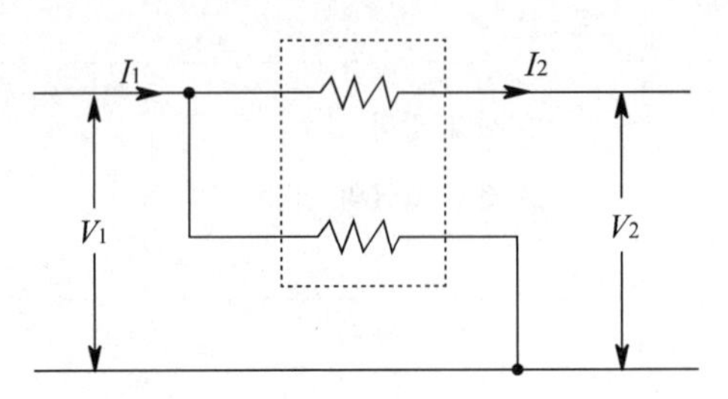

(1) V_1이 3000[V]인 경우, V_2는 몇 [V]가 되는가?

•계산 : •답 :

(2) I_1이 25[A]인 경우 I_2는 몇 [A]가 되는가? (단, 변압기의 임피던스, 여자전류 및 손실은 무시한다.)

•계산 : •답 :

|계|산|및|정|답|

(1) 【계산】 $V_2 = V_1\left(1+\frac{e_2}{e_1}\right) = 3000\left(1+\frac{210}{3150}\right) = 3200[\text{V}]$ 【정답】 3200[V]

(2) 【계산】 입력 $P_1 = V_1 I_1 = 3000 \times 25 = 75,000[\text{VA}]$

이상 변압기 조건에서 손실을 무시하면 입력=출력이므로

출력 $P_2 = V_2 I_2 \rightarrow I_2 = \frac{P_2}{V_2} = \frac{75,000}{3,200} = 23.44[\text{A}]$ 【정답】 23.44[A]

17

출제 : 19, 15년 • 배점 : 6점

3상3선식 380[V] 회로에 그림과 같이 부하가 연결되어 있다. 간선의 허용전류[A]를 구하시오.
(단, 전동기의 평균 역률은 80[%]이다.)

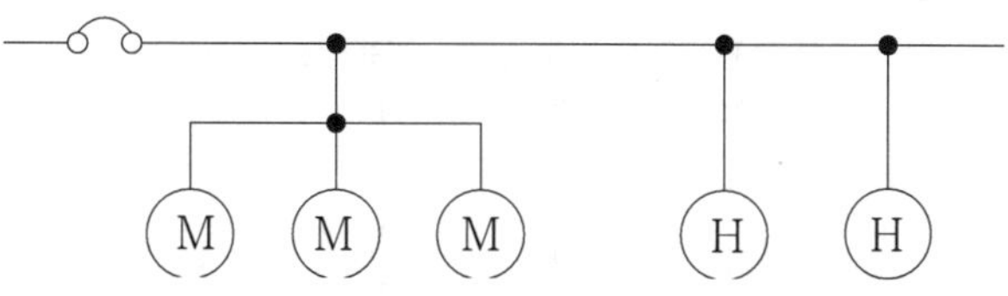

(M : 전동기, H : 전열기)

•계산 : •답 :

|계|산|및|정|답|

【계산】 전동기의 정격전류의 합 $\sum I_M = \dfrac{(15+20+25)\times 10^3}{\sqrt{3}\times 380\times 0.8} = 113.95[A]$

전동기의 유효 전류 $I_r = 113.95\times 0.8 = 91.16[A]$

전동기의 무효 전류 $I_q = 113.95\times\sqrt{1-0.8^2} = 68.37[A]$

전열기의 정격전류의 합 $\sum I_H = \dfrac{(20+10)\times 10^3}{\sqrt{3}\times 380\times 1.0} = 45.58[A]$

간선의 허용전류 $I_B = \sqrt{(91.16+45.58)^2+68.37^2} = 152.88[A]$

간선의 허용전류는 $I_B \le I_n \le I_Z$의 조건을 만족해야 하므로 최소 허용 전류 $I_z = 152.88[A]$

【정답】 152.88[A]

|추|가|해|설|

[도체와 과부하 보호장치 사이의 협조 (kec 212.4.1)]

① 과부하에 대해 케이블(전선)을 보호하는 장치의 동작특성은 다음의 조건을 충족해야 한다.

1. $I_B \le I_n \le I_Z$
2. $I_2 \le 1.45\times I_Z$

여기서, I_B : 회로의 설계전류, I_Z : 케이블의 허용전류, I_n : 보호장치의 정격전류

I_2 : 보호장치가 규약시간 이내에 유효하게 동작하는 것을 보장하는 전류

② 과부하 보호 설계 조건도

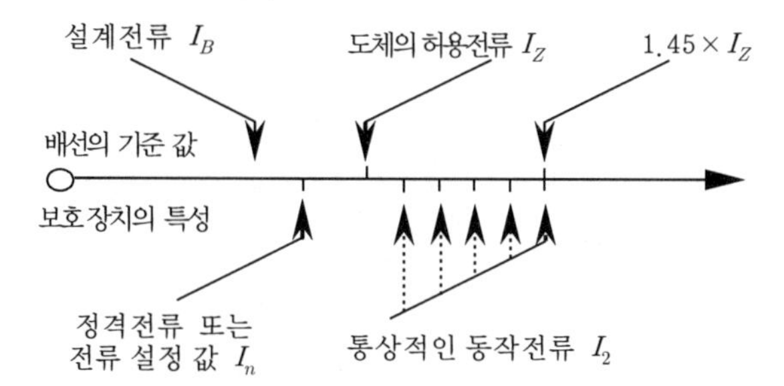

18

출제 : 22, 15년 • 배점 : 6점

보조접지극 A, B와 접지극 E 상호간에 접지저항을 측정한 결과 그림과 같은 저항값을 얻었다. E의 접지저항은 몇 [Ω]인가?

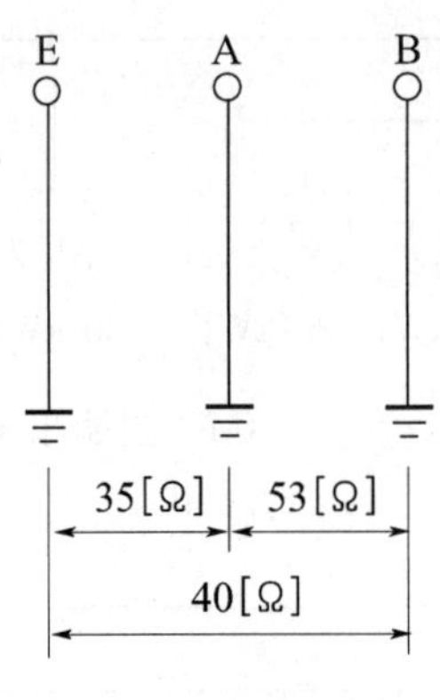

•계산 : •답 :

|계|산|및|정|답|

【계산】 접지저항값 $R_E = \frac{1}{2}(40+35-53) = 11[\Omega]$ 【정답】 11[Ω]

|추|가|해|설|

① $R_A + R_B = R_{AB} = 53$

② $R_B + R_E = R_{BE} = 40$

③ $R_E + R_A = R_{EA} = 35$

$\therefore R_E = \frac{1}{2}(\text{주접지극} + \text{주접지극} - \text{보조접지극}) = \frac{1}{2}(R_{BE} + R_{EA} - R_{AB})$

→ (측정하려고 하는 접지극 E의 첨자가 들어있는 항은 +, E의 첨자가 들어있는 항은 -하면 된다.)

03 2015년 전기산업기사 실기

01

출제 : 00, 02, 03, 15년 • 배점 : 6점

어떤 공장의 전기설비로 역률 0.8, 용량 200[kVA]인 3상 평형 유도부하가 사용되고 있다. 이 부하에 병렬로 전력용 콘덴서를 설치하여 합성 역률을 0.95로 개선할 경우 다음 각 물음에 답하시오.

(1) 전력용 콘덴서의 용량은 몇 [kVA]가 필요한가?

・계산 : ・답 :

(2) 전력용 콘덴서의 직렬리액터를 함께 설치할 때 설치하는 이유와 용량은 몇 [kVA]를 설치하여야 하는지를 쓰시오.

① 이유

② 용량

|계|산|및|정|답|

(1) 【계산】 전력용 콘덴서 용량 $Q_c = P(\tan\theta_1 - \tan\theta_2) = P\left(\frac{\sin\theta_1}{\cos\theta_1} - \frac{\sin\theta_2}{\cos\theta_2}\right)\}$

$$= 200 \times 0.8\left(\frac{\sqrt{1-0.8^2}}{0.8} - \frac{\sqrt{1-0.95^2}}{0.95}\right) = 67.41[\text{kVA}]$$

【정답】 67.41[kVA]

(2) ① 이유 : 제5고조파의 제거

② 용량

・이론상 : $67.41 \times 0.04 = 2.7[\text{kVA}]$ (∵ 콘덴서 용량의 4[%]이므로)

・실제 : $67.41 \times 0.06 = 4.04[\text{kVA}]$ (∵ 콘덴서 용량의 6[%]이므로)

【정답】 이론상 2.7[kVA], 실제 4.04[kVA]

|추|가|해|설|

[역률개선 시 콘덴서의 용량] $Q_c = Q_1 - Q_2 = P\tan\theta_1 - P\tan\theta_2 = P(\tan\theta_1 - \tan\theta_2)$

$$= P\left(\frac{\sin\theta_1}{\cos\theta_1} - \frac{\sin\theta_2}{\cos\theta_2}\right) = P\left(\sqrt{\frac{1}{\cos^2\theta_1} - 1}\ \sqrt{\frac{1}{\cos^2\theta_2} - 1}\right)[\text{kVA}]$$

여기서, Q_c : 부하 P[kW]의 역률을 $\cos\theta_1$에서 $\cos\theta_2$로 개선하고자 할 때 콘덴서 용량[kVA]

P : 대상 부하용량[kW], $\cos\theta_1$: 개선 전 역률, $\cos\theta_2$: 개선 후 역률

02

출제 : 15년 • 배점 : 5점

정격 출력 37[kW], 역률 0.8, 효율 0.82인 3상 유도 전동기가 있다. 변압기를 V결선하여 전원을 공급하고자 한다면 변압기 1대의 최소 용량은 몇 [kVA]이어야 하는가?

·계산 : ·답 :

|계|산|및|정|답|

【계산】 $P_v = \sqrt{3} P_1$ 에서

$$\text{변압기 1대 용량 } P_1 = \frac{P_v[\text{kVA}]}{\sqrt{3}} = \frac{P[\text{kW}]}{\sqrt{3} \times \cos\theta \times \eta} = \frac{37}{\sqrt{3} \times 0.8 \times 0.82} = 32.56[\text{kVA}]$$

【정답】 32.56[kVA]

|추|가|해|설|

전동기 입력[kVA]= $\frac{P[\text{kW}]}{\cos\theta \times \eta} = \frac{P}{0.8 \times 0.82}$ → (여기서, P : 3상 출력)

03

출제 : 00, 10, 15년 • 배점 : 4점

LS, DS, CB가 그림과 같이 설치되었을 때의 조작 순서를 차례로 쓰시오.

LS ① — CB ② — DS ③ → 부하

(1) 전원 투입(ON)시 조작 순서

(2) 전원 차단(OFF)시 조작 순서

|계|산|및|정|답|

(1) ③ - ① - ② (2) ② - ③ - ①

|추|가|해|설|

·개로시 조작 순서 : CB(OFF) →DS(OFF) →LS(OFF)

·폐로시 조작 순서 : DS(ON) →LS(ON) →CB(ON)

여기서, (LS(Line Switch) : 선로 개폐기, DS(Disconnecting Switch) : 단로기, CB(Circuit Breaker) : 차단기)

04

출제 : 12, 15년 • 배점 : 3점

다음의 그림은 변압기 절연유의 열화 방지를 위한 습기제거 장치로서 흡습제와 절연유가 주입되는 2대의 용기로 이루어져 있다. 하부에 부착된 용기는 외부공기와 직접적인 접촉을 막아주기 위한 용기로, 표시된 눈금(용기의 2/3정도)까지 절연유를 채워 관리되어져야 한다. 이 변압기 부착물의 명칭을 쓰시오.

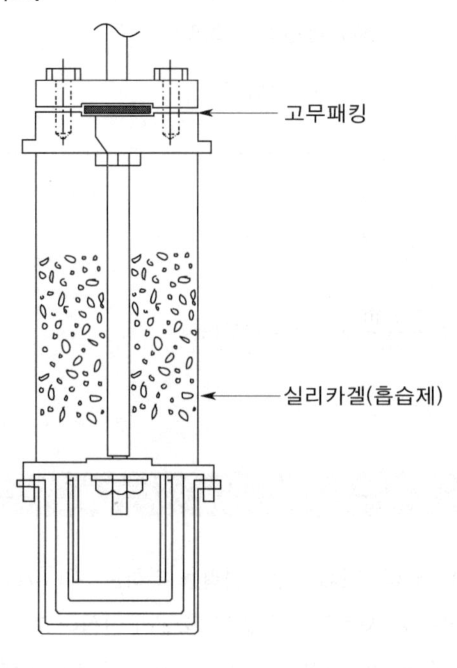

| 계 | 산 | 및 | 정 | 답 |

흡습호흡기

| 추 | 가 | 해 | 설 |

[변압기유]

절연 및 냉각 매체의 역할을 하는 것이므로 광유를 사용

① 변압기유가 갖추어야 할 성능

- 절연저항 및 절연내력이 클 것 (30[kV]/2.5[mm] 이상)
- 비열이 크고, 점도가 낮을 것
- 인화점이 높고(130[℃] 이상) 응고점이 낮을 것(-30[℃] 이하)
- 절연 재료 및 금속에 화학 작용을 일으키지 않을 것
- 변질하지 말 것
- 고온에 있어 석출물이 생기거나 산화하지 않을 것
- 증발량이 적을 것

② 변압기유의 열화 및 방지책

- 온도가 높아지든 공기와 접촉으로 점차 열화 발생
- 열화로 인해 절연 내력이 저하, 냉각효과 감소, 침식 작용 등이 일어난다.
- 방지책 : 변압기 상부에 컨서베이터 설치, 브리더, 질소봉입

05

출제 : 15년 • 배점 : 5점

조명용 변압기의 주요 사양은 다음과 같다. 전원측 %임피던스를 무시할 경우 변압기 2차측 단락전류는 몇 [kA]인가?

[조건]

- 상수 : 단상
- 용량 : 50[kVA]
- 전압 : 3.3[kV]/220[V]
- %임피던스 : 3[%]

·계산 :　　　　　　　　　　　　·답 :

|계|산|및|정|답|

【계산】 단락전류 $I_s = \frac{100}{\%Z} I_n \qquad \rightarrow (I_n = \frac{P}{V})$

$$I_s = \frac{100}{\%Z} \times \frac{P}{V} = \frac{100}{3} \times \frac{50 \times 10^3}{220} \times 10^{-3} = 7.58[\text{kA}]$$

【정답】 7.58[kA]

06

출제 : 05, 15년 • 배점 : 5점

건축 연면적 $350[\text{m}^2]$의 주택이 있다. 이때 전등, 전열용 부하는 $30[\text{VA/m}^2]$이며, 2500[VA]용량의 에어컨이 2대 가설되어 있으며, 사용하는 전압은 220[V] 단상이고 예비 부하로 3500[VA]가 필요하다면 분전반의 분기회로수는 몇 회로인가? (단, 에어컨은 30[A] 분기회로로 하고 기타는 20[A] 분기회로로 한다.)

·계산 :　　　　　　　　　　　　·답 :

|계|산|및|정|답|

① 전등 및 전열용 부하

상정 부하=바닥 면적×부하밀도+가산부하=350×30+3500=14000[VA]

20[A] 분기회로수= $\frac{14000}{220 \times 20} = 3.18$회로

② 에어컨 부하

30[A] 분기 회로수= $\frac{2500 \times 2}{220 \times 30} = 0.7575$회로

【정답】 20[A] 분기 4회로, 30[A] 분기 1회로

|추|가|해|설|

- 분기 회로수= $\frac{\text{표준부하밀도}[VA/m^2] \times \text{바닥면적}[m^2]}{\text{전압}[V] \times \text{분기회로의 전류}[A]}$
- 분기회로수 산정시 소수가 발생되면 무조건 절상한다.
- 220[V]에서 3[kW](110[V] 때는 1.5[kW])를 초과하는 냉방기기, 취사용 기기 등 대형 전기 기계기구를 사용하는 경우에는 단독 분기회로를 사용하여야 한다.

07

출제 : 08, 15년 • 배점 : 5점

욕실 등 인체가 물에 젖어있는 상태에서 물을 사용하는 장소에 콘센트를 시설해야 하는 경우에 설치해야 하는 인체감전보호용 누전차단기의 정격감도전류와 동작시간은 얼마 이하를 사용하여야 하는가?

・정격감도전류

・동작시간

|계|산|및|정|답|

【정격감도전류】 15[mA] 이하

【동작시간】 0.03[sec] 이하

|추|가|해|설|

[누전 차단기의 종류]

구분		정격감도전류[mA]	동작 시간
고감도형	고속형	50, 10, 15, 30	・정격감도전류에서 0.1초 이내, 인체 감전 보호용은 0.03초 이내
	시연형		・정격감도전류에서 0.1초 초과 2초 이내
	반한시형		・정격감도전류에서 0.2초를 초과하고 1초 이내 ・정격감도전류 1.4배의 전류에서 0.1초를 초과하고 0.5초 이내 ・정격감도전류 4.4배의 전류에서 0.05초 이내
중감도형	고속형	50, 100, 200, 500, 1000	・정격감도전류에서 0.1초 이내
	시연형		・정격감도전류에서 0.1초를 초과하고 2초 이내

08

출제 : 15년 • 배점 : 5점

소세력 회로의 정의와 최대 사용전압과 최대 사용전류를 구분하여 쓰시오.

|계|산|및|정|답|

① 소세력 회로의 정의 : 조작회로 또는 초인벨·경보벨 등에 접속하는 전로로 최대사용전압이 60[V] 이하, 또는 최대 사용전압이 60[V]를 초과하고 대지전압이 300[V] 이하의 강전류 전송에 사용하는 회로와 변압기로 결합된 회로

② 최대 사용전압 및 최대 사용전류 :

최대 사용 전압의 구분	자동 차단기 정격전류
15[V] 이하	5[A] 이하
15[V]를 넘어 30[V] 이하	3[A] 이하
30[V]를 넘어 60[V] 이하	1.5[A] 이하

|추|가|해|설|

[소세력 회로]

① 전자개폐기 조작회로 또는 초인벨, 경보벨 등에 접속하는 전로로서 최대 사용전압이 60[V] 이하일 것

② 대지전압이 300[V] 이하인 강전류 전기의 전송에 사용하는 전로는 다음에 의하여 시설하여야 한다.

- 소세력 회로 전기를 공급하기 위한 변압기는 절연 변압기일 것
- 절연 변압기의 2차 단락 전류는 다음 표에서 정한 값 이하일 것

최대사용전압의 구분	2차단락 전류	비고(과전류 차단기 용량)
15[V] 이하	8[A] 이하	5[A] 이하
15[V]를 넘고 30[V] 이하	5[A] 이하	3[A] 이하
30[V]를 넘고 60[V] 이하	3[A] 이하	1.5[A] 이하

(다만, 변압기 2차측 전로에 표에서 정한 값 이하의 과전류 차단기를 시설 시는 그러하지 않다.)

09

출제 : 15년 • 배점 : 4점

옥내 저압 배선을 설계하고자 한다. 이때 시설 장소의 조건에 관계없이 한 가지 배선 방법으로 배선하고자 할 때 옥내에는 건조한 장소, 습기진 장소, 노출배선 장소, 은폐배선을 하여야 할 장소, 점검이 불가능한 장소 등으로 되어 있다고 한다면 적용 가능한 배선 방법은 어떤 방법이 있는지 그 방법을 4가지만 쓰시오.

|계|산|및|정|답|

① 금속관 배선

② 합성 수지관 배선(CD관 제외)

③ 2종 가요전선관 배선

④ 케이블 배선

|추|가|해|설|

저압 옥내배선의 시설 장소별 공사 종류

저압 옥내배선은 특수한 장소 이외의 경우는 합성수지관 공사, 금속관 공사, 가요전선관 공사, 케이블 공사 방법 이외에 다음에 의해 시설할 수 있다.

시설장소 \ 사용전압		400[V] 미만	400[V] 이상
전개된 장소	건조한 장소	애자 사용 공사, 합성수지 몰드 공사, 금속 덕트 공사, 버스 덕트 공사, 라이팅 덕트 공사	애자 사용 공사, 금속 덕트 공사, 버스 덕트 공사
	기타의 장소	애자 사용 공사, 버스 덕트 공사	애자 사용 공사
점검할 수 있는 은폐장소	건조한 장소	애자 사용 공사, 합성수지 몰드 공사, 금속 몰드 공사, 금속 덕트 공사, 버스 덕트 공사, 셀롤라 덕트 공사, 평형 보호층 공사, 라이팅 덕트 공사	애자 사용, 금속 덕트, 버스 덕트 공사
	기타의 장소	애자 사용 공사	애자 사용 공사
점검할 수 없는 은폐장소	건조한 장소	플로어 덕트, 셀롤라 덕트 공사	

10

출제 : 04, 15년 • 배점 : 5점

지중 전선로의 지중함 설치 시 지중함의 시설 기준을 3가지만 쓰시오.

|계|산|및|정|답|

① 지중함은 견고하고 차량 기타 중량물의 압력에 견디는 구조일 것

② 지중함은 그 안의 고인 물을 제거할 수 있는 구조로 되어 있을 것

③ 지중함의 뚜껑은 시설자 이외의 자가 쉽게 열 수 없도록 시설할 것

|추|가|해|설|

[지중함의 시설]

지중전선로에 사용하는 지중함은 다음 각 호에 따라 시설하여야 한다.

① 지중함은 견고하고 차량 기타 중량물의 압력에 견디는 구조일 것

② 지중함은 그 안의 고인 물을 제거할 수 있는 구조로 되어 있을 것

③ 폭발성 또는 연소성의 가스가 침입할 우려가 있는 것에 시설하는 지중함으로서 그 크기가 $1[m^3]$ 이상인 것에는 통풍장치 기타 가스를 방산시키기 위한 적당한 장치를 시설할 것

④ 지중함의 뚜껑은 시설자 이외의 자가 쉽게 열 수 없도록 시설할 것

11

출제 : 15년(기사 05, 13년) • 배점 : 6점

다음 그림과 같은 사무실이 있다. 이 사무실의 평균조도를 150[lx]로 하고자 할 때 다음 각 물음에 답하시오.

20[m](X)

10[m](Y)

〈조 건〉

- 형광등은 32[W]를 사용 이 형광등의 광속은 2900[lm]으로 한다.
- 조명률은 0.6, 감광보상률은 1.2로 한다.
- 건물 천장 높이는 3.85[lm], 작업면은 0.85[lm]로 한다.
- 가장 경제적인 설계를 한다.

(1) 이 사무실에 필요한 형광등의 수를 구하시오.

- 계산 :　　　　　　　　　　　　• 답 :

(2) 실지수를 구하시오.

- 계산 :　　　　　　　　　　　　• 답 :

(3) 양호한 전반 조명이라면 등간격은 등높이의 몇 배 이하로 해야 하는가?

|계|산|및|정|답|

(1) 【계산】 등수 $N=\dfrac{EAD}{FU}=\dfrac{150\times20\times10\times1.2}{2900\times0.6}=20.69$[등]　　【정답】 21[등]

(2) 【계산】 실지수 $K=\dfrac{XY}{H(X+Y)}=\dfrac{20\times10}{(3.85-0.85)\times(20+10)}=2.22$　　【정답】 2.22

(3) 1.5배

|추|가|해|설|

(3) 조명 기구의 배치 결정

① 광원의 높이(H) = 천장의 높이 − 작업면의 높이

② 등기구의 간격

- 등기구~등기구 : $S\le 1.5H$ (직접, 전반조명의 경우)
- 등기구~벽면 : $S_o\le \dfrac{1}{2}H$ (벽면을 사용하지 않을 경우)

12 출제 : 15년 • 배점 : 6점

다음은 컨베이어시스템 제어회로의 도면이다. 3대의 컨베이어가 A→B→C 순서로 기동하며, C→B→A 순서로 정지한다고 할 때, 시스템도와 타임차트도를 보고 PLC 프로그램 입력 ①~⑤를 답안지에 완성하시오.

[시스템도]

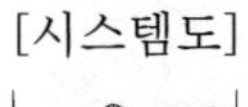

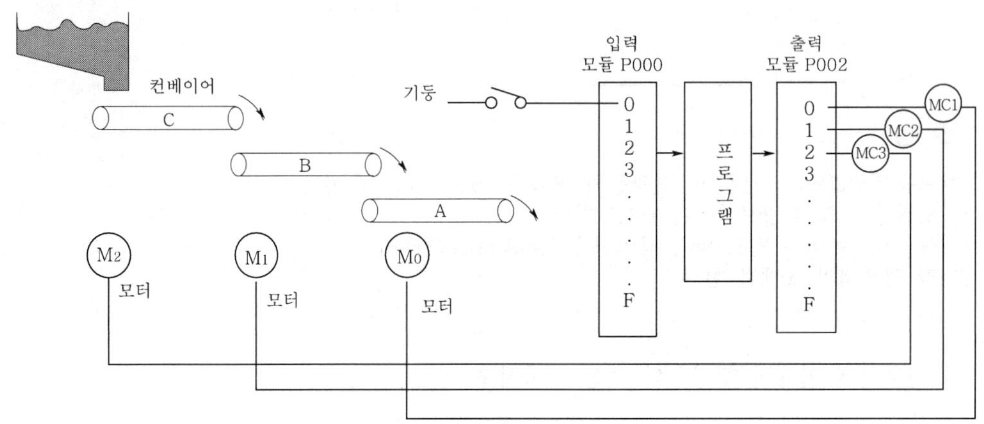

[타임차트도]

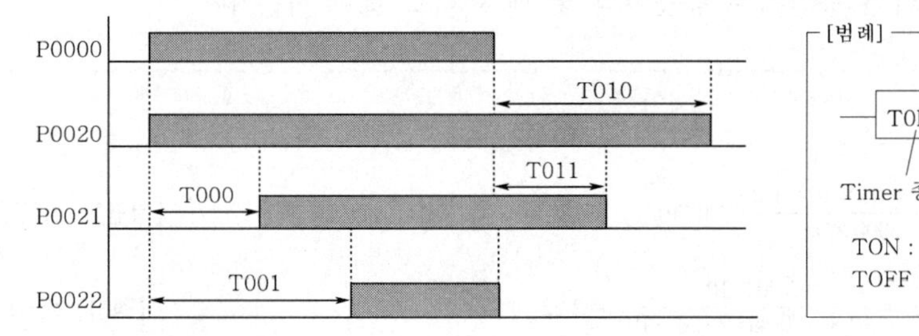

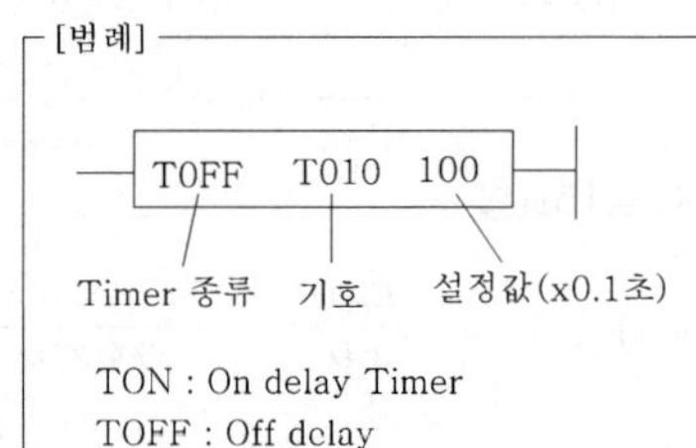

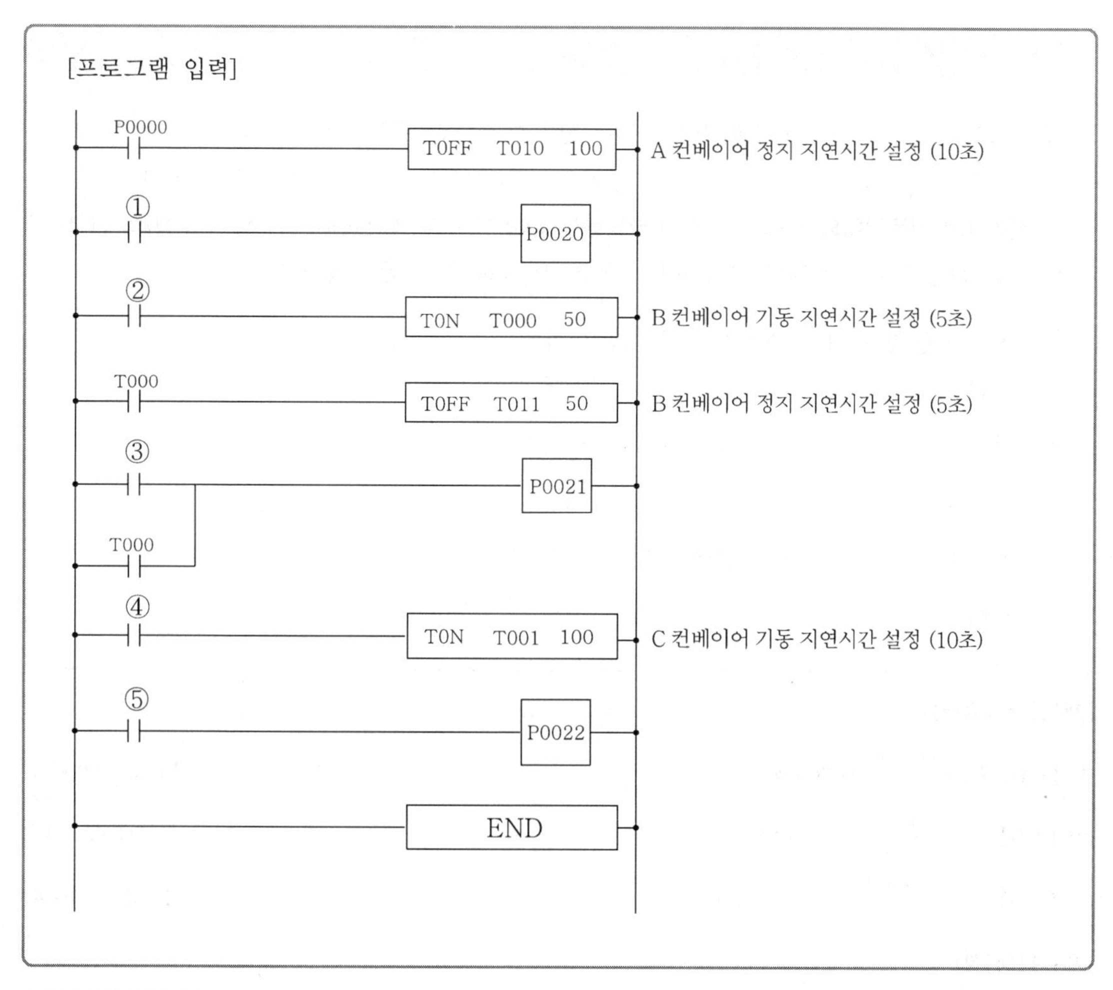

|계|산|및|정|답|

①	②	③	④	⑤
T010	P0000	T011	P0000	T001

13

출제 : 15년 • 배점 : 6점

어떤 변전소의 공급구역내의 총 부하용량은 전등 600[kW], 동력 800[kW]이다. 각 수용가의 수용률은 전등 60[%], 동력 80[%], 각 수용가 간의 부등률은 전등 1.2, 동력 1.6이며, 또한 변전소에서 전등부하와 동력부하 간의 부등률을 1.4라고 하고, 배전선(주상변압기 포함)의 전력 손실을 전등부하, 동력부하 각각 10[%]라 할 때 다음 각 물음에 답하시오.

(1) 전등의 종합 최대 수용전력은 몇 [kW]인가?

・계산 : ・답 :

(2) 동력의 종합 최대 수용전력은 몇 [kW]인가?

・계산 : ・답 :

(3) 변전소에 공급하는 최대 전력은 몇 [kW]인가?

・계산 : ・답 :

|계|산|및|정|답|

(1) 【계산】 $P_N = \frac{600 \times 0.6}{1.2} = 300[\text{kW}]$ 【정답】 300[kW]

(2) 【계산】 $P_M = \frac{800 \times 0.8}{1.6} = 400[\text{kW}]$ 【정답】 400[kW]

(3) 【계산】 $P = \frac{300 + 400}{1.4} \times (1 + 0.1) = 550[\text{kW}]$ 【정답】 550[kW]

|추|가|해|설|

・$\text{부등률} = \frac{\text{개별 최대수용 전력의 합}}{\text{합성최대수용전력}} = \frac{\text{설비용량} \times \text{수용률}}{\text{합성최대수용전력}}$

・$\text{합성 최대 수용전력[kW]} = \frac{\text{설비용량[kW]} \times \text{수용률}}{\text{부등률}}$

14

출제 : 15년 • 배점 : 5점

일정 기간 사용한 연축전지를 점검하였더니 전 셀의 전압이 불균일하게 나타났다면, 어느 방식으로 충전하여야 하는지 충전방식의 명칭과 그 충전방식에 대하여 설명하시오.

|계|산|및|정|답|

·충전방식의 명칭 : 균등 충전 방식

·충전방식 설명 : 각 전해조에서 일어나는 전위차를 보정하기 위해 1~3개월 마다 1회씩 정전압으로 10~12시간 충전하여 각 전해조의 용량을 균일화하기 위한 방식

|추|가|해|설|

[충전 방식]

충전 방식	설명
급속 충전	비교적 단시간에 보통 전류의 2~3배의 전류로 충전하는 방식이다.
보통 충전	필요 할 때마다 표준 시간율로 소정의 충전을 하는 방식이다.
부동충전	축전지의 자기 방전을 보충함과 동시에 상용 부하에 대한 전력 공급은 충전기가 부담하도록 하되 충전기가 부담하기 어려운 일시적인 대전류 부하는 축전지로 하여금 부담하게 하는 방식이다.
균등충전	부동 충전 방식에 의하여 사용할 때 각 전해조에서 일어나는 전위차를 보정하기 위하여 1~3개월 마다 1회씩 정격전압으로 10~12시간 충전하여 각 전해조의 용량을 균일화하기 위한 방식이다.
세류충전	자기 방전량만을 항시 충전하는 부동 충전 방식의 일종이다.
회복 충전	정전류 충전법에 의하여 약한 전류로 40~50시간 충전시킨 후 방전시키고, 다시 충전시킨 후 방전시킨다. 이와 같은 동작을 여러 번 반복하게 되면 본래의 출력 용량을 회복하게 되는데 이러한 충전 방법을 회복충전이라 한다.

15

출제 : 08, 15년 • 배점 : 13점

어느 공장에서 예비전원을 얻기 위한 전기시동방식 수동제어장치의 디젤엔진 3상교류 발전기를 시설하게 되었다. 발전기는 사이리스터식 정지 자여자 방식을 채택하고 전압은 자동과 수동으로 조정 가능하게 하였을 경우, 다음 각 물음에 답하시오.

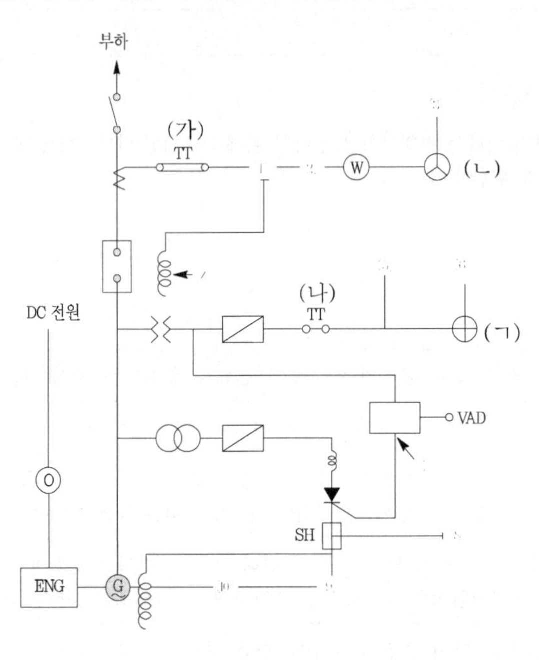

〈약호〉

·ENG : 전기기동식 디젤 엔진	·G : 정지여자식 교류 발전기
·TG : 타코제너레이터	·AVR : 자동전압 조정기
·VAD : 전압 조정기	·AV : 교류전압계
·CR : 사이리스터 정류기	·SR : 가포화리액터
·AA : 교류전류계	·CT : 변류기
·PT : 계기용 변압기	·W : 지시전력계
·Fuse : 퓨즈	·F : 주파수계
·TrE : 여자용 변압기	·RPM : 회전수계
·CB : 차단기	·DA : 직류전류계
·TC : 트립코일	·OC : 과전류계전기
·DS : 단로기	·WH : 전력량계
·SH : 분류기	◎ 엔진 기동용 푸시 버튼

(1) 도면에서 ①~⑩에 해당되는 부분의 명칭을 주어진 약호로 답하시오.

(2) 도면에서 (가) —TT— 와 (나) —TT— 는 무엇을 의미하는가?

(3) 도면에서 (ㄱ)과 (ㄴ)는 무엇을 의미하는가?

|계|산|및|정|답|

(1) ① OC ② WH ③ AA ④ TC ⑤ F

⑥ VA ⑦ AVR ⑧ DA ⑨ RPM ⑩ TG

(2) (가) 전류 시험 단자 (나) 전압 시험단자

(3) (ㄱ) 전압계용 전환 개폐기 (ㄴ) 전류계용 전환 개폐기

|추|가|해|설|

·TT : Test Terminal

·CTT : Current Test Terminal (전류 시험 단자)

·PTT : Porential Test Terminal (전압 시험 단자)

16

출제 : 04, 15년 • 배점 : 10점

피뢰기에 대한 다음 각 물음에 답하시오.

(1) 현재 사용되고 있는 교류용 피뢰기의 주요 구조는 무엇과 무엇으로 구성되어 있는가?

(2) 피뢰기의 정격전압이라고 하는 것은 어떤 전압을 말하는가?

(3) 피뢰기의 제한전압은 어떤 전압을 말하는가?

(4) 피뢰기의 기능상 필요한 구비조건을 4가지만 쓰시오.

|계|산|및|정|답|

(1) 직렬갭, 특성요소

(2) 속류를 차단할 수 있는 교류 최고전압

(3) 피뢰기 방전중 피뢰기 단자에 남게 되는 충격전압

(4) ① 제한 전압이 낮을 것

② 속류 차단 능력이 클 것

③ 상용 주파 방전 개시 전압이 높을 것

④ 충격 방전 개시 전압이 낮을 것

17

출제 : 01, 09, 15년 • 배점 : 4점

전력계통에 일반적으로 사용되는 리액터에는 병렬리액터, 한류리액터, 직렬리액터 및 소호리액터 등이 있다. 이들 리액터의 설치목적을 쓰시오.

(1) 분로(병렬) 리액터

(2) 직렬 리액터

(3) 소호 리액터

(4) 한류 리액터

|계|산|및|정|답|

(1) 페란티 현상 방지

(2) 제5고조파 전류의 확대 방지 및 콘덴서 투입시 돌입 전류의 억제

(3) 지락 전류 억제

(4) 단락 전류 제한

|추|가|해|설|

(3) 소호 리액터 : 지락시 아크를 소호하며 병렬 공진을 이용하여 지락 전류를 소멸한다.

(4) 한류 리액터 : 차단기 전단에 시설, 단락전류를 제한하여 차단기 용량 감소

18

출제 : 03, 05, 15년 • 배점 : 5점

다음과 같은 값을 측정하는데 가장 적당한 것은?

(1) 단선인 전선의 굵기

(2) 옥내전등선의 절연저항

(3) 접지저항(브리지로 답할 것)

|계|산|및|정|답|

(1) 와이어게이지

(2) 메거

(3) 콜라우시브리지

01 2014년 전기산업기사 실기

01

출제 : 14년 • 배점 : 5점

용량 30[kVA] 주상변압기, 부하 30[kW] 4시간, 24[kW] 8시간, 8[kW] 10시간 사용일 때 이 변압기의 일부하율과 전일효율 계산하시오. (단, 부하의 역률은 1, 철손은 200[W], 변압기의 전부하 동손은 500[W]이다.)

•계산 : •답 :

|계|산|및|정|답|

① 【계산】 일부하율= $\frac{(30\times4+24\times8+8\times10)}{30\times24}\times100=54.444$ 【정답】 54.44[%]

② 【계산】 전일효율

•출력 : $P=30\times4+24\times8+8\times10=392[\text{kWh}]$

•철손 : $P_i=0.2\times24=4.8[\text{kWh}]$

•동손 : $P_c=\left(\frac{30}{30}\right)^2\times0.5\times4+\left(\frac{24}{30}\right)^2\times0.5\times8+\left(\frac{8}{30}\right)^2\times0.5\times10=4.915[\text{kwh}]$

•전일효율 $\eta=\frac{392}{392+4.8+4.915}\times100=97.581[\%]$ 【정답】 97.58[%]

|추|가|해|설|

· 전일효율 $=\frac{\text{1일의총출력전력량}}{\text{1일의총출력전력량}+\text{손실전력량}}\times100[\%]$

· 부하율 $=\frac{\text{기간중의평균전력}}{\text{기간중의최대전력}}\times100[\%]$

· 월부하율 $=\frac{\text{1개월간의소비전력량}(kWh)}{\text{최대전력}(24\times30)}\times100[\%]$

· 일 평균전력 $=\frac{\text{1일 사용량}(kWh)}{\text{24시간}}$

· 일부하율 $=\frac{\text{평균전력}(kWh)}{\text{최대전력}}\times100[\%]$

02

출제 : 01, 14년 • 배점 : 5점

차단기와 단로기의 차이점을 설명하시오.

|계|산|및|정|답|

·차단기(CB) : 평상 시에는 부하전류, 선로의 충전전류, 변압기의 여자전류 등을 개폐하고, 고장시 에는 보호계전기의 동작에서 발생하는 신호를 받아 단락전류, 지락전류, 고장전류 등을 차단한다.

·단로기(DS) : 기기와 선로 또는 모선 등의 점검 및 수리 시, 특히 충전가압을 막을 수 있고 단로 구간을 확실하게 하여 정전개소를 확보하며, 전력계통을 분리, 송전 및 수전 계통을 변경할 수 있다. 즉, 단로기는 부하전류의 개폐를 하지 않는 것을 원칙을 하나 선로의 충전전류와 변압기의 여자전류 및 경부하전류 등의 미약한 전류를 개폐할 경우에 사용된다.

|추|가|해|설|

[퓨즈와 각종 개폐기 및 차단기와의 기능 비교]

능력 / 기능	회로 분리		사고 차단	
	무부하	부하	과부하	단락
퓨즈	○			○
차단기	○	○	○	○
개폐기	○	○	○	
단로기	○			
전자 접촉기	○	○	○	

03

출제 : 14년 • 배점 : 5점

계기정수 1200[Rev/kWh], 승률 1의 전력량계의 원판이 50초에 12회전한다. 이때 부하의 평균전력은 몇 [kW]?

·계산 : ·답 :

|계|산|및|정|답|

【계산】 평균전력 $P_m = \frac{3600 \cdot n}{t \cdot k} \times CT비 \times PT비 = \frac{3600 \times 12}{1200 \times 50} \times 1 = 0.72[\text{kw}]$

여기서, n : 회전수[회], t : 시간[초], k : 계기정수[rev/kWh]

【정답】 0.72[kw]

|추|가|해|설|

[평균전력]

일정한 기간중의 전력량을 그 기간의 총시간으로 나눈 것. 기간에 따라 일평균전력, 월평균전력, 연평균전력 등이 있다. 평균전력을 최대전력으로 나눈 것을 부하율이라 하며, 이 기간 중에 부하의 변동상태, 부하의 특성 등을 파악하기 위해 사용하고 있다.

04

출제 : 14년 • 배점 : 5점

수조에 분당 1500[l]의 물을 올리려 한다. 지하 수조에서 옥상 수조까지 양정 50[m]이 전동기의 용량은 몇 [kw]인가? (단, 배관 손실은 양정의 30[%], 펌프 전동기 종합효율 80[%], 여유계수 1.1로 한다.)

・계산 : ・답 :

|계|산|및|정|답|

【계산】 평균전력 $P=\frac{KQH}{6.12\eta}=\frac{1.1\times1.5\times50\times1.3}{6.12\times0.8}=21.91[kw]$ → $(1000[\ell]=1[m^3])$이므로 【정답】 21.91[kw]

|추|가|해|설|

① 펌프용 전동기의 용량 $P=\frac{9.8Q'[m^3/sec]HK}{\eta}[kW]=\frac{9.8Q[m^3/min]HK}{60\times\eta}[kW]=\frac{Q[m^3/min]HK}{6.12\eta}[kW]$

여기서, P : 전동기의 용량[kW], Q' : 양수량$[m^3/sec]$, Q : 양수량$[m^3/min]$

H : 양정(낙차)[m], η : 펌프효율, K : 여유계수(1.1~1.2 정도)

② 권상용 전동기의 용량 $P=\frac{K\cdot W\cdot V}{6.12\eta}[KW]$

여기서, K : 여유계수, W : 권상 중량 [ton], V : 권상 속도[m/min], η : 효율

③ 엘리베이터용 전동기의 용량 $P=\frac{KVW}{6120\eta}[kW]$

여기서, P : 전동기 용량[kW], η : 엘리베이터 효율, V : 승강속도[m/min]

W : 적재하중[kg](기계의 무게는 포함하지 않는다.), K : 계수(평형률)

05

출제 : 02, 22, 14년 • 배점 : 8점

3상 3선식 6.6[kV]로 수전하는 수용가의 수전점에서 100/5[A], CT 2대와 6600/110[V] PT 2대를 사용하여 CT 및 PT 2차측에서 측정한 3상 전력이 300[W]였다면 수전전력은 몇 [kW]인지 계산하시오.

・계산 : ・답 :

|계|산|및|정|답|

【계산】 수전전력 P_1 = 측정전력(전력계의 지시값) × CT비 × PT비

$=300\times\frac{6600}{110}\times\frac{100}{5}\times10^{-3}=360$ 【정답】 360[kW]

06

출제 : 14년 • 배점 : 5점

수전단 상전압이 22000[V], 전류 400[A], 선로저항 R=3[Ω], 리액턴스 X=5[Ω] 전압강하율은 얼마인지 계산하시오. (단, 수전단 역률 0.8이라 한다.)

·계산 : ·답 :

|계|산|및|정|답|

【계산】 전압강하율 $e = \frac{I(R\cos\theta + X\sin\theta)}{E_r} \times 100 = \frac{400 \times (3 \times 0.8 + 5 \times 0.6)}{22000} \times 100 = \frac{2160}{22000} \times 100 = 9.818$

【정답】 9.82[%]

|추|가|해|설|

(1) 상전압 일 때의 전압강하율 $\epsilon = \frac{E_s - E_r}{E_r} \times 100 = \frac{I(R\cos\theta + X\sin\theta)}{E_r} \times 100[\%]$

(2) 선간전압 일 때의 전압강하율 $\epsilon = \frac{V_s - V_r}{V_r} \times 100 = \frac{\sqrt{3}\, I(R\cos\theta + X\sin\theta)}{V_r} \times 100[\%]$

07

출제 : 07, 12, 14년 • 배점 : 5점

방 넓이 12[m^2], 천장높이 3[m], 조명률 50[%], 감광보상율 1.2, 작업면 평균조도 150[lx]일 때 소요광속은 몇 [lm]인가?

·계산 : ·답 :

|계|산|및|정|답|

【계산】 소요 광속 $NF = \frac{EAD}{U} = \frac{EAD}{U} = \frac{150 \times 12 \times 1.3}{0.5} = 4680$ →(1등에 관한 소요광속 F, 총 소요광속 NF)

【정답】 4680[lm]

|추|가|해|설|

소요 광속 $NF = \frac{EAD}{U} = \frac{EA}{UM}$

여기서, E : 평균 조도[lx], F : 램프 1개당 광속[lm], N : 램프 수량[개], U : 조명률 , D : 감광보상률(=$\frac{1}{M}$)

M : 보수율, A : 방의 면적[m^2](방의 폭×길이)

08

출제 : 14년 • 배점 : 5점

다음 회로에서 전원전압이 공급될 때 최대 전류계의 측정 범위가 500[A]인 전류계로 전 전류값이 1500[A]인 전류를 측정하려고 한다. 전류계와 병렬로 몇 [Ω]의 저항을 연결하면 측정에 가능한지를 계산하시오. (단, 전류계 내부저항은 100[Ω]이다.)

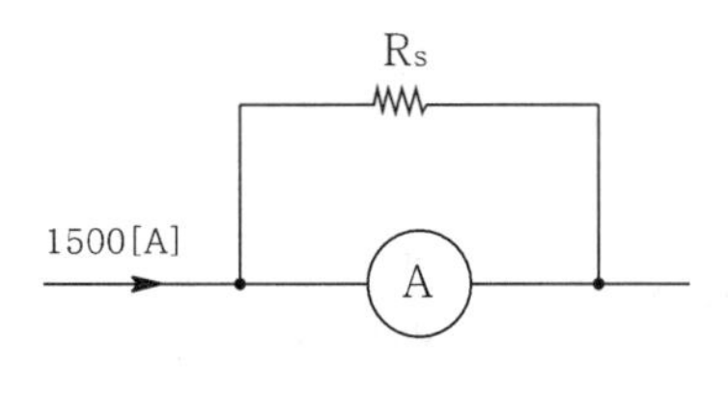

·계산 :

·답 :

|계|산|및|정|답|

【계산】 전류계의 배율 $n = \dfrac{I}{I_0} = \dfrac{1500}{500} = 3$

$R_s = \dfrac{r}{n-1} = \dfrac{100}{3-1} = 50$

【정답】 50[Ω]

|추|가|해|설|

[분류기]

전류의 측정 범위를 확대하기 위하여 저항을 병렬로 연결 ($I_1 < I_2$)

작은 저항에 큰 전류가 흐르게 되므로 전류계 정격에 대하여 20배의 전류를 측정하려면, 전류계와 병렬로 전류계 내부저항의 1/19배 되는 저항을 전류계와 병렬로 연결하면 된다.

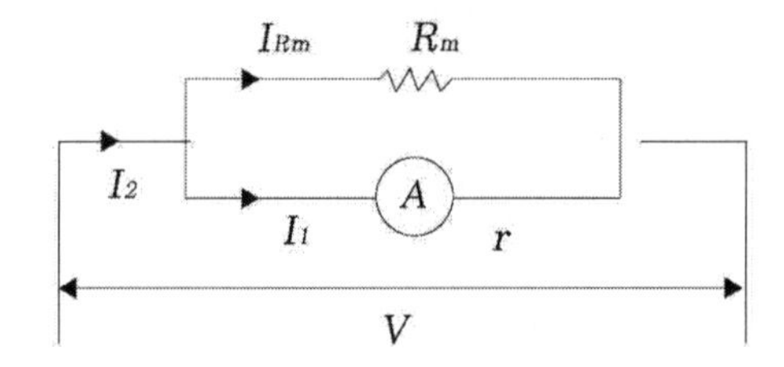

$I_2 = I_1 + I = \dfrac{V}{r} + \dfrac{V}{R_m}$

$\dfrac{V}{r}\left(1 + \dfrac{V}{R_m}\right) = I_1\left(1 + \dfrac{r}{R_m}\right)$

여기서, R_M : 분류기 저항, r : 전류계 내부저항

09

출제 : 14년 • 배점 : 5점

전원전압 220[V], 70[W]×2, 600[W]×1, 150[W]×2 동시에 사용할 때 10[A] 고리퓨즈 상태(용단여부)와 그 이유를 쓰시오.

|계|산|및|정|답|

· 용단여부 : 단상 $P=VI$에서 $I=\frac{P}{V}$

$$\text{부하전류 } I=\frac{700\times 2+600\times 1+150\times 2}{220}=10.454[\Omega]$$

· 상태 : 용단되지 않는다.

· 이유 : 저압용 고리퓨즈는 1.1배에 전류에는 견디어야 하므로 용단되어서는 안 된다.

10

출제 : 14년 • 배점 : 5점

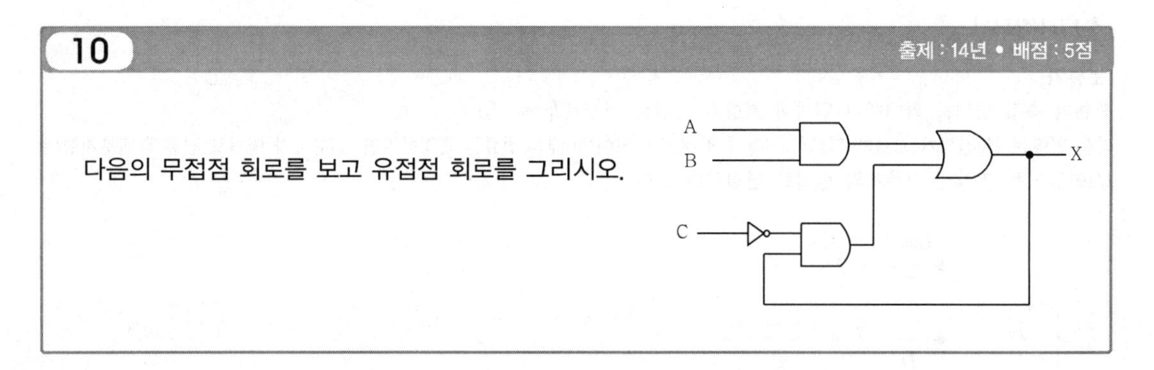

다음의 무접점 회로를 보고 유접점 회로를 그리시오.

|계|산|및|정|답|

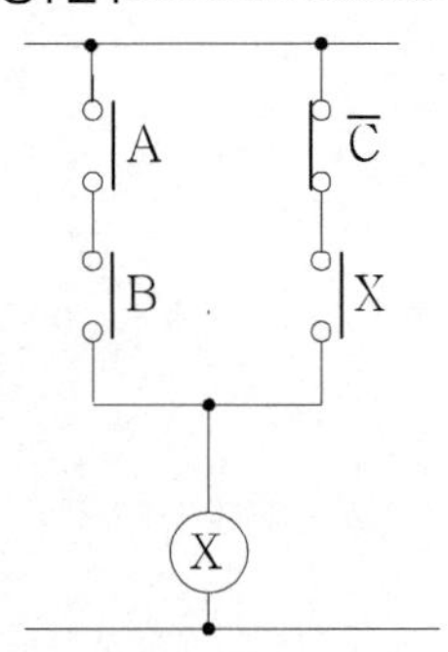

|추|가|해|설|

[Gate 기호 및 진리표 정리]

Gate 이름	논리회로 논리식	유접점 회로
AND 회로	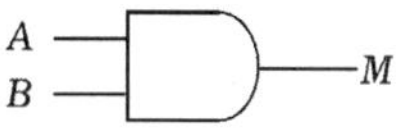 $M = A \cdot B$	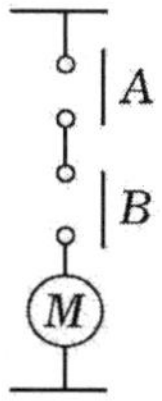
OR 회로	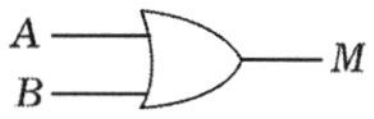 $M = A + B$	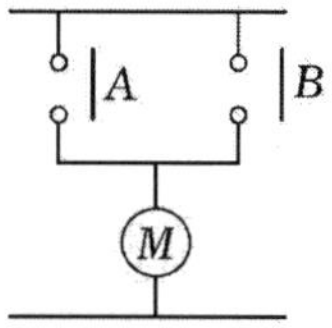
NOT 회로	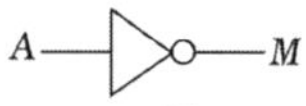 $M = \overline{A}$	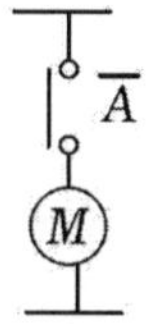
NAND 회로	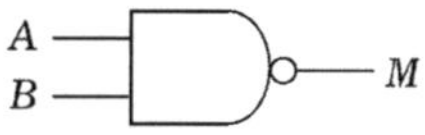 $M = \overline{A \cdot B}$	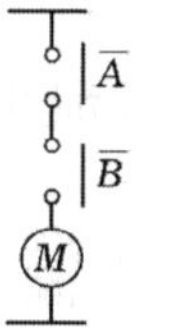
NOR 회로	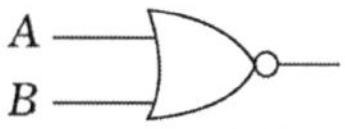 $M = \overline{A + B}$	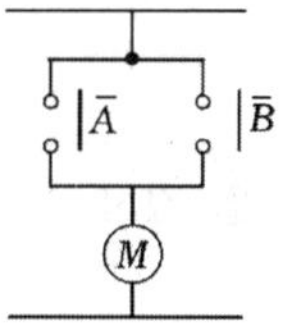
exclusive -OR 회로	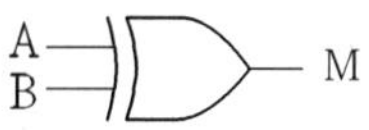 $M = A\overline{B} + \overline{A}B$ $= A \oplus B$	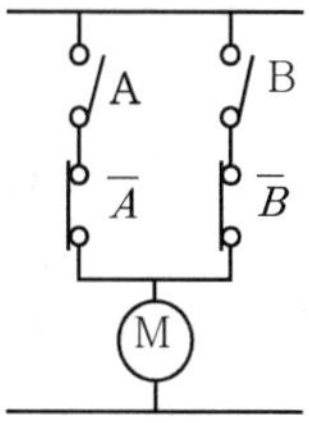

11

출제 : 14년 • 배점 : 8점

3상 4선식 교류 380[V], 15[kw] 3상 부하 주변전실에서 배전반까지 190[m] 간선 케이블의 최소 굵기를 계산하고 케이블 선정하시오.

[표] 전선길이 60[m] 초과하는 경우 전압 강하율

전선 길이	전압 강하율	
	전용 변압기 공급	저압 공급
120[m] 이하	5 이하	4 이하
200[m] 이하	6 이하	5 이하
200[m] 초과	7 이하	6 이하

·계산 :

·답 :

|계|산|및|정|답|

【계산】 $L=190[m]$, $e=220\times0.06$

· $I=\dfrac{P_a}{\sqrt{3}\,V}=\dfrac{15\times10^3}{\sqrt{3}\times380}=22.79[A]$

· 전선의 굵기(3상 4선) $A=\dfrac{17.8\,LI}{1000e}=\dfrac{17.8\times190\times22.79}{1000\times220\times0.06}=5.84[mm^2]$

【정답】 $6[mm^2]$

|추|가|해|설|

[전압 강하 및 전선의 단면적]

전기 방식	전압 강하		전선 단면적
단상3선식 직류3선식 3상4선식	$e=IR$	$e=\dfrac{17.8L}{1000A}$	$A=\dfrac{17.8LI}{1000e}$
단상 2선식 및 직류 2선식	$e=2IR$	$e=\dfrac{35.6L}{1000A}$	$A=\dfrac{35.6LI}{1000e}$
3상 3선식	$e=\sqrt{3}\,IR$	$e=\dfrac{30.8L}{1000A}$	$A=\dfrac{30.8LI}{1000e}$

[KSC IEC 전선의 규격$[mm^2]$]

1.5	2.5	4
6	10	16
25	35	50
70	95	120
150	185	240
300	400	500

여기서, A : 전선의 단면적[mm²], e : 외측선 또는 각 상의 1선과 중성선 사이의 전압강하[V]

L : 전선 1본의 길이[m], C : 전선의 도전율(경동선 97[%])

12

출제 : 14년 • 배점 : 6점

배전용 변전소에 접지 공사를 하고자 한다. 접지공사 목적 3가지 쓰시오.

|계|산|및|정|답|

① 전위상승에 따른 인체 감전사고 방지

② 이상전압 억제

③ 보호계전기 동작확보

|추|가|해|설|

① 접지설비 : 접지란 전기기계기구와 대지를 전기적으로 연결하는 것으로서 접지에는 접지선과 접지전극이 이용되고 있다.

② 접지의 목적

- 2차 혼촉에 의한 저압측 감전방지
- 전로의 대지전압의 저하
- 보호계전기의 확실한 동작확보
- 이상 전압 상승으로 인한 기기의 소손방지

13

출제 : 14년 • 배점 : 3점

전기설비 보수 점검 작업의 점검 후 실시하여야 할 유의사항 3가지를 쓰시오?

|계|산|및|정|답|

① 작업자 인원 점검

② 안전 장치 제거(접지선, 단락접지용구)

③ 전원 투입 시 동작 순서(단로기(DS)-차단기(CB))대로 투입한다.

14

출제 : 14년 • 배점 : 14점

다음 도면은 어느 수 · 변전 설비의 미완성 단선 계통도이다. 도면을 읽고 물음에 답하시오.

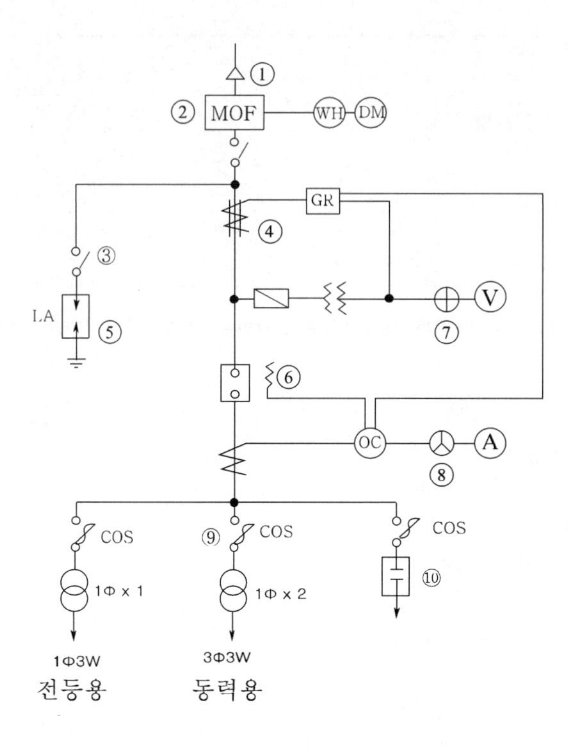

(1) 도면에 표시한 ①~⑩번까지의 약호와 명칭을 쓰시오.

(2) ⑩번에 직렬리액터와 방전코일이 부착된 상태로 복선도를 그리시오.

(3) 동력용 변압기에 복선도를 그리시오. (혼촉 방지판이 있는 경우 기준)

(4) 동력 부하로 3상 유도전동기 20[kw], 역률 60[%](지산) 부하 연결되어 있다. 이 부하의 역률 80[%]로 개선하는데 필요한 전력용 콘덴서 용량은 몇 [kVA]인가?

·계산 : ·답 :

|계|산|및|정|답|

(1) ① 케이블 헤드 ② 전력수급용 계기용 변성기

③ 단로기 ④ 영상변류기

⑤ 피뢰기 ⑥ 교류 차단기

⑦ 전압계용 전환 계폐기 ⑧ 전류계용 전환 개폐기

⑨ 프라이머리 컷아웃 ⑩ 전력용 콘덴서

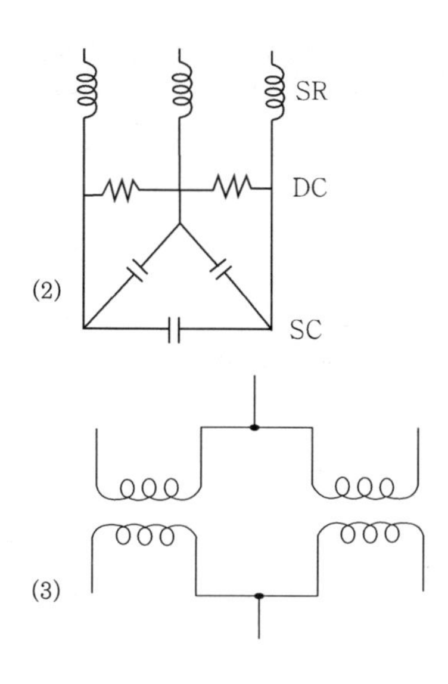

(4) 【계산】 $Q_c = P(\tan\theta_1 - \tan\theta_2) = P\left(\dfrac{\sin\theta_1}{\cos\theta_1} - \dfrac{\sin\theta_2}{\cos\theta_2}\right) = 20\left(\dfrac{0.8}{0.6} - \dfrac{0.6}{0.8}\right) = 11.67[\text{kVA}]$ → ($\sin\theta = \sqrt{1-\cos^2\theta}$)

【정답】 11.67[kVA]

|추|가|해|설|

(2) 역률 개선용 콘덴서 설비의 부속장치

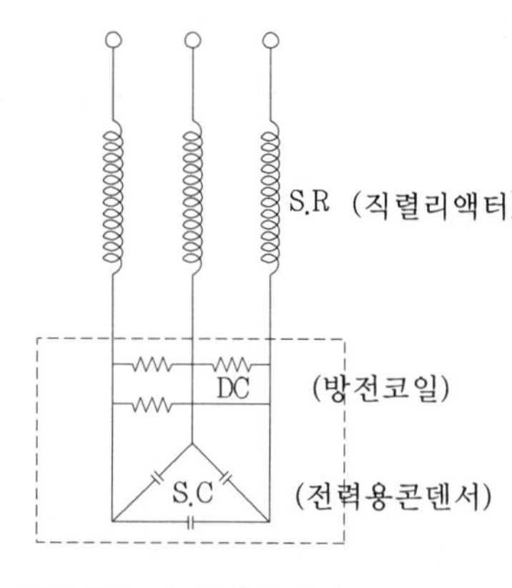

① 직렬리액터 : 제5고조파를 억제하여 파형이 일그러지는 것을 방지한다.
② 방전코일 : 콘덴서를 회로에서 개방하였을 때 전하가 잔류함으로써 일어나는 위험의 방지와 재투입할 때 콘덴서에 걸리는 과전압의 방지를 위해서 방전장치가 사용된다.
③ 전력용 콘덴서 : 부하의 역률을 개선

(4) 역률개선 시 콘덴서 용량

$$Q_c = P\tan\theta_1 - P\tan\theta_2 = P(\tan\theta_1 - \tan\theta_2) = P\left(\frac{\sin\theta_1}{\cos\theta_1} - \frac{\sin\theta_2}{\cos\theta_2}\right) = P\left(\frac{\sqrt{1-\cos\theta_1^2}}{\cos\theta_1} - \frac{\sqrt{1-\cos\theta_2^2}}{\cos\theta_2}\right)$$

여기서, $\cos\theta_1$: 개선 전 역률, $\cos\theta_2$: 개선 후 역률

15

출제 : 14년 • 배점 : 4점

직렬 콘덴서를 사용하는 목적에 대해 쓰시오.

|계|산|및|정|답|

장거리 송전선로에 설치하여 선로의 유도성 리액턴스를 상쇄시켜 전압강하를 경감하기 위해 사용한다.

|추|가|해|설|

(1) 직렬 콘덴서의 장점

① 선로의 전압강하를 줄인다.

② 수전단의 전압변동을 줄인다.

③ 정태안정도가 증가되어 최대 송전전력이 커진다.

④ 부하역률이 나쁜 선로일수록 효과가 좋다.

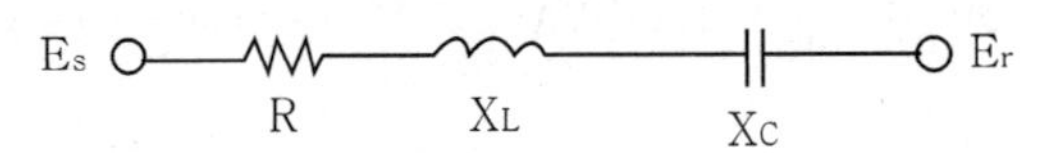

이때 합성리액턴스 $X = X_L - X_C$

(2) 직렬 콘덴서의 단점

① 효과가 부하역률에 좌우됨으로써 역률변동이 큰 선로엔 적당치 않다.

② 변압기 자기포화와 관련된 철공진, 선로개폐기 단락고장의 과전압 발생, 유도기와 동기기의 자기여자 및 난조 등의 이상 현상을 일으킨다.

16

출제 : 14년 • 배점 : 5점

기존 광원에 비하여 LED 램프 특성 5가지 쓰시오.

|계|산|및|정|답|

① 우수한 친환경적

② 빠른 발광속도

③ 긴수명

④ 낮은 소비전력으로 조명효율이 좋다.

⑤ 소형화

17

출제 : 03, 07, 14년 • 배점 : 6점

그림과 같은 계통의 기기의 A점에서 완전 지락이 발생하였다. 그림을 이용하여 다음 각 물음에 답하시오.

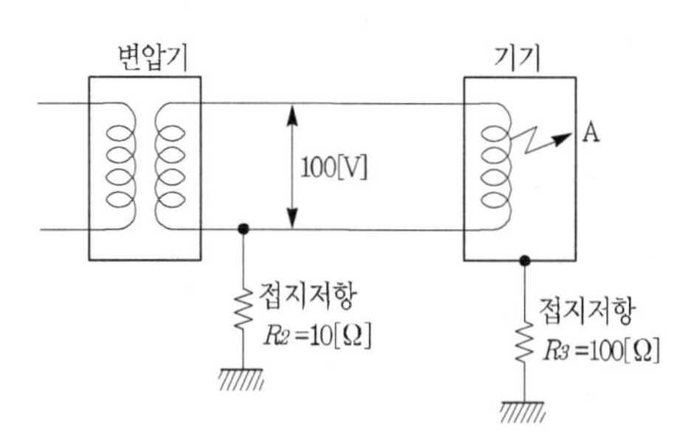

(1) 이 기기의 외함에 인체가 접촉하고 있지 않을 경우, 이 외함의 대지전압을 구하시오.

•계산 : •답 :

(2) 이 기기의 외함에 인체가 접촉하였을 경우 인체를 통해서 흐르는 전류를 구하시오. (단, 인체의 저항은 3000[Ω]으로 한다.)

•계산 : •답 :

(3) (2)와 같은 경우에 인체에 흐르는 전류를 10[mA] 이하로 하려면 R_3을 얼마로 해야 하는가?

•계산 : •답 :

|계|산|및|정|답|

(1) 【계산】 대지전압 $c=\dfrac{R_3}{R_2+R_3}\times V=\dfrac{100}{10+100}\times 100=90.91[\text{V}]$ 【정답】 90.91[V]

(2) 【계산】 인체에 흐르는 전류 $I=\dfrac{V}{R_2+\dfrac{R_3\cdot R}{R_3+R}}\times\dfrac{R_3}{R_3+R}=\dfrac{100}{10+\dfrac{100\times 3000}{100+3000}}\times\dfrac{100}{100+3000}$

$=0.03021[\text{A}]=30.21[\text{mA}]$ 【정답】 30.21[mA]

(3) 【계산】 $I=\dfrac{100}{10+\dfrac{R_3\times 3000}{R_3+3000}}\times\dfrac{R_3}{R_3+3000}[\text{A}]$

$=\dfrac{100R_3}{10(R_3+3000)+R_3\times 3000}\rightarrow\dfrac{100R_3}{3010R_3+30000}=10\times 10^{-3}=0.01$

$\therefore\ R_3=4.29[\Omega]$ 【정답】 4.29[Ω]

|추|가|해|설|

(1) 인체 비 접촉시

① 지락전류 $I_g=\dfrac{V}{R_2+R_3}[\text{A}]$

② 대지전압 $e = I_g R_3 = \dfrac{V}{R_2 + R_3} R_3$[A]

(2) 인체 접촉시

① 인체에 흐르는 전류 $I = \dfrac{V}{R_2 + \dfrac{RR_3}{R + R_3}} \times \dfrac{R_3}{R + R_3} = \dfrac{R_3}{R_2(R + R_3) + RR_3} \times V$[A]

② 접촉전압 $E_t = IR = \dfrac{RR_3}{R_2(R + R_3) + RR_3} \times V$[V]

여기서, R_2 : 계통 접지저항, R_3 : 보호 접지저항, R : 인체저항

18

출제 : 03, 14년 • 배점 : 6점

축전지에 대한 다음 각 물음에 답하시오.

(1) 축전지 초기 고장, 셀 전압 불균형이 크고 비중이 낮았을 때 고장원인은 무엇으로 추정하는가?

(2) 납축전지 알칼리전지 1셀당 공칭전압은 얼마인가?

(3) 알칼리 축전지 불순물 혼입 시 어떤 현상이 발생하는가?

|계|산|및|정|답|

(1) 사용 개시 시 충전 보충부족

(2) ① 납축전지 : 2.0[V] ② 알칼리전지 : 1.2[V]

(3) 전압강하, 용량감소

|추|가|해|설|

① 연축전지

· 화학 반응식 : $PbO_2 + 2H_2SO_4 + Pb \underset{\leftarrow 충전}{\overset{방전 \rightarrow}{\rightleftarrows}} PbSO_4 + 2H_2O + PbSO_4$

양극 전해액 음극 양극 전해액 음극

· 공칭전압 : 2.0[V/cell] · 공칭용량 : 10[Ah] · 방전종료전압 : 1.8[V]

② 알칼리축전지

· 화학 반응식 : $2Ni(OH)_2 + Cd(OH)_2 \underset{\leftarrow 충전}{\overset{방전 \rightarrow}{\rightleftarrows}} 2Ni\ OOH + 2H_2O + Cd$

양극 음극 양극 음극

· 공칭전압 : 1.2[V/cell] · 공칭용량 : 5[Ah]

02 2014년 전기산업기사 실기

01

출제 : 14년 • 배점 : 8점

단상 500[kVA], 22.9[kV]/380/220[V] 3대를 △－Y 결선으로 하였을 경우, 저압측에 설치하는 차단기의 차단용량을 구하시오. (단, 변압기의 임피던스는 5.0[%]이다)

·계산 : ·답 :

|계|산|및|정|답|

【계산】 차단기 용량 $P_s = \frac{100}{\%Z}P_n = \frac{100}{5.0} \times 1,500 \times 10^{-3} = 30$ → (P_n은 기준 용량 500×3=1500) 【정답】 30[MVA]

02

출제 : 14년 • 배점 : 5점

500[kVA]의 변압기에 역률이 60[%]의 부하 500[kVA]가 접속되어 있다고 할 때, 이 부하와 병렬로 콘덴서를 접속해서 합성 역률 90[%]로 개선하면 부하는 몇 [kW]까지 증가시킬 수 있는지를 계산하시오.

·계산 : ·답 :

|계|산|및|정|답|

【계산】 ① 역률 개선 전의 유효전력 $P_1 = 500 \times 0.6 = 300[kW]$

② 역률 개선 후의 유효전력 $P_2 = 500 \times 0.9 = 450[kW]$

∴증가시킬 수 있는 유효전력 $\Delta P = 450 - 300 = 150[\text{kW}]$ 【정답】 150[kw]

03

출제 : 03, 14년 • 배점 : 15점

도면은 어느 수전설비의 단선결선도이다(일부 생략). 도면을 보고 물음에 답하시오.

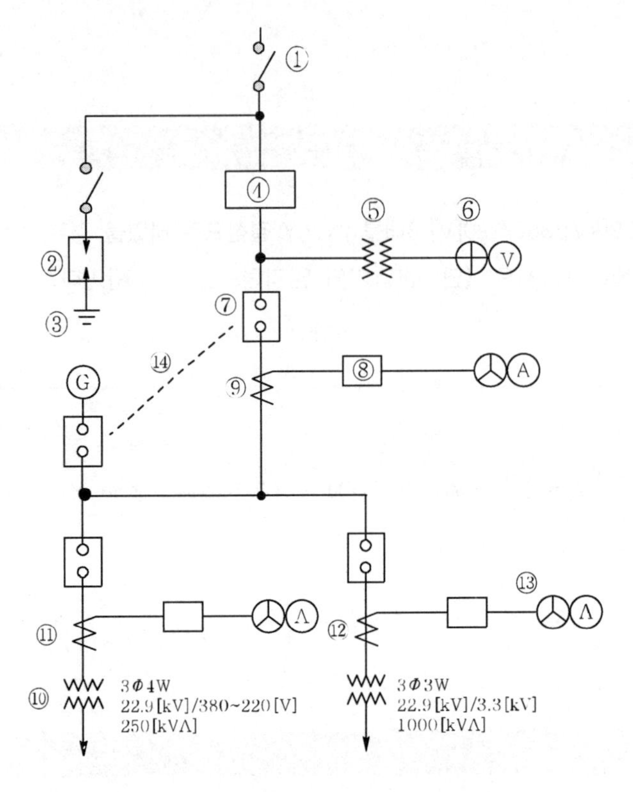

(1) ①~②, ④~⑨, ⑬에 해당되는 부분의 명칭과 용도를 쓰시오.

(2) ⑤의 기기의 1차, 2차 전압은?

(3) ⑩번 변압기의 2차측 결선 방법은?

(4) ⑪, ⑫의 1차 2차 전류는 몇 [A]인가? (단, CT 정격전류는 부하 정격전류의 1.5배로 한다.)

· 계산 : · 답 :

(5) ⑭를 통해 연계시키는 것을 무엇이라 하며, 이렇게 하는 목적은 무엇 때문인가?

|계|산|및|정|답|

	번호	명칭	용도
	①	단로기	무부하 상태에서의 전로를 개폐하거나, 기기를 점검·수리할 때 회로를 분리하는데 사용
	②	피뢰기	이상전압 내습시 대지에 방전, 속류를 차단한다.
(1)	④	전력수급용 계기용 변성기	1차 고전압을 2차 정격전압 110[V]로, 1차 대전류를 5[A]로 변성시켜 전력량계에 공급, 전력량을 적산한다.

번호	명칭	용도
⑤	계기용 변압기	1차 고전압을 2차 정격전압 110[V]로 변성하여 계기 및 계전기 등에 공급한다.
⑥	전압계용 전환 개폐기	1대의 전압계로 3상 각 상의 전압을 측정하기 위한 전환 개폐기
⑦	교류 차단기	단락사고, 지락사고, 과부하 등이 발생하는 경우 이를 신속히 차단하여 부하설비를 보호한다.
⑧	과전류 계전기	계통에 과전류가 흐르면 이를 감지하여 차단기의 트립코일을 여자시킨다.
⑨	변류기	1차 대전류를 2차 정격전류 5[A]로 변성하여 계기 및 계전기 등에 공급한다.
⑬	전류계용 전환 개폐기	1대의 전류계로 3상 각 상의 전류를 측정하기 위한 전환 개폐기

(2) 1차 전압 : $\frac{22,900}{\sqrt{3}}$[V] 또는 13,200[V], 2차전압 : $\frac{190}{\sqrt{3}}$[V] 또는 110[V]

(3) Y결선

(4) 【계산】 ⑪ $I_1 = \frac{250}{\sqrt{3} \times 22.9} = 6.3[A] \rightarrow 6.3 \times 1.5 = 9.45[A]$ 이므로 변류비 10/5 선정

$I_2 = \frac{250}{\sqrt{3} \times 22.9} \times \frac{5}{10} = 3.15[A]$ 【정답】 1차 전류 6.3[A], 2차 전류 3.15[A]

⑫ $I_1 = \frac{1000}{\sqrt{3} \times 22.9} = 25.21[A]$, 그러므로 $25.21 \times 1.5 = 37.82[A]$ 이므로 변류비 40/5 선정

$I_2 = \frac{1000}{\sqrt{3} \times 22.9} \times \frac{5}{40} = 3.15[A]$ 【정답】 1차 전류 25.21 [A], 2차 전류 3.15[A]

(6) 인터록, 상시전원과 예비전원의 동시 투입 방지

04

출제 : 14년 • 배점 : 5점

A점에 대한 법선 조도와 수평면 조도를 구하시오. (단, 전등의 전광속은 20,000[lm]이며, 광도 θ는 그래프 상에서 값을 읽는다.)

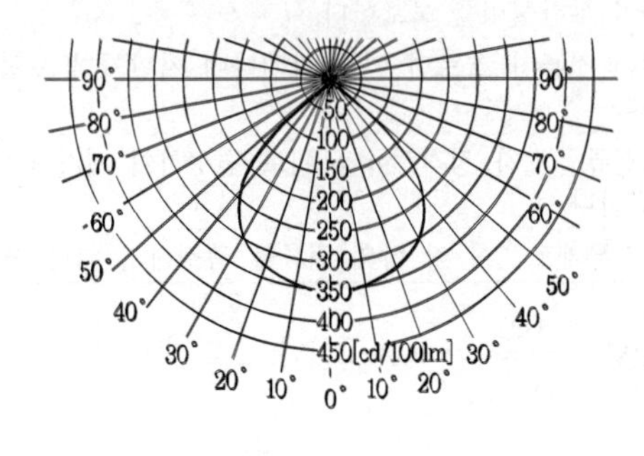

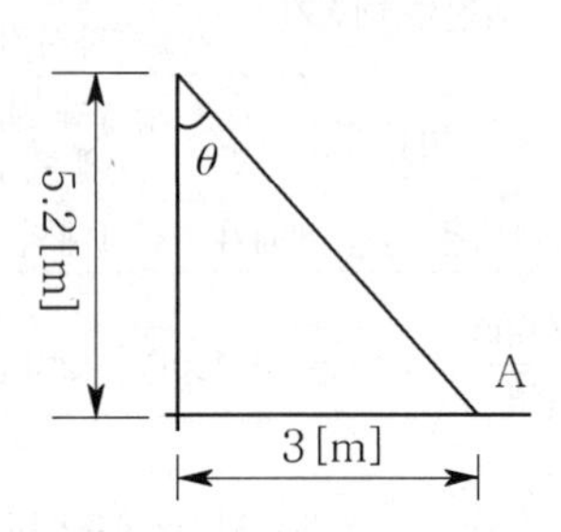

·계산 : ·답 :

|계|산|및|정|답|

【계산】 $\cos\theta = \frac{h}{\sqrt{h^2+a^2}} = \frac{5.2}{\sqrt{5.2^2+3^2}} = 0.866$ $\quad \therefore \theta = \cos^{-1}0.866 = 30°$

그래프에서 30° 와 만나는 점의 광도는 300[cd/1,000[lm]이므로 광원의 광도는 6,000[cd]

즉, 전등의 광도 $I = \frac{300}{1000} \times 20000 = 6000[cd]$

① 법선조도 : $E_n = \frac{I}{r^2} = \frac{6,000}{5.2^2+3^2} = 166.48[lx]$ 【정답】 166.48[lx]

② 수평면조도 : $E_h = \frac{I}{r^2}\cos\theta = \frac{6,000}{5.2^2+3^2} \times 0.866 = 144.17[lx]$ 【정답】 144.17[lx]

|추|가|해|설|

[조도의 구분]

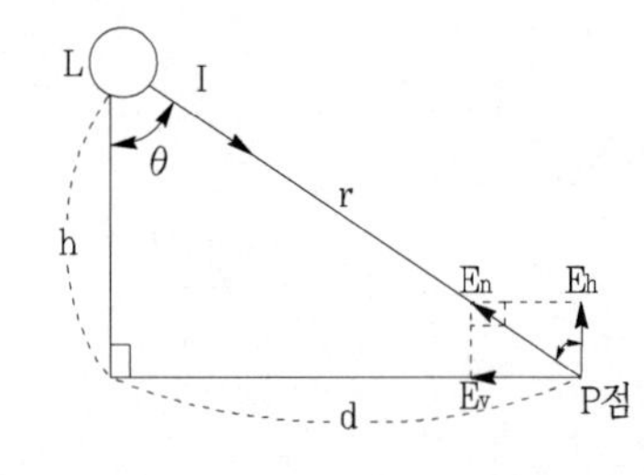

·법선 조도 : $E_n = \frac{I}{r^2}[lx]$

·수평면 조도 : $E_h = E_n\cos\theta = \frac{I}{r^2}\cos\theta = \frac{I}{h^2}\cos\theta^3[lx]$

·수직면 조도 : $E_v = E_n\sin\theta = \frac{I}{r^2}\sin\theta = \frac{I}{d^2}\sin\theta^3 = \frac{I}{h^2}\cos^2\theta\sin\theta[lx]$

05

출제 : 08, 14년 • 배점 : 5점

철손과 동손이 같을 때 변압기의 효율은 최고로 된다. 단상 220[V], 50[kVA]의 변압기의 정격전압에서 철손은 10[W], 전부하에서 동손은 160[W]이면, 효율이 가장 크게 되는 것은 몇 [%] 부하일 때 인지 계산하시오.

•계산 :   •답 :

|계|산|및|정|답|

【계산】 부분 부하시 최대 효율 조건 $P_i = \left(\frac{1}{m}\right)^2 P_c$에서 최대 효율을 나타내는 부분 부하 $\frac{1}{m} = \sqrt{\frac{P_i}{P_c}}$ 가 된다.

$$\frac{1}{m} = \sqrt{\frac{P_i}{P_c}} = \sqrt{\frac{10}{160}} = \frac{1}{4} = 0.25$$

【정답】 25[%]

06

출제 : 14년 • 배점 : 5점

전등, 콘센트만 사용하는 220[V], 총 부하산정 용량은 12,000[VA]일 때 분기회로수를 구하시오. (단, 15[A] 분기회로로 한다.)

•계산 :   •답 :

|계|산|및|정|답|

【계산】 분기회로수 $N = \frac{\text{산정부하설비의합}}{\text{전압} \times \text{분기회로의전류}} = \frac{12,000}{220 \times 15} = 3.636$

→ (분기회로 계산 시 수소점이 발생하면 소수점 이하 절상한다.)

【정답】 15[A] 4 분기회로

07

출제 : 22, 14, 08년 • 배점 : 5점

150[kVA], 22.9[kV]/380-220[V], %저항 3[%], %리액턴스 4[%] 일 때 정격전압에서 단락전류는 정격전류의 몇 배인가? (단, 전원측의 임피던스는 무시한다.)

·계산 : ·답 :

|계|산|및|정|답|

【계산】 단락전류 $I_s = \frac{100}{\%Z} I_n = \frac{100}{\sqrt{3^2+4^2}} I_n = 20 I_n [A]$ 【정답】 20배

|추|가|해|설|

단락전류 $I_s = \frac{100}{\%Z} I_n = \frac{100}{\sqrt{\%R^2+\%X^2}} I_n [A]$

여기서, %Z : %임피던스, I_n : 정격전류, %R : %저항, %X : %리액턴스

08

출제 : 14년 • 배점 : 4점

변전소의 주요 기능 4가지를 쓰시오.

|계|산|및|정|답|

① 전압의 변성과 조정

② 전력의 집중과 배분

③ 전력 조류의 제어

④ 송배전선로 및 변전소의 보호

09 출제 : 03, 14년 • 배점 : 9점

단상 변압기 3대를 이용한 △ − △ 결선도를 그리고, 장 • 단점 각각 3가지를 쓰시오.

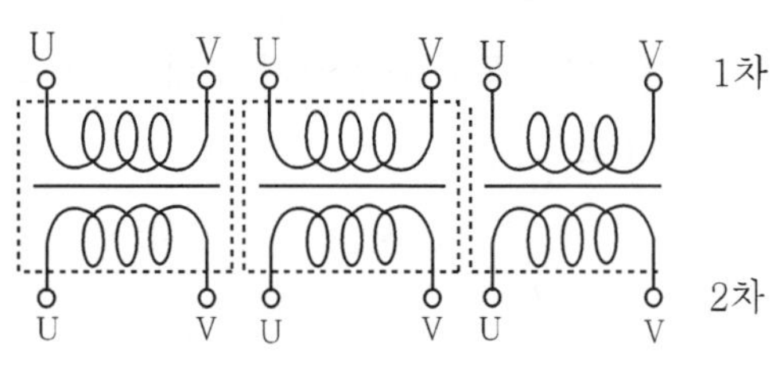

|계|산|및|정|답|

(1) △ − △ 결선도 :

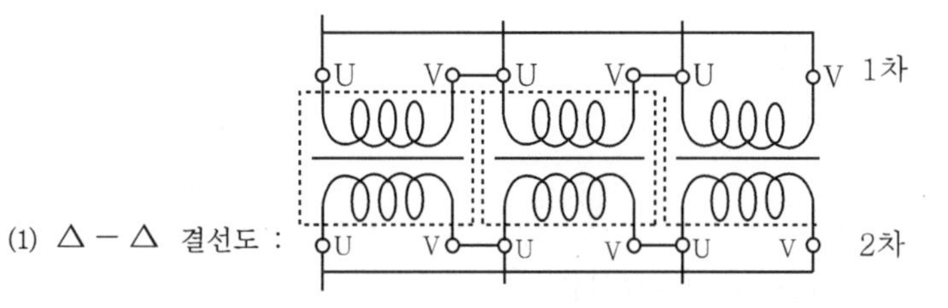

(2) 장점

① 제3고조파 전류가 △ 결선 내에서만 순환하고 외부에는 나타나지 않으므로 기전력의 왜곡 및 통신장해의 발생이 없다.

② 변압기 1대 고장시 V결선에 의한 평형 3상 전력공급이 가능하다.

③ 각 변압기의 선전류가 상전류의 $\sqrt{3}$ 배가 되므로 대전류 부하에 적합하다.

(3) 단점

① 중성점을 접지할 수 없으므로 지락 사고시 고장전류의 검출이 어렵고, 이상전압의 발생 정도가 크다.

② 각 상의 권선 임피던스가 다를 경우 3상 부하가 평형이 되어도 변압기의 부하전류가 불평형이 된다.

③ 각 변압기의 권선비가 다를 경우 무부하시에도 순환전류가 흐른다.

10 출제 : 14년 • 배점 : 4점

수용률(Demand Factor)을 식으로 나타내고, 의미를 설명하시오.

|계|산|및|정|답|

① 【식】 수용률 $= \dfrac{\text{최대수용전력}}{\text{부하설비용량의 합계}} \times 100[\%]$

② 【설명】 부하설비용량의 합에 대한 사용되고 있는 최대수용전력과의 비율을 나타낸 것으로 부하설비의 이용률을 의미한다.

11

출제 : 22, 14년 • 배점 : 5점

3상 송전선에서 각 선의 전류가 $I_a = 220 + j50$, $I_b = -150 - j300$, $I_c = -50 + j150$[A]일 때, 병행 가설된 통신선에 유기되는 전자유도전압의 크기는 몇 [V]인가? (단, 송전선과 통신선 사이의 상호임피던스는 15[Ω]이다.)

·계산 : ·답 :

|계|산|및|정|답|

【계산】 전자유도전압의 크기 $E_m = j\omega Ml(I_a + I_b + I_c)$

$$E_m = j15 \times ((220 + j50) + (-150 - j300) + (-50 + j150))$$

$$= j15 \times (20 - j100) = j300 + 1500 = \sqrt{300^2 + 1500^2} = 1529.705$$

【정답】 1529.71[V]

|추|가|해|설|

[전자유도전압의 크기(E_m)] $E_m = jwMl(I_a + I_b + I_c) = jwMl \times 3I_0$ [V]

여기서, l : 전력선과 통신선의 병행 길이[km], $3I_0$: 3× 영상전류(=기유도 전류=지락 전류)

M : 전력선과 통신선과의 상호 인덕턴스, I_a, I_b, I_c : 각 상의 불평형 전류, $w(=2\pi f)$: 각주파수

12

출제 : 08, 14년 • 배점 : 8점

수전실 등의 시설과 관련하여 변압기, 배전반 등 수전설비는 보수 점검에 필요한 공간 및 방화상 유효한 공간을 유지하기 위하여 주요 부분이 유지하여야 할 거리를 정하고 있다. 다음 표에 기기별 최소 유지거리를 쓰시오.

기기별 \ 위치별	앞면 또는 조작·계측면	뒷면 또는 점검면	열상호간(점검하는 면)
특고압 배전반	[m]	[m]	[m]
저압 배전반	[m]	[m]	[m]

|계|산|및|정|답|

위치별 \ 기기별	앞면 또는 조작·계측면	뒷면 또는 점검면	열상호간(점검하는 면)
특고압 배전반	1.7[m]	0.8[m]	1.4[m]
저압 배전반	1.5[m]	0.6[m]	1.2[m]

| 추 | 가 | 해 | 설 |

[내선규정 3220-2 수전설비의 배전반 등의 최소 유지거리]

위치별 / 기기별	앞면 또는 조작·계측면	뒷면 또는 점검면	열상호간(점검하는 면)	기타의 명
특고압 배전반	1.7[m]	0.8[m]	1.4[m]	-
저압 배전반	1.5[m]	0.6[m]	1.2[m]	-
	1.5[m]	0.6[m]	1.2[m]	-
변압기 등	0.6[m]	0.6[m]	1.2[m]	0.3[m]

【주】 앞면 또는 조작계측 면은 배전반 앞에서 계측기를 판독할 수 있거나 필요 조작을 할 수 있는 최소 거리임

13

출제 : 01, 07, 14년 • 배점 : 8점

대지 전압이란 무엇과 무엇 사이의 전압을 말하는지 접지식 전로와 비접지식 전로로 구분하여 설명하시오.

| 계 | 산 | 및 | 정 | 답 |

① 접지식 전로 : 전선과 대지 사이의 전압

② 비접지식 전로 : 전선과 같은 전로의 임의의 다른 전선 사이의 전압

14

출제 : 14년 • 배점 : 5점

부하설비 용량이 각각 A는 30[kW], B는 25[kW], C는 50[kW], D는 40[kW]되는 수용가가 있다. 이 수용장소의 수용률이 A와 B는 각각 80[%], C와 D는 각각 60[%]이며, 이 수용장소의 부등률은 1.3이다. 이 수용장소의 종합 최대전력은 몇 [kW]인지 계산하시오.

·계산 : ·답 :

| 계 | 산 | 및 | 정 | 답 |

【계산】 $최대전력 = \frac{설비용량 \times 수용률}{부등률} = \frac{(30+25)\times 0.8 + (50+40)\times 0.6}{1.3} = 75.384$ 【정답】 75.38[kW]

15

출제 : 14년 • 배점 : 5점

부하의 역률을 개선하는 원리를 간단히 쓰시오.

|계|산|및|정|답|

부하의 지상무효전력을 전력용콘덴서(진상용 콘덴서)의 진상무효전력으로 상쇄시켜, 피상전력과 유효전력의 크기를 거의 같게 하는 것

|추|가|해|설|

[역률개선]

역률을 개선 한다는 것은 유효전력 P는 변함이 없고 콘덴서로 진상의 무효전력 Q_C를 공급하여 부하의 지상 무효전력 Q_1을 감소시키는 것을 말한다.

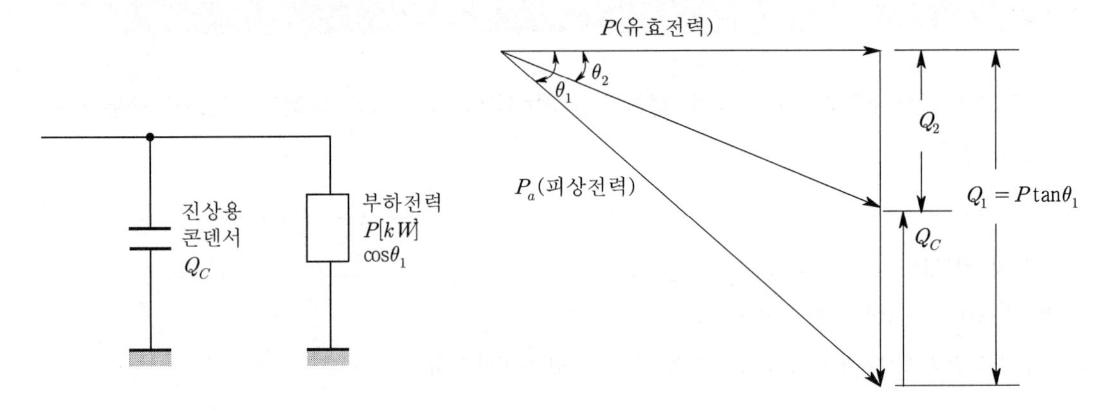

그림에서 역률각 θ_1을 θ_2로 개선하기 위해서는 부하의 무효전력 $Q_1(P\tan\theta_1)$을 콘덴서 Q_C로 보상하여 부하의 무효전력 $P\tan\theta_2$로 감소시켜야 한다. 이때 필요한 콘덴서 용량 Q_C는

$$Q_c = Q_1 - Q_2 = P\tan\theta_1 - P\tan\theta_2 = P(\tan\theta_1 - \tan\theta_2)$$

$$= P\left(\frac{\sin\theta_1}{\cos\theta_1} - \frac{\sin\theta_2}{\cos\theta_2}\right) = P\left(\sqrt{\frac{1}{\cos^2\theta_1} - 1}\ \sqrt{\frac{1}{\cos^2\theta_2} - 1}\right)[\text{kVA}]$$

여기서, Q_c : 부하 P[kW]의 역률을 $\cos\theta_1$에서 $\cos\theta_2$로 개선하고자 할 때 콘덴서 용량[kVA]

P : 대상 부하용량[kW], $\cos\theta_1$: 개선 전 역률, $\cos\theta_2$: 개선 후 역률

16

출제 : 14년 • 배점 : 3점

PLC에서 NOT 기능을 쓰시오.

|계|산|및|정|답|

· 입력으로 0(Low) 또는 1(High)을 주면, 출력은 1(High) 또는 0(Low)으로 변환시켜주는 기능

17

출제 : 14년 • 배점 : 4점

다음에 주어진 부울대수 논리식을 간략화 하시오.

$AB+A(B+C)+B(B+C)$

|계|산|및|정|답|

$$AB+A(B+C)+B(B+C)=AB+AB+AC+BB+BC$$
$$=AB+AC+B+BC$$
$$=B(A+1+C)+AC$$
$$=B+AC$$

|추|가|해|설|

· $A \cdot A=A,\ A+1=1,\ A \cdot 1=A$

03 2014년 전기산업기사 실기

01

출제 : 00, 04, 06, 14년 • 배점 : 5점

그림과 같은 계통에서 측로 단로기 DS_3을 통하여 부하에 공급하고 차단기 CB를 점검하고자 할 때 다음 각 물음에 답하시오. (단, 평상시에 DS_3는 열려 있는 상태임)

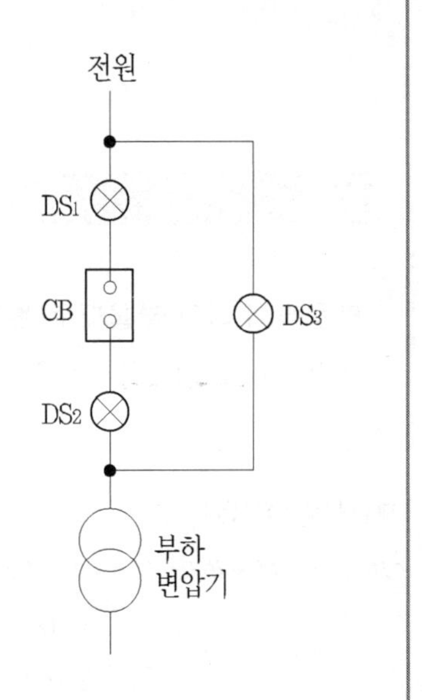

(1) 차단기 점검을 하기 위한 조작 순서를 쓰시오.

(2) CB의 점검이 완료된 후 정상 상태로 전환 시의 조작 순서를 쓰시오.

(3) 도면과 같은 설비에서 차단기 CB의 점검 작업 중 발생할 수 있는 문제점을 설명하고 이러한 문제점을 해소하기 위한 방안을 설명하시오.

|계|산|및|정|답|

(1) $DS_3(ON) \rightarrow CB(OFF) \rightarrow DS_2(OFF) \rightarrow DS_1(OFF)$

(2) $DS_2(ON) \rightarrow DS_1(ON) \rightarrow CB(ON) \rightarrow DS_3(OFF)$

(3) 【문제점】 차단기가 투입된 상태에서 단로기를 투입하거나 개방하면 위험

【해소 방안】 인터록 장치를 한다. 단로기에 잠금장치

02

출제 : 14년 • 배점 : 4점

22.9[kV]인 3상 4선식의 다중 접지방식에서 다음 각 장소에 시설되는 피뢰기의 정격전압은 몇 [kV]이어야 하는가?

(1) 배전선로

(2) 변전소

|계|산|및|정|답|

(1) 18[kV]

(2) 21[kV]

|추|가|해|설|

[피뢰기 정격 전압]

전력 계통		피뢰기 정격전압[kV]	
전압[kV]	중성점 접지방식	변전소	배전선로
345	유효 접지	288	–
154	유효 접지	144	–
66	PC접지 또는 비접지	72	–
22	PC접지 또는 비접지	24	–
22.9	3상 4선 다중접지	21	18

【주】 전압 22.9[kV−Y] 이하의 배전선로에서 수전하는 설비의 피뢰기 정격전압[kV]은 배전선로용을 적용한다.

03

출제 : 14년 • 배점 : 4점

다음의 조명 효율에 대해 설명하시오.

(1) 전등효율

(2) 발광효율

|계|산|및|정|답|

(1) 전등효율 : 전력소비 P에 대한 전발산광속 F의 비율을 전등효율 η라 한다. $\eta=\frac{F}{P}$[lm/W]

(2) 발광효율 : 방사속 ϕ에 대한 광속 F의 비율을 그 광원의 발광효율 ϵ이라 한다. $\epsilon=\frac{F}{\phi}$[lm/W]

04

출제 : 00, 03, 14년 • 배점 : 8점

그림과 같은 유도 전동기의 미완성 시퀀스 회로도를 보고 다음 각 물음에 답하시오.

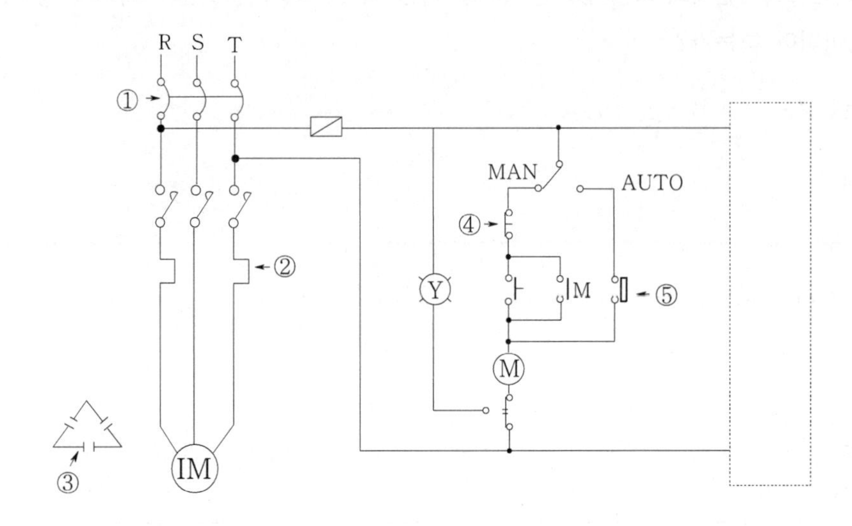

(1) 도면에 표시한 ①~⑤의 약호와 명칭을 쓰시오.

(2) 도면에 그려져 있는 Ⓨ등은 어떤 역할을 하는 등인가?

(3) 전동기가 정지하고 있을 때는 녹색등 Ⓖ가 점등되고, 전동기가 운전 중일 때는 녹색등 Ⓖ가 소등되고 적색등 Ⓡ이 점등되도록 표시등 Ⓖ, Ⓡ을 회로의 ☐ 내에 설치하시오.

(4) ③의 결선도를 완성하고 역할을 쓰시오.

|계|산|및|정|답|

(1)

번호	①	②	③	④	⑤
약호	MCCB	Thr	SC	PBS	LS
명칭	배선용 차단기	열동계전기	전력용 콘덴서	푸쉬버튼 스위치	리미트 스위치

(2) 과부하 동작 표시 램프

(3)

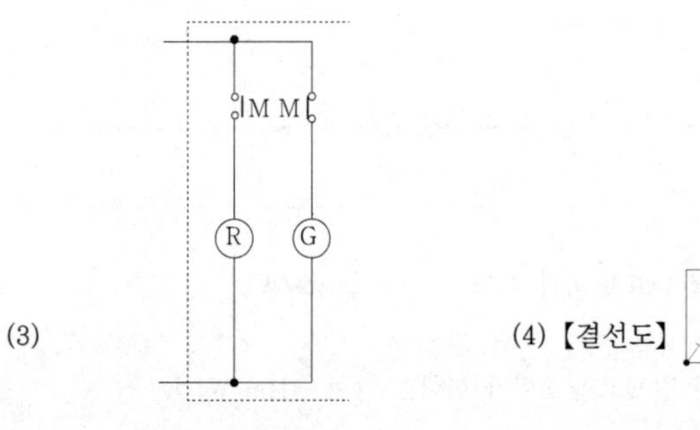

(4) 【결선도】

R S T

IM

·【역할】 : 역률을 개선한다.

05 출제 : 02, 11, 14년 • 배점 : 6점

3상 4선식 송전선에서 한 선의 저항이 10[Ω], 리액턴스가 20[Ω]이고, 송전단 전압이 6600[V], 수전단 전압이 6100[V]이었다. 수전단의 부하를 끊은 경우 수전단 전압이 6300[V], 부하 역률이 0.8일 때 다음 각 물음에 답하시오.

(1) 전압 강하율을 구하시오.

•계산 : •답 :

(2) 전압 변동률을 구하시오.

•계산 : •답 :

(3) 이 송전선로의 수전 가능한 전력[kW]를 구하시오.

•계산 : •답 :

|계|산|및|정|답|

(1) 【계산】 전압 강하율 $\epsilon = \frac{V_s - V_r}{V_r} \times 100 = \frac{66-61}{61} \times 100 = 8.2[\%]$ 【정답】 8.2[%]

(2) 【계산】 전압 변동률 $\delta = \frac{V_{r0} - V_r}{V_r} \times 100 = \frac{63-61}{61} \times 100 = 3.28[\%]$ 【정답】 3.28[%]

(3) 【계산】 전압강하 $e = V_s - V_r = 6600 - 6100 = 500[V]$

$e = \frac{P(R + X\tan\theta)}{V_r}$ 에서

$P = \frac{V_r}{R + \tan\theta} \cdot e = \frac{500 \times 6100}{10 + 20 \times 0.75} = 122 \times 10^3 = 122[kW]$

($\cos\theta = 0.8$일 때 $\sin\theta = \sqrt{1 - 0.8^2} = 0.6$, $\tan\theta = \frac{0.6}{0.8} = 0.75$)

【정답】 122[kW]

|추|가|해|설|

•전압 변동률 $= \frac{\text{무부하상태에서의 수전단전압}(V_{r0}) - \text{정격부하상태에서의 수전단전압}(V_r)}{\text{정격부하 상태에서의 수전단전압}(V_r)} \times 100[\%]$

•전압 강하율 $= \frac{\text{송전단전압}(V_s) - \text{수전단전압}(V_r)}{\text{수전단전압}(V_r)} \times 100[\%]$

06

출제 : 00, 14년 • 배점 : 8점

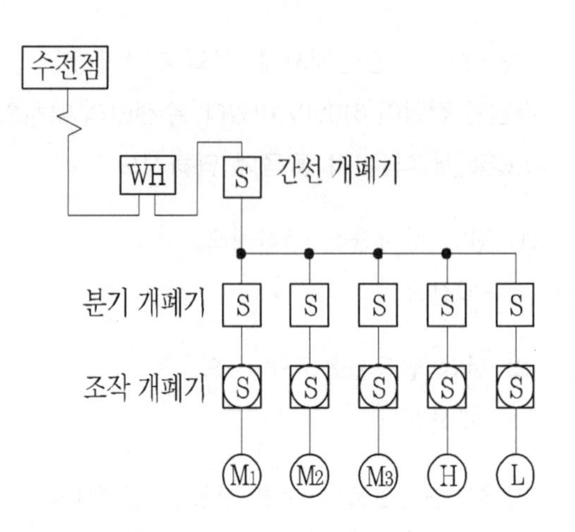

그림의 적산전력계에서 간선 개폐기까지의 거리는 10[m]이고, 간선 개폐기에서 전동기, 전열기, 전등까지의 분기회로의 거리를 각각 20[m]라 한다. 간선과 분기선의 전압강하를 각각 2[V]로 할 때 부하전류를 계산하고, 표를 이용하여 전선의 굵기를 구하시오. (단, 모든 역률은 1로 가정한다.)

• 계산 :

• 답 :

〈조 건〉

• M_1 : 200[V] 3상전동기 10[kW]
• M_2 : 200[V] 3상전동기 15[kW]
• M_3 : 200[V] 3상전동기 20[kW]
• H : 200[V] 단상전열기 3[kW]
• L : 200[V] 형광등 40[W]×2등용, 10개

[표] 3상3선식(전압강하 2[V], (동선))

전류 [A]	단선[mm]				연선[mm²]										
	1.6	2.0	2.6	3.2	14	22	38	60	100	150	200	250	325	400	500
	전선 최대 길이[m]														
1	129	204	346	822	888	1400	2370	3500	6430	9800	12500	16100	20500	25700	31200
2	55	102	172	264	444	701	1180	1900	3210	4900	5250	8070	10300	12300	15600
3	43	88	115	174	298	457	788	1270	2140	3270	4170	8380	6871	8550	10400
4	32	51	86	131	222	351	692	951	1510	2450	3130	4030	5150	5410	7500
5	26	41	69	104	178	280	473	750	1290	1960	2500	3230	4120	5130	6250
6	22	34	57	87	148	234	394	634	1070	1630	2080	2690	3440	4280	5210
7	18	29	49	78	127	200	338	543	918	1400	1790	2310	2950	3660	4460
8	18	28	43	65	111	172	298	375	803	1230	1580	2020	2580	3210	3900
9	14	28	38	58	99	156	263	422	714	1090	1290	1790	2290	2820	3470
12	11	17	29	44	74	117	197	317	535	815	1040	1340	1720	2140	2600
14	9.2	16	25	37	63	100	169	272	459	700	984	1150	1470	1830	3230
15	8.6	14	23	35	59	93	158	253	428	653	834	1080	1370	1710	2080
16	8.1	13	22	33	55	88	148	238	401	612	782	1010	1290	1600	1950
18	7.2	11	19	29	49	78	131	211	357	544	695	895	1150	14300	1740
25	5.2	8.2	14	21	36	56	95	153	257	392	500	545	825	1030	1150
35	3.7	5.8	9.7	15	25	40	88	109	184	280	357	450	559	733	893
45	2.9	4.5	7.7	12	20	31	53	84	143	218	278	359	453	670	694

【주】 1. 전압강하가 4[V] 또는 6[V]의 경우, 전선의 길이는 각각 이 표의 2배 또는 3배가 된다. 다른 경우에도 이 예에 따른다.
2. 전류 20[A] 또는 200[A] 경우의 전선 길이는 각각 이 표 2[A] 경우의 1/10 또는 1/100이 된다. 다른 경우에도 이 예에 따른다.
3. 연선 5.5[mm²] 및 8[mm²]의 경우에는 각각 단선 2.6[mm] 및 3.2[mm]에 대한 전선 최대 길이의 숫자를 대한 것이다.

【계산】 ① 각 부하전류를 구하면

$$I_{M1}=\frac{10}{\sqrt{3}\times 0.2}=28.87[A],\ I_{M2}=\frac{15}{\sqrt{3}\times 0.2}=43.3[A],\ I_{M3}=\frac{20}{\sqrt{3}\times 0.2}=57.74[A]$$

$$I_H=\frac{3000}{200}=15[A],\ I_L=\frac{(40\times 2)\times 10}{200}=4[A]$$

간선에 흐르는 전류는 28.87+43.3+57.74+15+4=148.91[A]

따라서, 전선의 최대 긍장

$$L=\frac{\text{배선설계의긍장}\times\frac{\text{부하의 최대 사용전류}}{\text{표의 전류}}}{\frac{\text{배선 설계의 전압강하}}{\text{표의 전압강하}}}=\frac{10\times\frac{148.91}{14}}{\frac{2}{2}}=106.36[m]$$

간선의 굵기는 [표]에 의하여 14[A]란에서 106.36[m]보다 상위 값 169[m]에서 구하면 38[mm^2]이 된다.

② 분기회로의 전선 굵기는

$$L_{M1}=\frac{20\times\frac{28.87}{25}}{\frac{2}{2}}=23.09[m]$$

마찬가지로 25[A]란에서 23.09[m]보다 상위의 값 36[m]에서 구하면 14[mm^2]를 구할 수 있다.

$$L_{M2}=\frac{20\times\frac{43.3}{45}}{\frac{2}{2}}=19.24[m]$$ [표]에서 구하면 14[mm^2]

$$L_{M3}=\frac{20\times\frac{57.74}{45}}{\frac{2}{2}}=25.66[m]$$, [표]에서 구하면 22[mm^2]

$$L_H=\frac{20\times\frac{15}{15}}{\frac{2}{2}}=20[m]$$, [표]에서 구하면 단선 2.6[mm]

$$L_L=\frac{20\times\frac{4}{4}}{\frac{2}{2}}=20[m]$$, [표]에서 구하면 1.6[mm]

07

출제 : 03, 14년 • 배점 : 8점

그림과 같이 전등만의 2군 수용가가 각각 1대씩의 변압기를 통해서 전력을 공급받고 있다. 각 군 수용가의 총 설비용량은 각각 30[kW] 및 40[kW]라고 한다. 각 군 수용가에 사용할 변압기의 용량을 선정하시오. 또한 고압 간선에 걸리는 최대 부하는 얼마로 되겠는가?

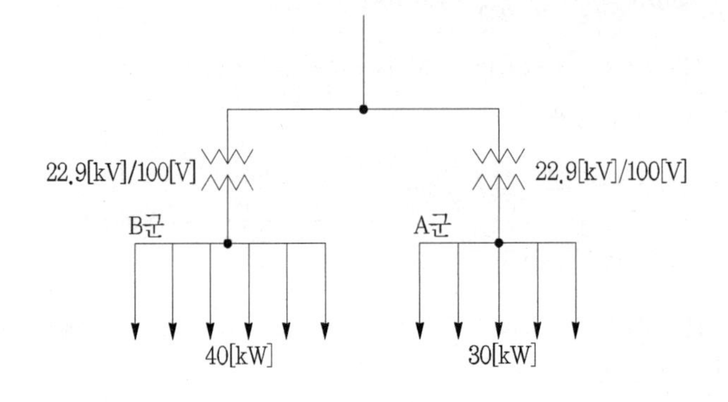

〈조 건〉

- 각 수용가의 수용률 0.5
- 수용가 상호간의 부등률 1.2
- 변압기 상호간의 부등률 1.3
- 역률 1.0, 100[%]

[참고사항]

변압기의 표준 용량[kVA]

5	10	15	20	25	50	75	100

(1) A군

- 계산 :
- 답 :

(2) B군

- 계산 :
- 답 :

(3) 최대부하

- 계산 :
- 답 :

|계|산|및|정|답|

(1) 【계산】 A군 변압기 용량 $T_{rA} = \dfrac{30 \times 0.5}{1.2 \times 1} = 12.5[\text{kVA}]$ 【정답】 표준 용량 15[kVA] 변압기

(2) 【계산】 B군 변압기 용량 $T_{rB} = \dfrac{40 \times 0.5}{1.2 \times 1} = 16.67[\text{kVA}]$ 【정답】 표준 용량 20[kVA] 변압기

(3) 【계산】 최대 부하$= \dfrac{T_{rA} + T_{rB}}{\text{부등률}} = \dfrac{12.5 + 16.67}{1.3} = 22.44[\text{kVA}]$ 【정답】 22.44[kVA]

|추|가|해|설|

(1) (2) 최대수용전력=부하설비용량×수용률

(3) 변압기 용량 ≥ 합성 최대 수용 전력[kW] $= \frac{\text{최대수용전력}}{\text{부등률}} = \frac{\text{설비용량} \times \text{수용률}}{\text{부등률}}$ [kW]

08

출제 : 03, 11, 14년 • 배점 : 5점

최대 눈금 250[V]인 전압계 V_1, V_2를 직렬로 접속하여 측정하면 몇 [V]까지 측정할 수 있는가?
(단, 전압계 내부 저항 V_1은 15[kΩ], V_2는 18[kΩ]으로 한다.)

・계산 : ・답 :

|계|산|및|정|답|

【계산】 전압 분배법칙에 의해 $250 = \frac{18 \times 10^3}{15 \times 10^3 + 18 \times 10^3} \times V$

$\therefore V = \frac{15 \times 10^3 + 18 \times 10^3}{18 \times 10^3} \times 250 = 458.33$[V]

【정답】 458.33[V]

|추|가|해|설|

[전압 분배법칙]

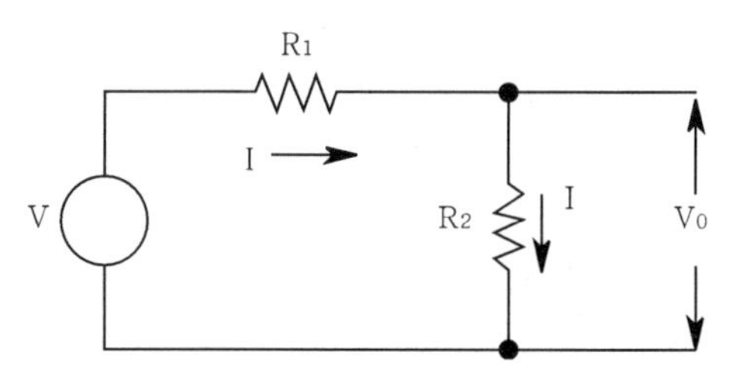

$$I = \frac{V}{R_1 + R_2}, \quad V_{OUT} = IR_2 \quad \rightarrow \quad V_{OUT} = V\frac{R_2}{R_1 + R_2}$$

09

출제 : 14년 • 배점 : 5점

매 분 18[m^3]의 물을 높이 15[m]인 탱크에 양수하는데 필요한 전력을 V결선한 변압기로 공급한다면, 여기에 필요한 단상 변압기 1대의 용량은 몇 [kVA]인가? (단, 펌프와 전동기의 합성 효율은 65[%]이고, 전동기의 전부하 역률은 95[%]이며, 펌프의 축동력은 15[%]의 여유를 본다고 한다.)

·계산 : ·답 :

|계|산|및|정|답|

【계산】 $P=\dfrac{HQK}{6.12\eta}=\dfrac{15\times 18\times 1.15}{6.12\times 0.65}=78.05[\mathrm{kW}]$

[kVA]로 환산하면, 부하 용량$=\dfrac{78.05}{0.95}=82.16[\mathrm{kVA}]$

V결선시 용량 $P_V=\sqrt{3}P_1$ 에서

단상변압기 1대의 용량 $P_1=\dfrac{P_V}{\sqrt{3}}=\dfrac{82.16}{\sqrt{3}}=47.44[\mathrm{kVA}]$

【정답】 47.44[kVA]

|추|가|해|설|

① 펌프용 전동기의 용량 $P=\dfrac{9.8Q'[m^3/\mathrm{sec}]HK}{\eta}[kW]=\dfrac{9.8Q[m^3/\mathrm{min}]HK}{60\times\eta}[kW]=\dfrac{Q[m^3/\mathrm{min}]HK}{6.12\eta}[\mathrm{kW}]$

여기서, P : 전동기의 용량[kW], Q' : 양수량[m^3/sec], Q : 양수량[m^3/min]

H : 양정(낙차)[m], η : 펌프효율, K : 여유계수(1.1~1.2 정도)

② 권상용 전동기의 용량 $P=\dfrac{K\cdot W\cdot V}{6.12\eta}[KW]$

여기서, K : 여유계수, W : 권상 중량 [ton], V : 권상 속도[m/min], η : 효율

③ 엘리베이터용 전동기의 용량 $P=\dfrac{KVW}{6120\eta}[kW]$

여기서, P : 전동기 용량[kW], η : 엘리베이터 효율, V : 승강속도[m/min]

W : 적재하중[kg](기계의 무게는 포함하지 않는다.), K : 계수(평형률)

10

출제 : 14년 • 배점 : 5점

어떤 콘덴서 3개를 선간 전압 3300[V], 주파수 60[Hz]의 선로에 △로 접속하여 60[kVA]가 되도록 하려면 콘덴서 1개의 정전용량[μF]은 약 얼마로 하여야 하는가?

·계산 : ·답 :

|계|산|및|정|답|

【계산】 $Q = 3EI_c = 3 \times 2\pi f CE^2$ 이므로

1개의 정전 용량 $C = \dfrac{Q}{6\pi f E^2} = \dfrac{60 \times 10^3}{6\pi \times 60 \times 3300^2} \times 10^6 = 48.7[\mu F]$ 【정답】 4.87[μF]

|추|가|해|설|

·△결선 콘덴서 용량 $Q = 3EI_c = 3 \times 2\pi f CE^2$

·정전용량 $C_d = \dfrac{Q}{3 \times 2\pi f E^2}$

·콘덴서 용량 [kVA]와 [μF] 환산식은 다음과 같다.

$$C = \frac{[\text{kVA}] \times 10^9}{2\pi f E^2} [\mu\text{F}]$$

여기서, C : [kVA]에서 [μF]로 환산한 용량[μF], [kVA] : 콘덴서의 [kVA] 용량, f : 주파수 60[Hz]

E : 정격전압[V]

11

출제 : 14년 • 배점 : 4점

금속관 배선의 교류 회로에서 1회로의 전선 전부를 동일 관내에 넣는 것을 원칙으로 하는데 그 이유는 무엇인가?

|계|산|및|정|답|

전자적 불평형을 방지하기 위하여

|추|가|해|설|

교류회로에서 병렬로 사용하는 전선은 금속관 안에 전자적 불평형이 생기지 않도록 시설할 것

12

출제 : 14년 • 배점 : 5점

피뢰기와 피뢰침의 차이를 간단히 쓰시오.

항목	피뢰기(lightning arrester)	피뢰침(lightning rod)
사용목적		
취부위치		

|계|산|및|정|답|

항목	피뢰기(lightning arrester)	피뢰침(lightning rod)
사용목적	이상 전압(낙뢰 또는 개폐시 발생하는 전압)으로부터 전력설비의 기기를 보호	건축물과 내부의 사람이나 물체를 뇌해로부터 보호
취부위치	·발전소변전소 또는 이에 준하는 장소의 가공전선 인입구 및 인출구 ·가공전선로에 접속하는 배전용 변압기 고압측 및 특고압측 ·고압 및 특고압 가공전선로로부터 공급을 받는 수용장소의 인입구 ·가공전선로와 지중전선로가 접속되는 곳	·지면상 20[m]를 초과하는 건축물이나 공작물 ·소방법에서 정한 위험물, 화약류 저장소, 옥외 탱크 저장소 등

13

출제 : 14년 • 배점 : 5점

가공선로의 이도(Dip)가 너무 크거나 너무 작을 경우 전선로에 미치는 영향을 4가지만 쓰시오.

|계|산|및|정|답|

① 이도의 대소는 지지물의 높이(크기)를 좌우한다.

② 이도가 너무 작으면 전선의 장력이 증가하여 전선의 단선의 우려가 있다.

③ 이도가 너무 크면 사용전선의 길이가 증가하여 전선비용이 증가한다.

④ 이도가 너무 크면 전선의 진동이 증가하여 다른 상전선이 접촉하거나 수목에 접촉, 지락고장의 발생위험이 있다.

|추|가|해|설|

전선의 이도(Dip) : 전선이 전선의 지지점을 연결하는 수평선으로부터 밑으로 내려가(처져) 있는 길이

이도 $D=\frac{\omega S^2}{8T}$[m] → 여기서, ω : 전선의 합성하중[kg/m] ($\omega=\sqrt{\text{전선의 무게}^2+\text{수평하중}^2}$), S : 경간[m])

T : 전선의 수평 장력[kg] → $T=\frac{\text{인장하중}}{\text{안전율}}$

14 출제 : 14년 • 배점 : 12점

다음은 22.9[kV] 수변전 설비 결선도이다. 물음에 답하시오.

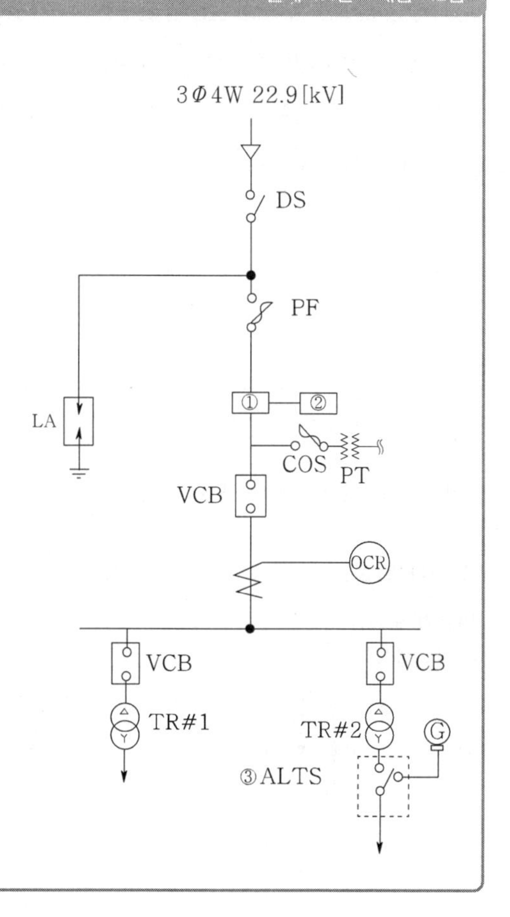

(1) 22.9[kV-Y] 계통에서는 수전 설비 지중 인입선으로 어떤 케이블을 사용하여야 하는가?

(2) ①, ②의 약호는?

(3) ③의 ALTS 기능은 무엇인가?

(4) △-Y 변압기의 결선도를 그리시오.

(5) DS 대신 사용 할 수 있는 기기는?

(6) 전력용 퓨즈의 가장 큰 단점은 무엇인가?

|계|산|및|정|답|

(1) CNCV-W (수밀형) 또는, TR-CNCV-W(트리억제형)

(2) ① MOF, ② WH

(3) 주전원의 정전 또는 기준치 이하로 전압이 떨어 질 경우 발전기 전원으로 자동 전환 시킴으로써 부하의 정전 시간을 단축시킬 수 있는 개폐기이다.

(4)

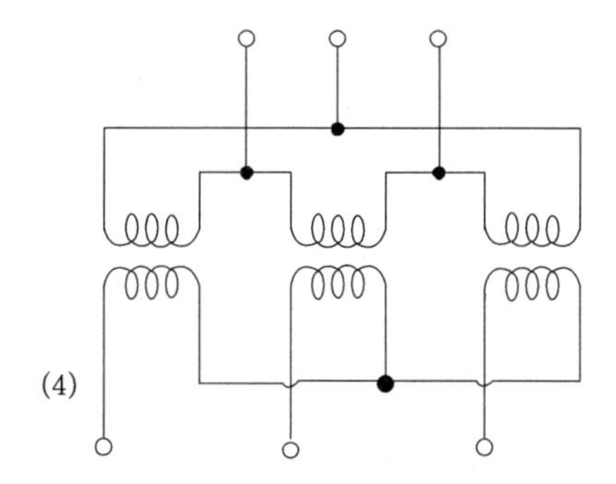

(5) 자동고장구분 개폐기

(6) 동작 후 재투입이 불가능하다.

15

출제 : 01, 07, 14년 • 배점 : 8점

변류비 40/5인 CT 2개를 그림과 같이 접속할 때 전류계에 2[A]가 흐른다면 CT 1차측에 흐르는 전류는 몇 [A]인가?

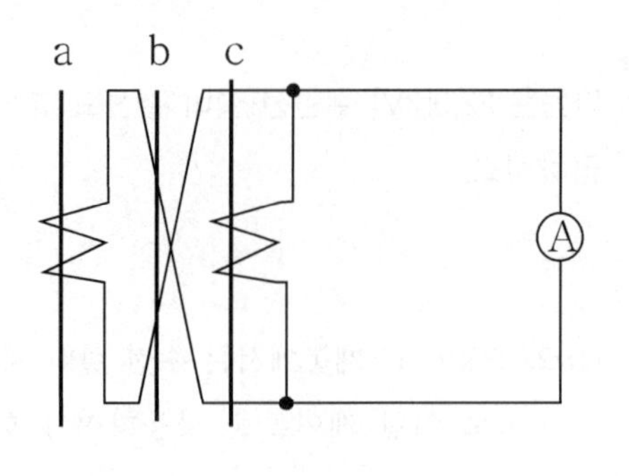

·계산 :

·답 :

|계|산|및|정|답|

【계산】 CT 1차측 전류=전류계 지시값$\times \frac{1}{\sqrt{3}} \times$변류비$=2 \times \frac{40}{5} \times \frac{1}{\sqrt{3}} = 9.24[A]$

【정답】 9.24[A]

|추|가|해|설|

[변류기 결선]

① 가동접속

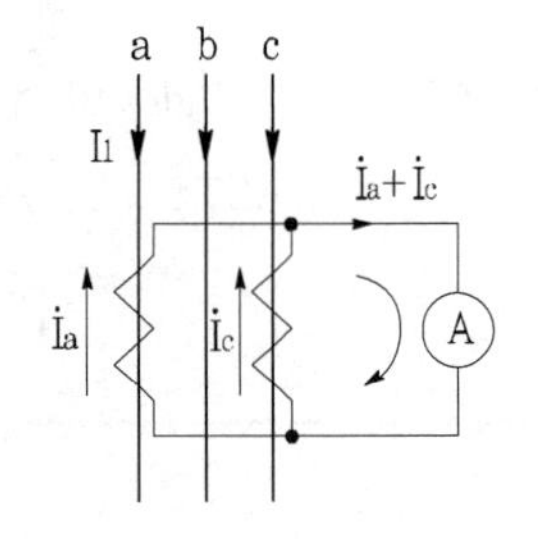

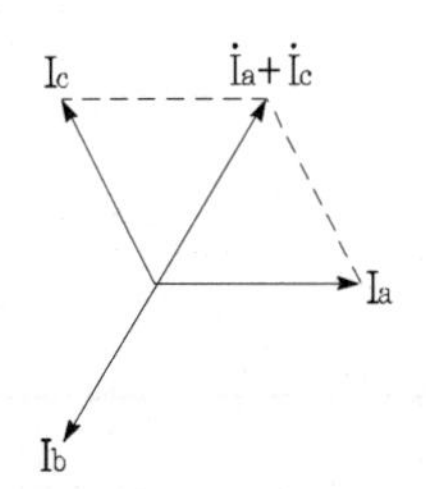

$\dot{I}_a,\ \dot{I}_b,\ \dot{I}_c$: CT 2차 전류

$\dot{I}_a + \dot{I}_c$: 전류계의 지시값은 $-I_b$상전류의 크기를 나타낸다.

② 차동접속

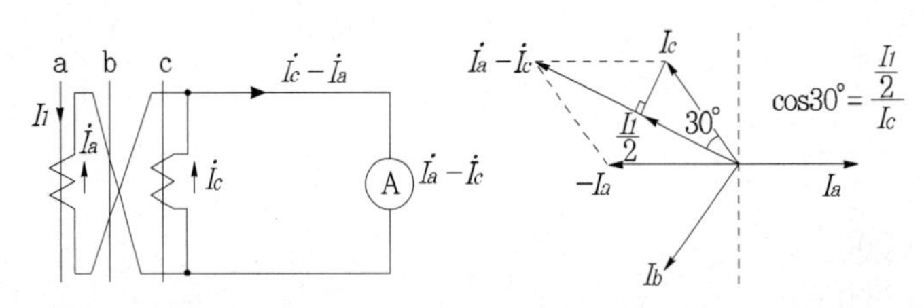

$\dot{I}_a - \dot{I}_c$: 전류계 지시값은 CT 2차 전류의 $\sqrt{3}$ 배 지시

I_1 =전류계 지시값$\times \frac{1}{\sqrt{3}} \times$CT비

16 출제 : 03, 07, 14년 • 배점 : 5점

다음과 같은 부하 특성의 소결식 알칼리 축전지의 용량 저하율 L은 0.85이고, 최저 축전지 온도는 5[℃], 허용 최저 전압은 1.06[V/cell]일 때 축전지 용량은 몇 [Ah]인가? (단, 여기서 용량 환산 시간 $K_1 = 1.22, K_2 = 0.98, K_3 = 0.52$이다.)

·계산 : ·답 :

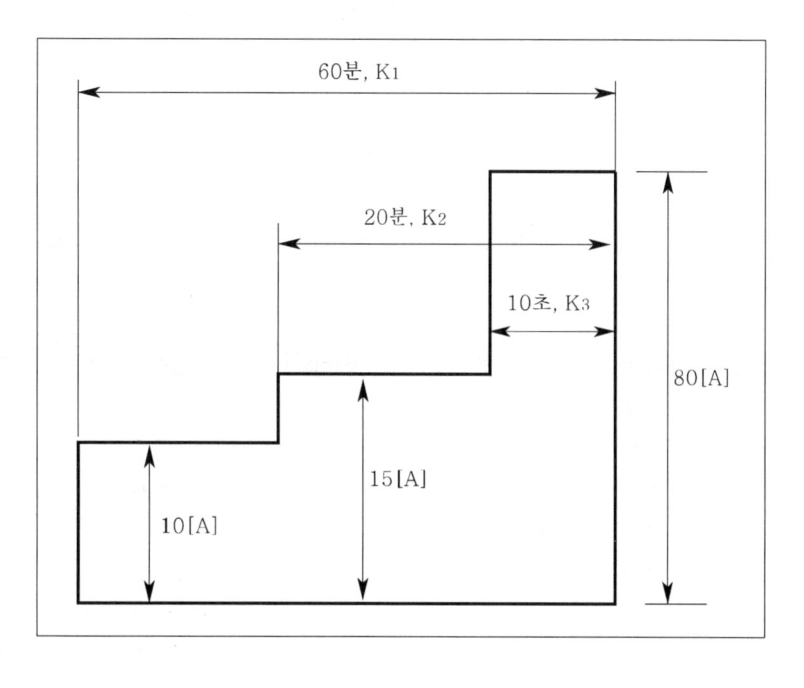

|계|산|및|정|답|

【계산】 $C = \frac{1}{L}[K_1 I_1 + K_2(I_2 - I_1) + K_3(I_3 - I_2)]$ 【정답】 59.88[Ah]

|추|가|해|설|

[축전지용량] $C = \frac{1}{L}[K_1 I_1 + K_2(I_2 - I_1) + K_3(I_3 - I_2)]$[Ah]

여기서, C : 축전지 용량[Ah], L : 보수율(축전지 용량 변화에 대한 보정값)

K : 용량 환산 시간, I : 방전 전류[A]

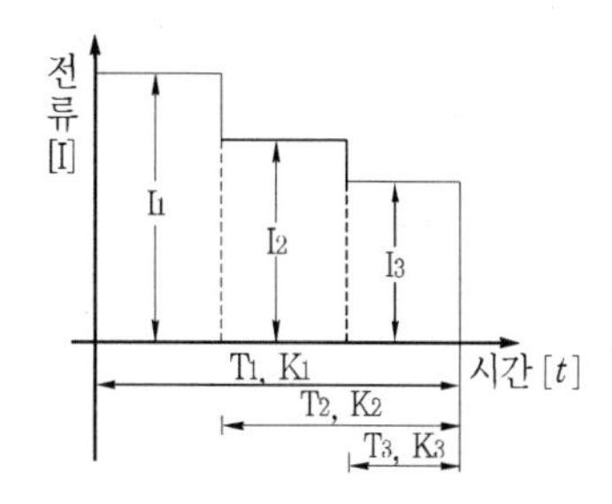

17 출제 : 14년 • 배점 : 6점

그림과 같은 PLC 프로그램 작성시 주의 사항에서 래더도에서 상 · 하 사이에는 접점이 그려질 수 없다. 문제의 도면을 바르게 작성하고, 미완성 프로그램을 완성하시오.

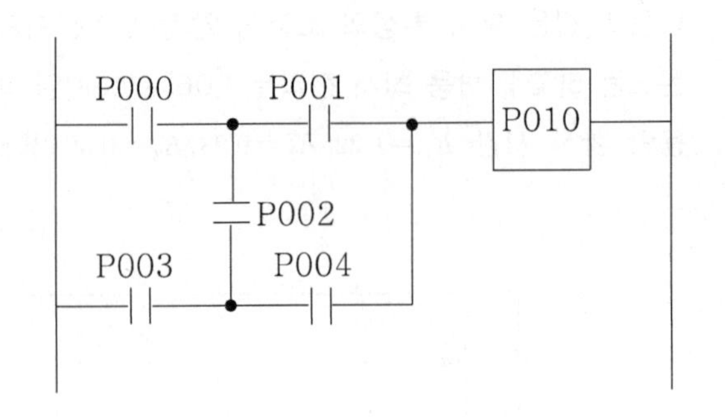

(1) PLC 프로그램에서의 신호 흐름은 단방향이므로 시퀀스를 수정해야 한다. 문제의 도면을 바르게 작성하시오.

(2) PLC 프로그램을 표의 ①~⑧에 완성하시오. (단, 명령어는 LOAD, AND, OR, NOT, OUT를 사용한다.)

Step	명령어	번지	Step	명령어	번지
0	LOAD	P000	7	AND	P002
1	AND	P001	8	⑤	⑥
2	①	②	9	OR LOAD	
3	AND	P002	10	⑦	⑧
4	AND	P004	11	AND	P004
5	OR LOAD		12	OR LOAD	
6	③	④	13	OUT	P010

|계|산|및|정|답|

(1)

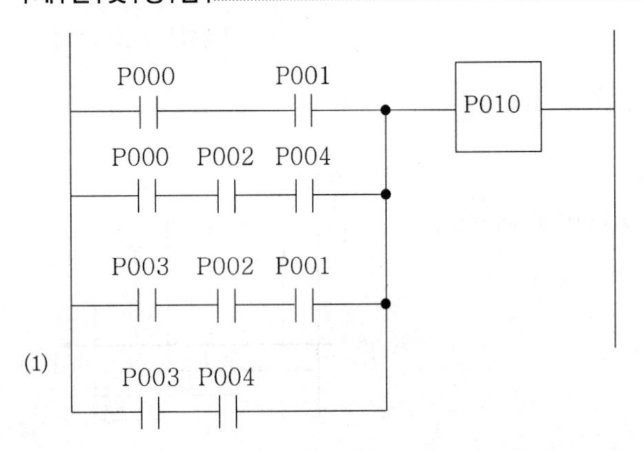

(2) ① LOAD, ② P000, ③ LOAD, ④ P003, ⑤ AND, ⑥ P001, ⑦ LOAD, ⑧ P003

01 2013년 전기산업기사 실기

01

출제 : 13년 • 배점 : 5점

변압기 보호를 위하여 과전류계전기의 탭(Tap)과 레버(Lever)를 정정하였다고 한다. 과전류계전기에서 탭(Tap)과 레버(Lever)는 각각 무엇을 정정하는지를 쓰시오.

|계|산|및|정|답|

• 탭(Tap) : 과전류계전기의 최소동작전류

• 레버(Lever) : 과전류계전기의 동작시간

|추|가|해|설|

과전류계전기의 탭 전류 $I_t = \text{CT 1차 측전류} \times \text{CT역수비} \times \text{설정값} = \text{CT 1차 측전류} \times \frac{1}{\text{변류비}} \times \text{설정값}$

※ OCR(과전류계전기)의 탭전류 : 2, 3, 4, 5, 6, 7, 8, 10, 12[A]

02

출제 : 13년 • 배점 : 5점

차단기와 단로기의 차이점을 간략하게 쓰시오.

|계|산|및|정|답|

① 차단기(CB) : 부하전류 개폐 및 고장전류 차단

② 단로기(DS) : 무부하 전로 개폐

|추|가|해|설|

[퓨즈와 각종 개폐기 및 차단기와의 기능 비교]

능력 / 기능	회로 분리		사고 차단	
	무부하	부하	과부하	단락
퓨즈	○			○
차단기(CB)	○	○	○	○
개폐기	○	○	○	
단로기(DS)	○			
전자 접촉기	○	○	○	

03

출제 : 22, 13, 06, 02년 • 배점 : 6점

공급전압을 220[V]에서 380[V]로 승압할 경우 저압간선에 나타나는 효과로서 다음 각 물음에 답하시오.

(1) 공급능력은 얼마나 증가하는가?

·계산 : ·답 :

(2) 전력손실은 몇 [%]나 감소하는가?

·계산 : ·답 :

(3) 전압강하율의 감소는 몇 [%]인가?

·계산 : ·답 :

|계|산|및|정|답|

(1) 【계산】 공급능력 $P=\sqrt{3}\,VI\cos\theta$에서 $P \propto V$이므로 공급능력은 전압에 비례

$$P'=\frac{380}{220}\times P=1.73P$$

【정답】 1.73[배]

(2) 【계산】 전력손실 $P=P_L \propto \frac{1}{V^2}$ → $P_L{}'=\left(\frac{220}{380}\right)^2 P_L=0.3352P_L$

따라서 감소는 1-0.33352=0.6648

【정답】 66.48[%]

(3) 【계산】 전압강하율 $\epsilon=\frac{e}{V}=\frac{P}{V^2}(R+X\tan\theta)\times 100[\%]$에서

전압강하율 $\epsilon \propto \frac{1}{V^2}$ 이므로 $\epsilon'=\left(\frac{220}{380}\right)^2\epsilon=0.3352\epsilon$

따라서 감소는 1-0.33352=0.6648

【정답】 66.48[%]

|추|가|해|설|

[승압]

① 효과 : · 공급능력 증대 ·공급전력 증대 ·전력손실 감소 ·전압강하 및 전압강하율 감소 ·고압 배전선 연장의 감소

② 관력 공식

· 공급능력 $P_a \propto V$ → (전압에 비례)

· 공급전력 $P \propto V^2$ → (전압의 제곱에 비례)

· 전력손실 $P_l=3I^2R=3\times\left(\frac{P}{\sqrt{3}\,V\cos\theta}\right)^2=\frac{RP^2}{V^2\cos^2\theta}$ → $(P_l \propto \frac{1}{V^2})$

· 전력손실률 $k \propto \frac{1}{V^2}$ → (전압의 제곱에 반비례)

· 전압강하 $\epsilon=\frac{P}{V}(R+X\tan\theta)[V]$ → $(\epsilon \propto \frac{1}{V})$

· 전압강하율 $\epsilon=\frac{P}{V^2}(R+X\tan\theta)\times 100[\%]$ → $(\epsilon \propto \frac{1}{V^2})$

· 전압변동률 $\delta \propto \frac{1}{V^2}$ → (전압의 제곱에 반비례)

04

출제 : 13년 • 배점 : 5점

동역부하 설비로 많이 사용되는 전동기를 합리적으로 선정하기 위하여 고려 할 사항 4가지를 쓰시오.

|계|산|및|정|답|

① 부하의 토크 및 속도 특성에 적합한 것일 것

② 용도에 알맞은 기계적 형식의 것일 것

③ 운전 형식에 적당한 정격, 냉각방식일 것

④ 사용 장소의 상황에 알맞은 보호방식일 것

⑤ 고장이 적고, 신뢰도가 높으며 운전비가 저렴할 것

⑥ 가급적 표준 출력의 것일 것

05

출제 : 13년 • 배점 : 5점

가로가 12[m], 세로가 18[m], 방바닥에서 천장까지의 높이가 3.8[m]인 방에서 조명기구를 천장에 직접 설치하고자 한다. 이 방의 실지수를 구하시오. (단, 작업이 책상위에서 행하여지며, 작업면은 방바닥에서 0.85[m]이다.)

·계산 : ·답 :

|계|산|및|정|답|

【계산】 실지수 $G = \dfrac{X \cdot Y}{H(X+Y)} = \dfrac{12 \times 18}{(3.8-0.85)(12+18)} = 2.44$ 【정답】 2.44

|추|가|해|설|

실지수 $K = \dfrac{X \cdot Y}{H(X+Y)}$

여기서, K : 실지수 X : 방의 폭[m] Y : 방의 길이[m] H : 작업면에서 조명기구 중심까지 높이[m]

06

출제 : 09, 13년 • 배점 : 5점

공장 조명설비에서 전력을 절약할 수 있는 효율적인 방법 5가지만 쓰시오.

|계|산|및|정|답|

① 고효율 등기구 채용

② 고조도 저휘도 반사갓 채용

③ 슬림라인 형광등 및 전구식 형광등 채용

④ 등기구의 격등 및 적정한 회로 구성

⑤ 전반조명과 국부조명을 적절히 병용하여 이용

|추|가|해|설|

[조명설비에서 에너지 절약 방안]

⑥ 등기구의 보수 및 유지 관리

⑦ 적절한 조광 제어 실시

⑧ 재실 감지기 및 카드키 채용

⑨ 창측 조명기구 개별 점등

07

출제 : 13년 • 배점 : 8점

부하에 병렬로 콘덴서를 설치하고자 한다. 다음 조건을 참고하여 각 물음에 합하시오.

〈조 건〉

부하1은 역률이 60[%]이고, 유효전력은 180[kW], 부하2는 유효전력 120[kW]이고, 무효전력이 160[kVar]이며, 배전 전력손실은 40[kW]이다.

(1) 부하1과 부하2의 합성용량은 몇 [kVA]인가?

·계산 : ·답 :

(2) 부하1과 부하2의 합성역률은 얼마인가?

·계산 : ·답 :

(3) 합성역률을 90[%]로 개선하는데 필요한 콘덴서 용량은 몇 [kVA]인가?

·계산 : ·답 :

(4) 역률 개선시 배전의 전력손실은 몇 [kW]인가?

·계산 : ·답 :

|계|산|및|정|답|

(1) 【계산】 합성용량 $P_a = \sqrt{P^2+Q^2}$

$$\begin{cases} \text{유효전력 } P = P_1 + P_2 \\ \text{무효전력 } Q = Q_1 + Q_2 = \dfrac{P_1}{\cos\theta_1} \times \sin\theta_1 + Q_2 \end{cases}$$

$$P_a = \sqrt{(180+120)^2 + \left(\frac{180}{0.6} \times 0.8 + 160\right)^2} = \sqrt{300^2 + 400^2} = 500[kVA]$$

【정답】 500[kVA]

(2) 【계산】 역률 $\cos\theta = \dfrac{P}{P_a} \times 100 = \dfrac{300}{500} \times 100 = 60[\%]$

【정답】 60[%]

(3) 【계산】 콘덴서 용량 $Q_c = P(\tan\theta_1 - \tan\theta_2) = (180+120) \times \left(\dfrac{0.8}{0.6} - \dfrac{\sqrt{1-0.9^2}}{0.9}\right) = 254.7[kVA]$

【정답】 254.7[kVA]

(4) 【계산】 전력손실 $P_l' = \left(\dfrac{\cos\theta}{\cos\theta'}\right)^2 \times P_l = \left(\dfrac{0.6}{0.9}\right)^2 \times 40 = 17.78[kW]$

【정답】 17.78[kW]

|추|가|해|설|

(1) 합성용량 $P_a = \sqrt{P^2+Q^2}[kVA]$

(3) 콘덴서 용량 : $Q_c = P\tan\theta_1 - P\tan\theta_2 = P(\tan\theta_1 - \tan\theta_2) = P\left(\dfrac{\sin\theta_1}{\cos\theta_1} - \dfrac{\sin\theta_2}{\cos\theta_2}\right) = P\left(\dfrac{\sqrt{1-\cos\theta_1^2}}{\cos\theta_1} - \dfrac{\sqrt{1-\cos\theta_2^2}}{\cos\theta_2}\right)$

여기서, $\cos\theta_1$: 개선 전 역률, $\cos\theta_2$: 개선 후 역률

(4) 손실은 역률의 제곱에 반비례한다. 즉, $P_l \propto \dfrac{1}{\cos^2\theta}$

08

출제 : 22, 13년 • 배점 : 6점

△ - △결선으로 운전하던 중 한 상의 변압기에 고장이 생겨 이것을 분리하고 나머지 2대로 3상 전력을 공급하고자 한다. 다음 물음에 답하시오.

(1) 결선의 명칭을 쓰시오.

(2) 변압기의 이용률은 몇 [%]인가?

•계산 : •답 :

(3) 변압기 2대의 3상 출력은 △ - △ 결선시의 변압기 3대의 출력과 비교할 때 몇 [%] 정도인가?

•계산 : •답 :

|계|산|및|정|답|

(1) V-V 결선

(2) 【계산】 이용률= $\frac{V\text{ 결선시 3상 용량}}{\text{2대의 용량}} = \frac{\sqrt{3}\,VI}{2VI} = \frac{\sqrt{3}}{2} = 0.866 = 86.6[\%]$ 【정답】 86.6[%]

(3 【계산】 출력비= $\frac{V\text{ 결선시 3상 용량}}{\triangle\text{결선시 3상 용량}} = \frac{\sqrt{3}\,VI}{3VI} = \frac{1}{\sqrt{3}} = 0.5774 = 57.74[\%]$ 【정답】 57.74[%]

|추|가|해|설|

[V-V결선]

•△ - △ 결선에서 1대의 사고시 2대의 변압기로 3상 출력을 할 수 있다.

•변압기의 이용률이 $\frac{\sqrt{3}}{2}$ =0.866(86.6[%])이고 3상 출력에 비해 $\frac{\sqrt{3}}{3}$ =0.577(57.7[%])이다.

•부하시 3상간의 전압이 불평등하다.

① 결선도

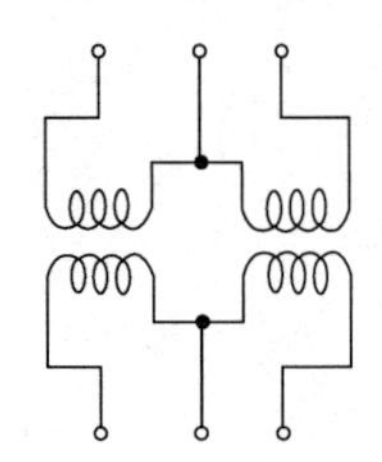

② 이용률 및 출력비

•$V_l = V_p,\ I_l = I_p$

•3상 출력 $P = \sqrt{3}\,V_l I_l = \sqrt{3}\,V_p I_p$

•이용률= $\frac{\text{3상 출력}}{\text{설비용량}} = \frac{\sqrt{3}\,P_1}{2P_1} \times 100 = 86.6[\%]$

•출력비= $\frac{V\text{결선 출력}}{\text{3상 출력}} \times 100 = \frac{\sqrt{3}\,P_1}{3P_1} \times 100 = 57.74[\%]$

㉰ V-V 결선의 장·단점

장점	·△－△결선에서 1대의 변압기 고장시 2대만으로 3상 부하에 전력을 공급할 수 있다. ·설치가 간단하다. ·소량, 가격 저렴해 3상 부하에 많이 사용
단점	·설비의 이용률이 저하(86.6[%])된다. ·△결선에 비하여 출력이 저하(57.7[%])된다. ·부하의 상태에 따라서 2차 단자의 전압이 불평형이 될 수 있다.

09

출제 : 13년 • 배점 : 5점

다음 물음에 답하시오.

(1) 전력퓨즈는 과전류 중 주로 어떤 전류의 차단을 목적으로 하는가?

(2) 전력퓨즈의 단점을 보완하기 위한 대책을 쓰시오.

|계|산|및|정|답|

(1) 단락전류

(2) ① 결상계전기나 LBS를 사용한다.

② 사용목적에 따른 전용의 퓨즈를 사용한다.

③ 계통의 절연강도를 전력퓨즈의 용단시 발생하는 과전압보다 높게 한다.

|추|가|해|설|

(1) 전력용 퓨즈의 정의 : 전력용 퓨즈는 고압 및 특별고압기기의 단락보호용 퓨즈이고 소호방식에 따라 한류형과 비한류형이 있다.

(2) 전력용 퓨즈의 기능

① 부하전류를 안전하게 통전시킨다(과도전류나 순간 과부하전류에 용단되지 않는다).

② 동작 대상의 일정값 이상 과전류에서는 오동작없이 차단하여 전로나 기기를 보호한다.

10

출제 : 11, 13년 • 배점 : 5점

변류비 30/5인 CT 2개를 그림과 같이 접속할 때 전류계에 2[A]가 흐른다면 CT 1차측에 흐르는 전류는 몇 [A]인가?

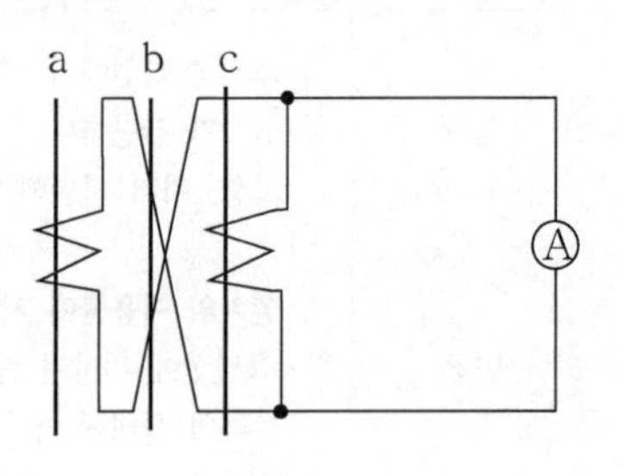

·계산 :

·답 :

|계|산|및|정|답|

【계산】 CT 1차측 전류=전류계 지시값× $\frac{1}{\sqrt{3}}$ ×변류비=2× $\frac{30}{5}$ × $\frac{1}{\sqrt{3}}$ = 6.928[A]   【정답】 6.93[A]

|추|가|해|설|

[차동 접속 (교차 접속)]

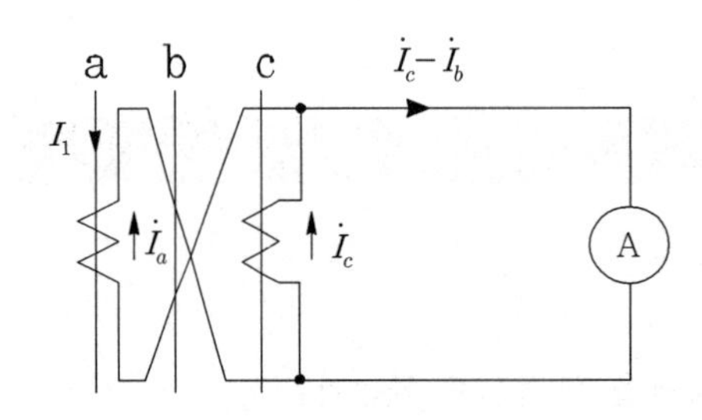

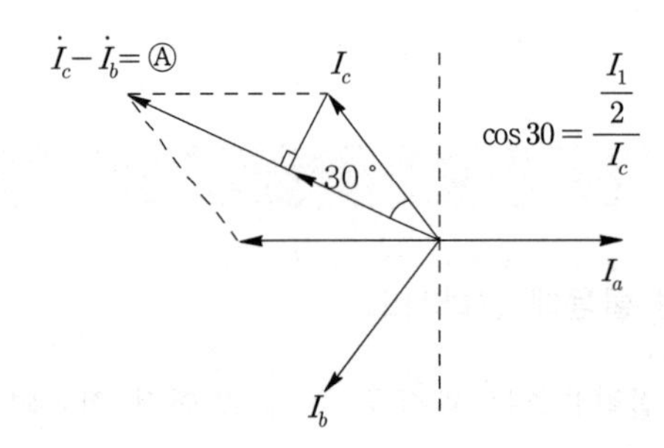

여기서, $\dot{I}_c - \dot{I}_a$: 전류계Ⓐ지시값

$Ⓐ = 2 \times I_c \cos 30° = \sqrt{3} I_c = \sqrt{3} I_a$

즉, 전류계 지시값은 CT 2차 전류의 $\sqrt{3}$ 배 지시 $\rightarrow (I_a = \frac{\text{전류계 Ⓐ지시값}}{\sqrt{3}},\ I_c = \frac{\text{전류계 Ⓐ지시값}}{\sqrt{3}})$

$\therefore I_1$ = 전류계Ⓐ지시값× $\frac{1}{\sqrt{3}}$ ×CT비

11

출제 : 13, 11년 • 배점 : 5점

간접조명 방식에서 천장 밑의 휘도를 균일하게 하기 위하여 등기구 사이의 간격과 천장과 등기구와의 거리는 얼마로 하는게 적합한가? (단, 작업면에서 천장까지의 거리는 2.0[m]이다.)

(1) 등기구 사이의 간격은 얼마인가?

•계산 : •답 :

(2) 천장과 등기구와의 거리는 얼마인가?

•계산 : •답 :

|계|산|및|정|답|

(1) 【계산】 등간격 $S \le 1.5H$이므로 $S = 1.5 \times 2 = 3[m]$ 【정답】 3[m] 이하

(2) 【계산】 천장과 등기구와의 거리 $H_1 = S \times \frac{1}{5} = 3 \times \frac{1}{5} = 0.6[m]$ 【정답】 0.6[m]

|추|가|해|설|

[조명 기구의 배치 결정]

① 광원의 높이(H) = 천장의 높이 - 작업면의 높이

② 등기구의 간격

㉠ 등기구~등기구 : $S \leqq 1.5H$(직접, 전반조명의 경우)

㉡ 등기구~벽면 : $S_o \leqq \frac{1}{2}H$(벽면을 사용하지 않을 경우)

12

출제 : 13년 • 배점 : 5점

최대 사용전력이 625[[kW]인 공장의 시설용량은 800[kW]이다. 이 공장의 수용률을 계산하시오.

•계산 : •답 :

|계|산|및|정|답|

【계산】 수용률 $F_{de} = \frac{\text{최대 수용 전력}[kW]}{\text{설비 용량}[kW]} \times 100[\%] = \frac{625}{800} \times 100 = 78.13[\%]$ 【정답】 78.13[%]

|추|가|해|설|

[수용률] ① 의미 : 수용설비가 동시에 사용되는 정도를 나타낸다.

② 변압기 등의 적정한 공급설비 용량을 파악하기 위해 사용된다.

13

출제 : 13년 • 배점 : 8점

그림과 같이 80[kW], 70[kW], 50[kW] 부하설비에 수용률이 각각 60[%], 70[%], 80[%]로 할 경우 변압기 용량은 몇 [kVA]가 필요한지 선정하시오. (단, 부등률은 1.1, 종합 부하 역률은 90[%]이다.)

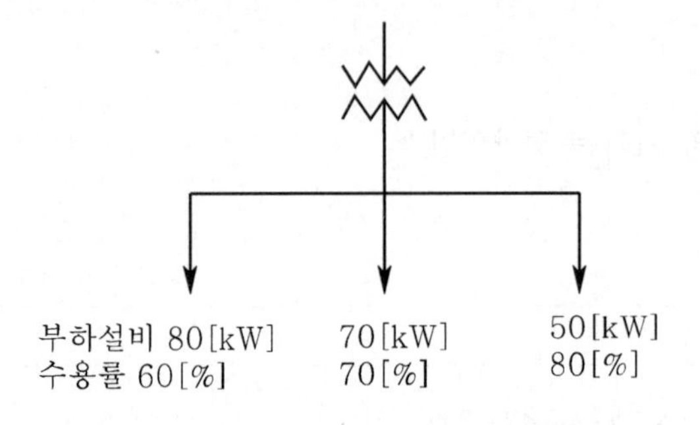

·계산 : ·답 :

변압기 표준용량[kVA]

50	75	100	150	200	300

|계|산|및|정|답|

【계산】 변압기 용량(Tr) $= \dfrac{\text{설비용량} \times \text{수용률}}{\text{부등률} \times \text{역률}} [kVA] = \dfrac{(80 \times 0.6) + (70 \times 0.7) + (50 \times 0.8)}{1.1 \times 0.9} = 138.383 [kVA]$

【정답】 위의 표에서 150[kVA] 선정

|추|가|해|설|

변압기 용량 $\geq$ 합성 최대 수용 전력[kW] $= \dfrac{\text{최대수용전력}}{\text{부등률}} = \dfrac{\text{설비용량} \times \text{수용률}}{\text{부등률}}$ [kW]

14

출제 : 13년 • 배점 : 5점

다음 그림은 배전반에서 계측을 하기 위한 계기용 변성기이다. 아래 그림을 보고 명칭, 약호, 심벌, 역할에 알맞은 내용을 쓰시오.

구분		
명칭		
약호		
심벌		
역할		

|계|산|및|정|답|

구분		
명칭	변류기	계기용 변압기
약호	C.T	P.T
심벌	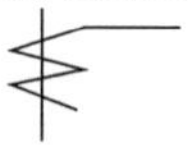	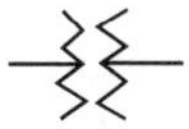
역할	1차측의 대전류를 2차측의 소전류(5[A])로 변류하여 계기 및 계전기에 공급한다.	1차측의 고전압을 2차의 저전압(110[V])으로 변성시켜 계기 및 계전기 등의 전원으로 사용한다.

15

출제 : 13년 • 배점 : 6점

도면은 어느 수용가의 옥외 간이 수전설비이다. 다음 물음에 답하시오.

(1) MOF(계기용 변압 변류기)에서 부하용량에 적당한 CT비(변류비)를 산출하시오. (단, CT 1차측 전류의 여유율은 1.25배로 한다.)

・계산 :

・답 :

(2) 피뢰기(LA)의 정격전압은 얼마인가?

(3) 도면에서 D/M, VAR은 무엇인지 쓰시오.

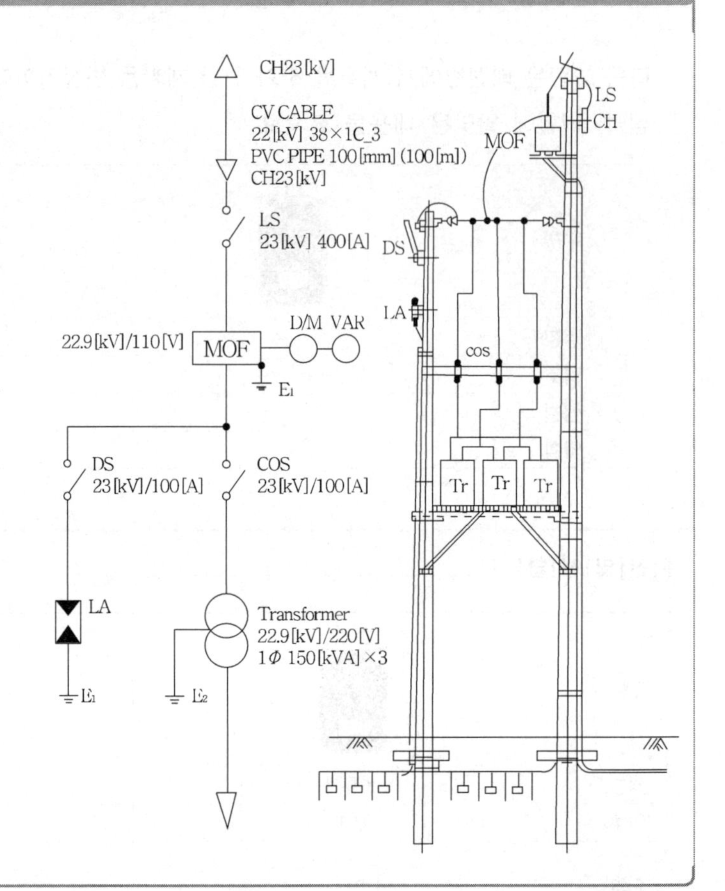

|계|산|및|정|답|

(1) 【계산】 $I=\frac{450}{\sqrt{3}\times 22.9}\times 1.25=14.19$, 따라서 15[A]로 선정 【정답】 15/5

(2) 18[kV]

(3) ・D/M : 최대 수요전력량계 ・VAR : 무효전력량계

|추|가|해|설|

(1) 변류비 및 부담

① 1차 전류 : 5, 10, 15, 20, 30, 40, 50, 75, 100, 150, 200, 300, 400, 500[A]

② 2차 전류 : 5[A]

③ 정격부담 : 5, 10, 15, 25, 40, 100[VA]

(2) 피뢰기 정격 전압

전력 계통		피뢰기 정격전압[kV]	
전압[kV]	중성점 접지방식	변전소	배전선로
345	유효 접지	288	–
154	유효 접지	144	–
66	PC접지 또는 비접지	72	–
22	PC접지 또는 비접지	24	–
22.9	3상 4선 다중접지	21	18

16

출제 : 13년 • 배점 : 6점

시퀀스도를 보고 다음 물음에 답하시오.

(1) 전원측에 가장 가까운 푸시버튼 PB_1으로부터 PB_3, PB_0까지 ON 조작할 경우의 동작사항을 간단히 설명하시오.

(2) 최초에 PB_2를 ON 조작한 경우에는 어떻게 되는가?

(3) 타임차트를 푸시버튼 PB_1, PB_2, PB_3, PB_0와 같이 타이밍으로 ON 조작하였을 때의 타임차트의 R_1, R_2, R_3를 완성하시오.

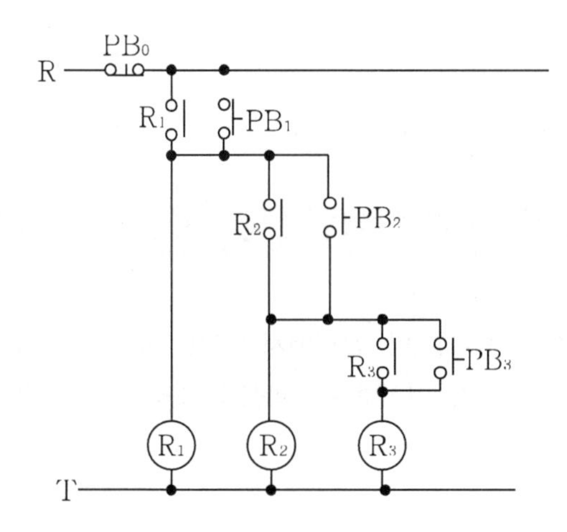

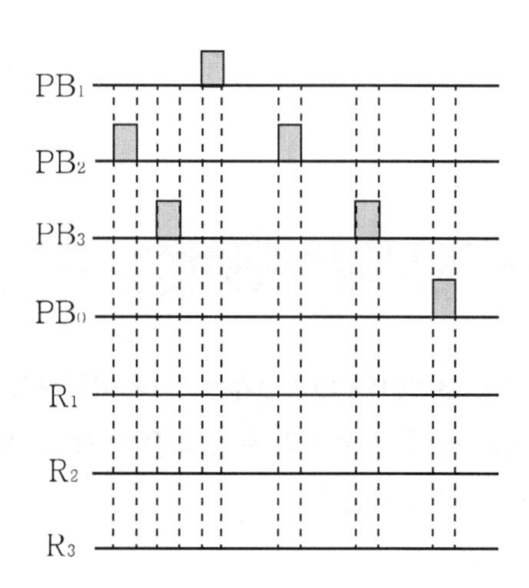

|계|산|및|정|답|

(1) PB_1, PB_2, PB_3 순서대로 누르면 R_1, R_2, R_3가 순서대로 여자된다. 또한 PB_0를 누르면 R_1, R_2, R_3가 동시에 소자된다.

(2) 동작하지 않는다.

(3)

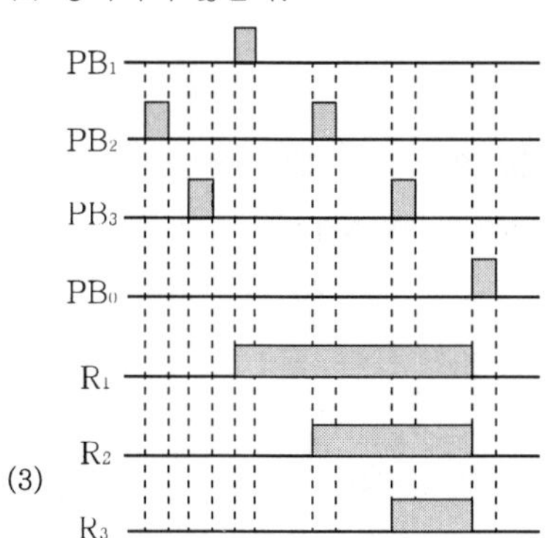

17

출제 : 13년 • 배점 : 5점

다음 접지계통에서 수전변압기를 단상 2부싱 변압기로 $Y-\Delta$ 결선하는 경우에 1차측 중성점은 접지하지 않고 부동(Floating)시켜야 한다. 그 이유를 설명하시오.

|계|산|및|정|답|

1차측 중성점을 접지하는 경우 3상중 임의의 한 상 결상시 나머지 3대의 변압기는 역 V결선이 되어 소손될 우려가 있으므로 부동처리 한다.

18

출제 : 13년 • 배점 : 5점

다음 분기선의 허용전류는 얼마 이상으로 하여야 하는가? (단, 간선에서 분기한 5[m] 지점에 분기회로를 보호하기 위한 과전류 차단기를 시설하였으며, 간선보호용 과전류 차단기의 정격전류는 120[A]이다.)

·계산 : ·답 :

|계|산|및|정|답|

【계산】 분기선 허용전류 $I_a \geq 0.35 \times 120 = 42[A]$ 【정답】 42[A]

|추|가|해|설|

[내선규정 3315-4]

① 원칙 : 분기점에서 3[m] 이하의 장소에 개폐기 및 과전류 차단기를 시설하여야 한다.

② 분기선 허용 전류 $\geq 0.35 \times$ 간선 보호용 과전류 차단기 정격전류 : 분기선에서 8[m] 이하에 설치가능

③ 분기선 허용전류 $\geq 0.55 \times$ 간선 보호용 과전류 차단기 정격전류 : 분기선에서 임의의 거리에 설치

02 2013년 전기산업기사 실기

01

출제 : 13년 • 배점 : 5점

피뢰기 설치 시 점검사항 3가지를 쓰시오.

|계|산|및|정|답|

① 피뢰기 애자 부분 손상여부 점검

② 피뢰기 1, 2차측 단자 및 단자볼트 이상유무 점검

③ 피뢰기 절연저항 측정

02

출제 : 13년 • 배점 : 5점

전부하에서 동손 100[W], 철손 50[W]인 변압기에서 최대 효율을 나타내는 부하는 몇 [%]인가?

·계산 : ·답 :

|계|산|및|정|답|

【계산】 부분 부하시 변압기의 최대 효율 조건 $P_i = \left(\frac{1}{m}\right)^2 P_c$ $\rightarrow (\frac{1}{m} = \sqrt{\frac{P_i}{P_c}})$

$\rightarrow$ (P_i: 철손[W], P_c: 동손[W], $\frac{1}{m}$: 부하율)

$$\therefore \frac{1}{m} = \sqrt{\frac{P_i}{P_c}} \times 100 = \sqrt{\frac{50}{100}} \times 100 = 70.71[\%]$$

【정답】 70.71[%]

03

출제 : 00, 10, 13년 • 배점 : 9점

어떤 변전실에서 그림과 같은 일부하 곡선 A, B, C인 부하에 전기를 공급하고 있다. 이 변전실의 총 부하에 대한 다음 각 물음에 답하시오. (단, A, B, C의 역률은 시간에 관계없이 각각 80[%], 100[%] 및 60[%]이며, 그림에서 부하전력은 부하곡선의 수치에 10^3을 한다는 의미이다. 즉, 수직측의 5는 $5\times10^3[kW]$라는 의미이다.)

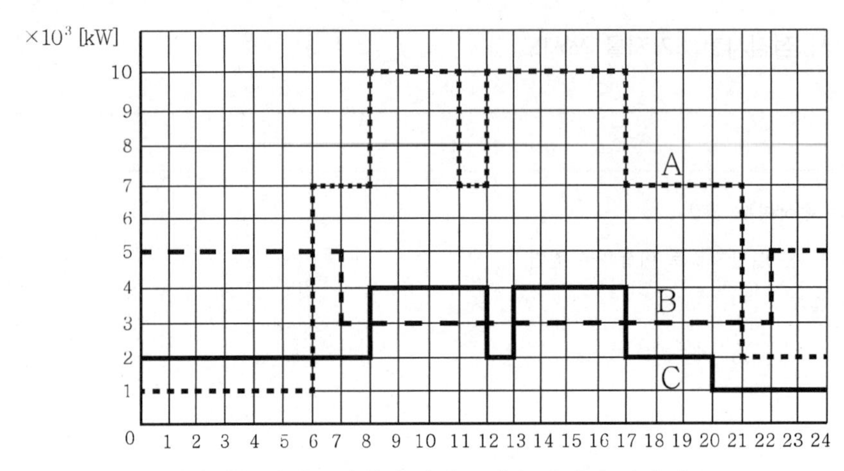

※ 부하전력은 부하곡선의 수치에 10^3을 한다는 의미임.
즉, 수직축의 5는 5×10^3 [kW]라는 의미임.

(1) 합성최대전력은 몇 [kW]인가?

・계산 : ・답 :

(2) A, B, C 각 부하에 대한 평균전력은 몇 [kW]인가?

・계산 : ・답 :

(3) 총부하율은 몇 [%]인가?

・계산 : ・답 :

(4) 부등률은 얼마인가?

・계산 : ・답 :

(5) 최대 부하일 때의 합성 총 역률은 몇 [%]인가?

・계산 : ・답 :

|계|산|및|정|답|

(1) 【계산】 합성최대전력 $P=(10+4+3)\times10^3=17\times10^3[kW]$ 【정답】 17×10^3[kW]

(2) 【계산】 $A=\frac{[(1\times6)+(7\times2)+(10\times3)+(7\times1)+(10\times5)+(7\times4)+(2\times3)]\times10^3}{24}=5.88\times10^3[kW]$

$B=\frac{[(5\times7)+(3\times15)+(5\times2)]\times10^3}{24}=3.75\times10^3[kW]$

$C=\frac{[(2\times8)+(4\times4)+(2\times1)+(4\times4)+(2\times3)+(1\times4)]\times10^3}{24}=2.5\times10^3[kW]$

【정답】 A : 5.88×10³[kW], B : 3.75×10³[kW], C : 2.5×10³[kW]

(3) 【계산】 종합 부하율 $=\frac{\text{평균 전력}}{\text{합성 최대 전력}}\times100$

$=\frac{A,\ B,\ C\ \text{각 평균 전력의 합계}}{\text{합성 최대 전력}}\times100=\frac{(5.88+3.75+2.5)\times10^3}{17\times10^3}\times100=71.35[\%]$

【정답】 71.35[%]

(4) 【계산】 부등율 $=\frac{A,\ B,\ C\ \text{최대 전력의 합계}}{\text{합성 최대 전력}}=\frac{(10+5+4)\times10^3}{17\times10^3}=1.12$ 【정답】 1.12

(5) 【계산】 최대 부하시 Q를 구한다.

무효전력 $Q=\frac{P}{\cos\theta}\times\sin\theta=\frac{10\times10^3}{0.8}\times0.6+\frac{3\times10^3}{1}\times0+\frac{4\times10^3}{0.6}\times0.8=12833.33[kVar]$

$\cos\theta=\frac{P}{\sqrt{P^2+Q^2}}=\frac{17000}{\sqrt{17000^2+12833.33^2}}\times100=79.81[\%]$ 【정답】 79.81[%]

|추|가|해|설|

① 평균전력 $=\frac{\text{전력사용시간}}{\text{사용시간}}$

② 유효전력 $P=P_a\cos\theta$ → (P_a : 피상전력, $\cos\theta$: 역률)

③ 무효전력 $Q=P_a\sin\theta=\frac{P}{\cos\theta}\times\sin\theta$

④ 역률 $\cos\theta=\frac{P}{P_a}=\frac{P}{\sqrt{P^2+Q^2}}$

⑤ 부하율 $=\frac{\text{평균 수요 전력}[kW]}{\text{합성 최대 수요 전력}[kW]}\times100[\%]$

⑥ 수용률 $=\frac{\text{최대 수용전력}[kV]}{\text{(총)부하설비용량}[kW]}\times100[\%]$

⑦ 부등률(≥1) $=\frac{\text{각 부하의 최대수용전력의 합계}[kVA]}{\text{부하를 종합하였을 때의 합성최대수용전력}[kVA]}$

04

출제 : 13년 • 배점 : 4점

다음 전선의 약호의 명칭을 쓰시오.

(1) NRI(70)

(2) NFI(70)

|계|산|및|정|답|

(1) NRI(70) : 300/500[V] 기기 배선용 단심 비닐절연전선(70[℃])

(2) NFI(70) : 300/500[V] 기기 배선용 유연성 단심 비닐절연전선(70[℃])

|추|가|해|설|

[전선 및 케이블의 약호와 명칭]

NR	450/750[V] 일반용 단심 비닐 절연전선
NF	450/750[V] 일반용 유연성 단심 비닐 절연전선
NFI(70)	300/500[V] 기기 배선용 유연성 단심 비닐 절연전선(70[℃])
NFI(90)	300/500[V] 기기 배선용 유연성 단심 절연전선(90[℃])
NRI(70)	300/500[V] 기기 배선용 단심 비닐 절연전선(70[℃])
NRI(90)	300/500[V] 기기 배선용 단심 비닐 절연전선(90[℃])

05

출제 : 13년 • 배점 : 5점

정격전류 40[A]인 농형 유도전동기가 있다. 이것을 시설한 분기회로 전선의 허용전류는 몇 [A] 이상이어야 하는가?

·계산 :　　　　　　　　　　　　·답 :

|계|산|및|정|답|

【계산】 설계전류 $I_B = 40[A]$이므로 $I_B \le I_n \le I_Z$의 조건을 만족하는 전선의 최소 허용전류 $I_Z = 40[A]$

【정답】 50[A]

|추|가|해|설|

[과부하에 대해 케이블(전선)을 보호하는 장치의 동작특성 (KEC 212.4.1)]

① $I_B \le I_n \le I_Z$

② $I_2 \le 1.45 \times I_Z$

여기서, I_B: 회로의 설계전류, I_Z: 케이블의 허용전류, I_n: 보호장치의 정격전류

I_2: 보호장치가 규약시간 이내에 유효하게 동작하는 것을 보장하는 전류

06

출제 : 13년 • 배점 : 5점

허용 가능한 독립접지의 이격거리를 결정하게 되는 세가지 요인은 무엇인가?

|계|산|및|정|답|

① 발생하는 접지전류의 최대값

② 전위상승의 허용값

③ 그 지점의 대지 저항률

|추|가|해|설|

[독립접지] 개별적으로 접지공사를 하는 방식을 독립접지라 하는데, 이상적인 독립접지는 2개의 접지전극이 있는 경우에 한쪽 접지전류가 아무리 많이 흘러도 다른쪽 접지극에 전혀 전위상승을 일으키지 않는다.

[공용접지] 1개 혹은 수개소에 시공한 공통의 접지극에 개개의 설비기기를 모아서 접속하면 접지를 공용하는 방식인데, 그것에는 접지선을 연접하는 것, 접지선을 한점에 모으는 것, 건축구조체에 접지선을 접속하는 것 등의 방법이 있다.

07

출제 : 13년 • 배점 : 5점

CT와 AS와 전류계 결선도를 그리고 필요한 곳에 접지를 하시오.

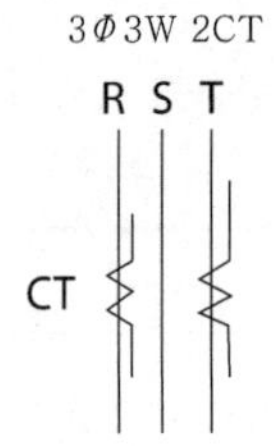

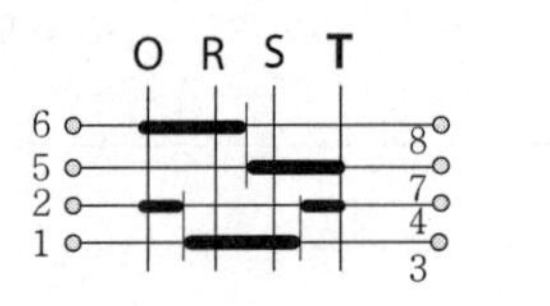

|계|산|및|정|답|

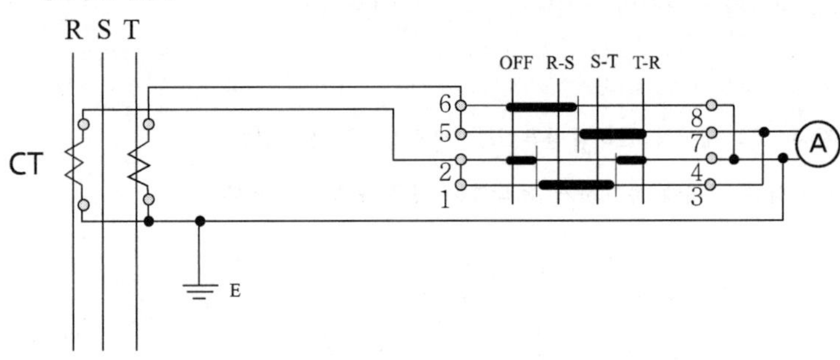

|추|가|해|설|

● : 폐로위치를 나타낸다(ON) + : 개로위치를 나타낸다(OFF). ▬ : 폐로위치의 구간을 나타낸다.

※[KEC 적용] 2021년 적용되는 KEC에 의하여 전선의 표시가 다음과 같이 바뀌어 출제됩니다.

$A,\ B,\ C(a,\ b,\ c)$ 또는 $R,\ S,\ T \rightarrow L_1,\ L_2,\ L_3$

08

출제 : 08, 13년 • 배점 : 5점

정격 용량 700[kVA]인 변압기에서 지상 역률 65[%]의 부하에 700[kVA]를 공급하고 있다. 역률 90[%]로 개선하여 변압기의 전용량까지 부하에 공급하고자 한다. 다음 각 물음에 답하시오.

(1) 소요되는 전력용 콘덴서의 용량은 몇 [kVA]인가?

·계산 : ·답 :

(2) 역률 개선에 따른 유효전력의 증가분은 몇 [kW]인가?

·계산 : ·답 :

|계|산|및|정|답|

(1) 【계산】 역률 개선 전 무효전력 $Q_1 = P_a \sin\theta_1 = 700 \times \sqrt{1-0.65^2} = 531.95$[kVar]

역률 개선 후 무효전력 $Q_2 = P_a \sin\theta_1 = 700 \times \sqrt{1-0.9^2} = 305.12$[kVar]

따라서 콘덴서 용량 $Q = Q_1 - Q_2 = 531.95 - 305.12 = 226.83$[kVA] 【정답】 226.83[kVA]

(2) 【계산】 유효전력 증가분 $\Delta P = P_a(\cos\theta_2 - \cos\theta_1)[kW] = 700(0.9-0.65) = 175$[kW] 【정답】 175[kW]

|추|가|해|설|

[역률개선]

역률을 개선 한다는 것은 유효전력 P는 변함이 없고 콘덴서로 진상의 무효전력 Q_C를 공급하여 부하의 지상 무효전력 Q_1을 감소시키는 것을 말한다.

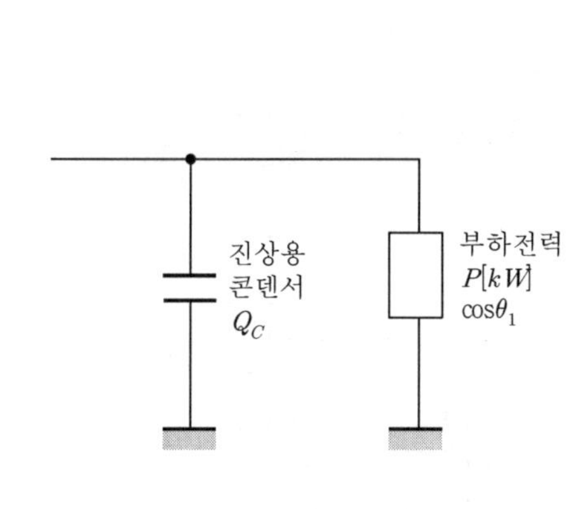

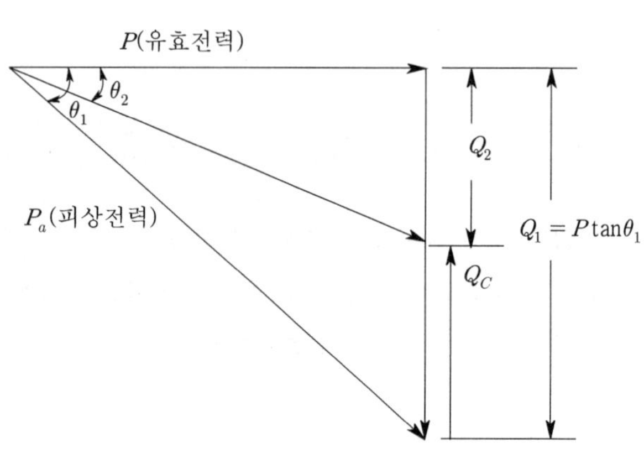

그림에서 역률각 θ_1을 θ_2로 개선하기 위해서는 부하의 무효전력 $Q_1(P\tan\theta_1)$을 콘덴서 Q_C로 보상하여 부하의 무효전력 $P\tan\theta_2$로 감소시켜야 한다. 이때 필요한 콘덴서 용량 Q_C는

$$Q_c = Q_1 - Q_2 = P\tan\theta_1 - P\tan\theta_2 = P(\tan\theta_1 - \tan\theta_2)$$

$$= P\left(\frac{\sin\theta_1}{\cos\theta_1} - \frac{\sin\theta_2}{\cos\theta_2}\right) = P\left(\sqrt{\frac{1}{\cos^2\theta_1} - 1}\sqrt{\frac{1}{\cos^2\theta_2} - 1}\right)[\text{kVA}]$$

여기서, Q_c : 부하 P[kW]의 역률을 $\cos\theta_1$에서 $\cos\theta_2$로 개선하고자 할 때 콘덴서 용량[kVA]

P : 대상 부하용량[kW], $\cos\theta_1$: 개선 전 역률, $\cos\theta_2$: 개선 후 역률

09

출제 : 13년 • 배점 : 5점

비상용 조명 부하 110[V]용 100[W] 58[등], 60[W] 50[등]이 있다. 방전 시간 30[분], 축전지 HS형 54[cell], 허용 최저 전압 100[V], 최저 축전지 온도 5[℃]일 때 축전지 용량은 몇 [Ah]인가? (단, 경년 용량 저하율 $L=0.8$, 용량 환산 시간 k=1.2이다.)

•계산 : •답 :

|계|산|및|정|답|

【계산】 부하전류 $I=\dfrac{P}{V}=\dfrac{100\times58+60\times50}{110}=80[A]$

따라서 축전지 용량 $C=\dfrac{1}{L}KI=\dfrac{1}{0.8}\times1.2\times80=120[Ah]$

【정답】 120[Ah]

|추|가|해|설|

[축전지 용량 산출]

$C=\dfrac{1}{L}[K_1I_1+K_2(I_2-I_1)+K_3(I_3-I_2)]$ [Ah]

여기서, C : 축전지 용량[Ah], L : 보수율(축전지 용량 변화에 대한 보정값)

K : 용량 환산 시간, I : 방전 전류[A]

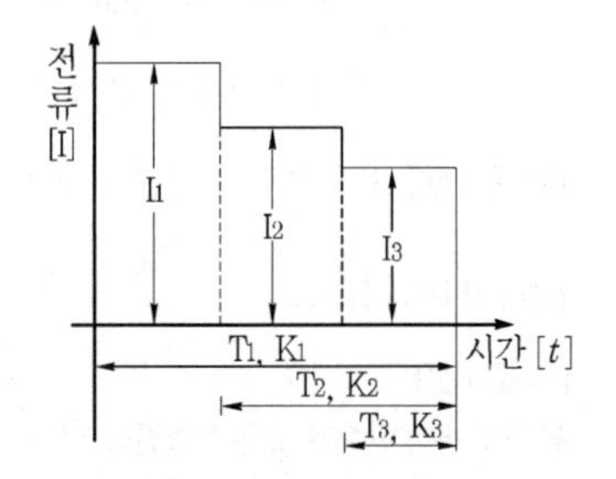

10

출제 : 13년 • 배점 : 6점

그림은 22.9[kV-Y] 1000[kVA] 이하에 적용 가능한 특별 고압 간이 수전 설비 표준 결선도이다. 그림에서 표시된 ①~③ 지의 명칭을 쓰시오.

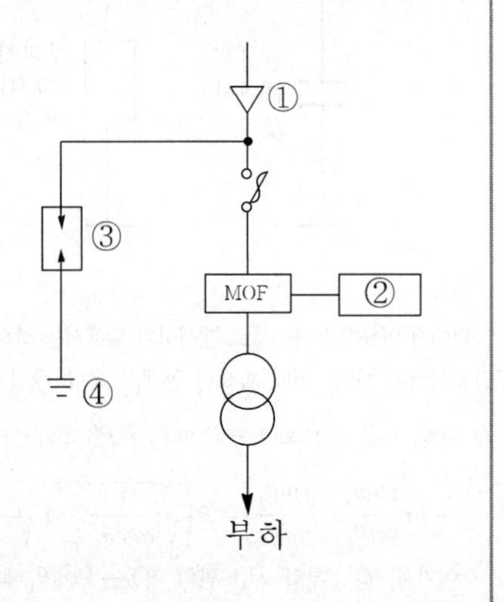

|계|산|및|정|답|

① 케이블헤드　　② 전력량계　　③ 피뢰기

|추|가|해|설|

[간이 수전설비 표준 결선도]

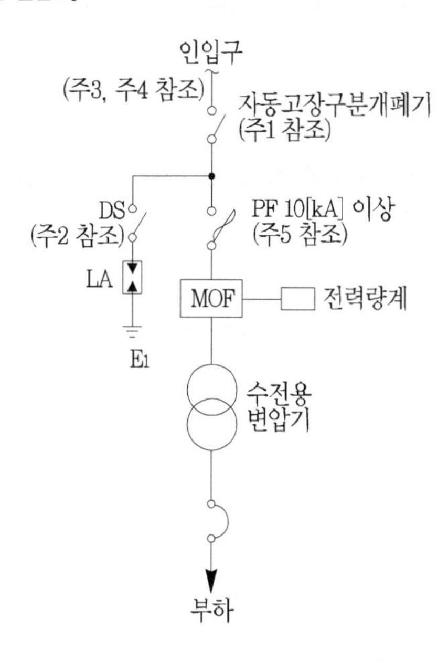

약호	명칭
DS	단로기
ASS	자동고장구분개폐기
LA	피뢰기
MOF	계기용 변압 변류기
COS	컷아웃스위치
PF	전력퓨즈

【주1】 300[kVA] 이하의 경우에는 자동고장 구분 개폐기 대신 INT SW를 사용할 수 있다.

【주2】 LA용 DS는 생략할 수 있으며 22.9[kV－Y]용의 LA는 Disconnector(또는 Isolator) 붙임형을 사용하여야 한다.

【주3】 인입선을 지중선으로 시설하는 경우로서 공동주택 등 사고시 정전 피해가 큰 수전설비 인입선은 예비선을 포함하여 2회선으로 시설하는 것이 바람직하다.

【주4】 지중 인입선의 경우에 22.9[kV－Y] 계통은 CNCV－W 케이블(수밀형) 또는 TR CNCV－W(트리 억제형)을 사용하여야 한다. 다만, 전력구·공동구·덕트·건물구내 등 화재의 우려가 있는 장소에서는 FR CNCO－W(난연) 케이블을 사용하는 것이 바람직하다.

【주5】 300[kVA] 이하인 경우 PF 대신 COS(비대칭 차단 전류 10[kA] 이상의 것)을 사용할 수 있다.

【주6】 간이 수전설비는 PF의 용단 등에 의한 결상 사고에 대한 대책이 없으므로 변압기 2차측에 설치되는 주차단기에는 결상 계전기 등을 설치하여 결상 사고에 대한 보호 능력이 있도록 함이 바람직하다.

11

출제 : 22, 13, 05년 • 배점 : 6점

폭 12[m], 길이 18[m], 천장높이 3.1[m], 작업면(책상 위) 높이 0.85[m]인 사무실이 있다. 이 사무실의 천장은 백색 텍스로 마감하였으며, 벽면은 옅은 크림색으로 마감하였고, 실내 조도는 500[lx], 조명기구는 40[W] 2등용[H형] 팬던트를 실시하고자 한다. 이때 다음 조건을 이용하여 각 물음에 설계를 하도록 하시오.

〈조 건〉

① 천장의 반사율은 50[%], 벽의 반사율은 30[%]로서 H형 팬던트의 기구를 사용할 때 조명률은 0.61로 한다.
② H형 팬던트 기구의 보수율은 0.75로 하도록 한다.
③ H형 팬던트 길이는 0.5[m]이다.
④ 램프 광속은 40[W] 1등용 3300[lm]으로 한다.
⑤ 조명기구의 배치는 5열로 배치하도록 하고, 1열 당 등수는 동일하게 한다.

(1) 광원의 높이는 몇 [m]인가?

•계산 : •답 :

(2) 이 사무실의 실지수는 얼마인가?

•계산 : •답 :

(3) 이 사무실에는 40[W] 2등용(H형) 팬던트의 조명기구를 몇 조 설치하여야 하는가?

|계|산|및|정|답|

(1) 【계산】 $H=3.1-(0.85+0.5)=1.75[m]$ 【정답】 1.75[m]

(2 【계산】 실지수 $=\dfrac{XY}{H(X+Y)}=\dfrac{12\times18}{1.75(12+18)}=4.11$ 【정답】 4.11

(3) 【계산】 등수 $N=\dfrac{EA}{FUM}=\dfrac{500\times(12\times18)}{3300\times2\times0.61\times0.75}=35.77$[조] 【정답】 40[조]

→ (조명기구의 배치는 5열이고 열 당 등수는 동일해야 하므로 등수는 5의 배수로 되어야 한다.)

|추|가|해|설|

(1) 광원의 높이(H) = 천장의 높이 − 작업면의 높이

(2) 실지수 $K=\dfrac{X\cdot Y}{H(X+Y)}$

여기서, K : 실지수 X : 방의 폭[m], Y : 방의 길이[m], H : 작업면에서 조명기구 중심까지 높이[m]

(3) 등수 $N=\dfrac{E\times A}{F\times U\times M}=\dfrac{E\times A\times D}{F\times U}$

여기서, E : 평균 조도[lx], F : 램프 1개당 광속[lm], N : 램프 수량[개], U : 조명률, D : 감광보상률(=$\dfrac{1}{M}$)

M : 보수율, A : 방의 면적[m^2](방의 폭×길이)

12

출제 : 13년 • 배점 : 6점

수변전 설비에 설치하고자 하는 파워 퓨즈(전력용 퓨즈)는 사용 장소, 정격전압, 정격전류 등을 고려하여 구입하는데, 이외에 고려하여야 할 주요 특징을 3가지만 쓰시오.

|계|산|및|정|답|

① 정격 차단용량 ② 최소 차단전류 ③ 전류-시간 특성

|추|가|해|설|

[전력 퓨즈]

(1) 전력 퓨즈의 정의 : 전력용 퓨즈는 고압 및 특별고압기기의 단락보호용 퓨즈이고 소호방식에 따라 한류형과 비한류형이 있다.

(2) 전력 퓨즈의 특징

① 전차단 특성 ② 단시간 허용 특성 ③ 용단 특성

(3) 전력 퓨즈의 장·단점

장점	단점
① 가격이 저렴하다.	① 재투입이 불가능하다.
② 소형 경량이다.	② 과전류에서 용단될 수 있다.
③ RELAY나 변성기가 불필요	③ 동작시간-전류 특성을 계전기처럼 자유로이 조정불가
④ 한류형 퓨즈는 차단시 무음, 무방출	④ 비보호 영역이 있어, 사용중에 열화해 동작하면 결상을 일으킬 우려가 있다.
⑤ 소형으로 큰 차단용량을 가진다.	⑤ 한류형 퓨즈는 용단되어도 차단하지 못하는 전류 범위가 있다.
⑥ 보수가 간단하다.	⑥ 한류형은 차단시에 과전압을 발생한다.
⑦ 고속도 차단한다.	⑦ 고 Impendance 접지계통의 지락보호는 불가능
⑧ 현저한 한류 특성을 가진다.	
⑨ SPACE가 작아 장치전체가 소형 저렴하게 된다.	
⑩ 후비보호에 완벽하다.	

13 출제 : 04, 13년 • 배점 : 5점

1000[kVA] 단상 변압기 3대를 △ − △ 결선의 1뱅크로 하여 사용하고 있는 변전소가 있다. 지금 부하의 증가로 동일한 용량의 단상 변압기 1대를 추가하여 운전하려고 할 때, 다음 물음에 답하시오.

(1) 3상의 최대 부하에 대응할 수 있는 결선법은 무엇인가?

(2) 최대 몇 [kVA]의 3상 부하에 대응할 수 있겠는가?

·계산 : ·답 :

|계|산|및|정|답|

(1) V−V 결선 2뱅크

(2) 【계산】 $P=2P_V=2\times\sqrt{3}P_1=2\times\sqrt{3}\times 1000=3464.1[kVA]$ 【정답】 3464.1[kVA]

|추|가|해|설|

[V−V결선]

·△ − △ 결선에서 1대의 사고시 2대의 변압기로 3상 출력을 할 수 있다.

·변압기의 이용률이 $\frac{\sqrt{3}}{2}$=0.866(86.6[%])이고 3상 출력에 비해 $\frac{\sqrt{3}}{3}$=0.577(57.7[%])이다.

·부하시 3상간의 전압이 불평등하다.

① 결선도

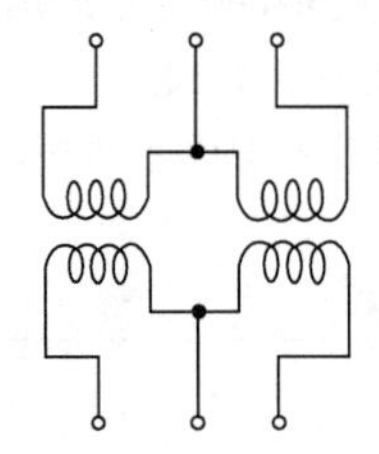

② 이용률 및 출력비

·$V_l=V_p$, $I_l=I_p$ ·3상 출력 $P=\sqrt{3}V_lI_l=\sqrt{3}V_pI_p$

·이용률$=\frac{\text{3상 출력}}{\text{설비용량}}=\frac{\sqrt{3}P_1}{2P_1}\times 100=86.6[\%]$ ·출력비$=\frac{V\text{결선 출력}}{\text{3상 출력}}\times 100=\frac{\sqrt{3}P_1}{3P_1}\times 100=57.74[\%]$

㈐ V−V 결선의 장·단점

장점	·△ − △ 결선에서 1대의 변압기 고장시 2대만으로 3상 부하에 전력을 공급할 수 있다. ·설치가 간단하다. ·소량, 가격 저렴해 3상 부하에 많이 사용
단점	·설비의 이용률이 저하(86.6[%])된다. ·△결선에 비하여 출력이 저하(57.7[%])된다. ·부하의 상태에 따라서 2차 단자의 전압이 불평형이 될 수 있다.

14

출제 : 13년 • 배점 : 5점

차단기의 정격전압이 7.2[kV]이고 3상 정격 차단전류가 20[kA]인 수용가의 수전용 차단기의 차단용량은 몇 [MVA]인가? (단, 여유율은 고려하지 않는다.)

|계|산|및|정|답|

【계산】 차단용량 $P_s = \sqrt{3}\, V_n I_s = \sqrt{3} \times 7.2 \times 20 = 249.42[MVA]$ → (V_n : 정격전압[kV], I_s : 정격 차단전류[kA])

【정답】 249.42[MVA]

15

출제 : 13년 • 배점 : 5점

다음 기기의 용어를 간단히 설명하시오.

(1) 점멸기

(2) 단로기

(3) 차단기

(4) 전자접촉기

|계|산|및|정|답|

(1) 점멸기 : 전등 등의 점멸에 사용
(2) 단로기 : 고압기기의 점검 및 수리 시, 차단된 전로를 확실히 끊기 위해 사용
(3) 차단기 : 부하전류 개폐 및 고장전류를 차단하기 위하여 사용
(4) 전자접촉기 : 부하의 개폐 빈도가 높은 곳에 사용

16

출제 : 13년 • 배점 : 7점

3상 유도 전동기의 정·역 회로도이다. 다음 물음에 답하시오.

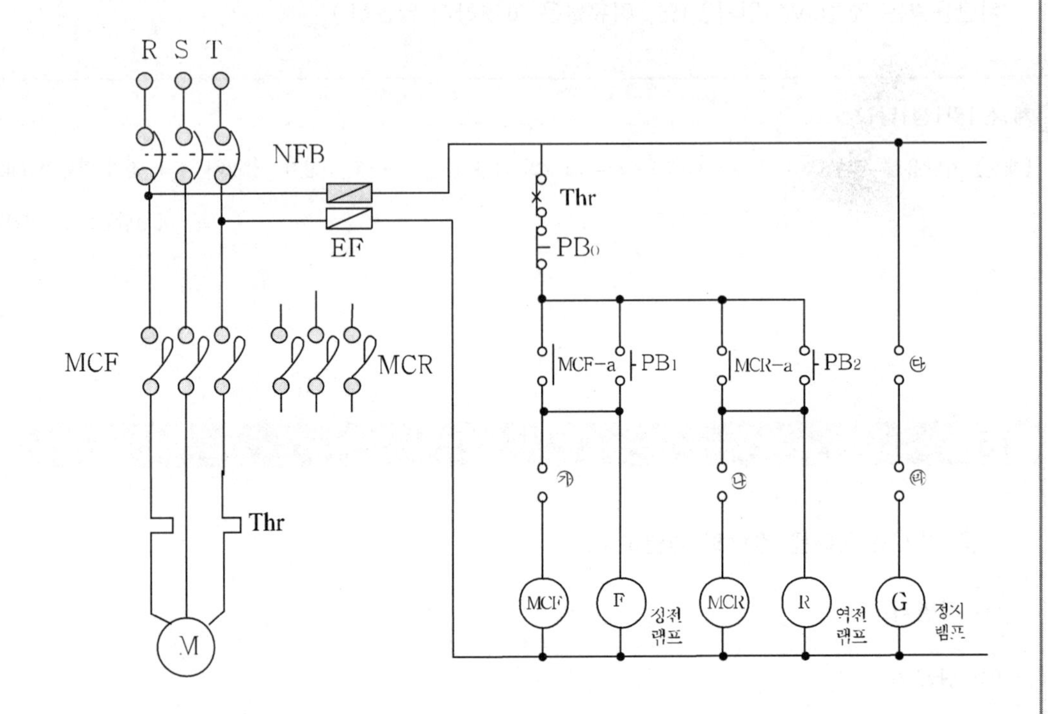

(1) 주회로 및 보조회로의 미완성 부분 (㉮~㉱)을 완성하시오.

(2) 타임차트를 완성하시오.

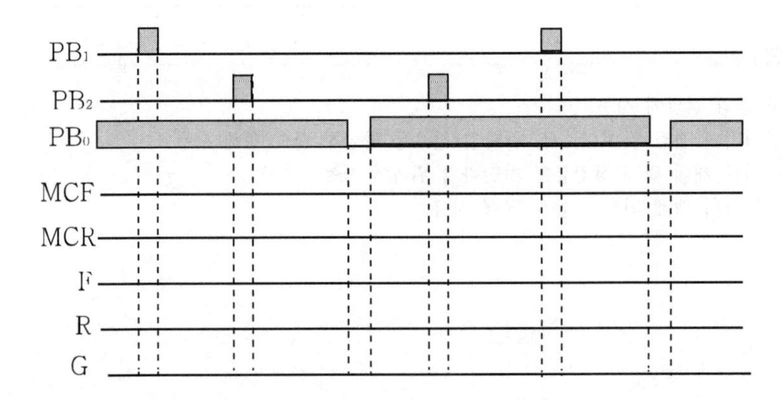

|계|산|및|정|답|

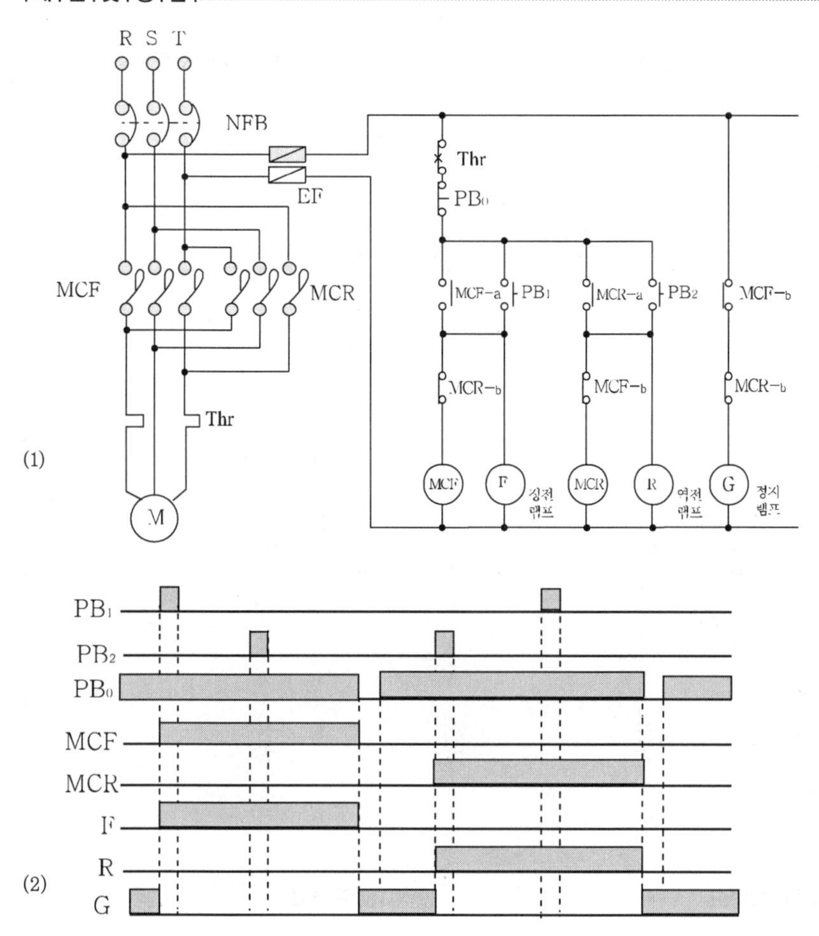
R S T
NFB
EF
MCF
MCR
Thr
M
(1)
Thr
PB0
MCF-a
PB1
MCR-a
PB2
MCF-b
MCR-b
MCF-b
MCR-b
MCF
F
정전 램프
MCR
R
역전 램프
G
정지 램프
PB1
PB2
PB0
MCF
MCR
F
R
(2)
G

17

출제 : 13년 • 배점 : 7점

다음 어느 생산 공장의 수전 설비이다. 이것을 이용하여 다음 각 물음에 답하시오.

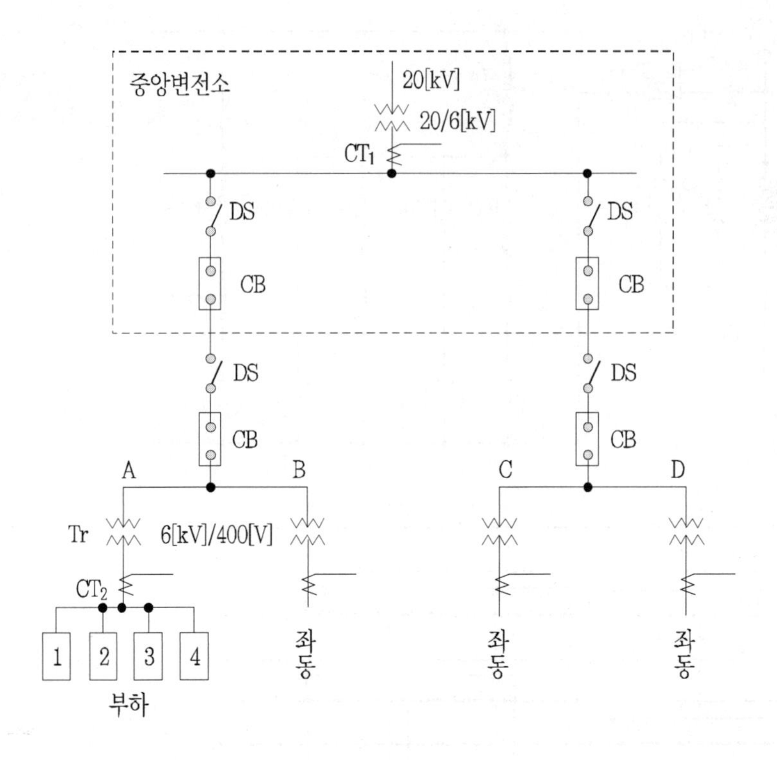

뱅크의 부하 용량표

피더	부하 설비 용량[kW]	수용률[%]
1	125	80
2	125	80
3	500	70
4	600	84

변류기 규격표

항목	변류기
정격 1차 전류[A]	5, 10, 15, 20, 30, 40 50, 75, 100, 150, 200 300, 400, 500, 600, 750 1000, 1500, 2000, 2500
정격 2차 전류[A]	5

(1) 표와 같이 A, B, C, D 4개의 뱅크가 있으며, 각 뱅크는 부등률이 1.1이다. 이때 중앙 변전소의 변압기 용량을 산정하시오. (단, 각 부하의 역률은 0.8이며, 변압기 용량은 표준 규격으로 답하도록 한다.)

• 계산 :　　　　　　　　　　　　　　• 답 :

(2) 변류기 CT_1과 CT_2의 변류비를 산정하시오. (단, 1차 수전전압은 20000/6000[V], 2차 수전전압은 6000/400[V]이며, 변류비는 표준 규격으로 답하도록 한다.)

• 계산 :　　　　　　　　　　　　　　• 답 :

|계|산|및|정|답|

(1) 【계산】 A뱅크의 최대 수요 전력

$$\text{최대수요전력} = \frac{\dfrac{\text{부하설비용량}[kW]}{\cos\theta} \times \text{수용률}}{\text{부등률}} [kVA]$$

$$= \frac{125 \times 0.8 + 125 \times 0.8 + 500 \times 0.7 + 600 \times 0.84}{1.1 \times 0.8} = 1197.73[kVA]$$

A, B, C, D 각 뱅크간의 부등률은 없으므로 $ST_r = 1197.73 \times 4 = 4790.92[kVA]$

【정답】 5000[kVA]

(2) 【계산】 ① CT1

$$I_1 = \frac{5000}{\sqrt{3} \times 6} \times 1.25 \sim 1.5 = 601.4 \sim 721.7[A]$$, 따라서 600/5 선정

② CT2 (변류기는 최대 부하전류의 1.25~1.5배로 선정)

$$I_1 = \frac{1197.73}{\sqrt{3} \times 0.4} \times 1.25 \sim 1.5 = 2160.97 \sim 2593.16[A]$$, 따라서 2500/5 선정

【정답】 ① CT1 : 600/5, ② CT2 : 2500/5

03 2013년 전기산업기사 실기

01 출제 : 01, 07, 13년 • 배점 : 8점

다음과 같은 교류 단상 3선식 선로를 보고 다음 각 물음에 답하시오.

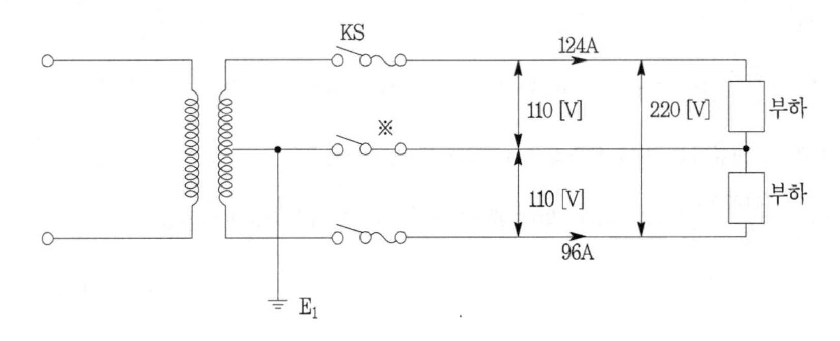

(1) 도면의 잘못된 부분을 고쳐서 그리고 잘못된 부분에 대한 이유를 설명하시오.

(2) 부하불평형률은 몇 [%]인가?

·계산 : ·답 :

(3) 도면에서 ※부분에 퓨즈를 넣지 않고 동선을 연결하였다. 옳은 방법인지의 여부를 구분하고 그 이유를 설명하시오.

|계|산|및|정|답|

(1)

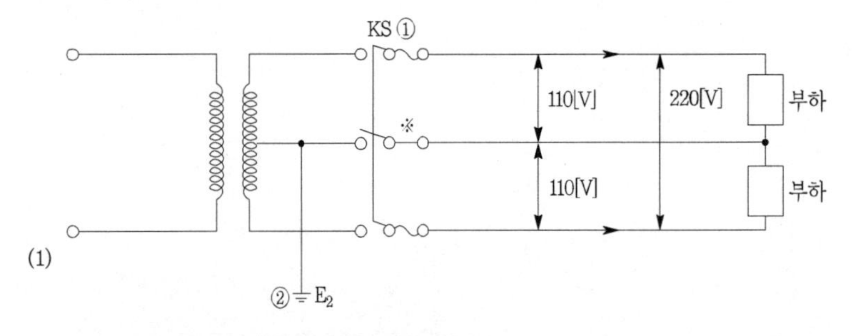

① 개폐기는 3극 동시에 개폐하여야 한다.

·이유 : 동시에 개폐되지 않을 경우 전압불평형이 나타날 수 있다.

② 변압기의 2차측 중성선에는 접지공사를 하여야 한다.

·이유 : 1차, 2차 혼촉시 2차측 전위 상승 억제

(2) 【계산】 설비불평형률 $\%v = \dfrac{124-96}{\frac{1}{2}(124+96)} \times 100 = 25.45[\%]$ 【정답】 24.45[%]

(3) 옳다.

•이유 : 퓨즈가 용단되는 경우에는 부하 측의 전위가 110[V]에서 220[V]로 되어 부하에 과전압이 걸린다.

|추|가|해|설|

① 저압 수전의 단상3선식

설비불평형률 $= \dfrac{\text{중성선과 각 전압측 전선간에 접속되는 부하설비용량[kVA]의 차}}{\text{총 부하 설비 용량[kVA]의 1/2}} \times 100[\%]$

여기서, 불평형률은 40[%] 이하이어야 한다.

② 저압, 고압 및 특별고압 수전의 3상3선식 또는 3상4선식

설비불평형률 $= \dfrac{\text{각 선간에 접속되는 단상 부하설비용량[kVA]의 최대와 최소의 차}}{\text{총 부하 설비 용량[kVA]의 1/3}} \times 100[\%]$

여기서, 불평형률은 30[%] 이하여야 한다.

02

출제 : 13년 • 배점 : 8점

다음 미완성 도면의 Y-Y 변압기 결선도와 △ − △ 변압기 결선도를 완성하시오. (단, 필요한 곳에는 접지를 포함하여 완성시키도록 한다.)

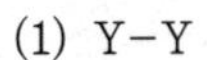
(1) Y−Y

(2) △ − △

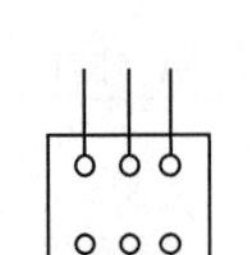

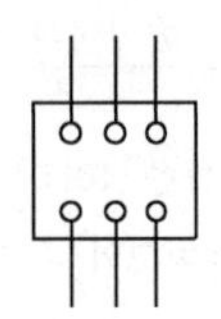

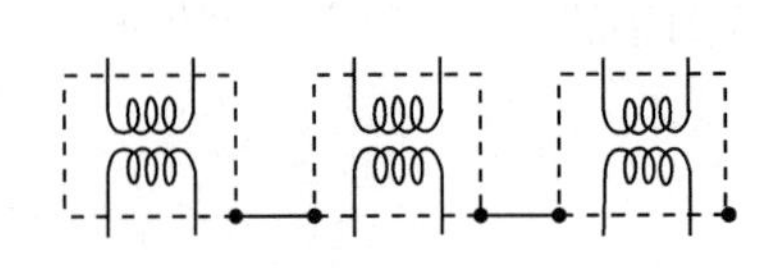

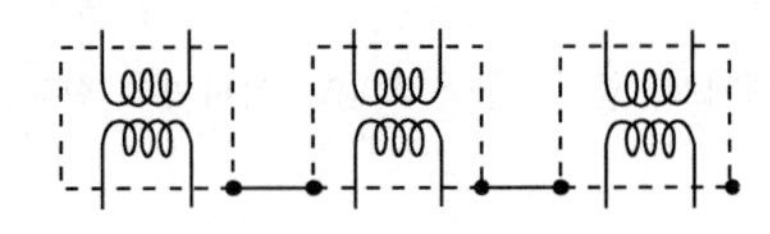

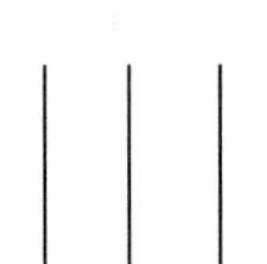

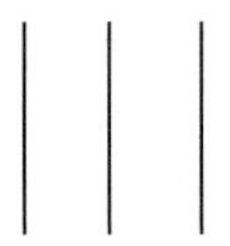

|계|산|및|정|답|

(1) Y−Y :

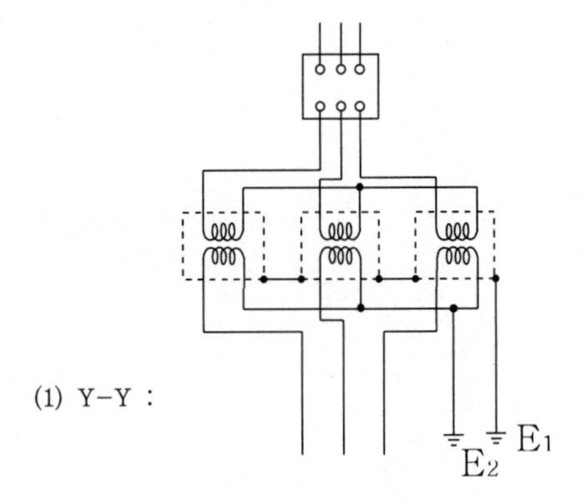

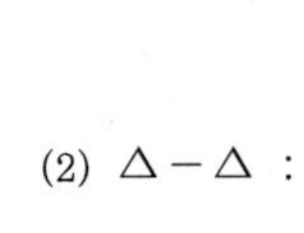
(2) △ − △ :

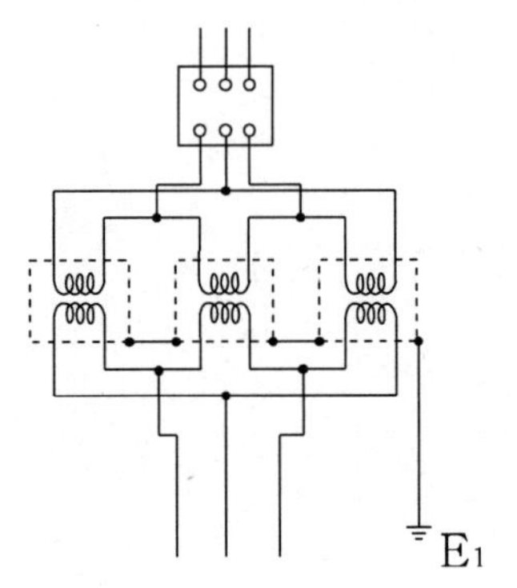

03 출제 : 13년 • 배점 : 5점

아래 회로도를 보고 물음에 답하시오.

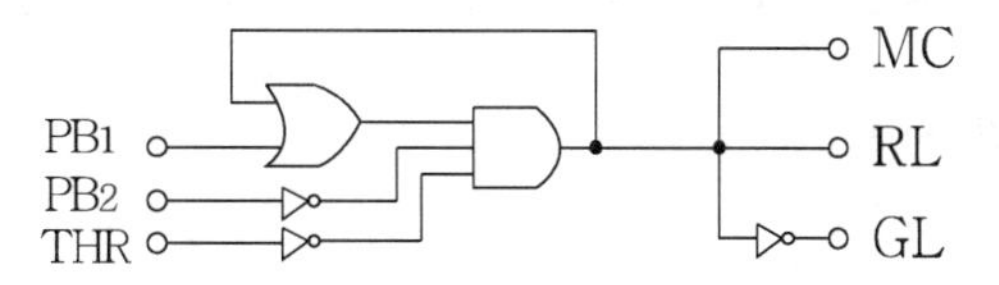

(1) 답안지의 시퀀스 회로도를 완성하시오.

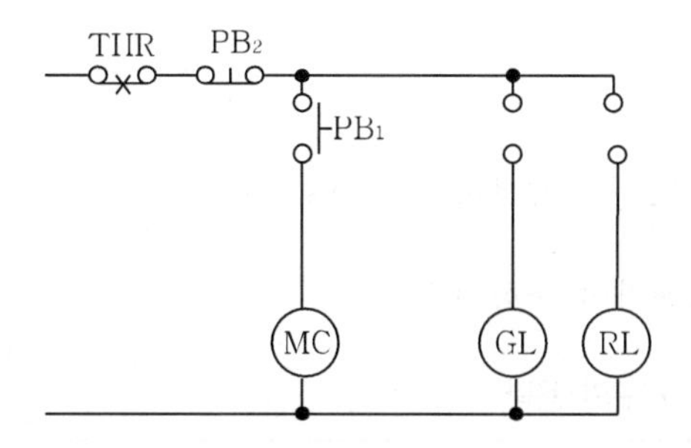

(2) MC의 출력식을 쓰시오.

|계|산|및|정|답|

(1)

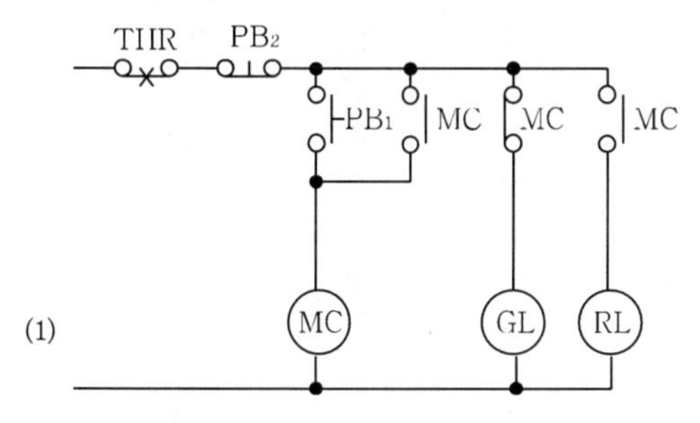

(2) $MC = (PB_1 + MC) \cdot \overline{PB_2} \cdot \overline{THR}$

04

출제 : 00, 13년 • 배점 : 6점

사용 전압 200[V]인 3상 유도 전동기를 간선에 연결하려고 한다. 주어진 표를 이용하여 다음 물음에 답하시오. (단, 공사방법 B1, XLPE 절연전선을 사용하는 경우이다.)

- 3.7[kW] 1대 : 직입 기동
- 7.5[kW] 1대 : 직입 기동
- 15[kW] 1대 : 기동 보상기 사용

(1) 간선에 흐르는 전체전류는 몇 [A]인가?

- 계산 :
- 답 :

(2) 간선의 굵기는 몇 [mm^2]인가?

(3) 간선 과전류 차단기의 용량을 주어진 표를 이용하여 구하시오.

(4) 간선 개폐기의 용량을 주어진 표를 이용하여 구하시오.

[표1] 200[V] 3상유도전동기의 간선의 굵기 및 기구의 용량

전동기[kW] 수의 총계 ① (kW) 이하		최대 사용 전류 ① (A) 이하	배선종류에 의한 간선의 최소 굵기(mm^2) ②					
			공사방법 A1		공사방법 B1		공사방법 C	
			3개선		3개선		3개선	
			PVC	XLPE, EPR	PVC	XLPE, EPR	PVC	XLPE, EPR
1	3	15	2.5	2.5	2.5	2.5	2.5	2.5
2	4.5	20	4	2.5	2.5	2.5	2.5	2.5
3	6.3	30	6	4	6	4	4	2.5
4	8.2	40	10	6	10	6	6	4
5	12	50	16	10	10	10	10	6
6	15.7	75	35	25	25	16	16	16
7	19.5	90	50	25	35	25	25	16
8	23.2	100	50	35	35	25	35	25
9	30	125	70	50	50	35	50	35
10	37.5	150	95	70	70	50	70	50
11	45	175	120	70	95	50	70	50
12	52.5	200	150	95	95	70	95	70
13	63.7	250	240	150	–	95	120	95
14	75	300	300	185	–	120	185	120
15	86.2	350	–	240	–	–	240	150

【비고 1】 최소 전선 굵기는 1회선에 대한 것이며, 2회선 이상일 경우는 복수회로 보정계수를 적용하여야 한다.

【비고 2】 공사방법 A1은 벽 내의 전선관에 공사한 절연전선 또는 단심케이블, B1은 벽면의 전선관에 공사한 절연전선 또는 단심케이블, 공사방법 C는 벽면에 공사한 단심 또는 다심케이블을 시설하는 경우의 전선 굵기를 표시하였다.

【비고 3】 전동기중 최대의 것' 에는 동시 기동하는 경우를 포함한다.

【비고 4】 배선용차단기의 용량은 해당조항에 규정되어 있는 범위에서 실용상 거의 최대값을 표시한다.

[표1-1] (배선용 차단기의 경우) (동선)

직입기동 전동기 중 최대용량의 것												
0.75 이하		1.5	2.2	3.7	5.5	7.5	11	15	18.5	22	30	37~55
기동기사용 전동기 중 최대용량의 것												
–		–	–	5.5	7.5	11 15	18.5 22	–	30 37	–	45	55
과전류차단기 (배전용차단기) 용량[A]						직입기동 ... (칸 위 숫자) $Y-\triangle$ 기동 ... (칸 아래 숫자)						
1	15 30	20 30	30 30	–	–	–	–	–	–	–	–	–
2	20 30	20 30	30 30	50 60	–	–	–	–	–	–	–	–
3	30 30	30 30	50 60	50 60	75 100	–	–	–	–	–	–	–
4	50 60	50 60	50 60	75 100	75 100	100 100	–	–	–	–	–	–
5	50 60	50 60	50 60	75 100	75 100	100 100	150 200	–	–	–	–	–
6	75 100	75 100	75 100	75 100	100 100	100 100	150 200	150 200	–	–	–	–
7	100 100	100 100	100 100	100 100	100 100	150 200	150 200	200 200	200 200	–	–	–
8	150 200	150 200	150 200	150 200	150 200	150 200	150 200	200 200	200 200	200 200	–	–
9	150 200	150 200	150 200	150 200	150 200	150 200	150 200	200 200	200 200	200 200	–	–
10	150 200	150 200	150 200	150 200	150 200	150 200	150 200	200 200	300 300	300 300	300 300	–
11	200 200	200 200	200 200	200 200	200 200	200 200	200 200	200 200	300 300	300 300	300 300	300 300
12	200 200	200 200	200 200	200 200	200 200	200 200	200 200	200 200	300 300	300 300	400 400	400 400
13	300 300	300 300	300 300	300 300	300 300	300 300	300 300	300 300	300 300	400 400	400 400	500 600
14	400 400	400 400	400 400	400 400	400 400	400 400	400 400	400 400	400 400	400 400	400 400	600 600

【비고 5】 배선용차단기의 선정은 최대용량의 정격전류의 3배에 다른 전동기의 정격전류의 합계를 가산한 값 이하를 표시함
【비고 6】 배선용차단기를 배·분전반, 제어반 등의 내부에 시설하는 경우는 그 반 내의 온도상승에 주의할 것

[표2] 3상 유도 전동기의 규약 전류값

출력		전류[A]		출력		전류[A]	
[kW]	환산[HP]	200[V]용	400[V]용	[kW]	환산[HP]	200[V]용	400[V]용
0.2	1/4	1.8	0.9	18.5	25	79	39
0.4	1/2	3.2	1.6	22	30	93	46
0.75	1	4.8	4.0	30	40	124	62
1.5	2	8.0	5.5	37	50	151	75
2.2	3	11.1	8.7	45	60	180	90
3.7	5	17.4	13	55	75	225	112
5.5	7.5	26	17	75	100	300	150
7.5	10	34	24	110	150	435	220
11	15	48	32	150	200	570	285
15	20	65					

【주】 사용하는 회로의 표준 전압이 220[V]나 440[V]이면 200[V] 또는 400[V]일 때의 각각 0.9배로 한다.

|계|산|및|정|답|

(1) 【계산】 [표2]에서 구한 전동기의 전부하 표준 $I = 17.4 + 34 + 65 = 116.4[A]$ 【정답】 116.4[A]

(2) 간선의 굵기 : 35[mm^2] → [표1]에서 (최대사용전류 125[A]난과 (B1, XLPE) 절연전선 난의 교차점

(3) 차단기 용량 : 150[A] → [표1]에서 (최대사용전류 125[A]난([표1-1)의 9번 열)과 기동기 사용 15[kW]난의 교차점

(4) 개폐기 용량 : 200[A] → [표1]에서 (최대사용전류 125[A]난([표1-1)의 9번 열)과 기동기 사용 15[kW]난의 교차점

05

출제 : 13년 • 배점 : 5점

주변압기의 용량이 1300[kVA], 전압 22900/3300[V] 3상3선식 전로의 2차측에 설치하는 단로기의 단락 강도는 몇 [kA] 이상이어야 하는가? (단, 주변압기의 %임피던스는 3[%]이다.)

|계|산|및|정|답|

【계산】 2차 정격전류 $I_{2n} = \frac{P_n}{\sqrt{3} \cdot V_{2n}} = \frac{1300 \times 10^3}{\sqrt{3} \times 3300} = 227.44[A]$

따라서 단락강도 $I_s = \frac{100}{\%Z} I_n = \frac{100}{3} \times 227.44 \times 10^{-3} = 7.58[kA]$ 【정답】 7.58[kA]

06

출제 : 13년 • 배점 : 8점

그림은 플로우트레스(플로우트스위치 없는) 액면 릴레이를 사용한 급수제어의 시퀀스이다. 다음 각 물음에 답하시오.

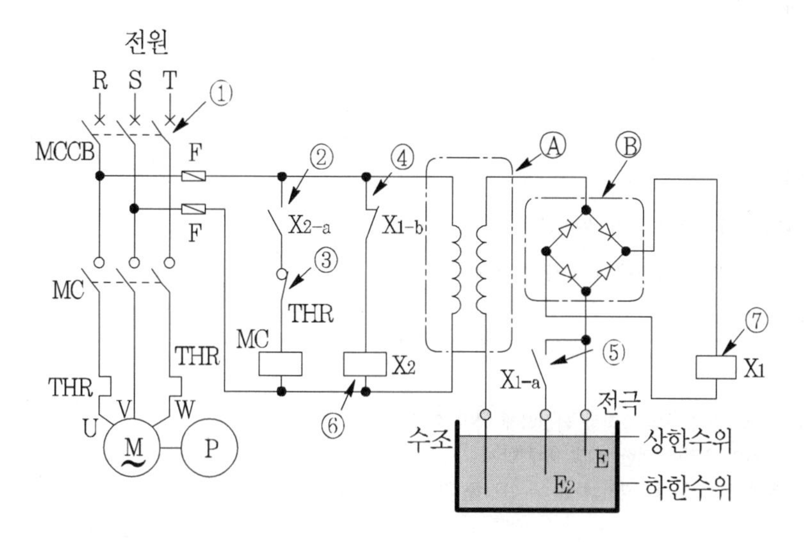

(1) 도면에서 기기 Ⓑ의 명칭을 쓰고 그 기능을 설명하시오.

(2) 전동 펌프가 과전류가 되었을 때 최초에 동작하는 계전기의 접점을 도면에 표시되어 있는 번호로 지적하고 그 명칭은 무엇인지를 구체적으로(동작에 관련된 명칭) 쓰도록 하시오.

(3) 수조의 수위가 전극보다 올라갔을 때 전동 펌프는 어떤 상태로 되는가?

(4) 수조의 수위가 전극 E_1보다 내려갔을 때 전동 펌프는 어떤 상태로 되는가?

(5) 수조의 수위가 전극 E_2보다 내려갔을 때 전동 펌프는 어떤 상태로 되는가?

|계|산|및|정|답|

(1) 【명칭】 브리지 정류 회로

【기능】 직류 전원을 사용하는 릴레이 X_1에 교류 전원을 직류로 변환하여 공급

(2) ③, 수동 복귀 b 접점

(3) 정지 상태

(4) 정지 상태

(5) 운전 상태

|추|가|해|설|

[열동계전기(Thr)]: 전동기가 과부하되면 동작하여 전동기를 보호한다.

[열동계전기 수동 복귀 b접점]: 전동기가 과부하되면 b접점이 열려 전동기를 보호하며, 이때 접점 복귀는 수동으로 한다.

07

출제 : 13년 • 배점 : 5점

목적에 따른 접지의 분류에서 계통접지와 기기접지에 대한 접지목적을 쓰시오.

(1) 계통접지

(2) 기기접지

|계|산|및|정|답|

(1) 계통접지 : 고압선로와 저압선로가 혼촉 되었을 때 감전이나 화재방지

(2) 기기접지 : 누전되고 있는 기기에 접촉시 감전방지

|추|가|해|설|

[보호접지설비]

(3) 지락 검출용 접지 : 누전차단기의 동작을 확실하게 하기 위함
(4) 정전기 접지 : 정전기의 축적에 의한 폭발 재해 방지
(5) 등전위 접지 : 병원에 있어서 의료기기 사용 시 안정을 확보하기 위함

08

출제 : 13년 • 배점 : 5점

전압비가 3300/220[V]인 단권 변압기 2대를 V결선으로 해서 부하에 전력을 공급 하고자 한다. 공급할 수 있는 최대 용량은 자기용량의 몇 배인가?

·계산 : ·답 :

|계|산|및|정|답|

【계산】 V 결선 시

$$\frac{자기용량}{부하용량} = \frac{2}{\sqrt{3}} \times \frac{V_h - V_l}{V_h} = \frac{1}{0.806}\left(1 - \frac{V_l}{V_h}\right)$$

$$\therefore 부하용량 = 자기용량 \times \frac{\sqrt{3}}{2} \times \frac{V_h}{V_h - V_l} = 자기용량 \times \frac{\sqrt{3}}{2} \times \frac{3520}{3520 - 3300} = 자기용량 \times 13.86$$

【정답】 13.86[배]

09

출제 : 22, 13, 11, 03년 • 배점 : 5점

부하율을 식으로 표시하고 부하율이 적다는 것은 무엇을 의미하는지 2가지만 쓰시오.

|계|산|및|정|답|

① $\text{부하율} = \frac{\text{평균 수용 전력}[kW]}{\text{최대 수용 전력}[kW]} \times 100[\%]$

② ·공급 설비를 유용하게 사용하지 못한다.

· 평균 수요 전력과 최대 수요 전력과의 차가 커지게 되므로 부하 설비의 가동률이 저하된다.

|추|가|해|설|

① $\text{수용률} = \frac{\text{최대 수용전력}[kV]}{\text{(총)부하설비용량}[kW]} \times 100[\%]$

② $\text{부등률}(\geq 1) = \frac{\text{각 부하의 최대수용전력의 합계}[kVA]}{\text{부하를 종합하였을 때의 합성최대수용전력}[kVA]}$

③ $\text{부하율} = \frac{\text{평균 수요 전력}[kW]}{\text{합성 최대 수요 전력}[kW]} \times 100[\%]$ $\rightarrow \left(\text{평균전력}[kW] = \frac{\text{총사용전력량}[kWh]}{\text{사용시간}[h]}\right)$

$\text{부하율} = \frac{\text{평균 수요 전력}[kW]}{\text{수용설비용량의합}} \times \frac{\text{부등률}}{\text{수용률}}[\%]$

10

출제 : 13년 • 배점 : 5점

옥내에 시설되는 단상전동기에 과부하 보호 장치를 하지 않아도 되는 전동기의 용량은 몇 [kW] 이하인가?

|계|산|및|정|답|

0.2[kW] 이하

|추|가|해|설|

[전동기 과부하 보호장치의 시설

전동기는 소손을 방지하기 위하여 전동기용 퓨즈, 열동계전기, 전동기 보호용 차단기, 유도형계전기, 정지형계전기(전자식계전기, 디지털계전기 등) 등의 전동기용 과부하 보호장치를 사용하여 자동적으로 차단하거나 과부하시에 경보를 내는 장치를 사용하여야 한다.

11 출제 : 01, 05, 13년 • 배점 : 6점

평형 3상 회로에 그림과 같은 유도 전동기가 있다. 이 회로에 2개의 전력계와 전압계 및 전류계를 접속하였더니 그 지시값은 $W_1 = 6.24[kW]$, $W_2 = 3.77[kW]$, 전압계의 지시는 200[V], 전류계의 지시는 34[A] 이었다. 이때 다음 각 물음에 답하시오.

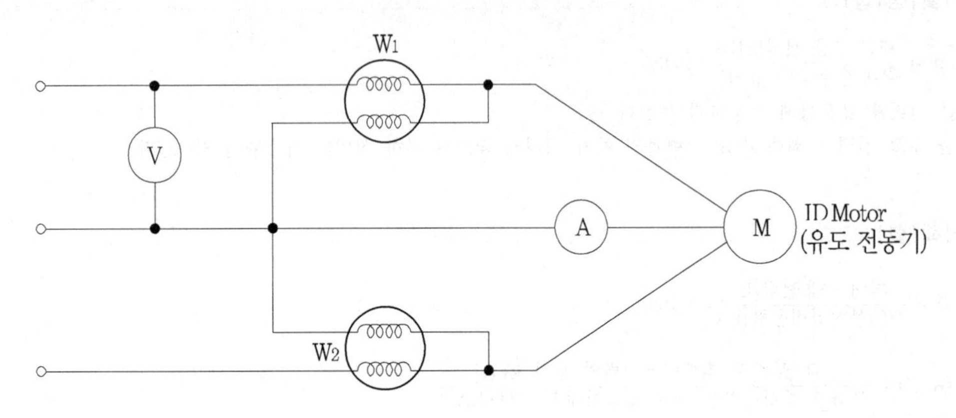

(1) 부하에 소비되는 전력을 구하시오.

•계산 : •답 :

(2) 부하의 피상전력을 구하시오.

•계산 : •답 :

(3) 이 유도 전동기의 역률은 몇 [%]인가?

•계산 : •답 :

|계|산|및|정|답|

(1) 【계산】 유효전력 $P = W_1 + W_2 = 6.24 + 3.77 = 10.01[kW]$ 【정답】 10.01[kW]

(2) 【계산】 피상전력 $P_a = \sqrt{3}\,VI = \sqrt{3} \times 200 \times 34 \times 10^{-3} = 11.78[kVA]$ 【정답】 11.78[kVA]

(3) 【계산】 역률 $\cos\theta = \frac{\text{유효전력}}{\text{피상전력}} = \frac{W_1 + W_2}{\sqrt{3}\,VI} = \frac{10.01}{11.78} \times 100 = 84.97[\%]$ 【정답】 84.97[%]

|추|가|해|설|

[2전력계법]

① 유효전력 : $P = W_1 + W_2[\text{W}]$

② 무효전력 : $P_r = \sqrt{3}(W_1 - W_2)[\text{VAR}]$

③ 피상전력 : $P_a = 2\sqrt{W_1^2 + W_2^2 - W_1 W_2}\,[\text{VA}]$ $P_a = \sqrt{3}\,VI[\text{VA}]$

④ 역률 : $\cos\theta = \frac{W_1 + W_2}{2\sqrt{W_1^2 + W_2^2 - W_1 W_2}} = \frac{W_1 + W_2}{\sqrt{3}\,VI}$

12 출제 : 00, 03, 13년 • 배점 : 6점

어떤 작업장의 실내에 조명 설비를 하고자 한다. 조명 설비의 설계에 필요한 다음 각 물음에 답하시오.

〈조 건〉

① 방바닥에서 0.8[m]의 높이에 있는 작업면에서 모든 작업이 이루어진다고 한다.
② 작업장의 면적은 가로 20[m] × 세로 25[m]이다.
③ 방바닥에서 천장까지의 높이는 4[m]이다.
④ 이 작업장의 평균 조도는 180[lx]가 되도록 한다.
⑤ 등기구는 40[W] 형광등을 사용하며, 형광등 1개의 전광속은 3000[lm]이다.
⑥ 조명률은 0.7, 감광 보상률은 1.4로 한다.

(1) 이 작업장의 실지수는 얼마인가?

·계산 : ·답 :

(2) 이 작업장에 필요한 평균 조도를 얻으려면 형광등은 몇 등이 필요한가?

·계산 : ·답 :

(3) 일반적인 경우 공장에 시설하는 전체 조명용 전등은 부분 조명이 가능하도록 등기구수를 몇 개 이내의 전등군으로 구분하여 전등군마다 점멸이 가능하도록 하여야 하는가?

|계|산|및|정|답|

(1) 【계산】 실지수 $K=\frac{X \cdot Y}{H(X+Y)}=\frac{20\times25}{(4-0.8)\times(20+25)}=3.47$ 【정답】 3.47

(2) 【계산】 등수(N)$=\frac{AED}{FU}=\frac{180\times(20\times25)\times1.4}{3000\times0.7}=60$[등] 【정답】 60[등]

(3) 6[등]

|추|가|해|설|

(1) 실지수 $K=\frac{X \cdot Y}{H(X+Y)}$

여기서, K : 실지수, X : 방의 폭[m], Y : 방의 길이[m], H : 작업면에서 조명기구 중심까지 높이[m]

(2) 등수 $N=\frac{E\times A}{F\times U\times M}=\frac{E\times A\times D}{F\times U}$

여기서, E : 평균 조도[lx], F : 램프 1개당 광속[lm], N : 램프 수량[개], U : 조명률, D : 감광보상률(=$\frac{1}{M}$)

M : 보수율, A : 방의 면적[m^2](방의 폭×길이)

13

출제 : 00, 13년 • 배점 : 5점

그림과 같은 분기회로 전선의 단면적을 산출하여 적당한 굵기를 선정하시오.

(단, ① 배전 방식은 단상 2선식 교류 200[V]로 한다.

② 사용 전압은 450/750[V] 일반용 단심 비닐절연전선이다.

③ 사용 전선관은 후강전선관으로 하며, 전압 강하는 최원단에서 2[%]로 보고 계산한다.

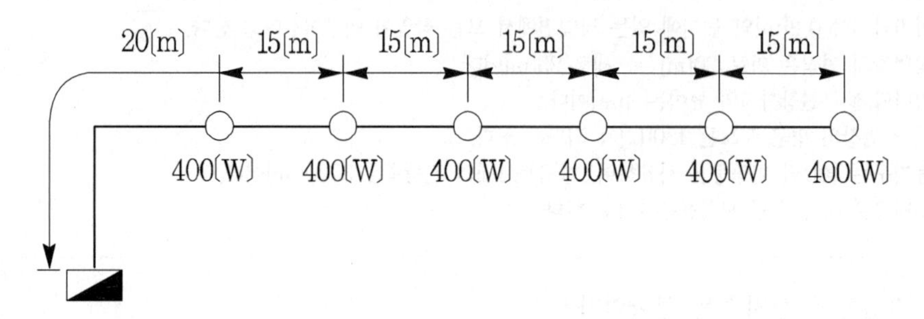

·계산 : ·답 :

|계|산|및|정|답|

【계산】 부하 중심점 : $i=\dfrac{P}{V}=\dfrac{400}{200}=2[A]$

$$L=\frac{i_1l_1+i_2l_2+i_3l_3+\cdots\cdots+i_nl_n}{i_1+i_2+i_3+\cdots\cdots\cdots+i_n}=\frac{2\times20+2\times35+2\times50+2\times65+2\times80+2\times95}{2+2+2+2+2+2}=57.5[m]$$

부하전류 : $I=\dfrac{400\times6}{200}=12[A]$, $e=200\times0.02=4[V]$

따라서 $A=\dfrac{35.6LI}{1000e}=\dfrac{35.6\times57.5\times12}{1000\times4}=6.14[mm^2]$

∴ 공칭 단면적 $10[mm^2]$로 결정

【정답】 $10[mm^2]$

|추|가|해|설|

[전압 강하 및 전선의 단면적]

전기 방식	전압 강하		전선 단면적
단상3선식 직류3선식 3상4선식	$e=IR$	$e=\dfrac{17.8L}{1000A}$	$A=\dfrac{17.8LI}{1000e}$
단상 2선식 및 직류 2선식	$e=2IR$	$e=\dfrac{35.6L}{1000A}$	$A=\dfrac{35.6LI}{1000e}$
3상 3선식	$e=\sqrt{3}\,IR$	$e=\dfrac{30.8L}{1000A}$	$A=\dfrac{30.8LI}{1000e}$

여기서, A : 전선의 단면적[mm^2], e : 외측선 또는 각 상의 1선과 중성선 사이의 전압강하[V]
L : 전선 1본의 길이[m], C : 전선의 도전율(경동선 97[%])

[KSC IEC 전선의 규격(mm^2)]

1.5	2.5	4	6	10	16	25	35	50
70	96	120	150	185	240	300	400	500

14

출제 : 02, 06, 13년 • 배점 : 4점

가정용 100[V] 전압을 200[V]로 승압할 경우 손실전력의 감소는 몇 [%]가 되는가?

•계산 : •답 :

|계|산|및|정|답|

【계산】 $P_L \propto \frac{1}{V^2}$, $P_L' = \left(\frac{100}{200}\right)^2 P_L = 0.25P_L$

$\therefore$ 감소는 $1 - 0.25 = 0.75$

【정답】 75[%]

|추|가|해|설|

[3상에서의 전체 전력손실]

전력손실 $P_l = 3I^2R[W] = 3\left(\frac{P}{\sqrt{3}\,V\cos\theta}\right)^2 R = \frac{P^2R}{V^2\cos^2\theta}$ $\rightarrow (I = \frac{P}{\sqrt{3}\,V\cos\theta})$

그러므로 전력손실은 전압의 제곱에 반비례한다. $\rightarrow (P_l \propto \frac{1}{V^2})$

15

출제 : 13년 • 배점 : 5점

어떤 발전소의 발전기가 13.2[kV], 용량 93,000[MVA], %임피던스 95[%] 일 때, 임피던스는 몇 [Ω]인가?

•계산 : •답 :

|계|산|및|정|답|

【계산】 $\%Z = \frac{PZ}{10V^2} \rightarrow Z = \frac{\%Z \cdot 10V^2}{P} = \frac{95 \times 10 \times 13.2^2}{93000} = 1.78[\Omega]$

【정답】 1.78[Ω]

|추|가|해|설|

[%법(Percent method)]

• $\%Z = \frac{ZP}{10V^2}[\%]$ • $I_s = \frac{100}{\%Z} I_n [A]$ • $P_s = \frac{100}{\%Z} P_n [kVA]$

여기서, $\%Z$: 퍼센트 임피던스[%], I_s : 단락전류[A], I_n : 정격전류[A], V : 선간전압[kV]

P_s : 단락용량[kVA], P_n : 기준 용량[kVA]

16

출제 : 13년 • 배점 : 5점

최대 사용전압이 22,900[V]인 중성점 다중접지 방식의 절연내력시험은 몇 [V]이며, 이 시험전압을 몇 분간 가하여 이에 견디어야 하는가?

·계산 : ·답 :

|계|산|및|정|답|

① 【계산】 절연내력시험전압 $V = 22900 \times 0.92 = 21068[V]$ 【정답】 21068[V]

② 가하는 시간 : 10분

|추|가|해|설|

① 절연내력시험 방법 : 그 전로의 최대 사용전압을 기준으로 하여 정해진 시험전압을 10분간 가했을 때 이상이 생기는지의 여부를 확인하는 방법

② 절연내력 시험전압(최대 사용전압의 배수)

접지방식	최대 사용전압	시험전압 (최대사용전압 배수)	최저시험전압
비접지	7[kV] 이하	1.5배	
	7[kV] 초과	1.25배	10,500[V]
중성점접지	60[kV] 초과	1.1배	75[kV]
중성점직접접지	60[kV] 초과 170[kV] 이하	0.72배	
	170[kV] 초과	0.64배	
중성점다중접지	25[kV] 이하	0.92배	

17 출제 : 13년 • 배점 : 5점

3상 4선식 22.9[kV] 수전설비의 부하전류가 30[A]이다. 60/5[A]의 변류기를 통하여 과부하 계전기를 시설하였다. 120[%]의 과부하에서 차단기를 동작시키려면 과부하 트립 전류값은 몇 [A]로 설정해야 하는가?

•계산 : •답 :

|계|산|및|정|답|

【계산】 과전류 계전기의 전류 탭(I_t)=부하전류(I)$\times \frac{1}{\text{변류비}} \times$설정값

$\therefore I_t = 30 \times \frac{5}{60} \times 1.2 = 3[A]$

【정답】 3[A] 설정

|추|가|해|설|

과전류계전기의 탭 전류 I_t =CT 1차 측전류×CT역수비×설정값=CT 1차 측전류×$\frac{1}{\text{변류비}}$×설정값

※OCR(과전류계전기)의 탭전류 : 2, 3, 4, 5, 6, 7, 8, 10, 12[A]

01 2012년 전기산업기사 실기

01

출제 : 12년 • 배점 : 4점

2전력계법에 의해 3상 부하의 전력을 측정한 결과 지시값이
$W_1 = 200[kW],\ W_2 = 800[kW]$ 이였다.
이 부하의 역률은 몇 [%]인가?

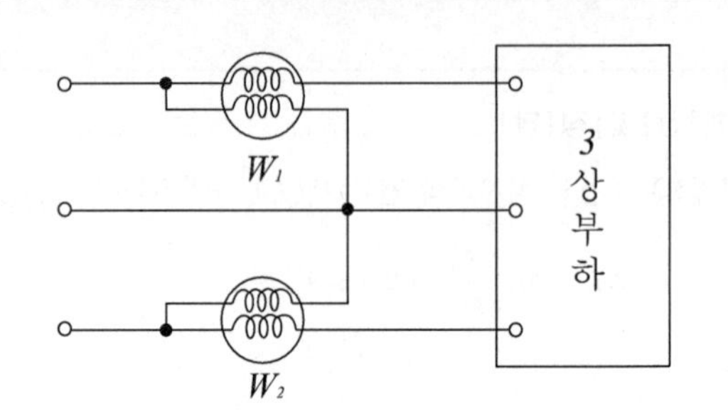

·계산 :

·답 :

|계|산|및|정|답|

【계산】 $\cos\theta = \dfrac{W_1 + W_2}{2\sqrt{W_1^2 + W_2^2 - W_1 W_2}} \times 100 = \dfrac{200+800}{2\sqrt{200^2 + 800^2 - 200\times 800}} \times 100 = 69.34[\%]$ 【정답】 69.34[%]

|추|가|해|설|

① 유효전력 : $P = W_1 + W_2 [W]$

② 무효전력 : $P_r = \sqrt{3}(W_1 - W_2)[Var]$

③ 피상전력 : $P_a = 2\sqrt{W_1^2 + W_2^2 - W_1 W_2}\,[VA]$

④ 역률 $\cos\theta = \dfrac{W_1 + W_2}{2\sqrt{W_1^2 + W_2^2 - W_1 W_2}} = \dfrac{W_1 + W_2}{\sqrt{3}\,VI}$

02

출제 : 12년 • 배점 : 6점

반도체의 스위칭 이론을 이용하여 표현된 무접점식인 논리 기호는 아래의 "예"와 같이 접접에 의하여 표시할 수 있다.

[예]

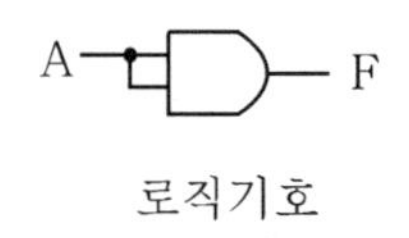

로직기호

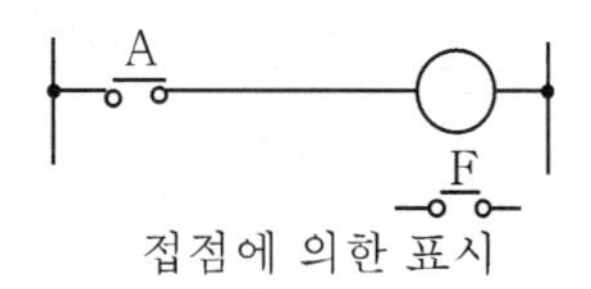

접점에 의한 표시

다음의 로직 기호를 앞의 [예]와 같이 유접점으로 표현하시오.

(1) A, B — F

(2) A, B — F

(3) A, B — F

|계|산|및|정|답|

(1) AND 회로 :

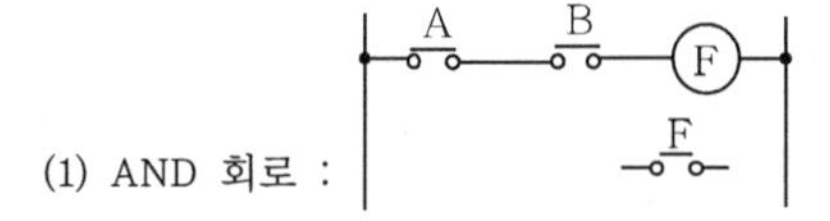

(2) OR회로 :

(3) NOR회로 :

|추|가|해|설|

Gate 이름	논리회로 논리식	유접점 회로
NOT 회로	$M = \overline{A}$	
NAND 회로	$M = \overline{A \cdot B}$	
exclusive -OR 회로	$M = A\overline{B} + \overline{A}B$ $= A \oplus B$	

03

출제 : 02, 08, 12년 • 배점 : 10점

그림과 같은 단상 변압기 3대가 있다. 이 변압기에 대해서 다음 각 물음에 답하시오.

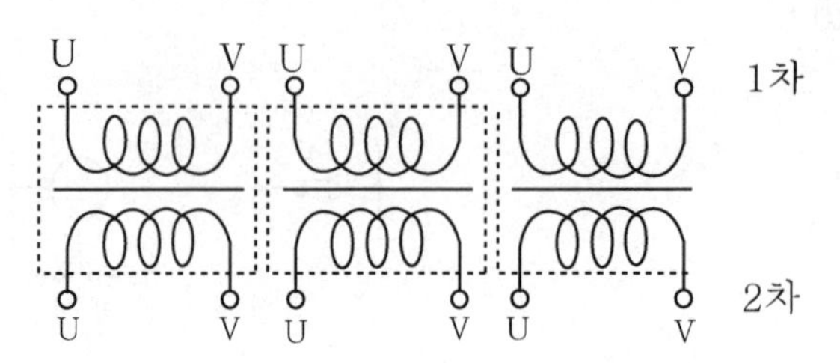

(1) 이 변압기의 결선을 △-△결선 하시오.

(2) △-△ 결선으로 운전하던 중 S상의 변압기에 고장이 생겨 이것을 분리하고 나머지 2대로 3상 전력을 공급하고자 한다. 이때의 결선도를 그리고, 이 결선의 명칭을 쓰시오.

・결선도 :

・명칭 :

(3) "(2)"번 문제에서 변압기 1대의 이용률은 몇 [%]인가?

・계산 : ・답 :

(4) "(2"번과 같이 결선한 변압기 2대의 3상 출력은 △-△ 결선시의 변압기 3대의 출력과 비교할 때 몇 [%] 정도 되는가?

・계산 : ・답 :

(5) △-△ 결선 시 장점 2가지만 쓰시오.

|계|산|및|정|답|

(1)

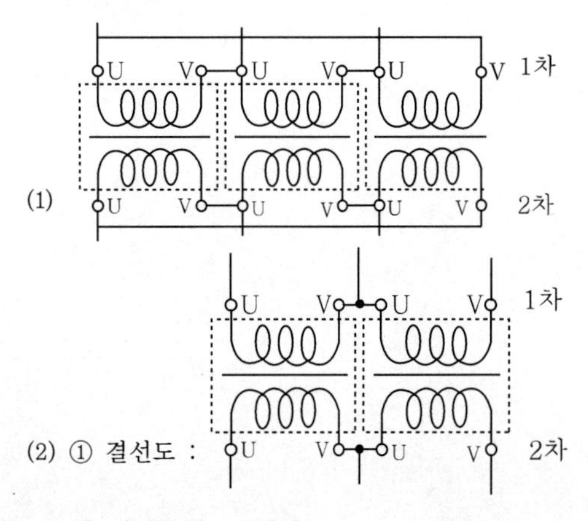

(2) ① 결선도 :

② 결선명칭 : V결선

(3) 【계산】 이용률= $\dfrac{\sqrt{3}P_1}{2P_1}\times 100 = 86.6$ 【정답】 86.6[%]

(4) 【계산】 출력비= $\dfrac{\sqrt{3}P_1}{3P_1}\times 100 = 57.74$ 【정답】 57.74[%]

(5) ① 제3고조파 여자전류가 △결선 내를 순환하므로 정현파 교류 전압을 유기하기 위해 기전력의 파형이 왜곡되지 않고 좋아진다.

② 1상 고장시 나머지 2대를 V결선으로 운전할 수 있다.

|추|가|해|설|

[△－△ 결선]

① 결선도 :

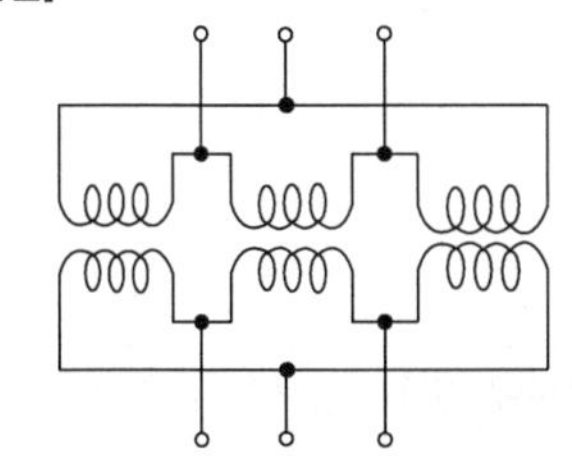

② 전압, 전류

・선간전압(V_l)과 상전압(V_p)은 크기가 같고 동상 ・$V_l = V_p \angle 0°$

・선전류(I_l)는 2차 권선에 흐르는 전류, 즉 상전류(I_p)의 $\sqrt{3}$ 배이고 30[°] 위상이 뒤진다. ・$I_l = \sqrt{3}I_p \angle -30°$

③ △-△ 결선의 장・단점

장점	・제3고조파 전류가 △결선 내를 순환하므로 정현파 교류전압을 유기하여 기전력이 찌그러지지 않는다(유도 장해 없음). ・한 대의 변압기가 고장이 생기면, 나머지 두 대로 V 결선 시켜 계속 송전시킬 수 있다. ・장래 수용 전력을 증가하고자 할 때 V 결선으로 운전하는 방법이 편리하다. ・각 변압기의 상전류가 선전류의 $\dfrac{1}{\sqrt{3}}$ 이 되어 대전류에 적합하다. ・인가전압이 정현파이면 유도전압도 정현파가 된다.
단점	・중성점을 접지할 수 없으므로 자락사고의 검출이 곤란하다(비접지 방식이므로 지락전류 적음). ・권수비가 다른 변압기를 결선하면 순환전류가 흐른다. ・각 상의 권선 임피던스가 다르면 3상 부하가 평형되어 있어도 변압기의 부하전류는 불평형이 된다. ・중성점 접지를 할 수 없다.

[V-V결선] △－△ 결선에서 1대의 사고 시 2대의 변압기로 3상 출력을 할 수 있다.

① △－△ 결선의 출력 : 1대당 변압기 용량 $P[kVA]$인 단상 변압기 3대를 △-△ 결선하여 운전 시 출력

$P_\triangle = 3\times EI = 3P[kVA]$

② Y-Y 결선의 출력 : V결선은 선간전압과 상전압이 $\sqrt{3}$ 배의 차이가 나므로 이때의 3상출력은

$$P_V = \sqrt{3}EI = \sqrt{3}E\times\frac{P}{E} = \sqrt{3}P[kVA]$$

③ 결선도:

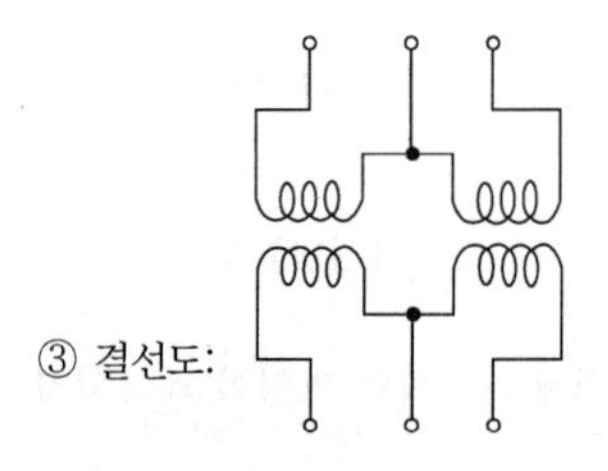

④ 이용률 및 출력비

· $V_l = V_p$, $I_l = I_p$

· 3상 출력 $P = \sqrt{3}\,V_l I_l = \sqrt{3}\,V_p I_p$

· 이용률 $= \dfrac{\text{실제 출력}(P_V{}')}{\text{이론 출력}(P_V)} = \dfrac{\sqrt{3}P}{2P} \times 100 = 86.6[\%]$

· 출력비 $= \dfrac{\text{고장 후 출력}(P_V)}{\text{고장 전 출력}(P_\triangle)} \times 100 = \dfrac{\sqrt{3}P}{3P} \times 100 = 57.74[\%]$

⑤ V-V 결선의 장·단점

장점	·△-△결선에서 1대의 변압기 고장시 2대만으로 3상 부하에 전력을 공급할 수 있다. ·설치가 간단하다. ·소량, 가격 저렴해 3상 부하에 많이 사용
단점	·설비의 이용률이 저하(86.6[%])된다. ·△결선에 비하여 출력이 저하(57.7[%])된다. ·부하의 상태에 따라서 2차 단자의 전압이 불평형이 될 수 있다.

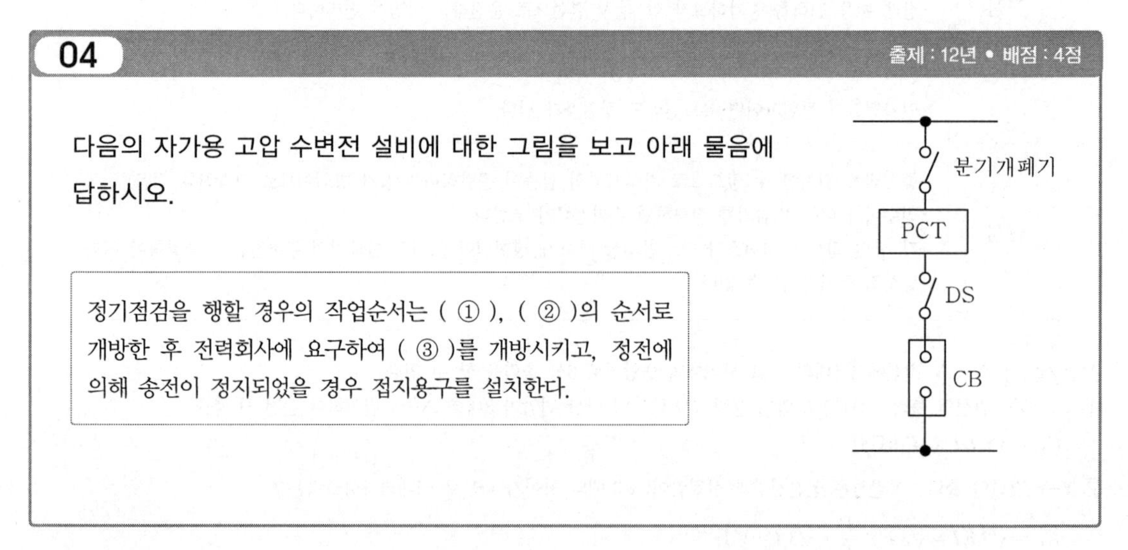

04

출제 : 12년 • 배점 : 4점

다음의 자가용 고압 수변전 설비에 대한 그림을 보고 아래 물음에 답하시오.

정기점검을 행할 경우의 작업순서는 (①), (②)의 순서로 개방한 후 전력회사에 요구하여 (③)를 개방시키고, 정전에 의해 송전이 정지되었을 경우 접지용구를 설치한다.

|계|산|및|정|답|

① 교류차단기(CB)

② 단로기(DS)

③ 분기개폐기

05

출제 : 10, 12년 • 배점 : 5점

유입 변압기와 비교한 몰드 변압기의 장점 5가지 쓰시오.

|계|산|및|정|답|

① 난연성, 절연의 신뢰성이 좋다.

② 코로나 특성 및 임펄스 강도가 높다.

③ 소형, 경량화 할 수 있다.

④ 전력 손실이 감소된다.

⑤ 단시간 과부하 내량이 크다.

|추|가|해|설|

[유입, 건식, 몰드 변압기의 특성 비교]

구분	몰드	건식	유입
기본 절연	고체	기체	액체
절연 구성	에폭수지+무기물충전제	공기, MICA	크레프크지 광유물
내열 계급	B종 : 120[℃] F종 : 150[℃]	H종 : 180[℃]	A종 : 105[℃]
권선 허용 온도 상승 한도	금형방식 : 75[℃] 무금형방식 : 150[℃]	120[℃]	절연유 : 55[℃] 권선 : 50[℃]
단시간 과부하 내량	200[%] 15분	150[%] 15분	
전력 손실	작다	작다	크다
소음	중	대	소
연소성	난연성	난연성	가연성
방재 안정성	매우 강함	강함	개방형-흡습가능
내습 내진성	흡습 가능	흡습 가능	강함
단락 강도	강함	강함	매우 강함
외형 치수	소	대	대
중량	소	중	대
충격파 내 전압 (22[kV]의 경우)	95[kV]	95[kV]	150[kV]
초기 설치비	×	×	○
운전 경비	○	○	×

06

출제 : 12년 • 배점 : 14점

다음의 회로도는 펌프용 3.3[kV] 모터 및 GPT의 단선 결선도이다. 회로도를 보고 물음에 답하여라.

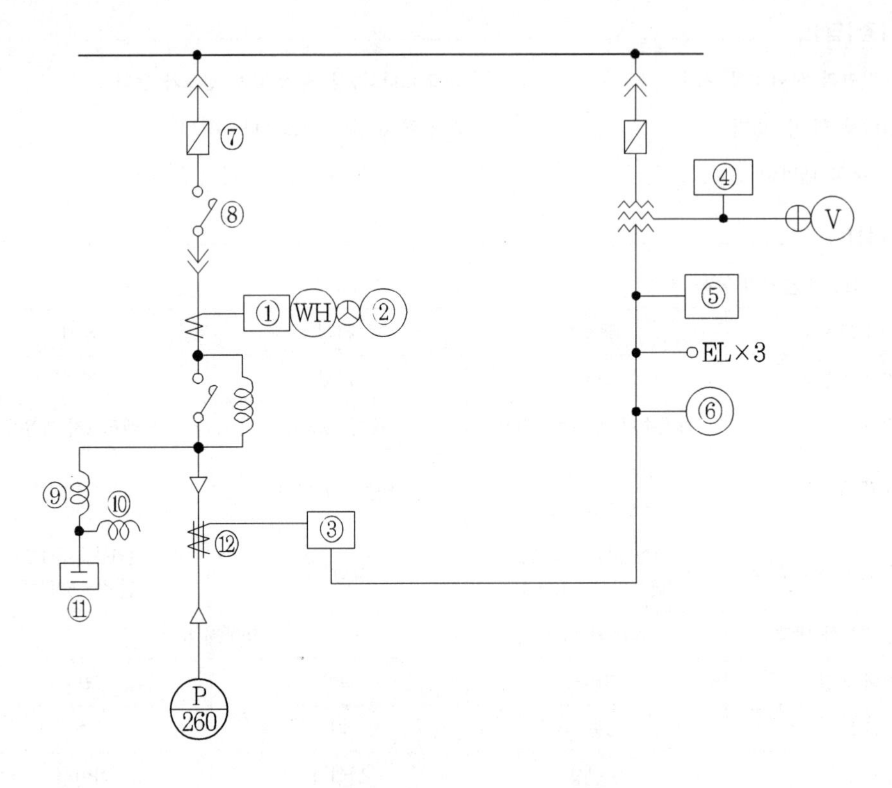

(1) ①~⑥으로 표시된 보호 계전기 및 기기의 명칭을 기입하시오.

(2) ⑦~⑫로 표시된 전기기계 기구의 명칭(최근 가장 많이 사용되는 기종의 명칭) 및 용도를 간단히 기술하시오.

(3) 펌프용 모터의 출력 260[kW], 역률이 85[%]의 경우, 회로의 역률을 95[%]로 개선하기 위해 필요한 전력용 콘덴서의 용량을 계산하시오.

•계산 : •답 :

|계|산|및|정|답|

(1) ① 과전류 계전기 ② 전류계 ③ 지락 방향 계전기 ④ 부족 전압 계전기
⑤ 지락 과전압 계전기 ⑥ 영상 전압계

(2) ⑦ 명칭 : 전력용 퓨즈 용도 : 단락 전류 차단
⑧ 명칭 : 개폐기 용도 : 전동기의 기동 정지
⑨ 명칭 : 직렬 리엑터 용도 : 제5고조파를 제거
⑩ 명칭 : 방전코일 용도 : 잔류 전하의 방전
⑪ 명칭 : 전력용 콘덴서 용도 : 부하의 역률 개선

⑫ 명칭 : 영상 변류기　　　　　　　용도 : 영상 전류를 검출

(3) 【계산】 $Q = P(\tan\theta_1 - \tan\theta_2) = P\left(\frac{\sqrt{1-\cos\theta_1^2}}{\cos\theta_1} - \frac{\sqrt{1-\cos\theta_2^2}}{\cos\theta_1}\right)$

$$= 260\left(\frac{\sqrt{1-085^2}}{0.85} - \frac{\sqrt{1-0.95^2}}{0.95}\right) = 75.68[KVA]$$

【정답】 75.68[kVA]

|추|가|해|설|

(3) 역률 개선 시의 콘덴서의 용량 $Q_c = Q_1 - Q_2 = P\tan\theta_1 - P\tan\theta_2$

$$= P\left(\frac{\sin\theta_1}{\cos\theta_1} - \frac{\sin\theta_2}{\cos\theta_2}\right) = P\left(\sqrt{\frac{1}{\cos^2\theta_1} - 1}\sqrt{\frac{1}{\cos^2\theta_2} - 1}\right)[kVA]$$

여기서, Q_c : 부하 P[kW]의 역률을 $\cos\theta_1$에서 $\cos\theta_2$로 개선하고자 할 때 콘덴서 용량[kVA]

P : 대상 부하용량[kW], $\cos\theta_1$: 개선 전 역률, $\cos\theta_2$: 개선 후 역률

07

출제 : 00, 01, 02, 03, 07, 12년 • 배점 : 5점

다음 심벌의 명칭을 쓰시오.

(1) ◢　　(2) ⧓　　(3) ⊠

(4) ◢　　(5) ⊠

|계|산|및|정|답|

(1) 분전반　　(2) 제어반

(3) 배전반　　(4) 재해방지 전원회로용 분전반

(5) 재해방지 전원회로용 배전반

|추|가|해|설|

명칭	그림기호	적요
배전반, 분전반 및 제어반	▭	① 종류를 구별하는 경우는 다음과 같다. 배전반 ⊠, 분전반 ◢, 제어반 ⧓ ② 직류용은 그 뜻을 방기한다. ③ 재해방지전원 회로용 배전반 등인 경우는 2중 틀로 하고 필요에 따라 종별을 방기한다. 보기 ⊠ 1종　◢ 2종

08

출제 : 04, 12년 • 배점 : 5점

500[kVA]의 변압기가 그림과 같은 부하로 운전되고 있다. 오전에는 역률 85[%]로, 오후에는 100[%]로 운전된다고 하면 전일 효율은 몇 [%]가 되겠는가? (단, 이 변압기의 철손은 6[kW], 전부하시 동손은 10[kW]라 한다.)

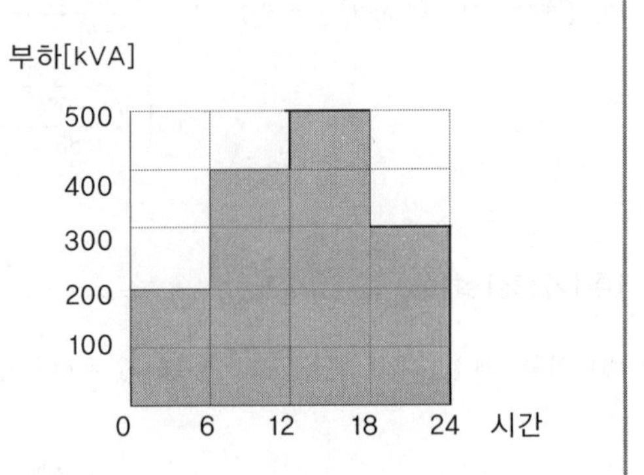

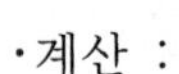

·계산 :

·답 :

|계|산|및|정|답|

【계산】 ·하루의 총 출력 전력량은 그림에서와 같이 검은색 부분에 역률을 곱하면 구해진다.

·력 $P=(200\times 6\times 0.85)+(400\times 6\times 0.85)+(500\times 6\times 1)+(300\times 6\times 1)=7860[kWh]$

·철손은 부하와 관계가 없으므로 철손 $P_i=24\times 6=144[kWh]$

∴동손은 부하율의 제곱에 비례하므로

동손 $P_c=\left\{\left(\frac{200}{500}\right)^2\times 6+\left(\frac{400}{500}\right)^2\times 6+\left(\frac{500}{500}\right)^2\times 6+\left(\frac{300}{500}\right)^2\times 6\right\}=129.6[kWh]$

·전일효율 $\eta = \frac{1일의총출력전력량}{1일의총출력전력량+손실전력량}\times 100[\%]=\frac{7860}{7860+144+129.6}\times 100=96.64[\%]$

【정답】 96.64[%]

|추|가|해|설|

⑥ 전일 효율 $\eta_r=\frac{1일중\ 출력\ 전력량}{1일중\ 입력\ 전력량}\times 100$

$$\eta_r=\frac{\sum T\times P}{\sum T\times P+24P_i+\sum T\times P_c}\times 100$$

여기서, P : 변압기 정격출력[W], P_i : 철손, P_c : 동손

※ 전일 효율이 최대가 되려면 철손=동손($24P_i=\sum T\times P_c$) 일 때이다.

09

출제 : 12년 • 배점 : 5점

수전전압 6600[V], 수전전력 450[KW] (역률 0.8)인 고압 수용가의 수전용 차단기에 사용하는 과전류 계전기의 사용탭은 몇 [A]인가? (단, CT의 변류비는 75/5로 하고 탭 설정값은 부하전류의 150[%]로 한다.)

・계산 :　　　　　　　　　　・답 :

|계|산|및|정|답|

【계산】 정격 1차 전류 $I_1 = \dfrac{450 \times 10^3}{\sqrt{3} \times 6600 \times 0.8} = 49.21[A]$

탭 설정값이 부하전류의 150[%]

$49.21 \times 1.5 \times \dfrac{5}{75} = 4.92[A]$

【정답】 5[A]

|추|가|해|설|

① 과전류 계전기의 전류 탭 $I_t = I(\text{부하전류}) \times \dfrac{1}{\text{변류비}} \times \text{설정값}$

② OCR(과전류계전기)의 탭 전류 : 2, 3, 4, 5, 6, 7, 8, 10, 12[A]

10

출제 : 01, 12년 • 배점 : 5점

감전 사고는 작업자 또는 일반인의 과실 등과 기계기구류내의 전로의 절연불량 등에 의하여 발생되는 경우가 많이 있다. 저압에 사용되는 기계기구류내의 전로의 절연불량 등으로 발생되는 감전 사고를 방지하기 위한 기술적인 대책을 4가지만 쓰시오.

|계|산|및|정|답|

① 기계기구의 외함 접지

② 고감도 누전 차단기 설치

③ 저전압기기 사용

④ 2중 절연기기 사용

11

출제 : 12년 • 배점 : 6점

주어진 조건과 동작 설명을 이용하여 다음 각 물음에 답하시오.

〈조 건〉

- 누름버튼스위치는 4개(PBS_1, PBS_2, PBS_3, PBS_4)를 사용한다.
- 보조 릴레이는 3개(X_1, X_2, X_3)를 사용한다.
- 계전기의 보조 a접점 또는 보조 b접점을 추가 또는 삭제하여 작성하되 불필요한 접점을 사용하지 않도록 할 것이며 보조 접점에는 접점의 명칭을 기입하도록 할 것

(1) 먼저 수신한 회로만을 동작시키고 그 다음 입력 신호를 주어도 동작하지 않도록 회로를 구성하시오.

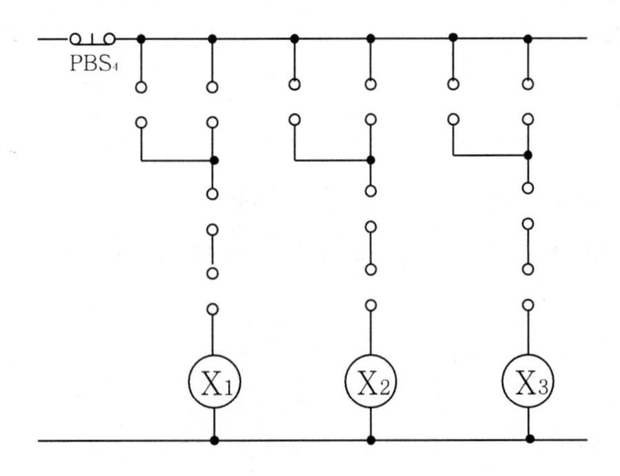

(2) 타임차트를 완성하시오.

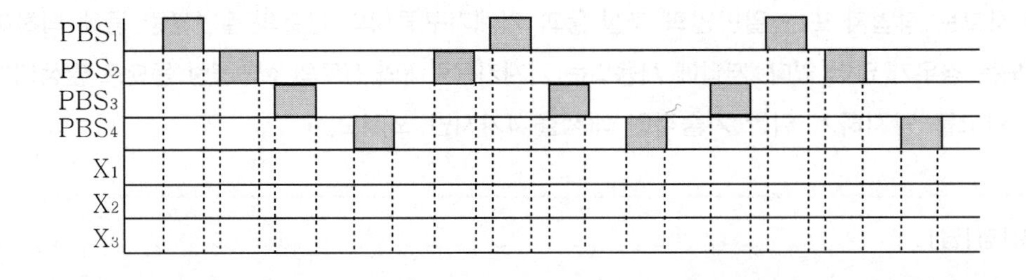

|계|산|및|정|답|

(1)

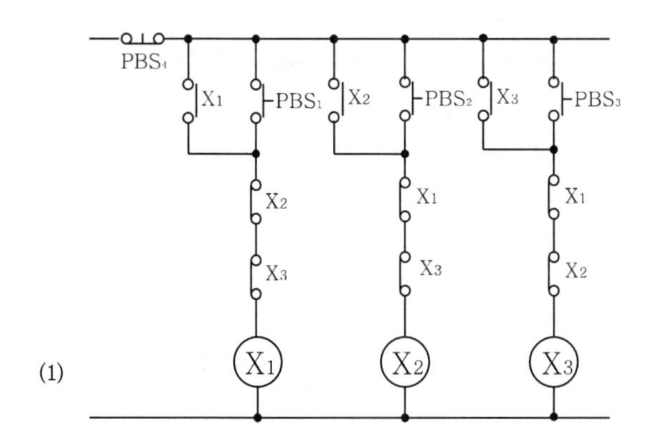

(2) 타임차트

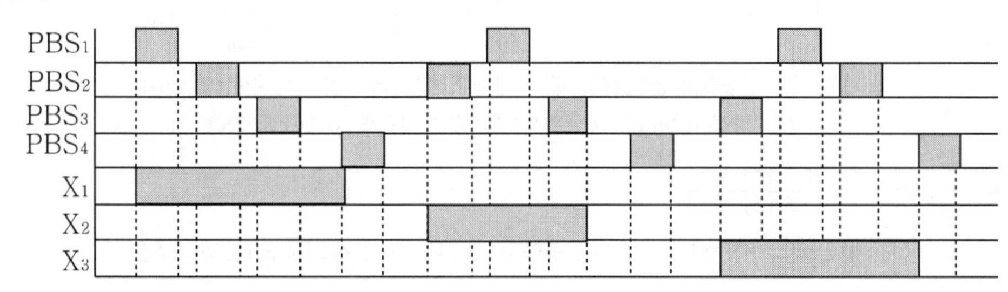

|추|가|해|설|

[인터록회로(Interlock)]

① 기능 : 한쪽이 동작하면 다른 한쪽은 동작시킬 수 없게 만든 회로

② 회로 :

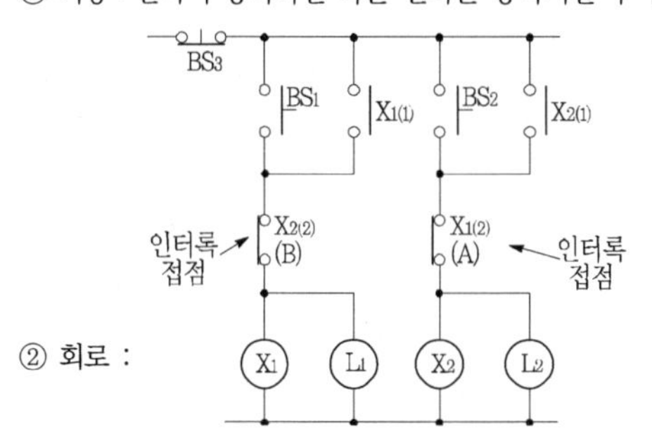

③ 동작 : BS_1을 누르면 X_1이 여자되고 L_1 점등 X_1 자기 유지하고 인터록 b접점 $X_{1(2)}$(A)가 열린다. 따라서 이후 BS_2를 눌러도 X_2가 동작할 수가 없다. 또 BS_2를 먼저 신호를 주면 X_2가 동작하고 L_2 점등하고, 인터록 b접점 $X_{2(2)}$(B)가 열린다. 따라서 이후 BS_1을 눌러도 $L_1(X_1)$이 동작할 수 없다. 한가지 입력이 있게 되면 다른 입력을 실행할 수 없도록 하는 것이 인터록회로이다

12

출제 : 09, 12년 • 배점 : 5점

지표상 20[m] 높이의 수조가 있다. 이 수조에 18[m^3/min] 물을 양수하는데 필요한 펌프용 전동기의 소요 동력은 몇 [KW]인가? (단, 펌프의 효율은 70[%]로 하고, 여유계수는 1.1로 한다.)

·계산 : ·답 :

|계|산|및|정|답|

【계산】 펌프용 전동기 용량 $P=\frac{KQH}{6.12\eta}[KW]=\frac{1.1\times18\times20}{6.12\times0.7}=92.44[KW]$

【정답】 92.44[KW]

|추|가|해|설|

① 펌프용 전동기의 용량 $P=\frac{9.8Q'[m^3/\text{sec}]HK}{\eta}[kW]=\frac{9.8Q[m^3/\text{min}]HK}{60\times\eta}[kW]=\frac{Q[m^3/\text{min}]HK}{6.12\eta}[\text{kW}]$

여기서, P : 전동기의 용량[kW], Q' : 양수량[m^3/sec], Q : 양수량[m^3/min]

H : 양정(낙차)[m], η : 펌프효율, K : 여유계수(1.1~1.2 정도)

② 권상용 전동기의 용량 $P=\frac{K\cdot W\cdot V}{6.12\eta}[KW]$

여기서, K : 여유계수, W : 권상 중량 [ton], V : 권상 속도[m/min], η : 효율

③ 엘리베이터용 전동기의 용량 $P=\frac{KVW}{6120\eta}[kW]$

여기서, P : 전동기 용량[kW], η : 엘리베이터 효율, V : 승강속도[m/min]

W : 적재하중[kg](기계의 무게는 포함하지 않는다.), K : 계수(평형률)

13

출제 : 12년 • 배점 : 5점

다음 그림과 같은 평면의 건물에 대한 배선 설계를 하기 위하여 주어진 조건을 이용하여 분기회로를 결정 하시오.(단, 배전전압은 220[V], 15[A] 분기회로이다.)

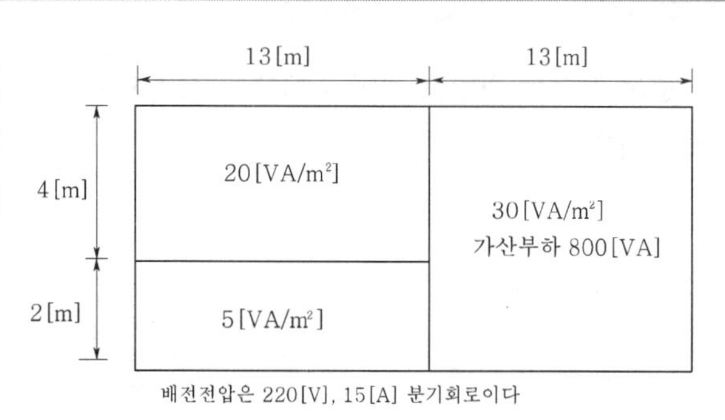

·계산 :

·답 :

|계|산|및|정|답|

【계산】 부하 설비 용량(P)=바닥면적×부하밀도+가산부하

$$P=(4\times13\times20)+(2\times13\times5)+(6\times13\times30)+800=4310[VA]$$

$$\text{분기회로수(N)}=\frac{\text{상정부하설비의 합[VA]}}{\text{전압}\times\text{분기회로 전류}}=\frac{4310}{220\times15}=1.31\text{ 회로}$$

→ (분기회로수 계산 시 소수점이 발생하면 절상한다. 전류가 주어지지 않으면 16[A]를 표준으로 한다.)

【정답】 15[A] 분기 2회로

14

출제 : 07, 12년 • 배점 : 5점

평면이 12×14[m]인 사무실에 40[W], 전광속 2400[lm]인 형광등을 사용하여 평균 조도를 120[1x]를 유지하도록 설계하고자 한다. 이 사무실에 필요한 형광등 수를 구하시오. (단, 유지율 0.8, 조명률 50[%]이다.)

·계산 : ·답 :

|계|산|및|정|답|

【계산】 등수 $N=\frac{EAD}{FU}=\frac{12\times24\times120\times\frac{1}{0.8}}{2400\times0.5}=36[\text{등}]$ 【정답】 36[등]

|추|가|해|설|

$$\text{등수[N]}=\frac{E\times A\times D}{F\times U}$$

여기서, E : 평균 조도[lx], F : 램프 1개당 광속[lm], N : 램프 수량[개], U : 조명률

A : 방의 면적[m^2](방의 폭×길이), D : 감광보상률(=$\frac{1}{M}$, M : 부수율)

15 출제 : 01, 04, 06, 12년 • 배점 : 12점

그림은 자가용 수변전 설비 주회로의 절연저항 측정시험에 대한 배치도이다. 다음 각 물음에 답하시오.

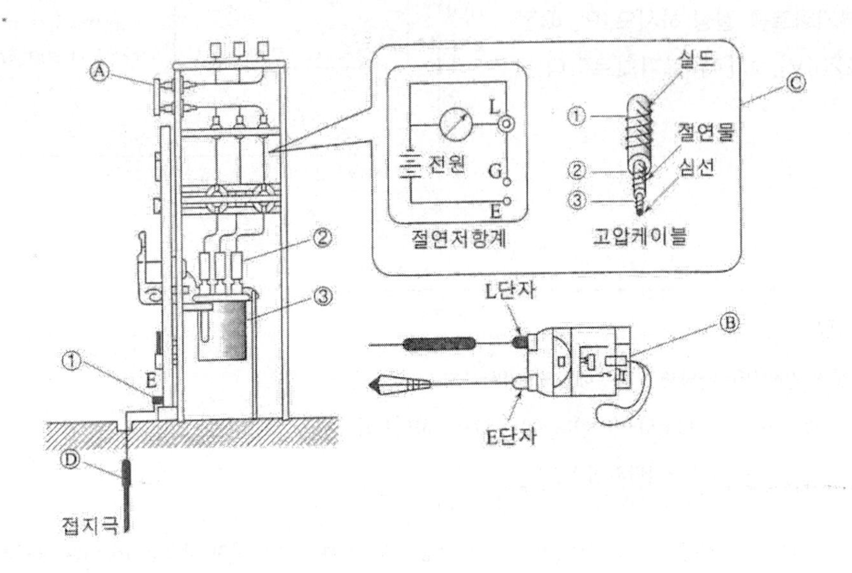

(1) 절연저항 측정에서 Ⓐ기기의 명칭을 쓰고 개폐 상태를 밝히시오.

(2) 기기 Ⓑ의 명칭은 무엇인가?

(3) 절연 저항계의 L단자와 E단자의 접속은 어느 개소에 하여야 하는가?

(4) 절연저항계의 지시가 잘 안정되지 않을 때에는 통상 어떻게 하여야 하는가?

(5) Ⓒ의 고압 케이블과 절연 저항계의 단자 L, G, E와의 접속은 어떻게 하여야 하는가?

|계|산|및|정|답|

(1) ·명칭 : 선로개폐기 또는 단로기 · 개폐상태 : 개방

(2) 절연저항계

(3) L단자 - 선로측 ② E단자 - 접지극 ①

(4) 1분 후 다시 측정한다.

(5) L단자 : ③ G단자 : ② E단자 : ①

16

출제 : 11, 12년 • 배점 : 4점

이상 전압이 2차 기기에 악영향을 주는 것을 막기 위해 선로에 보호 장치를 설치하는 회로이다. 그림 중 ①의 명칭을 쓰시오.

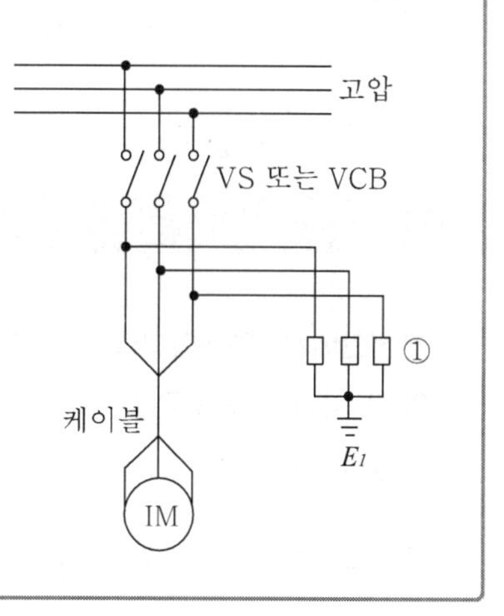

|계|산|및|정|답|

서지흡수기

|추|가|해|설|

[서지흡수기의 시설]

① 피뢰기와 같은 구조로 되어 있으나 적용 전압 범위만을 조정하여 적용시키는 일종의 옥내 피뢰기로서 선로에서 발생할 수 있는 개폐기 서지, 순간 과도전압 등의 이상전압이 2차 기기에 악영향을 주는 것을 막기 위해 설치한다.

② 서지흡수기는 그림과 같이 보호하고자 하는 기기(발전기, 전동기, 콘덴서, 반도체 장비 계통) 전단에 설치하여 대부분의 개폐서지를 발생하는 차단기 후단에 설치, 운용한다.

③ Surge Absorbor는 그림과 같이 부하기기 운전용의 VCB와 피보호 기기와의 사이에 각 상의전로-대지간에 설치한다.

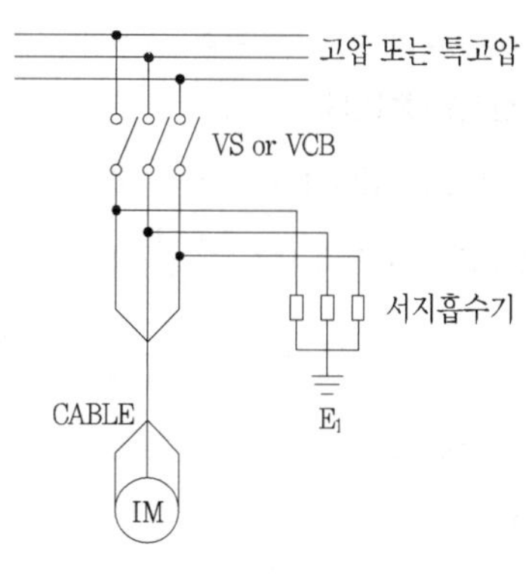

[서지흡수기의 설치 위치도]

[서지흡수기의 적용 범위]

2차 보호기기 \ 전압 등급 \ 차단기 종류		VCB				
		3[kV]	6[kV]	10[kV]	20[kV]	30[kV]
전동기		적용	적용	적용	-	-
변압기	유입식	불필요	불필요	불필요	불필요	불필요
	몰드식	적용	적용	적용	적용	적용
	건식	적용	적용	적용	적용	적용
콘덴서		불필요	불필요	불필요	불필요	불필요

02 2012년 전기산업기사 실기

01

출제 : 03, 12년 • 배점 : 6점

분전반에서 30[m]의 거리에 2.5[kW]의 교류 단상 220[V] 전열용 아우트렛을 설치하여 전압강하를 2[%] 이내가 되도록 하고자 한다. 이곳의 배선 방법을 금속관공사로 한다고 할 때 다음 각 물음에 답하시오.

(1) 전선의 굵기를 선정하고자 할 때 고려해야 할 사항을 3가지만 쓰시오.

(2) 전선은 450/750[V] 일반용 단심 비닐절연전선을 사용한다고 할 때 본문 내용에 따른 전선의 굵기를 계산하고, 규격품의 굵기로 답하시오.

•계산 : •답 :

|계|산|및|정|답|

(1) 허용전류, 전압강하, 기계적 강도

(2) 【계산】 부하전류 $I=\dfrac{2.5\times10^3}{220}=11.36[A]$

전선의 굵기 $A=\dfrac{35.6LI}{1000e}=\dfrac{35.6\times30\times11.36}{1000\times(220\times0.02)}=2.76[mm^2]$ 【정답】 $4[mm^2]$

|추|가|해|설|

(1) 전선의 단면적

단상 2선식	$A=\dfrac{35.6LI}{1000\cdot e}$
3상 3선식	$A=\dfrac{30.8LI}{1000\cdot e}$
단상 3선식 3상 4선식	$A=\dfrac{17.8LI}{1000\cdot e_1}$

(2) KSC IEC 전선의 규격(mm^2)

1.5	2.5	4	6	10	16	25	35	50
70	96	120	150	185	240	300	400	500

02

출제 : 12년 • 배점 : 5점

전기공사에서 접지저항을 저감시키는 방법 5가지만 쓰시오.

|계|산|및|정|답|

① 접지극을 병렬로 접속한다.

② 접지극의 치수를 확대한다.

③ 매설지선 및 평판 접지극을 사용한다.

④ 다중접지 sheet법을 사용한다.

⑤ 접지봉 매설 깊이를 깊게 한다(심타법).

|추|가|해|설|

[접지저항 저감법]

① 물리적 저감법

㉮ 접지극의 치수 확대

- ·접지극의 치수 확대
- ·매설지선
- ·평판접지극
- ·다중접지 시이트

㉯ 접지극의 병렬 접속

$$R = k\frac{R_1 R_2}{R_1 + R_2}$$ → (k : 결합계수, 보통 1.2를 적용)

㉰ 접지극의 매설깊이 깊게(지표면하 75[m] 이하)

㉱ 접지극과 대지와의 접촉저항을 향상시키기 위하여 심타공법으로 시공

② 화학적 저감법

㉮ 접지극 주변의 토양개량

㉯ 접지저항 저감제의 개발

㉰ 접지저항 저감제의 종류

- ·화이트 아스론
- ·티코 겔(규산화이트)

㉱ 주입공법

③ 저감법의 구비조건

㉮ 접지저항 저감효과가 크고, 영구적일 것

㉯ 전기적으로 양도체이고, 전극을 부식시키지 않을 것

㉰ 경제적이며, 시공이 용이할 것

㉱ 환경에 무해하며, 안전성이 높을 것

03

출제 : 04, 12년 • 배점 : 4점

송전 계통의 중성점 접지방식에서 어떻게 접지하는 것을 유효접지(effective grounding)라 하는지를 설명하고, 유효접지의 가장 대표적인 접지방식 한 가지만 쓰시오.

|계|산|및|정|답|

【설명】 1선 지락 사고시 건전상의 전위가 상용 전압의 1.3배 이하가 되도록 중성점 임피던스를 조절하여 접지하는 방식을 말한다.

【접지방식】 직접접지방식

04

출제 : 12년 • 배점 : 8점

전기설비에서 사용하는 다음 용어의 정의를 쓰시오.

(1) 간선
(2) 단락전류
(3) 사용전압
(4) 분기회로

|계|산|및|정|답|

(1) 간선 : 분기회로의 분기점에서 전원측의 부분을 말한다.
(2) 단락전류 : 전로에 선간이 임피던스가 적은 상태로 접촉되었을 경우에 그 부분을 통하여 흐르는 큰 전류를 말한다.
(3) 사용전압 : 보통의 상태에서 그 회로에 가하여지는 선간전압을 말한다.
(4) 분기회로 : 간선에서 분기하여 분기과전류차단기를 거쳐서 부하에 이르는 사이의 배선을 말한다.

05

출제 : 12년 • 배점 : 4점

변압기 절연유의 열화 방지를 위한 습기제거 장치로서 흡습제와 절연유가 주입되는 2개의 용기로 이루어져 있다. 하부에 부착된 용기는 외부 공기와 접촉을 막아주기 위한 용기로, 표시된 눈금(용기의 2/3 정도)까지 절연유를 채워 관리되어져야 한다. 이 변압기 부착물의 명칭을 쓰시오.

|계|산|및|정|답|

흡습호흡기

06

출제 : 12년 • 배점 : 4점

MOF에 대하여 간략하게 설명하시오.

|계|산|및|정|답|

전력 수급용 계기용 변성기로써 한 탱크 내에 계기용 변압기와 변류기를 조합한 장치로써 전력량계에 전원을 공급하는 장치

|추|가|해|설|

【계기용 변압변류기(MOF : Metering Out Fit)】

① 전력량계 적산을 위해서 PT, CT를 한 탱크 속에 넣은 것

② 22.9[KV]의 경우에 PT 비율은 13200/110[V]=120배를 선정하고, CT 변류비는 수전설비 용량에 의하며 최대 수용전류의 1.25배하여 표준의 정격을 선정한다.

③ MOF의 CT 과전류 강도의 부적정하므로 사고가 많이 발생하기 때문에 수변전설비의 단락전류를 구하여 과전류 강도를 별도로 산정하여 적용하여야 한다.

④ MOF의 최소 과전류 강도는 한전규격에 따라 60[A] 이하는 75배, 60[A] 초과는 40배로 적용하고 MOF 설치점에서의 단락전류에 따라 75배 이상의 과전류 강도가 요구되는 경우에는 150배 이상을 적용하며, MOF 전단에 한류형 전력퓨즈를 설치시에는 그 퓨즈로 제한되는 단락전류를 기준으로 과전류 강도를 계산하여 적용한다.

07

출제 : 07, 12년 • 배점 : 5점

길이가 20[m], 폭 10[m], 높이 5[m]이고 조명률 50[%], 유지율 80[%], 조도 120[lx] 일 때 소요 광속을 구하시오.

・계산 :　　　　　　　　　　　　・답 :

|계|산|및|정|답|

【계산】 소요 광속 $NF=\dfrac{EAD}{U}=\dfrac{120\times(10\times20)\times\dfrac{1}{0.8}}{0.5}=60,000[\text{lm}]$ →(1등에 관한 소요광속 F, 총 소요광속 NF)

여기서, 감광보상률$(D)=\dfrac{1}{\text{보수율(유지율, }M)}$

【정답】 60,000[lm]

|추|가|해|설|

소요광속 $NF=\dfrac{EAD}{U}\,[lm]$

여기서, E : 평균 조도[lx], F : 램프 1개당 광속[lm], N : 램프 수량[개], U : 조명률, D : 감광보상률$(=\dfrac{1}{M})$

M : 보수율, A : 방의 면적

08

출제 : 00, 02, 03, 12년 • 배점 : 5점

어떤 공장의 전기설비로 역률 0.8, 용량 200[kVA]인 3상 유도부하가 사용되고 있다. 이 부하에 병렬로 전력용 콘덴서를 설치하여 합성 역률을 0.95로 개선할 경우 다음 각 물음에 답하시오.

(1) 전력용 콘덴서의 용량은 몇 [kVA]가 필요한가?

•계산 : •답 :

(2) 전력용 콘덴서에 직렬 리액터를 함께 설치할 때 설치하는 이유와 용량은 몇 [kVA]를 설치하여야 하는지를 쓰시오.

•이유 : •용량 :

|계|산|및|정|답|

(1) 【계산】 콘덴서 용량 $Q_c = P(\tan\theta_1 - \tan\theta_2) = P\left(\frac{\sin\theta_1}{\cos\theta_1} - \frac{\sin\theta_2}{\cos\theta_2}\right) = P\left(\frac{\sqrt{1-\cos\theta_1^2}}{\cos\theta_1} - \frac{\sqrt{1-\cos\theta_2^2}}{\cos\theta_2}\right)$

$= 200 \times 0.8\left(\frac{\sqrt{1-0.8^2}}{0.8} - \frac{\sqrt{1-0.95^2}}{0.95}\right) = 67.36$ 【정답】 67.36[kVA]

(2) •이유 : 제5고조파의 제거

•용량 : $67.36 \times 0.04 = 2.7[kVA]$ (용량은 이론상 콘덴서 용량의 4[%], 실제로는 6[%])

|추|가|해|설|

[역률 개선용 콘덴서 설비의 부속장치]

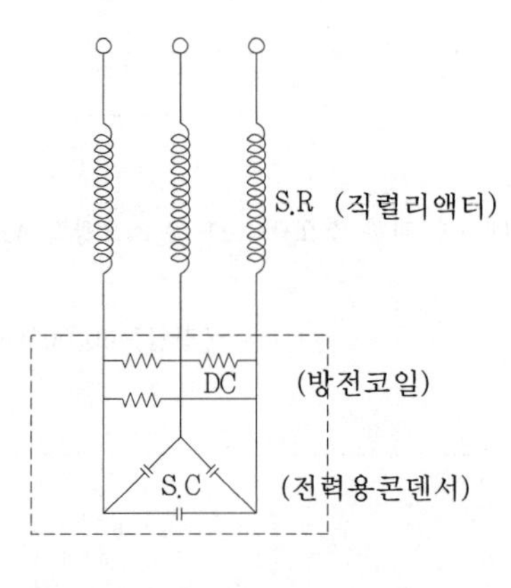

① 직렬리액터 : 제5고조파를 억제하여 파형이 일그러지는 것을 방지한다. 용량은 이론상 콘덴서 용량의 4[%], 실제로는 6[%]

② 방전코일 : 콘덴서를 회로에서 개방하였을 때 전하가 잔류함으로써 일어나는 위험의 방지와 재투입할 때 콘덴서에 걸리는 과전압의 방지를 위해서 방전장치가 사용된다.

③ 전력용 콘덴서 : 부하의 역률을 개선

09

출제 : 06, 12년 • 배점 : 7점

그림은 전동기 5대가 동작할 수 있는 제어회로 설계도이다. 회로를 완전히 숙지한 다음 ( ) 안에 알맞은 말을 넣어 완성하시오.

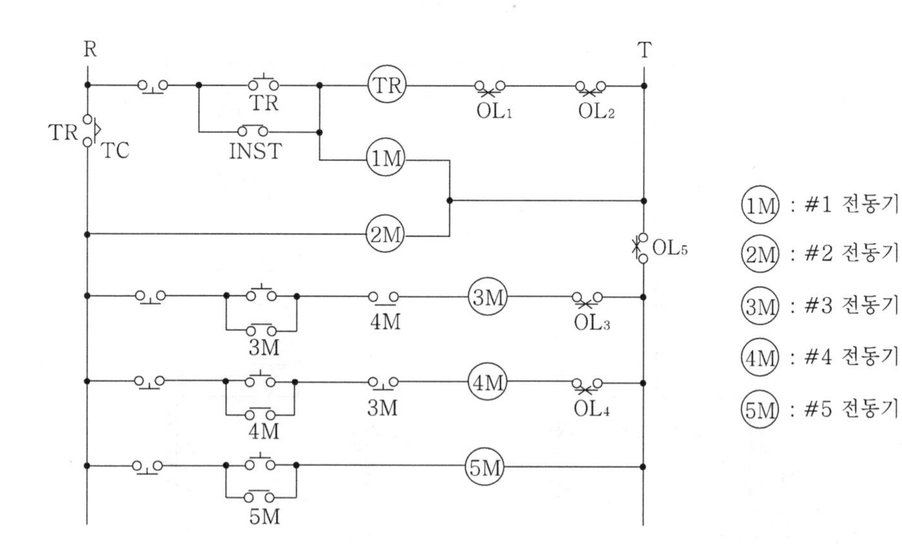

(1) #1 전동기가 기동하면 일정 시간 후에 (①) 전동기가 기동하고 #1 전동기가 운전 중에 있는 한 (②) 전동기도 운전된다.

(2) #1, #2 전동기가 운전 중이 아니면 (①) 전동기는 기동할 수 없다.

(3) #4 전동기가 운전 중일 때 (①) 전동기는 기동할 수 없으며 #3 전동기가 운전 중일 때 (②) 전동기는 기동할 수 없다.

(4) #1 또는 #2 전동기의 과부하 계전기가 트립하면 (①) 전동기는 정지한다.

(5) #5 전동기의 과부하 계전기가 트립하면 (①) 전동기가 정지한다.

| 계 | 산 | 및 | 정 | 답 |

(1) ① #2, ② #2

(2) ① #3, #4, #5

(3) ① #3, ② #4

(4) ① #1, #2, #3, #4, #5

(5) ① #3, #4, #5

10

출제 : 02, 12년 • 배점 : 6점

다음 어느 생산 공장의 수전설비이다. 이것을 사용하여 다음 각 물음에 답하시오.

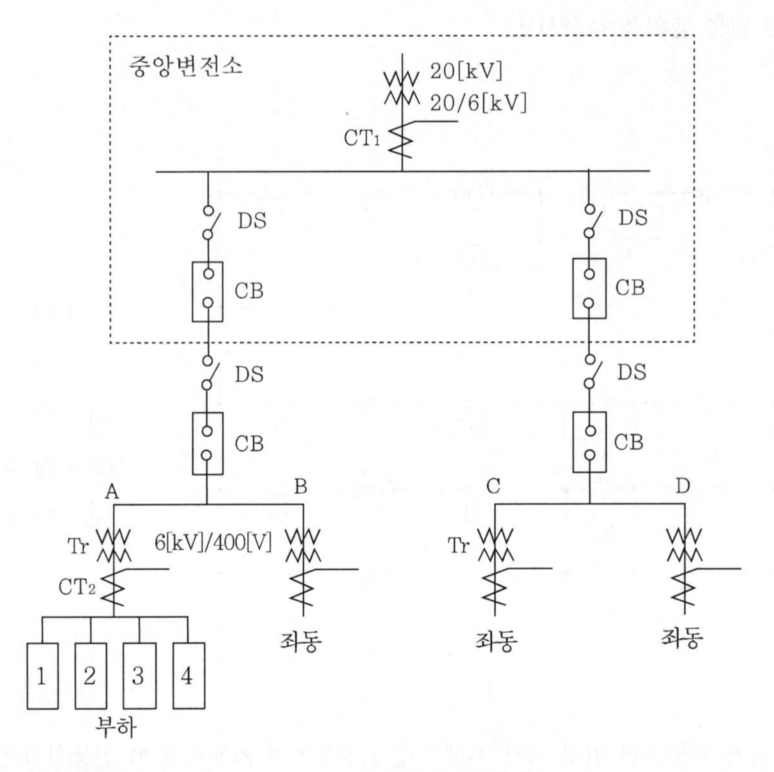

[탱크의 부하 용량표]

피더	부하 설비 용량[kW]	수용률[%]
1	125	80
2	125	80
3	500	70
4	600	84

[변류기 규격표]

항 목	변류기
정격 1차 전류[A]	5, 10, 15, 20, 30, 40 50, 75, 100, 150, 200 300, 400, 500, 600, 750 1000, 1500, 2000, 2500
정격 2차 전류[A]	5

(1) 표와 같이 A, B, C, D 4개의 뱅크에 같은 부하가 걸려 있으며, 각 뱅크의 부등률이 1.1이다. 이때 중앙 변전소의 변압기 용량을 산정하시오. (단, 각 부하의 역률은 0.8이며, 변압기 용량은 표준규격으로 답하도록 한다.)

・계산 : ・답 :

(2) 변류기 CT_1, CT_2의 변류비를 구하시오. (단, 1차 수전전압은 20000/6000[V], 2차 수전전압은 6000/400[V]이며, 변류비는 표준규격으로 답하도록 한다.)

・계산 : ・답 :

|계|산|및|정|답|

(1) 【계산】 최대수요전력 $= \dfrac{\dfrac{\text{부하설비용량}[kW]}{\cos\theta} \times \text{수용률}}{\text{부등률}} = \dfrac{\text{부하설비용량}[kW] \times \text{수용률}}{\cos\theta \times \text{부등률}}[kVA]$

$$= \frac{125 \times 0.8 + 125 \times 0.8 + 500 \times 0.7 + 600 \times 0.84}{1.1 \times 0.8} = 1197.73[kVA]$$

$\therefore ST_r = 1197.73 \times 4 = 4790.92[kVA]$ 【정답】 5000[kVA]

(2) 【계산】 변류기는 최대 부하전류의 1.25~1.5배로 선정

① CT_1 $I_1 = \dfrac{5000}{\sqrt{3} \times 6} \times (1.25 \sim 1.5) = 601.4 \sim 721.71[A] = 600/5$ 【정답】 600/5 선정

② CT_2 $I_1 = \dfrac{1197.73}{\sqrt{3} \times 0.4} \times (1.25 \sim 1.5) = 2160.97 \sim 2593.16[A] = 2500/5$ 【정답】 2500/5 선정

|추|가|해|설|

[변류기의 변류비 선정]

변류기 1차 전류 $= \dfrac{P_1}{\sqrt{3}\, V_1 \cos\theta} \times k$ → ($k = 1.25 \sim 1.5$: 변압기의 여자돌입전류를 감안한 여유도)

변류비 $= \dfrac{I_1}{I_2}$ → (단, 정격2차전류 $I_2 = 5[A]$)

11

출제 : 12년 • 배점 : 6점

예비 전원으로 이용되는 축전지에 대한 다음 각 물음에 답하시오.

(1) 그림과 같은 부하 특성을 갖는 축전지를 사용할 때 보수율이 0.8, 최저 축전지 온도 5[℃], 허용 최저 전압 90[V]일 때 몇 [Ah] 이상인 축전지를 선정하여야 하는가? (단, I_1=60[A], I_2=50[A], K_1=1.15, K_2=0.91, 셀(Cell)당 전압은 1.06[V/cell]이다.)

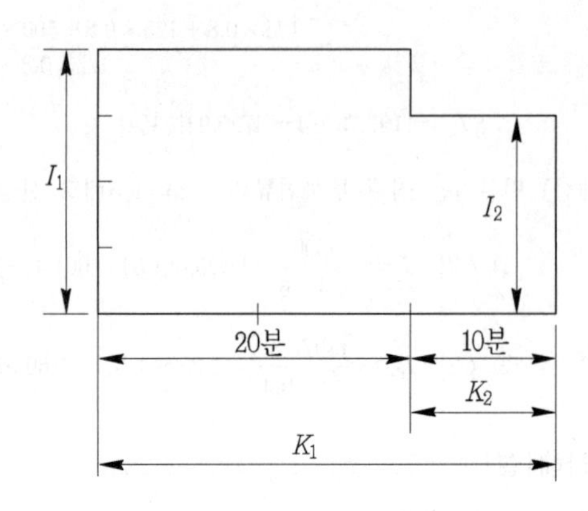

•계산 :

•답 :

(2) 연축전지와 알칼리축전지의 공칭전압은 각각 몇 [V]인가?

•계산 : •답 :

|계|산|및|정|답|

(1) 【계산】 축전지 용량 $C=\dfrac{1}{L}[K_1I_1+K_2(I_2-I_1)]=\dfrac{1}{0.8}[1.15\times60+0.91(50-60)]=74.875$

【정답】 74.88[Ah]

(2) · 연축전지 : 2[V] · 알칼리전지 : 1.2[V]

|추|가|해|설|

[축전지 용량 산출]

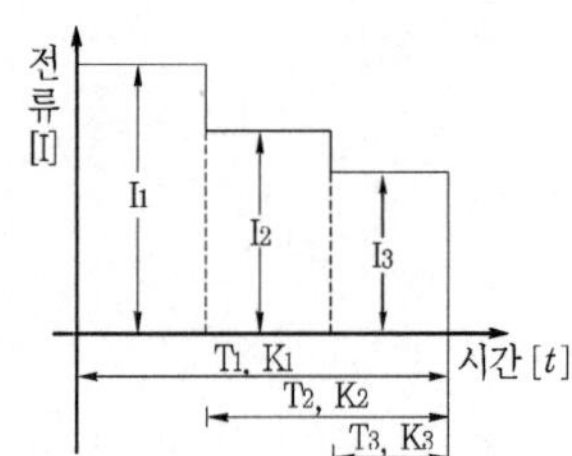

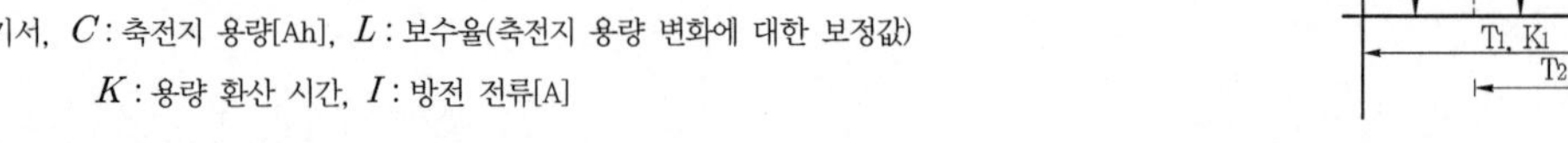

축전지용량 $C=\dfrac{1}{L}[K_1I_1+K_2(I_2-I_1)+K_3(I_3-I_2)]$[Ah]

여기서, C : 축전지 용량[Ah], L : 보수율(축전지 용량 변화에 대한 보정값)

K : 용량 환산 시간, I : 방전 전류[A]

[축전지 공칭전압 및 용량]

① 연축전지 → 공칭전압 2[V], 공칭용량 10시간율[Ah]

② 알칼리전지 → 공칭전압 1.2[V], 공칭용량 5시간율[Ah]

12 출제 : 12년 • 배점 : 5점

계기용 변압기(2개)와 변류기(2개)를 부속하는 3상 3선식 전력량계 미완성 부분의 결선도를 환성하시오. (단, 1, 2, 3은 상순을 표시하고 P1, P2, p3은 계기용 변압기에 1S, 1L, 3S, 3L은 변류기에 접속하는 단자이다.)

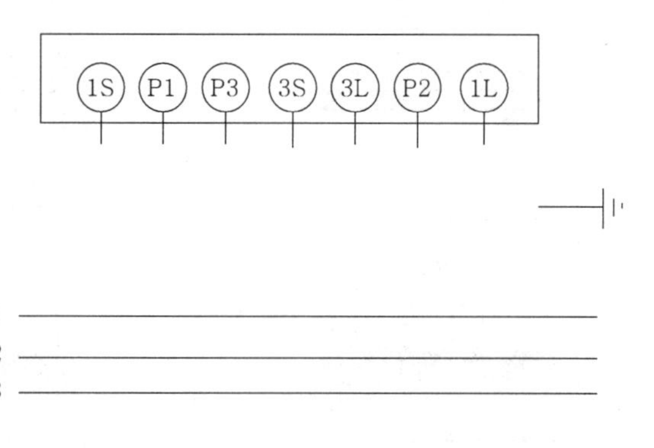

|계|산|및|정|답|

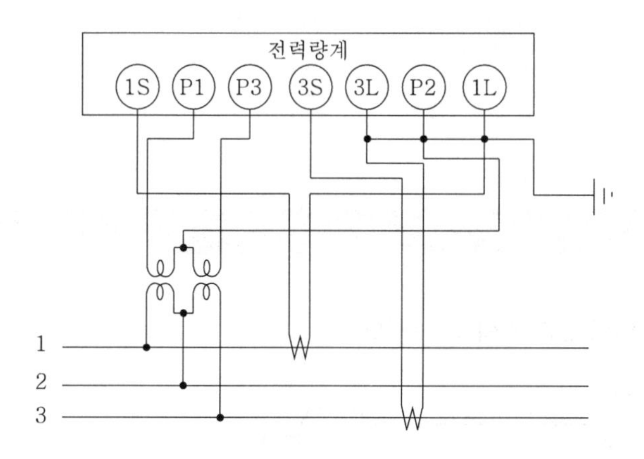

|추|가|해|설|

[적산전력계 결선(변성기 사용)]

상선	변류기 부속	계기용 변압기 및 변류기 부속
단상3선식	1S P1 P2 1L 전 1 부 원 2 하	1S P1 P2 1L P1 P2 1S 1L 전 1 부 원 2 하

상선	변류기 부속	계기용 변압기 및 변류기 부속
3상3선식 단상3선식		
3상4선식		

13

출제 : 22, 12년 • 배점 : 4점

다음 논리회로의 출력을 논리식으로 나타내고 간략화 하시오.

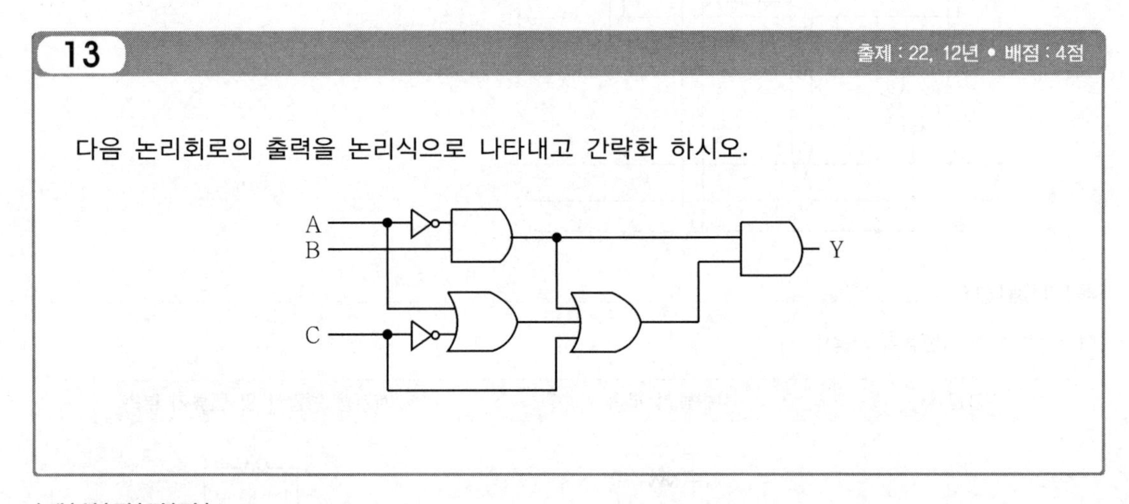

|계|산|및|정|답|

$Y=(\overline{A}\cdot B)(\overline{A}\cdot B+A+\overline{C}+C)=(\overline{A}\cdot B)(\overline{A}\cdot B+A+1)=\overline{A}\cdot B$

|추|가|해|설|

$\overline{C}+C=1,\quad \overline{A}\cdot B+A+1=1$

14 출제 : 09, 12년 • 배점 : 5점

지표면상 15[m] 높이에 수조가 있다. 이 수조에 시간당 5000[m^3]의 물을 양수하려고 한다. 필요한 펌프용 전동기의 소요 동력은 몇 [kW]인가? (단, 펌프의 효율은 55[%]이고, 여유계수는 1.1로 한다.)

·계산 : ·답 :

|계|산|및|정|답|

【계산】 $P=\dfrac{KQH}{6.12\eta}=\dfrac{1.1\times\dfrac{5000}{60}\times 15}{6.12\times 0.55}=408.496[kW]$

여기서, K : 여유계수(손실계수), Q : 양수량[m^2/min], H : 총양정[m], η : 효율

【정답】 408.5[kW]

|추|가|해|설|

① 펌프용 전동기의 용량 $P=\dfrac{9.8Q'[m^3/\text{sec}]HK}{\eta}[kW]=\dfrac{9.8Q[m^3/\text{min}]HK}{60\times\eta}[kW]=\dfrac{Q[m^3/\text{min}]HK}{6.12\eta}[\text{kW}]$

여기서, P : 전동기의 용량[kW], Q' : 양수량[m^3/sec], Q : 양수량[m^3/min]

H : 양정(낙차)[m], η : 펌프효율, K : 여유계수(1.1~1.2 정도)

② 권상용 전동기의 용량 $P=\dfrac{K\bullet W\bullet V}{6.12\eta}[KW]$

여기서, K : 여유계수, W : 권상 중량 [ton], V : 권상 속도[m/min], η : 효율

③ 엘리베이터용 전동기의 용량 $P=\dfrac{KVW}{6120\eta}[kW]$

여기서, P : 전동기 용량[kW], η : 엘리베이터 효율, V : 승강속도[m/min]

W : 적재하중[kg](기계의 무게는 포함하지 않는다.), K : 계수(평형률)

15

출제 : 12년 • 배점 : 12점

특별고압 가공전선로(22.9[kV-Y])로부터 수전하는 어느 수용가의 특별고압 수전설비의 단선결선도이다. 다음 각 물음에 답하시오.

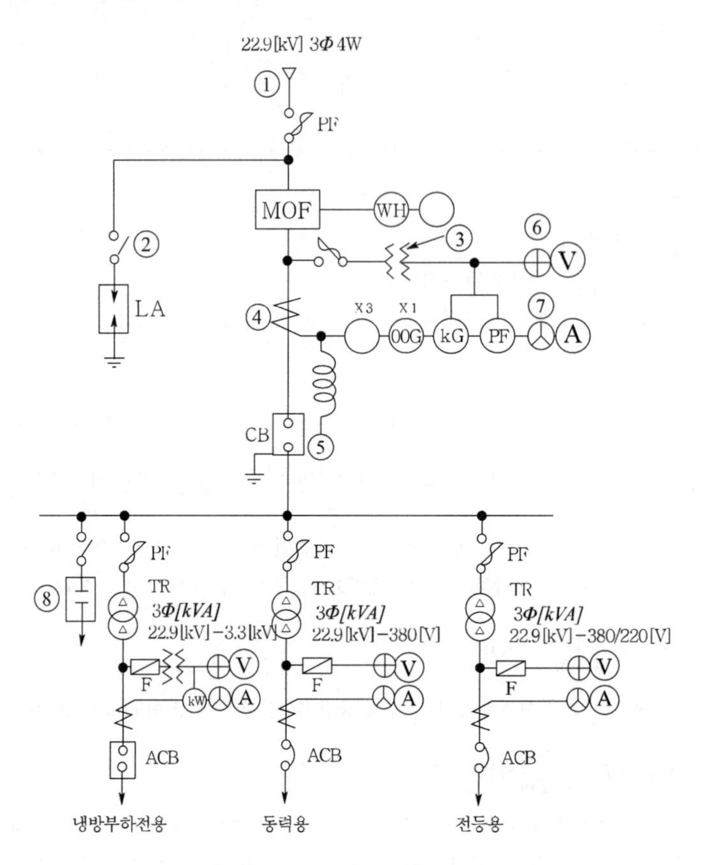

(1) ①~⑧에 해당되는 것의 명칭과 약호를 쓰시오.

번호	약호	명칭	번호	약호	명칭
①			⑤		
②			⑥		
③			⑦		
④			⑧		

(2) 동력부하의 용량은 300[kW], 수용률은 0.6, 부하역률이 80[%], 효율이 85[%] 일 때 이 동력용 3상변압기의 용량은 몇 [kVA]인지를 계산하고, 주어진 변압기의 용량을 선정하시오.

변압기의 표준 정격 용량[kVA]

200	300	400	500

·계산 : ·답 :

(3) 냉방부하용 터보 냉동기 1대를 설치하고자 한다. 냉동기에 설치된 전동기는 3상 농형유도전동기로 정격전압 3.3[kV], 정격출력 200[kW], 전동기의 역률 85[%], 효율 90[%]일 때 정격운전시 부하전류는 얼마인가?

·계산 : ·답 :

|계|산|및|정|답|

(1)

번호	약호	명칭	번호	약호	명칭
①	CH	케이블헤드	⑤	TC	트립코일
②	DS	단로기	⑥	VS	전압계용전환개폐기
③	PT	계기용변압기	⑦	AS	전류계용전환개폐기
④	CT	변류기	⑧	SC	전력용(잔상) 콘덴서

(2) 【계산】 $P = \dfrac{\text{설비용량} \times \text{수용률}}{\text{역률} \times \text{효율}} = \dfrac{300 \times 0.6}{0.8 \times 0.85} = 264.71$ 【정답】 표에서 300[kVA] 선정

(3) 【계산】 부하전류 $I = \dfrac{P}{\sqrt{3}\, V \cos\theta \eta} = \dfrac{200}{\sqrt{3} \times 3.3 \times 0.85 \times 0.9} = 45.739$

【정답】 45.74[A]

|추|가|해|설|

(3) 변압기 용량[kVA] $\geq$ 합성최대수용전력 $= \dfrac{\text{설비용량[kVA]} \times \text{수용률}}{\text{부등률}} = \dfrac{\text{설비용량[kVA]} \times \text{수용률}}{\text{역률} \times \text{효율}}$

16

출제 : 12년 • 배점 : 4점

다음 그림은 GPT 설비이다. 그림에서 ⓥ가 지시하는 것은 무엇인가?

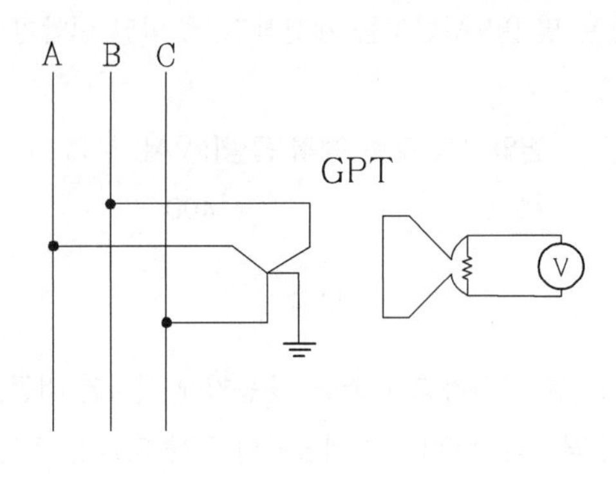

|계|산|및|정|답|

영상전압

|추|가|해|설|

[접지형 계기용 변압기(GPT)]

비접지 계통에서 지락사고시의 영상전압 검출하여 지락 계전기(OVGR)를 동작시키기 위해 설치

17

출제 : 12년 • 배점 : 5점

고압회로 케이블의 지락보호를 위하여 검출기로 관통형 영상변류기를 설치하고 원칙적으로는 케이블 1회선에 대하여 실드접지의 접지점은 1개로 한다. 그러나, 케이블의 길이가 길게되어 케이블 양단에 실드 접지를 하게 되는 경우 양끝의 접지는 다른 접지선과 접속하면 안 된다. 그 이유는 무엇인가?

|계|산|및|정|답|

지락전류의 검출이 제대로 되지 않아 지락계전기가 동작하지 않을 수 있기 때문이다.

03 2012년 전기산업기사 실기

01

출제 : 01, 12년 • 배점 : 5점

일반적 조명기구의 그림 기호에 문자와 숫자가 다음과 같이 방기되어 있다. 그 의미를 쓰시오?

(1) H500　　(2) N200

(3) F40　　(4) X200

(5) M200

|계|산|및|정|답|

(1) 500[W] 수은등
(2) 200[W] 나트륨등
(3) 40[W] 형광등
(4) 200[W] 크세논 램프
(5) 200[W] 메탈 헬라이드등

|추|가|해|설|

고휘도 방전등(HID) 램프 기호

· H: 수은등　· N: 나트륨등　· F: 형광등　· X: 크세논 램프　· M: 메탈 헬라이드등

02

출제 : 12년 • 배점 : 5점

수용률의 정의와 수용률의 의미를 간단히 설명하시오.

(1) 정의

(2) 의미

|계|산|및|정|답|

(1) 정의 : 수용가의 최대전력과 부하 설비용량과의 비를 수용률이라 하며 보통 백분율로 표시한다.

$$수용률 = \frac{최대전력}{부하설비용량} \times 100[\%]$$

(2) 의미 : 수용 설비가 동시에 사용되는 정도를 나타낸다.

03

출제 : 10, 12년 • 배점 : 9점

전력계통에 설치되는 분로리액터는 무엇을 위하여 설치하는가?

|계|산|및|정|답|

페란티 현상의 방지

|추|가|해|설|

[페란티 현상]

선로의 정전용량으로 인하여 무부하시나 경부하시 진상전류가 흘러 수전단 전압이 송전단 전압보다 높아지는 현상

[페란티 방지대책]

- 선로에 흐르는 전류가 지상이 되도록 한다.
- 수전단에 분로리액터를 설치한다.
- 동기조상기의 부족여자 운전

04

출제 : 04, 06, 12년 • 배점 : 5점

단상 2선식 230[V]로 공급되는 전동기가 절연열화로 인하여 외함에 전압이 인가 될 때 사람이 접촉하였다. 이때의 접촉전압은 몇 [V]인가? (단, 변압기의 2차측 접지저항은 9[Ω], 전로의 저항은 1[Ω], 전동기의 외함의 접지저항은 100[Ω]이다.)

- 계산 :
- 답 :

|계|산|및|정|답|

【계산】 $I_g = \dfrac{220}{9+1+100} = 2[A]$ → $V_g = I_g \cdot R = 2 \times 100 = 200[V]$ 【정답】 200[V]

|추|가|해|설|

[접촉전압]

(1) 인체 비 접촉 시

① 지락전류 $I_g = \dfrac{V}{R_2 + R_3}$[A] ② 대지전압 $e = I_g R_3 = \dfrac{V}{R_2 + R_3} R_3$[A]

(2) 인체 접촉 시

① 인체에 흐르는 전류 $I = \dfrac{V}{R_2 + \dfrac{RR_3}{R+R_3}} \times \dfrac{R_3}{R+R_3} = \dfrac{R_3}{R_2(R+R_3)+RR_3} \times V$[A]

② 접촉전압 $E_t = IR = \dfrac{RR_3}{R_2(R+R_3)+RR_3} \times V$[V] → ($R_2$: 계통 접지저항, R_3 : 보호 접지저항, R : 인체저항)

05

출제 : 10, 12년 • 배점 : 9점

다음 회로는 환기팬의 자동운전회로이다. 이 회로의 동작 개요를 보고 다음 각 물음에 답하시오.

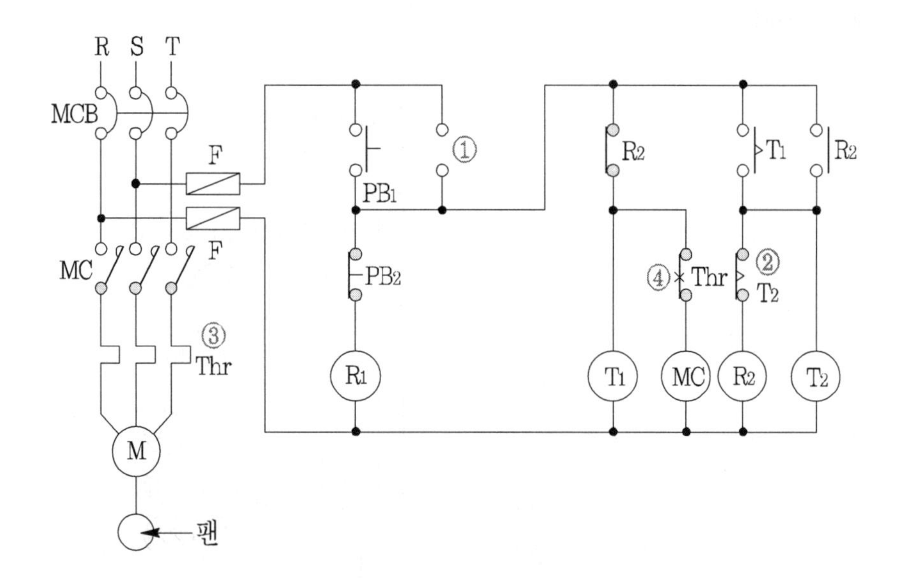

〈조 건〉

① 연속운전을 할 필요가 없는 환기용 팬등의 운전 회로에서 기동 버튼에 의하여 운전을 개시하면 그 다음에는 자동적으로 운전 정지를 반복하는 회로이다.

② 기동 버튼 PB_1을 'ON' 조작하면 타이머 T_1의 설정 시간만 환기팬이 운전하고 자동적으로 정지한다. 그리고 타이머 T_2의 설정 시간에만 정지하고 재차 자동적으로 운전을 한다.

③ 운전 도중에 환기팬을 정지시키려고 할 경우에는 버튼스위치 PB_2를 "ON" 조작하여 행한다.

(1) 위 시스템에서 릴레이 R1에 의하여 자기 유지될 수 있도록 ①로 표시된 곳에 접점 기호를 그려 넣으시오.

(2) ②로 표시된 접점 기호의 명칭과 동작을 간단히 설명하시오.

(3) Thr로 표시된 ③, ④의 명칭과 동작을 간단히 설명하시오.

| 계 | 산 | 및 | 정 | 답 |

(1) 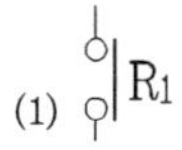

(2) 【명칭】 한시동작 순시복귀 b접점

【동작】 타이머 T_2가 여자되면 일정 시간 후 개로되어 R_2와 T_2를 소자시킨다.

(3) 【명칭】 ③ 열동 계전기, ④ 수동 복귀 b접점

【동작】 전동기에 과전류가 흐르면 열동계전기 ③이 동작하고 ④ 접점이 개로되어 전동기를 정지시키며 접점의 복귀는 수동으로 한다.

06

출제 : 12년 • 배점 : 10점

도면은 154[kV]를 수전하는 어느 공장의 수전설비에 대한 단선도이다. 이 단선도를 보고 다음 각 물음에 답하시오.

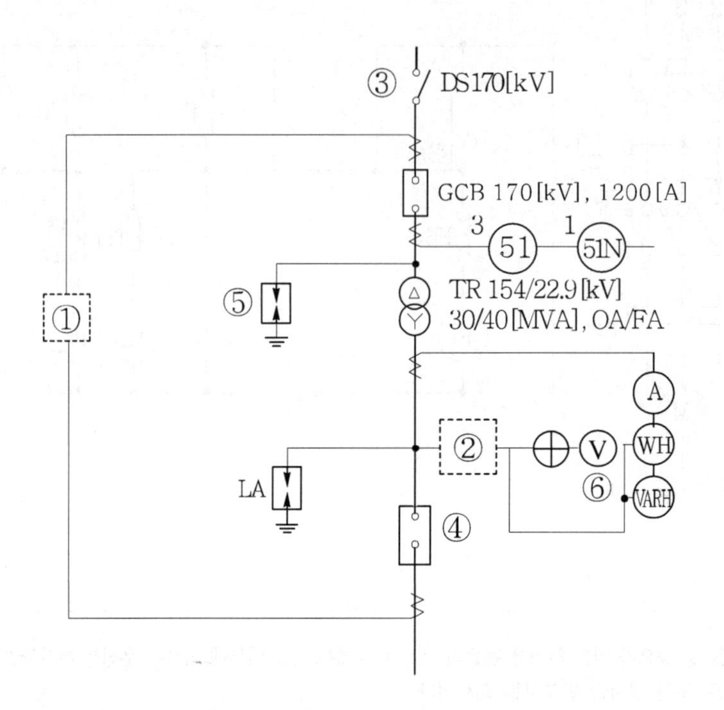

(1) ①에 설치되어야 할 기기의 심벌을 그리고, 그 명칭을 쓰시오.

(2) ②에 설치되어야 할 기기의 심벌을 그리고, 그 명칭을 쓰시오.

(3) 51, 51N의 기구번호의 명칭은?

(4) GCB, VARH의 용어는?

(5) ③~⑥에 해당하는 명칭을 쓰시오.

|계|산|및|정|답|

(1) 【심벌】 (87T) 【명칭】 주변압기 차동 계전기

(2) 【심벌】 【명칭】 계기용 변압기

(3) ·51 : 교류 과전류계전기 ·51N : 중성점 과전류계전기

(4) ·GCB : 가스차단기 ·VARH : 무효전력량계

(5) ③ 단로기 ④ 차단기 ⑤ 피뢰기 ⑥ 전압계

|추|가|해|설|

[계전기 고유 번호]

① 87 : 전류 차동 계전기(비율차동계전기)

② 87B : 모선보호 차동계전기

③ 87G : 발전기용 차동계전기

④ 87T : 주변압기 차동 계전기

07

출제 : 12년 • 배점 : 4점

서지 흡수기(Surge Absorbor)의 기능을 쓰시오.

|계|산|및|정|답|

개폐서지 등 이상전압으로부터 변압기 등 기기보호

|추|가|해|설|

[서지흡수기]

① 피뢰기와 같은 구조로 되어 있으나 적용 전압 범위만을 조정하여 적용시키는 일종의 옥내 피뢰기로서 선로에서 발생할 수 있는 개폐기 서지, 순간 과도전압 등의 이상전압이 2차 기기에 악영향을 주는 것을 막기 위해 설치한다.

② 서지흡수기는 그림과 같이 보호하고자 하는 기기(발전기, 전동기, 콘덴서, 반도체 장비 계통) 전단에 설치하여 대부분의 개폐서지를 발생하는 차단기 후단에 설치, 운용한다.

③ Surge Absorbor는 그림과 같이 부하기기 운전용의 VCB와 피보호 기기와의 사이에 각 상의전로－대지간에 설치한다.

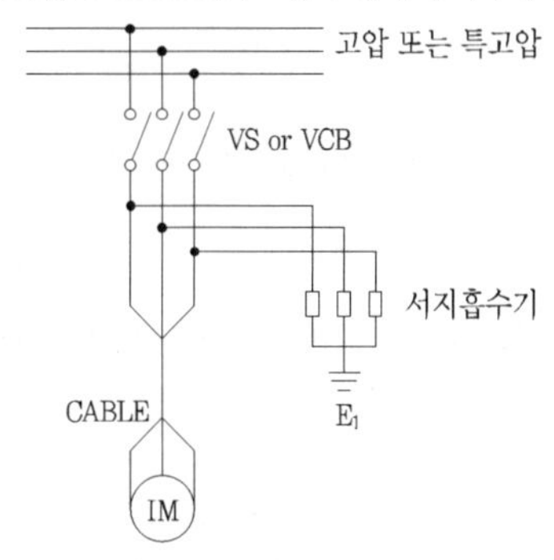

[서지흡수기의 설치 위치도]

08 출제 : 05, 12년 • 배점 : 6점

다음 각 물음에 답하시오.

(1) 농형 유도 전동기의 기동법 4가지를 쓰시오.

(2) 유도 전동기의 1차 권선의 결선을 △에서 Y로 바꾸면 기동시 1차 전류는 △결선시의 몇 배가 되는가?

|계|산|및|정|답|

(1) 전전압 기동법, Y-△기동법, 리액터 기동법, 기동 보상기법

(2) $\frac{1}{3}$배

|추|가|해|설|

[농형 유도전동기의 기동방법]

(1) 전 전압 직입기동

전 전압 직입기동은 전동기 회로에 전 전압을 직접 인가하여 전동기를 구동하는 가장 간단한 방법으로 용량이 작은 경우에 할 수 있다.

(2) 스타델타(Y-△) 기동

- 일반적으로 저압 전동기는 5.5~15[kW]이면 Y-△ 기동으로 할 수 있다.
- Y-△ 기동은 기동시에는 Y(스타) 결선으로 하여 인가전압을 등가적으로 $\frac{1}{\sqrt{3}}$로 하며, 기동전류 및 기동토크를 $\frac{1}{3}$로 되게 한다.
- Y에서 △로 전환할 때 전동기를 전원에서 분리하고 전환하는 오픈 트랜지션 방식과 전원을 분리하지 않고 전환하는 클로즈 트랜지션 방식이 있으며 클로즈 트랜지션 방식은 전환시 돌입전류가 작다.
- 오픈 트랜지션 방식 사용시는 3접촉기 방식을 사용하는 것으로 한다.

(3) 기동보상기에 의한 기동

15[kW] 이상의 농형 유도 전동기에서는 단권변압기를 사용하여 공급 전압을 낮추어 기동 전류를 정격전류의 100~150[%] 정도로 제한한다.

(4) 리액터 기동

- 리액터 기동은 전동기와 직렬로 리액터를 연결하여 리액터에 의한 전압강하를 발생시킨 다음 유도전동기에 단자전압을 감압시켜 작은 시동토크로 기동할 수 있는 방법을 말한다.
- 리액터 탭은 50-60-70-80-90[%]이며 기동토크는 25-36-49-64-81[%]이다.
- 기동전류는 전압강하 비율로 감소하여 토크는 전압강하 제곱비율로 감소하므로 토크 부족에 의한 기동불능에 주의한다.
- 기동쇼크를 줄이는 완충기동기(쿠션스타터)로 사용할 수 있으며, 단선도를 참조한다(기동, 정지가 잦은 용도에서는 사용 못함).

(5) 콘돌퍼기동

- 콘돌퍼기동은 기동시 전동기의 인가전압을 기동보상기(단권변압기)로 내려서 기동하는 기동보상기 방법의 일종으로 리액터 회로의 완충기동기로 전환 후 클로즈 트랜지션하는 방법이므로 이를 참조하고, 다음의 단선도를 참조한다.
- 일반적으로 기동보상기의 탭은 50-65-80[%]이며, 이때 기동토크는 25-42- 64[%]로 변한다.

09

출제 : 02, 06, 12년 • 배점 : 6점

계기용 변압기(PT)와 전압 절환 개폐기(VS 혹은 VCS)로 모선 전압을 측정하고자 한다.

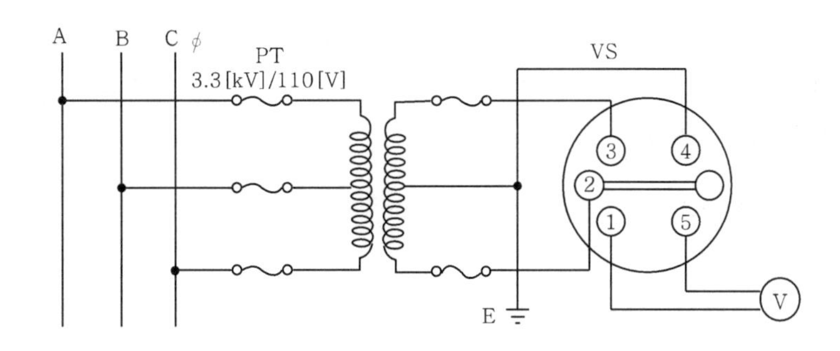

(1) V_{AB} 측정시 VS 단자 중 단락되는 접점을 2가지 쓰시오.

(2) V_{BC} 측정시 VS 단자 중 단락되는 접점을 2가지 쓰시오.

(3) PT 2차측을 접지하는 이유를 기술하시오.

|계|산|및|정|답|

(1) ①-③, ④-⑤
(2) ①-②, ④-⑤
(3) 【이유】 PT의 절연 파괴 시 고저압 혼촉사고로 인한 2차 측의 전위 상승을 방지하기 위하여

|추|가|해|설|

[계기용 변성기 점검 시]
·CT: 2차 측 단락(2차 측 과전압 및 절연보호
·PT: 2차 측 개방(2차 측 과전류 보호

10

출제 : 12년 • 배점 : 4점

차단기에 비하여 전력용 퓨즈의 장점 4가지를 쓰시오.

|계|산|및|정|답|

① 소형으로 큰 차단 용량을 갖는다.
② 보수가 용이하다.
③ 릴레이나 변성기가 필요 없다.
④ 고속도 차단한다.

|추|가|해|설|

[전력 퓨즈]

(1) 정의 : 전력용 퓨즈는 고압 및 특별고압기기의 단락보호용 퓨즈이고 소호방식에 따라 한류형과 비한류형이 있다.

(2) 전력 퓨즈의 특징

① 전차단 특성

② 단시간 허용 특성

③ 용단 특성

(3) 전력 퓨즈의 장·단점

장점	단점
① 가격이 저렴하다. ② 소형 경량이다. ③ RELAY나 변성기가 불필요 ④ 한류형 퓨즈는 차단시 무음, 무방출 ⑤ 소형으로 큰 차단용량을 가진다. ⑥ 보수가 간단하다. ⑦ 고속도 차단한다. ⑧ 현저한 한류 특성을 가진다. ⑨ SPACE가 작아 장치전체가 소형 저렴하게 된다. ⑩ 후비보호에 완벽하다.	① 재투입이 불가능하다. ② 과전류에서 용단될 수 있다. ③ 동작시간-전류 특성을 계전기처럼 자유로이 조정불가 ④ 비보호 영역이 있어, 사용중에 열화해 동작하면 결상을 일으킬 우려가 있다. ⑤ 한류형 퓨즈는 용단되어도 차단하지 못하는 전류 범위가 있다. ⑥ 한류형은 차단시에 과전압을 발생한다. ⑦ 고 Impendance 접지계통의 지락보호는 불가능

[퓨즈와 각종 개폐기 및 차단기와의 기능 비교]

기능 \ 능력	회로 분리		사고 차단	
	무부하	부하	과부하	단락
퓨즈	○			○
차단기	○	○	○	○
개폐기	○	○	○	
단로기	○			
전자 접촉기	○	○	○	

11

출제 : 03, 12년 • 배점 : 5점

부하 설비 및 수용률이 그림과 같은 경우 이곳에 공급할 변압기 Tr의 용량을 계산하여 표준 용량으로 결정하시오. (단, 부등률은 1.1, 종합 역률은 80[%] 이하로 한다.)

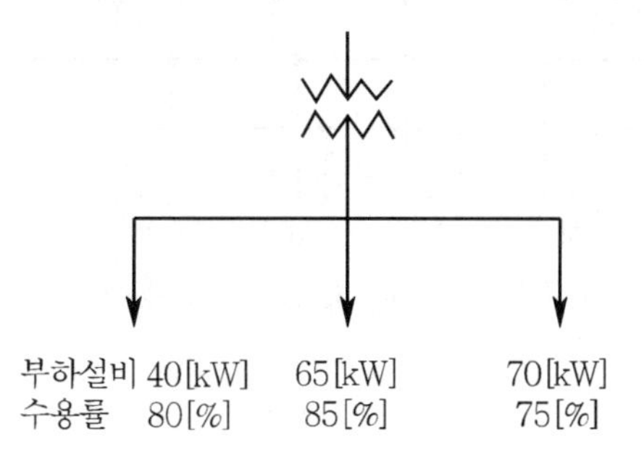

변압기의 표준 용량[kVA]

50	100	150	200	250	300	500

•계산 : •답 :

|계|산|및|정|답|

【계산】 변압기의 용량$=\dfrac{40\times0.8+65\times0.85+70\times0.75}{1.1\times0.8}=158.81$[kVA]

【정답】 표준 용량 200[kVA] 선정

|추|가|해|설|

① 변압기 용량 ≥ 합성 최대 전력 $=\dfrac{\text{최대 수용 전력}}{\text{부등률}}=\dfrac{\text{설비 용량}\times\text{수용률}}{\text{부등률}}$[KVA]

② 변압기 용량 ≥ 합성 최대 전력$=\dfrac{\text{설비용량}\times\text{수용률}}{\text{부등률}\times\text{역률}}$[kVA]

12

출제 : 07, 12년 • 배점 : 4점

그림과 같은 3상 3선식 배전선로에서 불평형률을 구하시오.

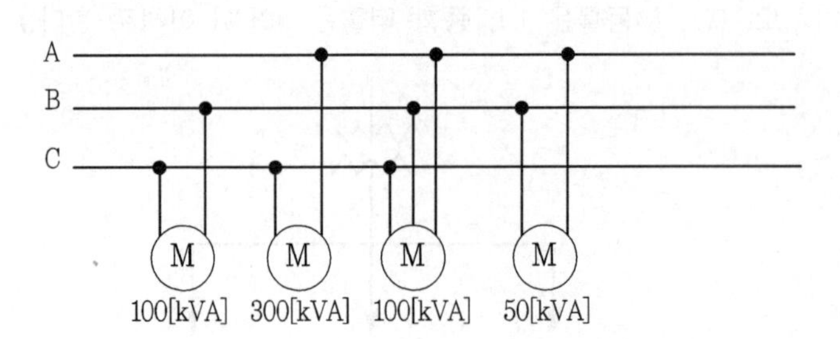

·계산 : ·답 :

|계|산|및|정|답|

【계산】 설비불평형률 $= \dfrac{\text{각 선간에 접속되는 단상 부하의 최대와 최소의 차}}{\text{총 부하 설비용량의 } 1/3} \times 100[\%]$

$$= \frac{100-30}{(100+30+100+50)\times\frac{1}{3}} \times 100[\%] = 75[\%]$$

【정답】 75[%]

|추|가|해|설|

① 저압 수전의 단상3선식

설비불평형률 $= \dfrac{\text{중성선과 각 전압측 전선간에 접속되는 부하설비용량[kVA]의 차}}{\text{총 부하 설비 용량[kVA]의} 1/2} \times 100[\%]$

여기서, 불평형률은 40[%] 이하이어야 한다.

② 저압, 고압 및 특별고압 수전의 3상3선식 또는 3상4선식

설비불평형률 $= \dfrac{\text{각 선간에 접속되는 단상 부하설비용량[kVA]의 최대와 최소의 차}}{\text{총 부하 설비 용량[kVA]의 } 1/3} \times 100[\%]$

여기서, 불평형률은 30[%] 이하여야 한다.

13

출제 : 12년 • 배점 : 6점

주어진 진리표를 이용하여 다음 각 물음에 답하시오.

(1) P_1, P_2의 출력식을 각각 쓰시오.

(2) 무접점 회로를 그리시오.

진리표

A	B	C	출력
0	0	0	P_1
0	0	1	P_1
0	1	0	P_1
0	1	1	P_2
1	0	0	P_1
1	0	1	P_2
1	1	0	P_2

|계|산|및|정|답|

(1) $P_1 = \overline{A}\,\overline{B} + (\overline{A} + \overline{B})\overline{C}$, $P_2 = \overline{A}BC + A(\overline{B}C + B\overline{C})$

(2)

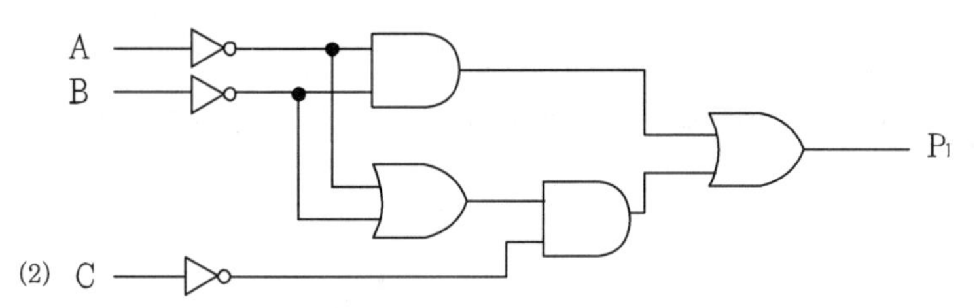

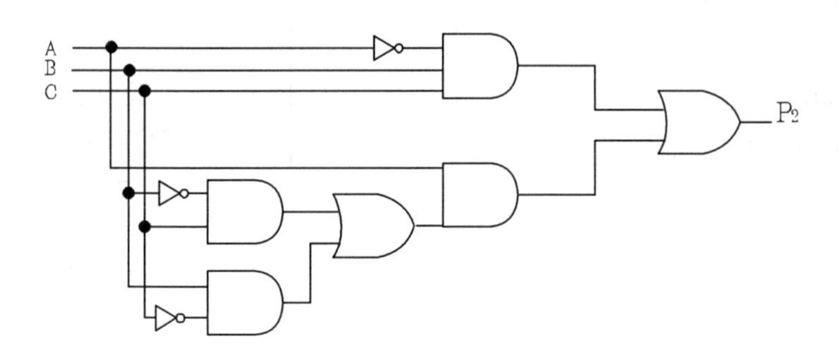

14

출제 : 12년 • 배점 : 6점

그림과 같은 부하 특성을 갖는 축전지를 사용할 때 보수율이 0.8, 최저 축전지 온도 5[℃], 허용 최저 전압 90[V]일 때 몇 [Ah] 이상인 축전지를 선정하여야 하는가? (단, $K_1 = 1.15$, $K_2 = 0.95$이고 셀당 전압은 1.06[V/cell]이다.)

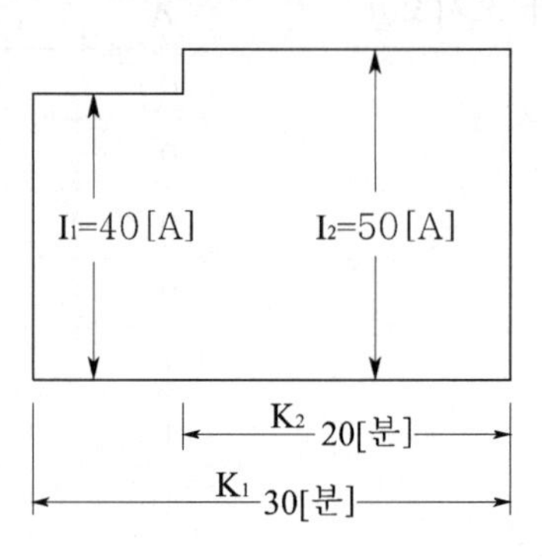

·계산 :

·답 :

|계|산|및|정|답|

【계산】 $C = \frac{1}{L}[K_1 I_1 + K_2(I_2 - I_1)] = \frac{1}{0.8} \times [1.15 \times 40 + 0.95 \times (50 - 40)] = 69.38[Ah]$

【정답】 69.38[Ah]

|추|가|해|설|

[축전지 용량 산출]

축전지용량 $C = \frac{1}{L}[K_1 I_1 + K_2(I_2 - I_1) + K_3(I_3 - I_2)]$[Ah]

여기서, C : 축전지 용량[Ah]

L : 보수율(축전지 용량 변화에 대한 보정값)

K : 용량 환산 시간, I : 방전 전류[A]

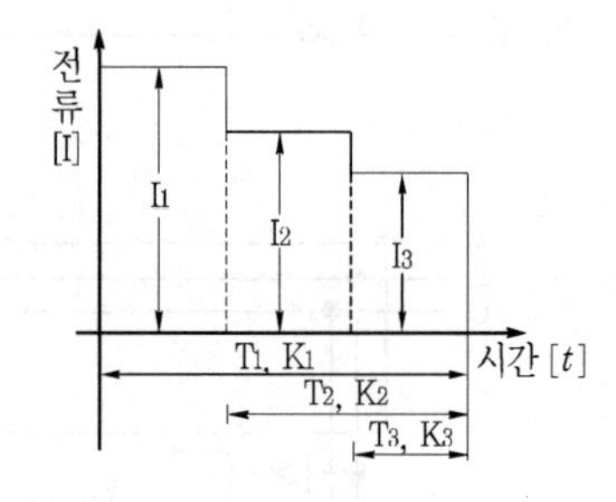

15

출제 : 12년 • 배점 : 6점

380[V] 농형 유도 전동기의 출력이 30[kW]이다. 이것을 시설한 분기회로의 전선의 굵기를 계산하시오. (단, 역률은 85[%]이고, 효율은 80[%]이며, 전선의 허용전류는 다음 표와 같다.)

동선의 단면적$[mm^2]$	허용전류[A]
6	49
10	61
16	88
25	115
35	162

•계산 :　　　　　　　　　　　　•답 :

|계|산|및|정|답|

【계산】 회로의 설계전류 $I_B = \frac{P}{\sqrt{3}\,V\cos\theta\eta} = \frac{30\times10^3}{\sqrt{3}\times380\times0.85\times0.8} = 67.03[A]$

$I_B \le I_n \le I_Z$의 조건을 만족하는 전선의 최소 허용전류 I_Z가 88[A]인 단면적 $16[mm^2]$ 선정

【정답】 $16[mm^2]$ 선정

|추|가|해|설|

[과부하에 대해 케이블(전선)을 보호하는 장치의 동작특성 (KEC 212.4.1)]

① $I_B \le I_n \le I_Z$

② $I_2 \le 1.45\times I_Z$

여기서, I_B: 회로의 설계전류, I_Z: 케이블의 허용전류, I_n: 보호장치의 정격전류

I_2: 보호장치가 규약시간 이내에 유효하게 동작하는 것을 보장하는 전류

16

출제 : 12년 • 배점 : 4점

논리회로 (a)를 보고 진리표 (b)를 완성하시오.

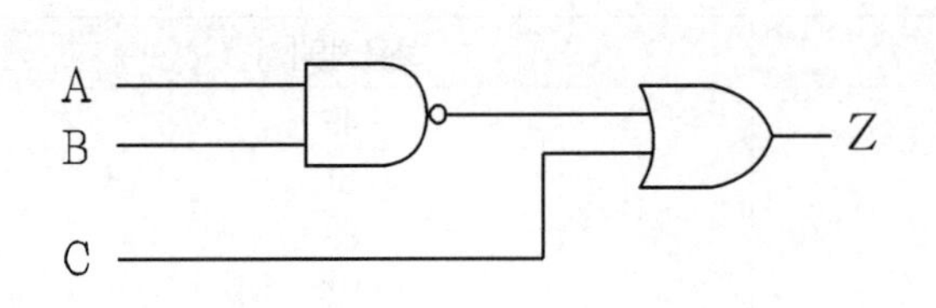

A	B	C	Z
0	0	0	
0	0	1	
0	1	0	
0	1	1	
1	1	0	

|계|산|및|정|답|

A	B	C	Z
0	0	0	1
0	0	1	1
0	1	0	1
0	1	1	1
1	1	0	1

17

출제 : 12년 • 배점 : 4점

보호 계전기에 필요한 특성 4가지를 쓰시오.

|계|산|및|정|답|

① 선택성 ② 신뢰성 ③ 감도 ④ 속도

|추|가|해|설|

보호계전시스템은 그 목적에 있어서 다음과 같은 기능이 필요하다.

① 정확성 : 신뢰도가 높고 정확한 동작상태로 오동작을 유발하지 않아야 한다.

② 신속성 : 주어진 조건에 만족할 경우 신속하게 동작하는 기능을 갖추어야 한다.

③ 선택성 : 선택차단 및 복구로 정전구간을 최소화할 수 있는 기능을 갖추어야 한다.

④ 기타

㉠ 취급이 간단하고 보수가 용이한 기능일 것

㉡ 주위 환경에 동작성능의 영향을 적게 받는 기능일 것

㉢ 정정변경 및 계통의 변경 등에 신속히 대처할 수 있는 기능일 것

㉣ 모든 조건을 만족시키는 범위내에서 가격이 저렴할 것

18 출제 : 12년 • 배점 : 6점

그림과 같은 평형 3상 회로로 운전하는 유도전동기가 있다. 이 회로에 그림과 같이 2개의 전력계 W_1, W_2, 전압계 ⓥ, 전류계 Ⓐ를 접속한 후 지시값은 $W_1 = 5.8[kW]$, $W_2 = 3.5$[kW], $V = 220[V]$, $I = 30[A]$이었다.

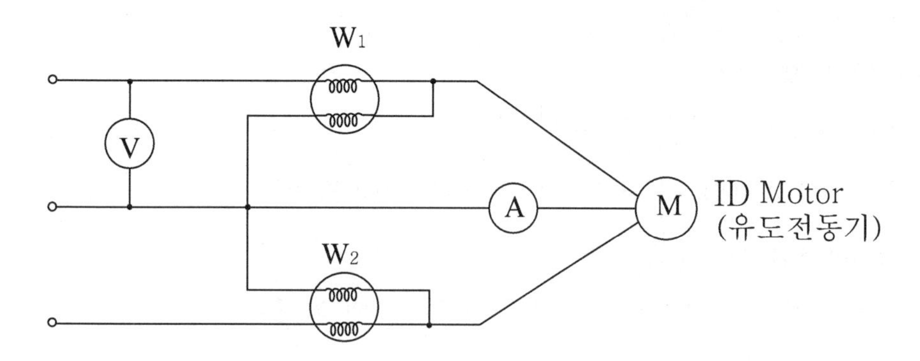

(1) 이 유도전동기의 역률은 몇 [%]인가?

•계산 : •답 :

(2) 역률을 90[%]로 개선시키려면 몇 [kVA] 용량의 콘덴서가 필요한가?

•계산 : •답 :

(3) 이 전동기로 만일 매분 20[m]의 속도로 물체를 권상한다면 몇 [ton]까지 가능한가? (단, 종합효율은 80[%]로 한다.)

•계산 : •답 :

|계|산|및|정|답|

(1) 【계산】 전력 $P = W_1 + W_2 = 5.8 + 3.5 = 9.3[kW]$

피상전력 $P_a = \sqrt{3}\,VI = \sqrt{3} \times 220 \times 30 \times 10^{-3} = 11.43[kVA]$

역률 $\cos\theta = \dfrac{9.3}{11.43} \times 100 = 81.36[\%]$ 【정답】 81.36[%]

(2) 【계산】 $Q = P(\tan\theta_1 - \tan\theta_2) = 9.3 \times \left(\dfrac{\sqrt{1-0.8136^2}}{0.8136} - \dfrac{\sqrt{1-0.9^2}}{0.9} \right) = 2.14[kVA]$

【정답】 2.14[kVA]

(3) 【계산】 권상용 전동기의 용량 $P = \dfrac{W \cdot V}{6.12\eta}[kW]$

따라서 물체의 중량 $W = \dfrac{6.12\eta P}{V} = \dfrac{6.12 \times 0.8 \times 9.3}{20} = 2.28$ 【정답】 2.28[ton]

|추|가|해|설|

(1) 2전력계법

① 유효전력 : $P = P_1 + P_2$[W]

② 무효전력 : $P_r = \sqrt{3}(P_1 - P_2)$[VAR]

③ 피상전력 : $P_a = 2\sqrt{P_1^2 + P_2^2 - P_1 P_2}$ [VA],　　　　$P_a = \sqrt{3}\,VI$[VA]

④ 역률 : $\cos\theta = \dfrac{P_1 + P_2}{2\sqrt{P_1^2 + P_2^2 - P_1 P_2}} = \dfrac{P_1 + P_2}{\sqrt{3}\,VI}$

(2) 역률 개선 시의 콘덴서 용량

$$Q_c = P(\tan\theta_1 + \tan\theta_2) = P\left(\frac{\sqrt{1-\cos^2\theta_1}}{\cos\theta_1} - \frac{\sqrt{1-\cos^2\theta_2}}{\cos\theta_2}\right)$$

여기서, P : 유효전력[kW], $\cos\theta_1$: 개선 전 역률, $\cos\theta_2$: 개선 후 역률

(3) 권상용 전동기의 용량 $P = \dfrac{K \cdot W \cdot V}{6.12\eta}[KW]$

여기서, K : 여유계수, W : 권상 중량 [ton], V : 권상 속도[m/min], η : 효율)

01 2011년 전기산업기사 실기

01

출제 : 00, 04, 11년 • 배점 : 10점

그림은 최대 사용 전압 6900[V]인 변압기의 절연 내력을 시험하기 위한 회로도이다. 그림을 보고 다음 각 물음에 답하시오. (단, 시험 전압은 10350[V]이다.)

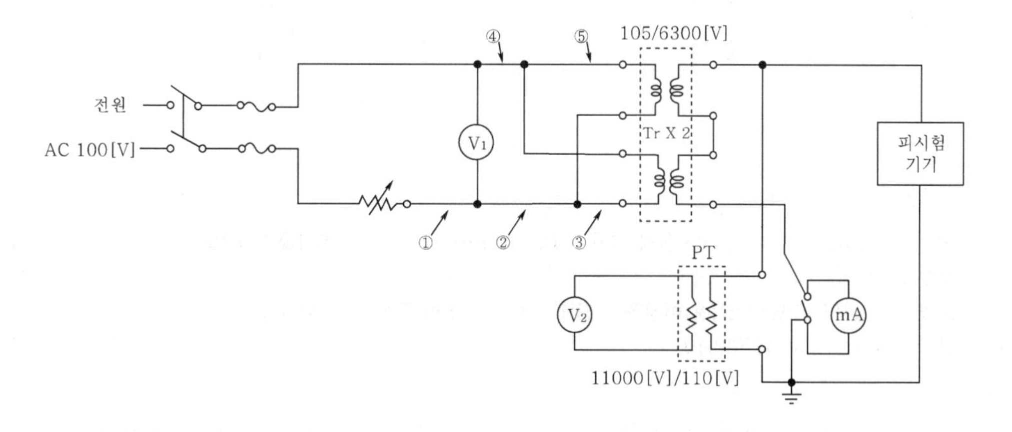

(1) 시험시 전압계 V_1으로 측정되는 전압은 몇 [V]인가?

·계산 : ·답 :

(2) 시험시 전압계 V_2로 측정되는 전압은 몇 [V]인가?

·계산 : ·답 :

(3) PT의 설치 목적은 무엇인가?

(4) 전원측 회로에 전류계 Ⓐ를 설치하고자 할 때 ①~⑤번 중 어느 곳이 적당한가?

(5) 전류계 [mA]의 설치 목적은 어떤 전류를 측정하기 위함인가?

|계|산|및|정|답|

(1) 【계산】 절연 내력 시험 전압 $V = 6900 \times 1.5 = 10350[V]$

전압계 $V_1 = 10350 \times \frac{1}{2} \times \frac{105}{6300} = 86.25[V]$ → (전압계에는 변압기 1대가 걸리므로 전압은 $\frac{1}{2}$만 측정)

【정답】 86.25[V]

(2) 【계산】 전압계 $V_2 = 10350 \times \frac{110}{11000} = 103.5[V]$ 【정답】 103.5[V]

(3) 피시험기기의 절연 내력 시험 전압 측정

(4) ①

(5) 누설전류의 측정

02

출제 : 01, 11년 • 배점 : 6점

다음과 같은 사무실에 조명 설비를 하려고 한다. 주어진 조건을 참고하여 다음 물음에 답하시오.

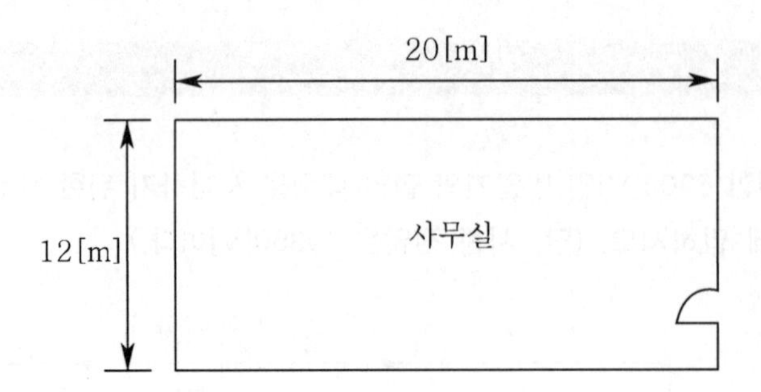

〈조 건〉

- 천장고 : 3[m]　　　· 실의 크기 : 12×20[m]　　　· 조명률 : 0.45
- 보수율 : 0.75
- 조명 기구 : FL40[W]×2등용(이것을 1가구로 하고, 이것의 광속은 5000[lm]
- 분기 Breaker : 50AF/30AT

(1) 조도를 500[lx] 기준할 때 설치해야 할 등기구수는? (단, 배치를 고려, 산정할 것)

·계산 :　　　　　　　　　　·답 :

(2) 분기 Breaker의 50AF/30AT에서 AF와 AT의 의미는 무엇인가?

(3) 조명 기구 배선에 사용할 수 있는 전선의 최소 굵기(연동선)는 몇 $[mm^2]$인가? (단, 조명 기구는 220[V]용이며, $1\varnothing 2W$의 경우라 한다.)

|계|산|및|정|답|

(1) 【계산】 등수 $N=\frac{EAD}{FU}=\frac{EA}{FUM}=\frac{500\times12\times20}{5000\times0.45\times0.75}=71.111$[등] → 72[등]　　【정답】 72[등]

(2) · AF(Ampere Frame) : 차단기 프레임 전류
· AT(Ampere Trip) : 차단기 트립 전류

(3) $I=\frac{72\times40\times2}{220}=26.1818[A]$를 흘릴 수 있어야 하므로 $6[mm^2]$ 이상의 연동선을 사용 하여야 한다.

|추|가|해|설|

등수[N]$=\frac{E\times A\times D}{F\times U}=\frac{E\times A}{F\times U\times M}$

여기서, E : 평균 조도[lx], F : 램프 1개당 광속[lm], N : 램프 수량[개], U : 조명률

A : 방의 면적[m²](방의 폭×길이), D : 감광보상률($=\frac{1}{M}$, M : 보수율)

03

출제 : 02, 11년 • 배점 : 4점

그림과 같은 단상 3선식의 선로에서 설비 불평형률을 구하시오.

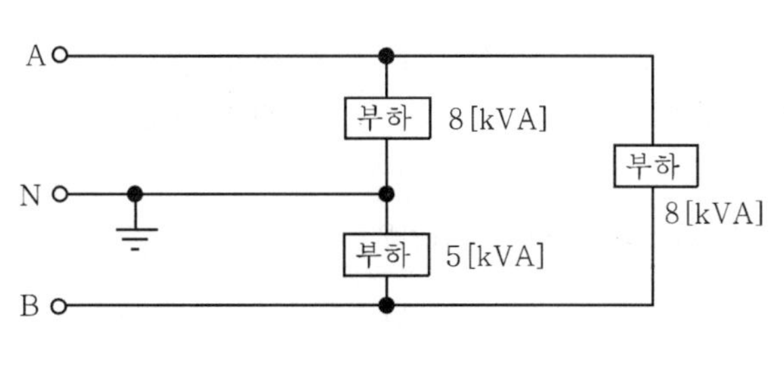

·계산 : ·답 :

|계|산|및|정|답|

【계산】 설비불평형률$=\dfrac{\text{중성선과 각 전압측 전선간에 접속된 부하 설비용량의 차}}{\text{총 부하 설비요량의 1/2}}\times 100[\%]$

설비불평형률 $\%U=\dfrac{8-5}{(8+5+8)\times\dfrac{1}{2}}\times 100=28.5714$

【정답】 28.57[%]

|추|가|해|설|

① 저압 수전의 단상3선식

설비불평형률 $=\dfrac{\text{중성선과 각 전압측 전선간에 접속되는 부하설비용량[kVA]의 차}}{\text{총 부하 설비 용량[kVA]의 1/2}}\times 100[\%]$

여기서, 불평형률은 40[%] 이하이어야 한다.

② 저압, 고압 및 특별고압 수전의 3상3선식 또는 3상4선식

설비불평형률 $=\dfrac{\text{각 선간에 접속되는 단상 부하설비용량[kVA]의 최대와 최소의 차}}{\text{총 부하 설비 용량[kVA]의 1/3}}\times 100[\%]$

여기서, 불평형률은 30[%] 이하여야 한다.

04

출제 : 11년 • 배점 : 5점

다음 보기의 부하에 대한 간선의 허용전류를 결정하시오.

〈보 기〉
- 전동기 : 40[A] 이하 1대, 20[A] 대
- 히터 : 20[A]

수용률이 60[%]일 때 전류는 최소 몇 [A]인가?

- 계산 :
- 답 :

|계|산|및|정|답|

【계산】 설계전류 $I_B = (40+20+20) \times 0.6 = 48[A]$

$I_B \le I_n \le I_Z$의 조건을 만족하는 간선의 허용전류 $I_Z \ge 48[A]$

【정답】 48[A]

|추|가|해|설|

[도체와 과부하 보호장치 사이의 협조 (kec 212.4.1)]

① 과부하에 대해 케이블(전선)을 보호하는 장치의 동작특성은 다음의 조건을 충족해야 한다.

1. $I_B \le I_n \le I_Z$
2. $I_2 \le 1.45 \times I_Z$

여기서, I_B : 회로의 설계전류, I_Z : 케이블의 허용전류, I_n : 보호장치의 정격전류

I_2 : 보호장치가 규약시간 이내에 유효하게 동작하는 것을 보장하는 전류

② 과부하 보호 설계 조건도

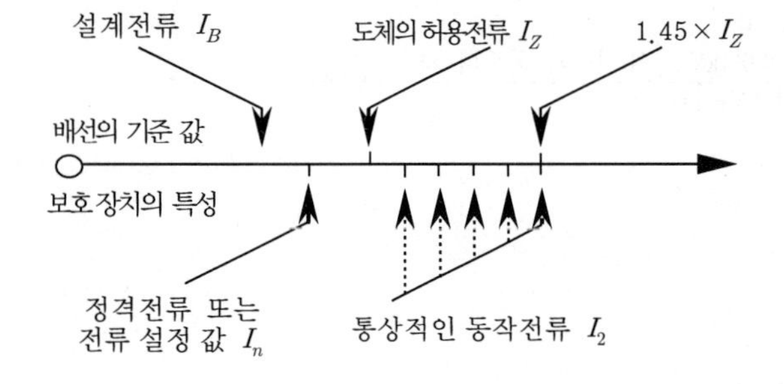

05

출제 : 02, 11년 • 배점 : 7점

다음 전기 설비에서 사용하는 그림 기호의 명칭을 쓰시오.

(1) LD　　(2)

(3) R　　(4) EX

(5)　　(6) MDF

(7)

|계|산|및|정|답|

(1) 라이팅 덕트　(2) 풀박스 및 접촉상자　(3) 리모콘 스위치　(4) 방폭형· 벽붙이 콘센트

(5) 분전반　(6) 본배선반(M.D.F : Main Distributing frame)　(7) 단자반

06

출제 : 02, 11년 • 배점 : 5점

차단기 명판에 BIL 150[kV], 정격차단전류 20[kA], 공칭전압 22[kV] 일 때 이 차단기의 정격용량[MVA]을 구하시오.

·계산 :　　·답 :

|계|산|및|정|답|

【계산】 ① 차단기의 차단용량(Q)= $\sqrt{3}$×차단기의 정격전압×차단기의 정격 차단전류

② 차단기의 정격전압=공칭전압×$\frac{1.2}{1.1}$

$\therefore Q = \sqrt{3} \times V_n I_s = \sqrt{3} \times 22 \times \frac{1.2}{1.1} \times 20 = 831.38[MVA]$

【정답】 831.38[kVA]

|추|가|해|설|

·기준 충격 절연 강도 BIL=(절연계급×5)+50[kV]

·공칭전압=절연계급×1.1[kV]

·정격전압=공칭전압×$\frac{1.2}{1.1}$[kV]

·정격차단용량 : $P_s = \sqrt{3}\, V_n I_s$[MVA]

여기서, V_n : 정격전압[kV], I_s : 정격차단전류[kA]

07

출제 : 11년 • 배점 : 6점

송전단 전압 66[kV], 수전단 전압 61[kV]인 송전선로에서 수전단의 부하를 끊은 경우의 수전단 전압이 63[kV]라 할 때 다음 각 물음에 답하시오.

(1) 전압변동률을 구하시오.

·계산 : ·답 :

(2) 전압강하율을 구하시오.

·계산 : ·답 :

|계|산|및|정|답|

(1) 【계산】 전압변동률 $\epsilon = \dfrac{V_{r0} - V_r}{V_r} \times 100 = \dfrac{(63-61)}{61} \times 100 = 3.28[\%]$ 【정답】 3.28[%]

(2) 【계산】 전압강하율 $= \dfrac{V_s - V_r}{V_r} \times 100 = \dfrac{(66-61)}{61} \times 100 = 8.2[\%]$ 【정답】 8.2[%]

|추|가|해|설|

(1) 전압변동률: 부하 측(수전단 측)의 전압은 부하의 크기에 따라서 달라지는데, 부하의 접속 상태에 따른 부하 측 전압 변동의 백분율

$$\text{전압변동률} = \frac{\text{무부하상태에서의 수전단전압}(V_{r0}) - \text{정격부하상태에서의 수전단전압}(V_r)}{\text{정격부하 상태에서의 수전단전압}(V_r)} \times 100[\%]$$

(2) 전압강하율: 수전단 전압을 기준으로 하였을 때 선로에서 발생한 전압 강하의 백분율

$$\text{전압강하율} = \frac{\text{송전단전압}(V_s) - \text{수전단전압}(V_r)}{\text{수전단전압}(V_r)} \times 100[\%] = \frac{\sqrt{3}\,I(R\cos\theta + X\sin\theta)}{V_r} \times 100[\%]$$

08 출제 : 11, 13년 • 배점 : 5점

변류비(CT)가 60/5인 CT 2개를 그림과 같이 접속할 때 전류계에 3[A]가 흐른다면 CT 1차측에 흐르는 전류는 몇 [A]인가?

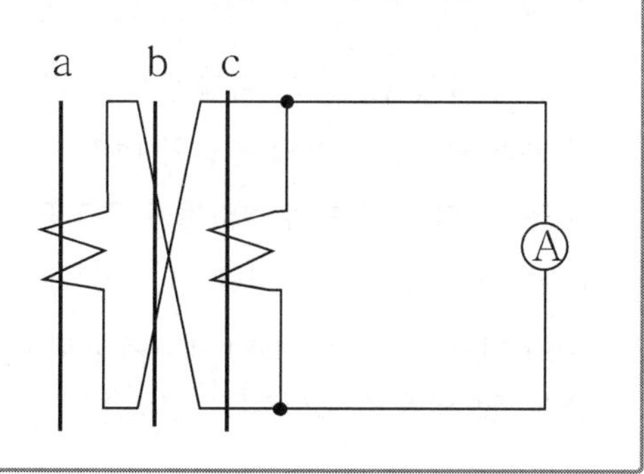

|계|산|및|정|답|

【계산】 CT 1차측의 전류 I_1 = 전류계의 지시치 $\times \frac{1}{\sqrt{3}} \times$ 변류비 $= 3 \times \frac{1}{\sqrt{3}} \times \frac{60}{5} = 20.78[A]$

【정답】 20.78[A]

|추|가|해|설|

[변류기 결선]

3상3선식은 CT×2

① 가동접속 (정상 접속)

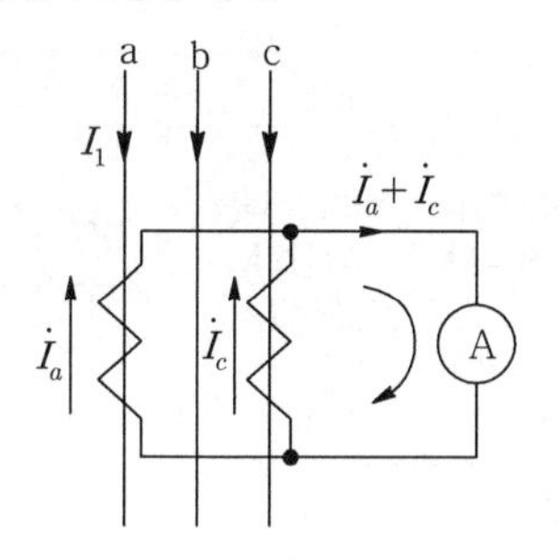

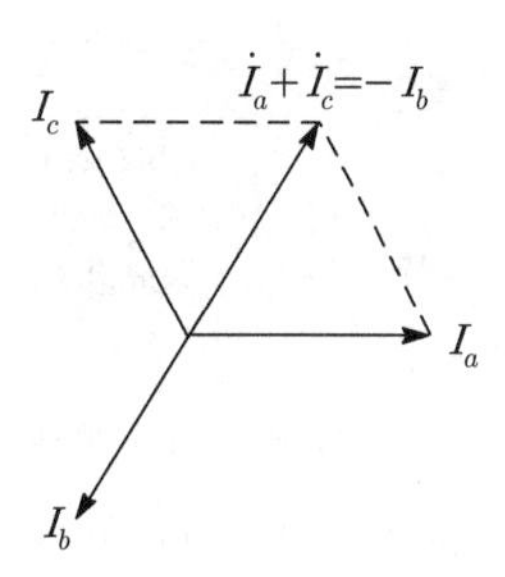

여기서, $\dot{I}_a$, $\dot{I}_b$, $\dot{I}_c$: CT 2차 전류, $\dot{I}_a + \dot{I}_c$: 전류계의 지시값은 $-I_b$상전류의 크기를 나타낸다.

② 차동 접속 (교차 접속)

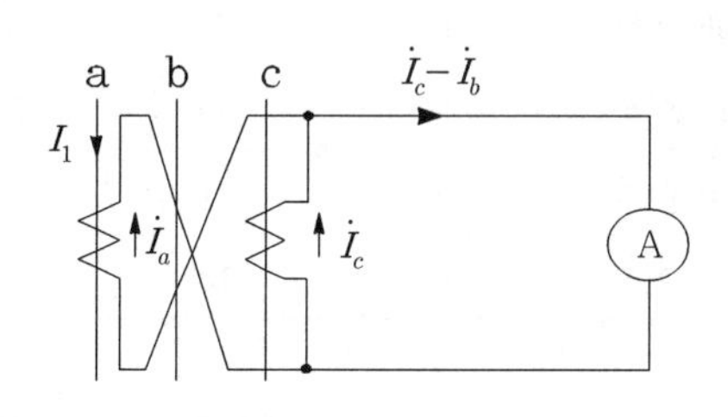

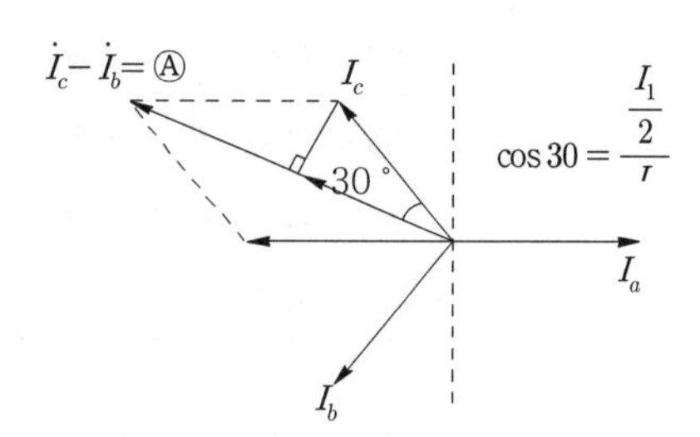

여기서, $\dot{I}_c - \dot{I}_a$: 전류계 Ⓐ 지시값

Ⓐ $= 2 \times I_c \cos 30° = \sqrt{3} I_c = \sqrt{3} I_a$, 즉 전류계 지시값은 CT 2차 전류의 $\sqrt{3}$ 배 지시

$\rightarrow (I_a = \frac{\text{전류계 Ⓐ지시값}}{\sqrt{3}},\ I_c = \frac{\text{전류계 Ⓐ지시값}}{\sqrt{3}})$

$\therefore I_1$ = 전류계Ⓐ지시값 $\times \frac{1}{\sqrt{3}} \times$ CT비

09 출제 : 04, 06, 11년 • 배점 : 5점

어느 건물의 수용가가 자가용 디젤 발전기 설비를 설계하려고 한다. 발전기 용량을 산출하기 위하여 필요한 부하의 종류와 여러 가지 특성이 다음의 부하 및 특성표와 같을 때 전부하를 운전하는데 필요한 수치값들을 주어진 표를 이용하여 수치표의 빈칸에 기록하면서 발전기의 [kVA] 용량을 산정하시오. (단, 전동기 기동 시에 필요한 용량은 무시하고, 수용률의 적용은 최대 입력 전동기 한 대에 대하여 100[%], 기타의 전동기는 80[%]로 한다. 또한 전등 및 기타의 효율 및 역률은 100[%]로 한다.)

부하의 특성표

부하의 종류	출력[kW]	극수[극]	대수[대]	적용부하	기동방법
전동기	30	8	1	소화전 펌프	리액터 기동
	11	6	3	배풍기	$Y-\Delta$ 기동
전등 및 기타	60	−	−	비상조명	−

[표1] 전동기

정격출력[kW]	극수	동기속도[rpm]	전부하 특성		기동전류 I_{st} 각 상의 평균값[A]	비고		
			효율 η[%]	역률 pf[%]		무부하전류 I_0 각상의 전류값[A]	전부하전류 I 각상의 평균값[A]	전부하 슬립S[%]
5.5	4	1800	82.5 이상	79.5 이상	150 이하	12	23	5.5
7.5			83.5 이상	80.5 이상	190 이하	15	31	5.5
11			84.5 이상	81.5 이상	280 이하	22	44	5.5
15			85.5 이상	82.0 이상	370 이하	28	59	5.0
(19)			86.0 이상	82.5 이상	455 이하	33	74	5.0
22			86.5 이상	83.0 이상	540 이하	38	84	5.0
30			87.0 이상	83.5 이상	710 이하	49	113	5.0
37			87.5 이상	84.0 이상	875 이하	59	138	5.0

[표1] 전동기

정격출력 [kW]	극수	동기속도 [rpm]	전부하 특성		기동전류 I_{st} 각 상의 평균값[A]	비고		
			효율 η [%]	역률 pf [%]		무부하전류 I_0 각상의 전류값 [A]	전부하전류 I 각상의 평균값[A]	전부하 슬립S[%]
5.5	6	1200	82.0 이상	74.5 이상	150 이하	15	25	5.5
7.5			83.0 이상	75.5 이상	185 이하	19	33	5.5
11			84.0 이상	77.0 이상	290 이하	25	47	5.5
15			85.0 이상	78.0 이상	380 이하	32	62	5.5
(19)			85.5 이상	78.5 이상	470 이하	37	78	5.0
22			86.0 이상	79.0 이상	555 이하	43	89	5.0
30			86.5 이상	80.0 이상	730 이하	54	119	5.0
37			87.0 이상	80.0 이상	900 이하	65	145	5.0
5.5	8	900	81.0 이상	72.0 이상	160 이하	16	26	6.0
7.5			82.0 이상	74.0 이상	210 이하	20	34	5.5
11			83.5 이상	75.5 이상	300 이하	26	48	5.5
15			84.0 이상	76.5 이상	405 이하	33	64	5.5
(19)			85.0 이상	77.0 이상	485 이하	39	80	5.5
22			85.5 이상	77.5 이상	575 이하	47	91	5.0
30			86.0 이상	78.5 이상	760 이하	56	121	5.0
37			87.5 이상	79.0 이상	940 이하	63	148	5.0

[표2] 자가용 디젤 발전기의 표준출력

50	100	150	200	300	400

수치값 표

부하	출력[kW]	효율[%]	역률[%]	입력[kVA]	수용률[%]	수용률 적용값 [kVA]
전동기	30×1	( )	( )	( )	( )	( )
전동기	11×3	( )	( )	( )	( )	( )
전등 및 기타	60	( )	( )	( )	( )	( )
계						( )
필요한 발전기 용량[kVA]						( )

【주】 수치표의 빈칸을 채울 때, 계산이 필요한 것은 계산식을 반드시 기록하고 그 결과값을 표시하도록 한다.

|계|산|및|정|답|

부하	출력[kW]	효율[%]	역률[%]	입력[kVA]	수용률[%]	수용률 적용값 [kVA]
전동기	30×1	(85)	(78.5)	($\frac{30}{0.86\times0.785}=44.44$)	(100)	$4.44\times1=44.44$
전동기	11×3	(84)	(77)	($\frac{11\times3}{0.84\times0.77}=51.02$)	(80)	$51.02\times0.8=40.82$
전등 및 기타	60	(100)	(100)	(60)	(100)	$60\times1=60$
계						145.26
필요한 발전기 용량[kVA]						150

|추|가|해|설|

1. 효율 $\eta=\frac{\text{출력}}{\text{입력}}$ → $\text{입력}[kVA]=\frac{\text{출력}[kW]}{\eta\times\text{역률}(\cos\theta)}$
2. 수용률을 적용한 용량[kVA]=입력[kVA]×수용률

10

출제 : 11년 • 배점 : 6점

울타리의 높이와 울타리로부터 충전 부분까지의 거리의 합계가 35[kV] 이하는 (①)[m], 35[kV] 초과 160[kV] 이하는 (②)[m], 160[kV] 초과 시 6[m]에 160[kV]를 초과하는 (③)[kV] 또는 그 단수마다 (④)[cm]를 더한 값 이상을 적용한다.

|계|산|및|정|답|

① 5　　② 6　　③ 10　　④ 12

|추|가|해|설|

[발전소 등의 울타리 · 담 등의 시설 시 이격거리 (KEC 351.1)]

사용전압의 구분	울타리 · 담 등의 높이와 울타리 · 담 등으로부터 충전 부분까지의 거리의 합계
35[kV] 이하	5[m]
35[kV] 초과 160[kV] 이하	6[m]
160[kV] 초과	·거리의 합계 = 6 + 단수 × 0.12 [m]　·단수 = $\frac{\text{사용전압[kV]}-160}{10}$ 단수 계산에서 소수점 이하는 절상

11

출제 : 05, 11년 • 배점 : 4점

발전기를 병렬 운전하려고 한다. 병렬 운전이 가능한 조건 4가지를 쓰시오.

|계|산|및|정|답|

① 유기되는 기전력의 크기가 같을 것
② 유기되는 기전력의 위상이 같을 것
③ 유기되는 기전력의 파형이 같을 것
④ 유기되는 기전력의 주파수가 같을 것

|추|가|해|설|

[발전기 병렬운전 조건]

병렬운전 조건	조건이 맞지 않는 경우
① 기전력의 크기가 같을 것	기전력이 다르면 무효횡류(무료순환전류)가 흐르게 된다. 무효순환전류 $I_c = \dfrac{E_a - E_b}{2Z_s}$
② 기전력의 주파수가 같을 것	기전력의 주파수가 달라지면 기전력의 크기가 달라지는 순간이 반복하여 생기게 되므로 무효횡류(동기화전류)가 주기적으로 흐르게 되어 난조의 원인이 된다. 동기화 전류 $I_s = \dfrac{2E_a}{2Z_s} \sin\dfrac{\delta}{2}$
③ 기전력의 위상이 같을 것	위상 틀려지면 위상 차에 의한 차 전압에 의해 무효횡류(동기화 전류)가 흐른다. 이 전류는 위상이 늦은 발전기의 부하를 감소시켜서 회전속도를 증가시키고 위상이 빠른 발전기에는 속도를 느리게 하여 두 발전기간의 위상이 같아지도록 작용한다.
④ 기전력의 파형이 같을 것	파형이 틀릴 때에는 각 순간의 순시치가 달라지므로 양 발전기간에 고조파 무효순화전류(무효횡류)가 흐르게 된다. 이 전류는 전기자 동손을 증가시키고 과열의 원인이 된다.
⑤ 상 회전 방향이 같을 것	

12

출제 : 11년 • 배점 : 5점

대지 저항률을 낮추기 위한 접지 저항 저감재의 구비 조건 5가지를 쓰시오.

|계|산|및|정|답|

① 도전율이 클 것
② 경제적이고 시공성이 용이할 것
③ 접지극을 부식시키지 말 것
④ 안전성이 높을 것
⑤ 저감 효과가 지속성이 클 것

13

출제 : 11년 • 배점 : 5점

다음 표와 같은 부하설비가 있다. 여기에 공급할 변압기 용량을 선정하시오. (단, 부등률은 1.2, 부하의 종합역률은 80[%]이다.)

수용가	설비용량[kW]	수용률[%]
A	60	60
B	40	50
C	20	70
D	30	65

·계산 : ·답 :

|계|산|및|정|답|

【계산】 $\text{변압기 용량}(P) = \dfrac{\text{개별 최대 수용 전력의합}}{\text{부등률} \times \text{역률}} = \dfrac{\text{설비용량} \times \text{수용률}}{\text{부등률} \times \text{역률}}$

$$= \frac{60 \times 0.6 + 40 \times 0.5 + 20 \times 0.7 + 30 \times 0.65}{1.2 \times 0.8} = 93.229[kVA]$$

【정답】 100[kVA]

14

출제 : 11년 • 배점 : 5점

현재의 부하 전력이 480[kW]이고, 역률은 0.8이다. 이곳에 220[kVA]의 콘덴서를 부착하는 경우, 부하의 역률은 몇 [%]가 되는가?

·계산 : ·답 :

|계|산|및|정|답|

【계산】 ① 부하의 무효전력 $Q = \dfrac{P}{\cos\theta} \times \sin\theta = \dfrac{480}{0.8} \times 0.6 = 360[kVar]$

② 콘덴서 설치 후의 역률은

$$\cos\theta_2 = \frac{P}{\sqrt{P^2 + (Q - Q_c)^2}} \times 100 = \frac{480}{\sqrt{480^2 - (360 - 220)^2}} \times 100 = 96[\%]$$

→ (Q_c: 전력용콘덴서용량)

【정답】 96[%]

15

출제 : 11년 • 배점 : 5점

절연 저항 측정에 관한 다음 물음에 답하시오.

(1) 저압 전로의 배선이나 기기에 대한 절연 측정을 하기 위한 절연 저항 측정기(메가)는 몇 [V] 급을 사용하는가?

(2) 다음 표의 전로의 사용 전압의 구분에 따른 절연저항값은 몇 $[M\Omega]$ 이상이어야 하는지 그 값을 표에 써 넣으시오.

전로의 사용전압의 구분	DC 시험전압	절연 저항값
SELV 및 PELV	250	①
FELV, 500[V] 이하	500	②
500[V] 초과	1000	③

|계|산|및|정|답|

(1) 500[V]급 메가

(2)

전로의 사용전압의 구분	DC 시험전압	절연 저항값
SELV 및 PELV	250	① 0.5[MΩ]
FELV, 500[V] 이하	500	② 1.0[MΩ]
500[V] 초과	1000	③ 1.0[MΩ]

|추|가|해|설|

전로의 사용전압에 따른 절연저항값 (기술기준 제52조)

전로의 사용전압의 구분	DC 시험전압	절연 저항값
SELV 및 PELV	250	0.5[MΩ]
FELV, 500[V] 이하	500	1.0[MΩ]
500[V] 초과	1000	1.0[MΩ]

※특별저압(Extra Low Voltage : 2차 전압이 AC 50[V], DC 120[V] 이하)으로 SELV(비접지 회로 구성) 및 PELV(접지회로 구성)은 1차와 2차가 전기적으로 절연된 회로, FELV는 1차와 2차가 전기적으로 절연되지 않은 회로

16

출제 : 00, 05, 11년 • 배점 : 6점

그림과 같은 일 부하 곡선을 보고 다음 각 물음에 답하시오.

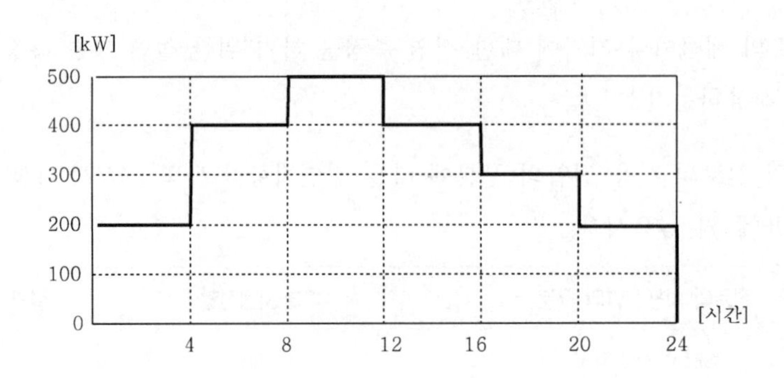

(1) 첨두부하는 몇 [kW]인가?

(2) 첨두부하가 지속되는 시간은 몇 시부터 몇 시까지인가?

(3) 일공급 전력량은 몇 [kWh]인가?

•계산 : •답 :

(4) 일부하율은 몇 [%]인가?

•계산 : •답 :

|계|산|및|정|답|

(1) 500[kW]

(2) 8~12시까지 4시간

(3) 【계산】 $W=(200+400+500+400+300+200)\times 4=8000$[kWh] 【정답】 8000[kWh]

(4) 【계산】 일부하율$=\dfrac{\text{1일의 평균 전력}}{\text{1일의 최대 전력}}=\dfrac{\text{1일 사용 전력량/24}}{\text{1일의 최대 전력}}=\dfrac{8000}{24\times 500}\times 100=66.67$[%] 【정답】 66.67]%]

|추|가|해|설|

(1) 첨두부하 : 1일간 나타난 부하량 중 최댓값을 나타내는 부하량을 말한다.

(4) 일부하율$=\dfrac{\text{1일의 평균 전력}}{\text{1일의 최대 전력}}\times 100=\dfrac{\text{1일 사용 전력량/24}}{\text{1일의 최대 전력}}\times 100$[%]

17

출제 : 02, 11년 • 배점 : 5점

전원측 전압이 380[V]인 3상3선식 옥내 배선이 있다. 그림과 같이 250[m] 떨어진 곳에서부터 10[m] 간격으로 용량 5[kVA]의 3상 동력을 5대 설치하려고 한다. 부하 말단까지의 전압 강하를 5[%] 이하로 유지하려면 동력선의 굵기를 얼마로 선정하면 좋은지 표에서 산정하시오. (단, 전선으로는 도전율이 97[%]인 비닐절연동선을 사용하여 금속관 내에 설치하여 부하 말단까지 동일한 굵기의 전선을 사용한다.)

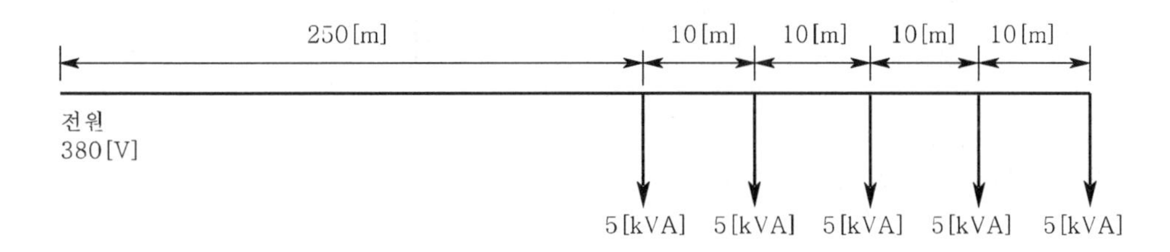

[표] 전선의 굵기 및 허용전류

전선의 굵기[mm^2]	10	16	25	35	50
전선의 허용전류[A]	43	62	82	97	133

•계산 : •답 :

|계|산|및|정|답|

【계산】 ·전 부하전류 $I=\frac{5000\times5}{\sqrt{3}\times380}=38[A]$

· 부하의 중심 거리 $L_0=\frac{\sum IL}{\sum I}=\frac{5\times250+5\times260+5\times270+5\times280+5\times290}{5+5+5+5+5}=270[m]$

· 전압강하 $e=380\times0.05=19[V]$

· 선로의 전 저항 $R=270\times r$

· 전압강하 $e=19=\sqrt{3}IR=\sqrt{3}\times38\times270\times r$

$$r=\frac{19}{\sqrt{3}\times38\times270}=\frac{1}{58}\times\frac{100}{97}\times\frac{1}{A}$$

$A=\frac{\sqrt{3}\times38\times270\times100}{19\times58\times97}=16.62[mm^2]$, 따라서 표에 의하여 $25[mm^2]$가 된다.

【정답】 25[mm²]

|추|가|해|설|

저항 $R=\rho\frac{l}{A}$ $\rightarrow (\rho=\frac{1}{58}\times\frac{100}{C})$

여기서, ρ : 고유저항(= 저항률)$[\Omega/m\cdot mm^2]$, l : 선로길이$[m]$, A : 단면적$[mm^2]$, C : 도전율[%]

18 출제 : 11년 • 배점 : 6점

그림과 같은 무접점의 논리 회로도를 보고 다음 각 물음에 답하시오.

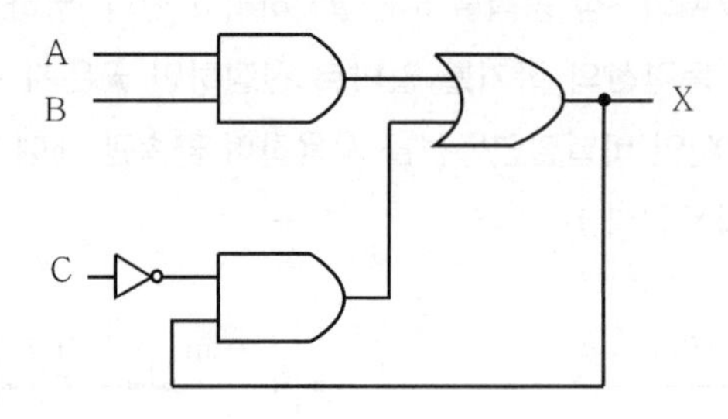

(1) 주어진 타임 차트를 완성하시오.

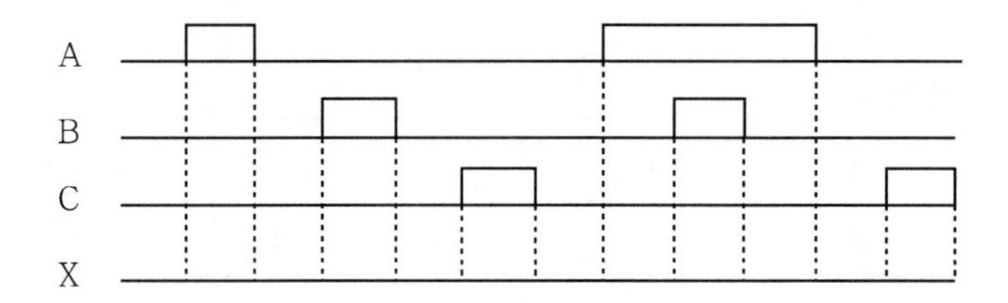

(2) 논리식을 쓰시오.

(3) 주어진 무접점 논리회로에서 유접점 논리회로로 바꾸어 그리시오.

|계|산|및|정|답|

(1)

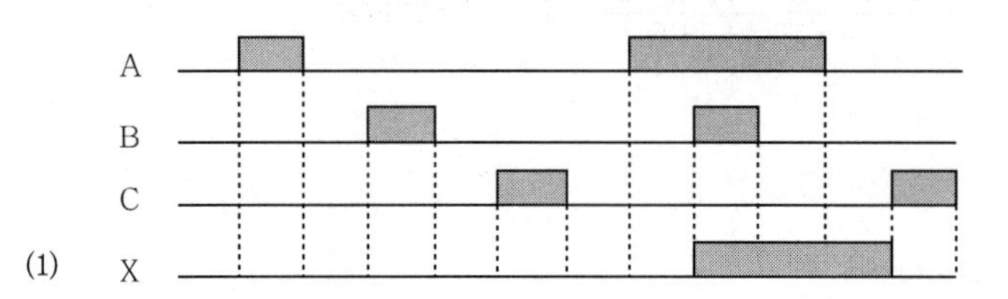

(2) 논리식 $X = A \cdot B + \overline{C} \cdot X$

(3) 유접점 회로도

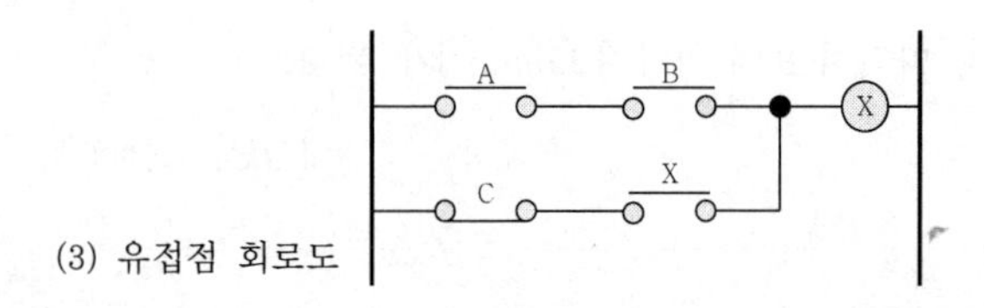

02 2011년 전기산업기사 실기

01

출제 : 06, 11년 • 배점 : 5점

그림과 같은 교류 100[V] 단상 2선식 분기회로의 전선 굵기를 결정하되 표준 규격으로 결정하시오. (단, 전압강하는 2[V] 이하, 배선은 600[V] 고무절연전선을 사용하는 애자사용공사로 한다.)

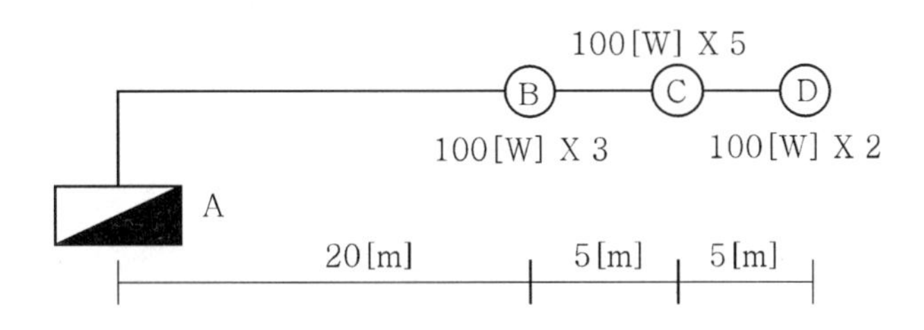

·계산 : ·답 :

|계|산|및|정|답|

【계산】 부하 중심까지의 거리 $L=\dfrac{\sum l\times i}{\sum i}$

$$L=\frac{\sum l\times i}{\sum i}=\frac{20\times\frac{100\times3}{100}+25\times\frac{100\times5}{100}+30\times\frac{100\times2}{100}}{\frac{100\times3}{100}+\frac{100\times5}{100}+\frac{100\times2}{100}}=24.5[m]$$

전류의 부하 $I=\sum i=\dfrac{100\times3}{100}+\dfrac{100\times5}{100}+\dfrac{100\times2}{100}=10[A]$

전서의 굵기 $A=\dfrac{35.6LI}{1000e}=\dfrac{35.6\times24.5\times10}{1000\times2}=4.36[mm^2]$

【정답】 $6[\mathrm{mm}^2]$

|추|가|해|설|

[KSC IEC 전산규격]

전선의 공칭 단면적 $[mm^2]$		
1.5	2.5	4
6	10	16
25	35	50
70	95	120
150	185	240
300	400	500
630		

02

출제 : 11년 • 배점 : 5점

가스 절연 개폐 장치(GIS)의 구성 부품을 4가지만 쓰시오.

|계|산|및|정|답|

① 연결 모선, ② 차단기, ③ 단로기, ④ 접지 개폐기

|추|가|해|설|

이들 외에 ⑤ 피뢰기, ⑥ 변류기(CT), ⑦ 계기용 변압기 등이 있다.

03

출제 : 11년 • 배점 : 4점

전력용 콘덴서 설치장소(2가지)와 전력용 콘덴서 및 직렬 리액터의 역할을 간단히 설명하시오.

(1) 전력용 콘덴서의 설치 장소

(2) ① 전력용 콘덴서의 역할

② 직렬 리액터의 역할

|계|산|및|정|답|

(1) ① 개개의 전동기에 콘덴서를 부착하는 방법

② 변압기 2차측 모선에 집중하여 설치하는 방법

(2) ① 전력용 콘덴서(SC) : · 부하의 역률을 개선 · 전력 손실의 경감

② 직렬 리액터(SR) : · 제5고조파를 억제하여 파형이 일그러지는 것을 방지한다.

· 투입 시 돌입 전류(inrush current)를 억제한다.

04

출제 : 05, 11년 • 배점 : 6점

대지전압은 접지식 전로와 비접지식 전로에서 어떤 전압(어느 개소간의 전압)인지를 설명하시오.

(1) 접지식 전로 :

(2) 비접지식 전로 :

|계|산|및|정|답|

(1) 접지식 전로 : 대지와 전선 사이의 전압

(2) 비접지식 전로 : 전선과 같은 회로의 다른 전선 사이의 전압

05

출제 : 04, 11년 • 배점 : 4점

그림은 발전기의 상간 단락 보호 계전 방식을 도면화한 것이다. 이 도면을 보고 다음 물음에 답하시오.

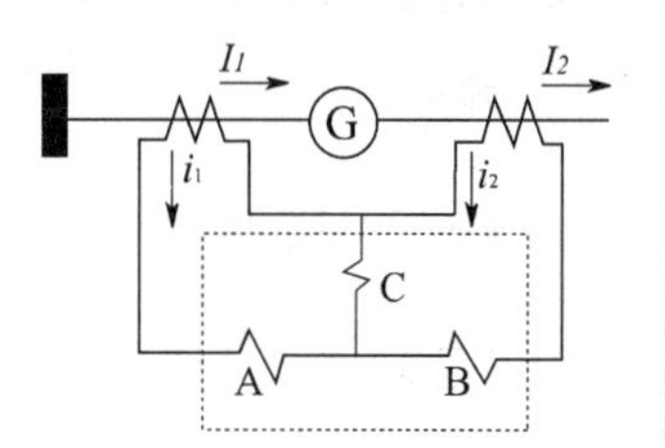

(1) 점선 안의 계전기 명칭은?

(2) 동작 코일은 A, B, C 코일 중 어느 것인가?

(3) 발전기에 상간 단락이 발생할 때 코일 C의 전류 i_d는 어떻게 표현되는가?

(4) 동기발전기의 병렬 운전 조건 4가지를 쓰시오.

|계|산|및|정|답|

(1) 비율 차동 계전기 (2) C코일 (3) $i_d = |i_1 - i_2|$

(4) ① 기전력의 크기가 일치할 것 ② 기전력의 위상이 일치할 것

③ 기전력의 파형이 일치할 것 ④ 기전력의 주파수가 일치할 것

|추|가|해|설|

1. 비율 차동 계전기: 발전기나 변압기의 내부 고장 검출용으로 양쪽 전류 차에 의해 동작한다.
2. · A코일 : 억제코일 · B코일: 억제코일 · C코일: 동작코일

06 출제 : 11년 • 배점 : 10점

A, B 공장의 각 시간대별 사용 전력이 그림과 같을 때, 다음 물음에 답하시오. (단, 공장 A와 B의 설비 용량은 80[kW]로 한다.)

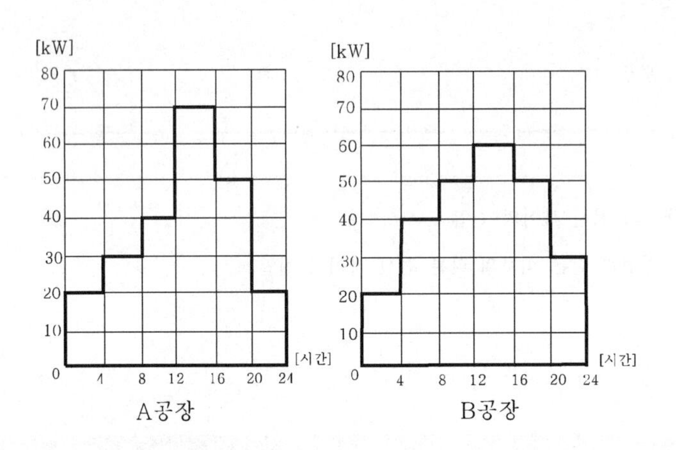

(1) A공장의 평균 전력[kW]을 구하시오.

- 계산 : ・답 :

(2) A공장 첨두부하가 지속되는 시간대는 몇 시부터 몇 시까지인가?

(3) A공장, B고장의 수용률은 얼마인가? (단, 설비용량은 공장 모두 80[kW]이다.)

- 계산 : ・답 :

(4) A공장, B공장의 일부하율은 얼마인가?

- 계산 : ・답 :

(5) A, B 각 공장 상호간의 부등률을 계산하고 부등률의 정의를 간단히 쓰시오.

- 계산 : ・답 :
- 정의 :

|계|산|및|정|답|

(1) 【계산】 A공장 평균전력 $= \dfrac{(20+30+40+70+50+20)\times 4}{24} = 38.33$ 【정답】 38.33[kW]

(2) 12시부터 16시까지

(3) 【계산】 ① A공장 수용률 $= \dfrac{\text{최대전력}}{\text{설비용량}} \times 100[\%] = \dfrac{70}{80} \times 100 = 87.5[\%]$ 【정답】 87.5[%]

② B공장 【계산】 수용률 $= \dfrac{\text{최대전력}}{\text{설비용량}} \times 100[\%] = \dfrac{60}{80} \times 100 = 75[\%]$ 【정답】 75[%]

(4) 【계산】 ① A공장 일부하율= $\frac{\text{평균전력}}{\text{최대전력}} \times 100[\%] = \frac{38.33}{70} \times 100 = 54.76[\%]$ 【정답】 54.76[%]

② B공장 【계산】 평균전력= $\frac{(20+40+50+60+50+30) \times 4}{24} = 41.67[kW]$

일부하율= $\frac{41.67}{60} \times 100[\%] = 69.45[\%]$ 【정답】 69.45[%]

(5) 【계산】 ·부등률= $\frac{\text{개별 부하의 최대 수요 전력의 합}}{\text{합성 최대전력}} = \frac{70+60}{130} = 1$ 【정답】 1

·부등률의 정의 : 전력 소비 기기를 동시에 사용하는 정도

|추|가|해|설|

1. 수용률= $\frac{\text{최대수요전력}}{\text{부하설비용량}} \times 100[\%]$

2. 부하율= $\frac{\text{평균수용전력}}{\text{최대수용전력}} \times 100[\%]$

3. 부등률= $\frac{\text{개별 부하의 최대 수요 전력의 합}}{\text{합성 최대전력}} \geq 1$

07

출제 : 11년 • 배점 : 5점

디젤 발전기를 5시간 전부하로 운전할 때 300[kg]의 중유가 소비되었다. 이 발전기의 정격 출력 [kVA]은? (단, 중유의 열량 10000[kcal/kg], 기관 효율 40[%], 발전기 효율 85[%], 전부하시 발전기 역률 80[%]이다.)

·계산 : ·답 :

|계|산|및|정|답|

【계산】 정격 출력 $P = \frac{BH\eta_t \eta_g}{860t\cos\theta}[kVA]$에서

여기서, $B[kg]$: 연료 소비량, $H[kcal/kg]$: 연료의 열량, η_t : 기관 효율

η_g : 발전기 효율, $t[h]$: 발전기 운전 시간, $\cos\theta$: 부하 역률

정격 출력 $P = \frac{300 \times 10000 \times 0.4 \times 0.85}{860 \times 5 \times 0.8} = 296.5116$ 【정답】 296.51[kVA]

08

출제 : 11년 • 배점 : 5점

발전소에 설치된 100[t]의 천장 주행 기중기의 권상 속도가 3[m/min] 일 때 권상용 전동기의 용량은? (단, 효율 $\eta=80[\%]$이다.)

·계산 : ·답 :

|계|산|및|정|답|

【계산】 권상기용 전동기의 용량 $P=\frac{WV}{6.12\eta}=\frac{100\times 3}{6.12\times 0.8}=61.2745$

여기서, W : 권상용량[ton], V : 권상속도[m/min], η : 효율 【정답】 61.27[kW]

|추|가|해|설|

① 펌프용 전동기의 용량 $P=\frac{9.8Q'[m^3/\sec]HK}{\eta}[kW]=\frac{9.8Q[m^3/\min]HK}{60\times\eta}[kW]=\frac{Q[m^3/\min]HK}{6.12\eta}[\mathrm{kW}]$

여기서, P : 전동기의 용량[kW], Q' : 양수량[m^3/sec], Q : 양수량[m^3/min]

H : 양정(낙차)[m], η : 펌프효율, K : 여유계수(1.1~1.2 정도)

② 권상용 전동기의 용량 $P=\frac{K\bullet W\bullet V}{6.12\eta}[KW]$

여기서, K : 여유계수, W : 권상 중량 [ton], V : 권상 속도[m/min], η : 효율)

③ 엘리베이터용 전동기의 용량 $P=\frac{KVW}{6120\eta}[kW]$

여기서, P : 전동기 용량[kW], η : 엘리베이터 효율, V : 승강속도[m/min]

W : 적재하중[kg](기계의 무게는 포함하지 않는다.), K : 계수(평형률)

④ 변압기 출력(단상 변압기 2대를 V결선 했을 때의 출력) $P_V=\sqrt{3}P_1$ → (변압기 1대의 용량 $P_1=\frac{P_V}{\sqrt{3}}[kVA]$)

09 출제 : 11년 • 배점 : 5점

다음 그림과 같은 단상 3선식 100/200[V] 수전의 경우 설비 불평형률을 구하고 그림과 같은 설비가 양호하게 되었는지의 여부를 판단하시오. (단, Ⓗ는 전열기 부하이고, Ⓜ은 전동기 부하이다.)

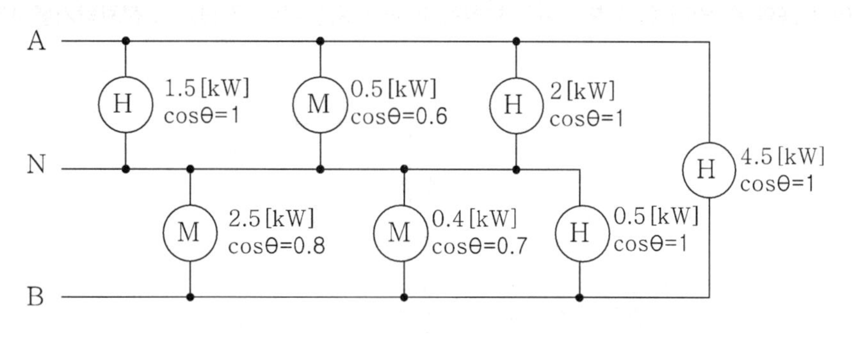

• 계산 : • 답 :

|계|산|및|정|답|

【계산】 $P_{AN} = 1.5 + \frac{0.5}{0.6} + 2 = 4.33[kVA]$

$P_{BN} = \frac{2.5}{0.8} + \frac{0.4}{0.7} + 0.5 = 4.2[kVA]$

$P_{AB} = 4.5[kVA]$

설비불평형률 $= \frac{\text{중성선과 각 전압측 전선간에 접속되는 부하설비용량[kVA]의 차}}{\text{총 부하 설비 용량[kVA]의 1/2}} \times 100[\%]$

→ (여기서, 불평형률은 40[%] 이하이어야 한다.)

$= \frac{4.33 - 4.2}{(4.33 + 4.2 + 4.5) \times \frac{1}{2}} \times 100 = 2[\%]$

【정답】 2[%], 불평형률이 40[%] 이하이므로 양호하다.

|추|가|해|설|

(1) 저압 수전의 단상3선식

설비불평형률 $= \frac{\text{중성선과 각 전압측 전선간에 접속되는 부하설비용량[kVA]의 차}}{\text{총 부하설비용량[kVA]의 1/2}} \times 100[\%]$

여기서, 불평형률은 40[%] 이하이어야 한다.

(2) 저압, 고압 및 특별고압 수전의 3상3선식 또는 3상4선식

설비불평형률 $= \frac{\text{각 선간에 접속되는 단상 부하설비용량[kVA]의 최대와 최소의 차}}{\text{총 부하설비용량[kVA]의 1/3}} \times 100[\%]$

여기서, 불평형률은 30[%] 이하여야 한다.

10

출제 : 11년 • 배점 : 10점

다음 도면은 단상 2선식 100[V]로 수전하는 철근 콘크리트 구조로된 주택의 전등, 콘센트 설비 평면도이다. 평면도를 보고 물음에 답하시오. (단, 형광등 시설은 원형 노출 콘센트를 설치하여 사용할 수 있게 하고 분기회로 보호는 배선용 차단기를, 간선은 누전차단기를 사용하는 것으로 한다.)

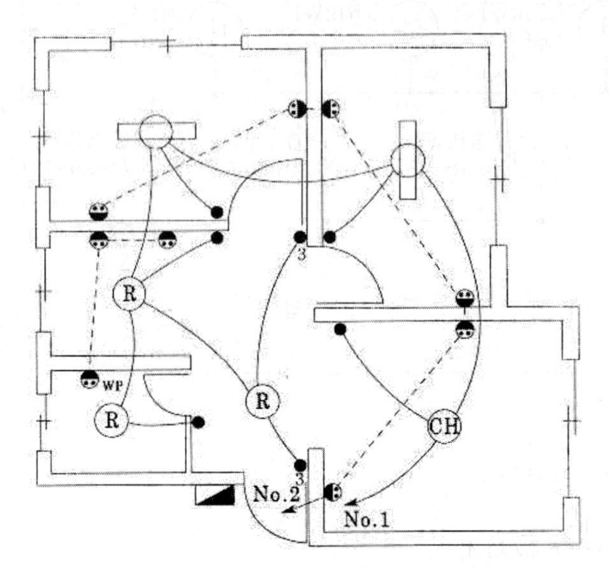

(1) 도면에서 실선으로 배선된 표시는 무슨 공사를 의미하는가?

(2) 도면에서 파선으로 배선된 표시는 무슨 공사를 의미하는가?

(3) 형광등은 40[W] 2램프용을 시설할 경우 그 기호를 나타내어 보시오.

(4) 방수형(●WP) 콘센트의 경우 바닥면으로부터 설치 높이는 얼마인가?

(5) 분전반 내의 결선도를 단선도로 그리시오.

(6) 전선과 전선관을 제외하고, 도면에 표시된 기구명칭과 수량을 쓰시오.

명칭	수량(개)	명칭	수량(개)
백열등		8각 박스	
형광등 2등용		스위치 박스	
상데리아		원형노출 콘센트	
벽붙이 콘센트		콘센트 플레이트	
콘센트(방수형)		배선용 차단기	
단극 스위치		4각 박스	
3로 스위치		스위치 플레이트	
누전차단기			

|계|산|및|정|답|

(1) 천장 은폐 배선

(2) 바닥 은폐 배선

(3) 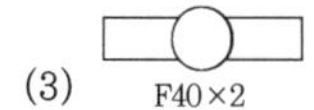

(4) 80[cm] 이상

(5)

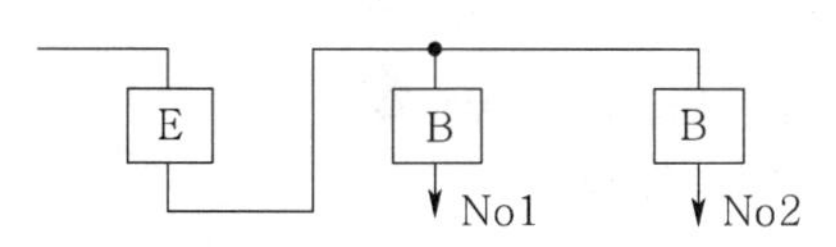

(6)

명칭	수량	명칭	수량
백열등	3개	8각 박스	5개
형광등 2등용	2개	스위치 박스	16개
상데리아	1개	원형노출 콘센트	2개
벽붙이 콘센트	8개	콘센트 플레이트	9개
콘센트(방수형)	1개	배선용 차단기	2개
단극 스위치	5개	4각 박스	1개
3로 스위치	2개	스위치 플레이트	7개
누전차단기	1개		

|추|가|해|설|

1. 점멸기 기호

명칭	그림기호	적요
점멸기	●	① 용량의 표시 방법은 다음과 같다. ·10[A]는 방기하지 않는다. ·15[A] 이상은 전류값을 방기한다. 보기 ●15A ② 극수의 표시 방법은 다음과 같다. ·단극은 방기하지 않는다. ·2극 또는 3로, 4로는 각각 2P 또는 3, 4의 숫자를 방기한다. 보기 ●2P ●3 ③ 방수형은 WP를 방기한다. ●WP ④ 방폭형은 EX를 방기한다. ●EX ⑤ 플라스틱은 P를 방기한다. ●P ⑥ 타이머 붙이는 T를 방기한다. ●T

2. 콘센트

명 칭	그림기호	적 요
콘센트	◐	① 천장에 부착하는 경우는 다음과 같다. 보기 ② 바닥에 부착하는 경우는 다음과 같다. 보기 ③ 용량의 표시 방법은 다음과 같다. ·15[A]는 방기하지 않는다. ·20[A] 이상은 암페어 수를 방기한다. 보기 ◐20A ④ 2구 이상인 경우는 구수를 방기한다. 보기 ◐2 ⑤ 3극 이상인 것은 극수를 방기한다. 3극은 3P, 4극은 4P ⑥ 종류를 표시하는 경우 벽붙이용 보기 ◐ 빠짐 방지형 보기 ◐LK 걸림형 보기 ◐T 접지극붙이 보기 ◐E 접지단자붙이 보기 ◐ET 누전 차단기붙이 보기 ◐EL ⑦ 방폭형은 EX를 방기한다. 보기 ◐EX ⑧ 의료용은 H를 방기한다. 보기 ◐H ⑨ 방수형은 WP를 방기한다. 보기 ◐WP

3. 개폐기 및 계기

명 칭	그림기호	적 요
개폐기	S	① 상자들이인 경우는 상자의 재질 등을 방기한다. ② 극수, 정격전류, 퓨즈 정격전류 등을 방기한다. 보기 S 2P 30A f 15A ③ 전류계붙이는 Ⓢ를 사용하고 전류계의 정격전류를 방기한다. 보기 Ⓢ 3P 30A f 15A A 5
배선용 차단기	B	① 상자들이인 경우는 상자의 재질 등을 방기한다. ② 극수, 프레임의 크기, 정격전류 등을 방기한다. 보기 B 3P 225AF 150A ③ 모터 브레이커를 표시하는 경우는 B를 사용한다. ④ B를 B MCB으로 표시하여도 된다.

명 칭	그림기호	적 요
누전차단기	E	① 상자들이인 경우는 상자의 재질 등을 방기한다. ② 과전류 소자붙이는 극수, 프레임의 크기, 정격전류, 정격감도전류 등 과전류 소자없음은 극수, 정격전류, 정격감도전류 등을 방기한다. ·과전류 소자붙이의 보기 E 2P 30AF 15A 300mA ·과전류 소자없음의 보기 E 2P 15A 300mA ③ 과전류 소자붙이는 BE를 사용하여도 좋다. ④ E를 S_{ELB}로 표시하여도 좋다.
압력스위치	⊙P	
플로트스위치	⊙F	
플로트리스 스위치 전극	⊙LF	전극수를 방기한다. 보기 ⊙LF 3
타임스위치	TS	
전력량계	Wh	① 필요에 따라 전기방식, 전압, 전류 등을 방기한다. ② 그림기호 Wh은 WH으로 표시하여도 좋다.
전력량계 (상자들이 또는 후드붙이)	Wh	① 전력량계의 적요를 준용한다. ② 집합계기 상자에 넣는 경우는 전력량계의 수를 방기한다. 보기 Wh 12
변류기(상자들이)	CT	필요에 따라 전류를 방기한다.
전류제한기	L	① 필요에 따라 전류를 방기한다. ② 상자들이인 경우는 그 뜻을 방기한다.
누전경보기	G	필요에 따라 종류를 방기한다.
누전 화재 경보기 (소방법에 따르는 것)	F	필요에 따라 급별을 방기한다.
지진감지기	EQ	필요에 따라 작동 특성을 방기한다. 보기 EQ 100 170cm/s^2 EQ 100~170Gal

11 출제 : 00, 11년 • 배점 : 6점

CT 및 PT에 대한 다음 각 물음에 답하시오.

(1) CT는 운전 중에 개방하여서는 아니 된다. 그 이유는?

(2) PT의 2차측 정격전압과 CT의 2차측 정격전류는 일반적으로 얼마로 하는가?

(3) 3상 간선의 전압 및 전류를 측정하기 위하여 PT와 CT를 설치할 때, 다음 그림의 결선도를 답안지에 완성하시오. 접지가 필요한 곳에는 접지 표시를 하고, 그 접지 종별도 표현하시오.

퓨즈는 ▱, PT는 ⌇⌇, CT는 ⌇ 로 표현하시오.

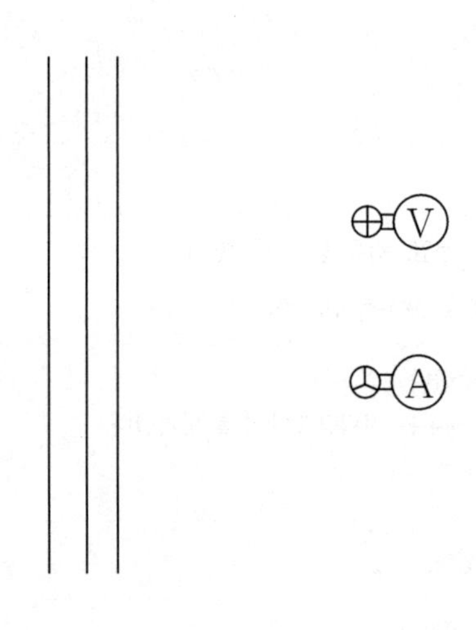

| 계 | 산 | 및 | 정 | 답 |

(1) CT 2차측 절연보호

(2) · PT의 2차 정격전압 : 110[V] · CT의 2차 정격전류 : 5[A]

(3)

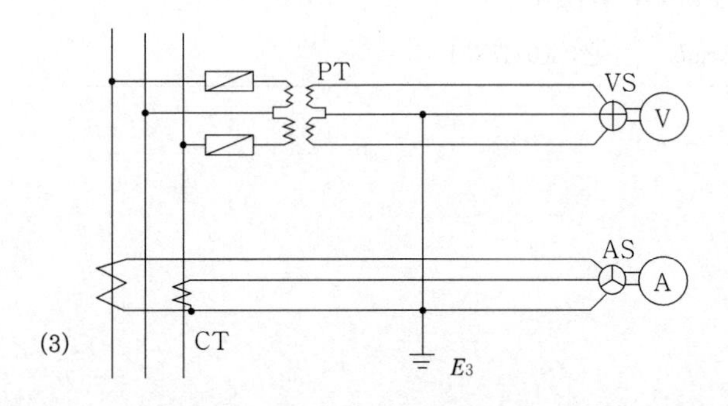

12

출제 : 11년 • 배점 : 2점

동작 시에 아크가 발생하는 것은 목재의 벽 또는 천장 기타의 가연성 물체로부터 얼마 이상 떼어놓아야 하는가?

(1) 고압용의 것 : ( )[m] 이상

(2) 특별 고압용의 것 : ( )[m] 이상

|계|산|및|정|답|

(1) 1[m]　　(2) 2[m]

|추|가|해|설|

[아크를 발생하는 기구의 시설]

고압용 또는 특고압용의 개폐기·차단기·피뢰기 기타 이와 유사한 기구로서 동작시에 아크가 생기는 것은 목재의 벽 또는 천장 기타의 가연성 물체로부터 고압용의 것은 1[m] 이상, 특고압용은 2[m] 이상 이격하여야 한다.

13

출제 : 11년 • 배점 : 5점

풀용 수중 조명등을 시설하는 경우를 설명한 내용 중 ( )에 적당한 말을 써 넣으시오.

(1) 풀용 수중 조명등에 전기를 공급하기 위해서는 1차측 전로의 사용 전압 및 2차측 전로의 사용 전압이 각각 ( )[V] 미만 및 ( )[V] 이하인 절연 변압기를 사용할 것.

(2) 절연 변압기의 2차측 전로는 접지하지 않으며, 그 2차측 전로의 사용 전압이 ( )[V] 이하인 경우에는 1차 권선과 2차 권선 사이에 금속제의 혼촉 방지판을 설치하여야 하며, 또한 이를 kec-140의 규정에 준하여 접지공사를 하여야 한다.

(3) 절연 변압기의 2차측 전로의 사용 전압이 ( )[V]를 초과하는 경우에는 그 전로에 지락이 생겼을 때에 자동적으로 전로를 차단하는 장치를 할 것.

|계|산|및|정|답|

(1) 400[V], 150[V]　　(2) 30[V]　　(3) 30[V]

|추|가|해|설|

[수중 조명등 (kec 234.14)]

① 1차 사용 전압 400[V] 미만, 2차측 150[V] 이하의 절연 변압기를 사용한다. 또한 2차측 전로는 비접지로 한다.

② 수중조명등의 절연변압기의 2차측 전로의 사용전압이 30[V]를 초과하는 경우에는 그 전로에 지락이 생겼을 때에 자동적으로 전로를 차단하는 정격감도전류 30[mA] 이하의 누전차단기를 시설하여야 한다.

③ 절연 변압기의 2차측 전로에는 개폐로 및 과전류 차단기를 설치하고 금속관 공사에 의한다.

14

출제 : 11년 • 배점 : 5점

프로그램의 차례대로 PLC시퀀스(래더 다이어그램)를 그리시오. 여기서 시작 입력 LOAD, 출력 OUT, 타이머 TMR, 설정기간 DATA, 직렬 AND, 병렬 OR, 부정 NOT의 명령을 사용하며, P010~P012는 전자접촉기 MC를 각각 나타내며, P001과 P002는 버튼 스위치를 표시한 것이다.

(1)

	명령	번지
생략	LOAD	P001
	OR	M001
	LOAD NOT	P002
	OR	M000
	AND LOAD	-
	OUT	P017

(2)

	명령	번지
생략	LOAD	P001
	AND	M001
	LOAD NOT	P002
	AND	M000
	OR LOAD	-
	OUT	P017

|계|산|및|정|답|

(1)

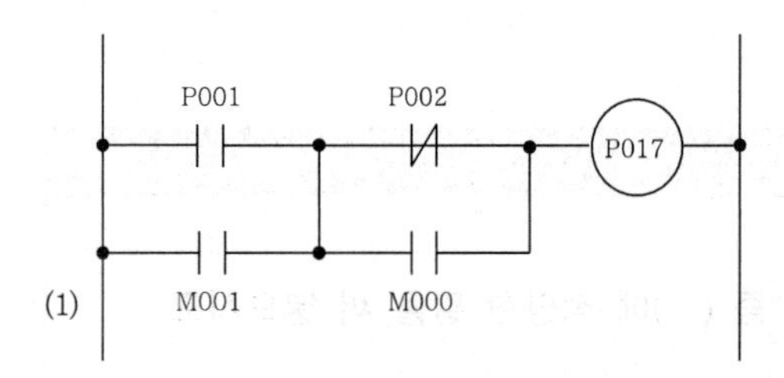

(2)

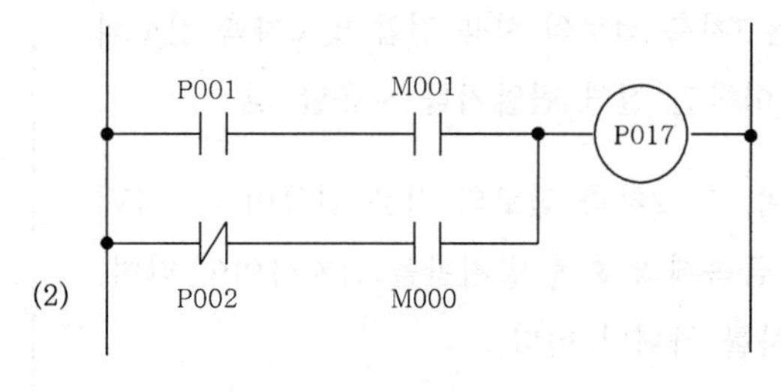

15 출제 : 02, 11년 • 배점 : 14점

비상용 조명으로 40[W] 120[등], 60[W] 50[등]을 30분간 사용하려고 한다. 납 급방전형 축전지(HS형) 1.7[V/cell]을 사용하여 허용 최저 전압 90[V], 최저 축전지 온도를 5[℃]로 할 경우 참고 자료를 사용하여 물음에 답하시오. (단, 비상용 조명 부하의 전압은 100[V]로 한다.)

납 축전지 용량 환산 기산[k]								
형식	온도	10분			30분			
		1.6[V]	1.7[V]	1.8[V]	1.6[V]	1.7[V]	1.8[V]
CS	25	0.9 0.8	1.15 1.06	1.6 1.42	1.41 1.34	1.6 1.55	2.0 1.88
	5	1.15 1.1	1.35 1.25	2.0 1.8	1.75 1.75	1.85 1.8	2.45 2.35
	−5	1.35 1.25	1.6 1.5	2.65 2.25	2.05 2.05	2.2 2.2	3.1 3.0
HS	25	0.58	0.7	0.93	1.03	1.14	1.38
	5	0.62	0.74	1.05	1.11	1.22	1.54
	−5	0.68	0.82	1.15	1.2	1.35	1.68

(상단은 900[Ah]를 넘는 것(200[Ah], 하단은 900[Ah] 이하인 것)

(1) 비상용 조명 부하의 전류는?

•계산 : •답 :

(2) HS형 납축전지의 셀 수는? (단, 1셀의 여유를 준다.)

•계산 : •답 :

(3) HS형 납축전지의 용량 [AH]은? (단, 경년 용량 저하율은 0.8이다.)

•계산 : •답 :

|계|산|및|정|답|

(1) 【계산】 $I=\frac{P}{V}=\frac{40\times 120+60\times 50}{100}=78[A]$ 【정답】 78[A]

(2) 【계산】 축전지 셀수 $N[cell]=\frac{\text{부하의 정격 전압}[V]}{\text{1셀당 축전지의 허용 최저 전압}[V]}=\frac{90}{1.7}=52.94[cell]$

53[cell]이나, 최종 셀수에서 1셀의 여유를 준다고 했으므로 54[cell]이다.

【정답】 54[cell]

(3) 【계산】 HS형에서 방전 시간 30분, 1.7[V/cell] 기준하면, 표에서 용량환산 시간 1.22 선정

축전지 용량 $C=\frac{1}{L}KI=\frac{1}{0.8}(1.22\times 78)=118.95[Ah]$ 【정답】 118.95[Ah]

16

출제 : 01, 05, 11년 • 배점 : 5점

답안지의 도면은 유도 전동기 M의 정·역회전 회로의 미완성 도면이다. 이 도면을 이용하여 다음에 답하시오. (단, 주 접점 및 보조 접점을 그릴 때에는 해당되는 접점의 명칭도 함께 쓰도록 한다.)

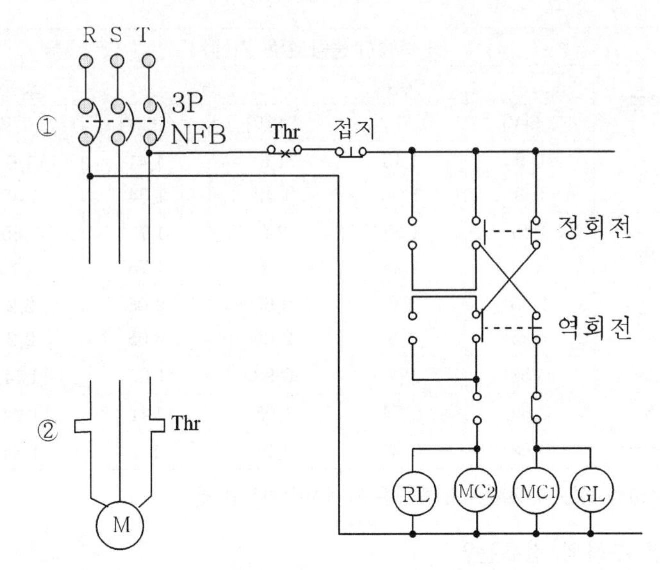

〈동작조건〉

- NFB를 투입한 다음
- 정회전용 누름 버튼 스위치를 누르면 전동기 M이 정회전하며, GL 램프가 점등된다.
- 정지용 누름 버튼 스위치를 누르면 전동기 M은 정지한다.
- 역회전용 누름 버튼 스위치를 누르면 전동기 M이 역회전하며, RL 램프가 점등된다.
- 과부하시에는 [-o×o-] 접점이 떨어져서 전동기가 멈추게 된다.

※ 정회전 또는 역회전 중에 회전 방향을 바꾸려면 전동기를 정지시킨 다음 회전 방향을 바꾸어야 한다.
※ 누름 버튼 스위치를 누르는 것은 눌렀다가 즉시 손을 떼는 것을 의미한다.
※ 정회전과 역회전의 방향은 임의로 결정하도록 한다.

(1) 도면의 ①, ②에 대한 우리말 명칭(기능)은 무엇인가?

(2) 정회전과 역회전이 되도록 주 회로의 미완성 부분을 완성하시오.

(3) 정회전과 역회전이 되도록 다음의 동작조건을 이용하여 미완성된 보조 회로를 완성하시오.

|계|산|및|정|답|

(1) ① 배선용 차단기　　　② 열동계전기

(2) (3)

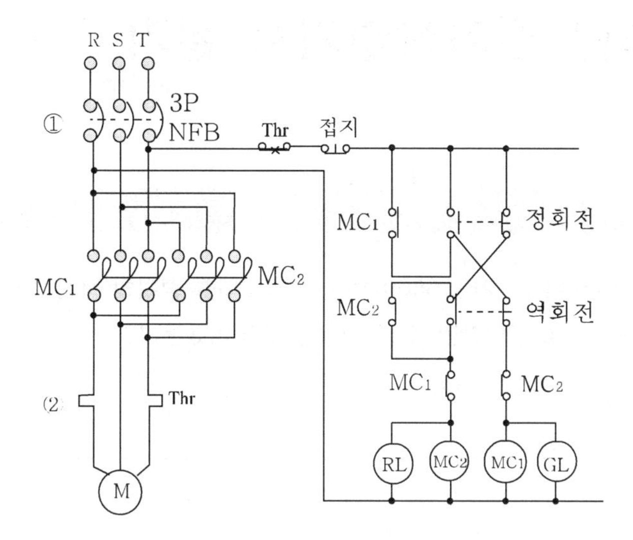

17

출제 : 03, 11년 • 배점 : 5점

3상 3선식 중성점 비접지식 6600[V] 가공 전선로가 있다. 이 전선로의 전선 연장이 350[km]이다. 이 전로에 접속된 주상 변압기 100[V]측 1단자에 접지 공사를 할 때 접지 저항값은 얼마 이하로 유지하여야 하는가? (단, 이 전선로에는 고저압 혼촉시 2초 이내에 자동 차단하는 장치가 없다.)

·계산 : ·답 :

|계|산|및|정|답|

【계산】 1선 지락 전류 $I_g = 1 + \dfrac{\dfrac{V}{3}L - 100}{150} = 1 + \dfrac{\dfrac{6.6/1.1}{3}\times 350 - 100}{150} = 5[A]$

2초 이내 자동 차단하는 장치가 있으므로

$R_2 = \dfrac{150}{I_g} = \dfrac{150}{5} = 30[\Omega]$

【정답】 60[Ω]

|추|가|해|설|

[변압기 중성점 접지의 접지저항(kec 142.5)]

① 자동 차단 장치가 없는 경우 $R_2 = \dfrac{150}{1\text{선지락전류}}[\Omega]$

② 2초 이내에 동작하는 자동 차단 장치가 있는 경우 $R_2 = \dfrac{300}{1\text{선지락전류}}[\Omega]$

③ 1초 이내에 동작하는 자동 차단 장치가 있는 경우 $R_2 = \dfrac{600}{1\text{선지락전류}}[\Omega]$

03 2011년 전기산업기사 실기

01

출제 : 02, 11년 • 배점 : 5점

3상 3선식 6[kV] 수전함에서 100/5[A] CT 2대, 6600/110[V] PT 2대를 정확히 결선하여 CT 및 PT의 2차측에서 측정한 전력이 300[W]라면 수전 전력은 얼마이겠는가?

• 계산 : • 답 :

| 계 | 산 | 및 | 정 | 답 |

【계산】 수전전력 $P=$ 측정전력(전력계의 지시값) $\times CT$비 $\times PT$비 $= 300\times\frac{100}{5}\times\frac{6600}{110}\times10^{-3}=360[kW]$

【정답】 360[kW]

02

출제 : 07, 11년 • 배점 : 5점

방의 크기가 가로 12[m], 세로 24[m], 높이 4[m]이며, 6[m]마다 기둥이 있고, 기둥 사이에 보가 있으며, 이중천장으로 실내 마감되어 있다. 이 방의 평균조도를 500[lx]가 되도록 매입개방형 형광등 조명을 하고자 할 때 다음 조건을 이용하여 이 방의 조명에 필요한 등수를 구하시오.

• 계산 : • 답 :

〈조 건〉

- 천장반사율 : 75[%]
- 바닥반사율 : 30[%]
- 벽반사율 : 50[%]
- 창반사율 : 50[%]
- 조명률 : 70[%]
- 감광보상률 : 1.6
- 등의 보수상태 : 중간 정도
- 안정기손실 : 개당 20[W]
- 등의 광속 : 2200[lm]

| 계 | 산 | 및 | 정 | 답 |

【계산】 등수 $N=\frac{EAD}{FU}=\frac{500\times12\times24\times1.6}{220\times0.7}=149.61$[등] $\therefore 150$[등]

【정답】 150[등]

| 추 | 가 | 해 | 설 |

등수 $N=\frac{EAD}{FU}$

여기서, E : 평균 조도[lx], F : 램프 1개당 광속[lm], N : 램프 수량[개], U : 조명률 , D : 감광보상률(=$\frac{1}{M}$)

M : 보수율, A : 방의 면적[m^2](방의 폭×길이)

03

출제 : 11년 • 배점 : 4점

정격전압 6000[V], 용량 6000[kVA]인 3상 교류 발전기에서 여자전류가 300[A], 무부하 단자전압은 6000[V], 단락전류 800[A]라고 한다. 이 발전기의 단락비는 얼마인가?

•계산 : •답 :

|계|산|및|정|답|

【계산】 $I_n = \frac{P_n}{\sqrt{3}\,V_n} = \frac{6000\times 10^3}{\sqrt{3}\times 6000} = 577.35[A]$ → (P_n : 기준 용량[kVA])

단락비$(K_s) = \frac{I_s}{I_n} = \frac{800}{577.35} = 1.39$ → (I_n : 정격전류[A], I_s : 단락전류[A])

【정답】 1.39

|추|가|해|설|

[단락비]

•동기발전기에 있어서 정격속도에서 무부하 정격전압을 발생시키는 여자전류와 단락 시에 정격전류를 흘려 얻는 여자전류와의 비

•단락비 $K_s = \frac{I_{f1}}{I_{f2}} = \frac{I_s}{I_n} = \frac{1}{\%Z_s}\times 100$

여기서, I_{f1} : 무부하시 정격전압을 유지하는데 필요한 여자전류

I_{f2} : 3상단락시 정격전류와 같은 단락전류를 흐르게 하는데 필요한 여자전류

I_n : 한 상의 정격전류, I_s : 단락 전류

•$\%Z_s = \frac{1}{K_s}\times 100[\%]$ •$Z_s[P.U] = \frac{1}{K_s}$

04

출제 : 11년 • 배점 : 5점

단상 2선식 200[V]의 옥내배선에서 소비전력 60[W], 역률 65[%]의 형광등을 100[등] 설치할 때 이 시설을 15[A]의 분기회로로 하려고 한다. 이때 필요한 분기회로는 최소 몇 회선이 필요한가? (단, 한 회로의 부하전류는 분기회로 용량의 80[%]로 하고 수용률은 100[%]로 한다.)

•계산 : •답 :

|계|산|및|정|답|

【계산】 분기회로수 $= \frac{\text{상정부하설비의 합}[VA]}{\text{전압}[V]\times\text{분기회로 전류}[A]} = \frac{\frac{60}{0.65}\times 100}{200\times 15\times 0.8} = 3.85$회로 → (소수점 말생 시 절상한다.)

【정답】 15[A] 분기 4회로

05

출제 : 11년 • 배점 : 10점

그림은 유도 전동기와 2개의 전자접촉기 MS_1, MS_2를 사용하여 정회전 운전(MS_1)과, 역회전 운전(MS_2)이 가능하도록 설계된 회로도이다. 이 회로도를 보고 다음 각 물음에 답하시오. (단, 주회로 부분의 전자접촉기 주접점 MS_2의 부분은 미완성 상태이다.)

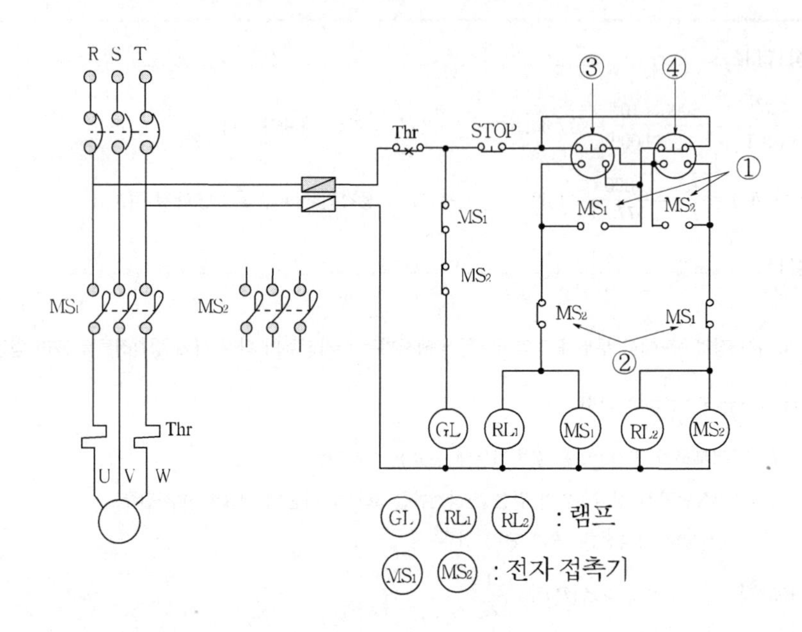

(1) 전동기 운전중 누름 버튼 스위치 STOP을 누르면 어떤 램프가 점등되는가?

(2) ①번 접점과 ②번 접점의 역할은 어떤 회로라 하는지 간단히 용어로 답하시오.

(3) 정회전을 하기 위한 누름 버튼 스위치는 어느 것인가?

(4) 전자 접촉기 MS_2의 주접점 회로를 완성하시오.

(5) THR의 명칭과 기능을 설명하시오.

| 계 | 산 | 및 | 정 | 답 |

(1) GL

(2) ① 자기 유지　　② 인터록

(3) ③

(4)

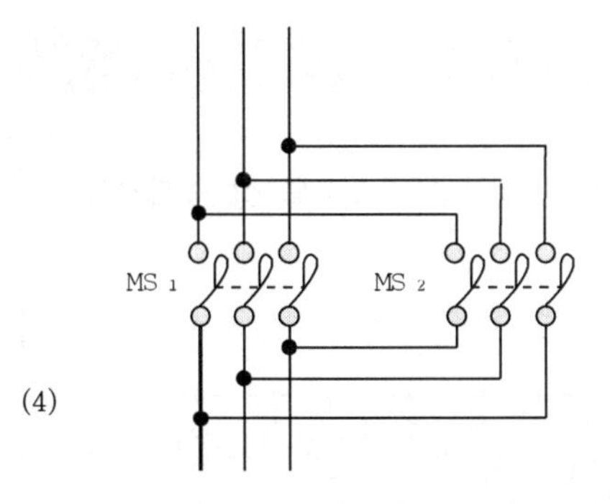

(5) 【명칭】 열동계전기

【기능】 과전류로부터 전동기의 소손을 방지한다.

06

출제 : 11년 • 배점 : 4점

그림에서 각 지점간의 저항을 동일하다고 가정하고 간선 AD 사이에 전원을 공급하려고 한다. 전력 손실이 최대가 되는 지점과 최소가 되는 지점을 구하시오.

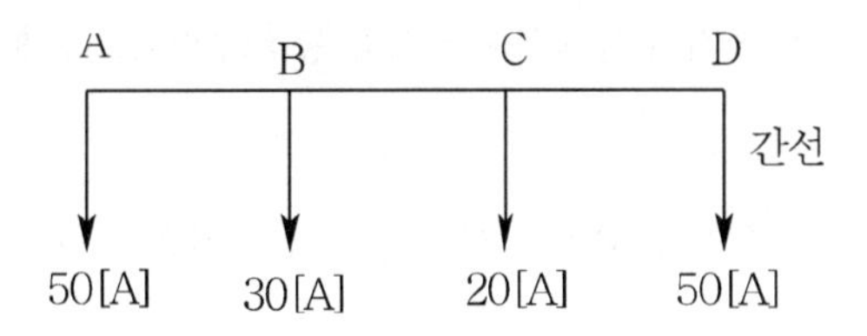

(1) 전력 손실이 최대가 되는 지점

•계산 : •답 :

(2) 전력 손실이 최소가 되는 지점

•계산 : •답 :

|계|산|및|정|답|

【계산】 ① A점을 급전점으로 하였을 때의 전력 손실

전력손실 $P_L = I^2R[W]$이므로

$P_A = (30+20+50)^2R + (20+50)^2R + 50^2R = 17400R[W]$

② B점을 급전점으로 하였을 때의 전력 손실 $P_B = 50^2R + (20+50)^2R + 50^2R = 9900R[W]$

③ C점을 급전점으로 하였을 때의 전력 손실 $P_C = (50+30)^2R + 50^2R + 50^2R = 11400R[W]$

③ D점을 급전점으로 하였을 때의 전력 손실 $P_D = (20+30+50)^2R + (30+50)^2R + 50^2R = 18900R[W]$

【정답】 (1) 전력 손실이 최대가 되는 공급점 : D점

(2) 전력 손실이 최소가 되는 공급점 : B점

07

출제 : 01, 11년 • 배점 : 8점

그림은 직류식 전자식 차단기의 제어 회로를 예시하고 있다. 문제의 시퀀스도를 잘 숙지하고 각 물음의 ( ) 안의 알맞은 내용을 쓰시오.

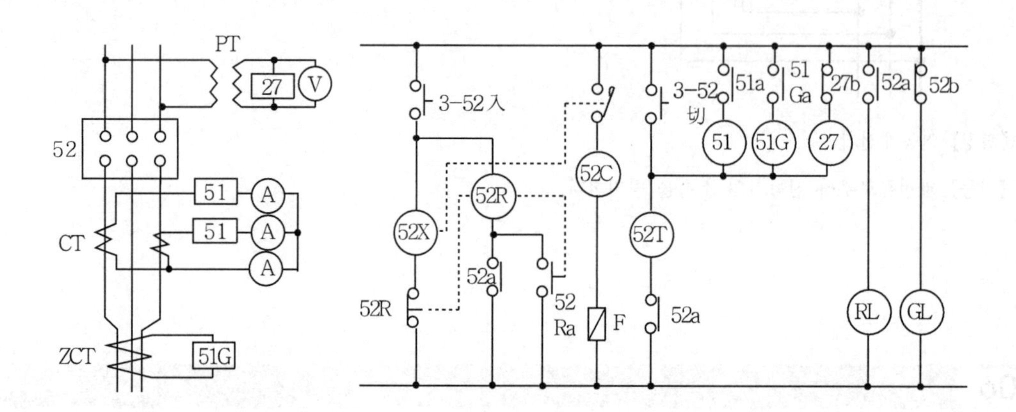

(1) 그림의 우측 도면에서 알 수 있듯이 3-52 스위치를 ON시키면 (①)이(가) 동작하여 52X의 접점이 CLOSE되고 (②)의 투입 코일에 전류가 통전되어 52의 차단기를 투입시키게 된다. 차단기 투입과 동시에 52a의 접점이 동작하여 52R가 통전(ON)되고 (③)의 코일을 개방시키게 된다.

(2) 회로도에서 [27]의 기기 명칭을 (④), [51]의 기기 머칭은 (⑤), [51G]의 기기명칭을 (⑥)라고 한다.

(3) 차단기의 개방 조작 및 트립 조작은 (⑦)의 코일이 통전됨으로써 가능하다.

(4) 지금 차단기가 개방되었다면 개방 상태 표시를 나타내는 표시 램프는 (⑧)이다.

|계|산|및|정|답|

(1) ① 52X
 ② 52C
 ③ 52X

(2) ④ 부족 전압 계전기
 ⑤ 과전류 계전기
 ⑥ 지락 과전류 계전기

(3) ⑦ 52T

(4) ⑧ GL

08 출제 : 09, 11년 • 배점 : 5점

그림과 같은 단상 3선식 100/200[V] 수전의 경우 설비 불평형률을 구하고, 그림과 같은 설비가 양호하게 되었는지의 여부를 판단하시오. (단, Ⓗ는 전열기 부하이고 Ⓜ은 전동기 부하이다.)

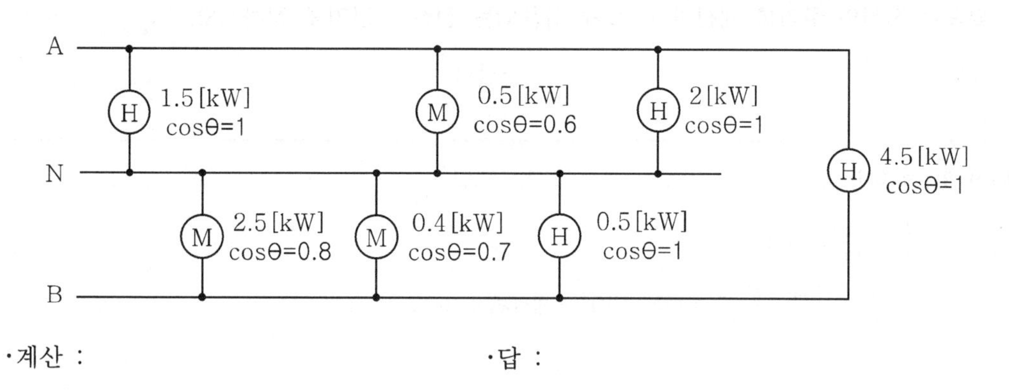

•계산 : •답 :

|계|산|및|정|답|

【계산】 $P_{AN} = 1.5 + \frac{0.5}{0.6} + 2 = 4.33[kVA]$, $P_{BN} = \frac{2.5}{0.8} + \frac{0.4}{0.7} + 0.5 = 4.2[kVA]$, $P_{AB} = 4.5[kVA]$

따라서, 설비불평형률 $= \frac{\text{중성선과 각 전압측 전선간에 접속되는 부하설비용량[kVA]의 차}}{\text{총 부하 설비 용량[kVA]의 1/2}} \times 100[\%]$

$$= \frac{4.33 - 4.2}{(4.33 + 4.2 + 4.5) \times \frac{1}{2}} \times 100 = 2[\%]$$

→ (여기서, 불평형률은 40[%] 이하이어야 한다.)

【정답】 2[%], 불평형률이 40[%] 이하이므로 양호하다.

09

출제 : 04, 11년 • 배점 : 5점

분전반에서 30[m]인 거리에 5[kW]의 단상교류 200[V]의 전열기용 아웃트렛을 설치하여 그 전압강하를 4[V] 이하가 되도록 하려고 한다. 배선방법을 금속관공사로 한다고 할 때 여기에 필요한 전선의 굵기를 계산하고, 실제 사용되는 전선의 굵기를 정하시오.

·계산 : ·답 :

|계|산|및|정|답|

【계산】 $I=\frac{P}{E}=\frac{5000}{200}=25[A]$

$A=\frac{35.6LI}{1000e}=\frac{35.6\times30\times25}{1000\times4}=6.68[mm^2]$, 공칭단면적 $10[mm^2]$ 선정

【정답】 $10[mm^2]$

|추|가|해|설|

[전압 강하 및 전선의 단면적]

전기 방식	전압 강하		전선 단면적
단상3선식 직류3선식 3상4선식	$e=IR$	$e=\frac{17.8L}{1000A}$	$A=\frac{17.8LI}{1000e}$
단상 2선식 및 직류 2선식	$e=2IR$	$e=\frac{35.6L}{1000A}$	$A=\frac{35.6LI}{1000e}$
3상 3선식	$e=\sqrt{3}IR$	$e=\frac{30.8L}{1000A}$	$A=\frac{30.8LI}{1000e}$

여기서, A : 전선의 단면적[mm^2], e : 외측선 또는 각 상의 1선과 중성선 사이의 전압강하[V]

L : 전선 1본의 길이[m], C : 전선의 도전율(경동선 97[%])

[KSC IEC 전선의 규격[mm^2]]

1.5	2.5	4
6	10	16
25	35	50
70	95	120
150	185	240
300	400	500

10

출제 : 11년 • 배점 : 5점

금속덕트에 넣는 저압 전선의 단면적(전선의 피복 절연물을 포함)은 금속 덕트 내부 단면적의 몇 [%] 이하가 되도록 해야 하는가?

|계|산|및|정|답|

20[%]

|추|가|해|설|

[금속덕트공사 (kec 232.31)]

① 전선은 절연전선(옥외용 비닐절연전선을 제외한다.)일 것
② 금속덕트에 넣은 전선의 단면적(절연피복의 단면적을 포함한다)의 합계는 덕트의 내부 단면적의 20[%](전광표시 장치, 출력표시등 기타 이와 유사한 장치 또는 제어회로 등의 배선만을 넣는 경우에는 50[%]) 이하 일 것.
③ 금속덕트 안에는 전선에 접속점이 없도록 할 것. 다만, 전선을 분기하는 경우에는 그 접속점을 쉽게 점검할 수 있는 때에는 그러하지 아니하다.
④ 금속덕트 안의 전선을 외부로 인출하는 부분은 금속 덕트의 관통부분에서 전선이 손상될 우려가 없도록 시설할 것.
⑤ 금속덕트 안에는 전선의 피복을 손상할 우려가 있는 것을 넣지 아니할 것.
⑥ 금속덕트에 의하여 저압 옥내배선이 건축물의 방화 구획을 관통하거나 인접 조영물로 연장되는 경우에는 그 방화벽 또는 조영물 벽면의 덕트 내부는 불연성의 물질로 차폐하여야 함

11

출제 : 05, 11년 • 배점 : 6점

배전 선로에 있어서 전압을 3[kV]에서 6[kV]로 상승시켰을 경우, 승압 전과 승압 후의 장점과 단점을 비교하여 설명하시오. (단, 수치 비교가 가능한 부분은 수치를 적용시켜 비교 설명하시오.)

|계|산|및|정|답|

(1) 장점
① 전력 손실이 75[%] 경감된다.
② 전압 강하율 및 전압 변동률이 75[%] 경감된다.
③ 공급 전력이 4배 증대된다.

(2) 단점
① 변압기, 차단기 등의 절연 레벨이 높아지므로 기기가 비싸진다.
② 전선로, 애자 등의 절연 레벨이 높아지므로 건설비가 많이 든다.
③ 공급 전력이 4배 증

|추|가|해|설|

(1) 전력 손실 $P_l \propto \frac{1}{V^2}$, 전압 강하율 $\epsilon \propto \frac{1}{V^2}$, 공급 전력 $P \propto V^2$

12 출제 : 02, 08, 11년 • 배점 : 8점

도면과 같이 단상 변압기 3대가 있다. 다음 각 물음에 답하시오.

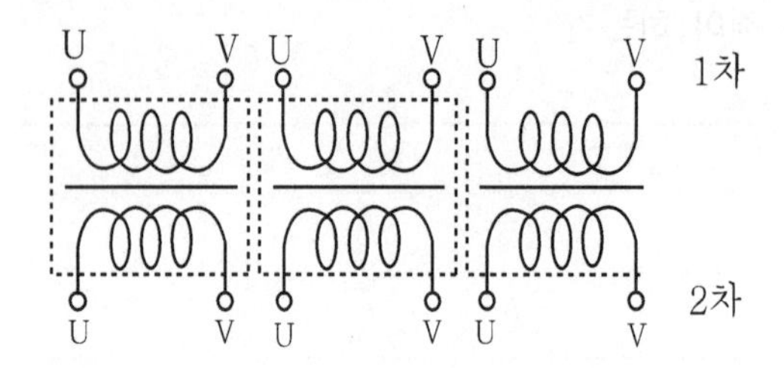

(1) 이 변압기를 △-△로 결선하시오. (주어진 도면에 직접 그리시오.)

(2) △-△결선으로 운전하던 중 한 상의 변압기에 고장이 생겨 이것을 분리하고 나머지 2대로 3상 전력을 공급하고자 한다. 이때 사용하는 결선의 명칭은 무엇이며, 이 결선과 △결선의 출력비는 몇 [%]가 되는지 계산하고 결선도를 완성하시오. (주어진 도면에 직접 그리시오.)

① 결선의 명칭

② △결선과의 출력비

·계산 : ·답 :

③ 결선도

|계|산|및|정|답|

(1)

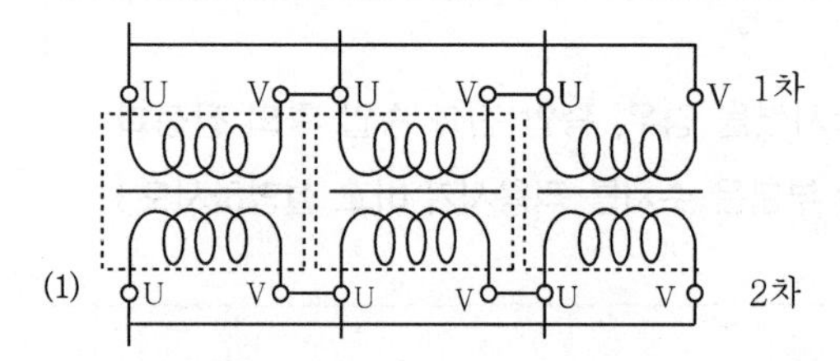

(2) ① 결선의 명칭 : V결선

② 【계산】 △결선과의 출력비

$$\text{출력의 비} = \frac{V\text{결선의 출력}}{3\text{상 출력}} \times 100 = \frac{P_v}{P_\triangle} = \frac{\sqrt{3}\,VI}{3VI} = \frac{1}{\sqrt{3}} = 0.577 = 57.7[\%]$$

【정답】 57.7[%]

③ 결선도 :

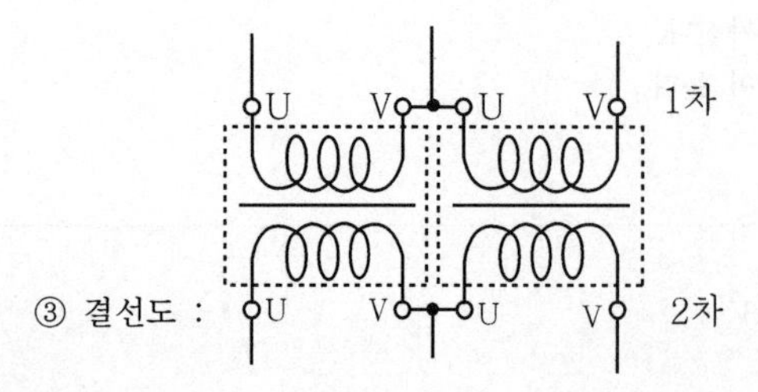

|추|가|해|설|

① 이용률$=\dfrac{3상출력}{설비용량}=\dfrac{\sqrt{3}\,VI}{2VI}=\dfrac{\sqrt{3}}{2}=0.866=86.6[\%]$

② 출력비$=\dfrac{V결선의\ 출력}{3상\ 출력}=\dfrac{\sqrt{3}\,VI}{3VI}=\dfrac{1}{\sqrt{3}}=0.577=57[\%]$

13

출제 : 00, 04, 06, 11년 • 배점 : 6점

그림과 같은 계통에서 측로 단로기 DS_3을 통하여 부하에 공급하고 차단기 CB를 점검하고자 할 때 다음 각 물음에 답하시오. (단, 평상시에 DS_3는 열려 있는 상태임)

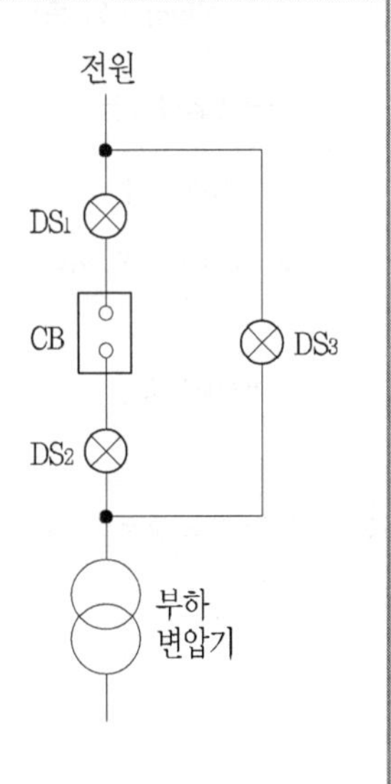

(1) 차단기 점검을 하기 위한 조작 순서를 쓰시오.

(2) CB의 점검이 완료된 후 정상 상태로 전환 시의 조작 순서를 쓰시오.

(3) 도면과 같은 설비에서 차단기 CB의 점검 작업 중 발생할 수 있는 문제점을 설명하고 이러한 문제점을 해소하기 위한 방안을 설명하시오.

|계|산|및|정|답|

(1) $DS_3(ON) \rightarrow CB(OFF) \rightarrow DS_2(OFF) \rightarrow DS_1(OFF)$

(2) $DS_2(ON) \rightarrow DS_1(ON) \rightarrow CB(ON) \rightarrow DS_3(OFF)$

(3) 【문제점】 차단기(CB)가 투입된 상태에서 단로기(DS_1, DS_2)를 투입(ON)하거나 개방(OFF)하면 위험(감전 및 전기화상)하다.

【해소 방안】 ① 인터록 장치를 한다. (부하전류가 통전 중의 회로의 개폐가 되지 않도록 시설한다.)

② 단로기에 잠금 장치를 한다. (사용 중의 단로기를 개방상태를 그대로 유지하기 위하여 자물쇠 장치를 한다.)

14

출제 : 11년 • 배점 : 5점

154[kV] 변압기가 설치된 옥외 변전소에서 울타리를 시설하는 경우에 울타리로부터 충전부까지의 거리는 얼마 이상이 되어야 하는가? (단, 울타리의 높이는 2[m]이다.)

·계산 : ·답 :

|계|산|및|정|답|

【계산】 울타리로부터 충전부까지의 거리$=6[m]-$울타리의 높이$=6-2=4[m]$ 【정답】 4[m]

|추|가|해|설|

[발전소 등의 울타리 · 담 등의 시설]

사용전압의 구분	울타리 · 담 등의 높이와 울타리 · 담 등으로부터 충전 부분까지의 거리의 합계
35[kV] 이하	5[m]
35[kV] 초과 160[kV] 이하	6[m]
160[kV] 초과	· 거리의 합계 $=6+$단수$\times 0.12$[m] · 단수$=\frac{\text{사용전압[kV]}-160}{10}$ 단수 계산에서 소수점 이하는 절상

즉, 울타리로부터 충전부까지의 거리$=6[m]-$울타리의 높이$=6-2=4[m]$

15

출제 : 11년 • 배점 : 4점

철주에 절연전선을 사용하여 접지공사를 하는 경우, 접지극은 지하 75[cm] 이상의 깊이에 매설하고 지표상 2[m]까지의 부분에는 합성수지관 등으로 덮어야 한다. 그 이유는 무엇인가?

|계|산|및|정|답|

【이유】 접지도체에 사람이 접지선과 접촉될 우려가 있어 감전 사고를 미연에 방지하기 위하여 시설한다.

16

출제 : 07, 11년 • 배점 : 5점

정격용량 500[kVA]의 변압기에서 배전선의 전력손실을 40[kW]로 유지하면서 부하 L_1, L_2에 전력을 공급하고 있다. 지금 그림과 같이 전력용 콘덴서를 기존 부하와 병렬로 연결하여 합성역률을 90[%]로 개선하고 새로운 부하를 증설하려고 할 때 다음 물음에 답하시오. (단, 여기서 부하 L_1은 역률 60[%], 180[kW]이고, 부하 L_2의 전력은 120[kW], 160[kVar]이다.)

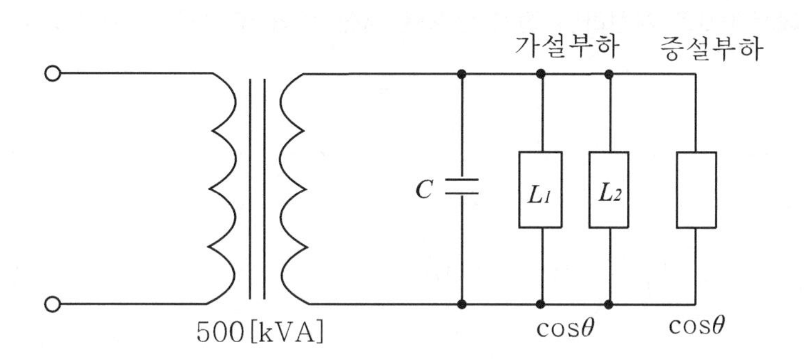

(1) 부하 L_1과 L_2의 합성용량[kVA]과 합성역률은?

① 합성용량

• 계산 : • 답 :

② 합성역률

• 계산 : • 답 :

(2) 역률 개선 시 변압기 용량의 한도까지 부하설비를 증설하고자 할 때 증설부하용량은 몇 [kW]인가?

• 계산 : • 답 :

| 계 | 산 | 및 | 정 | 답 |

(1) 【계산】 ① 합성용량

유효전력 $P = P_1 + P_2 = 180 + 120 = 300[kW]$

무효전력 $Q = Q_1 + Q_2 = \frac{P_1}{\cos\theta_1} \times \sin\theta_1 + Q_2 = \frac{180}{0.6} \times 0.8 + 160 = 400[kVar]$

합성용량 $P_a = \sqrt{P^2 + Q^2} = \sqrt{300^2 + 400^2} = 500[kVA]$ 【정답】 500[kVA]

② 합성역률 $\cos\theta = \frac{P}{P_a} \times 100 = \frac{300}{500} \times 100 = 60[\%]$ 【정답】 60[%]

(2) 【계산】 역률 개선 후 유효전력 $P = P_a \cos\theta = 500 \times 0.9 = 450[kW]$

증설 부하용량 $\Delta P = P - P_1 - P_2 - P_l = 450 - 180 - 120 - 40 = 110[kW]$ 【정답】 110[kW]

01 2010년 전기산업기사 실기

01

출제 : 10년 • 배점 : 5점

역률을 0.7에서 0.9로 개선하면 전력 손실은 개선 전의 몇 [%]가 되겠는가?

·계산 : ·답 :

|계|산|및|정|답|

【계산】 $P_{l2}=\left(\frac{\cos\theta_1}{\cos\theta_2}\right)^2\times P_{l1}=\left(\frac{1/0.9}{1/0.7}\right)^2\times P_{l1}=0.604938$ 【정답】 60.49[%]

|추|가|해|설|

[전력손실] $P_l=2I^2R[W]=2\left(\frac{P}{V\cos\theta}\right)^2R=\frac{2P^2R}{V^2\cos^2\theta}$ $\rightarrow (P_l\propto\frac{1}{V\cos^2\theta})$

[역률개선]

역률을 개선 한다는 것은 유효전력 P는 변함이 없고 콘덴서로 진상의 무효전력 Q_C를 공급하여 부하의 지상 무효전력 Q_1을 감소시키는 것을 말한다.

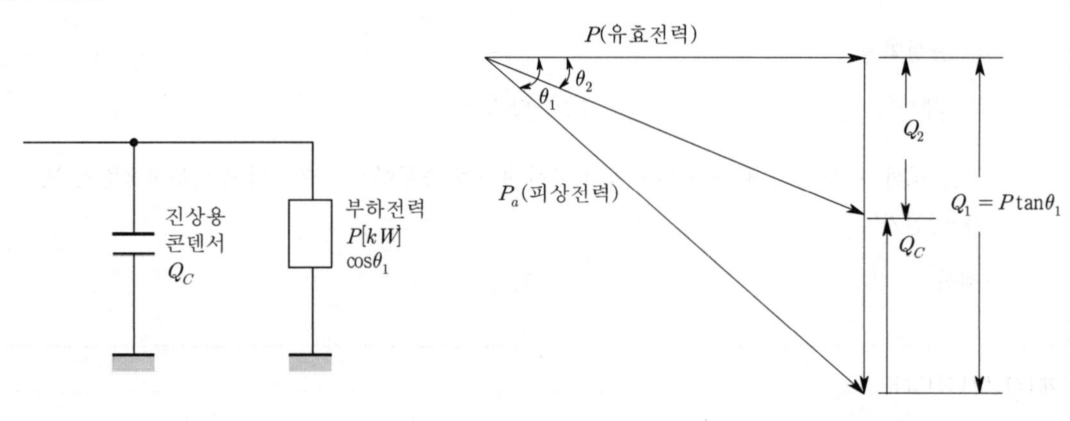

그림에서 역률각 θ_1을 θ_2로 개선하기 위해서는 부하의 무효전력 $Q_1(P\tan\theta_1)$을 콘덴서 Q_C로 보상하여 부하의 무효전력 $P\tan\theta_2$로 감소시켜야 한다. 이때 필요한 콘덴서 용량 Q_C는

$$Q_c=Q_1-Q_2=P\tan\theta_1-P\tan\theta_2=P(\tan\theta_1-\tan\theta_2)$$

$$=P\left(\frac{\sin\theta_1}{\cos\theta_1}-\frac{\sin\theta_2}{\cos\theta_2}\right)=P\left(\sqrt{\frac{1}{\cos^2\theta_1}-1}\sqrt{\frac{1}{\cos^2\theta_2}-1}\right)\}$$

여기서, Q_c : 부하 P[kW]의 역률을 $\cos\theta_1$에서 $\cos\theta_2$로 개선하고자 할 때 콘덴서 용량[kVA]

P : 대상 부하용량[kW], $\cos\theta_1$: 개선 전 역률, $\cos\theta_2$: 개선 후 역률

02

출제 : 08, 10년 • 배점 : 5점

다음 그림은 사용이 편리하고 일반적인 접지 저항을 측정하고자 할 때 사용하고 전위차계법의 미완성 접속도이다. 다음 물음에 답하시오.

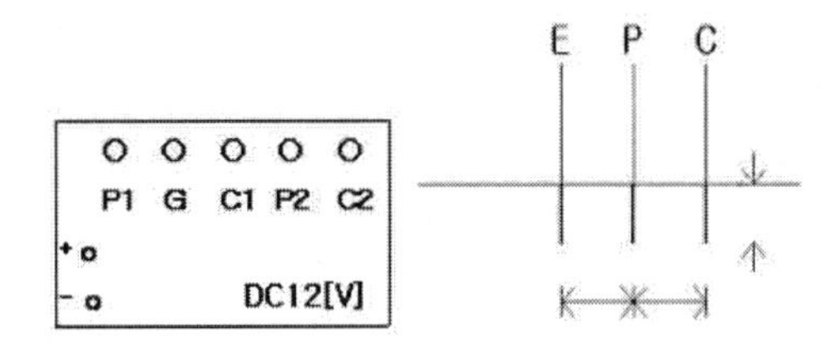

(1) 미완성 접속도를 완성하시오.

(2) 전극간 거리는 몇 [m] 이상인가?

(3) 전극이 묻이는 깊이는 몇 [cm] 이상인가?

|계|산|및|정|답|

(1) 완성 접속도

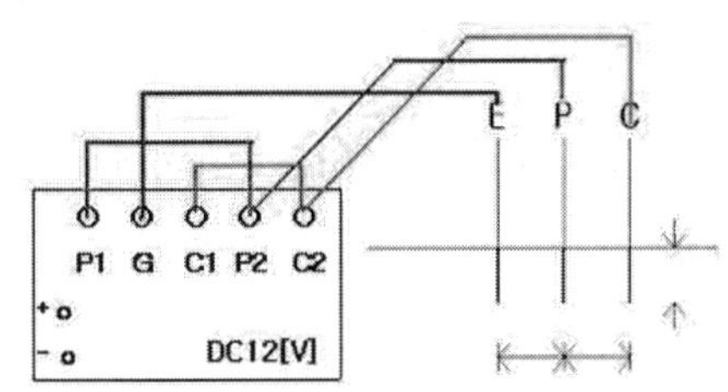

(2) 전극간 거리 : 10[m]
(3) 전극이 묻히는 깊이 : 20[cm]

|추|가|해|설|

[전위 차계법]

① 일반적인 접지계의 접지저항 측정에 간편하게 사용된다.

② 접지전극 E, 전압전극 P, 전류전극 C를 10[m] 이상 간격으로 20[cm] 이상 깊게 박고 가능한 한 일직선으로 설치한다.

03

출제 : 09, 10년 • 배점 : 5점

비상용 자가 발전기를 구입하고자 한다. 부하는 단일 부하로서 유도 전동기이며 기동용량이 2000[kVA]이고, 기동 시 순시 허용 전압강하는 20[%]까지 이며, 발전기의 과도 리액턴스가 25[%]이다. 이 전동기를 운전할 수 있는 자가 발전기의 최소 용량은 몇 [kVA]인지를 계산하시오.

·계산 : ·답 :

|계|산|및|정|답|

【계산】 발전기 출력[kVA] $> \left(\frac{1}{\text{허용 전압 강하}} - 1\right) \times X_d \times$ 기동용량[kVA]

$\therefore$ 발전기 출력 $= \left(\frac{1}{0.2} - 1\right) \times 0.25 \times 2000 = 2000$[kVA]

【정답】 2000[kVA]

|추|가|해|설|

[자가발전 설비의 출력 결정]

·부하의 정상운전에 대해 충분한 용량이어야 한다.

·부하의 기동에 의한 순시 전압강하가 허용치 이내로 될 것

·부하의 기동에 대해 충분한 용량일 것

① 단순 부하의 경우(전부하 정상 운전시의 소요 입력에 의한 용량)

발전기의 출력 $P = \frac{\Sigma W_L \times L}{\cos\theta}$[kVA]

여기서, ΣW_L : 부하 입력 총계, L : 부하 수용률(비상용일 경우 1.0), $\cos\theta$: 발전기의 역률(통상 0.8)

② 기동용량이 큰 부하가 있을 경우(전동기 시동용량에 의한 용량)

발전기의 정격 출력 $P > \left(\frac{1}{\text{허용전압강하}} - 1\right) \times X_d \times$ 기동[kVA]

여기서, X_d : 발전기의 과도 리액턴스(보통 25~30[%]) 허용전압강하 : 20~30[%]

③ 단순 부하와 기동 용량이 큰 부하가 있을 경우(순시 최대 부하에 대한 용량)

$P > \frac{\Sigma W_a + Q_{L\max} \times \cos\theta_{GL}}{K\cos\theta_G}$[kVA]

여기서, ΣW_a : 기운전중인 부하의 합계, $Q_{L\max}$: 시동 돌입 부하, $\cos\theta_{GL}$: 최대 시동 돌입 부하 시동시 역률
K : 원동기 기관의 과부하 내량, $\cos\theta_G$: 발전기 역률

④ 발전기 정격 출력

$P = \frac{BH\eta}{860t}$[kVA]

여기서, $B[l]$: 연료소비량, $H[kcal/l]$: 연료의 열량, η : 종합효율, t[h] : 발전기 운전시간

04 출제 : 10년 • 배점 : 5점

다음 표와 같이 수용가 A, B, C, D에 공급하는 배전선로의 최대 전력이 700[kW]라고 할 때 수용가의 부등률은?

수용가	설비 용량[kW]	수용률[%]
A	300	70
B	300	50
C	400	60
D	500	80

•계산 : •답 :

|계|산|및|정|답|

【계산】 $\text{부등률} = \dfrac{\text{수용설비 각각의 수용전력의 합}[kW]}{\text{합성최대 수용전력}[kW]}$

$$= \frac{300 \times 0.7 + 300 \times 0.5 + 400 \times 0.6 + 500 \times 0.8}{700} = 1.43$$

【정답】 1.43

05

출제 : 10년 • 배점 : 5점

PLC 프로그램 작도 시 주의사항 중 출력 뒤에 접점을 사용할 수 없다. 문제의 도면을 보고 앞쪽으로 이동해서 연결하시오.

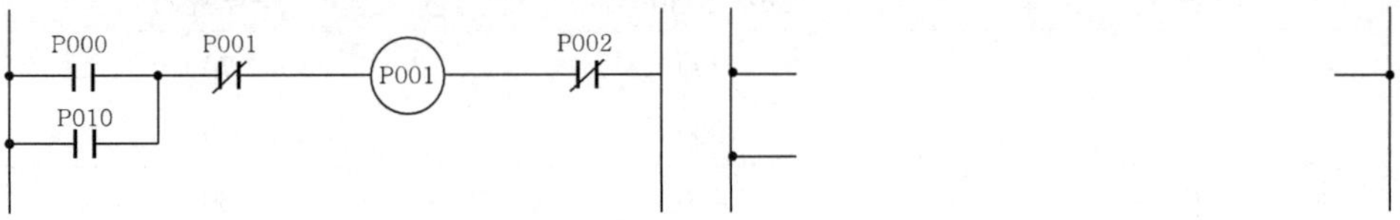

P000 P001 P001 P002 P010

|계|산|및|정|답|

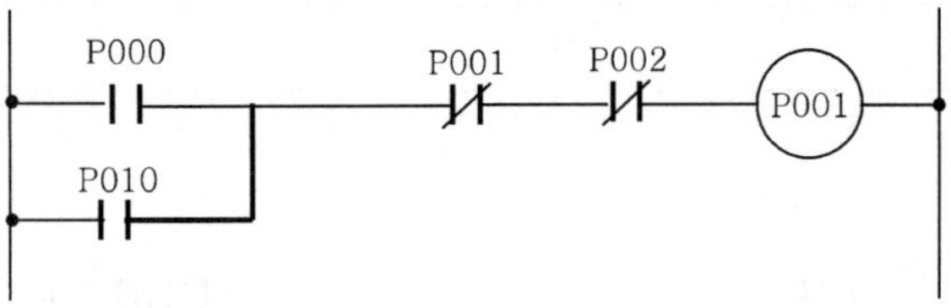

P000 P001 P002 P001 P010

|추|가|해|설|

1. 주어진 PLC 도면의 논리식

$P001 = (P000 + P010) \cdot \overline{P001} \cdot \overline{P002}$

2. PLC 명령어와 부호

내용	명령어	부호	기능
시작 입력	LOAD(STR)	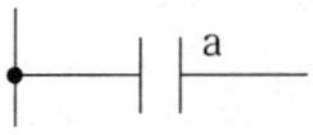 a	독립된 하나의 회로에서 a접점에 의한 논리회로의 시작 명령
	LOAD NOT	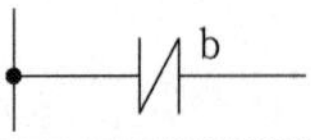 b	독립된 하나의 회로에서 b접점에 의한 논리회로의 시작 명령
직렬접속	AND	 a	독립된 바로 앞의 회로와 a접점의 직렬 회로 접속, 즉 a접점 직렬
	AND NOT	 b	독립된 바로 앞의 회로와 b접점의 직렬 회로 접속, 즉 b접점 직렬
병렬접속	OR	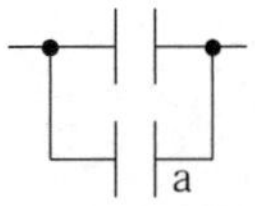 a	독립된 바로 위의 회로와 a접점의 병렬 회로 접속, 즉 a접점 병렬
	OR NOT	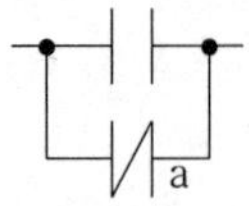 a	독립된 바로 위의 회로와 b접점의 병렬 회로 접속, 즉 b접점 병렬
출력	OUT	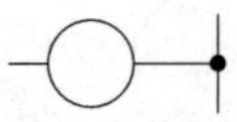	회로의 결과인 출력 기기(코일) 표시와 내부 출력(보조 기구 기능-코일) 표시

내용	명령어	부호	기능
직렬 묶음	AND LOAD		현재 회로와 바로 앞의 회로의 직렬 A, B 2회로의 직렬 접속, 즉 2개 그룹의 직렬 접속
병렬 묶음	OR LOAD		현재 회로와 바로 앞의 회로의 병렬 A, B 2회로의 병렬 접속, 즉 2개 그룹의 병렬 접속
공통 묶음	MCS MCS CLR (MCR)	MCS	출력을 내는 2회로 이상의 공통으로 사용하는 입력으로 공통 입력 다음에 사용(마스터 컨트롤의 시작과 종료) MCS 0부터 시작, 역순으로 끝낸다.
타이머	TMR(TIM)	(Ton) T000 5초	기종에 따라 구분 -- TON, TOFF, TMON, TMR, TRTG 등 타이머 종류, 번지, 설정 시간 기입
카운터	CNT	U CTU C000 R 00010	기종에 따라 구분 -- CTU, CTD, CTUD, CTR, HSCNT 등 카운터 종류, 번지, 설정 회수 기입
끝	END	――――――	프로그램 끝 표시

06 출제 : 08, 10년 • 배점 : 5점

변압기의 고장(소손) 원인 중 5가지만 쓰시오.

|계|산|및|정|답|

① 변압기의 권선 단락 및 층간 단락 사고

② 변압기의 권선과 철심간의 절연 파괴에 의한 지락 사고

③ 고압측 권선과 저압측 권선간의 혼촉

④ 변압기 권선의 단선

⑤ 부싱의 파손 및 염해에 의한 지락

07

출제 : 10년 • 배점 : 5점

다음 배치도에서 점멸스위치 S를 넣으면 전등 CL과 표시등 PL이 동시에 점등되도록 도면을 완성하시오.

접지축

CL

전원

S

전압축

PL

|계|산|및|정|답|

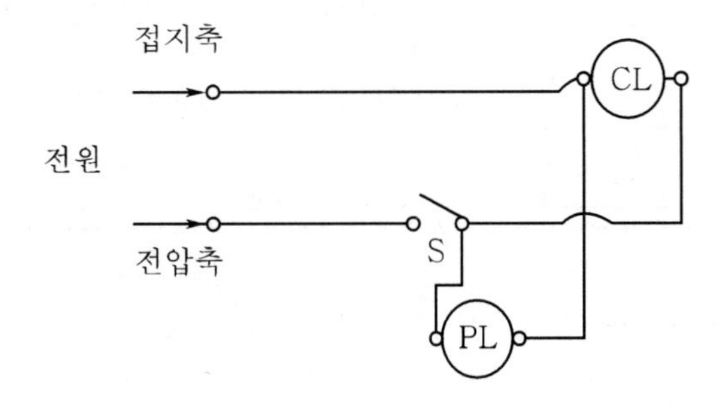

08

출제 : 10년 • 배점 : 5점

고압 및 특고압 케이블에서 그림과 같이 영상 변류기를 전원 측에 설치하는 경우와 부하 측에 설치하는 경우의 케이블 차폐층의 접지선을 다음 그림에 추가하여 그리고, 접지를 시설하는 이유 2가지를 쓰시오.

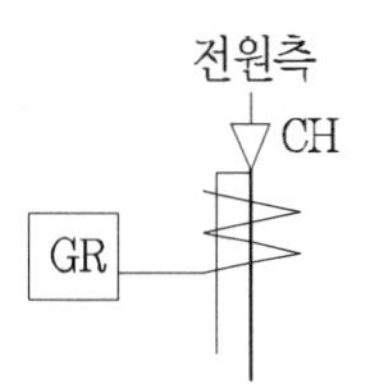

[그림1] 전원 측에 설치

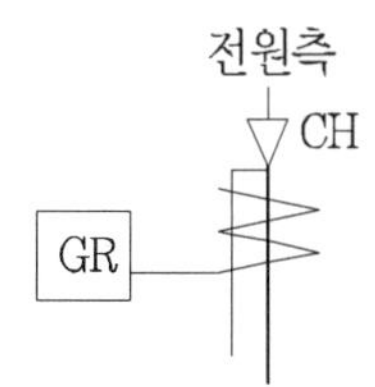

[그림2] 부하 측에 설치

(1) 도면을 완성하시오.

(2) 접지 이유 2가지를 설명하시오.

|계|산|및|정|답|

(1) ① 전원측 설치 :

② 부하측 설치 :

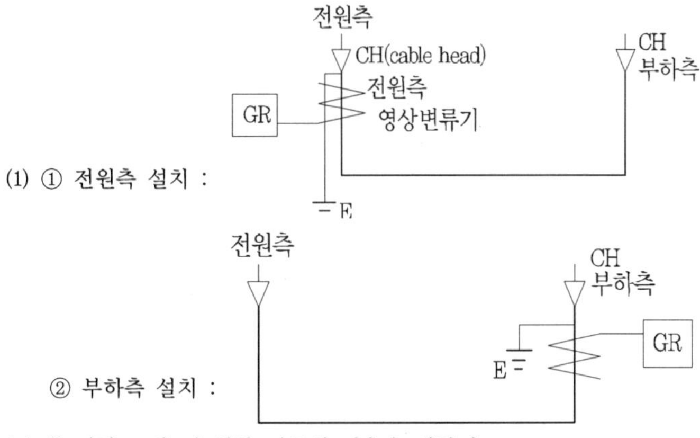

(2) ① 지락 고장 시 영상 전류의 검출을 위하여
② 보호 계전기의 오·부 동작을 방지한다.

|추|가|해|설|

[영상변류기(ZCT)]

① 지락사고시 지락전류(영상전류)를 검출

② ZCT를 전원측에 설치시 전원측 케이블 차폐의 접지는 ZCT를 관통시켜 접지한다.
접지선을 ZCT 내로 관통시켜야만 ZCT는 지락전류 I_g를 검출할 수 있다.

③ ZCT를 부하측에 설치시 케이블 차폐의 접지는 ZCT를 관통시키지 않고 접지한다.
접지선을 ZCT 내로 관통시키지 않아야 지락전류 I_g를 검출할 수 있다.

09

출제 : 10년 • 배점 : 5점

3상 3선식 전용 배전 선로가 있다. 1선의 저항이 2.5[Ω], 리액턴스가 5[Ω]이고, 수전단의 선간 전압은 3[kV], 부하 역률이 0.8인 경우, 전압 강하율을 10[%]라 하면 이 송전 선로는 몇 [kW]까지 수전할 수 있는가?

·계산 : ·답 :

|계|산|및|정|답|

【계산】 전압강하율 $\epsilon = \frac{P}{V_r^2}(R+X\tan\theta)$에서

$$P = \frac{\epsilon \times V_r^2}{(r+x\tan\theta)} = \frac{0.1\times(3\times10^3)^2}{2.5+5\times\frac{0.6}{0.8}}\times10^{-3} = 144[kW]$$

【정답】 144[kW]

|추|가|해|설|

전압강하 $e = \sqrt{3}\,I(R\cos\theta + X\sin\theta) = \sqrt{3} \cdot \frac{P}{\sqrt{3}\,V_r\cos\theta}(R\cos\theta + X\sin\theta) = \frac{P}{V_r}(R+X\tan\theta)[V]$

전압강하율 $\epsilon = \frac{e}{V_r} = \frac{P}{V_r^2}(R+X\tan\theta)\times100[\%]$ → (V_r : 수전단전압, V_s : 송전단전압)

10

출제 : 10년 • 배점 : 5점

폭 24[m]인 도로의 양쪽에 30[m] 간격으로 지그재그 식 등주를 배치하여 도로상의 평균 조도를 5[lx]로 하려고 한다. 각 등주 상에 몇 [lm]의 전구가 필요한가? (단, 도로면에서의 광속 이용률은 35[%], 감광보상률은 1.3이다.)

·계산 :　　　　　　　　　　·답 :

|계|산|및|정|답|

【계산】 피조면의 면적 $A=\frac{1}{2}b \cdot s=\frac{1}{2}\times 24\times 30=360[m^2]$

$F=\frac{EAD}{U}=\frac{5\times 360\times 1.3}{0.35}=6685.714[lm]$

【정답】 6685.71[lm]

|추|가|해|설|

1. $F=\frac{EAD}{U}$

   여기서, E : 평균 조도[lx], F : 램프 1개당 광속[lm], N : 램프 수량[개], U : 조명률, D : 감광보상률$(=\frac{1}{M})$
   M : 보수율, A : 방의 면적

2. 피조면의 면적

   ·지그재그 조명 : $A=\frac{S \cdot B}{2}[m^2]$

   ·일렬조명(한쪽) : $A=S \cdot B[m^2]$

   ·일렬조명(중앙) : $A=S \cdot B[m^2]$

   ·양쪽 조명(대치식) : 1일 배치의 피조 면적 $A=\frac{S \cdot B}{2}[m^2]$

   여기서, B : 도로 폭[m], S : 등주 간격[m]

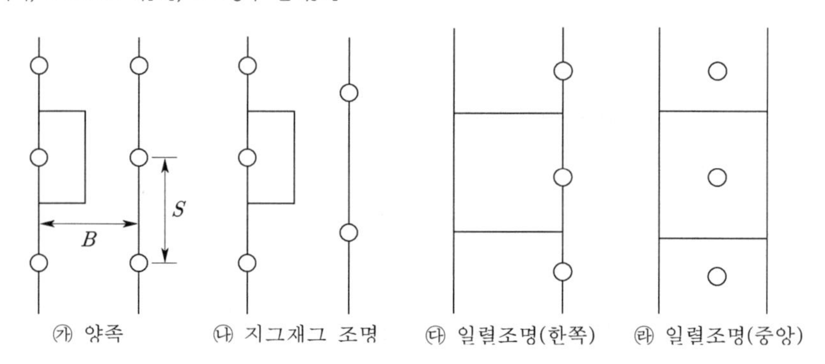

㉮ 양쪽　㉯ 지그재그 조명　㉰ 일렬조명(한쪽)　㉱ 일렬조명(중앙)

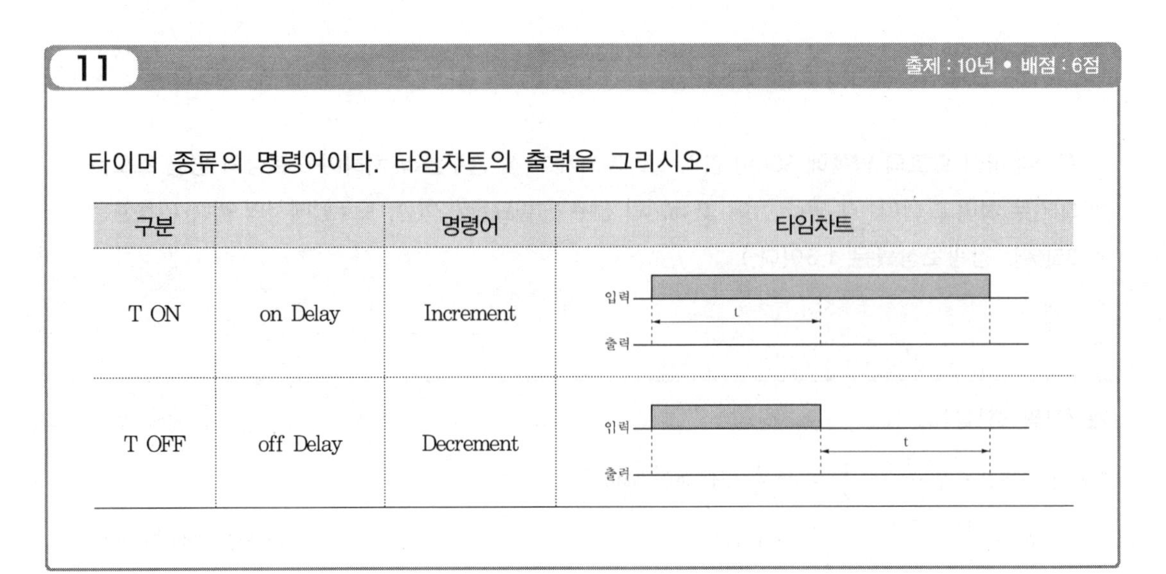

11

출제 : 10년 • 배점 : 6점

타이머 종류의 명령어이다. 타임차트의 출력을 그리시오.

구분		명령어	타임차트
T ON	on Delay	Increment	입력 / t / 출력
T OFF	off Delay	Decrement	입력 / t / 출력

|계|산|및|정|답|

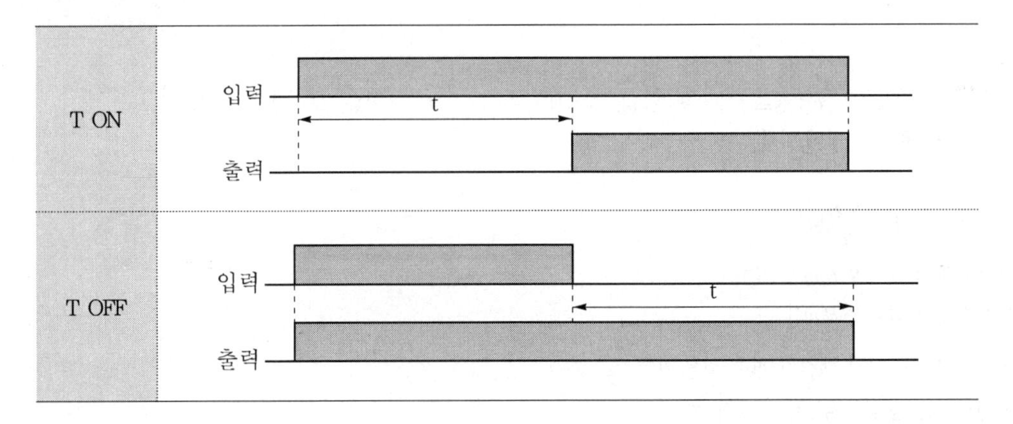

|추|가|해|설|

(1) 한시회로(Timer)

① 기능 : 입력을 주면 설정시간(t)이 지난 후 출력이 동작한다.

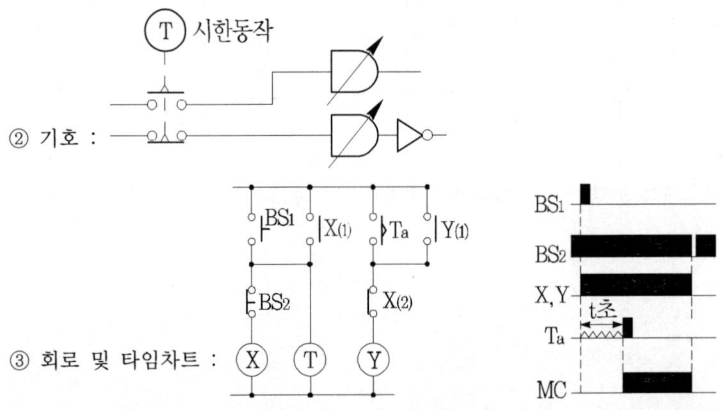

④ 동작 : BS_1이 입력되면 X릴레이가 여자되고 자기유지회로 $X_{(1)}$에 의하여 한시 동작 타이머 Ⓣ가 여자된다. t초 후에 한시 동작 접점 T_a가 닫히고 MC릴레이가 여자되어 $MC_{(1)}$이 자기유지 된다.

(2) 한시복귀회로

① 기능 : 정지 입력을 주면 설정시간(t)이 지난 후 정지한다.

② 기호 :

③ 회로와 타임차트 :

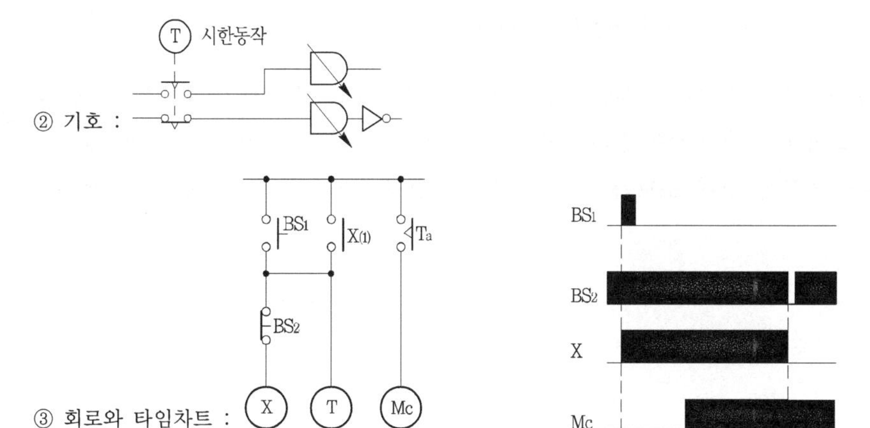

④ 동작 : BS_1이 입력되면 X릴레이가 여자되고, 자기유지 회로 X_1로 타이머 T가 동작되며 출력 MC가 생긴다. BS2로 리셋을 시켰을 때 X릴레이 복구하고 나서 t초 후에 한시복구접점 T_a가 열려 MC릴레이가 소자된다.

12

출제 : 10년 • 배점 : 6점

허용 오차가 −3[%]인 전압계로 측정한 값이 100[V]일 때 참값은 몇 [V]인가?

·계산 : ·답 :

|계|산|및|정|답|

【계산】 $\%e = \dfrac{M-T}{T} \times 100 = \left(\dfrac{M}{T} - 1\right) \times 100 \;\rightarrow\; T = \dfrac{M}{1 + \dfrac{\%e}{100}} = \dfrac{100}{1 - \dfrac{3}{100}} = 103.092$

【정답】 103.09[V]

|추|가|해|설|

① 오차(error) : $\epsilon = M - T \;\rightarrow\; (M : \text{측정값},\; T : \text{참값})$

② 백분율 오차 : $\%\epsilon = \dfrac{\epsilon}{T} \times 100 = \dfrac{M-T}{T} \times 100[\%]$

③ 보정 : $\alpha = T - M \;\rightarrow\; (M : \text{측정값},\; T : \text{참값})$

④ 백분율 보정 : $\%\alpha = \dfrac{\alpha}{M} \times 100 = \dfrac{T-M}{M} \times 100[\%]$

13

출제 : 10년 • 배점 : 5점

다음이 설명하고 있는 광원(램프)의 명칭을 쓰시오.

반도체의 P-N 접합 구조를 이용하여 주입된 소수 캐리어(전자 또는 정공)를 만들어내고 이들의 재결합에 의한 원리이다. 종래의 광원에 비해 소형이고 수명은 길며, 전기 에너지에서 빛 에너지로 직접 전환하기 때문에 전력 소모가 적은 에너지 절감형이다. 이것의 조명 또는 명칭은 무엇인가?

|계|산|및|정|답|

LED(발광 다이오드) 램프

|추|가|해|설|

[LED(Light Emitting Diode) 램프]

LED조명은 기존 백열전구에 비해 80[%], 형광등에 비해 50[%] 이상 전력을 절감하는 효과를 얻을 수 있다.

14

출제 : 01, 10년 • 배점 : 17점

그림은 고압 수전 설비 단선 결선도이다. 물음에 답하시오.

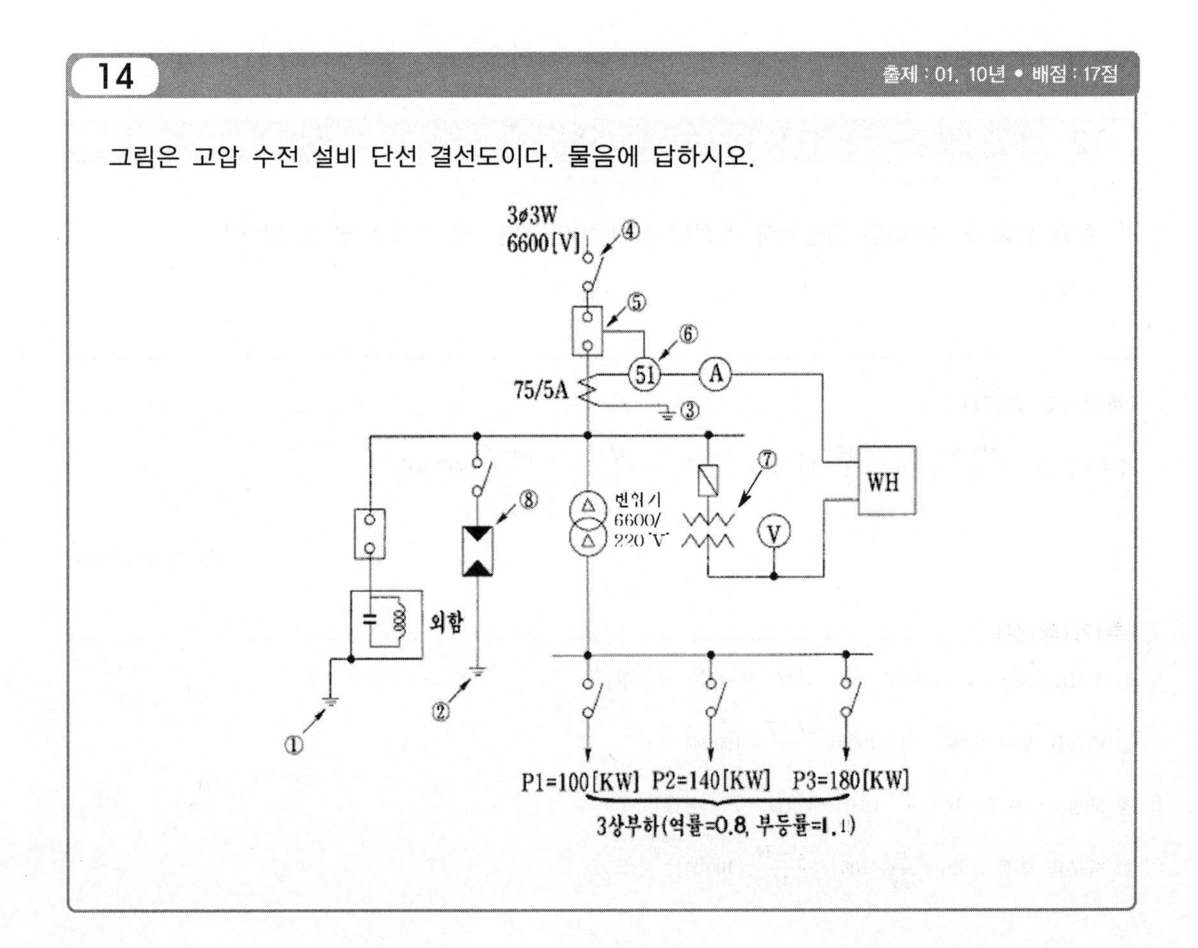

(1) 그림에서 ④~⑧의 명칭은 무엇인가?

(2) ① 각 부하의 최대 전력이 그림과 같고 역률이 0.8, 부등률이 1.4일 때 변압기 1차 전류계 Ⓐ에 흐르는 전류의 최대치를 구하시오.

·계산 : ·답 :

② 동일한 조건에서 합성 역률 0.92 이상으로 유지하기 위한 전력용 콘덴서의 최소 용량은 몇 [kVA]인가?

·계산 : ·답 :

(3) 단선도상의 피뢰기의 정격 전압과 방전전류는 얼마인가?

·계산 : ·답 :

(4) DC(방전코일)의 설치 목적을 설명하시오.

|계|산|및|정|답|

(1) ④ 단로기 ⑤ 교류 차단기 ⑥ 과전류 계전기 ⑦ 계기용 변압기 ⑧ 피뢰기

(2) 【계산】 ① 전류의 최대값

$$\text{합성최대수용전력 } P_m = \frac{\sum P}{\text{부등률}} = \frac{\sum P}{1.4} = \frac{100+140+180}{1.4} = 300[kW]$$

$$\text{부하전류 } I = \frac{P_m}{\sqrt{3}\,V\cos\theta} = \frac{300\times10^3}{\sqrt{3}\times6600\times0.8} \fallingdotseq 32.80[A]$$

$$\text{Ⓐ에 흐르는 최대전류}=32.80\times\frac{5}{75}=2.1869[A]$$

【정답】 2.19[A]

$$\text{② 콘덴서 용량 } Q=300\times(\tan\cos^{-1}0.8-\tan\cos^{-1}0.92)=300\left(\frac{\sqrt{1-0.8^2}}{0.8}-\frac{\sqrt{1-0.92^2}}{0.92}\right)=97.2[kVA]$$

【정답】 97.2[kVA]

(3) · 피뢰기의 정격 전압 : 7.5[kV]

· 방전 전류 : 2500[A]

(4) ① 잔류 전하를 방전시켜 인체의 감전 사고를 방지한다.

② 재투입할 때 콘덴서에 걸리는 과전압 방지

|추|가|해|설|

$$\text{역률 개선 시의 콘덴서 용량 } Q_c = P(\tan\theta_1+\tan\theta_2) = P\left(\frac{\sqrt{1-\cos^2\theta_1}}{\cos\theta_1}-\frac{\sqrt{1-\cos^2\theta_2}}{\cos\theta_2}\right)$$

여기서, P : 유효전력[kW], $\cos\theta_1$: 개선 전 역률, $\cos\theta_2$: 개선 후 역률

15

출제 : 04, 10년 • 배점 : 12점

그림은 환기팬의 수동 운전 및 고장 표시등 회로의 일부이다. 이 회로를 이용하여 다음 각 물음에 답하시오.

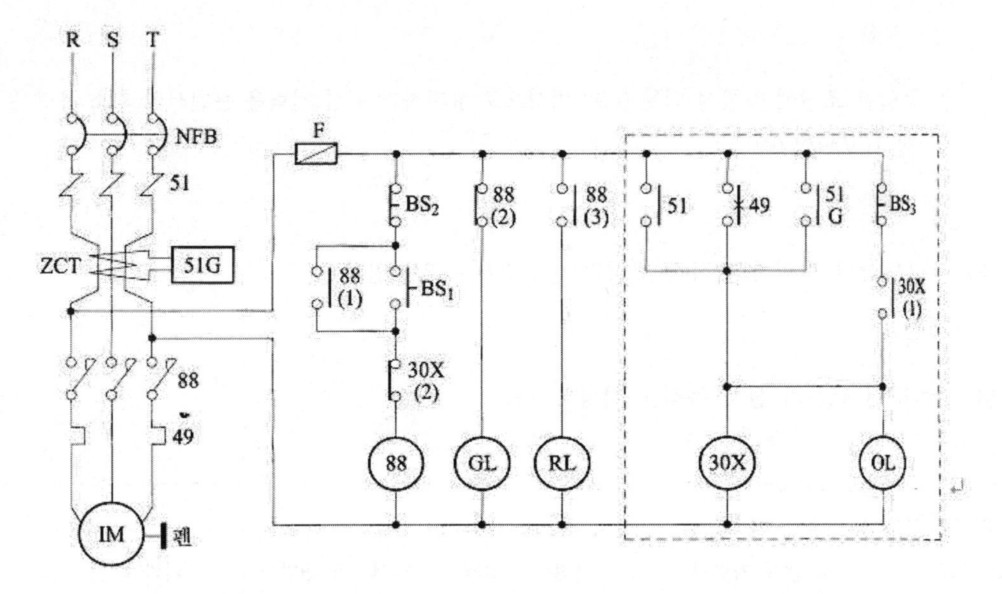

(1) 88은 MC로서 도면에서는 출력 기구이다. 도면에 표시된 기구에 대하여 다음에 해당되는 명칭을 그 약호로 쓰시오. (단, 중복은 없고, NFB, ZCT, IM, 팬은 제외하며, 해당되는 기구가 여러 가지 일 경우에는 모두 쓰도록 한다.)

① 고장 표시기수 :

② 고장 회복 확인 기구 :

③ 기동 기구 :

④ 정지 기구 :

⑤ 운전 표시 램프 :

⑥ 정지 표시 램프 :

⑦ 고장 표시 램프 :

⑧ 고장 검출 기구 :

(2) 그림의 점선으로 표시된 회로를 AND, OR, NOT 회로를 사용하여 로직 회로를 그리시오. 로직 소자는 3입력 이하로 한다.

|계|산|및|정|답|

(1) ① 고장 표시기수 : 30X

② 고장 회복 확인 기구 : BS_3

③ 기동 기구 : BS_1

④ 정지 기구 : BS_2

⑤ 운전 표시 램프 : RL

⑥ 정지 표시 램프 : GL

⑦ 고장 표시 램프 : OL

⑧ 고장 검출 기구 : 49, 51, 51G

(2) 로직회로 :

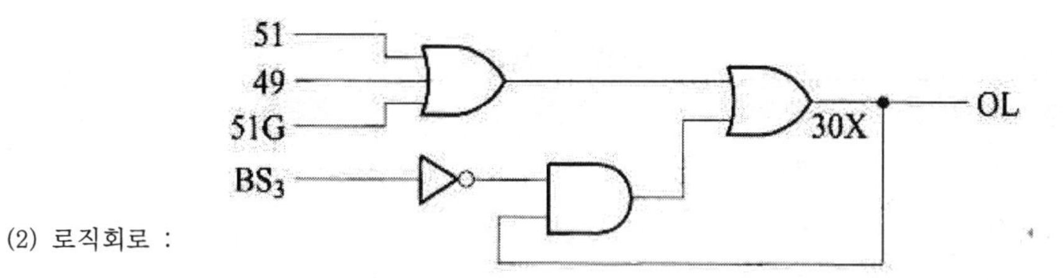

|추|가|해|설|

$30X = (51 + 49 + 51G) + (\overline{BS_3} \cdot 30X)$, $OL = 30X$

16

출제 : 09, 10년 • 배점 : 9점

어떤 건물의 연면적이 420[m^2]이다. 이 건물에 표준 부하를 적용하여 전등, 일반 동력 및 냉방 동력 공급용 변압기 용량은 각각 다음 표를 이용하여 구하시오. (단, 전등은 부하로서 역률은 1이며, 일반 동력, 냉방은 3상 부하로서 각각 역률은 0.95, 0.9이다.)

[표준 부하]

부하	표준 부하[W/m^2]	수용률 [%]
전등	30	75
일반 동력	50	65
냉방 동력	35	70

[변압기 용량]

상 별	용량[kVA]
단상	3, 5, 7.5, 10, 15, 20, 30, 50
3상	3, 5, 7.5, 10, 15, 20, 30, 50

(1) 전등용 변압기 용량[kVA]

•계산 : •답 :

(2) 일반 동력용 변압기 용량[kVA]

•계산 : •답 :

(3) 냉방 동력용 변압기 용량[kVA]

•계산 : •답 :

|계|산|및|정|답|

(1) 【계산】 전등용 변압기 용량 $Tr_1 = 420 \times 30 \times 0.75 \times 10^{-3} = 9.45[kW]$ 【정답】 단상 10[kVA] 선정

(2) 【계산】 일반 동력용 변압기 용량 $Tr_2 = \frac{420 \times 50 \times 0.65}{0.95} \times 10^{-3} = 14.368[kW]$ 【정답】 단상 15[kVA] 선정

(3) 【계산】 냉동 동력용 변압기 용량 $Tr_3 = \frac{420 \times 35 \times 0.7}{0.9} \times 10^{-3} = 11.433[kW]$ 【정답】 단상 15[kVA] 선정

|추|가|해|설|

변압기 용량[kVA] $= \frac{\text{건물의 연면적}[m^2] \times \text{표준부하}[W/m^2] \times \text{수용률}}{\text{역률}}$

02 2010년 전기산업기사 실기

01

출제 : 10년 • 배점 : 9점

3상 154[kV] 회로도와 조건을 이용하여 F점에서 단락 사고가 발생한 경우, 단락 전류 등을 154[kV], 100[MVA] 기준으로 계산하는 과정에 대한 다음 물음에 답하시오.

〈조 건〉

① 발전기 G_1 : $S_{G1} = 20[MVA]$, $\%Z_{G1} = 30[\%]$
　　　　G_2 : $S_{G2} = 5[MVA]$, $\%Z_{G1} = 30[\%]$

② 발전기 T_1 : 전압 $11/154[kA]$, 용량 : $20[MVA]$, $\%Z_{T1} = 10[\%]$
　　　　T_2 : 전압 $6.6/154[kA]$, 용량 : $5[MVA]$, $\%Z_{T2} = 10[\%]$

③ 송전 선로 : 전압 154[kV], 용량 : 20[MVA], $\%Z_{TL} = 5[\%]$

(1) 정격전압과 정격용량을 각각 154[kV], 100[MVA]로 할 때 정격전류(I_n)을 구하시오.

•계산 : 　　　　　　　　　　　•답 :

(2) 발전기(G_1, G_2), 변압기(T_1, T_2) 및 송전 선로의 %임피던스 $\%Z_{G1}$, $\%Z_{G2}$, $\%Z_{T1}$ $\%Z_{T2}$, $\%Z_{TL}$ 을 각각 구하시오.

•계산 : 　　　　　　　　　　　•답 :

(3) 점 F점에서의 협성%임피던스를 구하시오.

•계산 : 　　　　　　　　　　　•답 :

(4) 점 F점에서의 3상 단락전류 I_s를 구하시오.

•계산 : 　　　　　　　　　　　•답 :

(5) F점에 설치할 차단기의 용량을 구하시오.

•계산 : 　　　　　　　　　　　•답 :

|계|산|및|정|답|

(1) 【계산】 $I_n = \frac{P_n}{\sqrt{3}\,V_n} = \frac{100 \times 10^6}{\sqrt{3} \times 154 \times 10^3} = 374.903$ 【정답】 374.9[A]

(2) 【계산】 ① $\%Z_{G1} = \frac{100}{20} \times 30 = 150[\%]$ 【정답】 150[%]

② $\%Z_{G2} = \frac{100}{5} \times 30 = 600[\%]$ 【정답】 600[%]

③ $\%Z_{T1} = \frac{100}{20} \times 10 = 50[\%]$ 【정답】 50[%]

④ $\%Z_{T2} = \frac{100}{5} \times 10 = 200[\%]$ 【정답】 200[%]

⑤ $\%Z_{TL} = \frac{100}{20} \times 5 = 25[\%]$ 【정답】 25[%]

(3) 【계산】 $\%Z = \%Z_{TL} + \frac{(\%Z_{G1} + \%Z_{T1}) \times (\%Z_{G2} + \%Z_{T2})}{(\%Z_{G1} + \%Z_{T1}) + (\%Z_{G2} + \%Z_{T2})} = \frac{(150+50) \times (600+200)}{(150+50)+(600+200)} + 25 = 185[\%]$

【정답】 185[%]

(4) 【계산】 $I_s = \frac{100}{\%Z} \times I_n = \frac{100}{185} \times 374.9 = 202.648$ 【정답】 202.65[A]

(5) 【계산】 차단용량 $P_S = \sqrt{3} \times$정격전압$[kV] \times$정격차단전류$[kA]$ → (정격전압 = 공칭전압 $\times \frac{1.2}{1.1}$)

$= \sqrt{3} \times 154 \times 10^3 \times \frac{1.2}{1.1} \times 202.65 \times 10^{-6} = 58.97$ 【정답】 58.97[MVA]

|추|가|해|설|

(1) 정격전류 $I_n = \frac{P_n}{\sqrt{3}\,V_n}[A]$

(2) 발전기, 변압기 및 송전선로의 %임피던스 $\%Z_{G1}$, $\%Z_{G2}$, $\%Z_{T1}$, $\%Z_{T2}$, $\%Z_{TL}$을 100[MVA] 기준으로 환산한다. 이때 %임피던스는 기준 용량에 비례한다.

(4) 단락전류 $I_s = \frac{100}{\%Z} \times I_n$[A] → ($I_n$: 정격전류[A])

(5) 수전전압, 정격차단전류(단락전류)가 주어진 경우 3∅

정격차단용량[MVA]= $\sqrt{3} \times$정격전압[kV]$\times$정격차단전류(단락전류)[kVA] → (정격전압= 공칭전압 $\times \frac{1.2}{1.1}$)

02

출제 : 10년 • 배점 : 13점

다음은 정전 시 조치 사항이다. 점검 방법에 따른 알맞은 점검 절차를 보기에서 찾아 빈 칸을 채우시오.

〈보 기〉

- 수전용 차단기 개방
- 잔류 전하의 방전
- 단로기 또는 전력 퓨즈의 개방
- 단락 접지 용구의 취부
- 수전용 차단기의 투입
- 보호 계전기 및 시험 회로의 결선
- 보호 계전기 시험
- 저압 개폐기의 개방
- 검전의 실시
- 안전 표지류의 취부
- 투입 금지 표시찰 취부
- 구분 또는 분기 개폐기의 개방
- 고압 개폐기 또는 교류 부하 개폐기의 개방

점검 순서	점검 절차	점검 방법
1	①	(1) 개방하기 전에 연락 책임자와 충분한 협의를 실시하고 정전에 의하여 관계되는 기기의 장애가 없다는 것을 확인한다. (2) 동력 개폐기를 개방한다. (3) 전등 개폐기를 개방한다.
2	②	수동(자동) 조작으로 수전용 차단기를 개방한다.
3	③	고압 고무장갑을 착용하고, 고압 검진기로 수전용 차단기의 부하측 이후를 3상 모두 검진하고 무전압 상태를 확인한다.
4	④	(책임분계점의 구분개폐기 개방의 경우) (1) 지락계전기가 있는 경우는 차단기와 연동 시험을 실시한다. (2) 지락계전기가 없는 경우는 수동 조작으로 확실히 개방한다. (3) 개방한 개폐기의 조작봉(끈)은 제3자가 조작하지 않도록 높은 장소에 확실히 매어(lock) 놓는다.
5	⑤	개방한 개폐기의 조작봉을 고정하는 위치에서 보이기 쉬운 개소에 취부한다.
6	⑥	원칙적으로 첫 번째 상부터 순서대로 확실하게 충분한 각도로 개방한다.
7	⑦	고압 케이블 및 콘덴서 등의 측정 후 잔류 전하를 확실히 방전한다.
8	⑧	(1) 단락접지용구를 취부할 경우는 우선 먼저 접지 금구를 접지선에 취부한다. (2) 다음에 단락 접지 용구의 훅크부를 개방한 DS 또는 LBS 전원측 각 상에 취부한다. (3) 안전 표지판을 취부하여 안전 작업이 이루어지도록 한다.
9	⑨	공중이 들어가지 못하도록 위험 구역에 안전 네트(망) 또는 구획로프 등을 설치하여 위험 표시를 한다.
10	⑩	(1) 릴레이 측과 CT측을 회로 테스터 등으로 확인한다. (2) 시험 회로의 결선을 실시한다.
11	⑪	시험 전원용 변압기 이외의 변압기 및 콘덴서 등의 개폐기를 개방한다.
12	⑫	수동(자동) 조작으로 수전용 차단기를 투입한다.
13	⑬	보호 계전기 시험 요령에 의해 실시한다.

|계|산|및|정|답|

① 저압 개폐기의 개방
② 수전용 차단기 개방
③ 검전의 실시
④ 구분 또는 분기 개폐기의 개방
⑤ 투입 금지 표지찰 취부
⑥ 단로기 또는 전력 퓨즈의 개방
⑦ 전류 전하의 개방
⑧ 단락 접지 용구의 취부
⑨ 안전 표지류의 취부
⑩ 보호 계전기 및 시험 회로의 결선
⑪ 고압 개폐기 또는 교류 부하 개폐기의 개방
⑫ 수전용 차단기의 투입
⑬ 보호 계전기 시험

03

출제 : 10년 • 배점 : 5점

주어진 조건에 따라 아래 물음에 답하시오.

차단기의 명판에 BIL 150[kV], 정격 차단 전류 20[kV]라고 기재되어 있는 차단기(VB)의 정격 전압은?

·계산 : ·답 :

|계|산|및|정|답|

【계산】 BIL=절연계급(E)×5+50[kV], 150=5E+50, E=20[kV]

공칭전압=절연계급×1.1[kV]에서

공칭전압 $= 20 \times 1.1 = 22$[kV]

∴ 정격전압 $V_n =$ 공칭전압 $\times \frac{1.2}{1.1} = 22 \times \frac{1.2}{1.1} = 24$[kV]

【정답】 24[kV]

|추|가|해|설|

BIL(Basic Impulse Insulation Level)은 절연계급 20호 이상의 비유효접지계에 대하여

(유입변압기) BIL = 절연계급 × 5 + 50[kV], 즉 20호의 경우 : 20 × 5 + 50 = 150[kV]

여기서 절연계급은 공칭전압에 대하여 정해지는데 공칭전압이 3.3[kV]이면 3A, 3B로 구분되며 22[kV] (22.9[kV])인 경우는 20A, 20B, 20S로 정해지나 A(표준레벨) 및 B(저레벨)의 절연계급이 있고 저레벨 B의 절연계급은 뇌서지의 침입빈도가 적을 때 혹은 피뢰기의 보호장치에 의해 이상 전압이 충분히 낮은 레벨로 억제되어 있을 때에 적용된다.

또한 공칭전압 22[kV](22.9[kV]) 이상의 계통에서 S가 붙은 절연계급은 피뢰기의 보호범위 밖에서 사용하는 콘덴서 계기용 변압기 등에 적용된다.

04

출제 : 10년 • 배점 : 5점

송전용량 5000[kVA], 부하 역률 80[%]에서 4000[kW]까지 공급 할 때, 부하 역률을 95[%]로 개선할 때 개선 전 80[%]에 비하여 공급 가능한 용량 [kW]는?

•계산 : •답 :

|계|산|및|정|답|

【계산】 역률 개선 후의 유효 전력 $P_2 = P_a \cos\theta = 5000 \times 0.95 = 4750[kW]$이므로

증가시킬 수 있는 유효 전력은 $\Delta P = P' - P$=4750−4000=750[kW]이다.

【정답】 750[kW]

|추|가|해|설|

· 역률 개선 후 공급전력 증가분 $\Delta P = P_a \times (\cos\theta_2 - \cos\theta_1)$

05

출제 : 10년 • 배점 : 6점

제5고조파로부터 역률 개선용 콘덴서를 보호하기 위하여 직렬 리액터를 설치하고자 한다. 콘덴서의 용량이 500[kVA]라고 할 때 이론상 필요한 직렬 리액터의 용량을 계산하고, 실제로는 몇 [kVA]의 직렬 리액터를 설치하여야 하는지를 명시하시오.

(1) 이론상 필요한 직렬 리액터이 용량을 구하시오.

•계산 : •답 :

(2) 실제적으로 설치할 리액터의 용량과 여유를 쓰시오.

•계산 :

•이유 :

|계|산|및|정|답|

(1) 【계산】 리액터용량 $=500 \times 0.04 = 20[kVA]$ 【정답】 20[kVA]

(2) 【리액터의 용량】 $500 \times 0.06 = 30[kVA]$

【이유】 공진텝에서 벗어나게 하기 위하여

|추|가|해|설|

콘덴서 리액턴스의 4[%] 이상 되는 직렬리액턴스의 리액턴스가 필요하게 된다. 실제로는 주파수의 변동이나 경제적인 면에서의 6[%]를 표준으로 하고 있다. 단, 제3고조파가 존재할 때는 13[%] 가량의 직렬리액턴스를 넣을 수도 있다.

06 출제 : 08, 10년 • 배점 : 6점

그림은 갭형과 갭레스형 피뢰기의 각 부분의 명칭을 답란에 쓰시오.

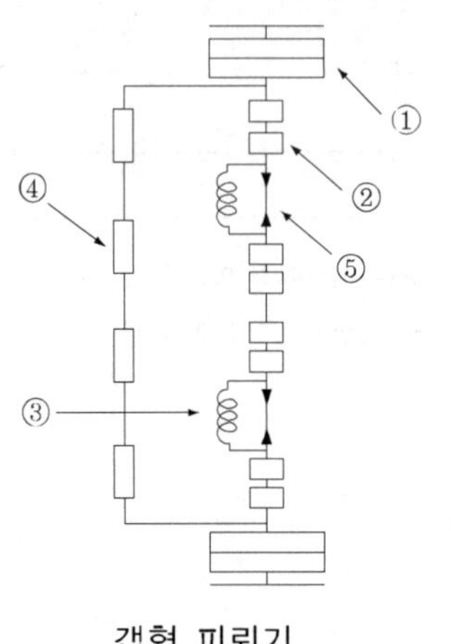

갭형 피뢰기

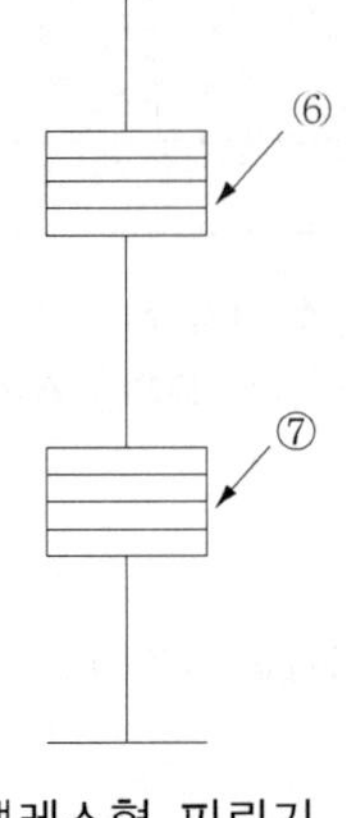

갭레스형 피뢰기

|계|산|및|정|답|

① 특성 요소 ② 주갭 ③ 소호 코일 ④ 분로 저항

⑤ 측로갭 ⑥ 특성 요소 ⑦ 특성 요소

|추|가|해|설|

[피뢰기의 구조]

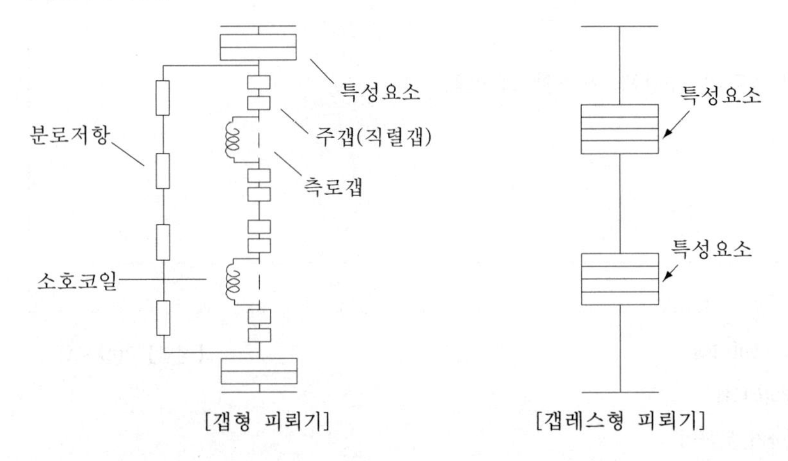

① 직렬갭: 뇌전류를 대지로 방전시키고 속류를 차단한다.

② 특성요소: 뇌전류 방전 시 피뢰기 자신의 전위 상승을 억제하여 자신의 절연 파괴를 방지한다.

07

출제 : 03, 10년 • 배점 : 5점

콘센트 심벌 명칭

심벌	◐LK	◐ET	◐EX	◐H	◐EL
명 칭					

|계|산|및|정|답|

심벌	◐LK	◐ET	◐EX	◐H	◐EL
명 칭	빠짐 방지형	접지 단자붙이	방폭형	의료형	누전 차단기붙이

|추|가|해|설|

[콘센트]

명 칭	그림기호	적 요
콘센트	◐	① 천장에 부착하는 경우는 다음과 같다. 보기 ⊙ ② 바닥에 부착하는 경우는 다음과 같다. 보기 ⊙ ③ 용량의 표시 방법은 다음과 같다. ·15[A]는 방기하지 않는다. ·20[A] 이상은 암페어 수를 방기한다. 보기 ◐20A ④ 2구 이상인 경우는 구수를 방기한다. 보기 ◐2 ⑤ 3극 이상인 것은 극수를 방기한다. 3극은 3P, 4극은 4P ⑥ 종류를 표시하는 경우 벽붙이용 보기 ◐ 빠짐 방지형 보기 ◐LK 걸림형 보기 ◐T 접지극붙이 보기 ◐E 접지단자붙이 보기 ◐ET 누전 차단기붙이 보기 ◐EL ⑦ 방폭형은 EX를 방기한다. 보기 ◐EX ⑧ 의료용은 H를 방기한다. 보기 ◐H ⑨ 방수형은 WP를 방기한다. 보기 ◐WP

08 출제 : 10년 • 배점 : 5점

다음 그림은 PLC 프로그램 명령어 중 반전 명령어(*, NOT)를 사용했을 때의 도면이다. 반전 명령어를 사용하지 않을 때의 래더 다이어그램을 작성하시오.

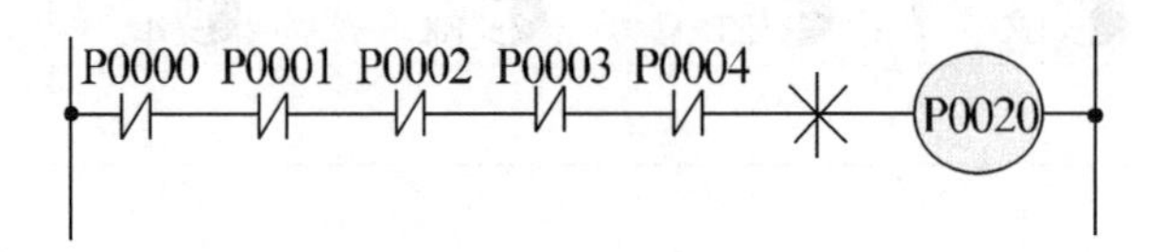

· 반전 명령어를 사용하지 않을 때의 래더 다이어그램

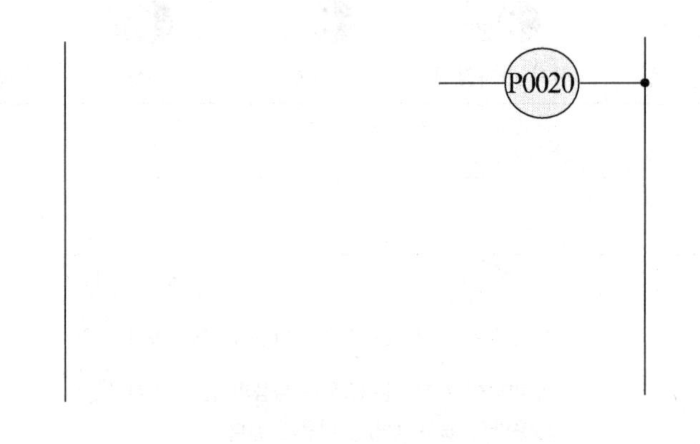

| 계 | 산 | 및 | 정 | 답 |

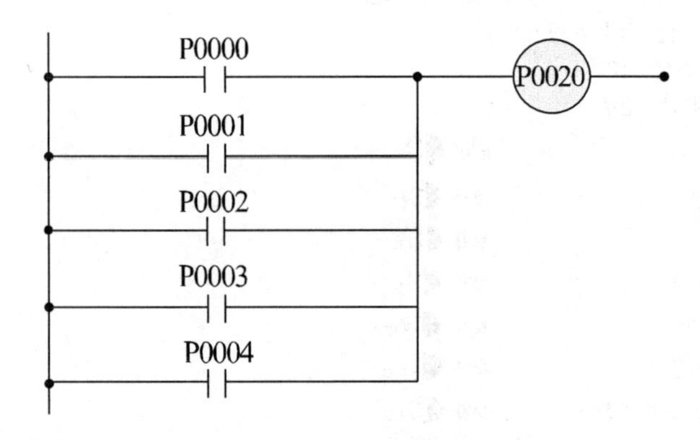

| 추 | 가 | 해 | 설 |

논리회로 $P0020 = \overline{\overline{P0000} \cdot \overline{P0001} \cdot \overline{P0002} \cdot \overline{P0003} \cdot \overline{P0004}}$

드모르간의 법칙을 이용 → (드모르간의 법칙: $(\overline{A+B} = \overline{A} \cdot \overline{B},\ \overline{A \cdot B} = \overline{A} + \overline{B})$

$P0020 = P0000 + P0001 + P0002 + P0003 + P0004$

09

출제 : 10년 • 배점 : 6점

주상 변압기의 고압 측 사용 탭이 6600[V]이고, 저압 측의 전압이 190[V]였다. 저압 측의 전압을 220[V]로 유지하기 위해서 고압 측의 사용 탭은 얼마로 하여야 하는가? (단, 변압기의 정격전압은 6600/210[V]이다.)

•계산 : •답 :

|계|산|및|정|답|

【계산】 고압측의 탭전압 $E_1 = \frac{V_1}{V_2} \times E_2 = \frac{6600}{200} \times 190 = 6270[V]$

그러므로 탭(tap) 전압이 표준값인 6300[V] 탭(Tap)으로 선정한다. 【정답】 6300[V]

|추|가|해|설|

권수비 $a = \frac{N_1}{N_2} = \frac{6600}{210} = \frac{V_1}{V_2}$에서 2차측전압, 즉 V_2가 190[V]일 때의 1차측 전압 V_1

$$V_1 = \frac{6600}{210} \times 190[V]$$

2차측 전압을 200[V]로 하는 권수비 a'를 구하면, $a' = \frac{V_1}{V_2'} = \frac{\frac{6600}{210} \times 190}{200} = \frac{6600 \times 190}{200 \times 210}$

따라서 변압기 1차측의 새로운 탭정압 $N_1' = a'N_2 = \frac{6600 \times 190}{200 \times 210} \times 210 = \frac{190}{200} \times 6600 = 6270[V]$

10

출제 : 10년 • 배점 : 5점

어느 기기의 역률이 0.9이면, 이 기기의 무효율은 얼마인가?

•계산 : •답 :

|계|산|및|정|답|

(1) 【계산】 무효율 $\sin\theta = \sqrt{1 - \cos^2\theta} \times 100 = \sqrt{1 - 0.9^2} \times 100 = 0.4358898 \times 100 = 43.58898[\%]$

$\rightarrow (\cos^2\theta + \sin^2\theta = 1$

【정답】 43.59[%]

11 출제 : 09, 10년 • 배점 : 5점

그림은 자동차 차고의 셔터 회로이다. 셔터를 열 때 셔터에 빛이 비치면 PHS에 의해 자동으로 열리고, 또한 PB_1를 조작해도 열린다. 셔터를 닫을 때는 PB_2를 조작하면 된다. 리미트 스위치 LS_1은 셔터의 상한용이고, LS_2는 셔터의 하한용이다. 다음에 답하시오.

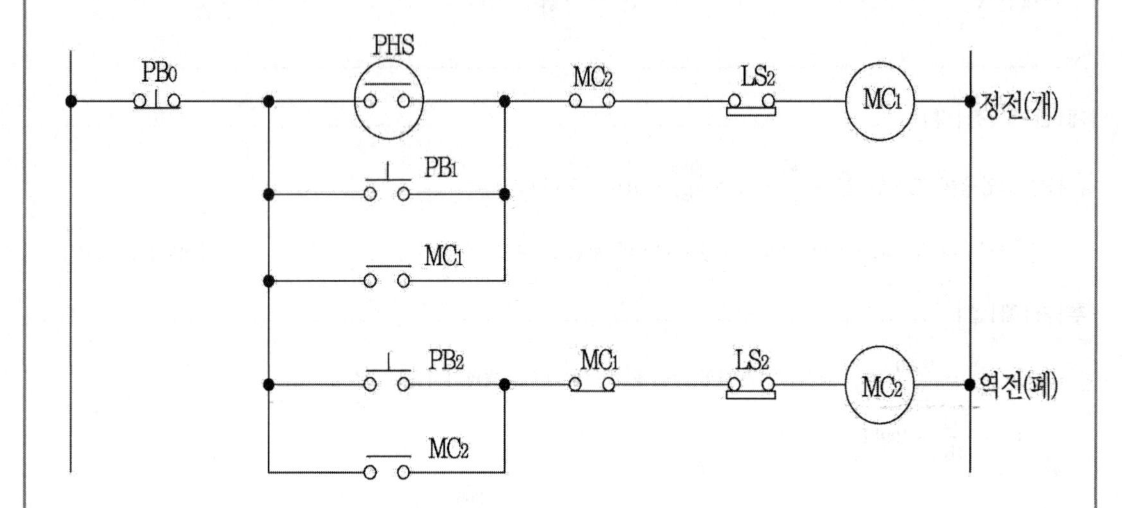

(1) MC_1, MC_2의 a접점은 어떤 역할을 하는 접점인가?

(2) MC_1, MC_2의 b접점은 어떤 역할을 하는 접점인가?

(3) LS_1, LS_2를 우리말 명칭은?

(4) PHS(또는 PB_1)과 PB_2를 답지의 타임 차트와 같이 ON 조작하였을 때의 타임 차트를 완성하시오.

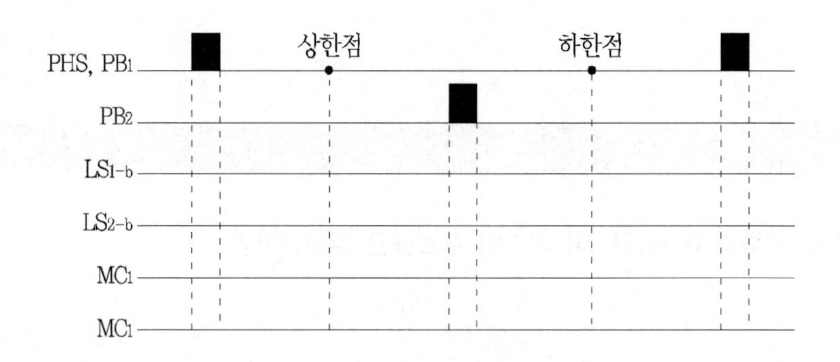

|계|산|및|정|답|

(1) 자기 유지 접점

(2) 인터록(동시 투입 방지)

(3) 리미트 스위치

(4)

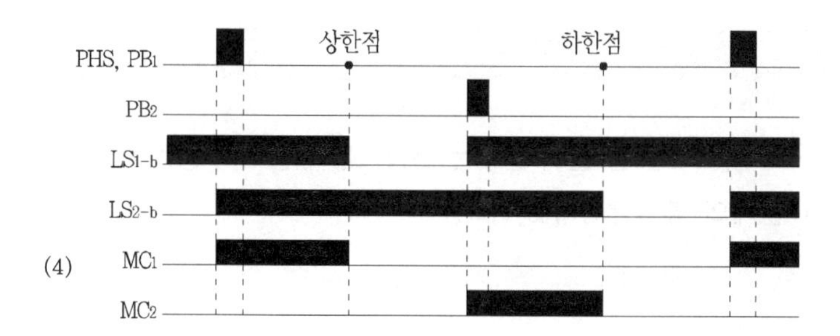

12 출제 : 09, 10년 • 배점 : 5점

전력용 콘덴서는 수동 조작과 자동 조작이 있다. 자동 조작 방식을 제어 요소에 따라 분류할 때 그 제어 요소 5가지는?

|계|산|및|정|답|

① 특정 부하의 개폐 신호에 의한 제어
② 프로그램에 의한 제어
③ 수전점의 무효 전력에 의한 제어
④ 수전점 역률에 의한 제어
⑤ 모선의 전압에 의한 제어
⑥ 부하전류에 의한 제어

13 출제 : 10년 • 배점 : 5점

2000[lm]의 광속을 복사하는 전등 30개를 이용하여 면적 100[m^2]의 사무실에 설치하려고 한다. 조명률 0.5, 감광 보상률 1.5(보수율 0.667)일 때 사무실의 평균 조도[lx]를 구하시오.

·계산 : ·답 :

|계|산|및|정|답|

【계산】 $E=\dfrac{NFU}{AD}=\dfrac{30\times2000\times0.5}{100\times1.5}=200\,[\text{lx}]$

여기서, E : 평균 조도[lx] F : 램프 1개당 광속[lm], N : 램프 수량[개] D : 감광 보상률

A : 방의 면적[m^2](방의 폭×길이), ($D=\dfrac{1}{M}$ (M : 보수율))

【정답】 200[lx]

14 · 출제 : 10년 • 배점 : 5점

권상 하중이 18[t]이고, 매 분당 6.5[m]의 속도로 물을 끌어 올리는 권상기용 전동기의 용량[kW]을 구하시오, (단, 전동기를 포함한 전체의 효율은 73[%]이다.)

·계산 : ·답 :

|계|산|및|정|답|

【계산】 $P=\frac{WV}{6.12\eta}=\frac{18\times6.5}{6.12\times0.73}=26.188$[kW]

여기서, W : 권상용량[ton], V : 권상속도[m/min], η : 효율) 【정답】 26.19[kW]

|추|가|해|설|

권상기용 전동기 출력 $P=C\frac{W\cdot V}{6.12\eta}[kW]$

여기서, P : 전동기 출력[kW], W : 권상기 중량[ton], η : 효율, V : 권상기 속도[m/min], C : 여유율

15 출제 : 10년 • 배점 : 14점

주어진 진리값 표는 3개의 리미트 스위치 LS_1, LS_2, LS_3에 입력을 주었을 때 출력 X와의 관계표이다. 이 표를 이용하여 다음 각 물음에 답하시오.

LS_1	LS_2	LS_3	X
0	0	0	0
0	0	1	0
0	1	0	0
0	1	1	1
1	0	0	0
1	0	1	1
1	1	0	1
1	1	1	1

(1) 진리값 표를 이용하여 다음과 같은 Karnaugh도를 완성하시오.

LS_3 \ LS_1, LS_2	0 0	0 1	1 1	1 0
0				
1				

(2) 물음 (1)의 Karnaugh도에 대한 논리식을 쓰시오.

(3) 진리값과 물음 (2)항의 논리식을 이용하여 이것을 무접점 회로도로 표시하시오.

|계|산|및|정|답|

(1)

LS_3 \ LS_1, LS_2	0 0	0 1	1 1	1 0
0	0	0	1	0
1	0	1	1	1

(2) $X = LS_1 LS_2 + LS_2 LS_3 + LS_1 LS_3$

(3)

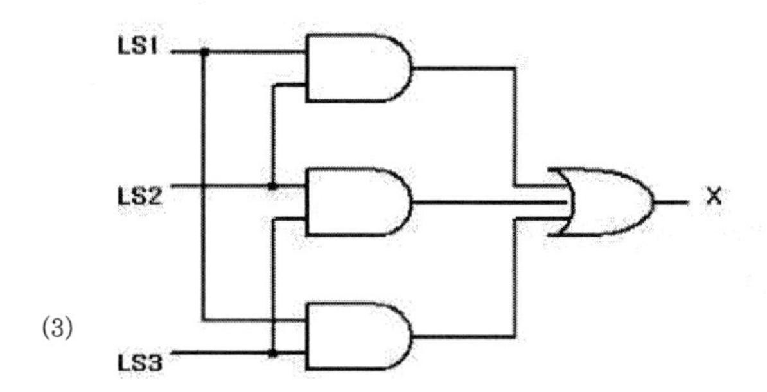

|추|가|해|설|

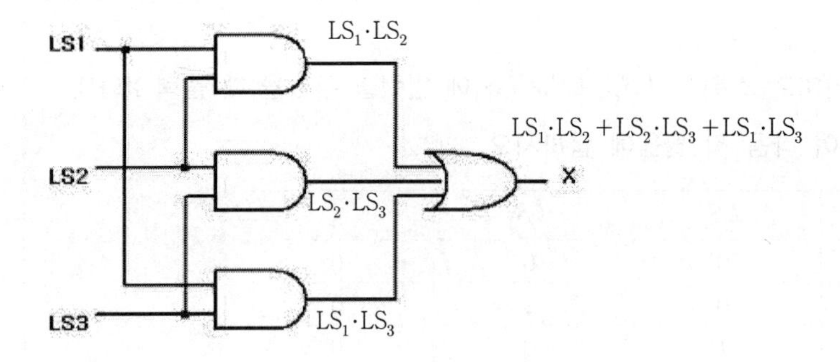

16 출제 : 10년 • 배점 : 8점

그림과 같은 계통에서 측로 단로기 DS_3을 통하여 부하에 공급하고 차단기 CB를 점검하고자 할 때 다음 각 물음에 답하시오. (단, 평상시에 DS_3는 열려 있는 상태임)

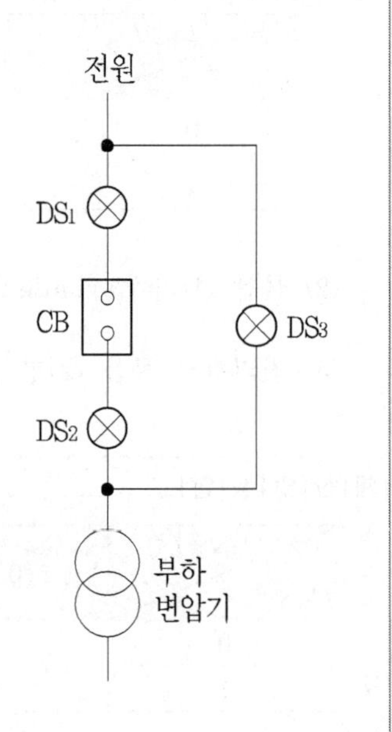

(1) 차단기 점검을 하기 위한 기기의 조작 순서를 쓰시오.

(2) CB의 점검이 완료된 후 정상 상태로 전환 시의 조작 순서를 쓰시오.

(3) 도면과 같은 설비에서 차단기 CB의 점검 작업 중 발생할 수 있는 문제점을 설명하고 이러한 문제점을 해소하기 위한 방안을 설명하시오.

·문제점 : ·해소 방안 :

|계|산|및|정|답|

(1) $DS_3(ON) \rightarrow CB(OFF) \rightarrow DS_2(OFF) \rightarrow DS_1(OFF)$

(2) $DS_2(ON) \rightarrow DS_1(ON) \rightarrow CB(ON) \rightarrow DS_3(OFF)$

(3) 【문제점】 차단기가 투입된 상태에서 단로기를 투입하거나 개방하면 위험

【해소 방안】 인터록 장치를 한다. 단로기에 잠금 장치

03 2010년 전기산업기사 실기

01

출제 : 10년 • 배점 : 5점

정격출력 300[kVA], 역률 80[%]인 전동기 회로에 역률 개선용 콘덴서를 설치하여 역률 90[%]로 개선하기 위하여 다음 표를 이용하여 콘덴서 용량을 구하시오.

[표] 역률 환산표 k[%]

개선 전의 역률	개선 후의 역률																
	1.0	0.99	0.98	0.97	0.96	0.95	0.94	0.93	0.92	0.91	0.9	0.875	0.85	0.825	0.8	0.775	0.75
0.4	230	216	210	205	201	197	194	190	187	184	182	175	168	161	155	149	142
0.425	213	198	192	188	184	180	176	173	170	167	164	157	151	144	138	131	124
0.45	198	183	177	173	168	165	161	158	155	152	149	142	136	129	123	116	110
0.475	185	171	165	161	156	153	149	146	143	140	137	130	123	116	110	104	98
0.5	173	159	153	148	144	140	137	134	130	128	125	118	111	104	93	92	85
0.525	162	148	142	137	133	129	126	122	119	117	114	107	100	93	87	81	74
0.55	152	138	132	127	123	119	116	112	109	106	104	97	90	87	77	71	64
0.575	142	128	122	117	114	110	106	103	99	96	94	87	80	74	67	60	54
0.6	133	119	113	108	104	101	97	94	91	88	85	78	71	65	58	52	46
0.625	125	111	105	100	96	92	89	85	82	79	77	70	63	56	50	44	37
0.65	117	103	97	92	88	84	81	77	74	71	69	62	55	48	42	36	29
0.675	109	95	89	84	80	76	73	70	66	64	61	54	47	40	34	28	21
0.7	102	88	81	77	73	69	66	62	59	56	54	46	40	33	27	20	14
0.725	95	81	75	70	66	62	59	55	52	49	46	39	33	26	20	13	7
0.75	88	74	67	63	58	55	52	40	45	43	40	33	26	29	13	6.5	
0.775	81	67	61	57	52	49	45	42	39	36	33	26	19	12	6.5		
0.8	75	61	54	50	46	42	39	35	32	29	26	19	13	6			
0.825	69	54	48	44	40	36	33	29	26	23	19	14	7				
0.85	62	48	42	37	33	29	26	22	19	16	14	7					
0.875	55	41	36	30	26	23	19	16	13	10	7						
0.9	48	34	28	23	19	16	12	9	6	2.8							

|계|산|및|정|답|

역률 0.8에서 0.9로 개선하기 위한 K값은 표에서 K=0.27

따라서, 필요한 콘덴서의 용량 $Q = KP = 0.27 \times 300 \times 0.8 = 64.8[kVA]$

→ $(P[kW] \times K = (P_s[kVA] \times \cos\theta) \times K$

02 출제 : 00, 10년 • 배점 : 11점

어떤 변전실에서 그림과 같은 일부하 곡선 A, B, C인 부하에 전기를 공급하고 있다. 이 변전실의 총 부하에 다한 다음 각 물음에 답하시오. (단, A, B, C의 역률은 시간에 관계없이 각각 80[%], 100[%] 및 60[%]이며, 그림에서 부하 전력은 부하 곡선의 수치에 10^3을 한다는 의미이다. 즉, 수직측의 5는 $5\times10^3\,[kW]$라는 의미이다.)

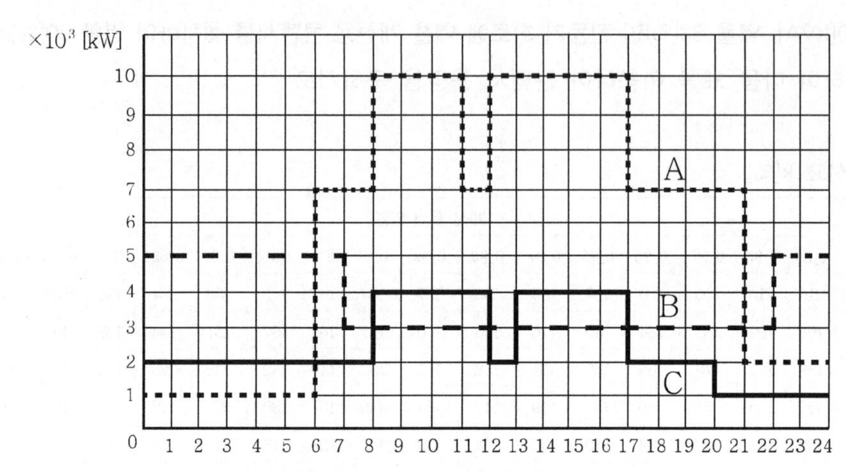

※ 부하전력은 부하곡선의 수치에 10^3을 한다는 의미임.
즉, 수직축의 5는 5×10^3 [kW]라는 의미임.

(1) 합성 최대 전력은 몇 [kW]인가?

•계산 : •답 :

(2) A, B, C 각 부하에 대한 평균 전력은 몇 [kW]인가?

•계산 : •답 :

(3) 총부하율[%]은 얼마인가?

•계산 : •답 :

(4) 부등률은 얼마인가?

•계산 : •답 :

(5) 최대 부하일 때의 합성 총 역률은 몇 [%]인가?

•계산 : •답 :

|계|산|및|정|답|

(1) 【계산】 합성최대전력 $P=(10+4+3)\times10^3=17\times10^3\,[kW]$ 【정답】 17×10^3 [kW]

(2) 【계산】 $A=\frac{[(1\times6)+(7\times2)+(10\times3)+(7\times1)+(10\times5)+(7\times4)+(2\times3)]\times10^3}{24}=5.88\times10^3[kW]$

$B=\frac{[(5\times7)+(3\times15)+(5\times2)]\times10^3}{24}=3.75\times10^3[kW]$

$C=\frac{[(2\times8)+(4\times4)+(2\times1)+(4\times4)+(2\times3)+(1\times4)]\times10^3}{24}=2.5\times10^3[kW]$

【정답】 A : 5.88×10^3[kW], B : 3.75×10^3[kW], C : 2.5×10^3[kW]

(3) 【계산】 $\text{종합 부하율}=\frac{\text{평균 전력}}{\text{합성 최대 전력}}\times100$

$=\frac{A,\ B,\ C\ \text{각 평균 전력의 합계}}{\text{합성 최대 전력}}\times100=\frac{(5.88+3.75+2.5)\times10^3}{17\times10^3}\times100=71.35[\%]$

【정답】 71.35[%]

(4) 【계산】 $\text{부등율}=\frac{A,\ B,\ C\ \text{최대 전력의 합계}}{\text{합성 최대 전력}}=\frac{(10+5+4)\times10^3}{17\times10^3}=1.12$ 【정답】 1.12

(5) 【계산】 최대 부하 시 Q를 구한다.

$$Q=\frac{10\times10^3}{0.8}\times0.6+\frac{3\times10^3}{1}\times0+\frac{4\times10^3}{0.6}\times0.8=12833.33[kVar]$$

$$\cos\theta=\frac{P}{\sqrt{P^2+Q^2}}=\frac{17000}{\sqrt{17000^2+12833.33^2}}\times100=79.81[\%]$$

【정답】 79.81[%]

|추|가|해|설|

① $\text{평균전력}=\frac{\text{전력사용시간}}{\text{사용시간}}$

② 유효전력 $P=P_a\cos\theta$ → (P_a : 피상전력, $\cos\theta$: 역률)

③ 무효전력 $Q=P_a\sin\theta=\frac{P}{\cos\theta}\times\sin\theta$

④ 역률 $\cos\theta=\frac{P}{P_a}=\frac{P}{\sqrt{P^2+Q^2}}$

⑤ $\text{부하율}=\frac{\text{평균 수요 전력[kW]}}{\text{합성 최대 수요 전력[kW]}}\times100[\%]$

⑥ $\text{수용률}=\frac{\text{최대 수용전력[kV]}}{\text{(총)부하설비용량[kW]}}\times100[\%]$

⑦ $\text{부등률}(\geq1)=\frac{\text{각 부하의 최대수용전력의 합계[kVA]}}{\text{부하를 종합하였을 때의 합성최대수용전력[kVA]}}$

03

출제 : 07, 10년 • 배점 : 4점

권수비가 33인 PT와 20인 CT를 그림과 같이 단상 고압 회로에 접속했을 때 전압계 Ⓥ와 전류계 Ⓐ 및 전력계 Ⓦ의 지시가 98[V], 4.2[A], 352[W]이었다면 고압 부하의 역률은 몇 [%]가 되겠는가? (단, PT의 2차 전압은 110[V], CT의 2차 전류는 5[A]이다.)

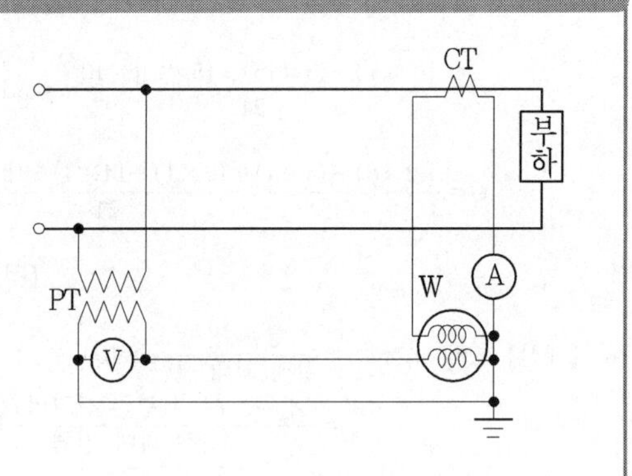

·계산 : ·답 :

|계|산|및|정|답|

【계산】 역률 $\cos\theta = \frac{P[\mathrm{W}]}{VI[\mathrm{VA}]} \times 100 = \frac{352}{98 \times 4.2} \times 100 = 85.52[\%]$ 【정답】 85.52[%]

|추|가|해|설|

역률 $\cos\theta = \frac{P}{P_a} = \frac{P}{VI}$ → (피상전력 $P_a = VI[VA]$)

04

출제 : 10년 • 배점 : 5점

LS, DS, CB가 그림과 같이 설치되었을 때의 조작 순서를 차례로 쓰시오.

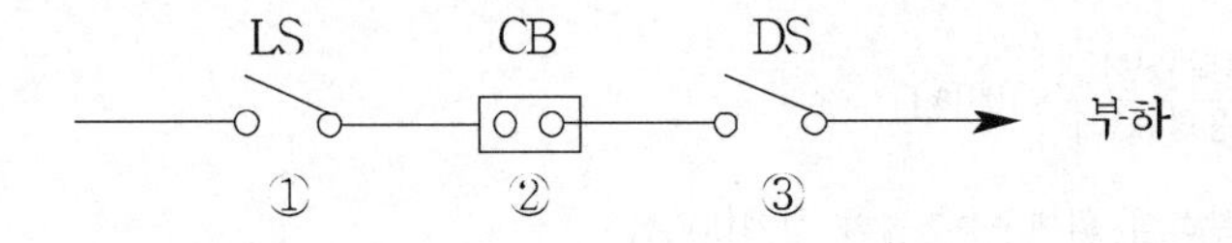

(1) 투입(ON) 시의 조작 순서

(2) 차단(OFF) 시의 조작 순서

|계|산|및|정|답|

(1) ③ - ① - ②
(2) ② - ③ - ①

05 출제 : 10, 12년 • 배점 : 5점

유입 변압기와 비교한 몰드 변압기의 장점 5가지 쓰시오.

|계|산|및|정|답|

① 난연성, 절연의 신뢰성이 좋다.

② 코로나 특성 및 임펄스 강도가 높다.

③ 소형, 경량화 할 수 있다.

④ 전력 손실이 감소된다.

⑤ 단시간 과부하 내량이 크다.

|추|가|해|설|

[유입, 건식, 몰드 변압기의 특성 비교]

구분	몰드	건식	유입
기본 절연	고체	기체	액체
절연 구성	에폭수지+무기물충전제	공기, MICA	크레프크지 광유물
내열 계급	B종 : 120[℃] F종 : 150[℃]	H종 : 180[℃]	A종 : 105[℃]
권선 허용 온도 상승 한도	금형방식 : 75[℃] 무금형방식 : 150[℃]	120[℃]	절연유 : 55[℃] 권선 : 50[℃]
단시간 과부하 내량	200[%] 15분	150[%] 15분	
전력 손실	작다	작다	크다
소음	중	대	소
연소성	난연성	난연성	가연성
방재 안정성	매우 강함	강함	개방형-흡습가능
내습 내진성	흡습 가능	흡습 가능	강함
단락 강도	강함	강함	매우 강함
외형 치수	소	대	대
중량	소	중	대
충격파 내 전압 (22[kV]의 경우)	95[kV]	95[kV]	150[kV]
초기 설치비	×	×	○
운전 경비	○	○	×

06

출제 : 09, 10년 • 배점 : 5점

차단기 트립회로 전원방식의 일종으로서 AC전원을 정류해서 콘덴서에 충전시켜 두었다가 AC 전원 정전 시 차단기의 트립전원으로 사용하는 방식을 무엇이라 하는가?

|계|산|및|정|답|

CTD 방식(콘덴서 트립 방식)

|추|가|해|설|

[차단기의 트립방식]
차단기를 트립시키는 방식은 다음과 같은 것이 있으며, 그 선정에는 보호해야 할 대상 및 트립 전원을 명확히 할 필요가 있다.

① 콘덴서 트립방식: 충전된 콘덴서의 에너지에 의하여 트립되는 방식

② 과전류 트립방식: 차단기의 주회로에 접속된 변류기의 2차 전류에 의하여 차단기가 트립되는 방식으로 현재는 거의 사용되지 않는다.

③ 부족전압 트립: 부족 전압 트립 장치에 인가되어 있는 전압의 저하에 의하여 차단기가 트립되는 방식

④ 직류 전압 트립: 별도로 설치된 축전지 등의 제어용 직류 전원의 에너지에 의하여 트립되는 방식

07

출제 : 01, 10년 • 배점 : 5점

평면도와 같은 건물에 대한 전기배선을 설계하기 위하여 전등 및 소형 전기기계기구의 부하용량을 상정하여 부기회로수를 결정하고자 한다. 주어진 평면도와 표준부하를 이용하여 최대부하용량을 상정하고 최소분기 회로수를 결정하시오. (단, 분기회로는 15[A] 분기회로이며 배전전압은 220[V]를 기준하고, 적용 가능한 부하는 최대값으로 상정할 것)

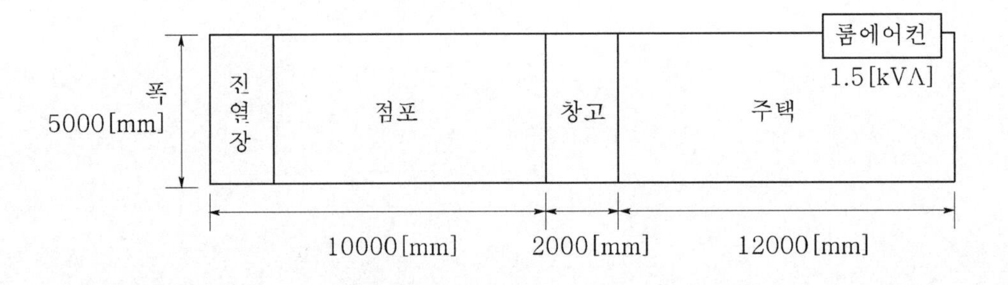

[참고사항]

· 설비부하 용량은 다만 '①'와 '②'에 표시하는 종류 및 그 부분에 해당하는 표준 부하에 바닥면적을 곱한 값을 '③'에 표시하는 건물 등에 대응하는 표준부하 [VA]를 가한 값으로 할 것

① 건물의 종류에 대응한 표준부하

건축물의 종류	표준부하[VA/m^2]
공장, 공회당, 사원, 교회, 극장, 영화관, 연회장 등	10
기숙사, 여관, 호텔, 병원, 학교, 음식점, 다방, 대중목욕탕	20
주택, 아파트, 사무실, 은행, 상점, 이발소, 미장원	30

【비고 1】 건물이 음식점과 주택 부분의 2종류로 될 때에는 각각 그에 따른 표준부하를 사용할 것
【비고 2】 학교와 같이 건물의 일부분이 사용되는 경우에는 그 부분만을 적용한다.

② 건물(주택, 아파트 제외) 중 별도 계산할 부분의 표준부하

건축물의 부분	표준부하[VA/m^2]
복도, 계단, 세면장, 창고, 다락	5
강당, 관람석	10

③ 표준부하에 따라 산출한 수치에 가산하여야 할 [VA]수

· 주택, 아파트(1세대마다)에 대하여는 1,000~500[VA]
· 상점의 진열장에 대해서는 진열장 폭 1[m]에 대하여 300[VA]
· 옥외의 광고등, 전광사인등의 [VA]수
· 극장, 댄스홀 등의 무대조명, 영화관 등의 특수 전등부하의 [VA]수

④ 예상이 곤란한 콘센트, 틀어 끼우는 접속기, 소켓 등이 있을 경우에라도 이를 상정하지 않는다.

|계|산|및|정|답|

① 건물의 종류에 대응한 부하용량

·점포 : $10 \times 5 \times 30 = 1500[VA]$

·주택 : $12 \times 5 \times 30 = 1800[VA]$

② 건물 중 별도의 계산할 부분의 부하용량

·창고 : $2 \times 5 \times 5 = 50[VA]$

③ 표준부하에 따라 산출한 수치에 가산하여야 할 VA수

·주택 1세대 : 100[VA](적용 가능한 최대부하로 상정)

·진열장 : $5 \times 300 = 1500[VA]$

·룸 에어컨 : 1500[VA]

따라서 최대부하용량 $P = 1500 + 1800 + 50 + 1000 + 1500 + 1500 = 7350[VA]$

15[A] 분기회로수 $N = \dfrac{부하용량[VA]}{사용전압[V] \times 전류[A]} = \dfrac{7350}{220 \times 15} = 2.23$

【정답】 최대부하용량 : 7350[VA], 분기회로수 : 15[A] 분기 3회로

08

출제 : 10년 • 배점 : 5점

다음 그림의 회로는 어느 것인가 먼저 ON 조작된 측의 램프만 점등하는 병렬 우선 회로(PB_1 ON 시 L_1이 점등된 상태에서 L_2가 점등되지 않고, PB_2 ON시 L_2가 점등된 상태에서 L_1이 점등되지 않는 회로)로 변경하여 그리시오. (단, 계전기 R_1, R_2의 보조 b접점 각 1개씩을 추가 사용하여 그리도록 한다.)

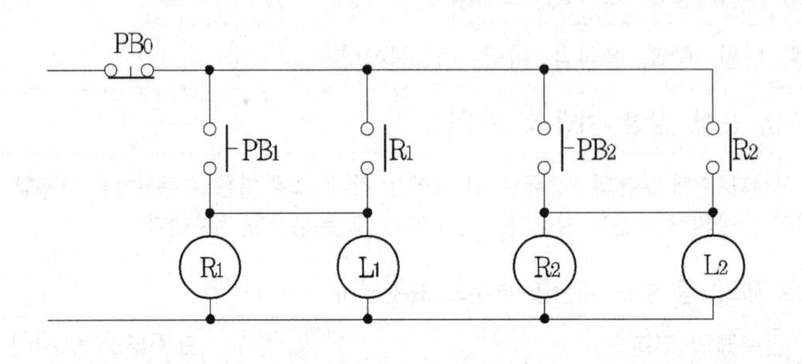

|계|산|및|정|답|

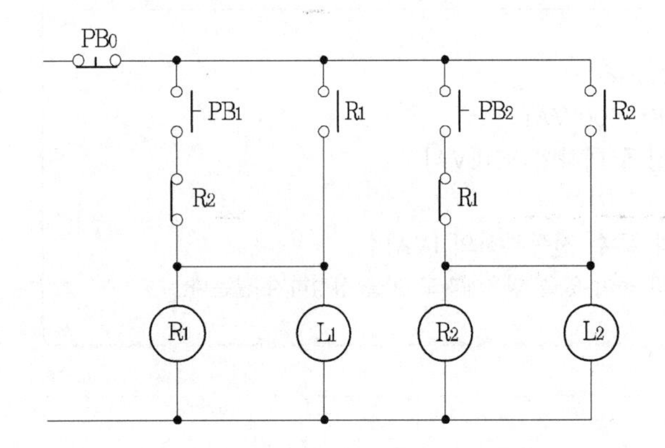

09

출제 : 10년 • 배점 : 5점

지표면상 20[m] 높이에 수조가 있다. 이 수조에 초당 0.2[m^3]의 물을 양수하려고 한다. 여기에 사용되는 펌프 모터에 3상 전력을 공급하기 위하여 단상 변압기 2대를 사용하였다. 펌프 효율이 65[%]이고, 펌프 축 동력에 15[%]의 여유를 둔다면 변압기 1대의 용량은 몇 [kVA]이며, 이 때 변압기를 어떠한 방법으로 결선하여야 하는가? (단, 펌프상 3상 농형유도전동기의 역률은 80[%]로 가정한다.)

|계|산|및|정|답|

① 변압기 1대의 용량

단상 변압기 2대를 V결선을 했을 경우의 출력 $P_V=\sqrt{3}P_1$[kVA]

양수 펌프용 전동기 용량 $P=\dfrac{9.8QHK}{\cos\theta\times\eta}$[kVA]이므로

여기서, $\sqrt{3}P_1=\dfrac{9.8\times20\times0.2\times1.15}{0.65\times0.8}=86.69$[kVA]

∴ 변압기 1대 정격용량 : $P_1=\dfrac{86.69}{\sqrt{3}}=50.05$[kVA]　　【정답】 50.05[kVA]

② 결선 : V 결선

|추|가|해|설|

[양수펌프용 전동기의 용량]

$$P=\frac{9.8Q'[m^3/\text{sec}]HK}{\eta}=\frac{9.8Q[m^3/\text{min}]HK}{60\times\eta}=\frac{Q[m^3/\text{min}]HK}{6.12\eta}[\text{kW}]$$

여기서, P : 전동기의 용량[kW], Q' : 양수량[m^3/sec], Q : 양수량[m^3/min], H : 양정(낙차)[m]

η : 펌프효율, K : 여유계수(1.1~1.2 정도)

[권상용 전동기의 용량]

$$P=\frac{WV}{6.12\eta}[\text{kW}]$$

여기서, W : 권상하중[ton], V : 권상속도[m/min], η : 권상기 효율

10

출제 : 10년 • 배점 : 10점

다음의 교류차단기의 약어와 소호원리에 대해 쓰시오.

명 칭	약 어	소호 원리
가스 차단기		
공기 차단기		
유입 차단기		
진공 차단기		
자기 차단기		
기중 차단기		

|계|산|및|정|답|

명 칭	약 어	소호 원리
가스 차단기	GCB	고성능 절연 특성을 가진 특수 가스(SF_6)를 이용해서 차단
공기 차단기	ABB	압축된 공기를 아크에 불어 넣어서 차단
유입 차단기	OCB	소호실에서 아크에 의한 절연유 분해 가스의 열전도 및 압력에 의한 blast를 이용해서 차단
진공 차단기	VCB	고진공 중에서 전자의 고속도 확산에 의해 차단
자기 차단기	MBB	대기중에서 전자력을 이용하여 아크를 소호실 내로 유도해서 냉각 차단
기중 차단기	ACB	대기 중에서 아크를 길게 해서 소호실에서 냉각 차단

|추|가|해|설|

[소호 원리에 따른 차단기의 종류 및 특징]

종류	소호원리 및 주요 특징
유입차단기(OCB)	·소호실에서 아크에 의한 절연유 분해 가스의 열전도 및 압력에 의한 blast를 이용해서 차단 ·소호 능력이 크다. ·방음 설비가 필요 없다. ·부싱 변류기를 사용할 수 있다. ·보수가 번거롭다.
기중차단기(ACB)	대기 중에서 아크를 길게 해서 소호실에서 냉각 차단
자기차단기(MBB)	·대기중에서 전자력을 이용하여 아크를 소호실 내로 유도해서 냉각 차단 ·화재 위험이 없다. ·보수 점검이 비교적 쉽다. ·압축 공기 설비가 필요 없다. ·전류 절단에 의한 과전압을 발생하지 않는다. ·회로의 고유주파수에 차단 성능이 좌우되는 일이 없다.

종류	소호원리 및 주요 특징
공기차단기(ABB)	압축된 공기를 아크에 불어 넣어서 차단
진공차단기(VCB)	·고진공속에서 전자의 고속도 확산을 이용한 차단기이다. ·불연성, 저소음으로 수명이 길다. ·작고 가벼우며 조작기구가 간편하다. ·화재 위험이 없다. ·폭발음이 없다. ·소호실에 대해서 보수가 거의 필요하지 않다. ·동시에 높은 서지전압을 발생한다. ·차단시간이 짧고 차단성능이 회로주파수의 영향을 받지 않는다.
가스차단기(GCB)	·고성능 절연 특성을 가진 특수 가스(SF_6)를 이용해서 차단 ·밀폐 구조이므로 소음이 없다. ·근거리 고장 등 가혹한 재기전압에 대해서도 성능이 우수하다.

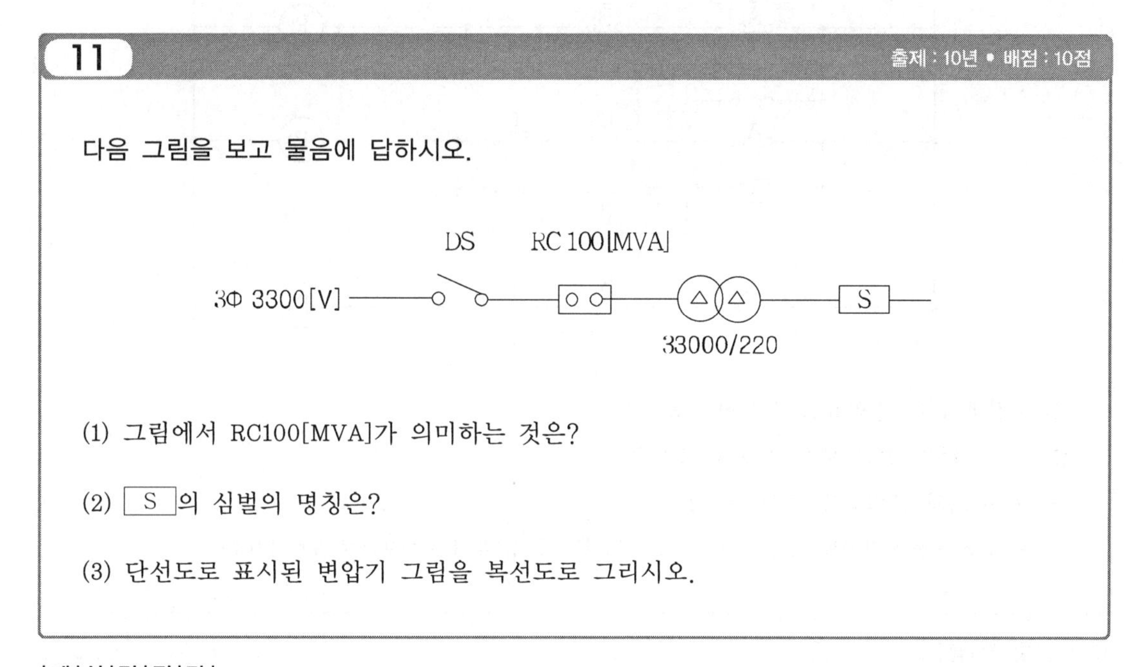

다음 그림을 보고 물음에 답하시오.

(1) 그림에서 RC100[MVA]가 의미하는 것은?

(2) S 의 심벌의 명칭은?

(3) 단선도로 표시된 변압기 그림을 복선도로 그리시오.

|계|산|및|정|답|

(1) 단락용량 100[MVA]

(2) 개폐기

(3)

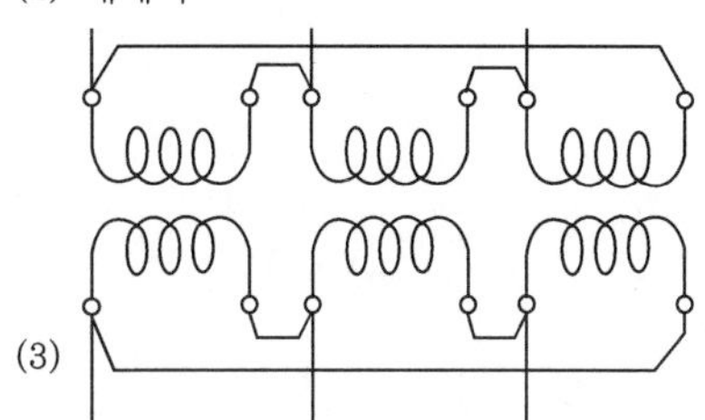

12

출제 : 00, 02, 03, 10년 • 배점 : 11점

어느 회사의 한 부지 내에 A, B, C의 세 개의 공장을 세워 3대의 급수 펌프 P_1(소형), P_2(중형), P_3(대형)로 다음과 같이 급수 계획을 세웠을 때 다음 물음에 답하시오.

〈계 획〉

① 모든 공장 A, B, C가 휴무이거나 또는 그 중 한 공장만 가동할 때는 펌프 P_1만 가동시킨다.
② 모든 공장 A, B, C, D 중 어느 것이나 두 공장만 가동할 때에는 펌프 P_2만 가동시킨다.
③ 모든 공장 A, B, C를 모두 가동할 때에는 P_3만 가동시킨다.

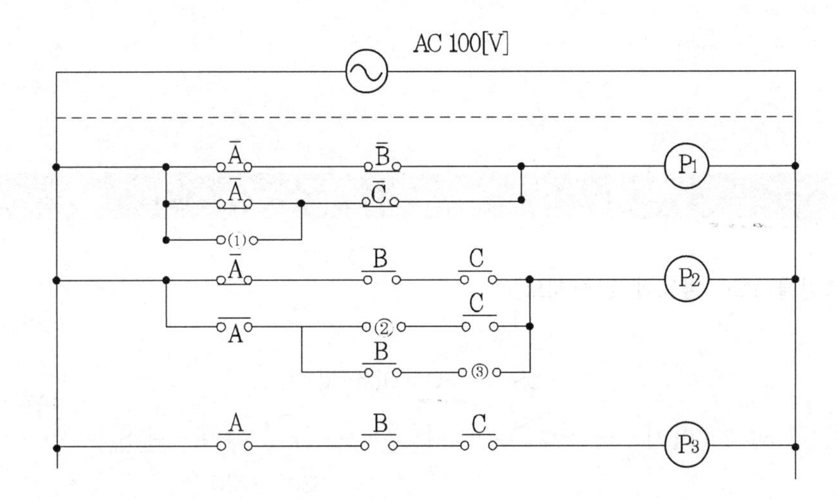

(1) 조건과 같은 진리표를 작성하시오.
(2) ①~③번의 접점 문자 기호를 쓰시오.
(3) $P_1 \sim P_3$의 출력식을 각각 쓰시오.

＊ 접점 심벌을 표시할 때는 A, B, C, D, $\overline{A}$, $\overline{B}$, $\overline{C}$ 등 문자를 이용하여 표현하시오.

|계|산|및|정|답|

(1)

A	B	C	출력
0	0	0	P_1
0	0	1	P_1
0	1	0	P_1
0	1	1	P_2
1	0	0	P_1
1	0	1	P_2
1	1	0	P_2
1	1	1	P_3

(2) ① $\overline{B}$` ② $\overline{B}$ ③ $\overline{C}$

(3) $P_1 = \overline{A}\overline{B}\overline{C} + \overline{A}\overline{B}C + \overline{A}B\overline{C} + A\overline{B}\overline{C}$

$= \overline{A}\overline{B}\overline{C} + \overline{A}\overline{B}\overline{C} + \overline{A}\overline{B}\overline{C} + \overline{A}\overline{B}C + \overline{A}B\overline{C} + A\overline{B}\overline{C}$

$= \overline{A}\overline{B}(\overline{C}+C) + \overline{A}\overline{C}(\overline{B}+B) + \overline{B}\overline{C}(\overline{A}+A)$

$= \overline{A}\overline{B} + \overline{A}\overline{C} + \overline{B}\overline{C} = \overline{A}\overline{B} + (\overline{A}+\overline{B})\overline{C}$

$P_2 = \overline{A}BC + A\overline{B}C + AB\overline{C} = \overline{A}BC + A(\overline{B}C + B\overline{C})$

$P_3 = ABC$

13 출제 : 10년 • 배점 : 5점

다음과 같은 레더 다이어그램을 보고 PLC 프로그램을 완성하시오. (단, 타이머 설정시간 t는 0.1초 단위임)

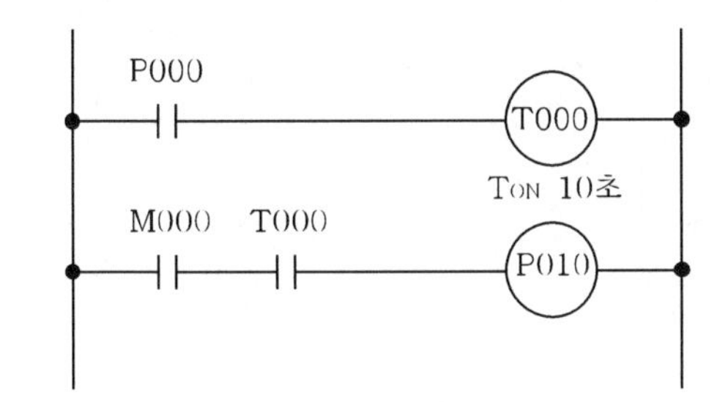

명령어	번지
LOAD	P000
TMR	(①)
DATA	(②)
(③)	M000
AND	(④)
(⑤)	P010

| 계 | 산 | 및 | 정 | 답 |

① T000 ② 100 ③ LOAD ④ T000 ⑤ OUT

| 추 | 가 | 해 | 설 |

타이머의 설정시간 t는 0.1초 단위이므로 10초는 100($=\frac{10}{0.1}$)으로 나타내어야 한다.

14

출제 : 06, 10년 • 배점 : 8점

발전기에 대한 다음 각 물음에 답하시오.

(1) 발전기의 출력이 500[kVA]일 때 발전기용 차단기의 차단 용량을 산정하시오. (단, 발전소 회로측의 차단 용량은 30[MVA]이며, 발전기 과도 리액턴스는 0.25로 한다.)

•계산 : •답 :

(2) 동기 발전기의 병렬 운전 조건 4가지를 쓰시오.

|계|산|및|정|답|

(1) 【계산】 ① 기준용량 $P_n = 30[MVA]$

· 발전소측 $\%Z_s$

$$P_s = \frac{100}{\%Z_s} \times P_n, \quad \%Z_s = \frac{P_n}{P_s} \times 100 = \frac{30}{30} \times 100 = 100[\%]$$

· 발전기 $\%Z_g$

$$\%Z_g = \frac{30000}{500} \times 25 = 1500[\%]$$

② 차단용량 $P_n = 30[MVA]$

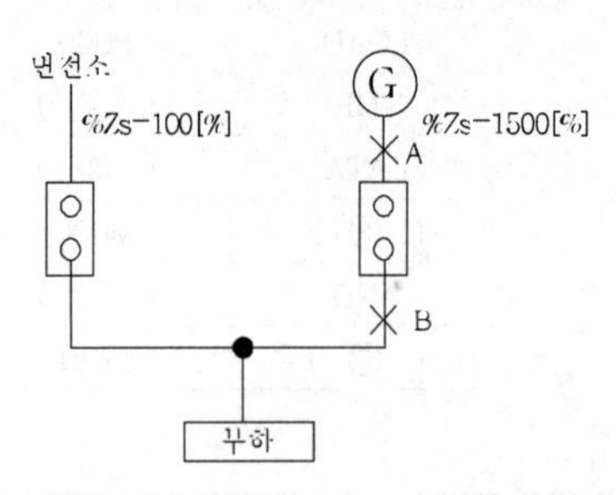

· A점에서의 단락 시 단락용량 $P_{sA} = \frac{100}{\%Z_s} \times P_n = \frac{100}{100} \times 30 = 30[MVA]$

· B점에서의 단락 시 단락용량 $P_{sB} = \frac{100}{\%Z_g} \times P_n = \frac{100}{1500} \times 30 = 2[MVA]$

차단용량은 P_{sA}, P_{sB}중에서 큰 값 기준하여 선정 【정답】 30[MVA]

(2) ① 기전력의 크기가 같을 것 ② 기전력의 주파수가 같을 것

③ 기전력의 위상이 같을 것 ④ 기전력의 파형이 같을 것

|추|가|해|설|

① A점에서 단락 시 : 변전소에서 공급되는 고장 전류만 차단기를 흐른다.

② B점에서 단락 시 : 발전기 측에서 공급되는 고장 전류만 차단기를 흐른다.

15

출제 : 22, 07, 10년 • 배점 : 5점

폭 5[m], 길이 7.5[m], 천장높이 3.5[m]의 방에 형광등 40[W] 4등을 설치하니 평균 조도가 100[lx]가 되었다. 40[W] 형광등 1등의 광속이 300[lm], 조명률 05일 때 감광보상률 D를 구하시오.

·계산 : ·답 :

|계|산|및|정|답|

【계산】 $D=\frac{1}{M}$ (M : 유지율(보수율), D : 감광보상률(D 〉 1))

$$E=\frac{F\times N\times U\times M}{A} \quad \rightarrow \quad M=\frac{EA}{F\times N\times U}$$

여기서, E : 평균 조도[lx], F : 램프 1개당 광속[lm], N : 램프 수량[개], U : 조명률, M : 보수율

A : 방의 면적[m^2](방의 폭×길이)

$$\therefore D=\frac{1}{M}=\frac{F\times N\times U}{EA}=\frac{300\times0.5\times4}{100\times5\times7.5}=1.6$$

【정답】 1.6

|추|가|해|설|

[감광보상률]

광속의 감소를 미리 예상하여 소요 광속의 여유를 두는 정도를 말하며 항상 1보다 큰 값이다. 감광보상률의 역수를 유지율 혹은 보수율이라고 한다.

·감광보상률(D) $=\frac{\text{초기 조도}(E_0)}{\text{설비 조도}(E)}$

·보수율(M) $=\frac{\text{설비 조도}(E)}{\text{초기 조도}(E_0)} \rightarrow (D=\frac{1}{M})$

여기서, M : 유지율(보수율), D : 감광보상률(D 〉 1)

·백열전구 감광보상률 : 1.3~1.8

·형광등 감광보상률 : 1.4~2.0

16

출제 : 10년 • 배점 : 14점

변압기 탭전압 6150[V], 6250[V], 6350[V], 6450[V], 6600[V]일 때 변압기 1차측 사용탭이 6600[V]인 경우 2차측 전압이 97[V]이였다. 1차측 탭전압을 6150[V]로 하면 2차측 전압은 몇 [V]인가?

·계산 : ·답 :

|계|산|및|정|답|

【계산】 권수비 $a=\frac{n_1}{n_2}=\frac{V_1}{V_2}$, $\frac{6600}{n_2}=\frac{V_1}{97}$, 1차측 공급전압 $V_1=\frac{6600}{n_2}\times 97$

1차측 탭전압을 6150[V]로 할 경우

2차측 전압 $V_2{}'=\frac{V_1}{a'}=\frac{\frac{6600}{n_2}\times 97}{\frac{6150}{n_2}}=\frac{n_2}{6150}\times\frac{6600}{n_2}\times 97=104.1[V]$ 【정답】 104.1[V]

Memo

Memo